經濟部所屬事業機構新進職員甄試

一、報名方式：一律採「網路報名」。

二、學歷資格：教育部認可之國內外公私立專科以上學校畢業，並符合各甄試類別所訂之學歷科系者，學歷證書載有輔系者得依輔系報考。

三、應試資訊：

完整考試資訊

https://reurl.cc/bX0Qz6

(一)甄試類別：各類別考試科目及錄取名額：

類別	專業科目A(30%)	專業科目B(50%)
企管	企業概論 法學緒論	管理學 經濟學
人資	企業概論 法學緒論	人力資源管理 勞工法令
財會	政府採購法規 會計審計法規	中級會計學 財務管理
資訊	計算機原理 網路概論	資訊管理 程式設計
統計資訊	統計學 巨量資料概論	資料庫及資料探勘 程式設計
政風	政府採購法規 民法	刑法 刑事訴訟法
法務	商事法 行政法	民法 民事訴訟法
地政	政府採購法規 民法	土地法規與土地登記 土地利用
土地開發	政府採購法規 環境規劃與都市設計	土地使用計畫及管制 土地開發及利用

類別	專業科目A(30%)	專業科目B(50%)
土木	應用力學 材料力學	大地工程學 結構設計
建築	建築結構、構造與施工 建築環境控制	營建法規與實務 建築計畫與設計
機械	應用力學 材料力學	熱力學與熱機學 流體力學與流體機械
電機(一)	電路學 電子學	電力系統與電機機械 電磁學
電機(二)	電路學 電子學	電力系統 電機機械
儀電	電路學 電子學	計算機概論 自動控制
環工	環化及環微 廢棄物清理工程	環境管理與空污防制 水處理技術
職業安全衛生	職業安全衛生法規 職業安全衛生管理	風險評估與管理 人因工程
畜牧獸醫	家畜各論(豬學) 豬病學	家畜解剖生理學 免疫學
農業	植物生理學 作物學	農場經營管理學 土壤學
化學	普通化學 無機化學	分析化學 儀器分析
化工製程	化工熱力學 化學反應工程學	單元操作 輸送現象
地質	普通地質學 地球物理概論	石油地質學 沉積學

(二)初(筆)試科目：

1.共同科目：分國文、英文2科(合併1節考試)，國文為論文寫作，英文採測驗式試題，各占初(筆)試成績10%，合計20%。

2.專業科目：占初(筆)試成績80%。除法務類之專業科目A及專業科目B均採非測驗式試題外，其餘各類別之專業科目A採測驗式試題，專業科目B採非測驗式試題。

3.測驗式試題均為選擇題（單選題，答錯不倒扣）；非測驗式試題可為問答、計算、申論或其他非屬選擇題或是非題之試題。

(三)複試(含查驗證件、複評測試、現場測試、口試)。

四、待遇：人員到職後起薪及晉薪依各所用人之機構規定辦理，目前各機構起薪約為新臺幣3萬6仟元至3萬9仟元間。本甄試進用人員如有兼任車輛駕駛及初級保養者，屬業務上、職務上之所需，不另支給兼任司機加給。

※詳細資訊請以正式簡章為準！

臺灣菸酒(股)公司
從業職員及從業評價職位人員甄試

一、報名時間：113年12月（正確日期以正式公告為準）。

二、報名方式：一律採網路報名方式辦理，不受理現場與通訊報名。

三、測驗地點：分台北、台中及高雄三個考區同時舉辦。

四、測驗日期：（正確日期以正式公告為準）

(一)第一試（筆試）：113年12月。

(二)第二試（口試及體能測驗）：113年12月。

五、遴選說明：

(一)共同科目佔第一試（筆試）成績比例請參閱簡章。

1. 從業職員：國文（論文）題型為非選擇題，英文題型為四選一單選題。
2. 從業評價職位人員：題型為四選一單選題。

(二)專業科目測驗內容及佔第一試（筆試）成績比例請參閱簡章。

1. 從業職員：題型為非選擇題。
2. 從業評價職位人員：題型為四選一單選題。

(三)應試科目（節錄）

1.從業職員（第3職等人員）：

甄試類別	共同科目	專業科目 1	專業科目 2	專業科目 3
行銷企劃	國文（論文）、英文	行銷管理	消費者行為	企業管理
地政		民法物權編	都市計畫法與土地法相關法規	不動產投資分析、土地開發及利用
化工		普通化學	分析化學（含儀器分析）	單元操作
機械		工程力學	自動控制	機械設計
電子電機		電力系統（含電路學）	自動控制	電子學
電機冷凍		電力系統（含電路學）	電機機械	冷凍原理及空調設計（含自動控制）
職業安全衛生管理		職業安全衛生相關法規	職業安全衛生計畫及管理	安全工程

甄試類別	共同科目	專業科目 1	專業科目 2	專業科目 3
建築（土木）工程	國文（論文）、英文	施工與估價概要	營建法規概要	工程力學概要
人力資源管理		勞工法令（以勞動基準法、勞工保險條例及性別工作平等法為主）	人力資源管理（含個案分析）	企業管理
事務管理（身心障礙組）		事務管理	初級會計學	政府採購法
電子商務		行銷管理	電子商務	
國際貿易		國際行銷	國際貿易實務	
政風		行政法概要、公職人員利益衝突迴避法及公職人員財產申報法、政府採購法	刑法概要、民法概要、刑事訴訟法概要	
會計		中級會計學	成本與管理會計	

2.從業評價職位人員：

甄試類別	共同科目	專業科目 1	專業科目 2
冷凍電氣	國文、英文	電工原理	冷凍空調原理
環保		環保法規	環工概要、環境水質標準檢驗方法
電子電機		電子學	電工機械
機械		機械製造與機械材料	工程力學
鍋爐		機械材料	工程力學
護理		護理學概要	基礎醫學概要
儲運、儲酒		企業管理概要及倉儲管理概要	作業（含運輸）安全概要
資訊技術		資訊管理	網路管理及資料庫管理
訪銷推廣		企業管理概要	行銷管理學概要
事務管理（原住民組、身心障礙組）		會計學概要與企業管理概要	事務管理

六、本項招考資訊及遴選簡章同時建置於：

(一)臺灣菸酒有限公司(http://www.cht.com.tw)

※詳細資訊請以正式簡章為準！

目次

編寫特色 .... (4)
試題分析 .... (5)
自動控制準備方向 .... (8)

第一部分　重點統整與高分題庫

第一章　控制系統概論

★★☆☆ **1-1** 控制系統描述 1
★★☆☆ **1-2** 控制系統分類 5
★☆☆☆ **1-3** 控制系統的研究與設計 12

第二章　古典控制系統的數學基礎

★☆☆☆ **2-1** 基本函數 15
★★☆☆ **2-2** 拉氏轉換 20
★★☆☆ **2-3** 基本拉氏轉換定理 22

第三章　古典控制系統的描述

★★☆☆ **3-1** 系統性質的分類 40
★★☆☆ **3-2** 轉移函數 40
★★★☆ **3-3** 方塊圖 51
★★★☆ **3-4** 訊號流程圖 58

第四章　古典控制系統的穩定度與靈敏度

★☆☆☆ **4-1** 穩定度的觀念 64
★★★☆ **4-2** 羅斯-赫維茲穩定準則 Routh-Hurwitz Criterion 69

第五章　時域響應分析

★☆☆☆ **5-1** 時間響應 97
★★☆☆ **5-2** 暫態響應 100
★★☆☆ **5-3** 系統極點與暫態性能的關係 112
★★☆☆ **5-4** 加入極零點對標準二階系統之暫態影響 117
★★★☆ **5-5** 穩態響應 123

第六章　根軌跡法

★★☆☆ **6-1** 根軌跡的基本觀念 143
★★★☆ **6-2** 根軌跡作圖規則 146
★★☆☆ **6-3** 系統加入「極點」、「零點」後對根軌跡的影響 167

第七章　頻率響應分析

★★★☆ **7-1** 頻率響應的基本觀念 178
★★☆☆ **7-2** 標準二階系統的頻率響應 184
★★★★ **7-3** 波德圖 191

第八章　頻域的穩定性分析

★★☆☆ **8-1** 奈氏穩定準則 209
★★★☆ **8-2** 相對穩定度 226

第九章　控制系統的設計與補償

★★☆☆ **9-1** 控制系統的補償的基本概念 248
★★☆☆ **9-2** PID控制器 252
★★☆☆ **9-3** 其他控制器 267

第十章　現代控制系統分析

★★☆☆ **10-1** 現代控制的數學基礎 271
★★★☆ **10-2** 動態方程式 281

★★★★ 10-3 現代控制系統的穩定度、可控制性與可觀察性.........293
★★☆☆ 10-4 現代控制系統的設計初論...304

第十一章　物理模型與控制系統

★★★☆ 11-1 力學系統控制模型...314
★★☆☆ 11-2 電路系統控制模型...324

第十二章　數位控制系統

★★☆☆ 12-1 數位控制系統概述與Z-轉換...330
★☆☆☆ 12-2 離散時間系統...338
★★★☆ 12-3 取樣資料控制系統及其穩定性.....................................342

第二部分　近年試題與解析

109年 臺灣菸酒從業職員／機械類 353
109年 臺灣菸酒從業評價職位人員／電子電機類 360
109年 經濟部所屬事業機構新進職員／儀電類.....................380
110年 關務特考三等／機械類 386
110年 經濟部所屬事業機構新進職員／儀電類.....................395
111年 經濟部所屬事業機構新進職員／儀電類.....................401
111年 臺灣菸酒從業評價職位人員／電子電機類 405
111年 關務特考三等／機械類 419
112年 臺灣菸酒從業職員／電子電機類 425
112年 臺灣菸酒從業職員／機械類 429
112年 臺灣菸酒從業評價職位人員／電子電機類 433
112年 臺灣菸酒評價職位人員轉任職員／電子電機類 445
112年 臺灣菸酒評價職位人員轉任職員／機械類 464
112年 關務特考三等／機械類 477
112年 桃園機場新進從業人員／工程類 482

編寫特色

本書乃是針對有志於國家考試及公營事業機構甄試之學子所編寫，其較適用之對象與主要的訴求目的有下：

一、針對理工科系學生，對技術類考科有一定瞭解程度者。

二、希望以最短的複習時間取得最佳的考試成績者，所以本書的設定以**「自動控制各章節」**為經，以**「考試重點+主題式題庫+近年試題」**為緯，如此矩陣式串連各重點複習。

三、讓讀者可以在考試前快速掌握重點、瞭解考試方向以及抓住解題要訣為主，並有各類題目可供練習。

本書共分為2部分，概分如下：

第一部分 **重點統整與高分題庫**	1. 採焦點方式編排（焦點1、焦點2......），亦即將重點內容依照主題分類。 2. 焦點內容會先給讀者分析重點如下： (1) 各焦點內容**在考試中所佔比重，解題之切入點**。 (2) **考試重點的精華濃縮**。 (3) **必須牢記的公式**。 (4) **重點範例，解題心得說明**。 3. 將考試例題以各焦點分類編排，原則上以**(1)由易至難**、**(2)依照相關性，來加以編排**。 4. 將相關性較高的題目放在一起，並做綜合性討論題型，俾使讀者能夠釐清觀念與破題技巧。 5. 各例題解析會先闡明**「解題分析」**，即在正式進入解題前，說明本題解題要領或是關鍵的概念及公式等。
第二部分 **近年試題與解析**	收錄109～112年國民營事業機關相關考試，並加以解題分析。

試題分析

試題＼章節	111 經濟部／儀電	111 臺酒從業評價職位人員／電子電機	111 關務三等／機械	112 臺酒從業職員／電子電機	112 臺酒從業職員／機械	112 臺酒從業評價職位人員／電子電機	112 臺酒評價職位人員轉任職員／電子電機	112 臺酒評價職位人員轉任職員／機械	112 關務三等／機械	112 桃園機場／工程
第一章 控制系統概論	－	4	－	1	－	6	2	3	－	－
第二章 古典控制系統的數學基礎	－	2	－	－	－	2	1	2	－	2
第三章 古典控制系統的描述	－	9	－	－	1	5	4	2	－	5
第四章 古典控制系統的穩定度與靈敏度	1	12	－	1	1	2	13	14	1	3
第五章 時域響應分析	－	5	1	－	1	2	8	4	－	1

(6) 試題分析

章節＼試題	111 經濟部／儀電	111 臺酒從業評價職位人員／電子電機	111 關務三等／機械	112 臺酒從業職員／電子電機	112 臺酒從業職員／機械	112 臺酒從業評價職位人員／電子電機	112 臺酒評價職位人員轉任職員／電子電機	112 臺酒評價職位人員轉任職員／機械	112 關務三等／機械	112 桃園機場／工程
第六章 根軌跡法	1	—	—	1	—	2	—	2	—	—
第七章 頻率響應分析	—	5	—	—	—	3	4	6	—	6
第八章 頻域的穩定性分析	—	1	—	1	—	2	4	—	1	—
第九章 控制系統的設計與補償	—	2	1	—	—	3	—	4	1	—
第十章 現代控制系統分析	—	1	—	—	—	2	5	4	—	5
第十一章 物理模型與控制系統	1	8	1	—	1	19	—	1	1	—
第十二章 數位控制系統	—	1	—	—	—	2	1	—	—	—

近幾年考題以時域分析及頻域分析為主，時域分析的題型大部份落在轉移函數、穩定度分析、特徵方程式等，平均題型分布約佔五成，頻域分析的題型主要落在頻率響應或波德圖，平均題型分布約佔二至三成，剩下偶爾有少數屬於後段章節如PID、動態方程式或物理模型的題型出現，平均總體題型約占二成。

在準備自動控制考科時，建議拉氏轉換及時域分析的全部章節一定要讀熟，這些都屬於應該得分的題型，考題通常不難，務必拿下。頻域分析考題主要著重在頻率響應、波德圖，建議也需讀熟。PID、動態方程式、數位控制系統考題通常題數較少，如時間不足可稍微看過，但仍建議時間充足時應念熟。物理模型與控制系統的考題出題數不定，但通常題型都會與報考類科相關，如為報考機械類別的自動控制考科，物理模型通常為力學系統或簡單的電路系統，平均每份出現題數約為一題，如為報考電機類別的自動控制考科，物理模型通常僅限於電路系統，出題數不一定。

總結而論，考題準備方向應以基礎觀念及時域分析部分為主，次而頻域分析，最後為現代系統。期許各位能掌握高分，早日名登金榜。

自動控制準備方向

自動控制學，也有一些大專院校以「自動控制系統」（Modern Control Systems）為教授主題，筆者大學在台大機械系時，對有志於走非傳統機械加工路線的同學們，「自動控制」可謂是一門相當熱門的學科，算來至今已將近二十五個年頭，在這些年之間，工業的進展突飛猛進，用一日千里之速度尚不足以形容此自動化工程的進步，在全世界人類科技史的發展中，由於我們堅信「科技始終來自人性」，除了人際溝通訊息的方便性之外，關於改善人類生活品質的諸多議題，也一一浮上檯面，尤其是「工業自動化」與「工業機器人控制系統」，更是現今連鴻海集團郭先生都急欲插旗的重點項目。

自動化歷程，即是處理程序的標準操作以及包含有「處理器」（Processor）、「控制器」（Controller）及相關「元件」（Components）所組成之系統，對工廠之設備、大系統、甚至是機器人（Robot）整合系統進行有效率的規劃與操作，此控制系統在設計之時，其重點優先順序，我認為應該是朝以下的方向來一步一步學習的，亦即：

一、先探求**系統的可行性分析**。

二、再求各次系統的**穩定度與敏感度分析**。

三、參照古典控制系統的**時域與頻域響應分析重點**修正規格。

四、對各次系統**補償與修正**。

五、**整合各次系統**到主系統，並再應用**現代控制理論**加以調整。

而這也就是本書以下展開各章節的重點步驟，即是先從歐美先進控制學家的觀點與理論，一步一步學好控制觀念，乃至於最後的系統整合設計，學子要確實知道，這些紮馬步的工夫雖然無法一蹴可及，但若能找到一部可以讓您確實信賴的專書，或是實際親自找到可帶你貫穿觀念的老師，要學習「自動控制」到精熟或是遇到考試能從容不迫的取分的境地，應對有志學習的學子們，不會是一項多麼困難的事。

希望本書在翔霖老師精心編排與系統概念的介紹下，能幫助您在最短的時間內，學習到「自動控制」的理論精華，所以筆者在內容的編排上，務盡能一一抽絲剝繭，希望能以「言簡意賅」不多加贅言的方式來做編寫的最高指導原則，以翔霖老師自已能在二個月的短時間內考取公營事業之經驗來編寫分享，希望能對有志於此的莘莘學子們有一些啟發與幫助，也祝福各位能學習愉快，早日名登金榜，謝謝。

翔霖 老師　謹上

2024.06

第一部分 重點統整與高分題庫

第一章 控制系統概論

1-1 控制系統描述

焦點 1 **何謂控制系統？控制系統的主要構件為何？何謂「開迴路控制系統」（Open-loop Control System）與「閉迴路控制系統」（Closed-loop Control System）？比較「負回授」（Negative feedback）之優缺點為何？**

考試比重：★★☆☆☆　　**考題形式**：名詞解釋，簡答為主

關鍵要訣

1. 「控制」：指對某一特定的命令（Command）做調整（Regulate）或追蹤（Tracking）；而「系統」：指的是完成某特定功能的一群組合裝置（Device）。
2. 「控制系統」：指達到某特定命令所構成之系統。
3. 控制系統的主要構件分爲「受控元件」與「控制元件」，其中「受控元件」又稱爲「**受控廠**」（Plant）或「**受控系統**」（System）或「受控程序」（Process）；「控制元件」，又稱爲「**控制器**」（Controller）或「**補償器**」（Compensator）。
4. 控制系統又依據是否有「回授」（Feedback）作用，分爲：
   (1) 「開迴路控制系統」（Open-loop Control System）：即若系統的輸出（y）對控制動作無影響，如下圖 1-1 所示。

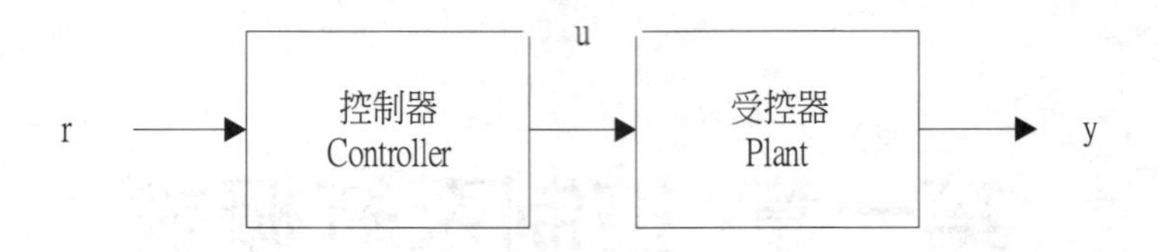

圖 1-1　Open-loop Control System
Which　r：參考輸入(Input)或命令(Command)
u：致動訊號(Actuating Signal)
y：系統輸出(Output)

(2) **「閉迴路控制系統」**（Closed-loop Control System）：即系統的輸出 Y 對控制動作有直接的影響，即有回授的作用，如下圖 1-2 所示。

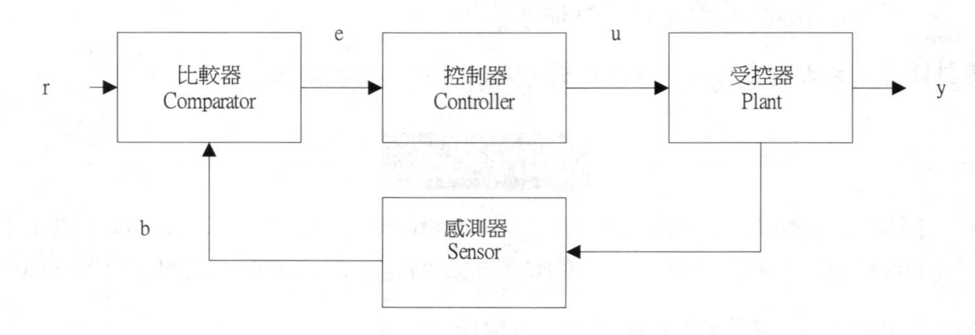

圖 1-2　Closed-loop Control System
Which　r：參考輸入（Input）或命令（Command）
u：致動訊號（Actuating Signal）
y：系統輸出（Output）
b：回授訊號（Feedback Signal）
e：誤差訊號（Error Signal）

其中若 $e=r-b$，則定義為「**負回授**」控制，若 $e=r+b$，則定義為「正回授」控制，且爾後若題目無特別標示，應一律以「負回授」視之。

5.「**負回授**」之優缺點比較如下表 1-1：

表 1-1

優點	缺點
1. 提高準確度，降低穩態誤差	1. 增益降低
2. 提高穩定度	2. 可能引起系統不穩定
3. 降低非線性失真	3. 成本可能提高
4. 降低靈敏度	
5. 降低雜訊干擾	
6. 頻寬增加	
7. 改善頻率響應	
8. 提高暫態響應速度	

例題 1

考慮一個單一回授閉迴路控制系統如圖所示，經由適當設計，說明閉迴路系統可以有那些優點優於開迴路系統。【96 關務三等】

單一回授閉迴路控制系統

Hint：負回授的優點。

(1) 提高準確度，降低穩態誤差　(2) 可改善系統的穩定度
(3) 降低非線性失真　(4) 降低靈敏度
(5) 降低雜訊干擾　(6) 頻寬增加
(7) 改善頻率響應　(8) 提高暫態響應速度

例題 2

若受控體為 G(s)，控制器為 H(s)，請以方塊圖表示：

(1) 開迴路（Open Loop）架構。

(2) 以方塊圖表示閉迴路（Closed Loop）架構。

(3) 比較兩種架構之優缺點。【96 專利三等】

Hint：同上及負回授的優缺點比較。

解 (1) 「開迴路控制系統」（Open-loop Control System）：即若系統的輸出（y）對控制動作無影響，如下圖所示。

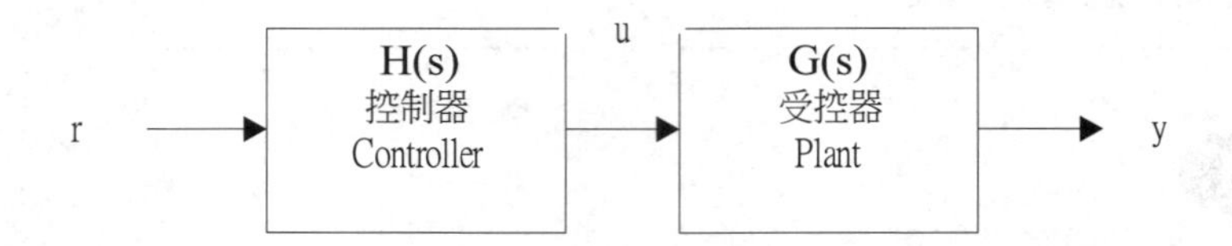

Which r：參考輸入（Input）或命令（Command）
u：致動訊號（Actuating Signal）
y：系統輸出（Output）

(2) 「閉迴路控制系統」（Closed-loop Control System）：即系統的輸出 Y 對控制動作有直接的影響，即有回授的作用，如下圖所示。

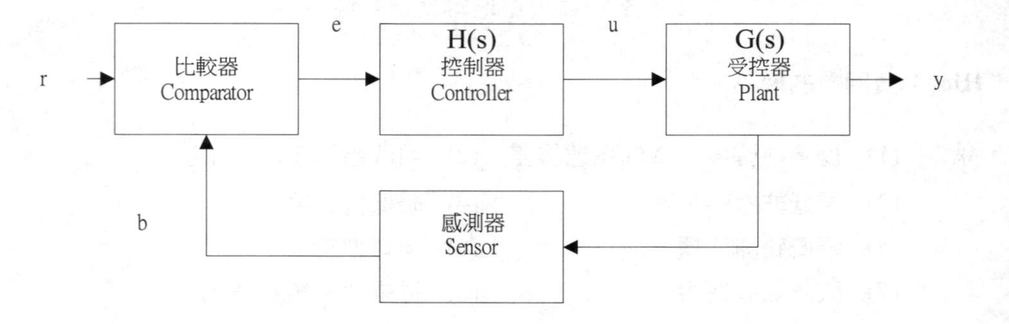

Which r：參考輸入（Input）或命令（Command）
u：致動訊號（Actuating Signal） y：系統輸出（Output）
b：回授訊號（Feedback Signal） e：誤差訊號（Error Signal）

(3)　「負回授」之優缺點比較如下表：

優點	缺點
1. 提高準確度，降低穩態誤差	1. 增益降低
2. 提高穩定度	2. 可能引起系統不穩定
3. 降低非線性失真	3. 成本可能提高
4. 降低靈敏度	
5. 降低雜訊干擾	
6. 頻寬增加	
7. 改善頻率響應	
8. 提高暫態響應速度	

例題 3

試列舉回饋控制（Feedback Control）的任意三個優點。【95 身障特考三等】

Hint：同上「負回授」的優點項。

1-2 控制系統分類

焦點 2　依據「受控廠」（Plant）的性質，控制系統的分類內容為何？

考試比重：★★☆☆☆　　**考題形式：**名詞解釋，簡答為主

關鍵要訣

依據「受控廠」（Plant）的性質不同，如下圖 1-3，其中 H 代表系統，u 爲輸入，y 爲輸出，則控制系統之輸出方程式可表示爲 $y=H[u]$，而 H 可視爲一種運算子（Operator）或映射（Mapping）裝置。

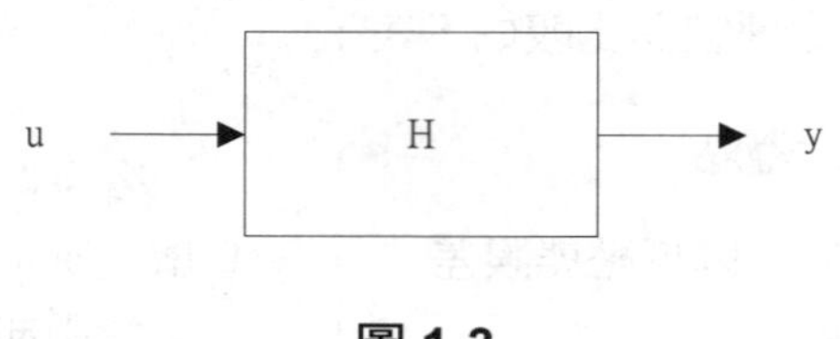

圖 1-3

控制系統可分為：

1. 鬆弛系統（Relaxed System）：

【定義】若且唯若輸出 $y(t)$，$\forall t \in (t_0, +\infty)$，只被輸入 $u(t)$激勵時（$\forall t \in (t_0, +\infty)$），則定義 t 在 t_0 為「鬆弛系統」，即「$u(t)=0$，for $\forall t \in (t_0, +\infty) \Rightarrow y(t)=H[u(t)]=0$」；否則則為「非鬆弛系統」；故也可視為「鬆弛系統」為**不具初始能量之系統**。

說明：

(1) 鬆弛系統的輸出 $y(t)$唯一由系統的輸入 $u(t)$所決定。

(2) 一般物理系統均假設時間 $t=-\infty$ 時，為鬆弛系統，若要強調時間 t_0 為鬆弛，則必須特別加以強調。

2. 線性系統（Linear System）：

【定義】　若且唯若 $H[\alpha_1 u_1(t)+\alpha_2 u_2(t)]=\alpha_1 H[u_1(t)]+\alpha_2 H[u_2(t)]$，則稱系統為線性系統，否則則稱之為非線性系統，其中 α_1、α_2 均為實數。

說明：線性系統必須同時滿足以下(1)、(2)性質

(1) 加法性（Additivity）：

$H[u_1(t)+u_2(t)]=H[u_1(t)]+H[u_2(t)]$

(2) 齊次性（Homogeneity）：

$H[\alpha u(t)]=\alpha H[u(t)]$，其中 α 為實數。

(3) 根據以上條件，線性系統在 $t=t_0$ 時，初始值必為 0，如此可知線性系統必為鬆弛系統，且在 $u(t)-y(t)$ 坐標軸上為通過原點的一條直線。

例題 4

系統的輸出入關係曲線如下各圖所示，是判斷系統為線性或非線性？

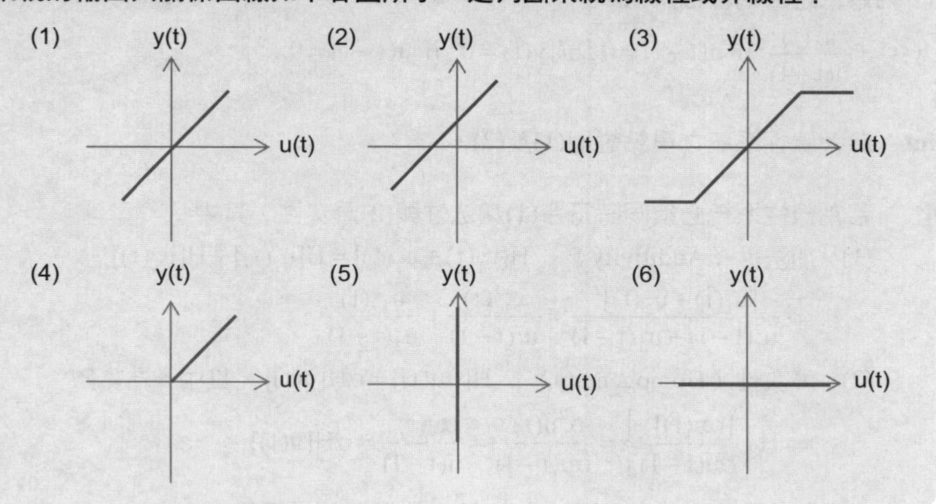

Hint：參考線性系統之重點說明(3)。

(1) 當 $u(t)=0 \Rightarrow y(t)=0$ ，且通過原點，故系統為線性、鬆弛系統。

(2) 當 $u(t)=0 \Rightarrow y(t)\neq 0$ ，故系統為非線性。

(3) 當 $u(t)=0 \Rightarrow y(t)=0$ ，直線雖通過原點但有兩段不呈線性，故系統為非線性但為鬆弛系統。

(4) 當 $u(t)=0 \Rightarrow y(t)=0$ ，但直線在 $u(t)<0$ 時找不到 $y(t)$ 的值，故系統為非線性但為鬆弛系統。

(5) 當 $u(t)=0 \Rightarrow y(t)\neq 0$ ，亦即初始值不為 0，故系統為非線性系統。

(6) 當 $u(t)=0 \Rightarrow y(t)=0$ ，亦即初始值為 0，通過原點，故系統為線性、鬆弛系統。

例題 5

下列系統是否為線性系統？

$y(t)=\dfrac{u^2(t)}{u(t-1)}$ if $u(t-1)\neq 0$, or $y(t)=0$, if $u(t-1)=0$

Hint：參考線性系統之重點說明(1)及(2)。

解　若為線性系統必須同時符合(1)加法性與(2)齊次性，其中：

(1) 加法性（Additivity）：$H[u_1(t)+u_2(t)]=H[u_1(t)]+H[u_2(t)]$

$$\Rightarrow \frac{[u_1(t)+u_2(t)]^2}{u_1(t-1)+u_2(t-1)}\neq\frac{u_1{}^2(t)}{u_1(t-1)}+\frac{u_2{}^2(t)}{u_2(t-1)}$$

(2) 齊次性（Homogeneity）：$H[\alpha u(t)]=\alpha H[u(t)]$，其中$\alpha$為實數，

$$\Rightarrow H\left\{\frac{[\alpha u(t)]^2}{\alpha u(t-1)}\right\}=\frac{\alpha^2 u(t)^2}{\alpha u(t-1)}=\frac{\alpha u(t)^2}{u(t-1)}=\alpha H[u(t)]$$

系統雖符合齊次性但不符合加法性，故為非線性系統。

3. 非時變（Time-invariant）與時變（Time-varying）系統：

【定義】　若系統參數或特性不隨著時間變化，即輸出／入滿足下列條件：$y(t-\tau)=H[u(t-\tau)]$，則稱之為「非時變系統」，其中$\tau>0$，稱為「延遲時間」（Time Delay）；若系統參數或特性隨著時間變化，則稱之為「時變系統」。

例題 6

下列系統為時變或非時變系統？

(1) $y(t)=\int_{-\infty}^{3t}u^2(\tau)d\tau$　　(2) $y(t)=u(0.5t)$

(3) $y(t)=t\dfrac{du(t)}{dt}$　　(4) $y(t)=e^{2t}u(t)$

Hint：輸出／入滿足下列條件：$y(t-\tau)=H[u(t-\tau)]$，則稱之為非時變系統。

解　(1) 若$u(t)=u(t-\lambda)$，則令輸出$\tilde{y}(t)=\int_{-\infty}^{3t}u^2(\tau-\lambda)d\tau$

若$t=(t-\lambda)$，則$y(t-\lambda)=\int_{-\infty}^{3(t-\lambda)}u^2(\tau-\lambda)d\tau$

又 $\tilde{y}(t)\neq y(t-\lambda)$，∴系統為時變系統。

(2) 若 $u(t)=u(t-\tau)$，則令輸出 $\tilde{y}(t)=u(\frac{t-\tau}{2})$

若 $t=(t-\tau)$，則 $y(t-\tau)=u(\frac{t-\tau}{2})$

又 $\tilde{y}(t)=y(t-\tau)$，∴系統為非時變系統。

(3) 若 $u(t)=u(t-\tau)$，則令輸出 $\tilde{y}(t)=t\frac{du(t-\tau)}{dt}$

若 $t=(t-\tau)$，則 $y(t-\tau)=(t-\tau)\frac{du(t-\tau)}{dt}$

又 $\tilde{y}(t)\neq y(t-\tau)$，∴系系統為時變系統。

(4) 若 $u(t)=u(t-\tau)$，則令輸出 $\tilde{y}(t)=e^{2t}u(t-\tau)$

若 $t=(t-\tau)$，則 $y(t-\tau)=e^{2(t-\tau)}u(t-\tau)$

又 $\tilde{y}(t)\neq y(t-\tau)$，∴系統為時變系統。

4. 因果系統（Causal System）與非因果（Noncasual）系統：

【定義】 若系統現在的輸出只受現在或過去的輸入所影響，則稱之爲因果系統，否則則稱之爲非因果系統，在實際的物理系統裡，皆爲因果系統，並符合下式：

$y(t)=H[u(t)]$，$\forall t\in(-\infty,t)$

例題 7

下列系統為因果或非因果系統？

(1) $y(t)=u(-t)$　　(2) $y(t)=u(0.5t)$

(3) $y(t)=u(t-\lambda)$　　(4) $y(t)=\int_{-\infty}^{3t}u^2(\tau)d\tau$

Hint：可以畫圖方式判斷。

解　如下，$u(t)$ 為系統輸入，$y(t)$ 為輸出，$y(t)=H[u(t)]$，$\forall t\in(-\infty,t)$，先假設 $u(t)$ 為方波輸入。

(1) 當輸入 $t=T$ 時，輸出 $y(t)$ 之 $t=-T$，即系統現在的輸出不受現在或過去的輸入所影響，故稱之為「非因果系統」。

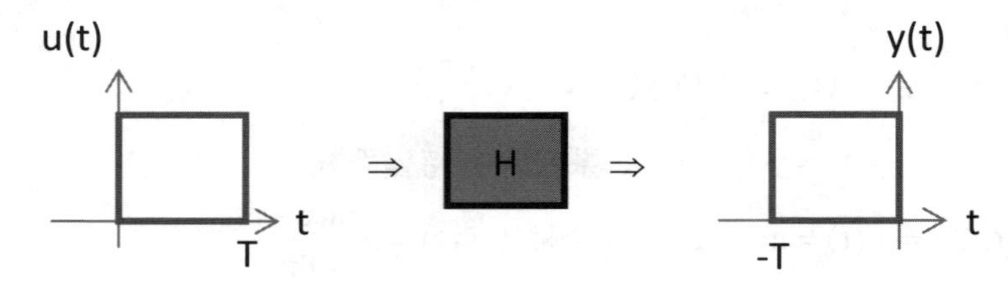

(2) 當輸入 $t=0$ 時，輸出 $y(t)$ 之 t 亦為 0，當輸入 $t=T$ 時，輸出 $y(t)$ 之 t 為 2T 即系統現在的輸出受到現在或過去的輸入所影響，故稱之為「因果系統」。

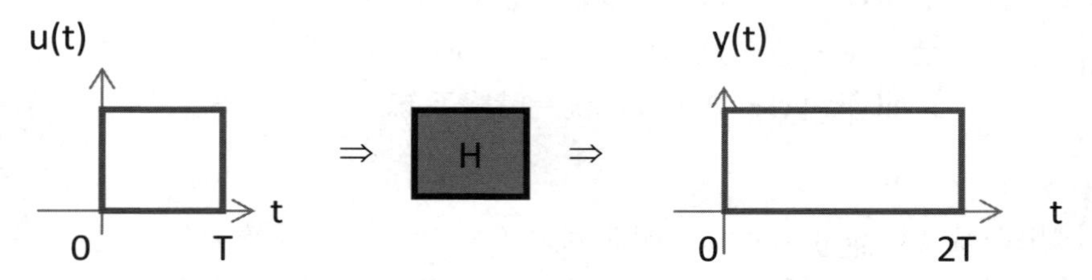

(3) 當輸入 $t=0$ 時，輸出 $y(t)$ 之 t 為 $+\tau$，當輸入 $t=T$ 時，輸出 $y(t)$ 之 $t=T+\tau$，即系統現在的輸出受到現在或過去的輸入所影響，故稱之為「因果系統」。

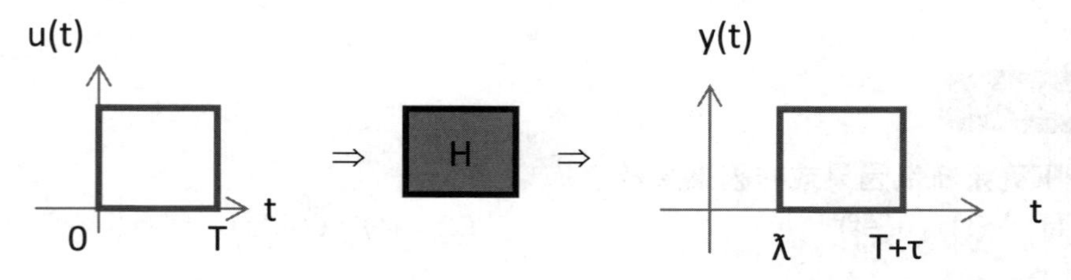

(4) 當 $t=1$ 時，$y(t)=\int_{-\infty}^{3} u^2(\tau)d\tau$，系統在 $t=1$ 時，系統輸出決定了在 3 秒時的輸入，即系統現在的輸出不只受現在或過去的輸入所影響，故稱之為「非因果系統」。

焦點 3　依據「受控廠」（Plant）的輸出性質，系統可分為何三大類？其內容為何？

考試比重：★☆☆☆☆　　**考題形式：**名詞解釋，簡答為主

關鍵要訣

可分為以下三大類：

1. **伺服機構（Servo Mechanism）：**通常指的是機械「平移系統」的「位置」（Position：r(t)）、「速度」（Velocity：v(t)）及「加速度」（Accelation：a(t)），或機械之「旋轉系統」的「角位置」（Angular Position：θ(t)）、「角速度」（Angular Velocity：ω(t)）及「角加速度」（Angular Accelation：α(t)）等輸出變數的控制，此類系統常見於「機電整合系統」的控制。
2. **自動調整（Automatic Regulation）**：通常指的是電力系統的「電壓」（Voltage：V(t)）、「電流」（Current：I(t)）及「功率因數」（Power factor）等輸出變數的控制，其控制的目的在保持這些輸出變數固定於某一特定範圍，若因外來干擾或系統參數的變動致使輸出變數值浮動，還能自動調整輸出變數回歸原位階。
3. **程序控制（Process Control）**：通常指系統的「溫度」（T）、「流量」（Flux）、「壓力」（P）、「濕度」或「液面」等輸出變數的控制。

例題 8

配合繪圖並解釋名詞：伺服機構（Servo Mechanism）。【98 關務三等】

Hint：同上說明。

解　伺服機構（Servo Mechanism）：通常指的是機械「平移系統」的「位置」、「速度」及「加速度」，或旋轉系統的「角位置」、「角速度」等輸出變數的控制；若控制系統之輸出物理量（如前之 y(t)），舉例可畫的

方塊圖結構如下，一般而言，K 為「增益」、Gp(s)為 s 域的「轉移函數」，$\frac{1}{s}$為「積分器」，Kt 為「回授控制器」：

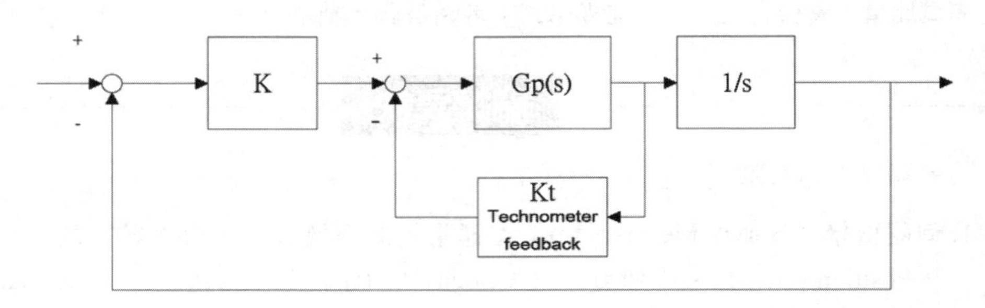

注意 回授皆為「負回授」

1-3 控制系統的研究與設計

焦點 4 控制系統的研究與設計，一般以何步驟為其原則？

考試比重：★☆☆☆☆ **考題形式：**名詞解釋，簡答為主

關鍵要訣

控制系統的研究與設計，一般以下列四個步驟為原則：

1. 建立數學模型（Modeling）
2. 規格選取與系統分析（Specification and Analysis）
3. 控制器的設計（Controller Design）
4. 模擬與實作（Simulation and Realization）

例題 9

試描述在傳統控制理論中，對於系統的設計程序與步驟為何？

Hint：同上重點說明。

解　控制系統的研究與設計，一般以以下四個步驟為原則：

(1) 建立數學模型（Modeling）：「受控體」為一真實之物理系統，但各系統有其不同的物理行為，為了便於系統化的分析與研究，控制系統必須依據其給定的情況建立特定的模式，再根據建立好的模式以及適當的物理定律，便可將控制系統模型化，即為所謂的「轉移函數」或「動態方程式」。

(2) 規格選取與系統分析（Specification and Analysis）：當系統的數學模式建立之後，接著就是規格的選取；一般而言，規格的選取將導致閉迴路極點（Poles）位置的決定，一旦規格需求確定，便可利用控制理論分析其性能是否達到預定的目標。

(3) 控制器的設計（Controller Design）：若系統的性能不好，則必須設計控制器或補償器來改善系統性能，以滿足規格的需求；設計的方法可利用古典控制理論採用 PID 控制器、相位領先控制器或落後補償器等或以現代控制理論採用狀態回授控制器。

(4) 模擬與實作（Simulation and Realization）：利用控制理論完成性能的分析與控制器的設計之後，再以電腦程式模擬系統的行為，以檢驗是否合乎理論的結果；若有誤差，則重複修正至符合期望，待模擬結果與理論一致之後，再進行最後的實物製作。

人物介紹－拉普拉斯

皮耶爾-西蒙·拉普拉斯侯爵（Pierre-Simon marquis de Laplace，1749 年 3 月 23 日－1827 年 3 月 5 日），法國著名的天文學家和數學家，天體力學的集大成者。

拉普拉斯用數學方法證明了行星的軌道大小只有周期性變化，這就是著名拉普拉斯定理。

拉普拉斯的著名傑作《天體力學》，集各家之大成，書中第一次提出了「天體力學」的學科名稱，是經典天體力學的代表著作。《宇宙系統論》是拉普拉斯另一部名垂千古的傑作。在這部書中，他獨立於康德，提出了第一個科學的太陽系起源理論——星雲說。康德的星雲說是從哲學角度提出的，而拉普拉斯則從數學、力學角度充實了星雲說，因此，人們常常把他們兩人的星雲說稱為「康德－拉普拉斯星雲說」。

皮耶爾—西蒙·拉普拉斯在數學和物理學方面也有重要貢獻，他是拉普拉斯變換和拉普拉斯方程的發現者。這些數學工具今天已經在科學技術的各個領域得到了廣泛的應用。

拉普拉斯是因果決定論的信徒。1799 年出版了巨著《天體力學》的頭兩卷，主要論述行星運動、行星形狀和潮汐。1802 年出版第三卷，論攝動理論。1805 年出版第四卷，論木星四顆衛星的運動及三體問題的特殊解。1825 年出版第五卷，補充前幾卷的內容。由於這部巨著的出版，拉普拉斯被譽為法國的牛頓。據說，當拿破崙看到這部書時，問拉普拉斯，為何在他的書中一句也不提上帝。拉普拉斯明確地回答：「陛下，我不需要那個假設」（法語：Je n'avais pas besoin de cette hypothèse-là.）。拿破崙將這句話告訴約瑟夫·拉格朗日，拉格朗日卻說：「這是個好假設！它可以解釋許多事情」（法語：Ah! c'est une belle hypothèse; ça explique beaucoup de choses.）

第二章　古典控制系統的數學基礎

2-1　基本函數

焦點 1　古典控制系統中的五大基本函數（訊號），其中函數內容如下重點說明，應用在控制學中說明如下表：

函數	函數簡標	應用說明
單位脈衝函數 (Unit impulse function)	$\delta(t)$	時域暫態響應
單位步階函數 (Unit step function)	$u_s(t)$	時域暫態/穩態響應+穩態誤差分析
單位斜坡函數 (Unit ramp function)	$u_r(t)$	時域穩態誤差分析
單位拋物線函數 (Unit parabolic function)	$u_p(t)$	時域穩態誤差分析
正弦函數 (Sinusoid function)	$u(t)$	頻域響應

考試比重：★☆☆☆☆　　**考題形式：**基本數學基礎

關鍵要訣

了解控制系統必須具備一些函數的基本知識，有下列六個函數：

1. 單位脈衝函數（Unit impulse function $\delta(t)$）：

【定義】 $f(t)=\begin{cases}\dfrac{1}{\varepsilon}, \text{when } \dfrac{-\varepsilon}{2}<t<\dfrac{\varepsilon}{2}\\ \text{others } t, f(t)=0\end{cases}$

When $\varepsilon \to 0,\ \delta(t)=\lim_{t\to 0} f(t)=\{\to\infty$, when $t\geq 0$ ；or $\to 0$, when $t\neq 0$ ，如下圖所示：

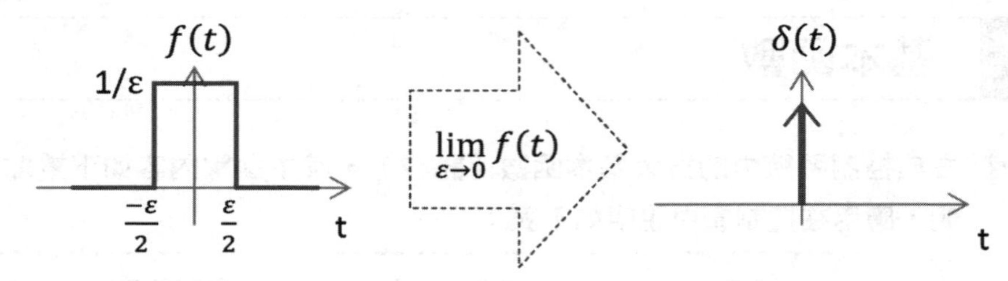

$\delta(t)$ 函數的性質：

(1) $\int_{-\infty}^{+\infty}\delta(t-t_0)=1(t_0\geq 0)$ 即符合前所謂的「因果系統」。

(2) 若 $g(t)$ 在 $t=t_0$ 時為連續函數，則 $\int_{-\infty}^{+\infty}g(t)\delta(t-t_0)dt=g(t_0)$ ，此稱為 $\delta(t)$ 函數的「過濾性質」（Filter Property）。

(3) 若 $g(t)$ 在 $t=t_0$ 時為連續函數，則 $\int_{-\infty}^{+\infty}g(t)\delta^{(n)}(t-t_0)dt=(-1)^n g^{(n)}(t_0)$ 。

(4) 單位脈衝函數中所謂的「單位」，代表的是 $\delta(t)$ ，$t\in(-\infty,+\infty)$ 圖形底下的面積值為 1。

2. 單位步階函數（Unit step function $u_s(t)$ ）：

【定義】 $u_s(t)=\begin{cases}1, \text{when } t\geq 0\\ 0, \text{when } t<0\end{cases}$ ，如下圖所示：

$u_s(t)$ 函數的性質：

(1) 「單位步階函數」的一次微分值為「單位脈衝函數」，即 $u_s'(t)=\delta(t)$ 。

(2) 「單位步階函數」中所謂的「單位」，代表的是步階函數的大小值為 1。

(3)若考慮到「延遲函數」（第 3 點詳細介紹），有下列三種不同的「步階函數」供解題之運用：

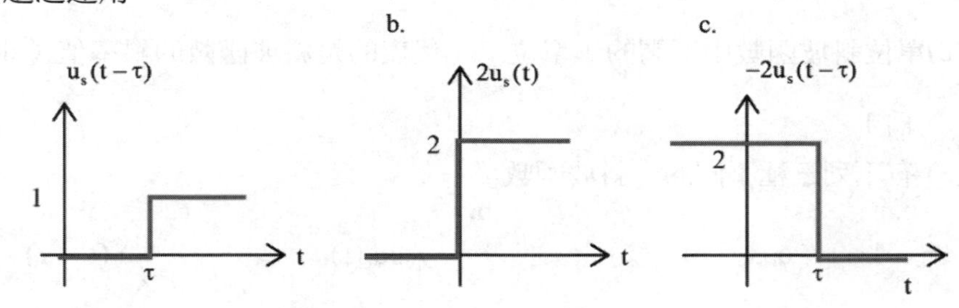

3. **延遲函數**（Delay function），可代表一種「**訊號延遲**」的動作：
以單位脈衝函數爲例，「單位脈衝延遲函數」如下圖所示：

【定義】 $\delta(t)=\begin{cases}\infty, \text{when } t>0\\ 0, \text{others } t\end{cases}\Rightarrow \delta(t-\tau)=\begin{cases}\infty, t\ge\tau\\ 0,\ t<0\end{cases}$，其中 $\tau>0$ 。

廣義定義：

(1) 令函數 $y(t-\tau)=f(t-\tau)u_s(t-\tau)$ 稱爲 $y(t)$ 的延遲函數，其中 $\tau>0$ ，稱爲「延遲時間」。

(2) 注意上式 t 的條件式 $t\ge 0$ ，當 $t<0$ 時， $f(t-\tau)u_s(t-\tau)=0$ 。

4. **單位斜坡函數**（Unit ramp function， $u_r(t)$ ）

【定義】 $u_r(t)=\begin{cases}t, \text{when } t\ge 0\\ 0, \text{when } t<0\end{cases}$，如下圖所示，即 $u_r(t)=tu_s(t)$ 。

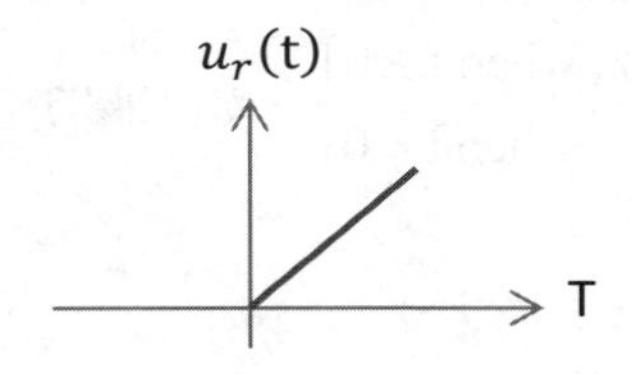

$u_r(t)$ **數的性質：**

(1)「單位斜坡函數」的一次微分值爲「單位步階函數」，即 $u_r'(t)=u_s(t)$。

(2)單位斜坡函數中所謂的「單位」，代表的是斜坡函數的斜率值（$slope=\dfrac{\Delta y}{\Delta x}$）爲 1。

(3) 有下列三種不同的「斜坡函數」。

a.

$u_r(t-\tau)$

Slope=1

τ　t

b.

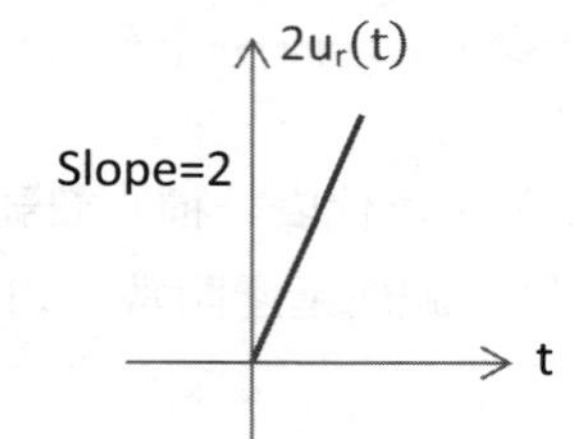

c.

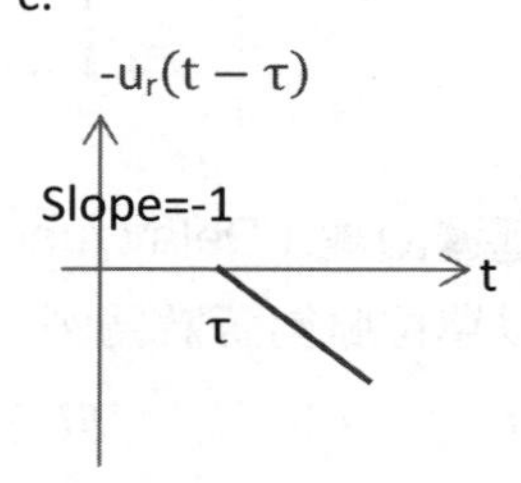

5. **單位拋物線函數**（Unit parabolic function $u_p(t)$）：

【定義】　$u_p(t)=\begin{cases}\dfrac{t^2}{2}, & \text{when } t\ge 0\\ 0, & \text{when } t<0\end{cases}$，如下圖所示，即 $u_p(t)=\dfrac{t^2}{2}u_s(t)$。

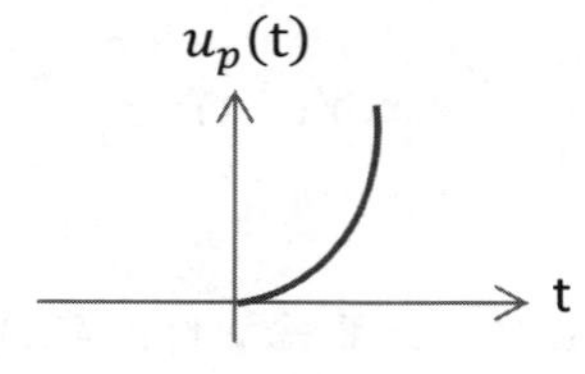

$u_p(t)$ **函數的性質：**

(1)「單位拋物線函數」的一次微分值爲「單位斜坡函數」，即 $u_p'(t)=u_r(t)$。

(2) 單位拋物線函數中所謂的「單位」，代表的是拋物線函數的加速度值（$=\dfrac{d^2}{dx^2}u_s(t)$）爲 1。

6. **正弦函數**（Sinusoid function）：

【定義】　$u(t)=\begin{cases}A\sin\omega t, & \text{when } t\ge 0\\ 0, & \text{when } t<0\end{cases}$，如下圖所示：

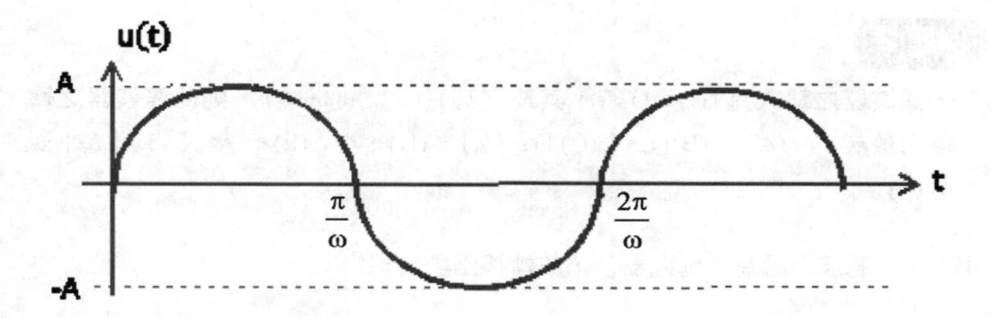

u(t) 函數的性質：

(1)「正弦函數 $A\sin\omega t$」中「週期(T)」爲 2π，ω 爲頻率。

(2) $u(t) = A\sin\omega t\, u_s(t)$。

例題 1

對於步階（step）訊號，試：

(1) 寫出其數學表示式。　　**(2) 繪圖顯示波形。**

(3) 寫出其拉氏轉換（Laplace transform）。【99 身心障礙三等】

同上重點説明，注意本題並未指明「單位」二字。

(1) $u_s(t) = \begin{cases} A, \text{ when } t \geq 0 \\ 0, \text{ when } t < 0 \end{cases}$，為常數，t 為時間。

(2) 如下圖所示：

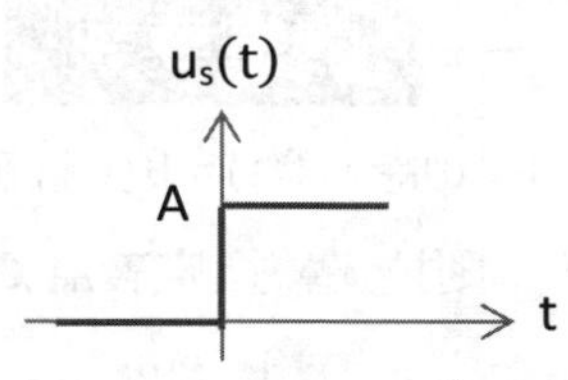

(3) 步階訊號之拉氏轉換為 $F(s) = \mathcal{L}[f(t)] = \frac{A}{s}$

例題 2

一濾波器之輸入為 $f(t)u(t)$ **時，其輸出為** $f(t-t_0)u(t-t_0)$ **，則此濾波器之轉移函數為：** (A)s (B)$F(s)$ (C) $F(s-t_0)$ (D) $e^{-t_0 s}$ (E) e^{-ts} 。【95 台電中油職員】

Hint：此濾波器應為「延遲器」，故轉移函數為 $e^{-t_0 s}$ 。

解 (D)

2-2 拉氏轉換

焦點 2 Laplace Transform（ $\mathcal{L}$ ）**是研究「線性連續系統」的基本數學工具，係將時域**（time domain）**的微分方程式，轉成** s **域**（s-domain）**的代數方程式，經過代數運算後可得** s-**域解，再利用反拉氏轉換**（inverse Laplace transform，$\mathcal{L}^{-1}$ ）**則可得時域解。**

考試比重：★★☆☆☆

考題形式 計算題為主，必須了解「拉氏轉換定義」、「基本轉換公式」及「拉氏轉換之微、積分」

關鍵要訣

1. **【定義】** 若函數 $f(t)$ 在 $t<0$ 時，$f(t)=0$，且滿足下列條件：

   $\int_0^{\infty}\left|f(t)e^{-\sigma t}\right|dt<\infty$ ，$\sigma\in\Re$ ，則拉氏轉換定義爲 $\mathcal{L}[f(t)]=F(s)=\int_0^{\infty}f(t)e^{-st}dt$

   反拉氏轉換定義爲 $\mathcal{L}^{-1}[F(s)]=f(t)=\dfrac{1}{2\pi i}\int_{\sigma-i\infty}^{\sigma+i\infty}F(s)e^{st}ds$ 。

   一般 $f(t)$ 稱爲「**時域函數**」，$F(s)$ 爲 s 域函數，拉式轉換即可視爲二函數間互相轉換的橋樑。

2. **基本函數的拉氏轉換：**

(1) $\mathcal{L}[\delta(t)]=1$ （ $t>0$ ）

(2) $\mathcal{L}[\delta^{(n)}(t)]=s^n$ （ $s>0$ ）

(3) $\mathcal{L}[1]=\int_0^\infty e^{-st}dt=\frac{1}{s}$ （ $s>0$ ）（1即可視爲單位步階函數，即下(4)）

(4) $\mathcal{L}[u_s(t)]=\frac{1}{s}$ （ $s>0$ ）

(5) $\mathcal{L}[e^{-at}]=\frac{1}{s+a}$ （ $s>0$ ）

(6) $\mathcal{L}[te^{-at}]=\frac{1}{(s+a)^2}$ （ $s>0$ ）

(7) $\mathcal{L}[t^n]=\frac{n!}{s^{n+1}}$ （ $s>0$ ）

(8) $\mathcal{L}[\sin\omega t]=\frac{\omega}{s^2+\omega^2}$ （ $s>0$ ）

(9) $\mathcal{L}[\cos\omega t]=\frac{s}{s^2+\omega^2}$ （ $s>0$ ）

(10) $\mathcal{L}[e^{-at}\sin\omega t]=\frac{\omega}{(s+a)^2+\omega^2}$ （ $s>0$ ）

(11) $\mathcal{L}[e^{-at}\cos\omega t]=\frac{s+a}{(s+a)^2+\omega^2}$ （ $s>0$ ）

例題 3

在控制系統的教程中，經常將物理系統的時域（time-domain）動態方程式利用拉氏轉換（Laplace transform）轉換至 s 域（s-domain）中進行研析，例如「轉移函數」（Transfer function）等；請說明此「拉氏轉換」的作用或目的為何？

Hint： 同上重點說明。

解　在時域分析中，物理系統的動態方程式乃是以「微分方程式」來表示的，因為微分方程在數學的處理上較為複雜與不便，但若將其取「拉氏轉換」之後，改以「轉移函數」來表示，則系統之輸出與輸入就只是單純的「代數關係」，在數學模型的處理上甚為簡單且方便，此即為其作用與目的之所在。

2-3 基本拉氏轉換定理

焦點 3 $\mathcal{L}$的「線性運算」與「平移定理」。

考試比重：★★☆☆☆

考題形式：計算為主，必須充分了解與熟記其定理與公式

關鍵要訣

1. **線性定理：**

   $\mathcal{L}[af(t)+bg(t)]=aF(s)+bG(s)$ （ $a,b\in\Re$ ）

   $\Leftrightarrow \mathcal{L}^{-1}[aF(s)+bG(s)]=af(t)+bg(t)$

2. **尺度變化定理：**

   $\mathcal{L}[f(t)]=F(s)$ ，則 $\mathcal{L}[f(at)]=\frac{1}{a}F(\frac{s}{a})$ （ $a>0$ ） $\Leftrightarrow \mathcal{L}^{-1}[F(as)]=\frac{1}{a}f(\frac{t}{a})$

3. **第一平移定理：**又稱爲「s 位移定理」指的是 f(t) 乘上「**延遲函數** e^{at}」造成 $s\Rightarrow s-a$ 。

   $\mathcal{L}[f(t)e^{+at}]=F(s-a)\Leftrightarrow \mathcal{L}^{-1}[F(s-a)]=f(t)e^{at}$

4. Time-Domain VS s-Domain

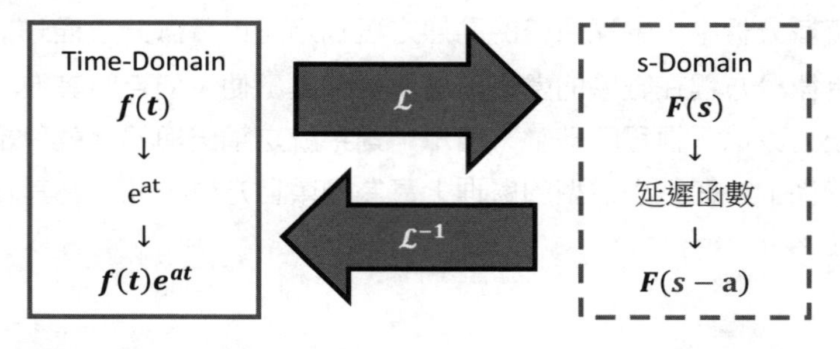

5. **第二平移定理：**又稱爲「t 位移定理」，指的是原本 f(t)的 t，即先位移到 $t-\tau$，以下之 u(t)皆爲單位步階函數。

注意 注意正負號，與「第一平移定理」之差別！

$$\mathcal{L}[f(t-\tau)u(t-\tau)] = e^{-\tau s}F(s) \Leftrightarrow \mathcal{L}^{-1}[F(s)e^{-\tau s}] = f(t-\tau)u(t-\tau)$$

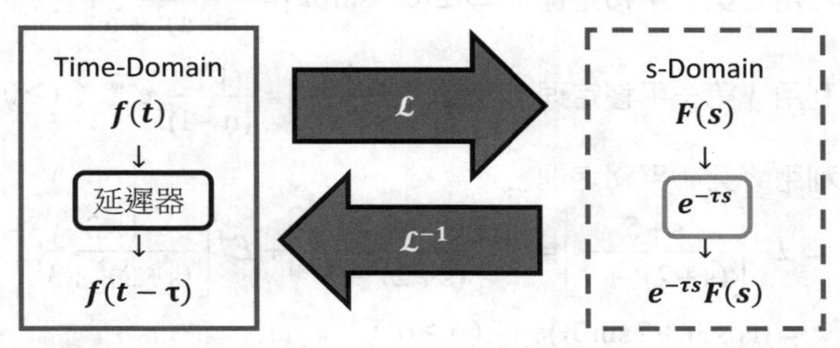

由上圖可知，函數 f(t)經過延遲後再取拉氏轉換，相當於 f(t)取拉氏轉換再乘以 $e^{-\tau s}$ ，故將 $e^{-\tau s}$ 定義爲延遲器（Delay Element）。

注意　見前之例題 2 考古題。

例題 4

求下列拉氏與反拉氏轉換：

(1) $\mathcal{L}[\delta(t-\tau)]$　　(2) $\mathcal{L}[t^n e^{-at}]$

(3) $\mathcal{L}[(t^2+3)u(t-1)]$　　(4) $\mathcal{L}[e^{-at}\sin\omega t]$

(5) $\mathcal{L}^{-1}[\frac{1}{(s+a)^n}]$　　(6) $\mathcal{L}^{-1}[\frac{s+5}{(s+2)^2+9}]$

(7) $\mathcal{L}^{-1}[\frac{s+2}{s^2}e^{3s}]$

Hint：同上重點説明，著重充分了解與演算。

(1) 利用「第二平移定理」$\Rightarrow \mathcal{L}[\delta(t-\tau)]e^{-\tau s} = e^{-\tau s}\mathcal{L}[\delta(t)] = e^{-\tau s}$

(2) 利用「第一平移定理」$\mathcal{L}[t^n e^{-at}] = \frac{n!}{(s+a)^{n+1}}$

(3) 先變形化成可利用「第二平移定理」的形式

$$\Rightarrow \mathcal{L}[(t^2+3)u(t-1)] = \mathcal{L}[((t-1)^2+2(t-1)+4)u(t-1)]$$
$$= \mathcal{L}[((t-1)^2)u(t-1)] + 2\mathcal{L}[(t-1)u(t-1)] + 4\mathcal{L}[u(t-1)]$$
$$= \left(\frac{2!}{s^3}+\frac{2}{s^2}+\frac{4}{s}\right)e^{-s}$$

(4) 利用「第一平移定理」$\Rightarrow \mathcal{L}[e^{-at}\sin\omega t]=\dfrac{\omega}{(s+a)^2+\omega^2}$

(5) 利用「第一平移定理」$\Rightarrow \mathcal{L}^{-1}[\dfrac{1}{(s+a)^n}]=\dfrac{t^{n-1}}{(n-1)!}e^{-at}$ （ $t\geq 0$ ）

(6) 利用「第一平移定理」

$$\Rightarrow \mathcal{L}^{-1}\left[\frac{s+5}{(s+2)^2+9}\right]=\mathcal{L}^{-1}\left[\frac{s+2}{(s+2)^2+3^2}\right]+\mathcal{L}^{-1}\left[\frac{1\times 3}{(s+2)^2+3^2}\right]$$

$$=(\cos 3t+2\sin 3t)e^{-2t}\quad (t\geq 0)$$

(7) 利用「第二平移定理」

$$\Rightarrow \mathcal{L}^{-1}\left[\frac{s+2}{s^2}e^{3s}\right]=\mathcal{L}^{-1}\left[\left(\frac{1}{s}+\frac{2}{s^2}\right)e^{3s}\right]=[1+2(t+3)]u(t+3)\quad (t\geq 0)$$

焦點 4 拉氏轉換（$\mathcal{L}$）的「導函數（微分運算）」與「積分運算」。

考試比重：★★☆☆☆

考題形式：計算為主，必須充分了解與熟記其定理與公式

關鍵要訣

1. 拉氏轉換之微分：即 S-Domain 的微分性質

【定義】 $\mathcal{L}[(-t)^n f(t)]=\dfrac{d^n}{ds^n}F(s)$

解題技巧：一般均先令 F(s)，然後做一次微分，請看下面例題：

例題 5

求下列反拉氏轉換：

(1) $\mathcal{L}^{-1}\left[\ln\left(\dfrac{s+a}{s-a}\right)\right]$　　(2) $\mathcal{L}^{-1}\left[\tan^{-1}\left(\dfrac{2}{s}\right)\right]$

Hint：同上解題技巧。

解 (1) 令 $F(s)=\ln\left(\frac{s+a}{s-a}\right)$，then $\mathcal{L}^{-1}\left[\ln\left(\frac{s+a}{s-a}\right)\right]=\mathcal{L}^{-1}[F(s)]=f(t)$

$$\frac{d}{ds}F(s)=\frac{d}{ds}\left[\ln\left(\frac{s+a}{s-a}\right)\right]=\frac{d}{ds}\left[\ln(s+a)-\ln(s-a)\right]$$

$$=\frac{1}{s+a}-\frac{1}{s-a}=\mathcal{L}[(-t)f(t)]$$

再做 $\mathcal{L}^{-1}\Rightarrow(-t)f(t)=e^{-at}-e^{at}\Rightarrow f(t)=\frac{e^{at}-e^{-at}}{t}$（$t\geq 0$）

(2) 令 $F(s)=\tan^{-1}\left(\frac{2}{s}\right)$，then $\mathcal{L}^{-1}\left[\tan^{-1}\left(\frac{2}{s}\right)\right]=\mathcal{L}^{-1}[F(s)]=f(t)$

$$\frac{d}{ds}F(s)=\frac{d}{ds}\left[\tan^{-1}\left(\frac{2}{s}\right)\right]=\frac{\frac{-2}{s^2}}{1+(\frac{2}{s})^2}=\frac{-2}{s^2+2^2}=\mathcal{L}[(-t)f(t)]$$

再做 $\mathcal{L}^{-1}\Rightarrow(-t)f(t)=-\sin 2t\Rightarrow f(t)=\frac{\sin 2t}{t}$（$t\geq 0$）

2. 導函數的拉氏轉換：

【定義】

(1) 若 $f(t)$ 爲連續函數，則 $\mathcal{L}[f'(t)]=sF(s)-f(0)$

根據上式，當 $t=0$ 時，$f(0)=0$，即初始值爲 0 時，連續函數 $f(t)$ 微分後再取拉氏轉換，相當於 $f(t)$ 取拉氏轉換後再乘以 s，因此，將 s 定義爲「微分器」（Differentiator）。

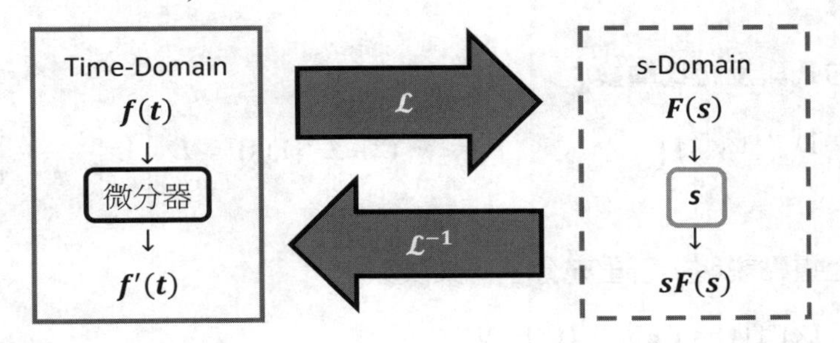

(2) 通式爲：

$$\mathcal{L}\left[f^{(n)}(t)\right]=s^nF(s)-s^{n-1}f(0)-s^{n-2}f'(0)-\ldots-f^{(n-1)}(0)$$

解題技巧： 一般先令 $f(t)$ 做一次微分後，看初始值 $f(0)$，再代入此公式。請看下例題所演示：

例題 6

試求 $f(t)=5\sin^2(t)$ **的拉氏轉換。**

Hint：同上解題技巧。

解 $\because f'(t)=5\times 2\sin t\times\cos t=5\sin 2t$，初始值 $f(0)=5\sin^2 0=0$，

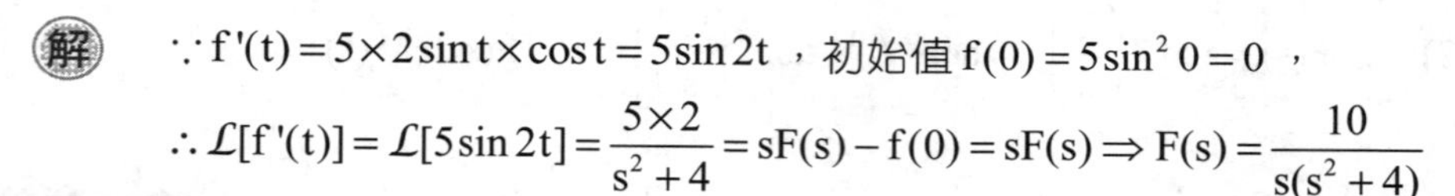

$$\therefore \mathcal{L}[f'(t)]=\mathcal{L}[5\sin 2t]=\frac{5\times 2}{s^2+4}=sF(s)-f(0)=sF(s)\Rightarrow F(s)=\frac{10}{s(s^2+4)}$$

例題 7

利用拉氏轉換公式： $\mathcal{L}[\sin\omega t]=\dfrac{\omega}{s^2+\omega^2}$ **，和拉氏微分轉換公式，求下列函數之拉氏轉換：** $f(t)=A\cos\omega t$

Hint：同上解題技巧。

解 $\because f(t)=\dfrac{d}{dt}\left(\dfrac{A}{\omega}\sin\omega t\right)$，又微分公式為 $\mathcal{L}[f'(t)]=sF(s)-f(0)$，

初始值 $f(0)=A$，$\therefore F(s)=\dfrac{1}{s}\{\mathcal{L}[f'(t)]+A\}=\dfrac{1}{s}\left(\dfrac{-A\omega^2}{s^2+\omega^2}+A\right)=A\left[\dfrac{1-\omega^2}{s(s^2+\omega^2)}\right]$。

例題 8

求下列拉氏與反拉氏轉換：

(1) $\mathcal{L}\left[\dfrac{e^t}{n!}D^{(n)}\left(t^n e^{-t}\right)\right]$　　(2) $\mathcal{L}^{-1}[F(s)]=\mathcal{L}^{-1}\left[\ln\left(\dfrac{s^2+1}{s^2}\right)\right]$

Hint：同上重點說明，著重充分了解與演算。

解 (1) Let $f(t)=t^n e^{-t}$，$f(0)=0$

$f'(t)=nt^{n-1}e^{-t}+(-1)t^n e^{-t}$，$f'(0)=0$

$f''(t)=n(n-1)t^{n-2}e^{-t}-nt^{n-1}e^{-t}-nt^{n-1}e^{-t}+t^n e^{-t}$，$f''(0)=0$

$f'''(t) = ...t^n e^{-t}$ ， $f'''(0) = 0$

$L\left(t^n e^{-t}\right) = \dfrac{n!}{(s+1)^{n+1}}$ ， $\mathcal{L}\left[D^{(n)}\left(t^n e^{-t}\right)\right] = \mathcal{L}\left[\dfrac{d^n}{dt^n}\left(t^n e^{-t}\right)\right] = s^n\left[\dfrac{n!}{(s+1)^{n+1}}\right]$

用拉氏轉換微分通式：

$\mathcal{L}\left[f^{(n)}(t)\right] = s^n F(s) - s^{n-1}f(0) - s^{n-2}f'(0) - ... - f^{n-1}(0)$

又 $\mathcal{L}\left[\dfrac{e^t}{n!}D^{(n)}\left(t^n e^{-t}\right)\right] = \dfrac{1}{n!}(s-1)^n\left[\dfrac{n!}{(s-1+1)^{n+1}}\right] = \dfrac{(s-1)^n}{s^{n+1}}$

(2) $(s) = \ln\left(\dfrac{s^2+1}{s^2}\right) = \ln(s^2+1) - \ln(s^2)$

$\because \dfrac{d}{ds}F(s) = \mathcal{L}[-tf(t)]$ ， $\therefore \dfrac{2s}{s^2+1} - \dfrac{2s}{s^2} = \mathcal{L}[-tf(t)]$ ，

取反拉氏轉換 $\Rightarrow 2\cos t - 2 = -tf(t) \Rightarrow f(t) = \dfrac{2-2\cos t}{t}$

例題 9

求下圖 F(t)**之** Laplace Transform**：**

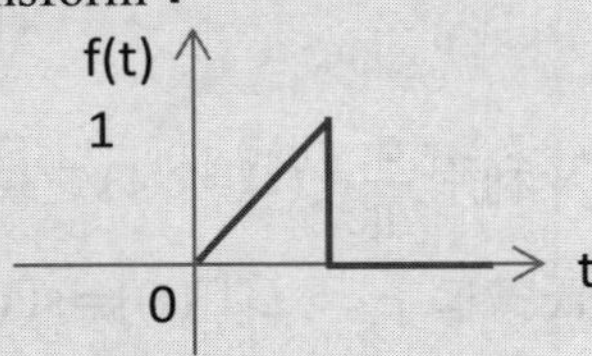

Hint：上圖 F(t)會等於：

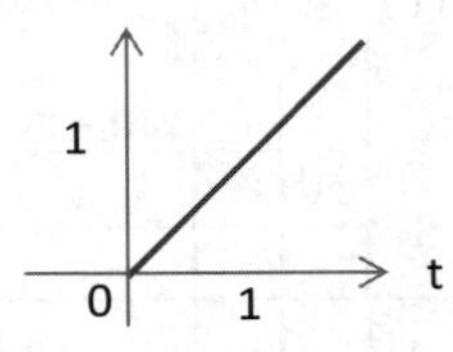

減去

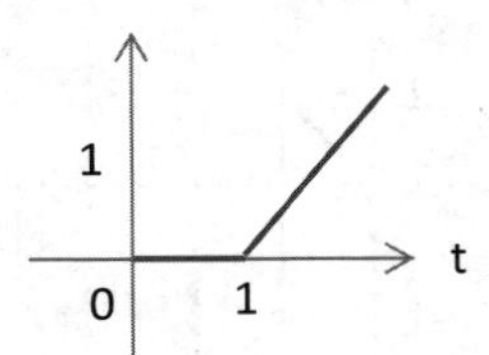

解　由上 Hint 可知：

$f(t) = tu_s(t) - tu_s(t-1) = tu_s(t) - (t-1)u_s(t-1) - u_s(t-1)$

上式取拉氏轉換 $\Rightarrow F(s) = \dfrac{1}{s^2} - \dfrac{1}{s^2}e^{-s} - \dfrac{1}{s}e^{-s}$

另解：

將 f(t)微分一次，且由圖知 $f(0)=0$

$f'(t)=[u_s(t)-u_s(t-1)]-\delta(t-1)$

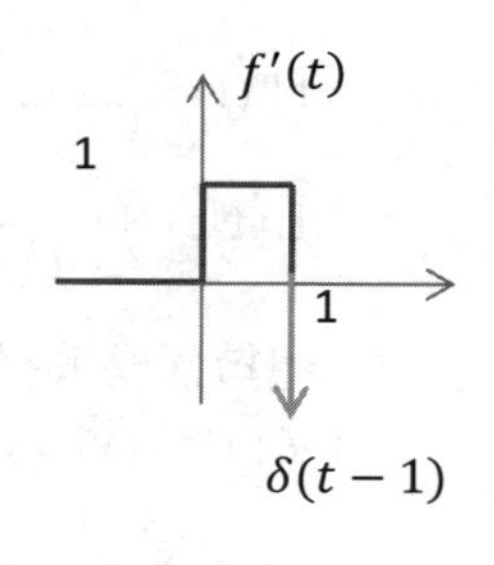

取其「拉氏轉換」$\Rightarrow sF(s)-f(0)=\frac{1}{s}-\frac{1}{s}e^{-s}-e^{-s}$

$\Rightarrow F(s)=\frac{1}{s^2}-\frac{1}{s^2}e^{-s}-\frac{1}{s}e^{-s}$

例題 10

求下圖 f(t) 之拉氏轉換：

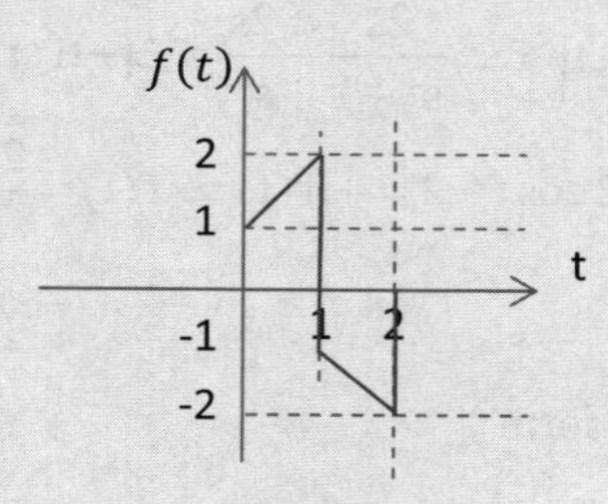

Hint： (1) 同上一例題之分析及利用 $\frac{d}{dt}u_s(t)=\delta(t)$ 之關係

(2) 應用「導函數之拉氏轉換」$\Rightarrow \mathcal{L}[f'(t)]=sF(s)-f(0)$

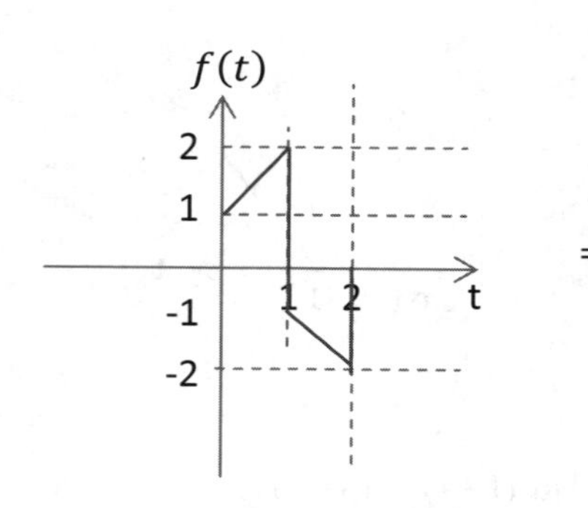

⇒

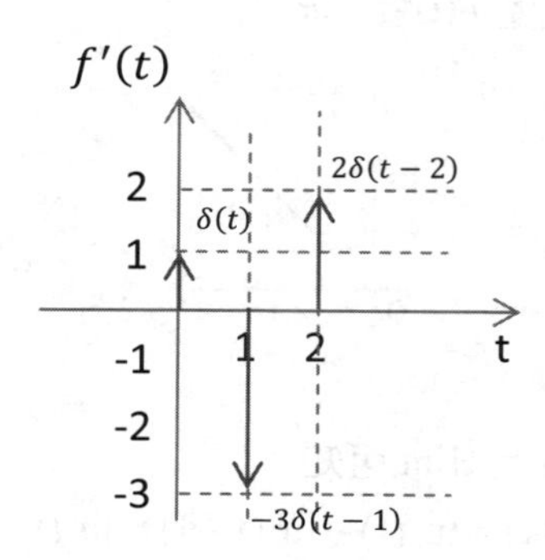

$\because f'(t)=\delta(t)-3\delta(t-1)+2\delta(t-2)+[u_s(t)-u_s(t-1)]+[-u_s(t-1)-2u_s(t-2)]$

其中 $u_s(t)$ 為單位步階函數，取 Laplace

$$\Rightarrow sF(s)-f(0)=sF(s)=1-3e^{-s}+2e^{-2s}+\frac{1}{s}-\frac{2}{s}e^{-s}+\frac{2}{s}e^{-2s}$$

$$\Rightarrow F(s)=\frac{1}{s}-\frac{3}{s}e^{-s}+\frac{2}{s}e^{-2s}+\frac{1}{s^2}-\frac{2}{s^2}e^{-s}+\frac{2}{s^2}e^{-2s}$$

3. 拉氏轉換的積分：

【定義】

(1) 若 $\lim\limits_{t\to 0}\frac{f(t)}{t}$ 存在，則 $\mathcal{L}\left[\frac{f(t)}{t}\right]=\int_s^\infty F(x)dx$

(2) 取積分函數的拉氏轉換，$\mathcal{L}\left[\int_0^t f(\tau)d\tau\right]=\frac{F(s)}{s}$

$$\Rightarrow \mathcal{L}^{-1}\left[\frac{1}{s}F(s)\right]=\int_0^t f(t)dt=\int_0^t \mathcal{L}^{-1}[F(s)]dt$$

根據上式，當 f(t) 積分後再取拉氏轉換，相當於 f(t) 取拉氏轉換後再乘以 $\frac{1}{s}$，如下圖，因此，將 $\frac{1}{s}$ 定義爲「積分器」（Integrator）。

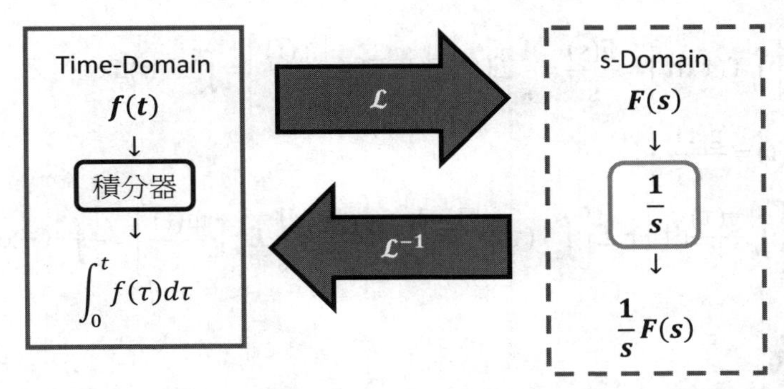

解題技巧：注意在求「反拉式運算」時，當遇到「分母多 s」的式子時，常運用到上**【定義(2)】**的公式，故需熟悉之，請看下列例題：

例題 11

$f(t)=\mathcal{L}^{-1}\left[\frac{1}{s(s^2+1)}\right]$，求 $f\left(\frac{\pi}{2}\right)=$?

Hint：由 $\mathcal{L}\left[\int_0^t f(\tau)d\tau\right]=\frac{F(s)}{s} \Leftrightarrow \mathcal{L}^{-1}\left[\frac{1}{s}F(s)\right]=\int_0^t f(t)dt=\int_0^t \mathcal{L}^{-1}[F(s)]dt$

解

$$F(s)=\frac{1}{s^2+1} \Leftrightarrow \mathcal{L}^{-1}F(s)=\sin t$$

$$f(t)=tu_s(t)-tu_s(t-1)=tu_s(t)-(t-1)u_s(t-1)-u_s(t-1)$$

$$\therefore \mathcal{L}^{-1}\left[\frac{1}{s(s^2+1)}\right]=\int_0^t \sin t\,dt=1-\cos t=f(t)$$

故 $f(\frac{\pi}{2})=1$

例題 12

請證明 $\mathcal{L}\left[\int_0^t \frac{g(\tau)}{\tau}d\tau\right]=\frac{1}{s}\int_x^{\infty} G(x)dx$ 。

Hint：$\mathcal{L}\left[\int_0^t f(\tau)d\tau\right]=\frac{F(s)}{s}$

解

$$\because \mathcal{L}\left[\int_0^t f(\tau)d\tau\right]=\frac{F(s)}{s}=\frac{1}{s}\mathcal{L}[f(t)]\text{，又 }\mathcal{L}\left[\frac{f(t)}{t}\right]=\int_s^{\infty} F(x)dx$$

令 $f(t)=\frac{g(t)}{t}$，

$$\therefore \mathcal{L}\left[\int_0^t \frac{g(\tau)}{\tau}d\tau\right]=\mathcal{L}\left[\int_0^t f(\tau)d\tau\right]=\frac{1}{s}\mathcal{L}[f(t)]=\frac{1}{s}\mathcal{L}\left[\int_0^t \frac{g(t)}{t}\right]=\frac{1}{s}\int_s^{\infty} G(x)dx$$

例題 13

求 $\mathcal{L}\left[\frac{\sin(at)}{t}\right]=?$

Hint：$\mathcal{L}\left(\frac{f(t)}{t}\right)=\int_s^{\infty} F(x)dx$

解

$$\mathcal{L}\left[\frac{\sin(at)}{t}\right]=\int_s^{\infty}\frac{a}{x^2+a^2}dx=\tan^{-1}\frac{x}{a}\Big\|_s^{\infty}=\tan^{-1}\infty-\tan^{-1}\frac{s}{a}=\frac{\pi}{2}-\tan^{-1}\frac{s}{a}$$

4. **初值定理**（Initial Value Theorem）：

【定義】　若 $t>0$ 時，$f(t)$ 是連續函數，則 $\lim_{t\to 0} f(t)=f(0)=\lim_{s\to\infty} sF(s)$。

5. **終值定理**（Final Value Theorem）：

【定義】　若 $f(t)$ 的終值存在，即爲 $sF(s)$ 的根（root）在 s 的左半平面，則 $\lim_{t\to\infty} f(t)=f(\infty)=\lim_{s\to 0} sF(s)$

注意終值定理與初值定理之 s 趨近值是不同的。

例題 14

請證明：

(1) **初值定理**（Initial Value Theorem）：
若 $t>0$ **時，**$f(t)$ **是連續函數，則** $\lim_{t\to 0} f(t)=f(0)=\lim_{s\to\infty} sF(s)$。

(2) **終值定理**（Final Value Theorem）：
若 $f(t)$ **的終值存在，則** $\lim_{t\to\infty} f(t)=f(\infty)=\lim_{s\to 0} sF(s)$。

解

(1) $\because \mathcal{L}[f'(t)]=sF(s)-f(0)=\int_0^\infty f'(t)e^{-st}dt$

令 $s\to\infty \Rightarrow \lim_{s\to\infty}[sF(s)-f(0)]=\lim_{s\to\infty}\int_0^\infty f'(t)e^{-st}dt=0$

$\Rightarrow \lim_{s\to\infty} sF(s)=f(0)=\lim_{t\to 0} f(t)$

(2) $\because \mathcal{L}[f'(t)]=sF(s)-f(0)=\int_0^\infty f'(t)e^{-st}dt$

令 $s\to 0 \Rightarrow \lim_{s\to 0}[sF(s)-f(0)]=\lim_{s\to 0}\int_0^\infty f'(t)e^{-st}dt=f(\infty)-f(0)$

$\Rightarrow \lim_{s\to 0} sF(s)=f(\infty)=\lim_{t\to\infty} f(t)$

例題 15

(1) **證明終值定理**（Final Value Theorem）：
若 $\lim_{t\to\infty} f(t)$ **存在，則** $\lim_{s\to\infty} f(t)=\lim_{s\to\infty} sF(s)$ **，其中** $F(s)=\mathcal{L}[f(t)]$ **，即** $F(s)$ **是** $f(t)$ **的拉普拉斯轉換**（Laplace transform）。

(2) 考慮以下四個函數的拉普拉斯轉換：

A. $\mathcal{L}[f_1(t)] = F_1(s) = \dfrac{7}{s(s+1)}$　　B. $\mathcal{L}[f_2(t)] = F_2(s) = \dfrac{s+2}{s(s^2+1)}$

C. $\mathcal{L}[f_3(t)] = F_3(s) = \dfrac{7}{s(s-3)}$　　D. $\mathcal{L}[f_4(t)] = F_4(s) = \dfrac{s+2}{s(s+1)^2}$

各函數的終值為 $f_1(\infty)$、$f_2(\infty)$、$f_3(\infty)$ 與 $f_4(\infty)$，其中哪些終值可以利用終值定理來計算？其值為何？【97 高考二級(電力組控制)】

解 (1) 同上例題 14

(2) A. $\because sF_1(s) = \dfrac{7}{(s+1)}$ 之極點（Poles，後面將詳細說明），

$s=-1$ 在 s 平面之左半面，∴可利用「終值定理」來求其終值

$f_1(\infty) = \lim\limits_{s\to 0} sF_1(s) = \lim\limits_{s\to 0}\dfrac{7}{s+1} = 7$

B. $\because sF_2(s) = \dfrac{7}{(s^2+1)}$ 之極點 $s=\pm j$，不在 s 平面之左半面，

∴不可利用「終值定理」來求其終值。

C. $\because sF_3(s) = \dfrac{7}{(s-3)}$ 之極點 $s=\pm j$，不在 s 平面之右半面，

∴不可利用「終值定理」來求其終值。

D. $\because sF_4(s) = \dfrac{s+2}{(s+1)^2}$ 之極點 $s=-1$，-1 都在 s 平面之左半面，∴可利用

「終值定理」來求其終值 $f_4(\infty) = \lim\limits_{s\to 0} sF_4(s) = \lim\limits_{s\to 0}\dfrac{s+2}{(s+1)^2} = 2$。

例題 16

已知 $Y(s) = \mathcal{L}[y(t)] = \dfrac{s^2+8}{s^3+s^2+4s}$，求 y 的初值 $y(0)$ 及 y 的終值 $y(\infty)$ 各為何？

解 (1) $y(0) = \lim\limits_{s\to\infty} sY(s) = \lim\limits_{s\to\infty} s\dfrac{s^2+8}{s^3+s^2+4s} = \lim\limits_{s\to\infty}\dfrac{s^2+8}{s^2+s+4} = 1$

(2) $\because sY(s)$ 之根（極點）都在 s 平面之左半面，∴可利用「終值定理」來求其終值 $y(\infty) = \lim\limits_{s\to 0} sY(s) = \lim\limits_{s\to 0}\dfrac{s^2+8}{s^2+s+4} = 2$

焦點 5　反拉氏轉換（inverse Laplace transform，$\mathcal{L}^{-1}$）、「週期函數」與「迴旋積」。

考試比重：★★☆☆☆

考題形式：計算題為主，一般在求解複雜的控制系統時，必須藉由「反拉氏轉換解」來得其時域解，但對一些複雜的多項式時，則必須先化簡後才可用「反拉氏轉換公式」求解，常見的化簡方法有「部分分式法」、「迴旋積分法」與「微分方程式法」三種。

關鍵要訣

反拉氏轉換（inverse Laplace transform，$\mathcal{L}^{-1}$）之求解。

1. **部分分式法：**

首先令 $F(s)=\dfrac{N(s)}{D(s)}$ 爲「有理函數」，其中 N(s)、D(s) 爲實係數多項式，D(s) 的次數大於 N(s) 的次數，且無「共同因式」。

(1) $D(s)=0$ 具有相異實根：

$$F(s)=\frac{N(s)}{(s-a_1)(s-a_2)...(s-a_k)}=\frac{A_1}{s-a_1}+\frac{A_2}{s-a_2}+...+\frac{A_k}{s-a_k}$$

取反拉式運算 $\Rightarrow f(t)=A_1e^{a_1t}+A_2e^{a_2t}+...+A_ke^{a_kt}$，

其中 $A_i=[(s-a_i)F(s)]\Big|_{s=a_i}^{i=1,2,...,k}$

解題技巧：　求各等號右式分式中之分子（即各係數）的左法，可利用「快速解法」如下：

A. 先因式分解分母使成連乘積爲左式。

B. 再寫等號右式爲各一次根式之加減項，令分母爲 0 可得數個解。

C. 其中一解代入左式，遮住該因式（不代入），解得之值，即爲右式之分子係數。

例題 17

求下列 $F(s)$ **的反拉氏轉換：** $F(s)=\dfrac{5(s+1)}{s(s+2)(s+4)}$

解 利用上述之解題技巧，$F(s)=\dfrac{5(s+1)}{s(s+2)(s+4)}=\dfrac{A}{s}+\dfrac{B}{s+2}+\dfrac{C}{s+4}$

Let $s=0$ 代入左式（遮住 $\dfrac{1}{s}$），得 $\dfrac{5}{2\times 4}=\dfrac{5}{8}=A$

Let $s=-2$ 代入左式（遮住 $\dfrac{1}{s+2}$），得 $\dfrac{5\times 3}{2\times 6}=\dfrac{5}{4}=B$

Let $s=-4$ 代入左式（遮住 $\dfrac{1}{s+4}$），得 $\dfrac{5\times(-3)}{-4\times(-2)}=\dfrac{-15}{8}=C$

$\Rightarrow F(s)=\dfrac{5\times(s+1)}{s(s+2)(s+4)}=\dfrac{5}{8}\times\dfrac{1}{s}+\dfrac{5}{4}\times\dfrac{1}{s+2}-\dfrac{15}{8}\times\dfrac{1}{s+4}$

$\Rightarrow \mathcal{L}^{-1}[F(s)]=f(t)=\dfrac{5}{8}+\dfrac{5}{4}e^{-2t}-\dfrac{15}{8}e^{-4t}$，$t\geq 0$

2. $D(s)=0$ **具有實重根：**

$$F(s)=\frac{N(s)}{(s-a)^k\ldots}=\frac{A_1}{s-a}+\frac{A_2}{(s-a)^2}+\ldots+\frac{A_k}{(s-a)^k}$$

取反拉式運算 $\Rightarrow f(t)=\left[A_1e^{at}+A_2te^{at}+\ldots+A_k\dfrac{t^{k-1}}{(k-1)!}e^{at}\right]+\ldots$，其中 A_i 之求法，則直接以比較係數法求之。

解題技巧： 求各分式中之分子（係數），則直接利用「比較係數」+「代值法」如下例題：

例題 18

求下列 $F(s)$ **的反拉氏轉換：** $F(s)=\dfrac{s-2}{(s+1)(s+2)^2}$

解　利用上述之解題技巧，$F(s)=\dfrac{s-2}{(s+1)(s+2)^2}=\dfrac{A}{s+1}+\dfrac{B}{s+2}+\dfrac{C}{(s+2)^2}$

先 Let $s=-1$ 代入左式（遮住 $\dfrac{1}{s+1}$），得 $\dfrac{-1-2}{1}=-3=A$

兩式通分之，比較分子得

$s-2=-3\times(s+2)^2+B(s+1)(s+2)+C(s+1)$

右式之 s^2 項必為 $0\Rightarrow -3+B=0\Rightarrow B=3$

右式之常數項必為 $-2\Rightarrow -2=-12+2B+C=-6+C\Rightarrow C=4$

$$\Rightarrow \mathcal{L}^{-1}[F(s)]=\mathcal{L}^{-1}\left[\frac{s-2}{(s+1)(s+2)^2}\right]=\frac{-3}{s+1}+\frac{3}{s+2}+\frac{4}{(s+2)^2}$$

$$\Rightarrow f(t)=-e^{-t}+3e^{-2t}+4te^{-2t}$$

3. $D(s)=0$ **具有共軛虛根：**

假設根爲 $s=\alpha\pm j\beta$，則

$$F(s)=\frac{As+B}{(s+\alpha+j\beta)(s+\alpha-j\beta)}+\ldots=\left(\frac{P_1}{\beta}\right)\frac{\beta}{(s+\alpha)^2+\beta^2}+\left(\frac{P_2}{\beta}\right)\frac{s+\alpha}{(s+\alpha)^2+\beta^2}+\ldots$$

再取反拉式運算。

解題技巧： 求各分式中之分子（係數），則直接利用「比較係數」+「代值法」如下例題：

例題 19

求下列 F(s) 的反拉氏轉換： $F(s)=\dfrac{s+3}{(s+2)(s^2+2s+2)}$

解 利用上述之解題技巧，$F(s)=\dfrac{s+3}{(s+2)(s^2+2s+2)}=\dfrac{A}{s+2}+\dfrac{Bs+C}{s^2+2s+2}$

先 Let $s=-2$ 代入左式（遮住 $\dfrac{1}{s+2}$），得 $\dfrac{-2+3}{4-4+2}=\dfrac{1}{2}=A$

兩式通分之，比較分子得 $s+3=\dfrac{1}{2}\times(s^2+2s+2)+(Bs+C)(s+2)$

上式等號右側之 s^2 項必為 $0\Rightarrow\dfrac{1}{2}+B=0\Rightarrow B=-\dfrac{1}{2}$

等號左側之常數項必為 $3\Rightarrow 3=1+2C\Rightarrow C=1$

$$\Rightarrow F(s)=\frac{s+3}{(s+2)(s^2+2s+2)}=\frac{1}{2}\times\frac{1}{s+2}+\frac{\frac{-1}{2}s+1}{s^2+2s+2}$$

$$=\frac{1}{2}\times\frac{1}{s+2}+\frac{\frac{-1}{2}(s+1)}{s^2+2s+1+1}+\frac{\frac{3}{2}}{s^2+2s+1+1}$$

$$\Rightarrow \mathcal{L}^{-1}[F(s)]=\mathcal{L}^{-1}\left[\frac{1}{2}\times\frac{1}{s+2}+\frac{\frac{-1}{2}(s+1)}{(s+1)^2+1}+\frac{\frac{3}{2}}{(s+1)^2+1}\right]$$

$$=\frac{1}{2}e^{-2t}-\frac{1}{2}\cos t\,e^{-t}+\frac{3}{2}\sin t\,e^{-t}\quad(t\ge 0)$$

4. **週期函數：**

【定義】 若 $f(t+T)=f(t)$，則稱 $f(t)$ 為一周期為 T 的「週期函數」，對週期函數 $f(t)$ 取「拉氏轉換」，則可表示如 $\mathcal{L}[f(t)]=\dfrac{1}{1-e^{-sT}}\int_0^T f(t)e^{-st}dt$（$s>0$）。

5. **迴旋積（Convolution）：**

【定義】　輸出 $y(t)=g(t)\times u(t)=\int_{-\infty}^{+\infty} g(\tau)u(t-\tau)d\tau$

若系統與輸入皆為「因果系統」，則輸出 $y(t)=g(t)\times u(t)=\int_{0}^{t} g(\tau)u(t-\tau)d\tau$，如下圖所示：

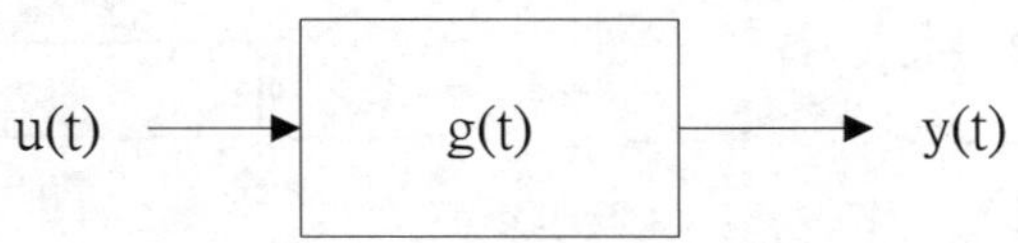

性質：

(1) 交換性：$f(t)\times g(t)=g(t)\times f(t)$

(2) 結合性：$[f(t)\times g(t)]\times h(t)=f(t)\times[g(t)\times h(t)]$

(3) 分配性：$f(t)\times[g(t)+h(t)]=[f(t)\times g(t)]+[f(t)\times h(t)]$

(4) $[f(t)\times g(t)]'=f'(t)\times g(t)=f(t)\times g'(t)$

(5) $[f(t)\times g(t)]^{-1}=f^{-1}(t)\times g(t)=f(t)\times g^{-1}(t)$

其中 $f^{-1}(t)=\int_{-\infty}^{t} f(\tau)d\tau$，$g^{-1}(t)=\int_{-\infty}^{t} g(\tau)d\tau$

(6) $f(t-t_1)\times\delta(t-t_2)=f(t-t_1-t_2)$，若 $t_1=t_2=0$，則 $f(t)\times\delta(t)=f(t)$，故 $\delta(t)$ 稱為迴旋積分之單位元素（unity element）。

迴旋積圖解求法之重點說明：

(1) 將 t 改為 τ。

(2) 若選定 $g(\tau)$ 函數，對它做垂直軸對折 $\Rightarrow g(-\tau)\Rightarrow g(t-\tau)$。

(3) 將 $g(-\tau)$ 平移 t 秒，若 $t<0$ 向左移，若 $t>0$ 向右移。

(4) 代入特定時間 t，則 $y(t)=g(t-\tau)$ 與 $u(t)$ 二函數所構成的面積（積分），即為「迴旋積」。

例題 20

已知系統的響應 $g(\tau)$ 與輸入訊號 $u(t)$ 如下圖所示，請利用迴旋積分求系統之輸出 $y(t)$。

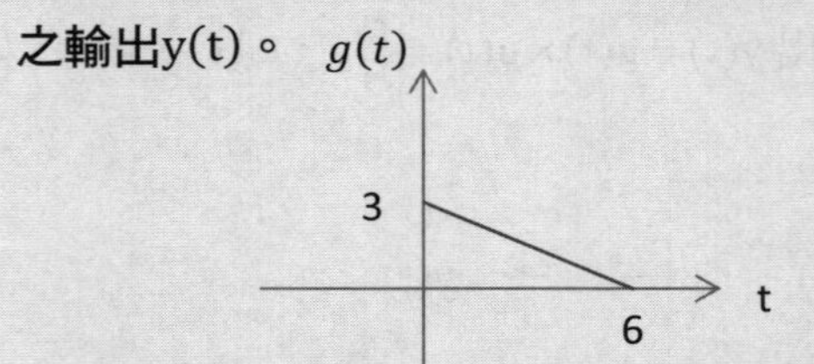

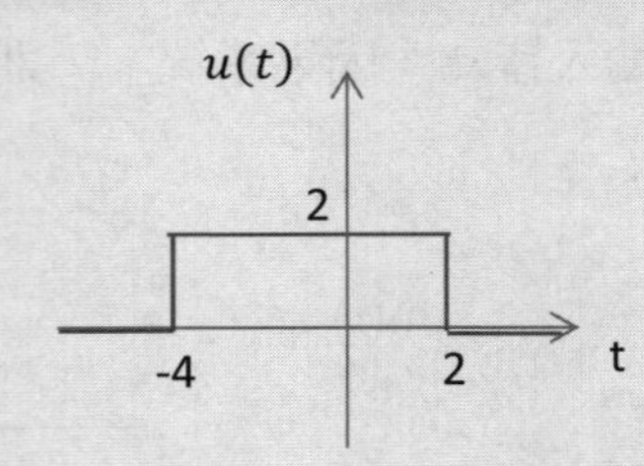

解

(1) 將 t 改為 $\tau \Rightarrow u(t)=u(\tau)$

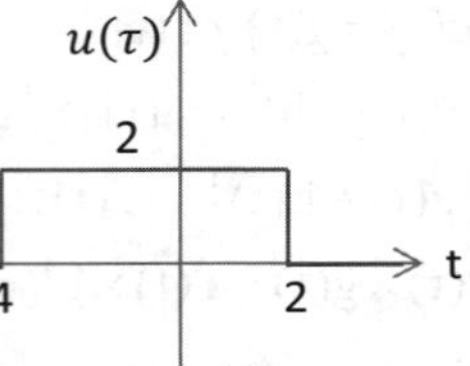

(2) 若選定 $g(\tau)$ 函數，對它做垂直軸對折，

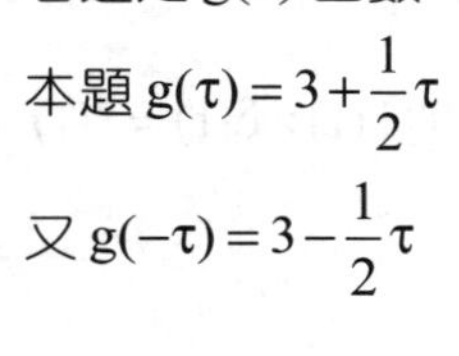

本題 $g(\tau)=3+\dfrac{1}{2}\tau$

又 $g(-\tau)=3-\dfrac{1}{2}\tau$

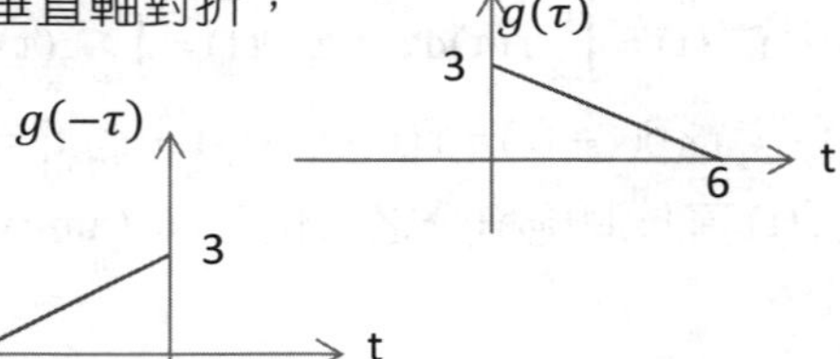

(3) 將 $g(-\tau)$ 平移 t 秒，

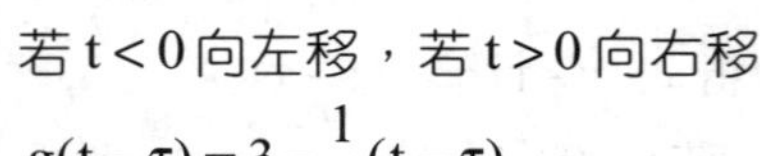

若 $t<0$ 向左移，若 $t>0$ 向右移

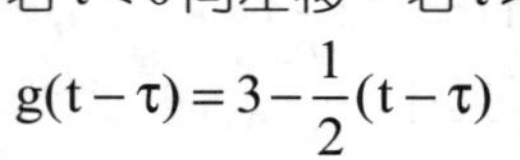

$g(t-\tau)=3-\dfrac{1}{2}(t-\tau)$

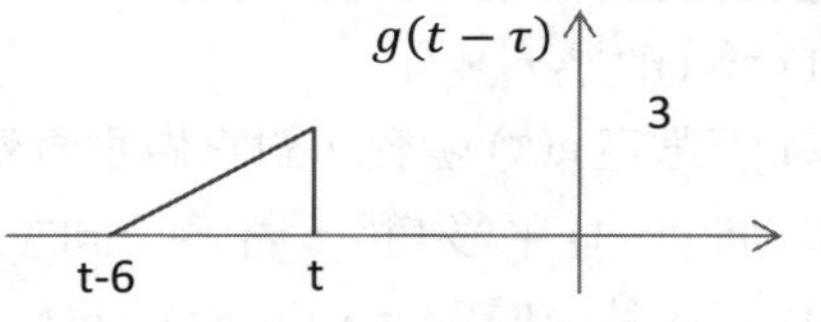

(4) 代入特定時間 t，則 $y(t)=g(t-\tau)$ 與 $u(t)$ 二函數所構成的面積（積分），即為「迴旋積」。本題即求 $y(t)=\int_{-\infty}^{+\infty}u(\tau)g(t-\tau)d\tau$。

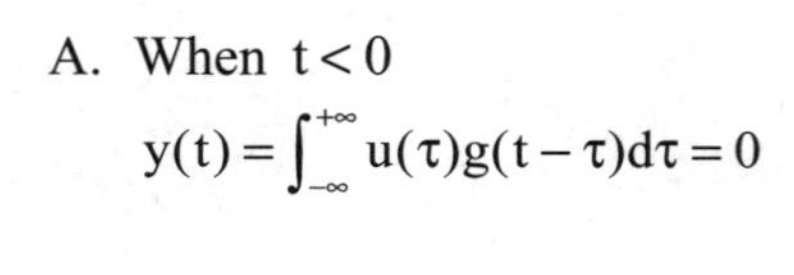

A. When $t<0$

$y(t)=\int_{-\infty}^{+\infty}u(\tau)g(t-\tau)d\tau=0$

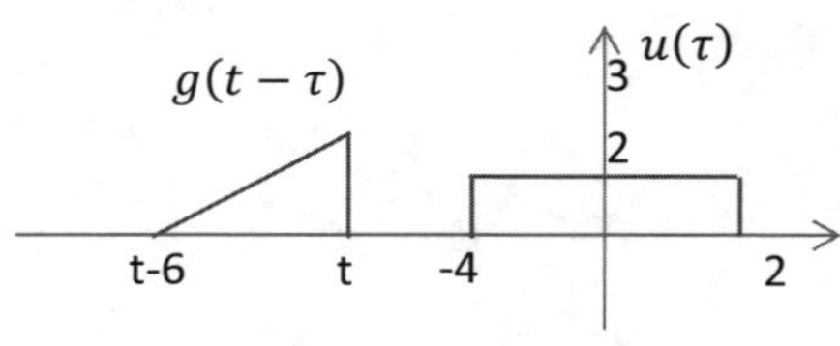

B. When $-4 \le t < 2$

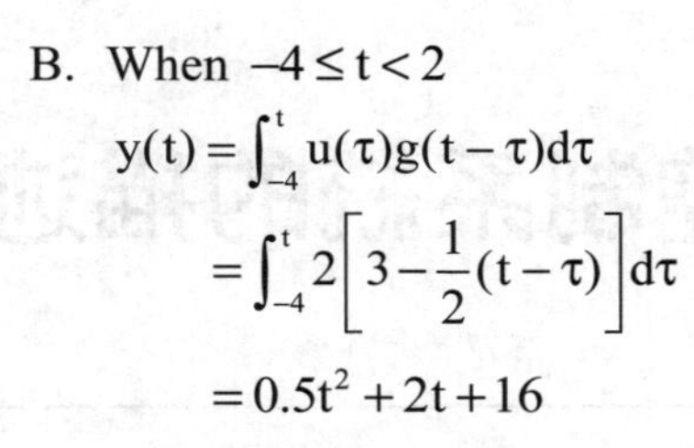

$$y(t)=\int_{-4}^{t} u(\tau)g(t-\tau)d\tau$$
$$=\int_{-4}^{t} 2\left[3-\frac{1}{2}(t-\tau)\right]d\tau$$
$$=0.5t^2+2t+16$$

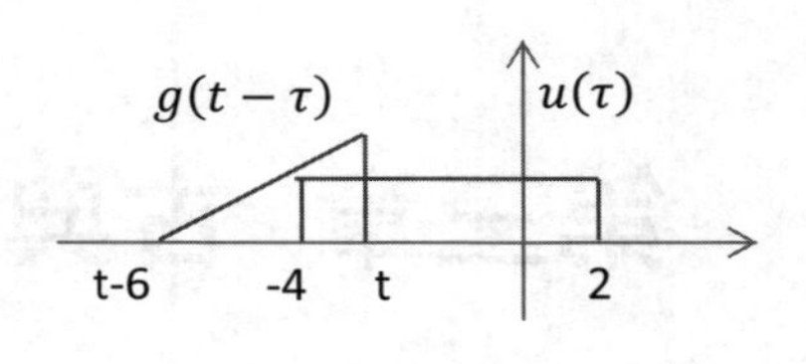

C. When $t=2$

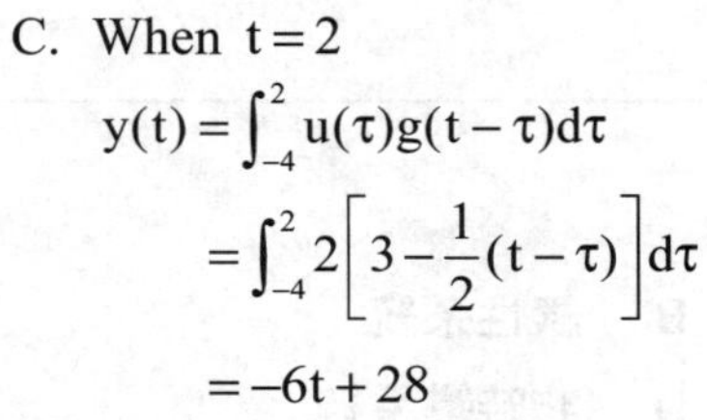

$$y(t)=\int_{-4}^{2} u(\tau)g(t-\tau)d\tau$$
$$=\int_{-4}^{2} 2\left[3-\frac{1}{2}(t-\tau)\right]d\tau$$
$$=-6t+28$$

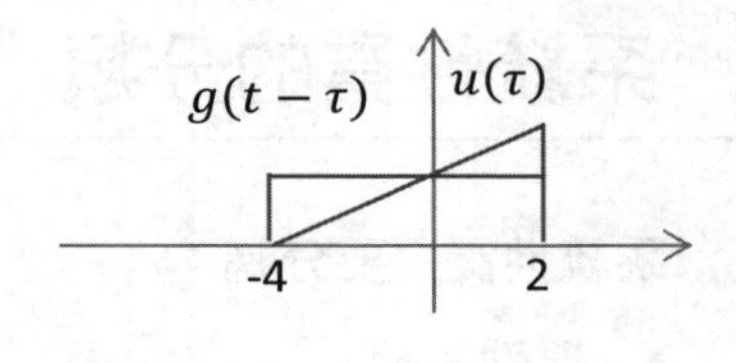

D. When $2 \le t < 8$

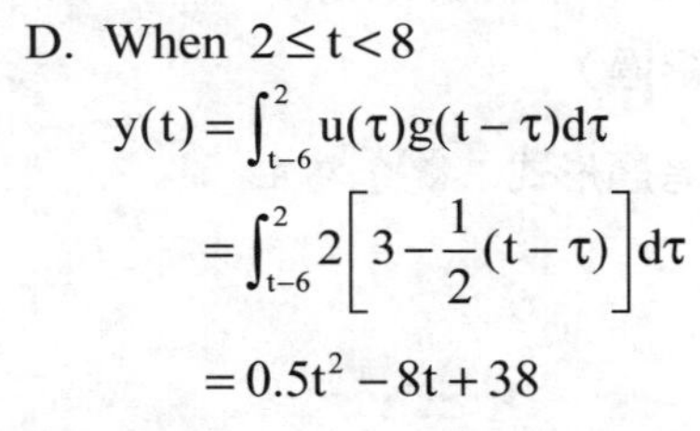

$$y(t)=\int_{t-6}^{2} u(\tau)g(t-\tau)d\tau$$
$$=\int_{t-6}^{2} 2\left[3-\frac{1}{2}(t-\tau)\right]d\tau$$
$$=0.5t^2-8t+38$$

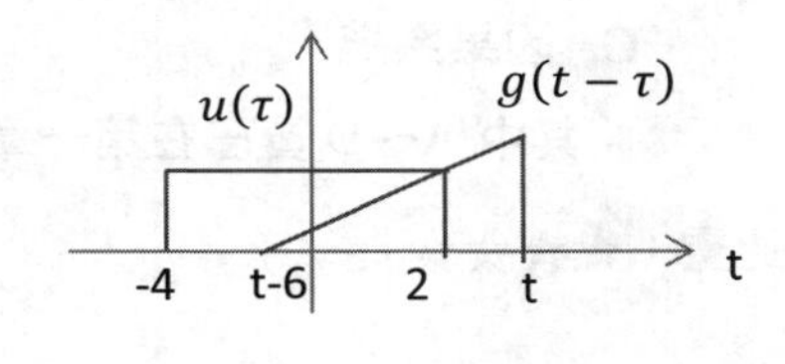

E. When $t>8$

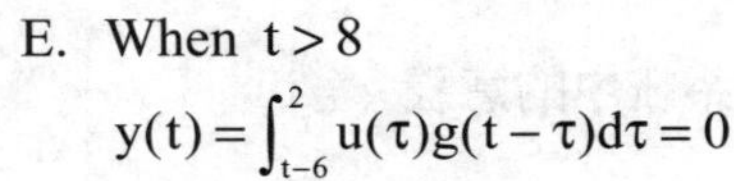

$$y(t)=\int_{t-6}^{2} u(\tau)g(t-\tau)d\tau=0$$

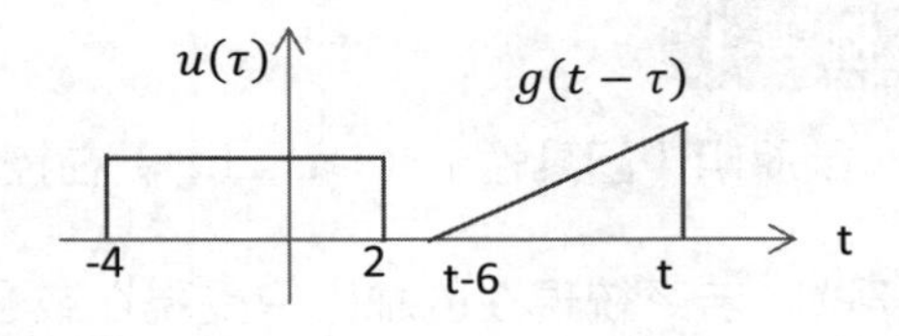

故其「迴旋積」的解為 b、c、d 三種情況。

由上例題可知，時域的迴旋積分運算相當繁複，故以線性之 Laplace Transform s-Domain 運算之較爲方便。

第三章 古典控制系統的描述

3-1 系統性質的分類

焦點 1 系統性質主要分為：

A. 鬆弛系統　　B. 線性系統

C. 因果系統　　D. 非時變系統

（其中 A～D 皆已在第一章介紹過）。

考試比重：★★☆☆☆　　考題形式：觀念為主

例題 1

請說明「因果性」（Causality）在控制系統中的意義。

解　若系統現在的輸出只受現在或過去的輸入所影響，則稱之為因果系統，否則則稱之為非因果系統，在實際的物理系統裡，皆為因果系統，並符合下式：$Y(t)=H[u(t)]$，$\forall t\in(-\infty,t)$。

3-2 轉移函數

焦點 2 轉移函數（Transfer Function 或稱「傳遞函數」）之意義及條件？

【意義】如下重點說明

【條件】系統必須為「鬆弛」、「線性」、「因果」及「非時變」。

考試比重：★★☆☆☆　　考題形式：大重點，各種考題都有

關鍵要訣

1. 若存在一個**線性非時變**的動態系統（dynamic system），其物理特性可以表示成下列的微分方程式（differential equation）

$y^{(n)}(t)+a_1y^{(n-1)}t+...+a_ny(t)=b_0u^{(m)}(t)+b_1u^{(m-1)}(t)+...+b_mu(t)$ ....[式 3.1]

其中 $y(t)$ 代表系統的輸出，$u(t)$ 代表系統的輸入，而系統參數（System parameters）以 a_1、a_2、…、a_n、b_0、b_1、…、b_m，$\in\Re$，來表示；令系統為「鬆弛系統」（即代表控制系統的響應在初始時間 $t=t_0$ 時，其初始值為 0，亦即 $y^{(n-1)}(0)=y^{(n-2)}(0)=...=y(0)=u^{(m-1)}(0)=...=u(0)=0$）

對[式 3.1]取拉氏轉換並定義 $Y(s)=\mathcal{L}[y(t)]$，$U(s)=\mathcal{L}[u(t)]$，則

$s^nY(s)+a_1s^{n-1}Y(s)+...+a_nY(s)=b_0s^mU(s)+b_1s^{m-1}U(s)+...+b_mU(s)$ ....[式 3.2]

對[式 3.2]整理後可得

$G(s)\triangleq\dfrac{Y(s)}{U(s)}=\dfrac{b_0s^m+b_1s^{m-1}+...+b_m}{s^n+a_1s^{n-1}+a_n}$ ....[式 3.3]

$G(s)$ 即定義為系統輸出 $Y(s)$ 與輸入 $U(s)$ 之間的「轉移函數」。

2. $G(s)$ 亦可定義為**「單位脈衝響應」的「拉氏轉換」**，此時 $U_{(s)}=\mathcal{L}[\delta(t)]=1$，即 $G(s)=Y(s)$，故「單位脈衝響應」又可稱之為「自然響應」（Natural Response）$\Rightarrow u(t)=\delta(t)$，輸出響應為 $y(t)$，則 $y(t)=g(t)\times u(t)=g(t)\times\delta(t)=g(t)$。

同理可知，$G(s)$ 亦可定義為：

(1)「單位步階響應一次微分後」的「拉氏轉換」：

當 $u(t)=u_s(t)$ 時，$y_{stp}(t)=g(t)\times u_s(t)\Rightarrow y'_{stp}(t)=[g(t)\times u_s(t)]'=g(t)\times u'_s(t)$
$=g(t)\times\delta(t)=g(t)$；故 $G(s)=\mathcal{L}[g(t)]=\mathcal{L}[y'_{sp}(t)]=\mathcal{L}[\delta(t)]$

(2)「單位斜坡響應二次微分後」的「拉氏轉換」：

當 $u(t)=tu_s(t)$ 時，$y_r(t)=g(t)\times tu_s(t)$

$\Rightarrow y'_r(t)=[g(t)\times tu_s(t)]'=g(t)\times u_s(t)$

$\Rightarrow y''_r(t)=[g(t)\times u_s(t)]'=g(t)\times u'_s(t)=g(t)\times\delta(t)$

3. 一般的實際的物理系統在[式 3.3]中，分母的 Order $=n$ 均 $\geq$ 分子的 Order $=m$，即 $G(s)$ 為真分式（Proper）。

4. 轉移函數通常以極點」（Poles）、零點（Zeros）的形式來表示，如下：

$$G(s)=\frac{K(s+z_1)(s+z_2)...(s+z_m)}{(s+p_1)(s+p_2)...(s+p_n)} \quad \text{[式 3.4]}$$

其中 K 稱爲系統的「增益常數」（Gain constant）

$s=-p_1$ 、 $-p_2$ 、 … 、 $-p_n$ 爲系統的「極點」（Poles）

$s=-z_1$ 、 $-z_2$ 、 … 、 $-z_m$ 爲系統的「零點」（Zeros），而「轉移函數」的分母多項式則稱之爲**「特性方程式」（Characteristic polynomials）**，以 $\Delta(s)$ 來表示；

即 $\Delta(s)=s^n+a_1s^{(n-1)}+...+a_n=(s+p_1)(s+p_2)...(s+p_n)$

當 $\Delta(s)=0$ 的根（root）即爲系統的「極點」。

5. 系統的**穩態輸出的比值—「直流增益」（DC Gain）**：是指系統輸入訊號爲常數時的「輸出輸入比值」，即以 $\underset{s\to 0}{G(s)}$ 來表示；

若一個線性系統的「轉移函數」爲 G(s)，輸入訊號 $u(s)=Ru_s(t)$，且「穩態輸出」存在，則可以利用「終值定理」求出系統之「輸出穩態值」（Steady-state Value： y_{ss} ）； $y_{ss}=\lim\limits_{x\to\infty} s\left[G(s)\frac{R}{s}\right]=\underset{s\to 0}{RG(s)} \Rightarrow \text{DC Gain}=\underset{s\to 0}{G(s)}=\frac{y_{ss}}{R}$ 。

例題 1 （上述重點 2.之證明）

試證明「轉移函數」G(s) 可定義為「單位脈衝響應」的「拉氏轉換」。

解 先假設輸入為「單位脈衝函數」，即 $u(t)=\delta(t)$，輸出響應為 $y(t)$，

則 $y(t)=g(t)\times u(t)=g(t)\times\delta(t)=g(t)$，

表示輸出 $y(t)=g(t)=\delta(t)$， $\Rightarrow g(t)=\mathcal{L}^{-1}[G(s)]\Rightarrow G(s)=\mathcal{L}[g(t)]$ 。

例題 2

考慮一線性非時變動態系統的「單位步階響應」為 $u_s(t)=-e^{-2t}+e^{-t}+2$，求系統之轉移函數為何？

Hint： $\frac{d}{dt}u_s(t)=\delta(t)$，而「轉移函數」 $G(s)=\mathcal{L}[g(t)]=\mathcal{L}[(\delta t)]$ 。

解　$u_s(t)=-e^{-2t}+e^{-t}+2$，又 $\frac{d}{dt}u_s(t)=\delta(t)=2e^{-2t}-e^{-t}$，

轉移函數 $G(s)=\mathcal{L}[\delta(t)]=\frac{2}{s+2}-\frac{1}{s+1}=\frac{s}{s^2+3s+2}$。

例題 3

考慮某一線性非時變系統的「單位步階響應」為 $y_{stp}(t)=-e^{-t}(t+1)$，求當輸入 $u(t)=e^{-2t}$ 時，系統之響應為何？

Hint：注意此題不可直接用 $\frac{d}{dt}u_s(t)=\delta(t)$，求移轉函數 $G(s)$，因為 $y(t)$ 在 $t\to 0^+$ 與 $t\to 0^-$ 時是不連續的，故須以下列方法求：

解　輸入為單位步階函數，$r(t)=u_s(t)\Rightarrow R(s)=\mathcal{L}[r(t)]=\frac{1}{s}$；

輸出響應 $y_{stp}(t)=-e^{-t}(t+1)\Rightarrow Y(s)=\mathcal{L}\left[y_{stp}(t)\right]=\frac{-(s+2)}{(s+1)^2}$

故轉移函數 $G(s)=\frac{Y(s)}{U(s)}=\frac{-s(s+2)}{(s+1)^2}$，

又 $u(t)=e^{-2t}\Rightarrow U(s)=\mathcal{L}[u(t)]=\frac{1}{s+2}$，

$\widetilde{Y}(s)=U(s)G(s)=\frac{-s}{(s+1)^2}=\frac{-1}{s+1}+\frac{1}{(s+1)^2}\Rightarrow \tilde{y}(t)=-e^{-t}+te^{-t}$　（ $t\geq 0$ ）

例題 4

下列各系統，何者具有「轉移函數」？

(1) $y''(t)-2y'(t)+8y(t)=0$

(2) $y''(t)+y'(t)-2y(t)+10=0$

(3) $y''(t)+2e^{-t}y'(t)+6y(t)=0$

(4) $y''(t)-2y'+3y(t)+\sin t=0$

(5) $y''(t)+2y'(t)+8\cos\left[y(t)\right]=0$

(6) $y''(t)-2y'(t)+8y(t)+e^{-2t}=0$

(7) $y''(t)+3e^{2t}y'(t)+8\cos\left[y(t)\right]=0$

Hint：凡是「線性、非時變系統」，才具有「轉移函數」，本題參考第一章之重點。

解

(1) $y''(t)-2y'(t)+8y(t)=0$ 是「線性、非時變系統」，具有「轉移函數」。

(2) $y''(t)+y'(t)-2y(t)+10=0$，其中 10 是輸入信號，亦是「線性、非時變系統」，具有「轉移函數」

(3) $y''(t)+2e^{-t}y'(t)+6y(t)=0$，其中含 e^{-t}，故為「線性、時變系統」，無「轉移函數」之存在。

(4) $y''(t)-2y'+3y(t)+\sin t=0$，其中有sint之輸入訊號，為「線性、非時變系統」，所以有「轉移函數」之存在。

(5) $y''(t)+2y'(t)+8\cos[y(t)]=0$，其中含有 $\cos[y(t)]$，為「非線性、時變系統」，故無「轉移函數」之存在。

(6) $y''(t)-2y'(t)+8y(t)+e^{-2t}=0$，其中 e^{-2t} 僅為輸入訊號，此式為「線性、非時變系統」，所以有「轉移函數」之存在。

(7) $y''(t)+3e^{2t}y'(t)+8\cos[y(t)]=0$，其中含有 e^{2t} 以及 $\cos[y(t)]$，為「非線性、時變系統」，故無「轉移函數」之存在。

例題 5

求下列(A)、(B)兩系統在何種條件下為「線性非時變系統」：

(A) $y(t)=au(t)+b$

(B)

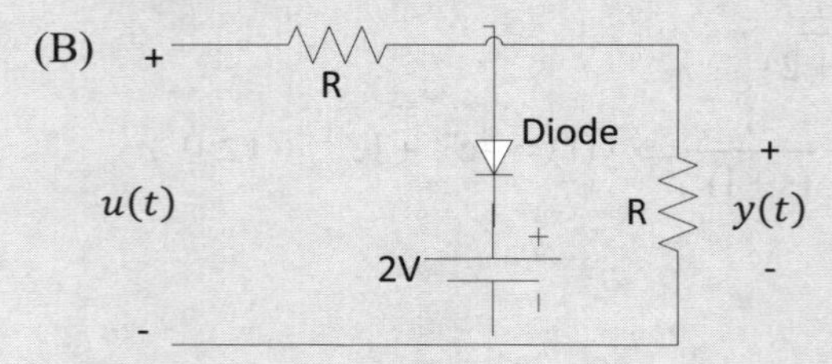

解

(A) 根據線性系統之定義，輸入與輸出之間的關係為通過原點的直線，而根據非時變系統之定義，若系統特性不隨時間變化而改變，故本題 $y(t)=au(t)+b$ 之條件為，a 為與時間無關的任意常數，$b=0$。

(B) When $y(t)<2V$, Diode off, $y(t)=\frac{1}{2}u(t)$, when $u(t)<4V$

When $y(t)>2V$, Diode on, $y(t)=2V$, when $u(t)>4V$

根據(A)的討論及如右圖，可知當系統之 $u(t) < 4V$ 時，才是線性非時變系統。

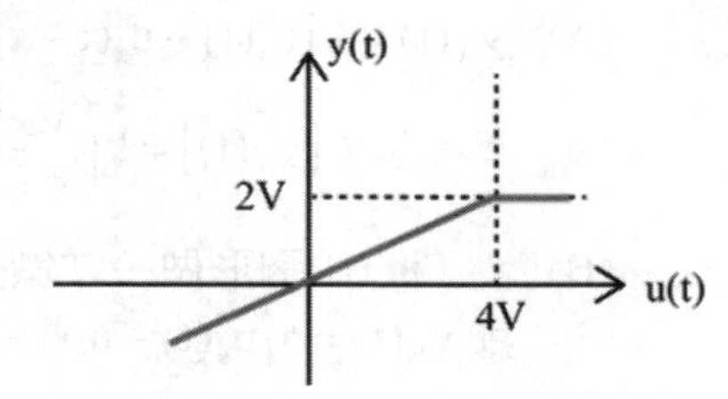

例題 6

一個線性非時變系統之「轉移函數」$W(s)=\dfrac{10(s+1)}{s(s+2)(s+5)}$，可分解成 $W(s)=\dfrac{2}{s}+\dfrac{5/3}{s+2}+\dfrac{-8/3}{s+5}$，則其「脈衝響應」在 $t\to\infty$ 時，為何值？【95 年經濟部所屬事業類似題目】

Hint：取「單位脈衝響應」的拉氏轉換即為其「轉移函數」⇔ 轉移函數之「反拉氏轉換」即為輸入之「脈衝響應」。

解　$\mathcal{L}^{-1}[W(s)]=2+\dfrac{5}{3}e^{-2t}-\dfrac{8}{3}e^{-5t}=w(t)$，$t>0$

其「脈衝響應」在 $t\to\infty$ 時，$w(t)$ 為 2。

例題 7

A、B 兩系統的脈衝響應分別如下圖 Fig(A)及 Fig(B)，分別求 A、B 系統的轉移函數為何？

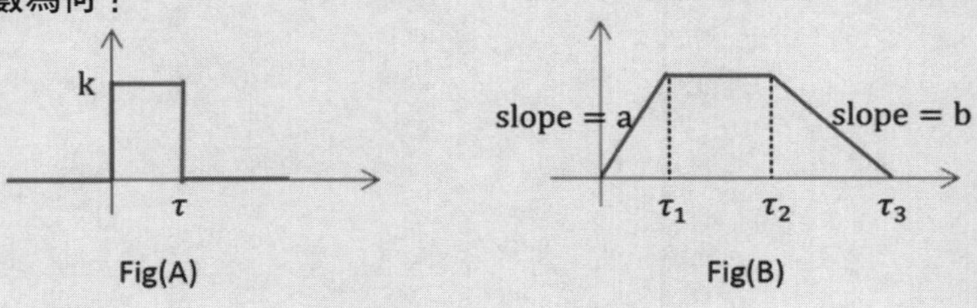

Hint：系統之「脈衝響應」，即 $y(t)$ 可以不同的函數形式表現，求其轉移函數，即等於分別求 $\mathcal{L}[y_A(t)]$ 及 $\mathcal{L}[y_B(t)]$。

解 (A) $y_A(t)=k[u_s(t)-u_s(t-\tau)]\Rightarrow$

$Y(s)=\mathcal{L}[y_A(t)]=k\left(\frac{1}{s}-\frac{1}{s}e^{-\tau t}\right)$

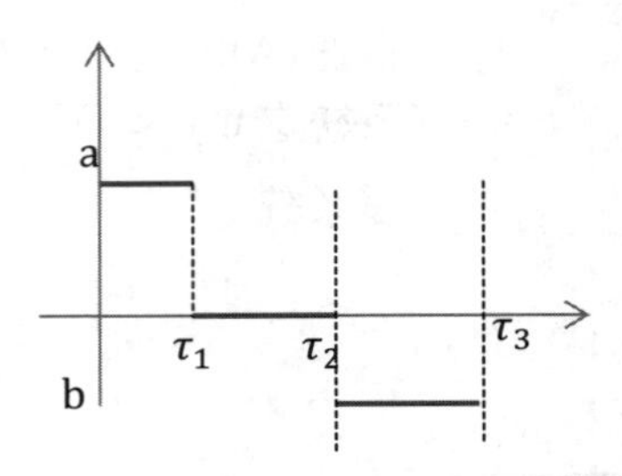

(B) 將 Fig (B)圖形做一次微分得右圖

即 $y_B(t)=a[u_s(t)-u_s(t-\tau_1)]$

$+b[u_s(t-\tau_1-\tau_2)-u_s(t-\tau_1-\tau_2-\tau_3)]$

取「拉氏轉換」

$$sY(s)-y_B(0)=\mathcal{L}[y'_B(t)]=\frac{a(1-e^{-\tau_1 s})}{s}+\frac{b\left[e^{-(\tau_1+\tau_2)s}-e^{-(\tau_1+\tau_2+\tau_3)s}\right]}{s}$$

令 $y_B(0)=0\Rightarrow Y(s)=\frac{a(1-e^{-\tau_1 s})}{s^2}+\frac{b\left[e^{-(\tau_1+\tau_2)s}-e^{-(\tau_1+\tau_2+\tau_3)s}\right]}{s^2}$

例題 8

已知系統輸出之單位步階響應(Unit Step response),為 $y(t)=2-2e^{-t}$,求轉移函數 G(jω)。

Hint:求頻域之轉移函數 $G(j\omega)_s$,即令 s 為 jω。

解 $G(s)=\frac{Y(s)}{U(s)}=\frac{\mathcal{L}[2-2e^{-t}]}{\mathcal{L}[u_s]}=\frac{\frac{2}{s}-\frac{2}{s+1}}{\frac{1}{s}}=\frac{2}{s+1}$,Let $s=j\omega$,$\therefore G(j\omega)=\frac{2}{1+j\omega}$

例題 9

若一系統的單位步階響應為 $s(t)=(1-3e^{-2t}+2e^{-3t})1(t)$ **，求此系統當輸入為** $u(t)=\cos t\,(t>0)$**時之輸出** $y(t)$**為何？**

Hint： $1(t)=u_s(t)\Leftrightarrow \dfrac{d}{dt}s(t)$ 取其「拉氏轉換」即為該系統之「轉移函數」。

解 $G(s)=\mathcal{L}\left[\dfrac{d}{dt}s(t)\right]=\mathcal{L}\left[6e^{-2t}-6e^{-3t}\right]=\dfrac{6}{s+2}-\dfrac{6}{s+3}=\dfrac{6}{(s+2)(s+3)}=\dfrac{Y(s)}{U(s)}$ ，

又 $U(s)=\mathcal{L}[u(t)]=\dfrac{s}{s^2+1}$ ， $s>0$ 。

$$Y(s)=G(s)U(s)=\left(\frac{6}{(s+2)(s+3)}\right)\left(\frac{s}{s^2+1}\right)=\frac{A}{s+2}+\frac{B}{s+3}+\frac{Cs+D}{s^2+1}$$

由第二章所說明之「遮住法」以及「比較係數」可知：

$A=\dfrac{-12}{5}$ ， $B=\dfrac{9}{5}$ ， $C=D=\dfrac{3}{5}\Rightarrow y(t)=\mathcal{L}^{-1}\left[Y(s)\right]$ ，

$$=\left[-\frac{12}{5}e^{-2t}+\frac{9}{5}e^{-3t}+\frac{3}{5}\cos t+\frac{3}{5}\sin t\right]u_s(t)$$ ， $t\geq 0$ 。

例題 10

一系統之轉移函數 $G(s)=\dfrac{2}{(1+0.4s)(s^2+s+1)}$ **，求其直流增益並說明之。**

【98 年關務特考】

Hint： DC Gain $=\underset{s\to 0}{G(s)}=\dfrac{y_{ss}}{R}$

解 「直流增益」（DC Gain）：是指系統輸入訊號為常數時的「輸出輸入比值」，即以 $\underset{s\to 0}{G(s)}$ 來表示；

若一個線性系統的「轉移函數」為 $G(s)$ ，輸入為 $u_s(t)$ ，可以利用「終值定理」求出系統之「輸出穩態值」（Steady-state Value： y_{ss} ）

本題 $y_{ss}=\lim_{s\to 0}s\left[G(s)\dfrac{1}{s}\right]=\underset{s\to 0}{G(s)}=2\Rightarrow$ DC Gain $=\dfrac{y_{ss}}{R}=\dfrac{2}{1}=2$

例題 11

已知傳遞函數表示式$\dfrac{1+s}{5s^2+2s+1}$，試寫出其時間域（time-domain）方程式。

【100 年關務特考】

Hint：「傳遞函數」即是「轉移函數」G(s)。

解

$$G(s)=\frac{s+1}{5s^2+2s+1}=\frac{s+\frac{1}{5}+\frac{4}{5}}{5\left(s^2+\frac{2}{5}s+\frac{1}{25}\right)+\frac{4}{5}}$$

$$=\frac{s+\frac{1}{5}}{5\left[\left(s+\frac{1}{5}\right)^2+\left(\frac{2}{5}\right)^2\right]}+\frac{2\times\frac{2}{5}}{5\left[\left(s+\frac{1}{5}\right)^2+\left(\frac{2}{5}\right)^2\right]}$$

$$f(t)=\mathcal{L}^{-1}[G(s)]=\frac{1}{5}\cos\left(\frac{2}{5}t\right)e^{-\frac{t}{5}}+\frac{2}{5}\sin\left(\frac{2}{5}t\right)e^{-\frac{t}{5}}\text{，}t>0\text{。}$$

例題 12

某線性非時變系統，當其輸入為「單位步階函數」$u_s(t)$時，輸出為$s(t)=(1+3e^{-2t})u_s(t)$；問當其輸入為單位脈衝函數$\delta(t)$時，其

(1) 輸出$g(t)=$？　　　　**(2) 轉移函數$G(s)=$？**

【100 年關務特考】

Hint：$\dfrac{d}{dt}u_s(t)=\delta(t)$，及微方方程式之連鎖律（Chain Rule）：

$$\frac{d}{dt}(uv)=u\frac{dv}{dt}+v\frac{du}{dt}$$

解

(1) $g(t)=\dfrac{d}{dt}s(t)=\dfrac{d}{dt}(1+3e^{-2t})u_s(t)+(1+3e^{-2t})\delta(t)=-6e^{-2t}u_s(t)+4\delta(t)$

（左式中，$\delta(t)$為當$t=0$時之脈衝函數）

(2) $G(s)=\mathcal{L}[g(t)]=\dfrac{-6}{s+2}+4$

例題 13

一線性非時變系統，其中 r 為輸入，y 為輸出，且符合下列微分方程式 $y'''+6y''+11y'+6y=r$，求：

(1) 系統的轉移函數 $G(s)=\dfrac{Y(s)}{R(s)}$？　(2) 系統的特性方程式及其根為何？

(3) 此系統是否穩定？

Hint：因為是線性非時變系統，所以初始值 $y(0)=y'(0)=y''(0)=0$。

解　(1) Define $Y(s)=\mathcal{L}[y(t)]$, $R(s)=\mathcal{L}[r(t)]$

對微分方程式取「拉氏運算」

$\Rightarrow s^3Y(s)+6s^2Y(s)+11sY(s)+6Y(s)=R(s)$

$\Rightarrow s^3+6s^2+11s+6=R(s)\Rightarrow G(s)=\dfrac{Y(s)}{R(s)}=\dfrac{1}{s^3+6s^2+11s+6}$

(2) 轉移函數分母部分 $s^3+6s^2+11s+6$，即為「特性方程式」（characteristic equation）

又 $s^3+6s^2+11s+6=(s+1)(s+2)(s+3)=0$，其特性根為 -1、-2、-3。

(3) $s=-1$、$s=-2$、$s=-3$

三個根都位於 s-plane 的左半面，所以是一個穩定的系統。

例題 14

一機械系統之運動方程式為：$2x'+3y'-x-2y=u$、$x'-y'+2y=-u$，其中 y 為系統之輸出，u 為系統之輸入。

(1) 求此系統之「轉移函數」$G(s)=$？

(2) 判斷此系統之穩定性？【95 年高考】

Hint：此機械系統亦是線性非時變系統，所以令初始值皆為 0。

解　(1) Define $X(s)=\mathcal{L}[x(t)]$; $Y(s)=\mathcal{L}[y(t)]$; $U(s)=\mathcal{L}[u(t)]$

將運動方程式取「拉式運算」

$\Rightarrow 2sX(s)+3sY(s)-X(s)-2Y(s)=U(s)$ and

$sX(s)-sY(s)+2Y(s)=-U(s)$，解聯立並消去 $X(s)$

$$\Rightarrow G(s)=\frac{Y(s)}{U(s)}=\frac{3s-1}{5s^2-7s+2}$$

(2) 特性方程式為 $5s^2-7s+2$，令其為 0 得特性根為 $s=+1$、$+0.4$，因為特性根（極點）都在 s-plane 的右半面，所以系統為不穩定。

例題 15

某元件之脈衝響應（Impulse Response）可以寫成 $1-1.8e^{-4t}+0.8e^{-9t}$，試求該元件之傳遞函數（transfer function）。【95 身障特考】

Hint：脈衝響應的拉氏轉換即為該元件之「轉移函數」。

解

$$\mathcal{L}[1-1.8e^{-4t}+0.8e^{-9t}]$$

$$=\frac{1}{s}-\frac{1.8}{s+4}+\frac{0.8}{s+9}=\frac{(s+4)(s+9)-1.8s(s+9)+0.8s(s+4)}{s(s+4)(s+9)}=\frac{36}{s(s+4)(s+9)}$$

例題 16

一線性非時變多變數系統之輸入為 $\gamma_1(t)$ 及 $\gamma_2(t)$，輸出為 $y_1(t)$ 及 $y_2(t)$ 且可用下列之方程組來描述該系統：

$$\frac{d^2}{dt^2}y_1(t)+2\frac{d}{dt}y_1(t)+3y_2(t)=\gamma_1(t)+\gamma_2(t)$$

$$\frac{d^2}{dt^2}y_2(t)+3\frac{d}{dt}y_1(t)+y_1(t)-y_2(t)=\frac{d}{dt}\gamma_1(t)+\gamma_2(t)$$

求下列各「轉移函數」為何？

(1) $\frac{Y_1(s)}{R_1(s)}$, when $R_2(s)=0$

(2) $\frac{Y_2(s)}{R_1(s)}$, when $R_2(s)=0$

(3) $\frac{Y_1(s)}{R_2(s)}$, when $R_1(s)=0$

(4) $\frac{Y_2(s)}{R_2(s)}$, when $R_1(s)=0$

Hint：取微分方程組的「拉氏轉換」並令其初始值皆為 0。

解

$$s^2Y_1(s)+2sY_1(s)+3Y_1(s)=R_1(s)+R_2(s)$$

$$s^2Y_2(s)+3sY_1(s)+Y_1(s)-Y_2(s)=sR_1(s)+R_2(s)$$

解得

$$Y_1(s)=\frac{1}{s^4+2s^3-s^2-11s-3}[(s^2-3s-1)R_1(s)+(s^2-4)R_2(s)]$$

$$Y_2(s)=\frac{1}{s^4+2s^3-s^2-11s-3}[(s^3-2s^2-3s-1)R_1(s)+(s^2-s-1)R_2(s)]$$

(1) $\frac{Y_1(s)}{R_1(s)}=\frac{2s^2-3s-1}{s^4+2s^3-s^2-11s-3}$　(2) $\frac{Y_2(s)}{R_1(s)}=\frac{s^3-2s^2-3s-1}{s^4+2s^3-s^2-11s-3}$

(3) $\frac{Y_1(s)}{R_2(s)}=\frac{s^2-4}{s^4+2s^3-s^2-11s-3}$　(4) $\frac{Y_2(s)}{R_2(s)}=\frac{s^2-s-1}{s^4+2s^3-s^2-11s-3}$

3-3 方塊圖

焦點 3　**方塊圖（Block Diagram）之意義及其基本結構。**

考試比重：★★★☆☆　　**考題形式：**重點觀念，各種考題都有

【定義】　系統之轉移函數是用數學式來表示其輸出／輸入之關係，若用圖形來表示則稱之為「方塊圖」。

基本結構：如下圖 3-1 所示，方塊圖分別由「聚合點」（Summing Point—代表訊號的合成）、「分支點」（Branch Point—代表訊號的分開）、「方塊元件」及「訊號流向箭頭」四個部分所組成。

關鍵要訣

1.

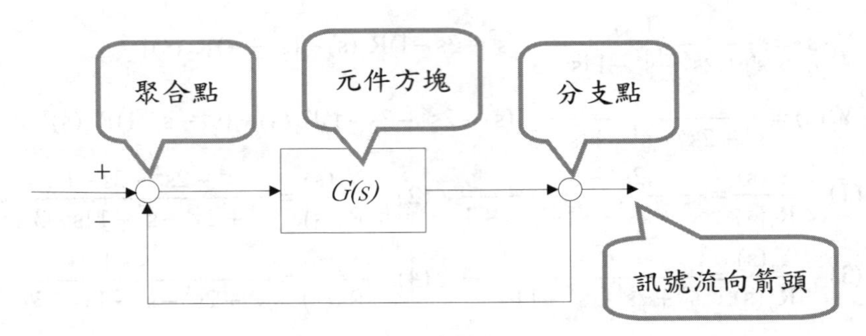

圖 3-1

2. 方塊的**「串聯」**（Series or Cascade）：
如下圖 3-2，等效 $Y(s)=G_1(s)G_2(s)R(s)$

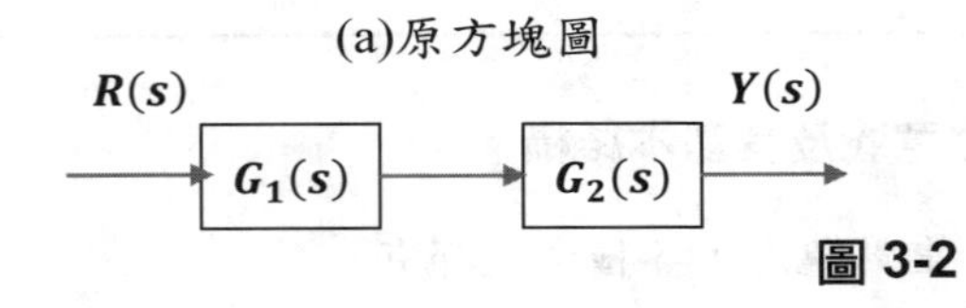

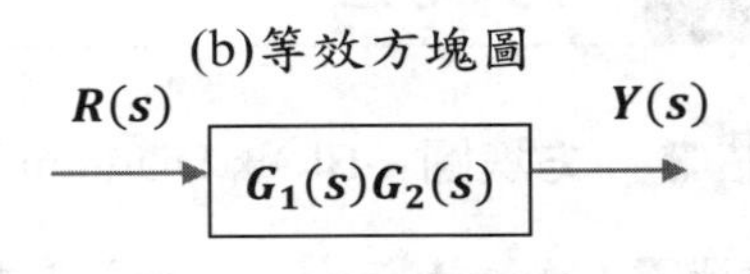

圖 3-2

3. 方塊的**「並聯」**（Parallel or Cascode）：
如下圖 3-3，等效 $Y(s)=[G_1(s)+G_2(s)]R(s)$

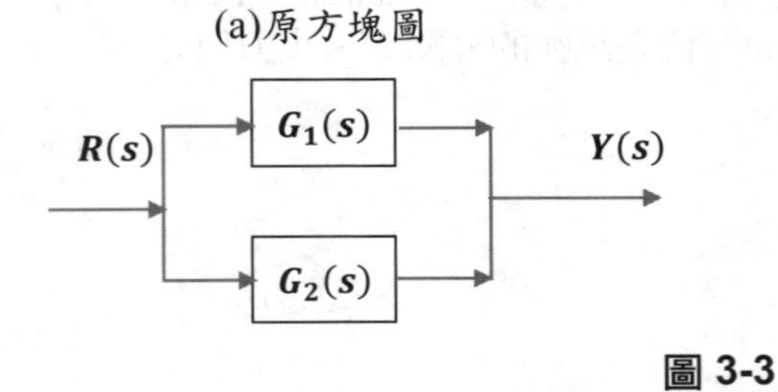

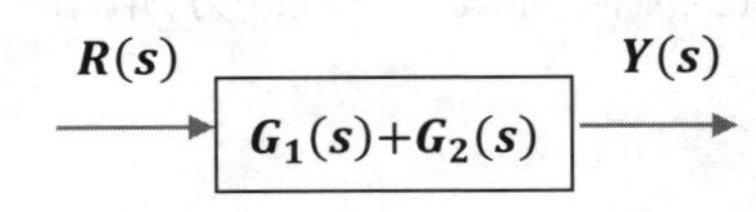

圖 3-3

4. 方塊的「回授」（Feedback）：

如下圖 3-4，$Y(s)=G(s)E(s)$，$E(s)=R(s)-H(s)Y(s)$

$\Rightarrow$等效 $Y(s)=\dfrac{G(s)}{1+G(s)H(s)}R(s)$

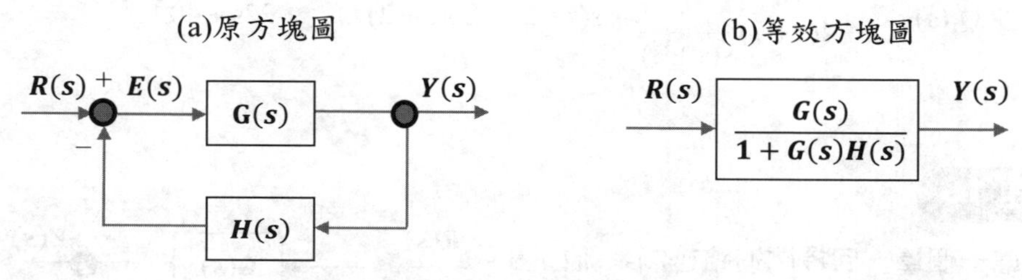

圖 3-4　閉迴路控制系統

說明：

(1) 上圖之 $G(s)$ 稱爲「**順向轉移函數**」（Forward Transfer Function），$H(s)$稱爲「回授轉移函數」（Feedback Transfer Function），若 $H(s)=1$ 則稱爲「**單位回授**」（Unity Feedback）。

(2) $\dfrac{Y(s)}{R(s)}=T(s)=\dfrac{G(s)}{1+G(s)H(s)}$，稱爲「**閉迴路轉移函數**」（Closed-loop Transfer Function）

(3) $G(s)H(s)$，稱爲「**開迴路轉移函數**」（Open-loop Transfer Function），所以特徵方程式爲 $1+G(s)H(s)=0$，其特性根爲閉迴路系統之「極點」（Poles）。

例題 17

求下圖所示之「**轉移函數**」$\dfrac{Q_o(s)}{Q_i(s)}$？（以 s 之多項式表示之）【96 經濟部所屬事業】

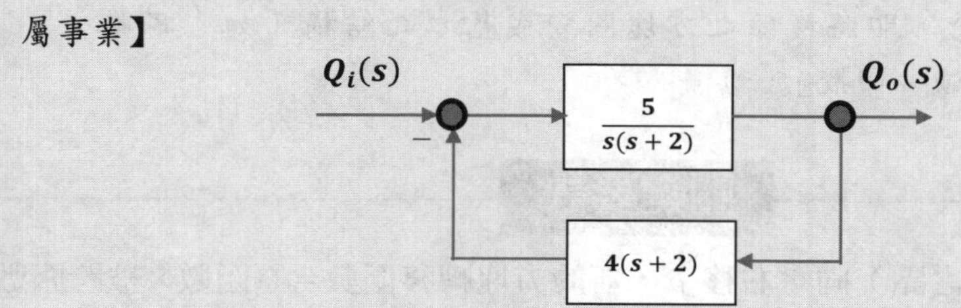

Hint：如上之重點說明 4. $\Rightarrow Y(s)=\dfrac{G(s)}{1+G(s)H(s)}R(s)$。

解 $\dfrac{Q_o(s)}{Q_i(s)}=\dfrac{\dfrac{5}{s(s+2)}}{1+4(s+2)\dfrac{5}{s(s+2)}}=\dfrac{5}{s(s+2)+20(s+2)}=\dfrac{5}{s^2+22s+40}$

例題 18

考慮一個單一回授閉迴路控制系統如圖所示，其閉迴路轉移函數為 $\dfrac{Y(s)}{R(s)}=\dfrac{k}{s^3+12s^2+20s+5}$

求此系統的開迴路轉移函數 G(s)。

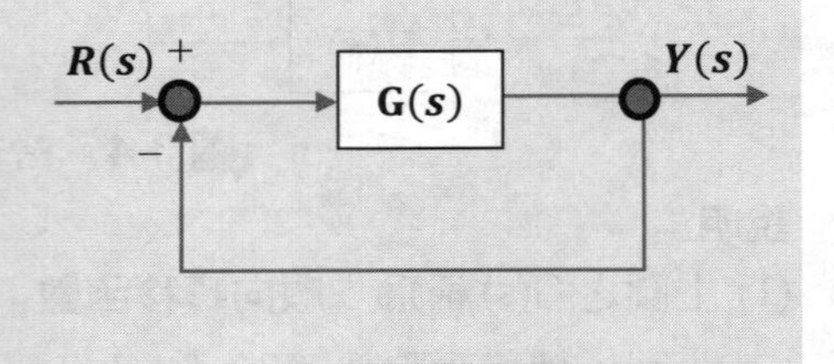

Hint：本題 H(s)=1，$T(s)=\dfrac{Y(s)}{R(s)}=\dfrac{k}{s^3+12s^2+20s+k}=\dfrac{G(s)}{1+G(s)}$。

解 上式交叉相乘

$$\Rightarrow k+kG(s)=(s^3+12s^2+20s+5)G(s)\Rightarrow G(s)=\frac{k}{s^3+12s^2+20s+(5-k)}$$

焦點 4 方塊圖（Block Diagram）的簡化規則

考試比重：★★★☆☆

考題形式：重點觀念，即將複雜之方塊圖變成基本之結構（如「串聯」、「並聯」或「回授」…）

關鍵要訣

1.聚合點（訊號會集之點）向「右移」，新的方塊轉移函數=原函數×被跨函數。

2.聚合點（訊號會集之點）向「左移」，新的方塊轉移函數=原函數÷被跨函數。

3.分支點（訊號分開之點）向「左移」，新的方塊轉移函數＝原函數×被跨函數。
4.分支點（訊號分開之點）向「右移」，新的方塊轉移函數＝原函數÷被跨函數。

【速記表】

聚	⇒	右	⇒	×
聚	⇒	左	⇒	/
分	⇒	左	⇒	×
分	⇒	右	⇒	/

例題 19

化簡下列 Fig(a)及 Fig(b)的系統方塊圖，並分別求出其轉移函數為何？

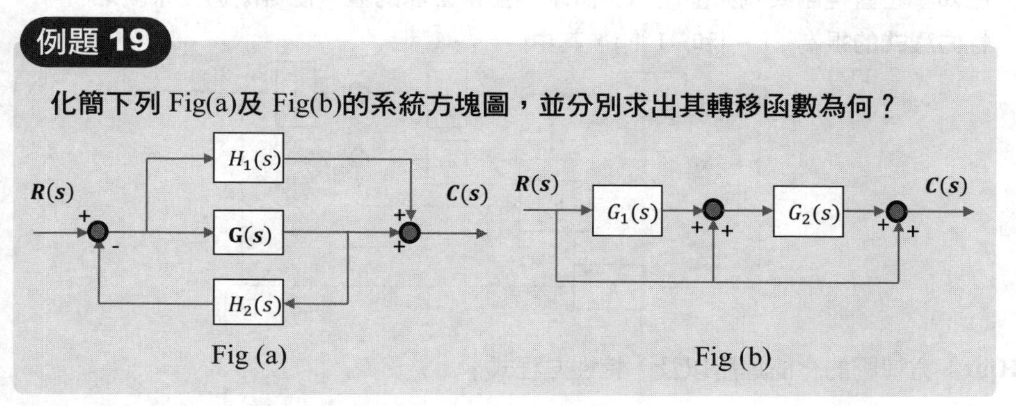

Fig (a)　　Fig (b)

Hint：方塊圖化簡規則的運用。

解　(1) 將最前面的分支點向右移，可等效如下圖

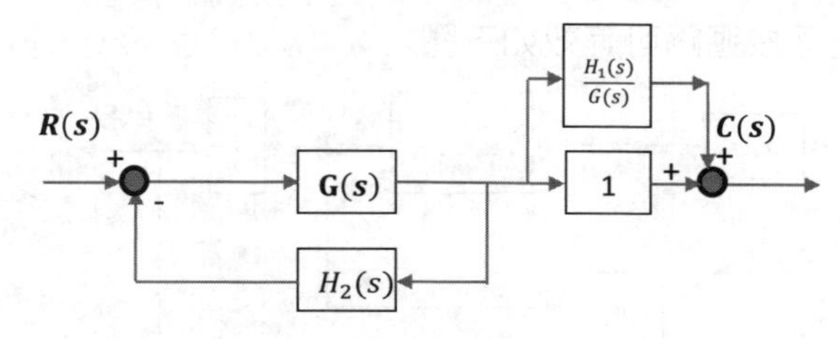

故此系統之「轉移函數」為

$$\frac{C(s)}{R(s)}=\frac{G(s)}{1+G(s)H_2(s)}\left(1+\frac{H_1(s)}{G(s)}\right)=\frac{G(s)+H_1(s)}{1+G(s)H_2(s)}$$

(2) 將左邊的並聯方塊合併，可等效成下圖所示：

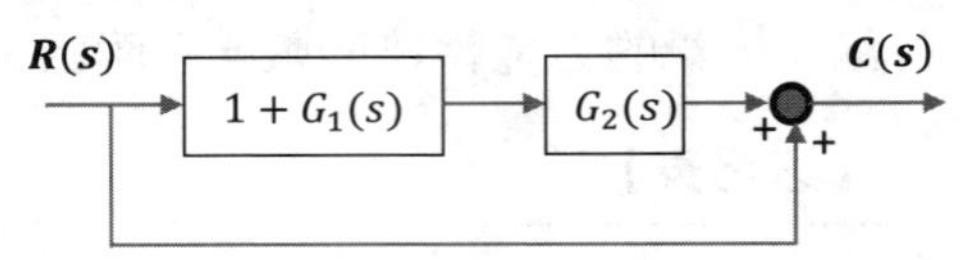

故此系統之「轉移函數」為 $\dfrac{C(s)}{R(s)}=[1+G_1(s)]G_2(s)+1$

例題 20

已知一位置控制系統如圖所示，試求增益常數和的值，使得閉迴路系統之特性方程式的根為$-1-j$和$-1+j$，其中$j=\sqrt{-1}$。

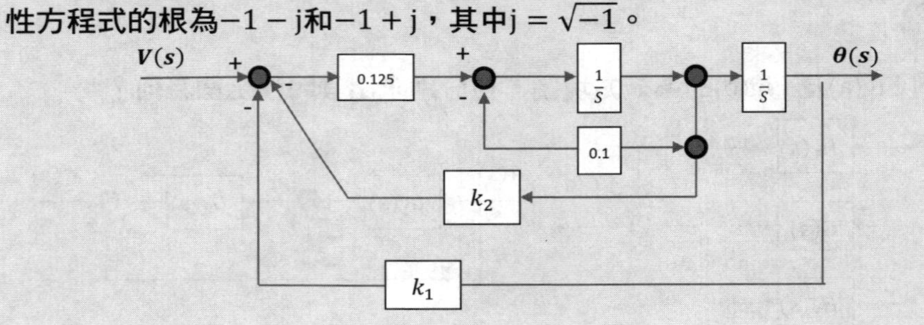

Hint：方塊圖的化簡運用以及「特性方程式」。

解 (1) 先求其特性方程式 $\Rightarrow[s-(-1-j)][s-(-1+j)]=s^2+2s+2$ 為其「轉移函數」之分母。

(2) 先化簡右側之回授迴路可等效如下圖

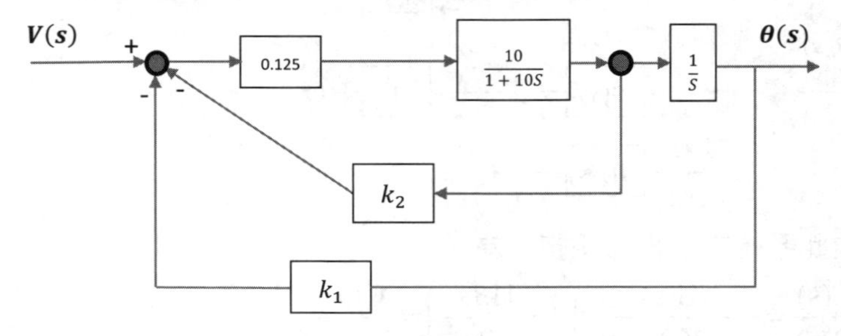

(3) 中間部分為 $0.125\times\dfrac{10}{1+10s}=\dfrac{5}{4(10s+1)}$，與 k_2 形成負回授迴路，等效之

「轉移函數」為 $\dfrac{\dfrac{5}{4(10s+1)}}{1+\dfrac{5k_2}{4(10s)+1}}=\dfrac{5}{40s+4+5k_2}$，與右側之 $\dfrac{1}{s}$ 為串聯迴路，

所以等效「轉移函數」為 $\dfrac{5}{40s^2+s(4+5k_2)}$

(4) 再與最下側之 k_1 形成負回授迴路，故其最終之「轉移函數」為

$$\frac{\dfrac{5}{40s^2+s(4+5k_2)}}{1+\dfrac{5k_1}{40s^2+s(4+5k_2)}}=\frac{5}{40s^2+s(4+5k_2)+5k_1}$$

$$=\frac{1}{8s^2+s(0.8+k_2)+k_1}=\frac{1}{8s^2+16s+16}$$

故 $0.8+k_2=16\Rightarrow k_2=15.2$，$k_1=16$。

3-4 訊號流程圖

焦點 5　訊號流程圖（Single Flow Chart）之意義及其基本定義？

考試比重：★★★☆☆　　**考題形式：**重點觀念，各種考題都有

【定義】　訊號流程圖是描述線性系統的一組代數方程式，其輸入變數與輸出變數之間的圖解法，若以一組代數方程式 $y=ax_1+bx_2$ 爲例，其訊號流程圖如下圖所示，其中y、x_1、x_2 所在的圓圈稱爲「節點」（Node），a、b 稱爲「增益」（Gain），$y-x_1$ 及 $y-x_2$ 之間的連線稱爲「分支」（Branch），箭頭代表「訊號流向」（Flow）。

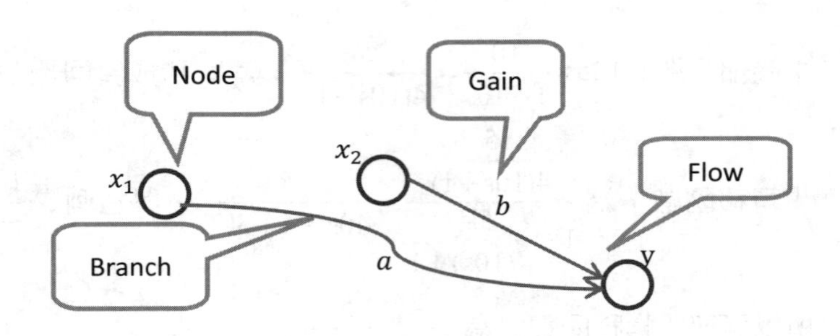

【基本定義】 詳如下圖所示

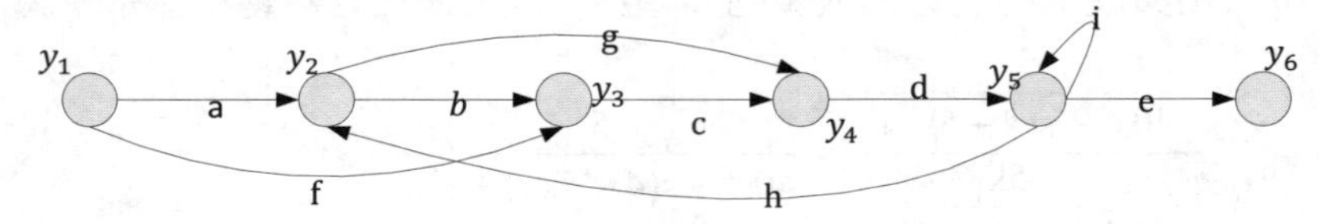

(1) 輸入端節點（Input Node）：節點上只有出去的支路，如上圖之 y_1。

(2) 輸出端節點（Output Node）：節點上只有進來的支路，如上圖 y_6。

(3) 迴路（Loop）：起點與終點均為同一節點，且經過路徑中其他節點不得超過一次，如上圖之 $b \to c \to d \to h$、$g \to d \to h$、i 等。

(4)迴路增益（Loop gain）：迴路上所有增益的乘積，如上為 bcdh、gdh、i 等。

(5) 順向迴路（Forward path）：從輸入端節點開始順著箭頭方向到輸出端節點的路徑，且不得經過同一節點二次，如上圖之 $a \to b \to c \to d \to e$、$f \to c \to d \to e$、$a \to g \to d \to e$。

(6) 順向迴路增益（Forward path Gain）：順向路徑上所有增益的乘積，如上圖之 abcde、fcde、agde。

關鍵要訣

梅森增益公式（Mason's gain formula）：

(1) 梅森提出下列增益公式，系在簡化複雜閉迴路系統並求出輸出與輸入之增益。

(2) 公式：$M=\frac{Y(s)}{R(s)}=\frac{1}{\Delta}\sum_{k=1}^{N}M_k\Delta_k$

其中，

M 為輸出端節點與輸入端節點之間的增益

N 為順向路徑總數

$\Delta=1-$(所有迴路增益之和)+(所有兩個未接觸的迴路增益乘積之和)−(所有三個未接觸的迴路增益乘積之和)−(……)

M_k：第 k 個順向路徑增益

Δk：與第 k 個順向路徑不接觸的所有迴路之 Δ 值

(3) **注意一：**方塊圖與訊號流程之互換，其節點與增益之表示方式（見下面例題 23）。

注意二：在訊號流程圖中，若所求增益不是輸出端節點與輸入端節點之間的增益，不得直接使用 Mason's gain formula（見下面例題 24）。

例題 21

考慮下圖之系統，用「梅森增益公式」求系統之轉移函數 $\frac{Y(s)}{R(s)}$。

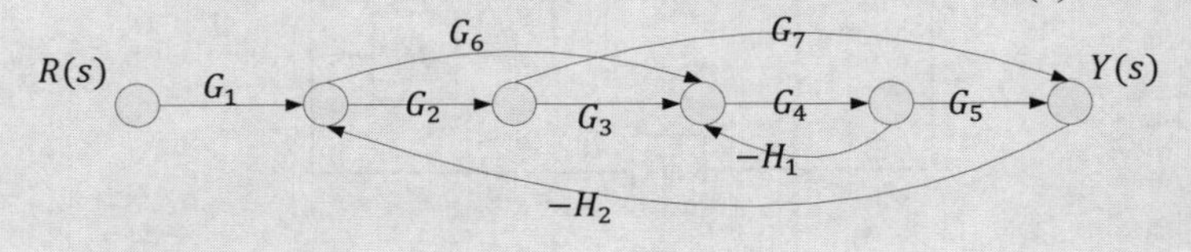

Hint：依上述解題步驟來化簡。

解　(1) 順向路徑有 $G_1\rightarrow G_2\rightarrow G_3\rightarrow G_4\rightarrow G_5$、$G_1\rightarrow G_6\rightarrow G_4\rightarrow G_5$、$G_1\rightarrow G_2\rightarrow G_7$ 三條，$\therefore N=3$

(2) 所有迴路增益（由小到大）：$-G_4H_1$、$-G_6G_4G_5H_2$、$-G_2G_7H_2$、$-G_2G_3G_4G_5H_2$

$\therefore$ 所有迴路之和為 $-(G_4H_1+G_6G_4G_5H_2+G_2G_7H_2+G_2G_3G_4G_5H_2)$

所有兩個未接觸的迴路增益為 $-G_4H_1$、$-G_2G_7H_2$

$\therefore$ 所有兩個未接觸迴路增益乘積之和 $=-(G_4H_1+G_2G_7H_2)$，

沒有任三個迴路未接觸 ⇒

$\Delta = 1 - \left[-\left(G_4H_1 + G_6G_4G_5H_2 + G_2G_7H_2 + G_2G_3G_4G_5H_2 \right) \right]$

$-(G_4H_1 + G_2G_7H_2)$

(C) $N = 3$，第一條順向路徑增益 $M_1 = G_1G_2G_3G_4G_5$，$\Delta_1 = 1$；

第二條順向路徑增益 $M_2 = G_1G_6G_4G_5$，$\Delta_2 = 1$

第三條順向路徑增益 $M_3 = G_1G_2G_7$，$\Delta_3 = 1 - (-G_4H_1)$

由公式，$M = \dfrac{Y(s)}{R(s)} = \dfrac{1}{\Delta}\sum_{k=1}^{N} M_k\Delta_k$

$\dfrac{G_1G_2G_3G_4G_5 + G_1G_6G_4G_5 + G_1G_2G_7(1 + G_4H_1)}{\Delta}$

例題 22

對於下圖所示系統，畫出信號流程圖（signal flow graph），並求其轉移函數（transfer function）$T(s) = \dfrac{C(s)}{R(s)}$。【93 年高考三級】

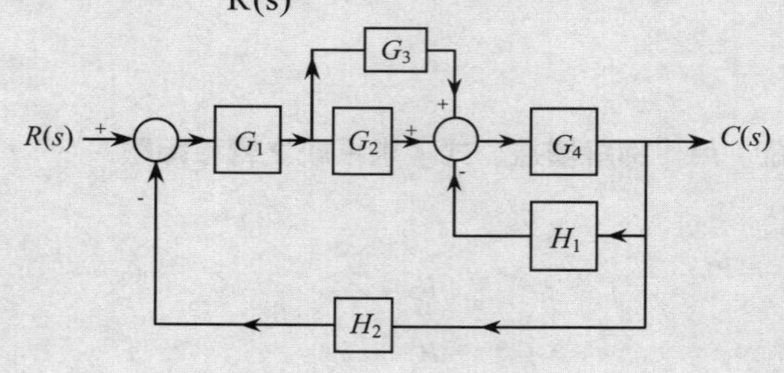

Hint：「方塊圖」轉成「訊號流程圖」須注意節點以及增益的表示方式。

解 (1) 化成如下訊號流程圖：

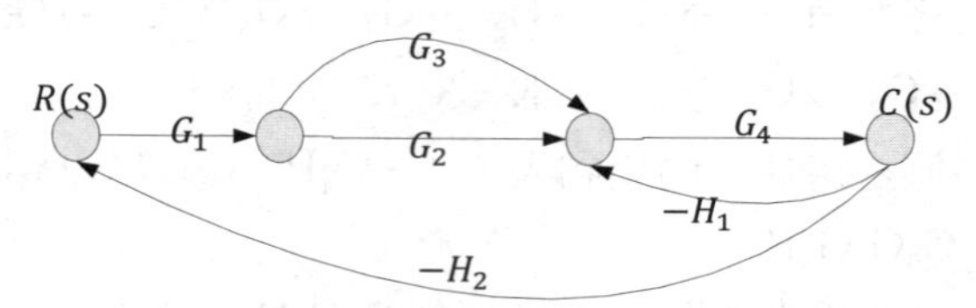

(2) 順向路徑有 $G_1 \to G_2 \to G_4$、$G_1 \to G_3 \to G_4$ 二條，$\therefore N = 2$

所有迴路增益：$-G_4H_1$、$-G_1G_2G_4H_1$、$-G_1G_3G_4H_2$，∴所有迴路之和為 $-\left(G_4H_1 + G_1G_2G_4H_2 + G_1G_3G_4H_2\right)$；沒有兩個未接觸的迴路增益

$\Rightarrow \Delta = 1 + G_4H_1 + G_1G_2G_4H_2 + G_1G_3G_4H_2$

(3) $N = 2$，第一條順向路徑增益 $M_1 = G_1G_2G_4$，$\Delta_1 = 1$

第二條順向路徑增益 $M_2 = G_1G_3G_4$，$\Delta_2 = 1$

由公式 $M = \dfrac{Y(s)}{R(s)} = \dfrac{1}{\Delta}\sum_{k=1}^{N} M_k\Delta_k = \dfrac{G_1G_2G_4 + G_1G_3G_4}{1 + G_4H_1 + G_1G_2G_4H_2 + G_1G_3G_4H_2}$

例題 23

求下圖之轉移函數 $\dfrac{R(s)}{T(s)}$ 為何？

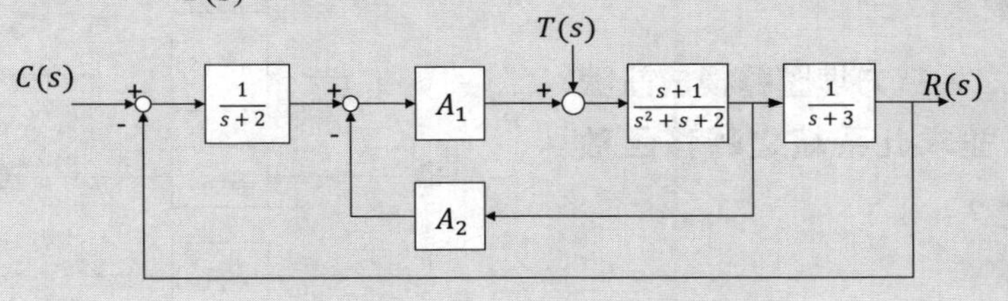

Hint：「方塊圖」轉成「訊號流程圖」，若要運用 Mason's gain formula 則須注意輸出端與輸入端之增益，故本題求 $\dfrac{R(s)}{T(s)} = \dfrac{R(s)}{C(s)}\dfrac{C(s)}{T(s)}$。

解

(1) 化成如右訊號流程圖：

C(s)　$\frac{1}{s+2}$　A_1　T(s)　$\frac{s+1}{s^2+s+2}$　$\frac{1}{s+3}$　R(s)　$-A_2$　-1

(2) 先求 $M = \dfrac{R(s)}{C(s)}$，再求 $M' = \dfrac{T(s)}{C(s)}$，題目所求即 $\dfrac{R(s)}{T(s)} = \dfrac{M}{M'}$

$M = \dfrac{R(s)}{C(s)} \Rightarrow$ 順向路徑 $N = 1$，$M_1 = \dfrac{A_1(s+1)}{(s+2)(s+3)(s^2+s+2)}$，$\Delta_1 = 1$

所有迴路增益：$\dfrac{-A_1A_2(s+1)}{s^2+s+2}$ 及 $\dfrac{-A_1(s+1)}{(s+2)(s+3)(s^2+s+2)}$

所有迴路增益之和令為 $\tilde{\Delta} = -\left[\dfrac{A_1A_2(s+1)}{s^2+s+2} + \dfrac{A_1(s+1)}{(s+2)(s+3)(s^2+s+2)}\right]$；

則$\Delta = 1 - \tilde{\Delta} \Rightarrow M = \dfrac{R(s)}{C(s)} = \dfrac{M_1}{\Delta} \Rightarrow$ 同學可自行代入

再求$M' = \dfrac{T(s)}{C(s)} \Rightarrow$ 順向路徑$N = 1$，$M'_1 = \dfrac{A_1}{(s+2)}$，$\Delta'_1 = 1$

沒有迴路增益$\Rightarrow M' = \dfrac{T(s)}{C(s)} = \dfrac{M'_1}{1} \Rightarrow$ 同學可自行代入，

$\therefore \dfrac{R(s)}{T(s)} = \dfrac{M}{M'} = \dfrac{s+1}{(s+3)(s^2+s+2)}$。

例題 24

請將右圖之系統方塊圖轉換成訊號流程圖，並求此系統之轉移函數$\dfrac{C(s)}{R(s)}$為何？

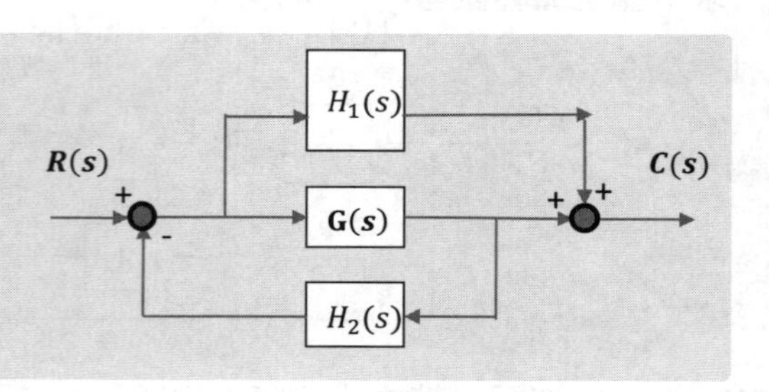

Hint：「方塊圖」轉成「訊號流程圖」。

解 (1) 化成如下訊號流程圖：

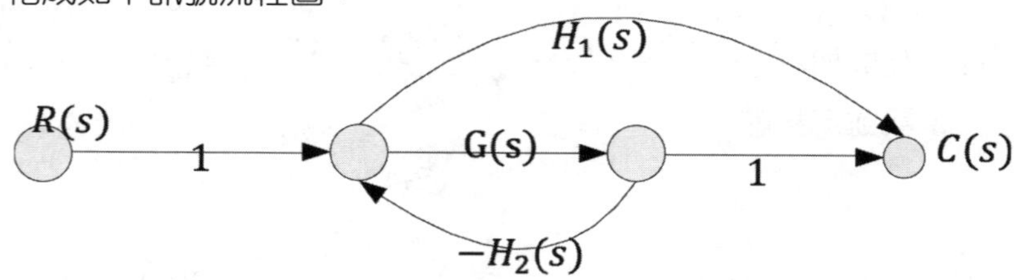

(2) 求$\dfrac{C(s)}{R(s)} \Rightarrow$ 順向路徑有$1 \to G(s) \to 1$、$1 \to H_1(s)$二條，$N = 2$

第一條順向路徑增益$M_1 = G(s)$，$\Delta_1 = 1$；

第二條順向路徑增益$M_2 = H_1(s)$，$\Delta_2 = 1$，

所有迴路增益：$-G(s)H_2(s)$，

沒有兩個未接觸的迴路增益$\Rightarrow \Delta = 1 + G(s)H_2(s)$，

故$\dfrac{C(s)}{R(s)} = \dfrac{M_1\Delta_1 + M_2\Delta_2}{1 + G(s)H_2(s)} = \dfrac{G(s) + H_1(s)}{1 + G(s)H_2(s)}$

例題 25

一控制系統之信號流程圖（signal flow graph）如圖所示，試求此系統之一閉迴路轉移函數（closed-loop transfer function）$\dfrac{Y_2(s)}{R_1(s)}$。

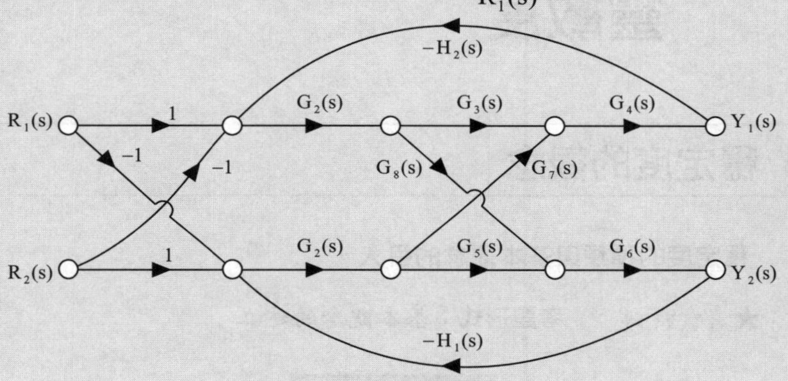

Hint：求 $\dfrac{Y_2(s)}{R_1(s)}$ 即必須把 $R_2(s)$ 關掉。

解 (1) 拆解如下訊號流程圖：

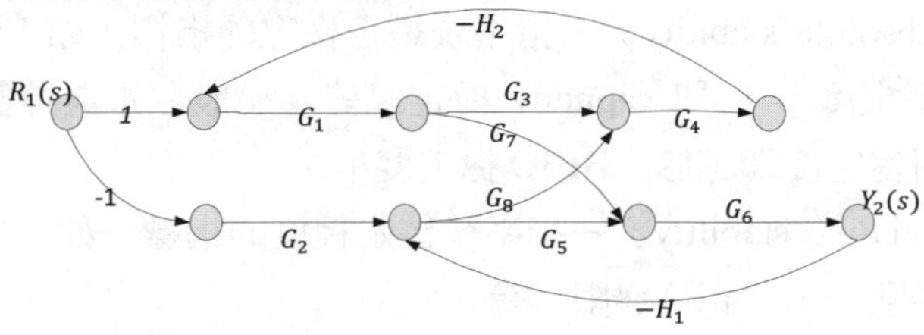

(2) 所有迴路增益有

$\widetilde{\Delta_1} = -G_1G_3G_4G_2$、$\widetilde{\Delta_2} = -G_2G_5G_6G_1$、$\widetilde{\Delta_3} = +G_1G_8G_6G_1G_2G_7G_4H_2$

⇒所有迴路之和⇒ $\widetilde{\Delta_1} + \widetilde{\Delta_2} + \widetilde{\Delta_3} = \widetilde{\Delta}$，$\Delta = 1 - \widetilde{\Delta}$

又順向迴路 $N = 2$，$M_1 = G_1G_7G_6$，$\Delta_1 = 1$；

$M_2 = -G_2G_5G_6$，$\Delta_2 = 1 - \widetilde{\Delta_1}$

故 $\dfrac{Y_2(s)}{R_1(s)} = \dfrac{M_1 + M_2\Delta_2}{1 - \widetilde{\Delta}}$

$$= \frac{G_1G_7G_6 - G_2G_5G_6 - G_2G_5G_6G_1G_3G_4H_2}{1 + G_1G_3G_4H_2 + G_2G_5G_6H_1 - G_1G_8G_6H_1G_2G_7G_4H_2}$$

第四章 古典控制系統的穩定度與靈敏度

4-1 穩定度的觀念

焦點 1 **穩定度的種類與基本觀念的引入。**

考試比重：★☆☆☆☆ **考題形式：**基本觀念的建立

關鍵要訣

1. 「控制系統的穩定度」係由外加的「激勵信號」所產生之「輸出響應」（Response）來決定，穩定度可以分為：
   (1) 絕對穩定度（Absolute stability）－指系統是否穩定的指標，如「BIBO 穩定度」、「漸進穩定度」，「Lyapunov 穩定」等，一般在古典控制系統的時域觀點中，絕對穩定度即等於「BIBO 穩定度」。
   (2) 相對穩定度（Relative stability）－指系統穩定程度的指標，如「主極點的位置」、「增益邊限」，「相位邊限」等。
   (3) 條件穩定（Conditional stability）－指系統在某些條件下為穩定。

2. 「BIBO 穩定」：

   【定義】 指在初始值為 0 的條件下，若線性非時變系統對任何有限輸入產生有限輸出，則稱此系統為「BIBO 穩定」（Bounded-input bounded-output stability）。

   定理 1：「BIBO 穩定」之充要條件（Necessary and sufficient condition）為以下兩條件：

(1) **為線性非時變系統**

(2) **系統的脈衝響應絕對可微分**，即 $\Rightarrow \int_0^\infty |g(\tau)| d\tau < \infty$，其中 $g(\tau)$ 爲閉迴路系統之「單位脈衝響應」

重點說明：單位脈衝響應 $g(\tau)$ 可決定：

(1) 轉移函數（Transfer function）　　(2) 因果系統（Casual system）

(3) BIBO 穩定

定理 2：線性非時變系統的「BIBO 穩定」另一充要條件（Necessary and sufficient condition）爲此閉迴路系統之轉移函數所有極點皆具有「負實根」，**即所有 Poles 落在 s 的左半平面（LHP）上**，即 $\Rightarrow \mathrm{Re}(p_i) < 0, \forall_i = 1, 2, 3..., n$，式中 Re 代表「實部」，$p_i$ 爲特性方程式的根。

3. 線性非時變控制系統的穩定度與系統的「輸出／入」無關，如下圖 4-1 所示：

(1) 當所有的極點都落在 s 的左半平面（LHP），則稱此系統爲穩定（stable）。

(2) 當所有的極點都落在 s 的右半平面（RHP），則稱此系統爲不穩定（unstable）。

(3) 當所有的極點落在 s 平面的虛軸（Im(s)）上，則稱爲臨界穩定（critically stable）或邊界穩定（marginally stable）。

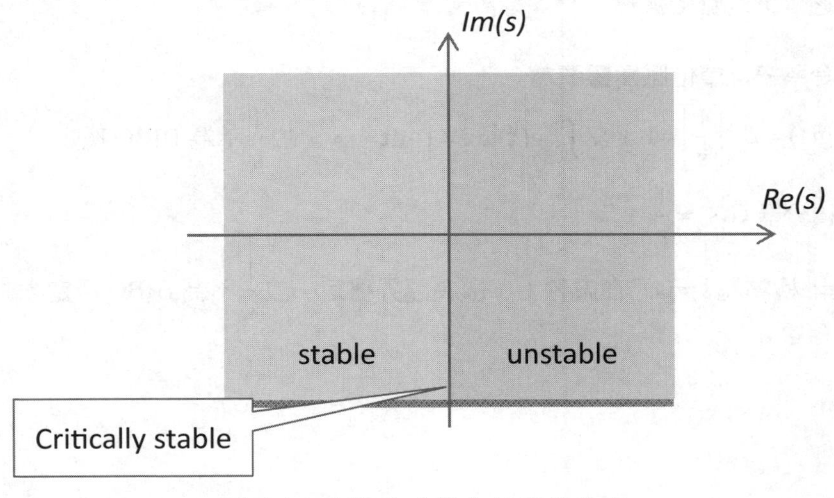

圖 4-1　線性非時變系統的穩定度

4. 判斷「古典控制系統」（Classical control system）穩定度的方法有以下：（重點說明將如後所介紹）
   (1) **代數穩定度判斷**（s judgement）
   (2) **羅斯-赫維茲準則**（Routh-Hurwitz Criterion）
   (3) **奈式準則**（Nyquist Criterion）
   (4) **波德圖**（Bode Plot）

5. 判斷「現代控制系統」（Modern control system）穩定度的方法有以下：（重點說明將如後所介紹）
   (1) **特徵值法**（Eigenvalue）判斷　　(2) **里亞普諾夫（Lyapunov）穩定準則**

例題 1

積分器（Integrator）$\mathcal{L}(u(t))=\frac{1}{s}$**，是否為** BIBO **穩定？**

Hint：「BIBO 穩定」之充要條件為以下兩條件：系統為線性非時變系統以及系統的脈衝響應絕對可微分，即⇒ $\int_0^{\infty}|g(\tau)|d\tau<\infty$，其中 $g(\tau)$ 為閉迴路系統之「單位脈衝響應」。

解 令系統之單位脈衝響應為

$g(t)=\mathcal{L}^{-1}\left[\frac{1}{s}\right]=1$，又 $\int_0^{\infty}|g(\tau)|d\tau=\int_0^{\infty}d\tau=\infty$，故 $\frac{1}{s}$ 不為 BIBO 穩定

另解 積分器 $G(s)=\frac{1}{s}$

⇒ 極點為 $s=0$ 乃在虛軸上，故為臨界穩定，故 $\frac{1}{s}$ 不為 BIBO 穩定。

例題 2

試說明為何「穩定的閉迴路控制系統」之極點（Poles），必須位於複數平面的左半邊。【96 高考二級】

Hint：「BIBO 穩定」之充要條件為：系統為線性非時變系統以及 $\int_0^\infty |g(\tau)| d\tau \le M' < \infty$，其中 $g(\tau)$ 為閉迴路系統之「單位脈衝響應」，$M' \in \Re$。

解 令 $G(s)$ 為一般物理系統之轉移函數，則應用部分分式展開法，可將其以以下之形式來表示 $\Rightarrow \dfrac{a_i}{(s-p_i)^{\mu_i}}$，其中 p_i 為 $G(s)$ 之極點，a_i 為部分分式展開之係數，而 μ_i 代表極點 p_i 之重根數則取「反拉氏轉換」之後，可得到 $\dfrac{a_i}{(\mu_i-1)!} t^{\mu_i-1} e^{p_i t}$，所以系統之單位脈衝響應為以上形式之有限項的和。而因為 $t^{\mu_i-1} e^{p_i t}$ 為絕對可積分之充要條件為 p_i 之實部必須均為負值，因此若每一極點之實部均為負值，則有 $\int_0^\infty |g(\tau)| d\tau \le M' < \infty$，故知系統為 BIBO 穩定。

例題 3

自動控制性能當中，穩定性（stability）可以用哪些數值的大小來表示？
【97 鐵路特考高員級】

解 穩定性可分為以下兩類：

(1) 絕對穩定性：依系統轉移函數中之極點（poles）的實部來表示，若所有極點都具有負實部，即 $s < 0$，則系統為「絕對穩定」（或稱之「穩定」）。

(2) 相對穩定性：可以下列各項數值來表示

A. 由「極點到虛軸的距離」來表示，若極點到虛軸的距離越大，則系統的相對穩定性越好。

B. 由「增益邊限」（G.M.）來表示，若系統為極小相位，G.M.越大，代表系統之相對穩定性越好。

C. 由「相位邊限」（P.M.）來表示，若系統為極小相位，P.M.越大，代表系統之相對穩定性越好。

備註 極小相位系統請參詳第七章之「焦點 4」重點說明 3。

例題 4

三階閉迴路系統之轉移函數為 $\dfrac{1}{s^3+2s^2-5s-6}$，則此系統的穩定度情況為何？

Hint：線性非時變系統的「BIBO 穩定」之一充要條件為此閉迴路系統之轉移函數所有極點皆具有「負實根」，即所有 Poles 落在 s 的左半平面（LHP）上，$\mathrm{Re}(p_i)<0, \forall_i=1, 2, 3, ..., n$，式中 Re 代表實部，$p_i$ 為特性方程式的根。

解 $s^3+2s^2-5s-6=(s+1)(s-2)(s+3)=0$，系統之極點為 -1、-3、$+2$，因為系統有一正極點，故為「不穩定系統」。

例題 5

當系統的脈衝響應為 $g(t)=\dfrac{1}{(t+1)^3}$（$t\geq 0$），則此系統是否為 BIBO 穩定？

解 $\int_0^\infty |g(\tau)|d\tau=\int_0^\infty \left|\dfrac{1}{(\tau+1)^3}\right|d\tau$, let $\alpha=\tau+1$

then $\int_1^\infty \left|\dfrac{1}{\alpha^3}\right|d\alpha=\left[-\dfrac{1}{2}\alpha^{-2}\right]_1^\infty=\dfrac{1}{2}<\infty$，故系統為 BIBO 穩定。

例題 6

試判斷以下 $G_1(s)$、$G_2(s)$ 二系統之穩定度情況為？

$G_1(s)=\dfrac{5(s+1)}{(s-1)(s^2+2s+2)}$，$G_2(s)=\dfrac{5}{(s^2+4)^2(s+10)}$

Hint：線性非時變系統的「BIBO 穩定」之一充要條件為此閉迴路系統之轉移函數所有極點皆具有「負實根」，即所有 Poles 落在 s 的左半平面（LHP）上，$\Rightarrow \mathrm{Re}(p_i)<0$，$\forall i=1,2,3,\ldots,n$，式中 Re 代表實部，$p_i$ 為特性方程式的根。

(1) $(s-1)(s^2+2s+2)=0 \Rightarrow s=1$，$s=-1+j$，$s=-1-j$，因為有一 $s=1$，故 $G_1(s)$ 系統為不穩定。

(2) $(s^2+4)^2(s+10)=0 \Rightarrow s=-10$，$s=+2j$，因為有二個極點位於虛軸上，故 $G_2(s)$ 系統為臨界穩定。

4-2 羅斯-赫維茲穩定準則 Routh-Hurwitz Criterion

焦點 2　Routh-Hurwitz **準則多應用在「特性方程式」為高階多項式時所用，對判斷控制系統的穩定度非常有用。**

考試比重：★★★☆☆　**考題形式：**計算、說明題都有，相當重要

關鍵要訣

考慮一線性非時變之系統的特性方程式爲

$\Delta(s)=a_n s^n + a_{n-1}s^{n-1}+\ldots+a_1 s+a_0=0$

其 Routh-Hurwitz 準則之判斷方法爲：

1.若 $\Delta(s)$ **有缺項**或有**不同號**之發生，則必定有 s 在右半面之根，即爲**不穩定系統**。

2. 滿足上述條件，但仍然無法保證 $\Delta(s)$ 沒有正實根，所以需要建立「羅斯表」（Routh Table）來判別。

3. 先以五階爲例，若 $\Delta(s)=a_5s^5+a_4s^4+a_3s^3+a_2s^2+a_1s+a_0=0$

Routh Table $\Rightarrow$ 作法：

(1) 從高階到低階順序填入係數到前二列。

(2) 爲了方便計算，若某一列有相同因數可加以約分（注意第一行不可因約分而變號），若爲分數可乘一正整數加以化簡成整數。

(3) 列表計算方式如下，求出第三列後之各值。

s^5	a_5	a_3	a_1
s^4	a_4	a_2	a_0
s^3	$A=\dfrac{a_4a_3-a_5a_2}{a_4}$	$B=\dfrac{a_4a_1-a_5a_0}{a_4}$	0
s^2	$C=\dfrac{Aa_2-a_4B}{A}$	$D=\dfrac{Aa_0-a_4 0}{A}=a_0$	0
s^1	$E=\dfrac{CB\text{-}Aa_0}{C}$	0	0
s^0	$\dfrac{Ea_0-C0}{E}=a_0$	0	0

4. Routh Table 完成後，判斷其第一行元素符號**改變的次數**，即爲其**特性方程式** $\Delta(s)$ **正實根的個數**，其餘均爲負實根。（此爲非特例情況）

5. 線性非時變系統若爲穩定之「充要條件」爲 $\Rightarrow$ Routh table 中的第一行（指左邊第一行直的）元素必須要同號。

6. 但若 Routh table 無法順利完成，則此時稱爲「特例」，需要做以下處理，此時系統爲「不穩定」。

   (1) **特例一：**若 Routh table 發生某一列**第一個元素為 0**，但該列不全爲 0 時，即稱爲「特例 1」，此時使用下列兩個方法使 Routh table 能順利完成：

   A. 倒根法（Reciprocal roots method）：令 $s=\dfrac{1}{z}$ 代入特性方程式 $\Delta(s)$，重新判斷 Routh table。

   B. $\Delta(s)\times(s+1)$：將特性方程式 $\Delta(s)$ 乘上 $(s+1)$，重新判斷 Routh table。

   (2) **特例二：**若 Routh table 發生某一列元素全爲 0 時，即稱爲特例二。處理方法如下：

A. 尋找**「輔助方程式」**（Auxiliary polynomial ⇒ A(s)）：即全為 0 的上一列係數所形成的方程式就稱為「輔助方程式」。

B. 微分 A(s)，即 $\dfrac{dA(s)}{ds}$，所得的係數帶入該零列係數，使 Routh Table 得以順利完成。

C. 令「輔助方程式」A(s) = 0時，則可得到**系統的純虛根個數及系統的震盪角頻率**。

例題 7

特性方程式 $\Delta(s)=s^4+8s^3+18s^2+16s+5=0$ **，請判別系統的穩定性。**

Hint：一般的 Routh-Hurwitz 準則解法。

解　列 Routh Table 如下表

s^4	1	18	5
s^3	8	16	
s^3 (約去公因數 8)	1	2	
s^2	$\dfrac{18-2}{1}=16$	$\dfrac{5-0}{1}=5$	0
s^1	$\dfrac{16\times2-5}{16}=\dfrac{27}{16}$	$\dfrac{0-0}{16}=0$	0
s^0	$a_0=5$	0	0

系統穩定之「充要條件」為 Routh table 中的第一行元素必須要同號，此例為全為正號，所以「符號改變的次數」為 0，故系統為穩定。

例題 8

一系統的特性方程式 $F(s)=s^5+2s^4+24s^3+48s^2+12s+24$ **，請判別此系統是否穩定？**【94 年技師檢覈】

Hint：Routh-Hurwitz 的特例二解法 ⇒ Let A(s)。

解 列 Routh Table 如下表

s^5	1	24	12
s^4	2	48	24
s^3	$\frac{48-48}{2}=0$	$\frac{24-24}{2}=0$	

$$A(s)=s^4+24s^2+12=0 \text{，} \frac{d}{ds}A(s)=4s^3+48s$$

s^3	4	48	
s^3 (約去公因數 4)	1	12	
s^2	$\frac{48-24}{1}=24$	$\frac{24}{1}=24$	
s^2 (約公因數 24)	1	1	
s^1	$\frac{12-1}{1}=11$		
s^0	1	0	0

因為第一行之元素均未變號，而輔助方程式 $s^4+24s^2+12=0$，可解得 $s=\pm j0.71$ 及 $\pm j4.85$ 均為純虛根，故之此系統有四個極點在虛軸上，而有一個極點在左半平面，故系統為「臨界穩定」。

例題 9

特性方程式 $\Delta(s)=s^4+s^3+3s^2+3s+5=0$，請判別系統的穩定性及其根的分布。

Hint：Routh-Hurwitz 準則解法的特例一。

解　列 Routh Table 如下表

s^4	1	3	5
s^3	1	3	
s^2	$\frac{3-3}{1}=0$	$\frac{5-0}{1}=5$	

方法 1：倒根法（Reciprocal roots method）：令 $s=\frac{1}{z}$ 代入特性方程式 $\Delta(s)$，

得 $\Delta(z)=\left(\frac{1}{z}\right)^4+\left(\frac{1}{z}\right)^3+3\left(\frac{1}{z}\right)^2+3\left(\frac{1}{z}\right)+5=0$

$\Rightarrow 5z^4+3z^3+3z^2+z+1=0$，列新 Routh table 如下：

z^4	5	3	1
z^3	3	1	
z^2	$\frac{9-5}{3}=\frac{4}{3}$	$\frac{3-0}{3}=1$	
z^1	$\left(\frac{4}{3}-3\right)\Big/\frac{4}{3}=-\frac{5}{4}$		
z^0	1		

上表第一行有兩個變號，故此特性方程式有 2 個正實根及 2 個負實根。

方法 2：（較建議）

$\Delta(s)\times(s+1)\Rightarrow\Delta(s)=s^5+2s^4+4s^3+6s^2+8s+5=0$，

列 Routh table：

s^5	1	4	8
s^4	2	6	5
s^3	$\frac{8-6}{2}=1$	$\frac{16-5}{2}=\frac{11}{2}$	0
s^3 (×2 擴分)	2	11	
s^2	$\frac{12-22}{2}=-5$	$\frac{10}{2}=5$	
s^2 (約公因數 5)	−1	1	
s^1	$\frac{-11-(2)}{-1}=13$	0	
s^0	1		

由上表可知第一行元素有 2 次變號，表示乘上 $(s+1)$ 後的新特性方程式有 2 個正實根與 3 個負實根，而扣掉 $(s+1)$ 這一個負實根，所以原特性方程式 $\Delta(s)$ 有 2 個正實根與 2 個負實根，此系統為「不穩定」。

例題 10

已知某系統的轉移函數為 $T(s)=\dfrac{1}{s^6+s^5+5s^4+s^3+2s^2-2s-8}$，求其極點（Poles）在右半平面、左半平面以及虛軸的個數各為何？

Hint：Routh-Hurwitz 準則的特例二，列羅斯表及輔助方程式。

解 轉移函數的分母即為該系統之特性方程式

$\Delta(s)=s^6+s^5+5s^4+s^3+2s^2-2s-8=0$，列 Routh Table 如下表

s^6	1	5	2	−8
s^5	1	1	−2	
s^4	4	4	−8	
s^4（削去公因數 4）	1	1	−2	
s^3	0	0	0	
遇特例二	輔助方程式 $A(s)=s^4+s^2-2$			
	$dA(s)/ds=4s^3+2s\Rightarrow 2s^3+s$ to arrange s^3			
s^3	2	1		
s^2	$\frac{8-4}{2}=2$	$\frac{-16}{2}=-8$		
s^1	$\frac{2-(-16)}{2}=9$			
s^0	−8			

上列羅斯表第一行有一個變號，所以 $\Delta(s)$ 有一個正實根，然而本題為 s 的六次式，其餘的根由輔助方程式 $A(s)=s^4+s^2-2$ 來加以輔助判別，因為令 $A(s)=0$，可得 $s^4+s^2-2=(s^2-1)(s^2+2)=0$ 之根為 $s=1$、-1、$+2j$、$-2j$，故知系統極點在 s 的右半面有一個，在 s 的左半面有三個，在虛軸有 2 個，此為不穩定系統。

例題 11

$$F(s)=\frac{s^2-16}{s^5+4s^4+5s^3}$$

(1) **在複數平面標示零點（zero）與極點（Pole）。**

(2) **某系統之轉移函數為 F(s)，則該系統是否穩定？請說明理由。**【96 專利審查人員三等】

Hint：(1) 系統的「零點」求法⇒令轉移函數的分子為零，求出 s = zero。

(2) 系統的「極點」求法⇒令轉移函數的分母為零，求出 s = poles。

(3) 穩定度的判別用 Routh Hurwitz 準則判定。

解 (1) Let $s^2-16=0 \Rightarrow s=+4,-4$，即零點 $z_1=+4$，$z_2=-4$

(2) Let $s^5+4s^4+5s^3=0 \Rightarrow s^3(s^2+4s+5)=0$

$\Rightarrow s=0$、$s=-2+j$、$s=-2-j$，即「極點」$p_1=0$、$p_2=-2+j$、$p_3=-2-j$

(3) 羅斯準則：若 $\Delta(s)$ 有缺項或有不同號之發生，則必定有 s 在右半面之根，即為不穩定系統。

因為 $\Delta(s)=s^5+4s^4+5s^3$ 缺項，故判定系統不穩定。

例題 12

考慮一個單一回授閉迴路控制系統如圖所示，其閉回路轉移函數為

$$\frac{Y(s)}{R(s)}=\frac{k}{s^3+12s^2+20s+k}$$

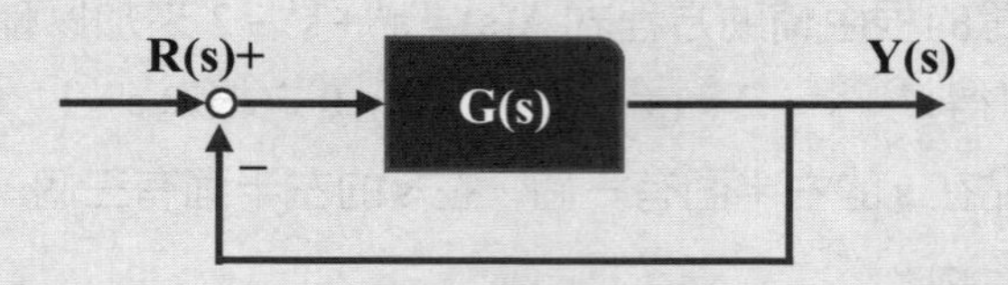

利用羅斯準則（Routh Stability Criterion）檢驗使系統穩定 k 之範圍。【96 關務特考三等】

解　列 Routh Table 如下：

s^3	1	20	
s^2	12	k	
s^1	$\frac{240-k}{12}$		
s^0	k		

依照羅斯準則，系統穩定的條件為第一列元素為同號且不缺項，故 $240-k>0$ 且 $k>0 \Rightarrow 0<k<240$

例題 13

有一個單位回饋控制系統如下圖所示：

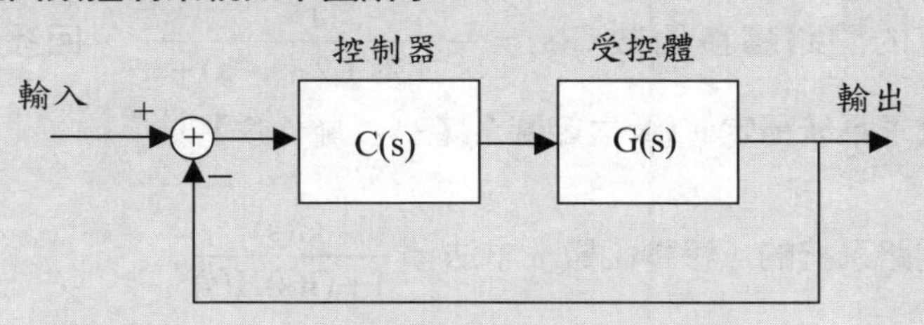

其中受控體為 $G(s)=\frac{s+3}{s^2+4s+7}$**，控制器為** $C(s)=\frac{1}{s+1}$**，則**

(1) **此系統輸出對輸入的轉移函數**（transfer function）**為何？**

(2) **利用魯斯法則**（Routh's Criterion）**判定此系統是否穩定？**【97 高考二級控制系統】

解　(1) 此閉迴路控制系統之轉移函數計算如下：

$$\frac{(\frac{s+3}{s^2+4s+7})(\frac{1}{s+1})}{1+(\frac{s+3}{s^2+4s+7})(\frac{1}{s+1})}=\frac{s+3}{(s^2+4s+7)(s+1)+s+3}$$

(2) 上述轉移函數的分母乘開後為 $s^3+5s^2+12s+10=\Delta(s)$，針對此特性方程式列羅斯表如下：

s^3	1	12	
s^2	5	10	
s^1	10	0	
s^0	10		

依照羅斯準則，系統穩定的條件為第一列元素為同號且不缺項，故判定系統為穩定。

例題 14

一回授系統的開路轉移函數 $G(s)=\dfrac{1}{(s^2+2s+2)(s-a)+k}$**，回授轉移函數** $H(s)=1$**，試求系統穩定 a、k 之範圍？【94 技師檢覈】**

Hint：(1) 閉迴路系統的「移轉函數」求法 $\Rightarrow \dfrac{G(s)}{1+G(s)H(s)}$

(2) 穩定度的判別用 Routh Hurwitz 準則判定。

解

$$\frac{G(s)}{1+G(s)H(s)}=\frac{\dfrac{1}{(s^2+2s+2)(s-a)+k}}{1+\dfrac{1}{(s^2+2s+2)(s-a)+k}}=\frac{1}{\Delta(s)}$$

$$\Rightarrow \Delta(s)=\left[(s^2+2s+2)(s-a)+k\right]+1$$

$$=s^3+(2-a)s^2+(2-2a)s+k-2a+1=0$$

s^3	1	$2-2a$	
s^2	$2-a$	$k-2a+1$	
s^1	$\frac{2a^2-4a+3-k}{2-a}$	0	
s^0	$k-2a+1$		

依照羅斯準則，系統穩定的條件為第一列元素為同號且不缺項，故同時滿足$\Rightarrow\begin{cases}2-a>0, 2-2a>0\\k-2a+1>0\\2a^2-4a+3-k>0\end{cases}\Rightarrow\begin{cases}a<1\\k-2a+1>0\\2a^2-4a+3>k\end{cases}$，可畫圖如下：

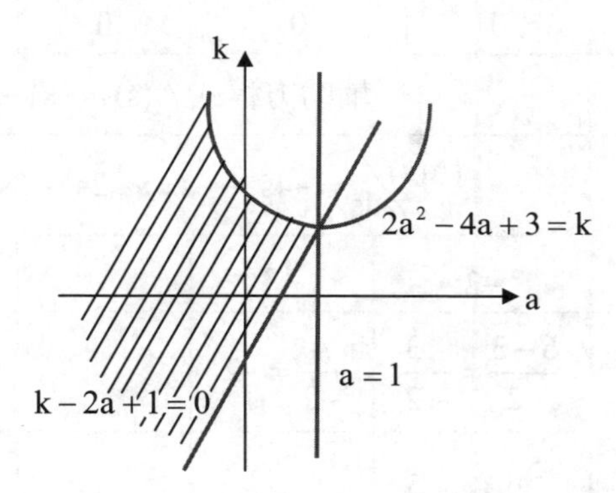

例題 15

如下式為一系統的特性方程式，請利用羅氏法則求特性根的分布範圍，若有振盪頻率，也請一併求出。

$s^8-s^7-s^6-8s^5-13s^4-17s^3-17s^2-10s-6=0$。【99 高考三級】

解 列羅斯表如下：

s^8	1	-1	-13	-17	-6
s^7	-1	-8	-17	-10	
s^6	-9	-30	-27	-6	
s^6 (通約 3)	-3	-10	-9	-2	
s^5	$-\frac{14}{3}$	-14	$-\frac{28}{3}$		
s^5 (通約 $\frac{14}{3}$)	-1	-3	-2		
s^4	-1	-3	-2		
s^3	0	0	0		
遇特例二	輔助方程式 $A(s)=-s^4-3s^2-2$				
	$dA(s)/ds=-4s^3-6s \Rightarrow -2s^3-3s$ to arrange s^3				
s^3	-2	-3			
s^2	$\frac{6-3}{-2}=-\frac{3}{2}$	$\frac{4}{-2}=-2$			
s^1	$\frac{5/2}{-3/2}=-\frac{5}{3}$	0			
s^0	$-\frac{10}{3}$				

因此第一行變號一次，故有一個特性根在 s 的右半平面；又由輔助方程式 $A(s)=-s^4-3s^2-2=0$，得出 $s=\pm j$ 、 $\pm j\sqrt{2}$ ，所以有四個特性根落在「虛軸」上，而對應之震盪頻率為分別為 1 rad/s 及 $\sqrt{2}$ rad/s；此題特性方程式為 8 次方，所以另三個根應在 s 之左半平面。

例題 16

一個控制系統的特徵方程式為 $F(s)=2s^4+s^3+3s^2+5s+5=0$，則該系統的不穩定之特徵值的個數有幾個？【96 經濟部國營事業】

解　列羅斯表如下：

s^4	2	3	5
s^3	1	5	
s^2	-7	5	
s^1	$\frac{40}{7}$		
s^0	5		

因為第一行變號 2 次，故有 2 個特性根在 s 的右半平面；即系統會有 2 個不穩定的特徵值。

例題 17

由下列所示系統之閉迴路移轉函數，試分別判斷系統的穩定性為何？請說明個原因。【96 經濟部國營事業】

(1) $G(s)=\dfrac{5(s+1)}{(s-1)(s^2+2s+2)}$　　(2) $G(s)=\dfrac{5}{(s^2+4)^2(s+10)}$

解　(1) 閉迴路特性方程式 $\Delta_1=(s-1)(s^2+2s+2)=0$

可解得極點為 $s=1$、$s=-1\pm j$，因為 $s=1$ 在 s 的右半平面，所以此閉迴路系統為不穩定。

(2) 閉迴路特性方程式 $\Delta_2=(s^2+4)^2(s+10)=0$

可解得極點為 $s=-10$，$s=\pm j2$，因為極點 $s=\pm j2$ 有兩個，且皆落在虛軸上，所以此閉迴路系統為不穩定。（臨界穩定嚴格說亦為不穩定的系統）

例題 18

由下圖單位負回授控制系統中，若順向移轉函數（forward transfer function），$G(s)=\dfrac{K}{s(s+1)(s+5)}$，則使此系統穩定的條件為何？

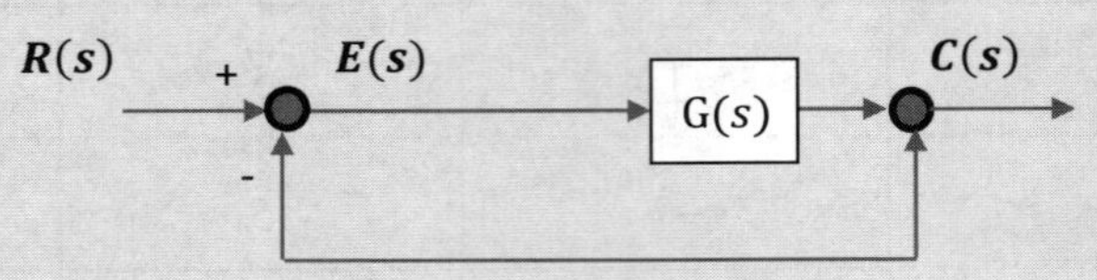

解　先求閉迴路移轉函數 $G_C(s)=\dfrac{\dfrac{K}{s(s+1)(s+5)}}{1+\dfrac{K}{s(s+1)(s+5)}}=\dfrac{K}{s^3+6s^2+5s+K}$

其特性方程式為 $\Delta(s)=s^3+6s^2+5s+K=0$，列 Routh Table 如下：

s^3	1	5	
s^2	6	K	
s^1	$\dfrac{30-k}{6}$		
s^0	K		

$\Rightarrow 30-K>0$ and $K>0$，$\therefore 0<k<30$。

例題 19

如下圖所示為一閉迴路控制系統。

(1) 找出增益 K（$K>0$）的範圍使得此系統更穩定。

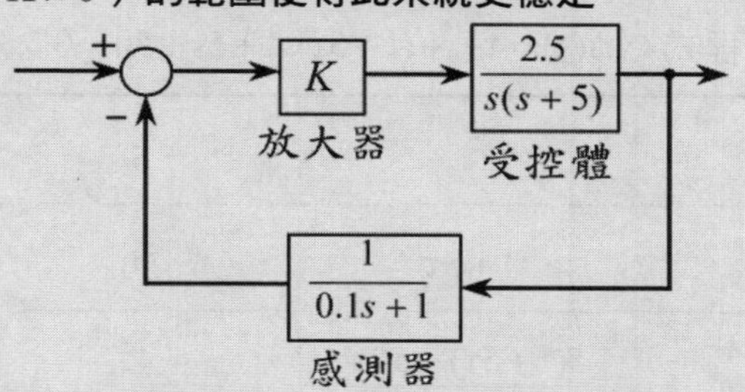

(2) 設增益 K 設定為 20，此外，假設感測器之時間常數為一般值而非給定的 0.1 sec，感測器的轉移函數為 $\frac{1}{\tau s+1}$，當時間常數 $\tau>0$，找出能使系統處於穩定狀態的時間常數允許範圍。【98 高考二級】

解 (1) 先求閉迴路移轉函數

$$G_C(s)=\frac{\frac{2.5K}{s(s+5)}}{1+\frac{2.5K}{s(s+5)}\frac{1}{(0.1s+1)}}=\frac{2.5K(s+10)}{s^3+15s^2+50s+25K}$$

其特性方程式為 $\Delta(s)=s^3+15s^2+50s+25K=0$，列 Routh Table 如下：

s^3	1	50	
s^2	15	25K	
s^1	$\frac{750-25K}{15}$		
s^0	25K		

$750-25K>0$ and $K>0$，$\therefore 0<K<30$。

(2) 閉迴路移轉函數 $G_C(s)=\dfrac{\dfrac{50}{s(s+5)}}{1+\dfrac{50}{s(s+5)}\dfrac{1}{(\tau s+1)}}=\dfrac{50(\tau s+1)}{\tau s^3+(1+5\tau)s^2+5s+50}$，

其特性方程式為 $\Delta(s)=\tau s^3+(1+5\tau)s^2+5s+50=0$，列 Routh Table 如下：

s^3	τ	5	
s^2	$1+5\tau$	50	
s^1	$\dfrac{5(1+5\tau)-50\tau}{1+5\tau}$		
s^0	50		

$\tau>0$ and $1+5\tau>0$ and $(1+5\tau)(5-25\tau)>0$，$\therefore 0<\tau<\dfrac{1}{5}$。

例題 20

時間常數（time constant）通常用來衡量何種系統的甚麼性能？【97 鐵路特考高員級】

解　舉一標準一階系統的轉移函數如下：$\dfrac{Y(s)}{R(s)}=\dfrac{1}{\tau s+1}$，其中 Y(s) 代表「輸出」，R(s) 代表「輸入」，而 τ 稱為時間常數；對此系統而言，其單位步階響應的「上升時間」$t_r=2.197\tau$，而「安定時間」$t_s=4\tau$（若為 ±2% 的容許誤差），因此若時間常數 τ 越小，則代表「上升時間」與「安定時間」都較短，所以反應速度會較快。

例題 21

已知系統之轉移函數如右： $G(s)=\dfrac{(s+3)(s+6)}{s^2(s+5)(s+10)(s^2-1)}$ **，則：**

(1) **系統之極點以及零點為何？**

(2)**若系統為單一閉迴路系統（**Unity feedback system**），則其特徵方程式為何？**

(3) **本系統是否為穩定？**【98 鐵路特考高員級】

解　(1)　此系統移轉函數之分子決定零點 $\Rightarrow s=-3$ (一階)，$s=-6$ (一階)

此系統移轉函數之分母決定極點 $\Rightarrow s=0$ (二階)，$s=-5$ (一階)，$s=-10$ (一階)，$s=-1$ (一階)，$s=+1$ (一階)

(2)、特性方程式為 $\Delta(s)=s^2(s+5)(s+10)(s^2-1)$

$$=s^6+15s^5+49s^4-15s^3-49s^2+9s+18=0$$

(3)、因為特性方程式中有變號，所以知道此系統為不穩定。

例題 22

某系統之轉移函數如下，若此系統要穩定，則K的範圍為何？

$\dfrac{Y(s)}{R(s)}=\dfrac{s+1}{s^4+s^3+(K-4)s^2+3s+1}$　【98 鐵路特考高員級】

解　特性方程式為 $\Delta(s)=s^4+s^3+(K-4)s^2+3s+1$ ，列 Routh Table 如下：

s^3	1	$K-4$	1
s^2	1	3	
s^1	$K-7$	1	
s^0	$\dfrac{3(K-7)-1}{K-7}$		

$K-4>0$ and $K-7>0$ and $(3K-22)(K-7)>0$ ，$\therefore \dfrac{22}{3}<K<\infty$ 。

例題 23

(1) 以下方程式，何者為「穩定系統」？

(A) $s^4+2s^2+4s+9=0$　　(B) $s^4+4s^3+2s^2+4s-6=0$

(C) $s^3-3s^2+5s+3=0$　　(D) $s^2+2s+8=0$

(E) $s^2-2s+14=0$

(2) 有一「三階系統」的閉迴路轉移函數為 $\dfrac{1}{s^3+2s^2-5s-6}$，則此系統的穩定度情況為：(A)此系統為穩定系統　(B)此系統有一個正極點，故為不穩定系統　(C)此系統有二個正極點，故為不穩定系統　(D)此系統有三個正極點，故為不穩定系統　(E)此系統無法判定是否穩定。

(3) 一閉迴路系統如下圖，請問 K 值在何範圍內可使此系統穩定？

(A) $0<K<60$　(B) $0<K<80$　(C) $0<K<100$　(D) $0<K<120$

(E) $0<K<150$。【95 國營事業職員】

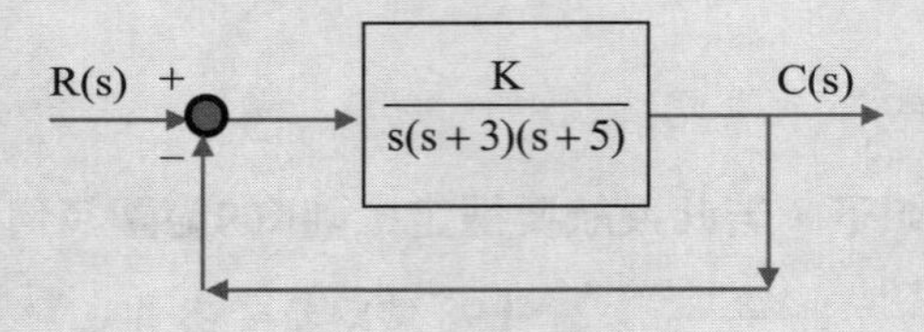

Hint：依「羅斯判定準則」解題。

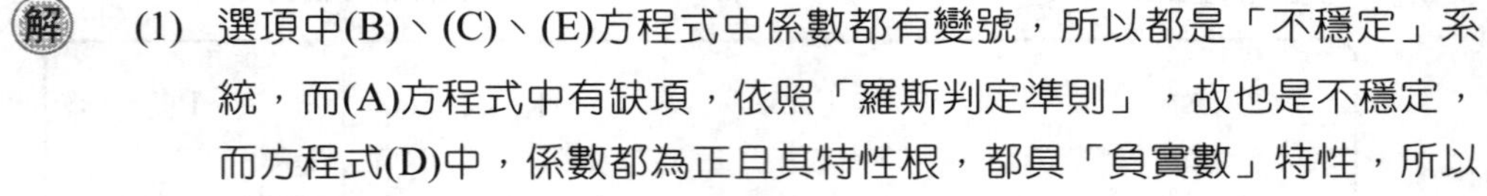

解　(1) 選項中(B)、(C)、(E)方程式中係數都有變號，所以都是「不穩定」系統，而(A)方程式中有缺項，依照「羅斯判定準則」，故也是不穩定，而方程式(D)中，係數都為正且其特性根，都具「負實數」特性，所以答案為(D)。

(2) 特性方程式s^3+2s^2-5s-6，代入「Routh Table」可得：

s^3	1	−5
s^2	2	−6
s^1	−2	
s^0	−6	

因第一行變號一次，故有一個極點在 s 的右半面，而另外兩個極點在 s 的左半面，故此系統為「不穩定」，選(B)。

(3) 閉迴路特性方程式為$\Delta(s)=s(s+3)(s+5)+K=s^3+8s^2+15s+K$，代入「Routh Table」可得：

s^3	1	15
s^2	8	K
s^1	$\frac{120-K}{8}$	
s^0	K	

因為使系統穩定之條件為第一行都為正，故$0<K<120$，選(D)。

例題 24

某系統之特性方程式為$s^3+(k+1)s^2+10s+(15k+5)=0$，$k>0$：

(1) 使此系統絕對穩定，則 k 的範圍為何？

(2) 當 k 達到上界時，系統開始震動，則其頻率為何？

解 (1) 特性方程式為 $\Delta(s)=s^3+(k+1)s^2+10s+(15k+5)$，

列 Routh Table 如下：

s^3	1	10	
s^2	$k+1$	$15k+5$	
s^1	$\dfrac{10(k+1)-15k-5}{k+1}$		
s^0	$15k+5$		

$k+1>0$ and $15k+5>0$ and $(-5k+5)(k+1)>0$，取交集得 $-\frac{1}{3}<k<1$

(2) 當 $k=1$，羅斯表會產生「特例二」⇒即表示系統必有「純虛根」，且會持續振盪，則由其「輔助方程式」$A(s)=2s^2+20=0$，解得其根為 $s=\pm j\sqrt{10}=\pm j\omega$，所以振盪頻率為 $\sqrt{10}\,\frac{rad}{s}$。

例題 25

控制系統在 s-域的方塊如下圖：

(1) 欲使系統穩定，試求參數 K 的範圍。

(2) 若系統持續震盪，則此參數 K 為何？且其頻率為何？

【103 中央印製廠職員】

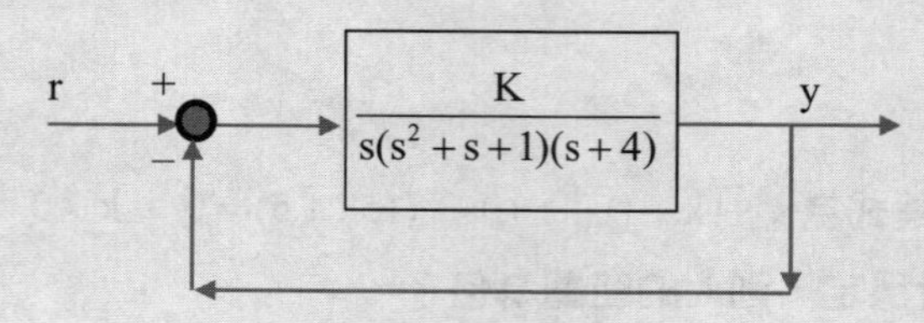

解 (1) 特性方程式為 $\Delta(s)=s(s^2+s+1)(s+4)+K=s^4+5s^3+5s^2+4s+K$，

列 Routh Table 如下：

s^4	1	5	K
s^3	5	4	
s^2	$\frac{21}{5}$	K	
s^1	$\frac{84-25K}{21}$		
s^0	K		

$\Rightarrow 0 < K < \frac{84}{25}$

(2) 當 $K=\frac{84}{25}$，羅斯表會產生「特例二」⇒即表示系統必有「純虛根」，且會持續振盪，則由其「輔助方程式」$A(s)=\frac{21s^2}{5}+\frac{84}{25}=0$，解得其根為 $s=\pm j\frac{2}{\sqrt{5}}=\pm j\omega \Rightarrow \omega \cong 0.894(rad/sec)$，即「震盪頻率」。

焦點 3　靈敏度分析。

考試比重：★★★☆☆　　**考題形式：**計算分析為主

關鍵要訣

1. 實際的物理系統都會因爲外在環境的改變或是元件的老化而影響到系統參數，靈敏度正是研究當系統參數改變時，改變量對系統的影響程度爲何。

2. 靈敏度（Sensibility）：

【定義】　閉迴路轉移函數的變化量對元件參數的變化量的比值。

3. 靈敏度的計算：令 T 爲閉迴路移轉函數，P 爲系統元件，ΔT 爲閉迴路轉移函數因爲系統元件所造成的變化量，ΔP 爲系統元件的變化量，則靈敏度的計算公式爲：

$$S_P^T = \frac{\frac{\Delta T}{T}}{\frac{\Delta P}{P}} = \frac{\Delta T}{\Delta P}\left(\frac{P}{T}\right)$$

4. 通常系統的「靈敏度」越小，代表該控制系統的**設計越好**。

例題 26

下圖閉迴路轉移函數 T 對 K 的靈敏度為何？

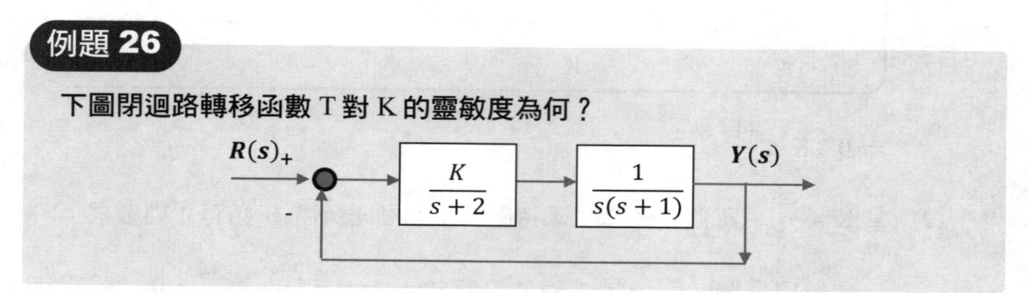

Hint：注意需為「閉迴路轉移函數」。

解　系統的「轉移函數」為：

$$T(s) = \frac{\frac{K}{(s+2)s(s+1)}}{1+\frac{K}{(s+2)s(s+1)}} = \frac{K}{s^3+3s^2+2s+K} \Rightarrow \frac{K}{T} = s^3+3s^2+2s+K$$

$$\frac{\partial T}{\partial K} = \frac{s^3+3s^2+2s+K-K}{(s^3+3s^2+2s+K)^2} = \frac{s^3+3s^2+2s}{(s^3+3s^2+2s+K)^2}$$

故 T 對 K 的靈敏度 $S_K^T = \frac{\frac{\Delta T}{T}}{\frac{\Delta P}{P}} = \frac{\Delta T}{\Delta P}\left(\frac{P}{T}\right) = \frac{s^3+3s^2+2s}{s^3+3s^2+2s+K}$

例題 27

如圖所示之負回授系統：

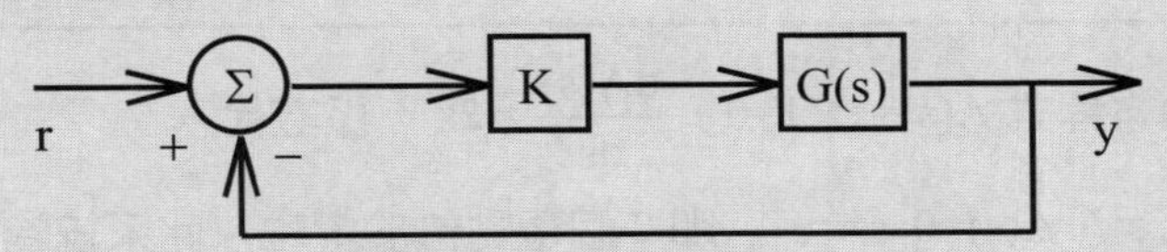

(1) **若** $G(s)=\dfrac{3s^2+1}{s(s^4+4s^3+6s^2+5)}$ **，請求其轉換函數之特徵方程式**

（Characteristic Equation）

(2) **若** K = 2 **，請以勞斯表**（Routh Array）**說明此系統的閉迴路極點分佈位置。**【103 中央印製廠職員】

解　(1) 此負回授系統之 H(s) = 1，故轉移函數為

$$\frac{Y(s)}{R(s)}=\frac{KG(s)}{1+GH(s)}=\frac{\dfrac{K(3s^2+1)}{s(s^4+4s^3+6s^2+5)}}{1+\dfrac{K(3s^2+1)}{s(s^4+4s^3+6s^2+5)}}=\frac{K(3s^2+1)}{s(s^4+4s^3+6s^2+5)+K(3s^2+1)}$$

故特性方程式為 $\Delta(s)=s(s^4+4s^3+6s^2+5)+K(3s^2+1)$

$\Rightarrow \Delta(s)=s^5+4s^4+6s^3+3Ks^2+5s+K$

(2) K = 2 代入列羅斯表如下：

s^5	1	6	5	K = 2 代入
s^4	4	6	2	
s^3	$\frac{9}{2}$	$\frac{9}{2}$		
s^3	1	1		約分 $\frac{9}{2}$
s^2	1	1		輔助方程式 A(s)
s^1	0	0		

s^1	2	0		
s^0	1			

輔助方程式 $A(s)=s^2+1=0$，$\frac{dA(s)}{ds}=2s$，係數代入

取代 s^1，$A(s)=0 \Rightarrow s=\pm j$，即 2 個極點位於虛軸，此系統為臨界穩定。

焦點 4 開路系統與閉迴路系統之靈敏度分析及其優缺點比較。

考試比重：★★☆☆☆ **考題形式：**計算觀念為主

關鍵要訣

1. 開路系統圖如下：

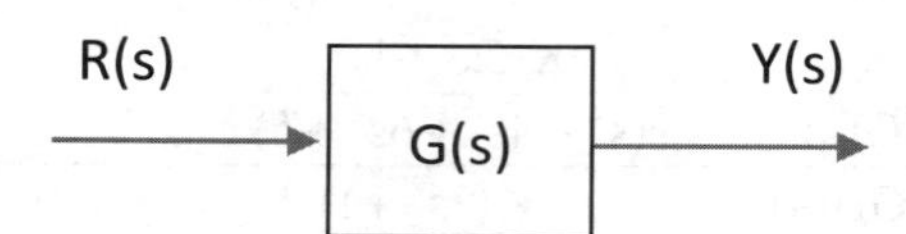

由上圖之轉移函數 $T(s)=G(s)$，所以 $S_G^T=\frac{\frac{\Delta T}{T}}{\frac{\Delta G}{G}}=\frac{\Delta T}{\Delta G}\left(\frac{G}{T}\right)=1$

2. 閉迴路系統圖如下：

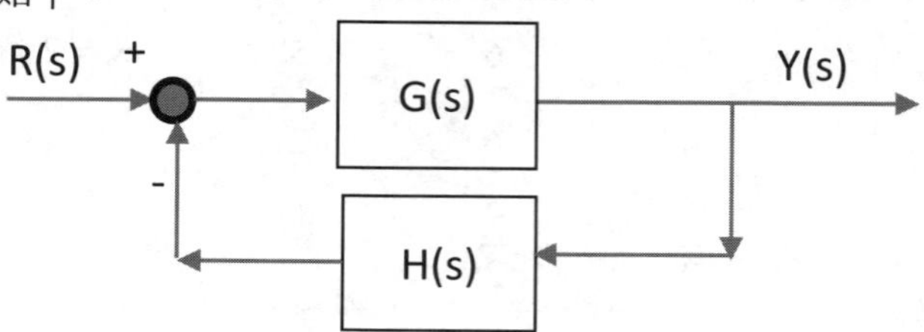

由上圖閉迴路之轉移函數 $T(s)=\frac{G(s)H(s)}{1+G(s)H(s)}$，

所以 T(s) 對 G(s) 的靈敏度為：

$$S_G^T = \frac{\frac{\Delta T}{T}}{\frac{\Delta G}{G}} = \frac{\Delta T}{\Delta G}\left(\frac{G}{T}\right) = \frac{1+GH-GH}{(1+GH)^2}\left(\frac{G}{\frac{G}{1+GH}}\right) = \frac{1}{1+GH}$$

而 T(s) 對 H(s) 的靈敏度為：$S_H^T = \dfrac{\frac{\Delta T}{T}}{\frac{\Delta H}{H}} = \dfrac{\Delta T}{\Delta H}\left(\dfrac{H}{T}\right) = \dfrac{-G^2}{(1+GH)^2}\left(\dfrac{H}{\frac{G}{1+GH}}\right) = \dfrac{-GH}{1+GH}$

3. 比較開路與閉迴路系統的靈敏度關係：當 $|GH| >> 1$ 時，閉迴路之轉移函數 T(s) 對 G(s) 的靈敏度為：$S_G^T = \dfrac{\frac{\Delta T}{T}}{\frac{\Delta G}{G}} = \dfrac{\Delta T}{\Delta G}\left(\dfrac{G}{T}\right) = \dfrac{1+GH-GH}{(1+GH)^2}\left(\dfrac{G}{\frac{G}{1+GH}}\right) = \dfrac{1}{1+GH} \Rightarrow 0$，

T(s) 對 H(s) 的靈敏度為：

$S_H^T = \dfrac{\frac{\Delta T}{T}}{\frac{\Delta H}{H}} = \dfrac{\Delta T}{\Delta H}\left(\dfrac{H}{T}\right) = \dfrac{-G^2}{(1+GH)^2}\left(\dfrac{H}{\frac{G}{1+GH}}\right) = \dfrac{-GH}{1+GH} \Rightarrow -1$，故可知閉迴路之優缺點為：

(1) 優點：比較開路系統靈敏度 $S_G^T = \dfrac{\frac{\Delta T}{T}}{\frac{\Delta G}{G}} = \dfrac{\Delta T}{\Delta G}\left(\dfrac{G}{T}\right) = 1$，與閉迴路系統之靈敏度

$S_G^T = \dfrac{\frac{\Delta T}{T}}{\frac{\Delta G}{G}} = \dfrac{\Delta T}{\Delta G}\left(\dfrac{G}{T}\right) = \dfrac{1+GH-GH}{(1+GH)^2}\left(\dfrac{G}{\frac{G}{1+GH}}\right) = \dfrac{1}{1+GH} \Rightarrow 0$，由此可知，閉迴路系統較不受系統元件之影響。

(2) 缺點：閉迴路系統 T(s) 對 H(s) 的靈敏度為：

$S_H^T = \dfrac{\frac{\Delta T}{T}}{\frac{\Delta H}{H}} = \dfrac{\Delta T}{\Delta H}\left(\dfrac{H}{T}\right) = \dfrac{-G^2}{(1+GH)^2}\left(\dfrac{H}{\frac{G}{1+GH}}\right) = \dfrac{GH}{1+GH} \Rightarrow -1$，所以感測元件需較高的精密度與準確度，以避免產生較大的靈敏度。

例題 28

考慮一單位回授（Unity feedback）控制系統如下圖所示，其程序參數（process parameter）K 之正常值（nomainl value）為 1，靈敏度（sensitivity）定義為 $S_K^T = \frac{\partial T}{\partial K} \times \frac{K}{T}$ ，其中T為系統轉移函數，即 $T(s) = \frac{C(s)}{R(s)}$ ，試求：【92 高考三級】

(1) **本回授控制系統之靈敏度** $S_K^T \Big|_{K=1}$

(2) **由(1)在一特殊頻率** $\omega = 5$ **時，此靈敏度之大小如何？即求** $S_K^T \Big|_{\omega=5}$

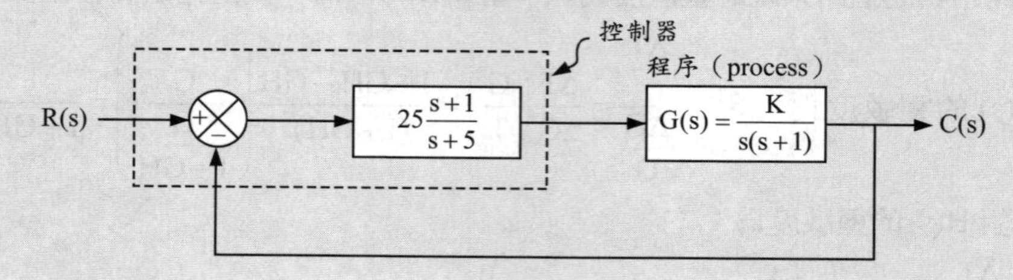

Hint：同上重點說明。

解 (1) $T(s) = \frac{C(s)}{R(s)} = \frac{\frac{25K(s+1)}{(s+5)s(s+1)}}{1+\frac{25K(s+1)}{(s+5)s(s+1)}} = \frac{25K}{s^2+5s+25K}$

$$\Rightarrow S_K^T = \frac{\partial T}{\partial K}\left(\frac{K}{T}\right) = \frac{s(s+5K)}{s^2+5s+25}$$

When $K = 1 \Rightarrow S_K^T = \frac{\partial T}{\partial K}\left(\frac{K}{T}\right) = \frac{s(s+5K)}{s^2+5s+25} = \frac{s^2+5s}{s^2+5s+25}$

(2) $s = j\omega = j5$ 代入

$$S_K^T = \frac{\partial T}{\partial K}\left(\frac{K}{T}\right) = \frac{s(s+5)}{s^2+5s+25} = \frac{-25+j25}{j25} = \frac{1-+j}{j} = \frac{\sqrt{2}\angle 135^\circ}{1\angle 90^\circ}$$

$$= \sqrt{2}\angle 45^\circ = 1+j$$

例題 29

如下二圖之系統 a 及 b，試以「靈敏度」觀點分析此二系統。

[系統 a]

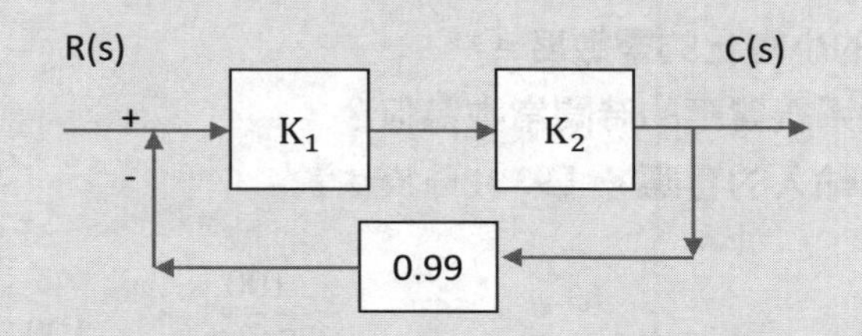

[系統 b]

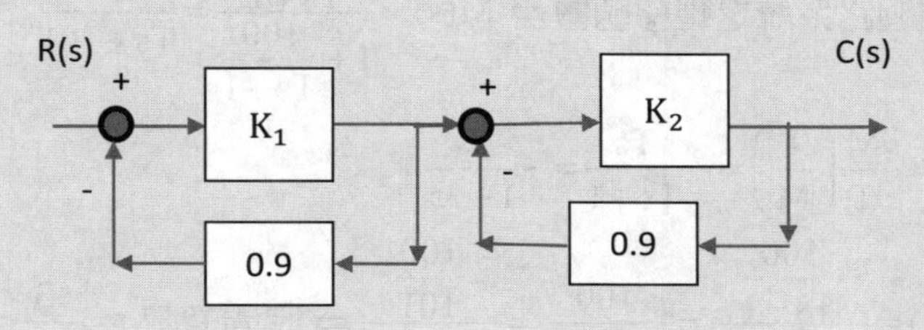

解

系統 a $\Rightarrow T_1(s)=\dfrac{C(s)}{R(s)}=\dfrac{K_1K_2}{1+0.99K_1K_2}$

$$\Rightarrow S_{K_1}^{T_1}=\frac{\partial T_1}{\partial K_1}\left(\frac{K_1}{T_1}\right)=\frac{1}{1+0.99K_1K_2} \text{ and}$$

$$\Rightarrow S_{K_2}^{T_1}=\frac{\partial T_1}{\partial K_2}\left(\frac{K_2}{T_1}\right)=\frac{1}{1+0.99K_1K_2}$$

系統 b $\Rightarrow T_2(s)=\dfrac{C(s)}{R(s)}=\dfrac{K_1K_2}{(1+0.9K_1)(1+0.9K_2)}$

$$\Rightarrow S_{K_1}^{T_2}=\frac{\partial T_2}{\partial K_1}\left(\frac{K_1}{T_2}\right)=\frac{1}{1+0.9K_1} \text{ and } \Rightarrow S_{K_2}^{T_2}=\frac{\partial T_2}{\partial K_2}\left(\frac{K_2}{T_2}\right)=\frac{1}{1+0.9K_2}$$

When $K_1=K_2=10$, then $S_{K_1}^{T_1}=S_{K_2}^{T_1}=0.01$ otherwise $S_{K_1}^{T_2}=S_{K_2}^{T_2}=0.1$

所以系統 a 的靈敏度優於系統 b。

例題 30

一閉迴路追蹤系統，其 $H(s)=1$**，**$G(s)=\dfrac{100}{Ts+1}$ **，若** $T=3$ seconds**，則：**

(1) **求此系統對T的小變化的靈敏度。**

(2) **此閉迴路追蹤系統響應的時間常數為何？**

(3) **試繪出此步階輸入的響應。**【93 技師檢核】

解 (1) 此閉迴路系統之轉移函數 $\Rightarrow M(s)=\dfrac{\dfrac{100}{Ts+1}}{1+\dfrac{100}{Ts+1}}=\dfrac{100}{Ts+101}$

$$S_T^M=\frac{\partial M}{\partial T}\left(\frac{T}{M}\right)=-\frac{Ts}{Ts+1}=-\frac{3s}{1+3s}$$

(2) $M(s)=\dfrac{\dfrac{100}{Ts+1}}{1+\dfrac{100}{Ts+1}}=\dfrac{100}{3s+101}=\dfrac{\dfrac{100}{101}}{1+\dfrac{3}{101}s}$ $\Rightarrow$ 時間常數 $\tau=\dfrac{3}{101}=0.0297$ sec。

(3) 由閉迴路轉移函數，可知步階響應之終值 $y(\infty)=M(O)=\dfrac{100}{101}$ ，故系統之步階響應如下圖所示：

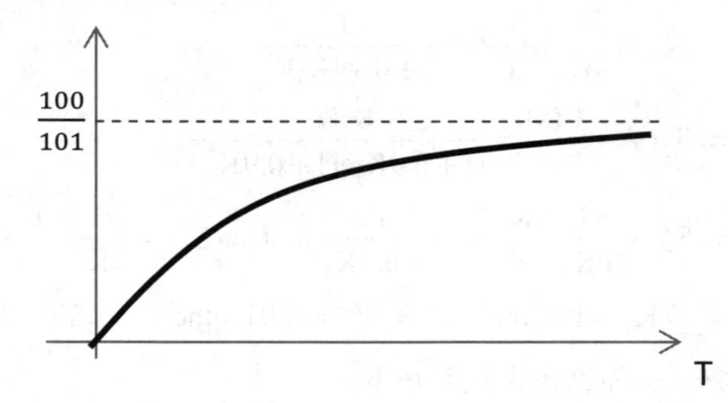

第五章 時域響應分析

5-1 時間響應

焦點 1 古典控制的標準測試信號與時間響應。

考試比重：★☆☆☆☆　　考題形式：基本時間響應觀念建立

1. 古典控制系統的時間響應中，常用標準測試訊號－即如下表說明之三大基本訊號來做為輸入訊號，以方便觀察系統輸出，而藉此判斷該系統性能之優劣。

輸入訊號及意義	函數定義	圖例說明
步階訊號 r(t)： 步階函數（Step function）輸入表示在參考輸入時有瞬間的改變	$r(t)=Ru_S(t)$ When $t\geq 0$，$r(t)=R$ $t<0$，$r(t)=0$	$r(t)$, R, t
斜坡訊號 r'(t)： 斜坡函數（Ramp function）表示對時間是有固定變化的訊號輸入	$r'(t)=Rtu_S(t)$ When $t\geq 0$，slope of $r'(t)=R$ $t<0$，$r'(t)=0$	$r'(t)$, slope $=R$, t
拋物線訊號 r"(t)： 拋物線函數（Parabolic function）表示比斜坡函數更快一級的訊號輸入	$r''(t)=\dfrac{t^2}{2}Ru_S(t)$	$r''(t)$, t

2. 古典控制系統的時間響應分類：

(1) **暫態響應（Transient Response）：**指系統響應輸出之初期行爲，且與系統的「極點」及「初始值」有關，即 $y_t(t)=\lim_{t\to\infty} y(t)=0$。

(2) **穩態響應（Steady-State Response）：**指時間趨近於無窮大時系統的輸出行爲，與系統的「極點」及「輸入訊號」有關，即 $y_{ss}(t)=\lim_{t\to\infty} y(t)\neq 0$，意謂 $y_{ss}(t)$ 爲一定值。

(3) 暫態響應的**五個性能指標**：

A. 上升時間（Rise time，t_r）：指「單位步階響應」最終值的 10%上升到 90%所需的時間，t_r 代表的是「系統初期響應的速度」。

B. 尖端時間（Peak time，t_p）：指「單位步階響應」到達第一個尖峰所需的時間，t_p 代表的是「系統中期響應的速度」。

C. 最大超越量（Maximum Overshoot，M_o 或 M_p）：指「暫態輸出期間」對「步階輸入」的最大偏移量，M_o 可視爲「系統的相對穩定度」，公式如下：$\text{Percent maximum Overshoot}=\dfrac{y(t_p)-y(\infty)}{y(\infty)}\times 100\%$。

D. 延遲時間（Delay time，t_d）：指「單位步階響應」到達終值的 50%所需的時間。

E. 安定時間（Settle time，t_s）：指「單位步階響應」到達終值的特定百分比範圍所需的時間，此特定%通常爲 5%、2%或 1%；t_s 代表的是「系統後期響應的速度」。

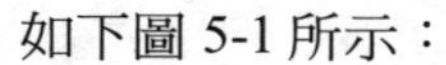
如下圖 5-1 所示：

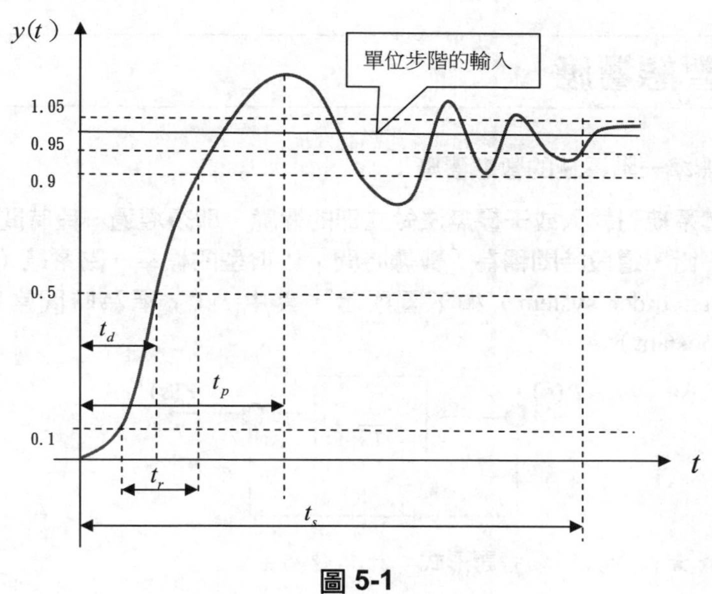

圖 5-1

例題 1

時間響應 $y(t)=3-4e^{-st}(\cos 2t-8\sin 2t)$

則此系統之暫態與穩態響應為何？

解

$$y(t)=3-4e^{-st}(\cos 2t-8\sin 2t)\Rightarrow y(t)=y_t(t)+y_{ss}(t)$$

故穩態響應為

$$y_{ss}(t)=\lim_{t\to\infty}y(t)=\lim_{t\to\infty}\left[3-4e^{-st}(\cos 2t-8\sin 2t)\right]=3$$

而暫態響應為

$$y_t(t)=y(t)-y_{ss}(t)=-4e^{-st}(\cos 2t-8\sin 2t)$$

5-2 暫態響應

焦點 2 標準一階系統的暫態響應：

當系統對輸入或干擾無法做立即的響應，即須經過一段時間才能達到平衡，這段時間稱為「暫態時間」；典型的標準一階系統（Prototype first order system**）如下圖所示，其中「**T**」稱為時間常數（**Time constant**）。**

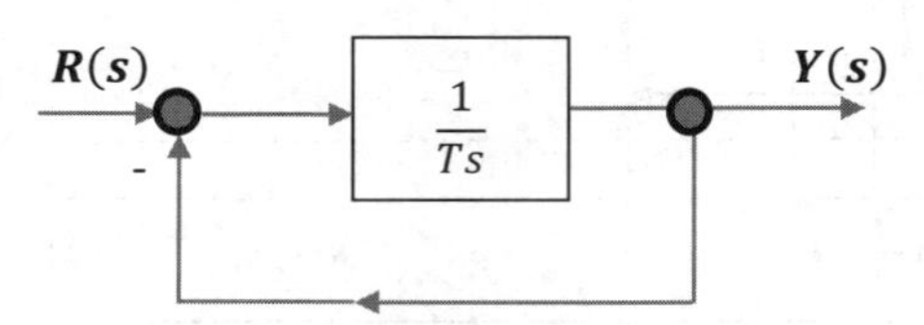

考試比重：★★☆☆☆　　考題形式：計算題為主

關鍵要訣

1. 如上圖所示，其閉迴路之轉移函數為 $\frac{Y(s)}{R(s)}=\frac{\frac{1}{Ts}}{1+\frac{1}{Ts}}=\frac{1}{1+Ts}=\frac{\frac{1}{T}}{s+\frac{1}{T}}$，$T>0$。

   【重點記憶】　一階閉迴路轉移函數型式，分母部分為 $s+\frac{1}{T}$（或為 $1+Ts$），其中 T 即為**「時間常數」**（Time constant）。

2. 若輸入為「單位步階函數」$R(s)=\frac{1}{s}$，

   則代入轉移函數得輸出 $Y(s)=\frac{\frac{1}{T}}{s+\frac{1}{T}}\frac{1}{s}=\frac{1}{s}-\frac{1}{s+\frac{1}{T}}$

   取反拉氏轉換得 $\Rightarrow y(t)=1-e^{\frac{t}{T}}$，$t\geq 0$

可畫圖如下 ⇒ 當 $t=T$ 時，則 $y(t)=1-e^{-1}=0.632$ ，故可知一階系統之時間常數 T 爲「單位步階響應」到達終值的 63.2%所需的時間；

若由 $\left.\frac{dy(t)}{dt}\right]_{t=0}=\left.\frac{1}{T}e^{-\frac{1}{T}}\right]_{t=0}=\frac{1}{T}$ ，可知一階系統之單位步階響應的斜率爲 $\frac{1}{T}$ 。

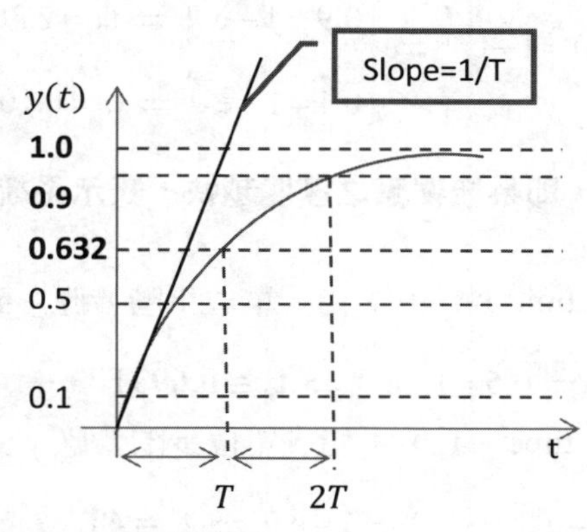

3. 若輸入爲「單位脈衝函數」 $R(s)=1$ ，

則代入轉移函數得輸出 $Y(s)=\frac{\frac{1}{T}}{s+\frac{1}{T}}\times 1$

取反拉氏轉換得 ⇒ $y(t)=\frac{1}{T}e^{-\frac{t}{T}}$

也可畫圖如下 ⇒ 當 $t=T$ 時，則 $y(t)=\frac{1}{T}e^{-1}=0.368\frac{1}{T}$ ，故可知一階系統經時間 T 後，輸出的初始值降爲 36.8%。

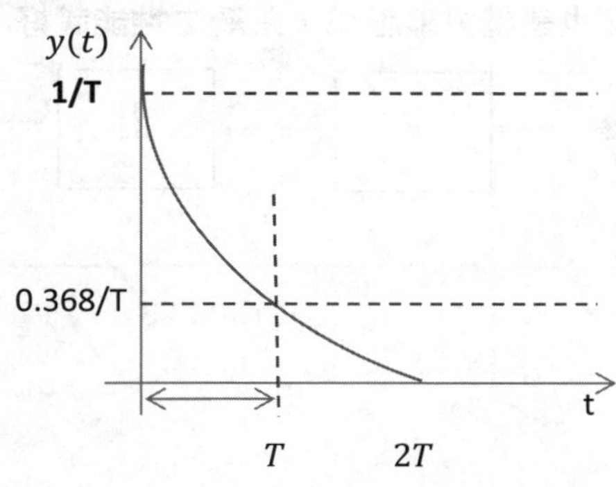

4. 通常一階控制系統已以「單位步階響應」來評估暫態性能，其暫態規格有下列各項：

(1) 上升時間（Rise time，t_r）：指「單位步階響應」最終值的 10%上升到 90%所需的時間，$y(t)=1-e^{-\frac{t}{T}} \Rightarrow \begin{cases} 0.9=1-e^{-\frac{t_2}{T}} \Rightarrow t_2=2.302T \\ 0.1=1-e^{-\frac{t_1}{T}} \Rightarrow t_1=0.105T \end{cases} \Rightarrow \therefore t_r \cong 2.2T$。

注意 **上升時間越短，即系統響應之速度越快，表示系統之性能越好。**

(2) 延遲時間（Delay time，t_d）：指「單位步階響應」到達終值 50%所需的時間，$y(t)=1-e^{-\frac{t}{T}} \Rightarrow 0.5=1-e^{-\frac{t}{T}} \Rightarrow \mathbf{t_d \cong 0.693T}$。

(3) 安定時間（Settle time，t_s）：指「單位步階響應」到達距離終值的 2%所需的時間，$y(t)=1-e^{-\frac{t}{T}} \Rightarrow 0.98=1-e^{-\frac{t}{T}} \Rightarrow \mathbf{t_s \cong 4T}$。

5. 若考慮如下圖之閉迴路控制系統，則在此稱 K 爲「比例控制器」，系統的轉移函數爲 $T(s)=\frac{Y(t)}{R(s)}=\frac{\frac{K}{Ts}}{1+\frac{K}{Ts}}=\frac{K}{K-Ts}=\frac{\frac{K}{T}}{s+\frac{K}{T}}$，若 K=1（未考慮比例控制器），則系統之閉迴路即點爲 $s=-\frac{1}{T}$，可知若 T 越小，極點位置越遠離虛軸，亦即相對穩定度越好；當考慮加入「比例控制器」時，此時閉迴路極點位置爲 $S=-\frac{K}{T}$，**若 K 值越大，則極點也是越遠離虛軸，系統之性能越好。**

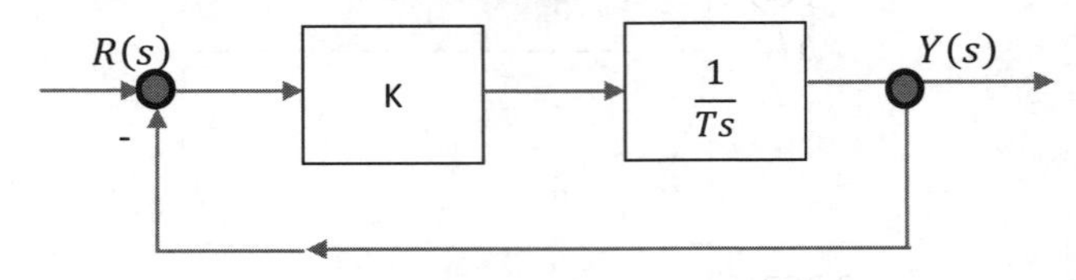

例題 2

若G(s)為一階系統，請繪出下列 A、B、C、D、E 點的「脈衝響應」圖？

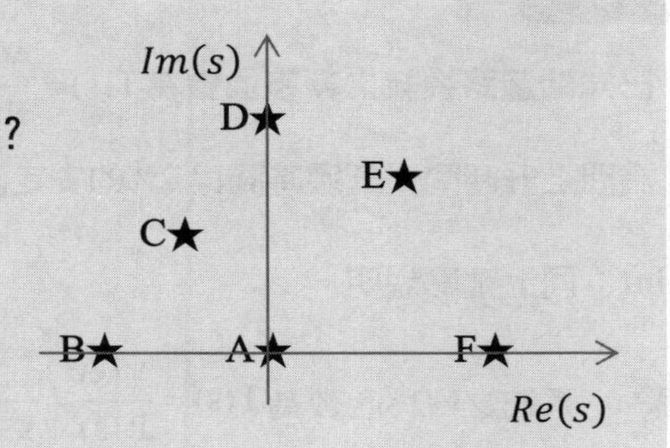

解

(1) 因為系統為一階，且複數根需成對出現，所以 C、D、E 等三點在一階系統中不存在。

(2) A 點：令 $G(s)=\dfrac{K}{s}(K\in R)\Rightarrow h(t)=\mathcal{L}^{-1}[G(s)]=K(t\geq 0)$

如右圖：

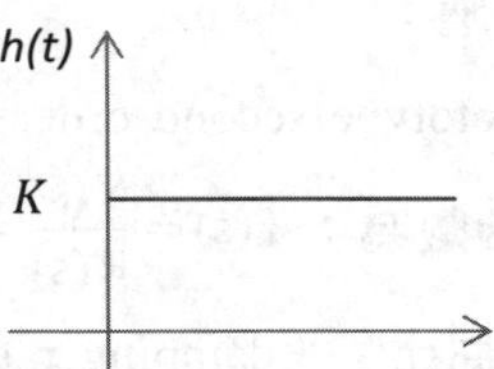

(3) B 點：令 $G(s)=\dfrac{K}{s+a}(a,K\in Ra>0)\Rightarrow h(t)=\mathcal{L}^{-1}[G(s)]=Ke^{-at}(t\geq 0)$

如右圖：

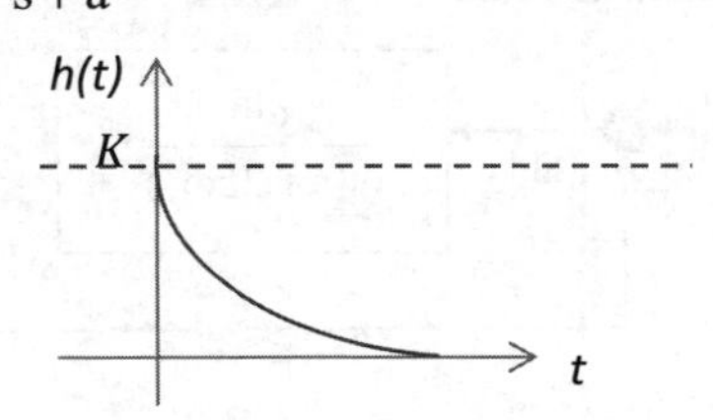

(4) F 點：令 $G(s)=\dfrac{K}{s-a}(a,K\in Ra>0)\Rightarrow h(t)=\mathcal{L}^{-1}[G(s)]=Ke^{at}(t\geq 0)$

如右圖：

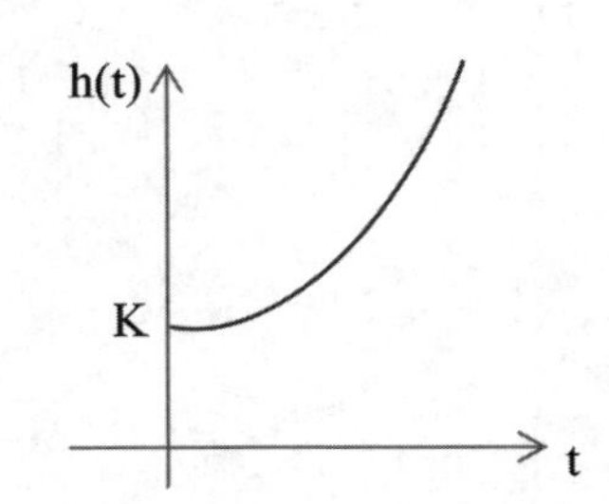

例題 3

已知閉迴路系統之轉移函數為 $T(s)=\dfrac{Y(s)}{R(s)}=\dfrac{3}{s+5}$，當輸入為單位步階函數，請問上升時間、延遲時間與 2%的安定時間為何？

Hint：同上重點說明。

解 系統之轉移函數為 $T(s)=\dfrac{Y(s)}{R(s)}=\dfrac{3}{s+5}$，所以時間常數 $T=\dfrac{1}{5}$ sec，

所以上升時間 $t_r \cong 2.2\times T=0.44$ sec

延遲時間 $t_d \cong 0.693\times T=0.1386$ sec

2%安定時間 $t_s \cong 4\times T=0.8$ sec

焦點 3　標準二階系統的暫態響應：

標準二階控制系統（Prototype second order control system）之方塊圖如下，其閉迴路移轉函數為：$T(s)=\dfrac{Y(s)}{R(s)}=\dfrac{\omega_n^{\ 2}}{s^2+2\xi\omega_n+\omega_n^{\ 2}}$，其中，$\xi$ 稱為二階系統之「阻尼比」（damping ratio），ω_n 稱為二階系統之「無阻尼自然頻率」（undamped natural frequency），這兩個參數決定此二階系統的動態行為。

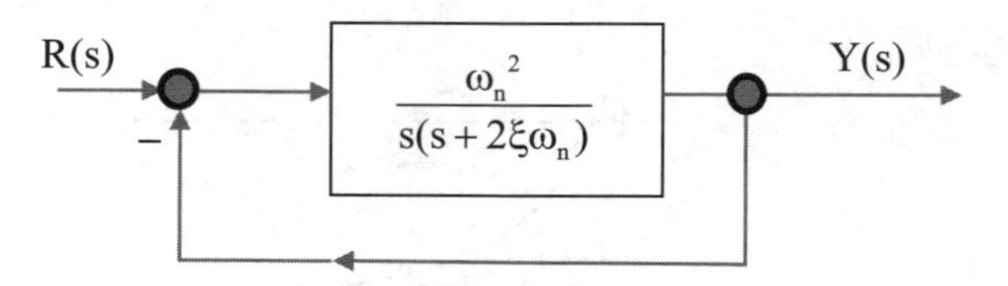

考試比重：★★☆☆☆

考題形式：計算為主，必須充分了解與熟記其定理與公式

關鍵要訣

1. 當$\xi=0$，此時稱爲**無阻尼系統**（Undamped system），當$0<\xi<1$，稱爲**低阻尼或欠阻尼系統**（Underdamped system），當$\xi>1$，此時稱爲**「過阻尼控制系統」**（Overdamped system）。

2. 系統的特性方程式爲：$\Delta(s)=s^2+2\xi\omega_n s+\omega_n^2=0$，則系統特性根或閉迴路極點爲$s_{1,2}=-\xi\omega_n\pm j\omega_n\sqrt{(1-\xi^2)}$。

3. 若輸入爲「單位步階函數」$R(s)=\dfrac{1}{s}$時，則分別以上述之ξ情況討論輸出及其圖形如下：

   (1) 無阻尼⇒當$\xi=0$、$\omega_n>0$時，特性根$s_{1,2}=\pm j\omega_n$爲純虛根，

   輸出爲$Y(s)=\dfrac{\omega_n^2}{s^2+\omega_n^2}\times\dfrac{1}{s}=\dfrac{1}{s}-\dfrac{s}{s^2+\omega_n^2}$，

   取反拉氏轉換後得$Y(t)=1-\cos\omega_n t\ (t>0)$，其系統極點及單位步階響應圖如下所示：

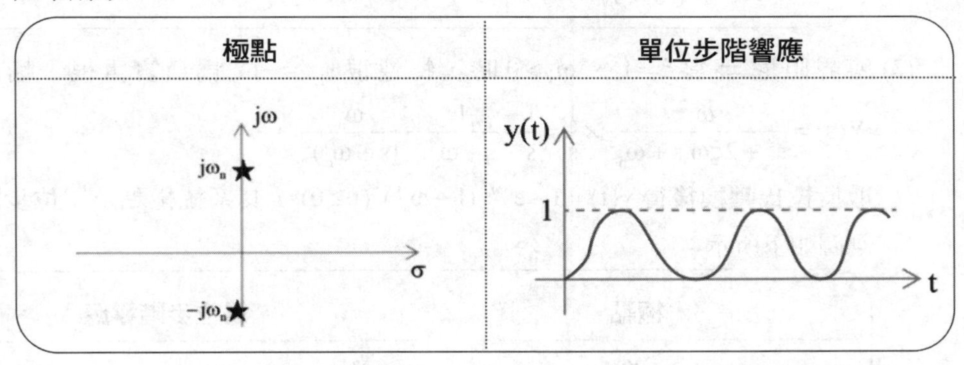

(2) 低阻尼⇒當 $0<\xi<1$ 、 $\omega_n>0$ 時，特性根 $s_{1,2}=-\xi\omega_n\pm j\omega_n\sqrt{(1-\xi^2)}$ 為共軛複根，輸出為 $Y(s)=\dfrac{\omega_n{}^2}{s^2+2\xi\omega_n s+\omega_n{}^2}\times\dfrac{1}{s}$，取反拉氏轉換後得

$$y(t)=1-\frac{e^{-\xi\omega_n t}}{\sqrt{1-\xi^2}}\sin\left(\omega_n\sqrt{1-\xi^2}t+\tan^{-1}\frac{\sqrt{1-\xi^2}}{\xi}\right)\ (t\geq 0)$$

其系統極點及單位步階響應圖如下所示：

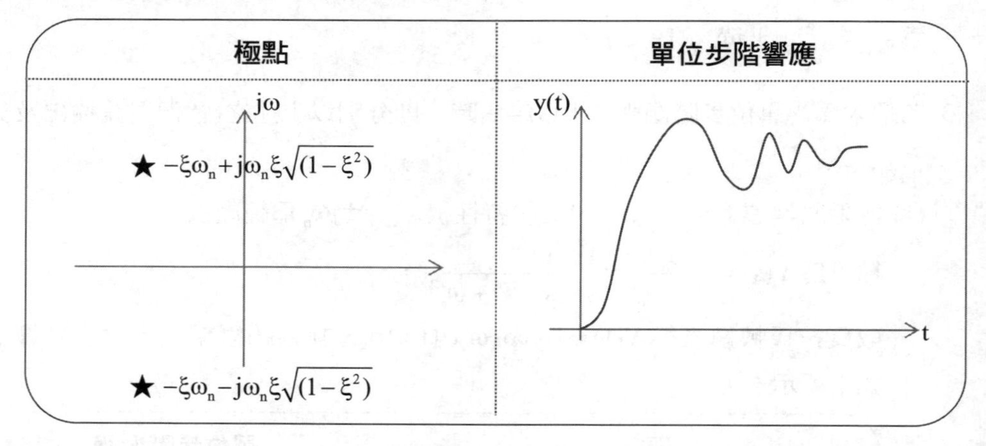

(3) 臨界阻尼⇒當 $\xi=1$ 、 $\omega_n>0$ 時，特性根 $s_{1,2}=-\omega_n$ 為負實重根，輸出為

$$Y(s)=\frac{\omega_n{}^2}{s^2+2\xi\omega_n s+\omega_n{}^2}\times\frac{1}{s}=\frac{1}{s}-\frac{1}{s+\omega_n}-\frac{\omega_n}{(s+\omega_n)^2}\ ,$$

取反拉氏轉換後得 $y(t)=1-e^{-\omega_n{}^t}(1+\omega_n{}^t)\ (t\geq 0)$，其系統極點及單位步階響應圖如下所示：

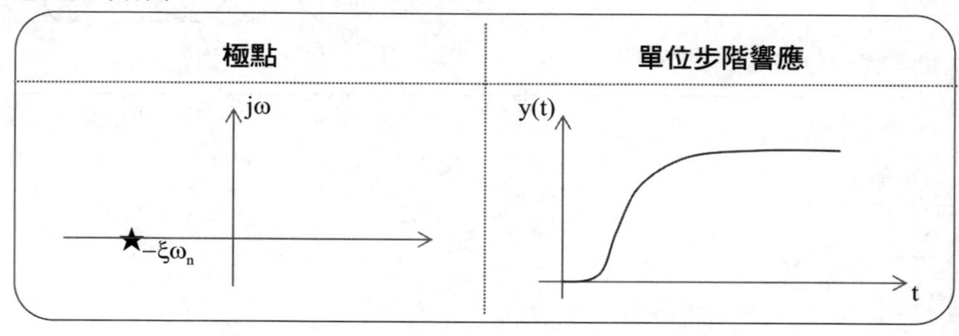

(4) 過阻尼⇒當$\xi>1$、$\omega_n>0$時，特性根為$-\xi\omega_n \pm j\omega_n\sqrt{1-\xi^2}$為相異負實根，輸出為

$$Y(s)=\frac{\omega_n^2}{s^2+2\xi\omega_n s+\omega_n^2}\times\frac{1}{s}=\frac{1}{s}+\frac{1}{2\sqrt{(\xi^2-1)(\xi+\sqrt{\xi^2-1})}}\times\frac{1}{s+\xi\omega_n+\omega_n\sqrt{\xi^2-1}}$$

$$-\frac{1}{2\sqrt{(\xi^2-1)(\xi+\sqrt{\xi^2-1})}}\times\frac{1}{s+\xi\omega_n-\omega_n\sqrt{\xi^2-1}}$$，再取反拉氏轉換後$(t\geq 0)$，其系統極點及單位步階響應圖如下所示：

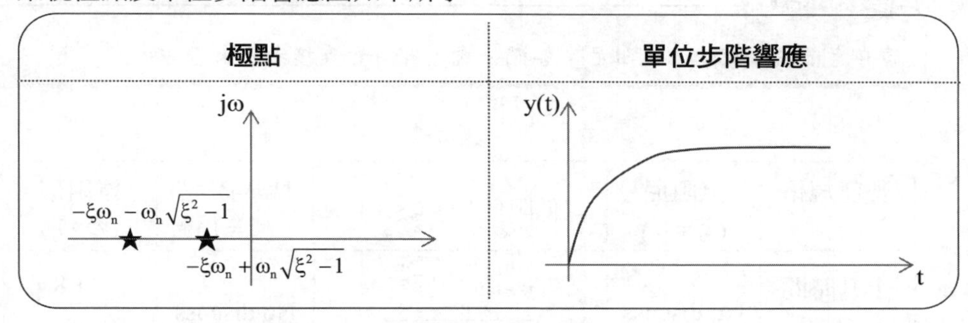

4. 二階系統通常以單位步階響應來評估其暫態性能，以「低阻尼」（$0<\xi<1$，$\omega_n>0$）為標準，二階系統的暫態規格有下列各項：

(1) 上升時間（Rise time，t_r）：指「單位步階響應」最終值的 0%上升到 100%所需的時間，$t_r=\dfrac{\pi-\tan^{-1}\dfrac{\sqrt{1-\xi^2}}{\xi}}{\omega_n\sqrt{1-\xi^2}}$ $(0<\xi<1)$。

注意　若以「過阻尼」（$\xi>1$、$\omega_n>0$）而言，上升時間指的則是「單位步階響應」最終值的 10%上升到 90%所需的時間，$t_r\cong\dfrac{1.8}{\omega_n}$。

(2) 最大超越量（Over-shoot）：$M_O=e^{-\frac{\pi\xi}{\sqrt{1-\xi^2}}}$

(3) 尖峰時間（Peak time，t_p）：$t_p=\dfrac{\pi}{\omega_n\sqrt{1-\xi^2}}$

(4) 延遲時間（Delay time，t_d）：$t_d\cong\dfrac{1+0.7\xi}{\omega_n}$

(5) 安定時間（Settle time，t_s）：定義二階系統的時間常數為 $T=\frac{1}{\xi\omega_n}$，若終值響應容許誤差為 ±5%，則 $t_s\cong 3T=\frac{3}{\xi\omega_n}$；若終值響應容許誤差為 ±2%，則 $t_s\cong 4T=\frac{4}{\xi\omega_n}$；若終值響應容許誤差為 ±1%，則 $t_s\cong 4.6T=\frac{4.6}{\xi\omega_n}$。

5. 二階系統之「單位步階響應」暫態規格歸納如下表 5-2：

老師的話

請在考前稍微記憶「低阻尼」各欄公式，有時會直接考出來！

表 5-1

暫態規格	無阻尼 $(\xi=0)$	低阻尼 $(0<\xi<1)$	臨界阻尼 $(\xi=1)$	過阻尼 $(\xi>1)$
上升時間 (t_r)	No discuss	$\frac{\pi-\tan^{-1}\frac{\sqrt{1-\xi^2}}{\xi}}{\omega_n\sqrt{1-\xi^2}}$	No discuss	$\cong\frac{1.8}{\omega_n}$
尖峰時間 (t_p)	No discuss	$\frac{\pi}{\omega_n\sqrt{1-\xi^2}}$	No discuss	No discuss
最大超越量 (M_p)	No discuss	$e^{-\frac{\pi\xi}{\sqrt{1-\xi^2}}}$	No discuss	No discuss
延遲時間 (t_d)	No discuss	$\cong\frac{1+0.7\xi}{\omega_n}$	No discuss	No discuss
安定時間 (t_s)	Not exist	$\left.\begin{cases}5\%\Rightarrow t_s\cong 3T\\2\%\Rightarrow t_s\cong 4T\\1\%\Rightarrow t_s\cong 4.6T\end{cases}\right\}T=\frac{1}{\xi\omega_n}$		

例題 4

如下所示之系統，欲使該閉迴路系統具有阻尼比（Damping ratio）為 $\frac{1}{\sqrt{2}}$，

請問 k = ？

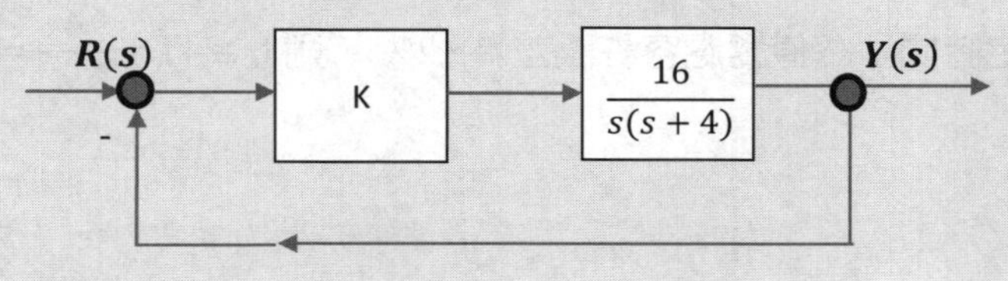

Hint：同上重點說明。

解　系統之轉移函數為 $T(s)=\frac{Y(s)}{R(s)}=\frac{16k}{s^2+4s+16k}$，

標準二階系統之轉移函數為 $T(s)=\frac{\omega_n^2}{s^2+2\xi\omega_n s+\omega_n^2}$，

所以 $2\xi\omega_n=4\Rightarrow\omega_n=2\sqrt{2}$，$\omega_n^2=16k\Rightarrow k=0.5$。

例題 5

如圖所示之系統具有參數值為：$\xi=0.4$ 及 $\omega_n=5$ rad/sec。此系統受到一個單位步級輸入（unit step input）之作用，試求所產生之上升時間（t_r），峰值時間（t_p），最大超越量，及安定時間（t_s）。【98 地特三等】

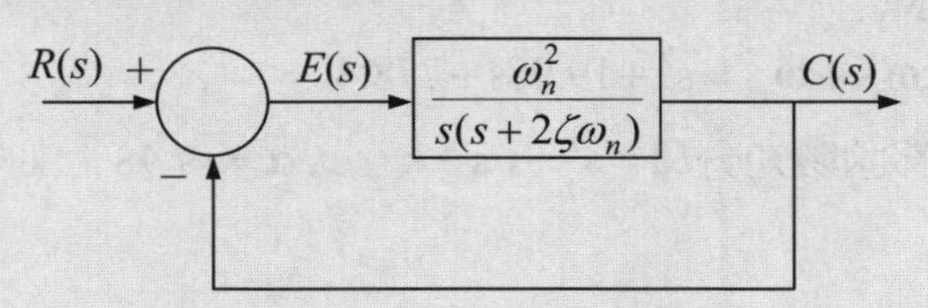

解　標準二階暫態，且 $0<\xi<1$、$\omega_n>0$ 為低阻尼，Input $R(s)=\frac{1}{s}$

(1) 上升時間：$t_r=\frac{\pi-\tan^{-1}\frac{\sqrt{1-\xi^2}}{\xi}}{\omega_n\sqrt{1-\xi^2}}=\frac{\pi-\tan^{-1}\frac{\sqrt{1-0.4^2}}{0.4}}{5\times\sqrt{1-0.4^2}}=\frac{\pi-0.369\pi}{5\times0.9165}$

$=0.4326(\text{sec})$

(2) 峰值時間：$t_p = \dfrac{\pi}{\omega_n\sqrt{1-\xi^2}} = 0.6856$ seconds

(3) 最大超越量：$M_p = e^{-\frac{\pi\xi}{\sqrt{1-\xi^2}}} = e^{-\frac{\pi\times 0.4}{0.9165}} = 0.4822$

(4) 安定時間：終值響應容許誤差為±2%，則 $t_s \cong 4T = \dfrac{4}{\xi\omega_n} = 2$ sec.。

例題 6

如下所示之系統，若系統之安定時間為 0.4 sec.（**終值響應容許誤差為**±2%）**以及有** 30%**的最大超越量，請問** k＝？α＝？

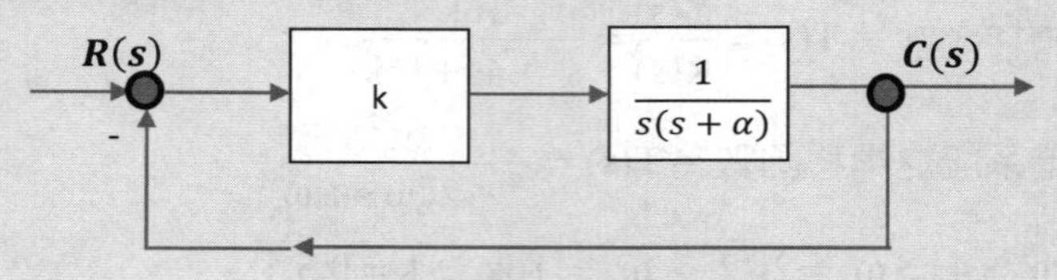

Hint：同上重點說明。

解　系統之 $M_O = e^{-\frac{\pi\xi}{\sqrt{1-\xi^2}}} = 0.3 \Rightarrow \dfrac{\pi\xi}{\sqrt{1-\xi^2}} = \ln\dfrac{1}{0.3} \Rightarrow \xi = 0.358$

又 $t_s \cong 4T = \dfrac{4}{\xi\omega_n} = 0.4 \Rightarrow \omega_n = 27.9\dfrac{\text{rad}}{\text{s}}$，代入標準二階系統之特性方程式

$\Delta(s) = s^2 + 2\xi\omega_n s + \omega_n{}^2 = s^2 + 19.98s + 778.4$

⇒本題之轉移函數知分母 $= s^2 + \alpha s + k$，$\therefore \alpha = 19.98$，$k = 778.41$

例題 7

(1) **決定下圖系統中之 K 及 K_b 值，使得系統最大超越量**（Maximum overshoot）$M_o = e^{-\frac{\pi\xi}{\sqrt{1-\xi^2}}} = 0.2$ **及尖峰時間** $t_p = 1$ **秒。（計算至小數點後第 3 位，以下四捨五入）**

(2) **利用上式求得之 K 及 K_b 值，算出 A.上升時間 t_r**（Rise time）**；B.終值響應容許誤差為 ±5% 之 t_s**（Settling time）**。（計算至小數點後第 3 位，以下四捨五入）**

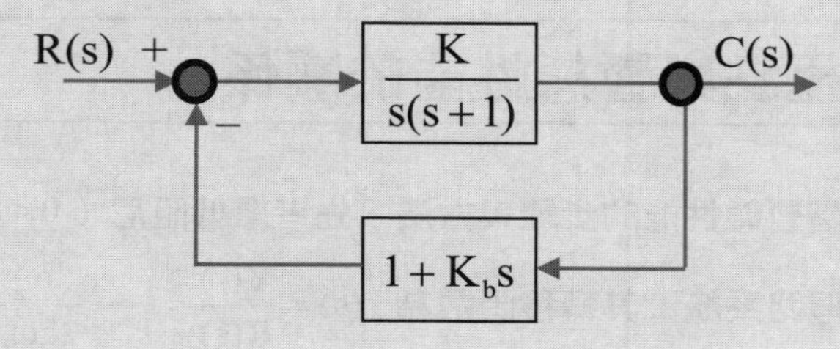

Hint：同上重點說明及公式，先求閉迴路系統的轉移函數。

解　閉迴路系統的轉移函數為

$$\frac{C(s)}{R(s)} = \frac{\frac{K}{s(s+1)}}{1+\frac{K}{s(s+1)}(1+K_b s)} = \frac{K}{s(s+1)+K(1+K_b s)} = \frac{K}{s^2+(1+KK_b)s+K}$$

與標準二階型式比較係數得 $\left\{\begin{matrix} \omega_n^{\ 2} = K \\ 2\xi\omega_n = 1+KK_b \end{matrix}\right\}$，又題目給定之「最大超越量」$M_p = e^{-\frac{\pi\xi}{\sqrt{1-\xi^2}}} = 0.2 \Rightarrow \ln 0.2 = -\frac{\pi\xi}{\sqrt{1-\xi^2}}$

$$\Rightarrow 1.61^2(1-\xi^2) = \pi^2\xi^2 \Rightarrow \xi^2 = 0.208 \Rightarrow \xi = 0.46$$

又所給尖峰時間：$t_p = \frac{\pi}{\omega_n\sqrt{1-\xi^2}} = 1\text{sec.} \Rightarrow \omega_n = 3.53(\text{rad/sec})$

(1) 將 $\xi = 0.46$ 及 $\omega_n = 3.53$，代回 $\left\{\begin{matrix} \omega_n^{\ 2} = K \\ 2\xi\omega_n = 1+KK_b \end{matrix}\right\}$ 得到 $\left\{\begin{matrix} K = 12.46 \\ K_b = 0.18 \end{matrix}\right\}$

(2) 代入得：

$$上升時間\ t_r = \frac{\pi - \tan^{-1}\frac{\sqrt{1-\xi^2}}{\xi}}{\omega_n\sqrt{1-\xi^2}} = 0.65\ \text{seconds.}$$

安定時間（終值響應容許誤差為 ±5%），則 $t_s \cong 3T = \frac{3}{\xi\omega_n} = 1.848(\text{sec.})$

5-3 系統極點與暫態性能的關係

焦點 4 **簡化二階暫態性能的步驟與方法，先考慮低阻尼（$0<\xi<1$）的標準二階閉迴路系統，其轉移函數為 $T(s)=\frac{Y(s)}{R(s)}=\frac{\omega_n^{\ 2}}{s^2+2\xi\omega_n+\omega_n^{\ 2}}$，單位步階響應為 $y(t)=1-\frac{e-\xi\omega_n t}{\sqrt{1-\xi^2}}\sin\left[\left(\omega_n\sqrt{1-\xi^2}t\right)+\tan^{-1}\frac{\sqrt{1-\xi^2}}{\xi}\right]\ (t\geq 0)$。**

考試比重：★★☆☆☆

考題形式：計算為主，必須充分了解與熟記其定理與公式

關鍵要訣

1. 上式之單位步階響應改寫成 $y(t)=1-\frac{e-\xi\omega_n t}{\sqrt{1-\xi^2}}\sin\left[\left(\omega_d t\right)+\cos^{-1}\xi\right]\ (t\geq 0)$，閉迴路系統極點為 $s_{1,2}=-\xi\omega_n \pm j\omega_n\sqrt{1-\xi^2} \equiv -\alpha \pm j\omega_d$，其中：
   (1) $\alpha=\xi\omega_n=$ Damping constant（factor）（阻尼常數或阻尼因數）
   (2) $\xi=\frac{\alpha}{\omega_n}=$ Damping ratio（阻尼比）
   (3) $\omega_n=$ Natural undamped frequency（自然無阻尼頻率）
   (4) $\omega_d=\omega_n\sqrt{1-\xi^2}=$ Natural damped frequency（自然有阻尼頻率）

2. 單位步階響應與閉迴路系統極點的關係：

(1) 極點的**實部**（$\alpha=\xi\omega_n$）決定單位步階響應**阻尼的特性**，所以極點實部指數衰減（exponential decay）。

(2) 極點的**虛部**（$\omega_d=\omega_n\sqrt{1-\xi^2}$）決定單位步階響應**震盪的頻率特性**，所以極點虛部產生震盪頻率。

(3) 暫態響應由具有阻尼特性與震盪頻率的正弦波組合而成，響應的波形如下圖所示，若希望系統產生持續性震盪（Sustained oscillation），則閉迴路極點必須設計位於 s 平面的虛軸上，所以極點的虛部即為震盪頻率。

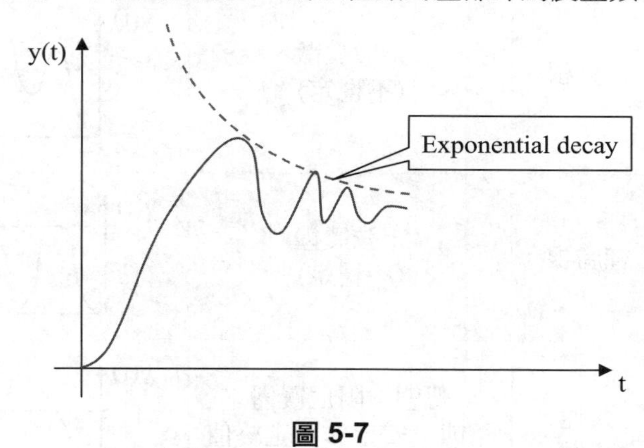

圖 5-7

3. 標準二階系統的轉移函數中，因為沒有「零點」（Zeros）只有「極點」（Poles），所以系統的單位步階響應的暫態性能均由「極點」所決定，而極點位置與「低阻尼」（$0<\xi<1$）的四個參數關係圖如下圖所示：

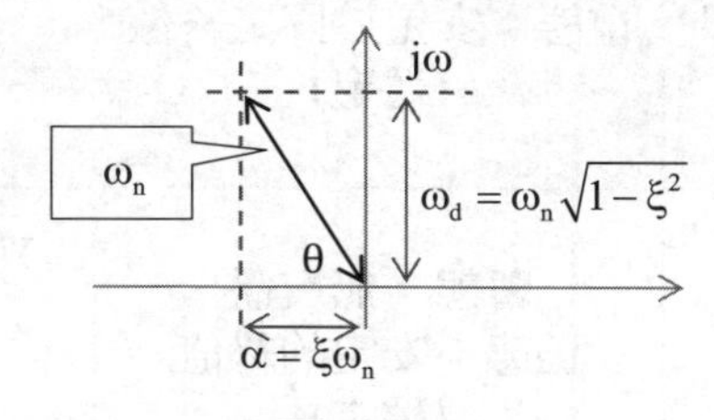

圖 5-8

由此圖得：

(1) 極點的實部絕對值為「阻尼常數」$\Rightarrow \alpha=\xi\omega_n$

(2) 極點的虛部絕對值為「自然有阻尼頻率」$\Rightarrow \omega_d = \omega_n\sqrt{1-\xi^2}$

(3) 極點的複數向量大小值即為「自然無阻尼頻率」$\Rightarrow \omega_n = \sqrt{\alpha^2 + \omega_d{}^2}$

(4) 極點的複數向量與負實軸所夾的角度 $\Rightarrow \theta = \cos^{-1}\xi \Rightarrow \cos\theta = \xi$

4. 整理系統之不同阻尼形式及其步階響應圖如下表：

表 5-3

阻尼比	極點位置	步階響應	步階響應圖
負阻尼 $(\xi<0)$	正實根	指數發散 (不穩定)	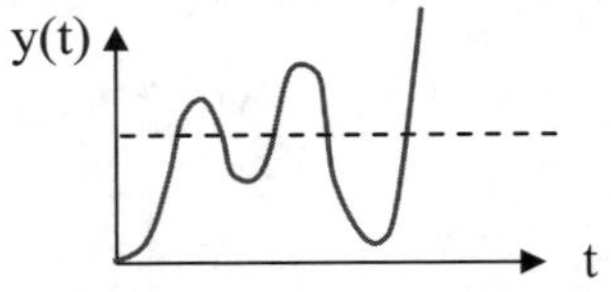 y(t) t
無阻尼 $(\xi=0)$	純虛根	正弦震盪 (不穩定)	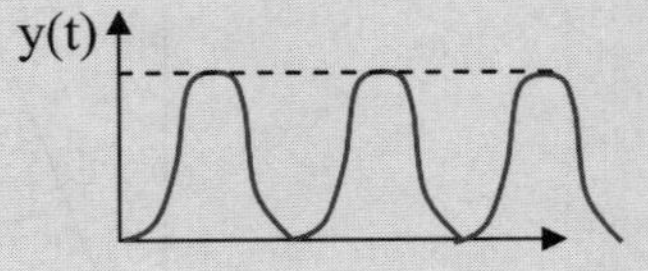 y(t)
低阻尼 $(0<\xi<1)$	共軛 複數根	暫態：阻尼震盪 穩態：安定於固定終值 (穩定)	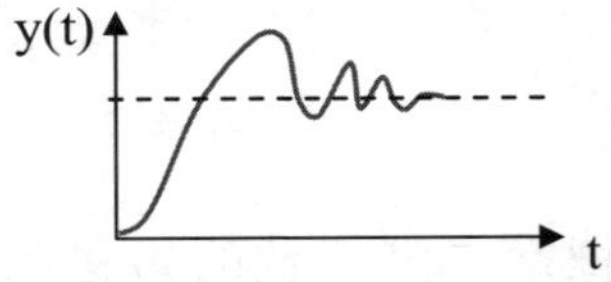 y(t) t
臨界阻尼 $(\xi=1)$	負重實根	暫態：剛好無震盪 穩態：安定於固定終值 (穩定)	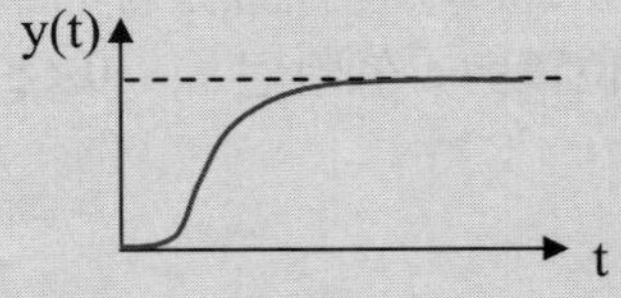 y(t) t
過阻尼 $(\xi>1)$	相異 負實根	暫態：無震盪 穩態：安定的終值 (穩定)	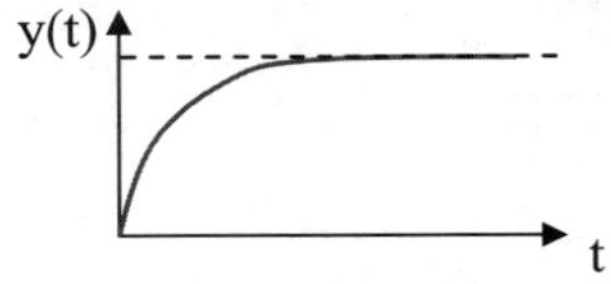 y(t) t

例題 8

已知閉迴路系統的特性方程式為 $\Delta(s)=s^3+5s^2+7s+k$，其中 k 為「比例控制器」的增益，若

(1) 希望系統產生持續震盪，則 k 與震盪頻率各為何？

(2) 希望系統工作在「臨界穩定」，則 k = ？

Hint：同上重點說明，著重充分了解與演算。

解　列 Routh Table 如下：

s^3	1	7
s^2	5	k
s^1	$\frac{35-k}{5}$	
s^0	k	

(1) 若希望系統連續震盪 ⇒ 特性方程式產生純虛根，因此令 $k=35$，輔助方程式 $A(s)=5s^2+35=0$，解得 $s=\pm j\sqrt{7}$，所以震盪頻率為 $\sqrt{7}\,\frac{rad}{s}$。

(2) 若希望系統工作在臨界穩定 ⇒ $k=35$ 或 $k=0$，解得 $s=\pm j\sqrt{7}$。

例題 9

若一系統的極點為 $s_{1,2}=-3\pm j4$，則系統之「阻尼係數」、「自然頻率」、「尖峰時間」及「最大超越量」為何？

解　參考下圖：

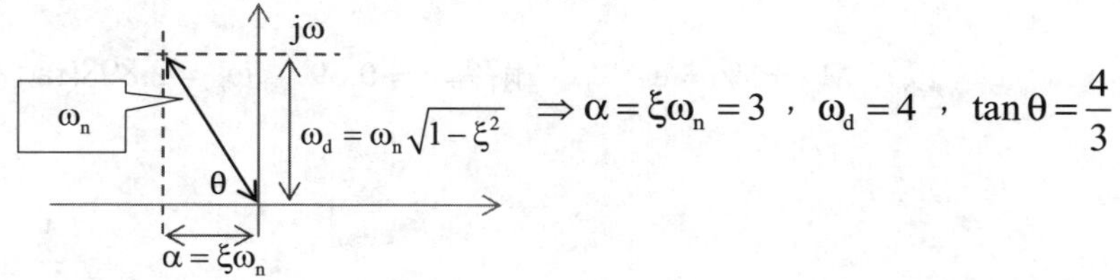

$\Rightarrow \alpha=\xi\omega_n=3$，$\omega_d=4$，$\tan\theta=\frac{4}{3}$

(1) 阻尼係數：$\xi = \cos\theta = 0.6$

(2) 自然頻率 ω_n：$\omega_d = \omega_n\sqrt{1-\xi^2} \Rightarrow 4 = \omega_n\sqrt{\dfrac{16}{25}} \Rightarrow \omega_n = 5(\text{rad/s})$

(3) 尖峰時間：$t_p = \dfrac{\pi}{\omega_n\sqrt{1-\xi^2}} = \dfrac{\pi}{4}(\text{sec}) = 0.7854(\text{sec})$

(4) 最大超越量：$M_p = e^{\frac{\pi\xi}{1-\xi^2}} = e^{-0.75\pi^2} = 0.0948$

例題 10

一系統之 $G(s) = \dfrac{{\omega_n}^2}{s^2 + 2\xi\omega_n s + {\omega_n}^2} = \dfrac{{\omega_n}^2}{(s+s_1)(s+s_2)}$

(1) 當 $0 < \xi < 1$ 時，試用 ξ 及 ω_n 來表示 s_1 及 s_2？

(2) 請問為何不考慮 $\xi < 0$ 的情況？

(3) 若系統的步階響應設計需滿足 $t_s = 2$ sec.（考慮終值容許範圍為 2%），以及 $M_p = 5\%$，求 ξ 以及 $\omega_n = ?$【95 關務特考】

Hint：同上解題技巧及圖：

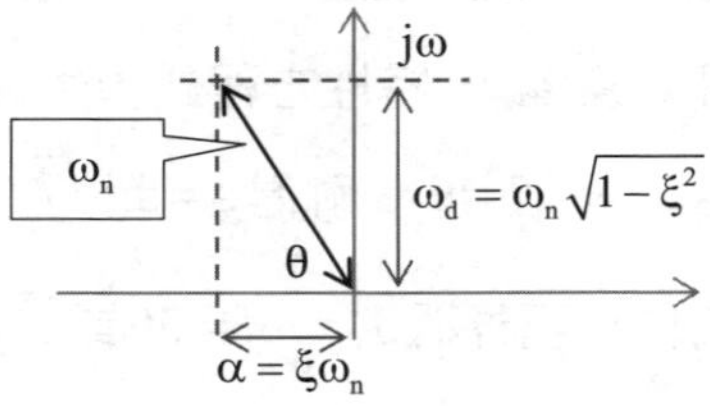

jω

ω_n

$\omega_d = \omega_n\sqrt{1-\xi^2}$

θ

$\alpha = \xi\omega_n$

解 (1) $\Rightarrow s_{1,2} = -\xi\omega_n \pm j\omega_n\sqrt{1-\xi^2} = -\alpha \pm j\omega_d$

(2) 當 $\xi < 0$，系統極點為正實數，當輸入為步階響應時，則為不穩定之指數發散，故不予以考慮。

(3) 由 $t_s = 2$ sec.（考慮終值容許範圍為 2%）$\cong 4T = \dfrac{4}{\xi\omega_n} \Rightarrow \xi\omega_n = 2$，

以及 $M_p = 5\% = e^{-\frac{\pi\xi}{\sqrt{1-\xi^2}}}$，解得 $\xi = 0.69$、$\omega_n = 2.898(\text{rad/s})$。

5-4 加入極零點對標準二階系統之暫態影響

焦點 5　二階系統對加入「極點」與「零點」之暫態影響。

考試比重：★★☆☆☆　　**考題形式：**了解基本觀念與熟記其公式

關鍵要訣

1. 加入「比例常數」：若閉迴路系統之轉移函數為 $T(s)=\dfrac{k\omega_n^2}{s^2+2\xi\omega_n s+\omega_n^2}$，$k\neq 0$，其中 k 為比例控制器，加入比例常數後，閉迴路系統之暫態規格，仍然可以使用標準二階系統之暫態規格。

2. 若閉迴路系統與標準二階系統相差分子因式（N(s)）或分母因式（D(s)），其中 N(s)、D(s)均為 s 的多項式，轉移函數 $T(s)=\dfrac{kN(s)}{D(s)(s^2+2\xi\omega_n s+\omega_n^2)}$，若多餘的極點因式或零點因式「幾乎」發生對消或位於「主極點」的左半平面且距離 5 倍以上時，則標準二階系統的暫態公式仍可適用。

3. 加入「零點」：若閉迴路系統之轉移函數為 $T(s)=\dfrac{\pm\left(\omega_n^2/z\right)(s\pm z)}{s^2+2\xi\omega_n s+\omega_n^2}$

   (1) 當 $s=0$ 時，使得 $T(s)=T(0)=1$，亦即單位步階響應的終值為 1。

   (2) 當加入 s 左半平面的「零點」時，亦即零點 $s=-z$ 在 s 左半平面，如下圖所示對系統暫態性能的主要影響有：

   A. 最大超越量 M_p 增加。　　B. 上升時間 t_r 減小。

   C. 尖峰時間 t_p 下降。　　D. 安定時間 t_s 幾乎不變。

   (3) 當加入 s 右半平面的「零點」時，亦即零點 $s=+z$ 在 s 右半平面，而右半面零點稱之為「非極小相位零點」（Nonminimum phase zero），對系統暫態性能的主要影響有：

A. 最大超越量 M_p 增加。　　B. 上升時間 t_r 增加。

C. 尖峰時間 t_p 增加。　　D. 安定時間 t_s 改變不大。

注意 此單位步階響應一開始是往負方向移動，這種現象稱之為「低射現象」。

4. 加入「極點」：若閉迴路系統之轉移函數爲 $T(s)=\dfrac{p\omega_n^{\ 2}}{(s+p)(s^2+2\xi\omega_n s+\omega_n^{\ 2})}$

(1) 當 $s=0$ 時，使得 $T(s)=T(0)=1$，亦即單位步階響應的終值爲 1。

(2) 當加入 s 左半平面的「極點」時，亦即極點 $s=-p$ 在 s 左半平面，如下圖所示對系統暫態性能的主要影響有：

A. 最大超越量 M_p 減小。　　B. 上升時間 t_r 增加。

C. 尖峰時間 t_p 增加。　　D. 安定時間 t_s 幾乎不變。

(3) 一般而言，加入的「極點」、「零點」越靠近虛軸，對標準二階系統的暫態性能影響越大，若所加入的「極點」、「零點」幾乎發生對消或比「主極點」越遠離虛軸，且「極、零點」的實部與主極點的實部比大於 5 倍以上時，則新加入的「極、零點」對暫態性能的影響不大且可忽略，標準二階系統的暫態規格公式仍然可以使用，若是大於 10 倍以上，則可完全忽略對暫態性能之影響（如下之「例題 12」）。

例題 11

已知系統的閉迴路轉移函數為 $T(s)=\dfrac{2k}{s^2+(k+1)s+(4k-2)}$，請問：

(1) **當最大超越量 $M_p\le 0.05$ 時，k 的範圍為何？**

(2) **當安定時間 $t_s\le 4.5$（2%情況）時，k 的範圍為何？**

Hint：同上重點説明，著重了解與演算。

解 $T(s)=\dfrac{2k}{s^2+(k+1)s+(4k-2)}=\dfrac{2k}{4k-2}\times\dfrac{4k-2}{s^2+(k+1)s+(4k-2)}$，與標準二階系統移轉函數做比較：$\dfrac{\omega_n^{\ 2}}{s^2+2\xi\omega_n s+\omega_n^{\ 2}}\Rightarrow\begin{cases}2\xi\omega_n=k+1\\ \omega_n^{\ 2}=4k-2\end{cases}\Rightarrow\begin{cases}\xi=\dfrac{k+1}{2\omega_n}\\ \omega_n=\sqrt{4k-2}\end{cases}$

(1) 最大超越量：$M_p = e^{-\frac{\pi\xi}{\sqrt{1-\xi^2}}} \le 0.05 \Rightarrow \xi \ge 0.69$，

又 $\xi = \dfrac{k+1}{2\sqrt{4k-2}} \ge 0.69 \Rightarrow k^2 - 5.618k + 4.81 \ge 0 \Rightarrow k \le 1.054$ 或 $k \ge 4.56$

(2) 安定時間（終值響應容許誤差為 ±2%），則

$t_s \cong 4T = \dfrac{4}{\xi\omega_n} \le 4.5 \Rightarrow \dfrac{8}{k+1} \le 4.5 \Rightarrow k \ge \dfrac{7}{9}$。

例題 12

已知系統的閉迴路轉移函數為 $T(s) = \dfrac{12000(s+0.1)}{(s+0.11)(s^2+12s+100)(s+1000)}$ **，請問：**

(1) **上升時間** t_r **為何？**　(2) **安定時間** t_s **為何？**

Hint：同上重點說明。

解　$T(s) = \dfrac{12000(s+0.1)}{(s+0.11)(s^2+12s+100)(s+1000)}$，可知：

a. 系統之極點 $s = -0.11$、-1000、$s = -6 \pm j8$ 以及系統的「零點」為 $s = -0.1$，則 One pole $= -0.11$ 與 Another one zero $s = -0.1$ 幾乎對消。

b. 極點 $s = -1000$ 為另外極點 $s = -6 \pm j8$ 與虛軸距離的 $\dfrac{1000}{6}$ 倍（遠大於 5 倍），所以極點 $s = -6 \pm j8$ 即視為「主極點」（Principal Pole），

令 $s^2 + 2\xi\omega_n s + \omega_n{}^2 = s^2 + 12s + 100 \Rightarrow \begin{Bmatrix} \omega_n = 10 \\ \xi = 0.6 \end{Bmatrix}$，標準二階系統的暫態公式仍可適用。

(1) 上升時間 $t_r = \dfrac{\pi - \text{acr}\tan(\frac{\sqrt{1-\xi^2}}{\xi})}{\omega_n\sqrt{1-\xi^2}} = \dfrac{\pi - \arctan(\frac{4}{3})}{10(\frac{4}{5})} = \dfrac{\pi - \frac{53.1}{180}\pi}{8}$

$= 0.277\,\text{sec.}$

(2) 安定時間 $t_s = \dfrac{4.6}{\xi\omega_n} = \dfrac{4.6}{6}\,\text{sec.}$

例題 13

有一個三階（third order）之位置控制系統的閉迴路（closed-loop）轉移函數如右： $\dfrac{X(s)}{F(s)}=\dfrac{3(s+2)}{(s+10)(s^2+2s+4)}$

(1) **此三階系統之動態特性可用一個二階系統近似之嗎？試說明之。如可以的話，此系統之阻尼比（damping ratio）與自然頻率（natural frequency）為多少？**

(2) **依(1)所得之近似二階系統，計算此系統單位步階響應之最大超越量（maximum overshoot）及阻尼頻率（damped natural frequency）。**【90 高考三級】

Hint： 同上重點說明，著重充分了解極點、零點。

解 此閉迴路系統的極點有 $s=-10$，$s=-1\pm j\sqrt{3}$，零點有 $s=-2$，因為 $s=-10$ 為另外極點 $s=-1\pm j\sqrt{3}$ 與虛軸距離的 10 倍（大於 5 倍），所以極點 $s=-1\pm j\sqrt{3}$ 即視為「主極點」（Principal Pole），此三階系統可以二階系統予以近似 $\Rightarrow s^2+2s+4=s^2+2\xi\omega_n s+\omega_n{}^2$。

(1) $\Rightarrow\begin{Bmatrix}\omega_n=2\\ \xi=0.5\end{Bmatrix}$，即「阻尼比」$=0.5$ and「自然頻率」$=2$

(2) 最大超越量：$M_p=e^{-\frac{\pi\xi}{\sqrt{1-\xi^2}}}\cong 0.163$ 阻尼頻率 $\omega_d=\omega_n\sqrt{1-\xi^2}=\sqrt{3}\,\dfrac{\text{rad}}{\text{sec}}$

例題 14

右圖之「單位負回授控制系統」中，若 $G(s)=\dfrac{8}{s^2+3s+4}$ **，求此系統之：**

(1) **阻尼比**（Damping Ratio）

(2) **此系統之直流增益**（DC Gain)

(3) **當輸入信號為** r(t)**為單位步階信號時，此系統輸出信號** c(t)**之最大值可達多少？**

【98 經濟部職員甄試】

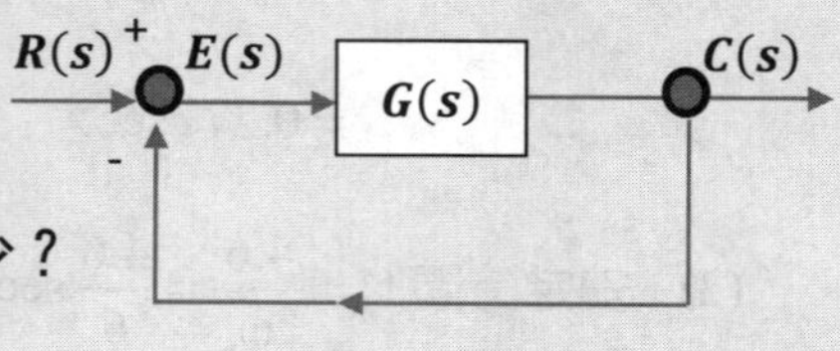

Hint：Damping ratio ~ 0.433 ⇒ OS~22%

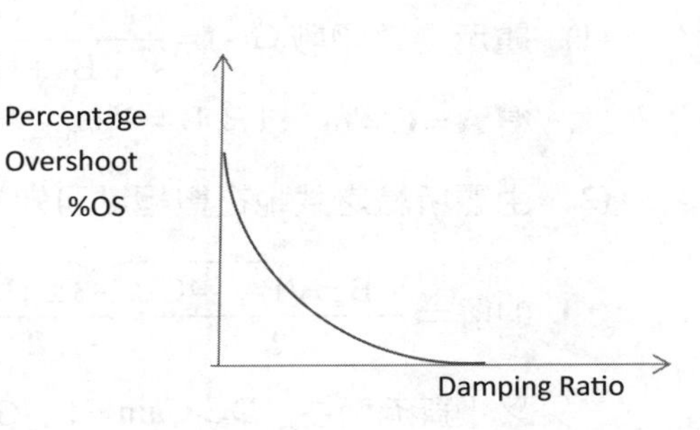

解 (1) 先求此閉迴路系統的「轉移函數」$T(s)=\dfrac{\dfrac{8}{s^2+3s+4}}{1+\dfrac{8}{s^2+3s+4}}=\dfrac{8}{s^2+3s+12}$，

其中分母 $s^2+3s+12$，對比於標準二階系統 $s^2+2\xi\omega_n s+\omega_n{}^2 \Rightarrow \xi\omega_n=\dfrac{3}{2}$

and $\omega_n{}^2=12$，所以自然頻率 $\omega_n=\sqrt{12}$，阻尼比 $\xi=0.433$。

(2) $\text{DC Gain}=\lim\limits_{s\to 0}T(s)=\dfrac{8}{12}=\dfrac{2}{3}$

(3) 由提示 Damping ratio $\xi \sim 0.433 \Rightarrow OS \sim 22\%$

$\Rightarrow C_{max}=\text{DC Gain}(1+22\%)=\dfrac{2}{3}\times 1.22=0.813$

例題 15

有一線性非時變（LTI）二階系統，其直流增益為 1，輸入輸出轉移函數（I/O transfer function）為 $G(s)=\dfrac{A}{s^2+Bs+C}$。若此系統的共軛複數極點（conjugate complex poles）與原點之連線和負實數軸的夾角皆為 60 度，與原點的距離為 3，則：

(1) **此系統的衰減比（damping ratio）ξ 與自然頻率（natural frequency）ω_n 分別為若干？**

(2) **A、B、C 的值分別為若干？**【102 台灣菸酒職員】

解 (1) 題示轉移函數 $G(s)=\dfrac{A}{s^2+Bs+C}$ 類比於標準二階系統之轉移函數，則得 $A=C=\omega_n{}^2$ 以及 $B=2\xi\omega_n$

(2) 由題所給之共軛複數極點可知為 $s_{1,2}=-\dfrac{3}{2}\pm j\dfrac{3}{2}\sqrt{3}$，即為 $G(s)$ 分母 $=0$ 的解 $\Rightarrow \dfrac{-B\pm\sqrt{B^2-4C}}{2}=\dfrac{-3\pm j3\sqrt{3}}{2}\Rightarrow B=3$，$4C-9=27\Rightarrow C=9$

又「直流增益」DC Gain $=1=\left|G(s)\right|_{s=0}=\dfrac{A}{9}=1\Rightarrow A=9$

代回(1)，所以 $\xi=0.5$ 以及 $\omega_n=3(\text{rad/sec})$

例題 16

一單位負回授系統其控制器 $C(s)=k_p+k_d s$，受控體 $P(s)=\dfrac{1000}{s(s+10)}$，試求：

閉迴路特徵方程式。

k_p 和 k_d 使斜波誤差常數 $k_v=1000$，阻尼比 $\xi=0.5$。【102 高考三級】

解 (1) 題示開迴路轉移函數為 $G_{open}(s)=\dfrac{1000(K_P+K_d s)}{s(s+10)}$，則閉迴路特徵方程式為 $\Delta(s)=s(s+10)+1000(K_P+K_d s)=s^2+(10+1000K_d)s+1000K_p=0$

(2) 此特性方程式類比於標準二階系統之轉移函數，

得 $\begin{cases}1000K_p=\omega_n{}^2\\10+1000K_d=2\xi\omega_n\end{cases}$，又

$$K_v=\lim_{s\to 0}sG_{open}(s)=\lim_{s\to 0}\frac{1000(K_P+K_d s)}{s+10}=1000\Rightarrow K_P=10$$

$\Rightarrow \omega_n=100(\text{rad/sec})$，再代回上述關係式 $\Rightarrow K_d=0.09$。

5-5 穩態響應

焦點 6　**穩態響應在控制系統中係為研究系統「精確度」的一個重要觀念。**

考試比重：★★★☆☆

考題形式：本節為常考重點，必須多加練習與熟記公式

關鍵要訣

1. 穩態響應是指「精確度」後的「輸出穩態值」（Steady-state Values，y_{ss}），或稱之爲「終值」（Final Vales，$y(\infty)$），可利用**「終值定理」**來求解；考慮一閉迴路系統如下圖表示，系統輸出爲 $Y(s)=\dfrac{G(s)}{1+G(s)H(s)}\times R(s)$，而穩態值 y_{ss} 存在的條件爲「輸出的終值必須存在」，所以 $sY(s)$ 的「極點」都必須在 s 左半平面，亦即特性方程式 $\Delta(s)=1+G(s)H(s)=0$ 無不穩定的根，根據「終值定理」定義，穩態響應 $y_{ss}=y(\infty)=\lim\limits_{s\to 0}sY(s)=\lim\limits_{s\to 0}s\dfrac{G(s)}{1+G(s)H(s)}R(s)$。

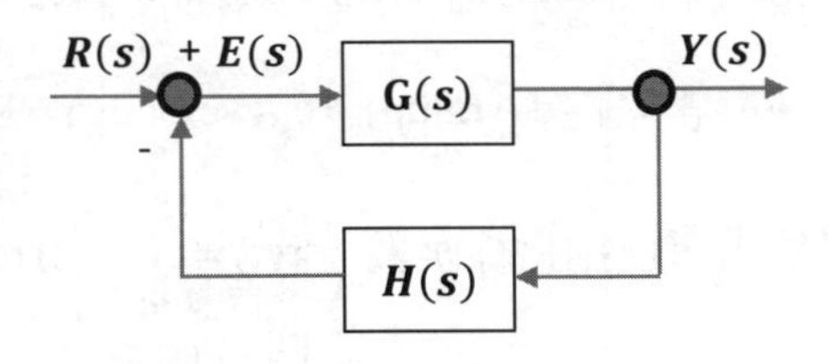

2. 穩態誤差 e_{ss} 的定義：

(1) 考慮一如上方塊圖但 $H(s)=1$ 的一個單位回授控制系統，誤差訊號定義爲 $e(t)=r(t)-y(t)$，對左式取拉氏轉換後得

$$E(s)=R(s)-Y(s)=R(s)-\frac{G(s)}{1+G(s)}R(s)\Rightarrow E(s)=\frac{1}{1+G(s)}R(s)$$

當時間 $t\to\infty$ 時，**穩態誤差** $e_{ss}=\lim\limits_{t\to\infty}e(t)=\lim\limits_{s\to 0}sE(s)$

(2) 根據「終值定理」，穩態誤差 e_{ss} 存在的條件為「終值」必須存在，亦即 $sE(s)$ 的所有極點都必須在 s 的左半平面，根據 $E(s)=\frac{1}{1+G(s)}R(s)$ 中，$1+G(s)$ 為閉迴路控制系統之特性方程式，故在求解穩態誤差的前提是閉迴路系統必須是穩定的。

3. 穩態誤差與標準測試訊號的關係：

(1) 若標準測試訊號為「單位步階函數」$r(t)=u_s(t)$，$R(s)=\frac{1}{s}$，then

$$e_{ss}(step)=\lim_{t\to\infty}e(t)=\lim_{s\to 0}sE(s)=\lim_{s\to 0}s\frac{1}{1+G(s)}\frac{1}{s}=\frac{1}{1+G(s)}$$

定義「位置誤差常數」（Position error constant，K_p）為 $K_p=\lim_{s\to 0}G(s)$，則單位步階響應的穩態誤差為

$$e_{ss}(step)=e_{ss}(position)=\lim_{s\to 0}\frac{1}{1+G(s)}=\frac{1}{1+K_p}$$

(2) 若標準測試訊號為「單位斜坡函數」$r(t)=tu_s(t)$，$R(s)=\frac{1}{s^2}$，

then $e_{ss}(ramp)=\lim_{s\to 0}s\frac{1}{1+G(s)}\frac{1}{s^2}=\lim_{s\to 0}\frac{1}{sG(s)}$

定義「速度誤差常數」（Velocity error constant，K_v）為 $K_v=\lim_{s\to 0}sG(s)$，則單位斜坡響應的穩態誤差為 $e_{ss}(ramp)=e_{ss}(velocity)=\lim_{s\to 0}\frac{1}{sG(s)}=\frac{1}{K_v}$

(3) 若標準測試訊號為「單位拋物線函數」$r(t)=\frac{t^2}{2}u_s(t)\,r(t)=\frac{t^2}{2}u_s(t)$，

$R(s)=\frac{1}{s^3}$，then $e_{ss}(parabolic)=\lim_{s\to 0}s\frac{1}{1+G(s)}\frac{1}{s^3}=\lim_{s\to 0}\frac{1}{s^2G(s)}$。

定義「加速度誤差常數」（Accelation error constant，K_a）為 $K_a=\lim_{s\to 0}s^2G(s)$，則單位拋物線響應的穩態誤差為

$$e_{ss}(parabolic)=e_{ss}(accelation)=\lim_{s\to 0}\frac{1}{s^2G(s)}=\frac{1}{K_a}$$

4. 穩態誤差與系統形式：單位回授控制系統開路移轉函數爲

$$G(s)=\frac{K(s+z_1)...(s+z_m)}{s^N(s+p_1)...(s+p_n)}$$

（$n>m$），其中 $N=i$ 代表 $G(s)$ 爲形式 i 系統（type i system），整理如下表：

表 5-4

系統形式	穩態誤差			誤差常數		
	單位步階	單位斜坡	單位拋物線	位置	速度	加速度
Type 0 sys. $N=0$	$e_{ss}(\text{position})=\frac{1}{1+K_p}$	$e_{ss}(\text{velocity})\to\infty$	$e_{ss}(\text{acceleration})\to\infty$	$K_p=\lim_{s\to0}G(s)=\text{const.}$	$K_v=\lim_{s\to0}sG(s)=0$	$K_a=\lim_{s\to0}s^2G(s)=0$
Type 1 sys. $N=1$	$e_{ss}(\text{position})=0$	$e_{ss}(\text{velocity})=\frac{1}{K_v}$	$e_{ss}(\text{acceleration})\to\infty$	$K_p=\lim_{s\to0}G(s)\to\infty$	$K_v=\lim_{s\to0}sG(s)=\text{const.}$	$K_a=\lim_{s\to0}s^2G(s)=0$
Type 2 sys. $N=2$	$e_{ss}(\text{position})=0$	$e_{ss}(\text{velocity})=0$	$e_{ss}(\text{acceleration})=\frac{1}{K_a}$	$K_p=\lim_{s\to0}G(s)\to\infty$	$K_v=\lim_{s\to0}sG(s)\to\infty$	$K_a=\lim_{s\to0}s^2G(s)=\text{const.}$
Type 3 sys. $N=3$	$e_{ss}(\text{position})=0$	$e_{ss}(\text{velocity})=0$	$e_{ss}(\text{acceleration})=0$	$K_p=\lim_{s\to0}G(s)\to\infty$	$K_v=\lim_{s\to0}sG(s)\to\infty$	$K_a=\lim_{s\to0}s^2G(s)\to\infty$

老師的話

1. 一般解題，先以觀念性的解法來求解「穩態誤差」，即是先求 $E(s)=\frac{1}{1+G(s)}R(s)$，再代入「終值定理」，即求穩態誤差 $e_{ss}=\lim_{t\to\infty}e(t)=\lim_{s\to0}sE(s)$。
2. 行有餘力，再記「表 5-4」所列各項，記憶方法為「先記 type 與輸入信號」關係矩陣，係為一「上三角矩陣」，對角線分別依序為 $\frac{1}{1+K_P},\frac{1}{K_V},\frac{1}{K_a}$。

例題 17

已知閉迴路系統的轉移函數為：

(1) $T(s)=\dfrac{1}{s^3+s^2+1}$，**若輸入為單位步階函數。**

(2) $T(s)=\dfrac{s}{s^2+s+1}$，**若輸入為單位斜坡函數。則輸出之穩態值** y_{ss} **各為何？**

Hint：同上重點說明。

解 (1) 此閉迴路系統的特性方程式為 $\Delta(s)=s^3+s^2+1=0$，因為該方程式有缺項，故為不穩定系統，故 $y_{ss}\to\infty$。

(2) 此閉迴路系統的特性方程式為 $\Delta(s)=s^2+s+1$，因為極點有 $s_{1,2}=-\dfrac{1}{2}\pm\dfrac{j\sqrt{3}}{2}$，為一穩定系統，Input $R(s)=\dfrac{1}{s^2}$，故

$$y_{ss}=\lim_{s\to0}s\frac{s}{s^2+s+1}\frac{1}{s^2}=\lim_{s\to0}\frac{1}{s^2+s+1}=1$$ 。

例題 18

已知一單位回授系統的開路函數為： $G(s)=\dfrac{1000(s+8)}{(s+9)(s+7)}$ **，求此系統形式及其速度誤差常數各為何？**

Hint：同上重點說明。

解 (1) 此系統的開路函數為 $G(s)=\dfrac{1000(s+8)}{(s+9)(s+7)}=\dfrac{1000(s+8)}{s^0(s+9)(s+7)}$，故此系統為 Type 0 system。

(2) 系統的閉迴路轉移函數為

$$G(s)=\frac{\dfrac{1000(s+8)}{(s+9)(s+7)}}{1+\dfrac{1000(s+8)}{(s+9)(s+7)}}=\frac{1000(s+8)}{(s+9)(s+7)+1000(s+8)}$$ ，故系統之特性方程

式為 $\Delta(s)=s^2+1016s+8063=0$，係為一穩定系統，

$\therefore K_v=\lim_{s\to 0} sG(s)=0$ 。

例題 19

已知一單位負回授系統的開路函數為 $G(s)$

(1) 當 $G(s)=\dfrac{10}{s^2+14s+50}$，求輸入為步階及斜坡函數之穩態誤差為何？

(2) 當 $G(s)=\dfrac{s-5}{s^2+3s+2}$，求輸入為步階及斜坡函數之穩態誤差為何？

解　(1) 此閉迴路系統的轉移函數為 $\dfrac{\dfrac{10}{s^2+14s+50}}{1+\dfrac{10}{s^2+14s+50}}=\dfrac{10}{s^2+14s+60}$，特性方程

式 $\Delta(s)=s^2+14s+60=0$，$s_{1,2}=-7+j\sqrt{11}$，故此系統為「穩定」

$\Rightarrow$ 輸入為步階函數（step function），且 N=0type，

位置誤差常數 $K_p=\lim_{s\to 0} G(s)=\dfrac{1}{5}$，穩態誤差 $e_{ss}(step)=\dfrac{1}{1+K_p}=\dfrac{5}{6}$

輸入為斜坡函數，則 $K_v=\lim_{s\to 0} G(s)=0$，故穩態誤差 $e_{ss}\to\infty$

(2) 此閉迴路系統的轉移函數為 $\dfrac{\dfrac{s-5}{s^2+3s+2}}{1+\dfrac{s-5}{s^2+3s+2}}=\dfrac{s-5}{s^2+4s-3}$，

特性方程式 $\Delta(s)=s^2+4s-3=0$，因為左式有變號，故此系統為「不穩定」$\Rightarrow$ 不管輸入為步階函數（step function）或是斜坡（Ramp function）函數，誤差常數均為 0，穩態誤差 $e_{ss}(step, ramp)\to\infty$ 。

例題 20

已知一系統如圖所示，當輸入為步階函數 $r(t)=0.1$，則其穩態誤差為何？

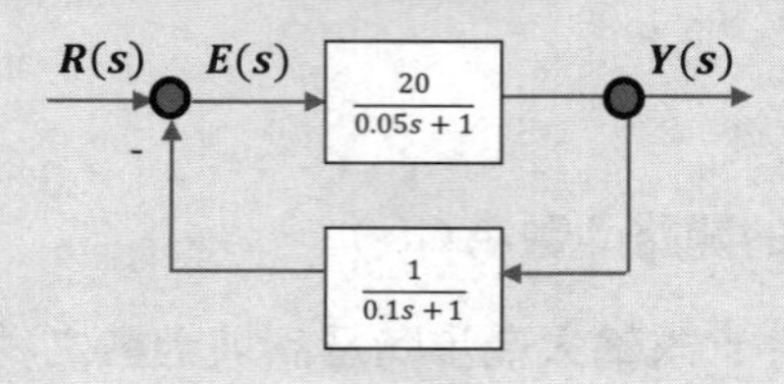

解 此閉迴路系統的轉移函數為 G(s)

$$G(s)=\frac{\frac{20}{0.05s+1}}{1+\frac{20}{0.05s+1}\times\frac{1}{0.1s+1}}=\frac{20(0.1s+1)}{0.005s^2+0.15s+21}\ ,$$

特性方程式 $\Delta(s)=0.005s^2+0.15s+21=0$，經測試此系統為「穩定」；

又 $E(s)=R(s)-Y(s)=R(s)[1-G(s)]=\frac{0.1}{s}\left[\frac{0.005s^2-1.855+1}{0.005s^2+0.15s+21}\right]$

$e_{ss}=\lim_{s\to 0}sE(s)=\frac{0.1}{21}=0.00476$。

例題 21

如下圖所示，當輸入為單位斜坡函數，若希望穩態誤差 $e_{ss}=0.8$，請問 K 值為何？當決定 K 值之後，此系統之形式為何？

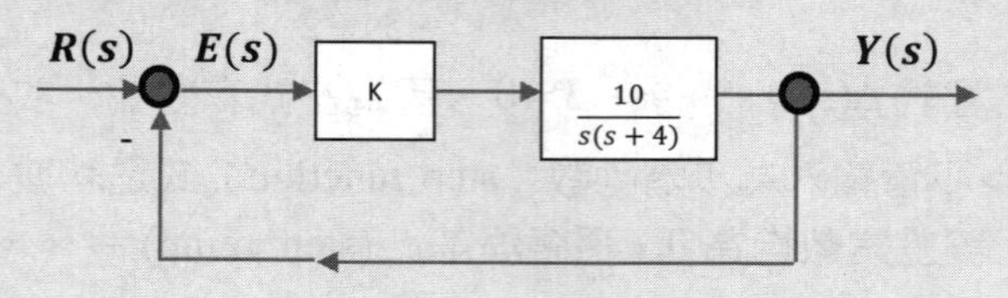

解 (1) 此系統的開路轉移函數為 $G(s)=\frac{10K}{s^2+4s}$，

速度誤差常數 $K_v=\lim_{s\to 0}sG(s)=\lim_{s\to 0}s\frac{10K}{s(s+4)}=2.5K$

穩態誤差 $e_{ss}=\frac{1}{K_v}=\frac{1}{2.5K}=0.8\Rightarrow K=0.5$

(2) 再代入開路轉移函數 $G(s)=\dfrac{10K}{s^2+4s}=\dfrac{5}{s(s+4)}$，故為 Type 1 system。

例題 22

如下圖，單位負回授控制系統的順向轉移函數為 $G(s)=\dfrac{K}{s(s+1)(s+5)}$ **，則：**

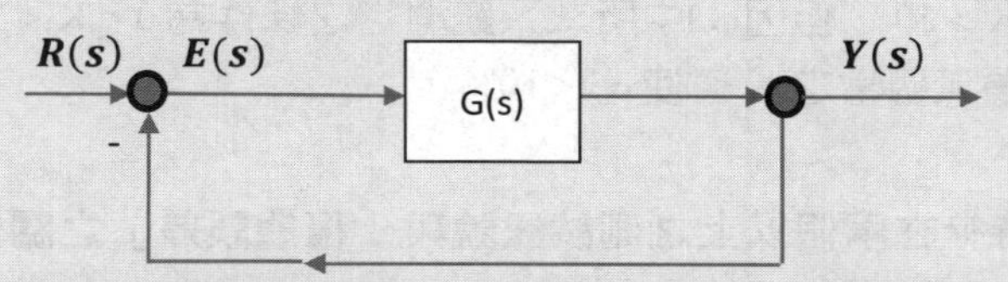

(1) **當輸入為「單位步階訊號」時，K 值為？才可使穩態誤差** $e_{ss}=0$

(2) **當輸入為「單位斜坡訊號」時，K 值為？才可使穩態誤差** e_{ss} **之值小於 10%？**

解 (1) 此系統的開路轉移函數為 $G(s)=\dfrac{K}{s(s+1)(s+5)}$，為 Type 1 System，則對單位步階信號輸入時的穩態誤差必定為 0。此閉迴路轉移函數為

$$T(s)=\frac{\dfrac{K}{s(s+1)(s+5)}}{1+\dfrac{K}{s(s+1)(s+5)}}=\frac{K}{s(s+1)(s+5)+K}=\frac{K}{s^3+6s^2+5s+K},$$

取其「特性方程式」，並列羅斯表如下：

s^3	1	5
s^2	6	K
s^1	$\dfrac{30-K}{6}$	
s^0	K	

欲使系統為穩定，則 $30-K>0$ and $K>0\Rightarrow 0<K<30$

故可使系統穩態誤差 $e_{ss}=0$ 之 K 值範圍為 $0<K<30$。

(2) 輸入為「單位斜坡函數」，求速度誤差常數

$K_v=\lim_{s\to 0} sG(s)=\lim_{s\to 0} s\dfrac{K}{s(s+1)(s+5)}=\dfrac{K}{5}$，而系統穩態誤差

$e_{ss}=\dfrac{1}{K_v}=\dfrac{5}{K}<10\%$

所以 $K>50$，但因(1)中所求系統穩定之條件為 $0<K<30$，故本題無適當之 K 值使 $e_{ss}<10\%$。

焦點 7 若同時存在兩個以上之測試訊號與「穩態誤差」之關係以及「消除穩態誤差的方法」。

考試比重：★★★★☆

考題形式：重要觀念，本節為必考重點，須多加練習與熟記公式

關鍵要訣

1. 若同時存在兩個以上之測試訊號與「穩態誤差」之關係：若輸入訊號爲 $r(t)=\left(A_1+A_2t+A_3t^2\right)u_s(t)$，則「穩態誤差」$e_{ss}=\dfrac{A_1}{1+K_p}+\dfrac{A_2}{K_v}+\dfrac{2A_3}{K_a}$。

   前提：閉迴路系統必須爲「穩定系統」，所以**做題目時都必先加以測試**。

2. 消除穩態誤差的方法：存在一個穩定的閉迴路系統，當輸入爲一標準的測試訊號時，系統之「穩態響應」不佳，使得閉迴路系統產生穩態誤差，若希望消除穩態誤差，最簡單的方法爲在迴路中串聯一個積分器 $\dfrac{K}{s}$，如下圖所示：（參閱例題 23）

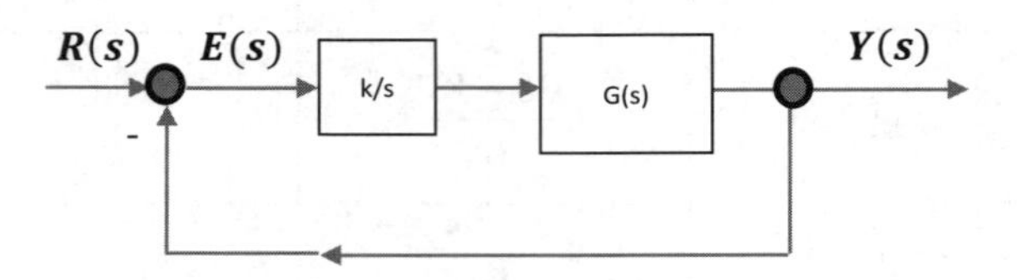

其中「積分控制器」可簡稱爲「I 控制器」，加入積分器後，由於開路轉移函數 TYPE 增加一次，所以可以改善穩態響應，減少或消除穩態誤差，但卻會降低相對穩定度而破壞暫態響應性能，甚至可能造成閉迴路不穩定。

例題 23

(1) **如下圖之系統形式（system type）是什麼？**

(2) **求其位置誤差常數（position error constant）與加速度誤差常數（velocity error constant）。**

(3) **如果輸入** $r(t)=3-t+\frac{t^2}{4}$ **，求系統之穩態誤差（steady state error）。**

【96 地特三等】

r(t) → (+) → [$\frac{4s+4}{s^3+2s^2}$] → 輸出，負回授（−）至加法點

解

(1) 此系統的開路轉移函數為 $G(s)=\frac{4s+4}{s^2(s+2)}$ ，可知其為 Type 2 system。

(2) 必須先測試系統是否為穩定，先求閉迴路「特性方程式」
$\Delta(s)=s^3+2s^2+4s+4=0$ ，列羅斯表如下：

s^3	1	4
s^2	2	4
s^1	2	
s^0	4	

此閉迴路系統為「穩定」，

$$\therefore K_p=\lim_{s\to 0}G(s)=\infty \text{，} K_a=\lim_{s\to 0}s^2\cdot G(s)=\lim_{s\to 0}\frac{4(s+1)}{s+2}=\frac{4}{2}=2 \text{。}$$

(3) $r(t)=3-t+\frac{t^2}{4}=(A_1+A_2t+A_3t^2)u_s(t)$，

$\therefore A_1=3$，$A_2=-1$，$A_3=\frac{1}{4}\Rightarrow e_{ss}=\frac{3}{1+K_p}+\frac{-1}{K_v}+\frac{1/2}{K_a}=0-0+\frac{1}{2\times 2}=\frac{1}{4}$。

例題 24

有一如下方塊圖之系統，當輸入信號為$r(t)=60t^2+40t+20$，請求出本系統的「穩態誤差」
$e_{ss}=?$

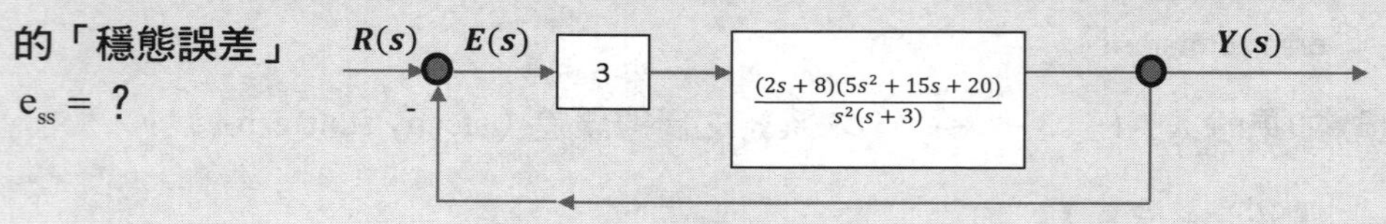

解 此系統的開路轉移函數為$G(s)=\frac{3(2s+8)(5s^2+15s+20)}{s^2(s+3)}$，而其閉迴路系統之特性方程式為$\Delta(s)=31s^3+213s^2+480s+480=0$，建立羅斯表如下：

s^3	31	480
s^2	213	480
s^1	410.14	
s^0	480	

故知此系統為穩定；

$\therefore$位置誤差常數 $K_p=\lim_{s\to 0}G(s)=\lim_{s\to 0}\frac{3(2s+8)(5s^2+15s+20)}{s^2(s+3)}=\infty$

速度誤差常數 $K_v=\lim_{s\to 0}sG(s)=\lim_{s\to 0}\frac{3(2s+8)(5s^2+15s+20)}{s^2(s+3)}=\infty$

加速度誤差常數 $K_a=\lim_{s\to 0}s^2G(s)=\lim_{s\to 0}\frac{3(2s+8)(5s^2+15s+20)}{s^2(s+3)}=160$

$\Rightarrow$穩態誤差 $e_{ss}=\frac{20}{1+K_p}+\frac{40}{K_v}+\frac{120}{K_a}=0+0+\frac{120}{160}=\frac{3}{4}$

例題 25

一系統如下方塊圖所示，當輸入為單位步階函數，及 $G(s)=\dfrac{10}{(s+2)(s+5)}$，則應如何設計補償器 G(s)，使系統的穩態誤差可降到 0？

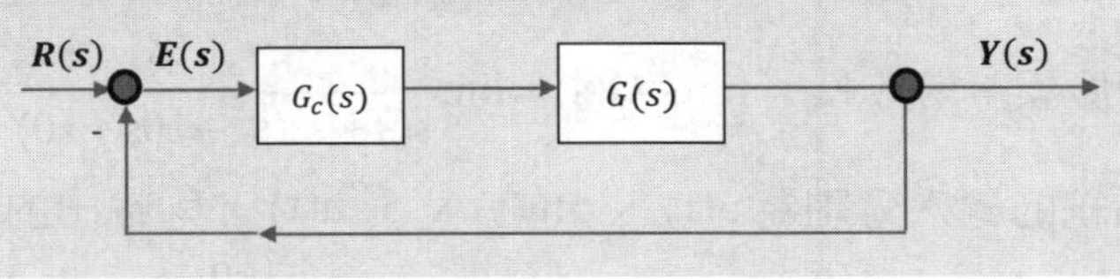

解 若要消除系統的穩態誤差，則須串接積分器；

令 $G_c(s)=\dfrac{k}{s}$ 其中 k 為增益，此時開路轉移函數 $G_c(s)G(s)=\dfrac{10k}{s(s+2)(s+5)}$，

而其閉迴路之特性方程式為 $\Delta(s)=s^3+7s^2+10s+10k=0$，列羅斯表如下，

欲使系統穩定：

s^3	1	10
s^2	7	10k
s^1	$\dfrac{70-10k}{7}$	
s^0	10k	

則 $70-10k>0$ 且 $k>0$，$\Rightarrow$ 系統穩定範圍為 $0<k<7$，故欲消除穩態誤差，則 $G_c(s)=\dfrac{k}{s}$，其中 $0<k<7$。

例題 26

考慮一個單位負迴授（unity negative feedback）系統，其中順向轉移函數為 $G(s)=\dfrac{K(s+1)}{s(s+2)(s^2+10s+10)}$，(1)求各靜態誤差常數；(2)分別對輸入 u(t)、5tu(t)、$5t^2u(t)$ 求此系統的輸出穩態誤差。【99 高考三級】

解 (1) 此系統的靜態誤差常數如下：

位置誤差常數 $K_p=\lim\limits_{s\to 0}G(s)=\lim\limits_{s\to 0}\dfrac{K(s+1)}{s(s+2)(s^2+10s+10)}=\infty$

速度誤差常數 $K_v=\lim\limits_{s\to 0}sG(s)=\lim\limits_{s\to 0}\dfrac{K(s+1)}{s(s+2)(s^2+10s+10)}=\dfrac{K}{20}$

加速度誤差常數 $K_a=\lim\limits_{s\to 0}s^2G(s)=\lim\limits_{s\to 0}\dfrac{K(s+1)}{s(s+2)(s^2+10s+10)}=0$

(2) 此系統的輸入分別為 $u(t)$、$5tu(t)$、$5t^2u(t)$，則輸出的穩態誤差分別為 $e_{ss}\left(u(t)\right)=\dfrac{1}{1+K_p}=0$，$e_{ss}\left(5tu(t)\right)=\dfrac{5}{K_v}=\dfrac{100}{K}$，$e_{ss}\left(5t^2u(t)\right)=\infty$。

例題 27

某系統利用狀態回授的控制方塊圖如下所示：

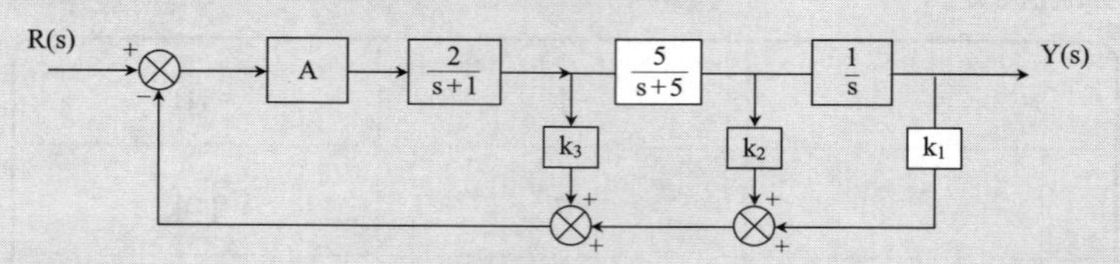

設計目標為最大超越量 $M_p=1.043$ **，穩定時間（settling time）** $t_s=5.65$ sec**，且對步階輸入** $r(t)=u_s(t)$ **為零穩態誤差。求** k_1、k_2、k_3 **及** A**。**

註： $t_s=\dfrac{4}{\xi\omega_n}$

解 先求此系統的轉移函數如下：

$$\frac{Y(s)}{R(s)}=\frac{A\times\dfrac{2}{s+1}\times\dfrac{5}{s+5}\times\dfrac{1}{s}}{1--\dfrac{A\times 2}{s+1}k_3\dfrac{A\times 2\times 5}{(s+1)(s+5)}k_2\dfrac{A\times 2\times 5}{s(s+1)(s+5)}k_1}$$

$$=\frac{10A}{s^3+(6+2Ak_3)s^2+(5+10Ak_3+10Ak_2)s+10Ak_1}$$

要求對「步階輸入」為零穩態誤差，即要求 $y(\infty)=1$，故

$$y(\infty)=\lim_{s\to 0} sY(s)=\lim_{s\to 0} s\frac{Y(s)}{R(s)}R(s)$$

$$=\lim_{s\to 0} s\frac{10A}{s^3+(6+2Ak_3)s^2+(5+10Ak_3+10Ak_2)s+10Ak_1}\times\frac{1}{s}$$

$$=\lim_{s\to 0}\frac{10A}{s^3+(6+2Ak_3)s^2+(5+10Ak_3+10Ak_2)s+10Ak_1}=1\Rightarrow k_1=1$$

又最大超越量（Over-shoot）：$M_p=e^{\frac{\pi\xi}{\sqrt{1-\xi^2}}}=1.043$

（本題若依題意，$\ln 1.043$ 為正，不可能為 $-\dfrac{\pi\xi}{\sqrt{1-\xi^2}}$ ），故判斷應為

$\ln 1.043=-\dfrac{\pi\xi}{\sqrt{1-\xi^2}}\Rightarrow\xi=0.707$ ；再由 $t_s=5.65=\dfrac{4}{\xi\omega_n}\Rightarrow\omega_n=1$

因此系統之「特性方程式」可假設為

$$\Delta(s)=(s+p)(s^2+1.416s+1)$$

$$=s^3+(1.416+p)s^2+(1+1.416p)s+p=0$$

與上列閉迴路之分母 $s^3+(6+2Ak_3)s^2+(5+10Ak_3+10Ak_2)s+10Ak_1$ ，

比較得

$10A=p$ ，$5+10Ak_3+10Ak_2=1+1.416p$ ，$6+2Ak_3=1.416+p$

此時有四個未知數但只有三條方程式，但題目指的是

$t\to\infty$ ，$s^2+1.416s+1=0$ 之根為 $s=-0.708\pm j0.701$ ，

故令 $p>6\times 0.708=4.248$ ，

$$\text{故}\left\{\begin{array}{l}10A=P\Rightarrow A=0.4248\\ 2\times 0.4248k_3=4.248-6\Rightarrow k_3=-1.854\\ 5+4.428(-1.854)+10k_2=1+6.015\Rightarrow k_2=1.023\end{array}\right\}$$

例題 28

下圖為一永磁式直流馬達之位置控制系統，其中：

$$G_p(s)=\frac{1}{s(s+1)}\text{，}G_{C1}(s)=K=\text{constant}$$

在下述情況下，求系統為單位步階輸入時之穩態輸出值。又是否在理論上可以利用所給的G_{C1}與G_{C2}任意控制步階響應及超越量？

(1) 若$G_{C2}(s)=K_D s$　　(2) 若$G_{C2}(s)=\frac{K_I}{s}$

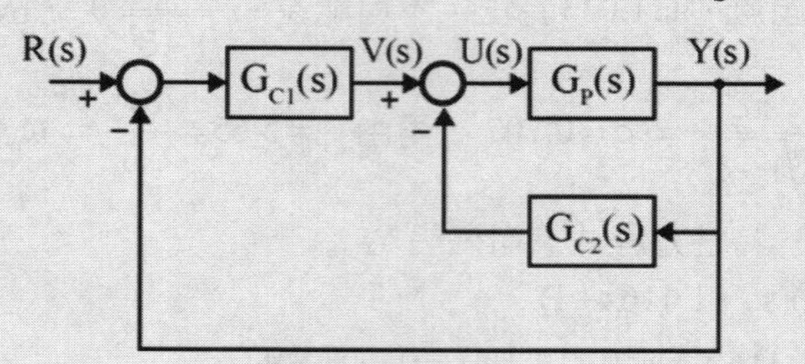

解 (1) 系統之開路轉移函數令為$G(s)=G_{C1}(s)\times\frac{G_p(s)}{1+G_pG_{C2}}$，

又$G_{C1}(s)=K$、$G_p(s)=\frac{1}{s(s+1)}$、$G_{C2}(s)=K_D s$

$$\therefore G(s)=K\frac{\frac{1}{s(s+1)}}{1+\frac{K_D s}{s(s+1)}}=\frac{K}{s^2+(1+K_D)s}$$

先求此閉迴路系統的轉移函數$G_C(s)$如下：

$$G_C(s)=\frac{Y(s)}{R(s)}=\frac{\frac{K}{s^2+(1+K_D)s}}{1+\frac{K}{s^2+(1+K_D)s}}=\frac{K}{s^2+(1+K_D)s+K}\text{，}R(s)=\frac{1}{s}\text{，}$$

$$sY(s)=\frac{K}{s^2+(1+K_D)s+K}\text{，}y(\infty)=\lim_{t\to\infty}y(t)=\lim_{s\to 0}sY(s)=\frac{K}{K}=1$$

又因為此閉迴路系統的轉移函數 $G_C(s)$ 為標準二階系統

$\Rightarrow K=\omega_n^2$ and $1+K_D=2\xi\omega_n$，因此只要步階響應之性能規格決定，即可得到所需阻尼比 ξ 以及自然頻率 ω_n，即 K、K_D 即可決定，所以理論上可任意控制步階響應以及超越量。

(2) $G_{C1}(s)=K$，$G_p(s)=\dfrac{1}{s(s+1)}$，$G_{C2}(s)=\dfrac{K_I}{s}$

$$\therefore G(s)=K\frac{\frac{1}{s(s+1)}}{1+\frac{K_I}{s\times s(s+1)}}=\frac{sK}{s^3+s^2+K_I}$$ 先求此閉迴路系統的轉移函數

$G_C(s)$ 如下：

$$G_C(s)=\frac{Y(s)}{R(s)}=\frac{\frac{sK}{s^3+s^2+K_I}}{1+\frac{sK}{s^3+s^2+K_I}}=\frac{sK}{s^3+s^2+sK+K_I}\text{，}R(s)=\frac{1}{s}\text{，}$$

$$sY(s)=\frac{sK}{s^3+s^2+sK+K_I}$$

$$y(\infty)=\lim_{t\to\infty}y(t)=\lim_{s\to 0}sY(s)=0$$

又因為此閉迴路系統的轉移函數 $G_C(s)$ 為三階系統，

$\Rightarrow$ 只有 K and K_I 並不能決定「特性方程式」中之所有係數，因此不能任意控制步階響應之性能規格。

例題 29

在下圖的單一負回授控制系統中，$G(s)=\dfrac{s+1}{s(s+2)}$，則此系統對於單一步階（unit step）與單一斜坡（unit ramp）信號的穩態誤差（steady state error）$e_{step}(\infty)$ 與 $e_{ramp}(\infty)$ 分別為若干？【102 台灣菸酒職員】

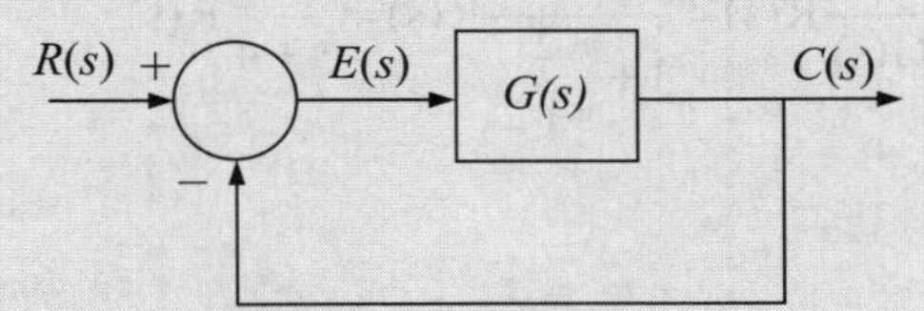

解 由前所說明，

$$E(s)=\frac{1}{1+G(s)}R(s)=\frac{1}{1+\frac{s+1}{s(s+2)}}R(s)=\frac{s(s+2)}{s(s+2)+s+1}R(s)=\frac{s(s+2)}{s^2+3s+1}R(s)$$

(1) 輸入信號為「單一步階」$\Rightarrow R(s)=\frac{1}{s}$；則

$$e_{step}(\infty)=\lim_{t\to\infty}e(t)=\lim_{s\to 0}sE(s)=\lim_{s\to 0}s\frac{s(s+2)}{s(s+2)+s+1}\frac{1}{s}=\lim_{s\to 0}\frac{s(s+2)}{s^2+3s+1}=0$$

(2) 輸入信號為「單一斜坡」$\Rightarrow R(s)=\frac{1}{s^2}$；則

$$e_{ramp}(\infty)=\lim_{t\to\infty}e(t)=\lim_{s\to 0}sE(s)=\lim_{s\to 0}s\frac{s(s+2)}{[s(s+2)+s+1]}\frac{1}{s^2}=\lim_{s\to 0}\frac{(s+2)}{s^2+3s+1}=2$$

例題 30

系統如下圖，試求系統：

(1) 若 $G(s)=\frac{2}{s+2}$，試求單位步階輸入（u(t)）及單位斜率輸入（t u(t)）的穩態誤差。

(2) 若 $G(s)=\frac{2}{s(s+2)}$，試求單位步階輸入（u(t)）及單位斜率輸入（t u(t)）的穩態誤差。【103 中央印製廠職員】

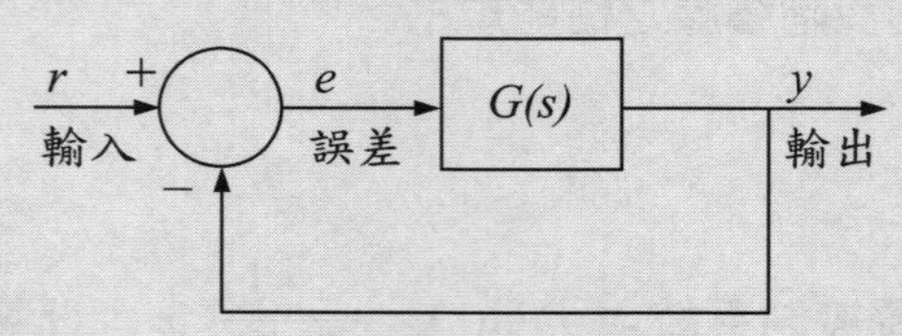

Hint：解法同前一題。

解 (1) $E(s)=\frac{1}{1+G(s)}R(s)=\frac{1}{1+\frac{2}{s+2}}R(s)=\frac{s+2}{s+4}R(s)$

A. 輸入信號為「單一步階」$\Rightarrow R(s)=\frac{1}{s}$；則

$$e_{step}(\infty)=\lim_{t\to\infty}e(t)=\lim_{s\to 0}sE(s)=\lim_{s\to 0}s\frac{s+2}{s+4}\frac{1}{s}=\lim_{s\to 0}\frac{s+2}{s+4}=\frac{1}{2}$$

B. 輸入信號為「單位斜坡」$\Rightarrow R(s)=\frac{1}{s^2}$；則

$$e_{ramp}(\infty)=\lim_{t\to\infty}e(t)=\lim_{s\to 0}sE(s)=\lim_{s\to 0}s\frac{s+2}{s+4}\frac{1}{s}=\lim_{s\to 0}\frac{s+2}{s+4}=\text{無限大}$$

(2) $$E(s)=\frac{1}{1+G(s)}R(s)=\frac{1}{1+\frac{2}{s(s+2)}}R(s)=\frac{s(s+2)}{s^2+2s+2}R(s)$$

A. 輸入信號為「單一步階」$\Rightarrow R(s)=\frac{1}{s}$；則

$$e_{step}(\infty)=\lim_{t\to\infty}e(t)=\lim_{s\to 0}sE(s)=\lim_{s\to 0}s\frac{s(s+2)}{s^2+2s+2}\frac{1}{s}=\lim_{s\to 0}\frac{s^2+2s}{s^2+2s+2}=0$$

B. 輸入信號為「單位斜坡」$\Rightarrow R(s)=\frac{1}{s^2}$；則

$$e_{ramp}(\infty)=\lim_{t\to\infty}e(t)=\lim_{s\to 0}sE(s)=\lim_{s\to 0}s\frac{s(s+2)}{s^2+2s+2}\frac{1}{s^2}=\lim_{s\to 0}\frac{s+2}{s^2+2s+2}=1$$

焦點 8　「輸入干擾」造成的穩態誤差以及「總穩態誤差」（Total steady state error）的求法。

考試比重：★★☆☆☆

考題形式：本節亦為未來考試重點，請多加練習

關鍵要訣

1. 如下圖為一具有輸入干擾之迴受控制系統，其中 R(s)為參考輸入訊號，D(s)為輸入干擾訊號，Y(s)為輸出訊號，$G_C(s)$ 為「控制器」，$G_p(s)$ 為受控廠。

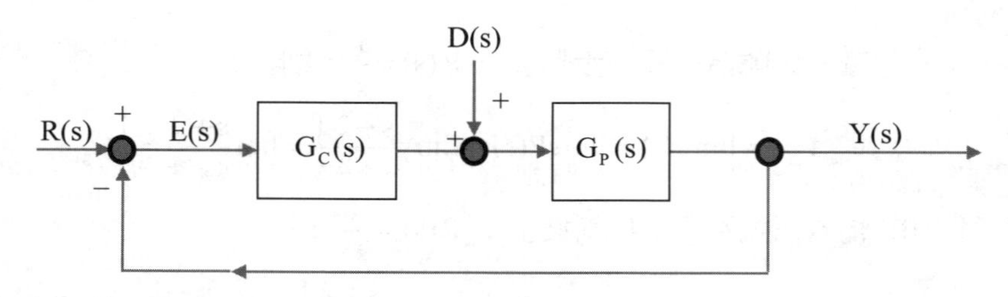

茲定義另兩個穩態誤差如下：

(1) 參考輸入訊號 R(s)所產生的穩態誤差：假設輸入干擾訊號 $D(s)=0$，定義誤差訊號如下：

$$E(s)_{D=0}=R(s)-Y(s)=R(s)-\frac{G_C(s)G_p(s)}{1+G_C(s)G_p(s)}\times R(s)=\frac{1}{1+G_C(s)G_p(s)}R(s)$$ ，在

求解「穩態誤差」時，**若輸入為標準測試訊號，則直接使用誤差常數公式求解**。

(2) 輸入干擾訊號 D(s) 所產生的穩態誤差：此時必須假設參考輸入訊號 $R(s)=0$，理論上當 $R(s)=0$時，輸出 Y(s) 也為零，若 Y(s) 有輸出響應產生，則必定為輸入干擾訊號所造成的響應，所以干擾對系統輸出影響的誤差訊號，定義如下：

$$E(s)_{D=0}=Y(s)=\frac{G_p(s)}{1+G_C(s)G_p(s)}\times D(s)$$

在**求解「穩態誤差」時，不適合直接使用誤差常數公式，通常只能直接求出** E(s) **，再使用「終值定理」求解**。

2. 總穩態誤差：上列說明若是 $D(s)\neq 0$ and $R(s)\neq 0$時，則整個系統的穩態誤差稱為「總穩態誤差」（Total steady-state error），定義如下：

$$E(s)=R(s)-Y(s)\Rightarrow E(s)=R(s)-\left[\frac{G_C(s)G_p(s)}{1+G_C(s)G_p(s)}\times R(s)+\frac{G_p(s)}{1+G_C(s)G_p(s)}\times D(s)\right]$$

在**求解「穩態誤差」時，適合直接求出** E(s) **，再使用「終值定理」求解**。

$$\Rightarrow e_{ss}(\text{total})=e_{ss}(\text{input})-e_{ss}(\text{disturbance})=\lim_{s\to 0}sE(s)$$

例題 31

一系統如下方塊圖所示，求：

(1) 輸入為單位步階 $r(t)=u_s(t)$，及 $k=10$ 時之系統穩態誤差為何？

(2) 當系統中間有一單位步階的擾動 $d(t)=u_s(t)$ 時，此時 K 仍為 10，則其穩態誤差又為何？

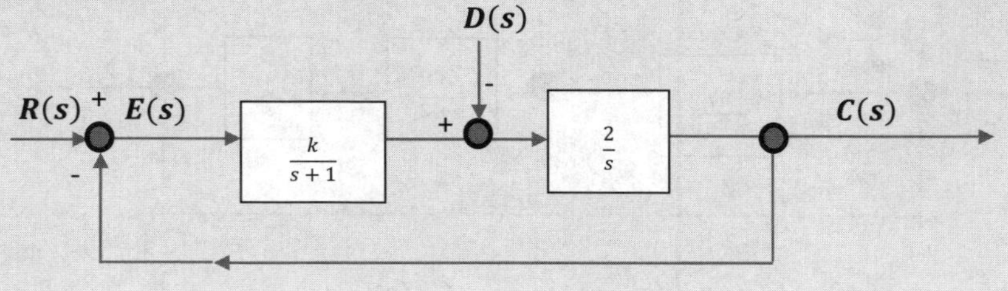

解 (1) 令 $D(s)=0$，when $k=10$ then 閉迴路系統的特性方程式為

$\Delta(s)=s^2+s+20=0$，經測試系統為穩定，則

$$K_p=\lim_{s\to 0}G(s)=\lim_{s\to 0}\frac{20}{s(s+1)}=\infty$$，

系統之穩態誤差 $e_{ss}(\text{step})=\dfrac{1}{1+K_p}=0$

(2) 令 $R(s)=0$，其中 $k=10$，$d(t)=u_s(t)$，則誤差方程式為

$$E(s)_{R=0}=C(s)=\frac{-\frac{2}{s}}{1+\frac{10}{s+1}\times\frac{2}{s}}\times\frac{1}{s}=\frac{-2s-2}{s^2+s+20}\times\frac{1}{s}$$

$$\Rightarrow sE(s)_{R=0}=\frac{-2s-2}{s^2+s+20}$$ 的特性根都在s的左半平面，

所以 $e_{ss}=\lim_{s\to 0}sE(s)=-0.1$

例題 32

下圖為一馬達位置控制系統，當輸入為一單位步階函數，其穩態誤差 $e=r-y$ 為多少？

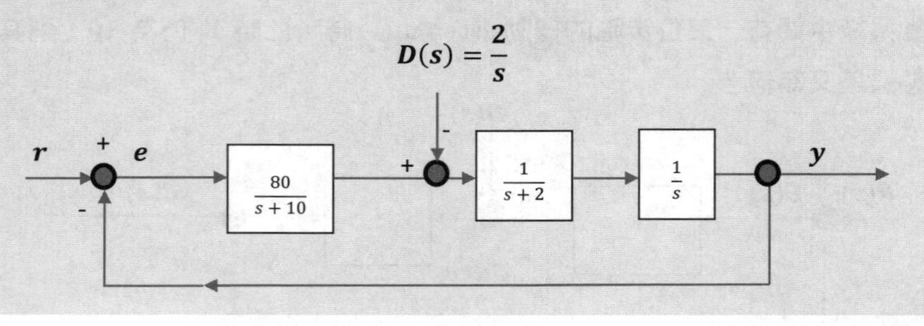

Hint： $E(s)=R(s)-\left[\dfrac{G_C(s)G_p(s)}{1+G_C(s)G_p(s)}\times R(s)+\dfrac{G_C(s)G_p(s)}{1+G_C(s)G_p(s)}\times D(s)\right]$

解　閉迴路系統的特性方程式為 $\Delta(s)=s^3+12s^2+20s+80=0$

列羅斯表如下，可知系統為穩定：

s^3	1	20
s^2	12	80
s^1	$40/3$	
s^0	80	

穩態誤差方程式為

$$E(s)=\frac{1}{s}-\left[\frac{80}{s^3+12s^2+20s+80}\times\frac{1}{s}+\frac{-(s+10)}{s^3+12s^2+20s+80}\times\frac{2}{s}\right]$$

$$e_{ss}(total)=\lim_{s\to 0}sE(s)$$

$$=\lim_{s\to 0}\left[1-\frac{80}{s^3+12s^2+20s+80}+\frac{-(s+10)}{s^3+12s^2+20s+80}\right]=0.25$$

第六章　根軌跡法

6-1 根軌跡的基本觀念

焦點 1　根軌跡的定義與名詞解釋。

考試比重：★★☆☆☆　　　　**考題形式：**觀念為主

關鍵要訣

1. 在閉迴路控制系統中，暫態響應與相對穩定度均與系統之「極點」（Poles）有密切的關係，當系統之增益改變時，則閉迴路系統的極點在 s 平面也會跟著改變，而**根據「控制增益」改變**所描繪出的閉迴路**「極點」在 s 平面上的軌跡**，稱之爲「根軌跡」（Root Locus），如下圖，K 即爲「控制增益」。

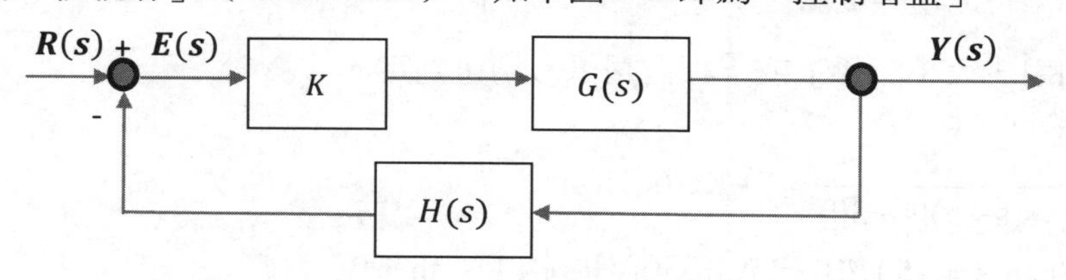

則閉迴路轉移函數爲 $T(s)=\dfrac{Y(s)}{R(s)}=\dfrac{KG(s)}{1+KG(s)H(s)}$ ⋯ (6-1)，

特性方程式爲 $\Delta(s)=1+KG(s)H(s)=0$ ⋯⋯⋯⋯⋯⋯ (6-2)，

$\Rightarrow G(s)H(s)=-\dfrac{1}{K}$ ⋯⋯⋯⋯⋯⋯⋯⋯⋯⋯⋯⋯ (6-3)，

而 G(s)H(s) 稱爲「開路轉移函數」，可表示爲

$G(s)H(s)=\dfrac{(s+z_1)(s+z_2)...(s+z_m)}{(s+p_1)(s+p_2)...(s+p_n)}$，（ $n>m$ ）⋯⋯ (6-4)，

其中 z_1、z_2、…、z_m 稱為開路「零點」，p_1、p_2、…、p_n 稱為開路「極點」，若有閉迴路系統之極點或特性根在根軌跡上，則必須滿足(6-2)或(6-3)式，因為 K 為控制增益，所以解得的 K 為實數；因此，當 $K>0$ 時，閉迴路系統的特性根滿足下列二個關係式：

(1) **大小關係：** $|KG(s)H(s)|=1$

(2) **相位關係：** $\angle KG(s)H(s)=\pm(2q+1)\times180°$ which $q=0,1,2,3,...$

根軌跡即是由 s 平面上滿足「相位關係」的所有點所繪製出的圖形，且每一點對應的 K 值都滿足「大小關係」。

2. 大小關係：決定某一點在「根軌跡」上之 K 值！

3. 相位關係：決定某一點是否在「根軌跡」上！

例題 1

考慮下列特性方程式：

$1+\dfrac{K}{s(s+5)(s+30)}=0$，check $s=-5+j10$ **是否落在閉迴路之「根軌跡」上？**

Hint：利用「大小關係」或「相位關係」均可判定。

解

$$1+\frac{K}{s(s+5)(s+30)}=1+KG(s)H(s)$$

When $s=-5+j10$ 代入 $|KG(s)H(s)|=1$， then

$$\left|K\frac{1}{(-5+j10)(j10)(25+j10)}\right|=\left|\frac{K}{-2000+j250}\right|=1\Rightarrow$$ K 無實數解，故知 $s=-5+j10$ 並不在「根軌跡」上。

例題 2

如下圖所示，當 $s=-1+j$ 時請問是否在「根軌跡」上，若在根軌跡上，請問 K 為何？

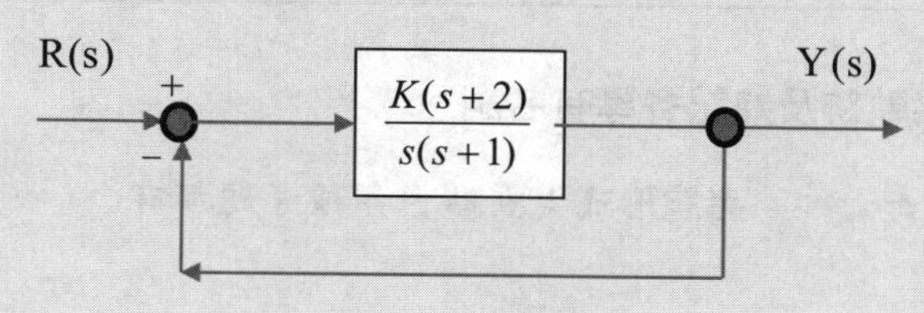

Hint：利用「大小關係」或「相位關係」判定。

解

(1) 令 $G(s)=\dfrac{K(s+2)}{s(s+1)}$，$K>0$，則利用「相位關係」判定

若 $s=-1+j$ 在「根軌跡」上，則

$$\angle G(s)=\angle(1+j)-\angle(-1+j)-\angle j$$

$$=45^\circ-135^\circ-90^\circ=-180^\circ=\pm(2q+1)\times180^\circ$$

所以 $s=-1+j$ 在「根軌跡」上。

(2) 再利用「大小關係」$\Rightarrow\because s=-1+j$，

$\therefore\left|\dfrac{K(-1+j+2)}{(-1+j)(j)}\right|=1$，$\left|\dfrac{K(1+j)}{-1-j}\right|=1$，$\therefore K=1$。

6-2 根軌跡作圖規則

焦點 2 **畫出根軌跡及熟記各專有名詞。**

考試比重：★★★★☆ **考題形式：**重點，各種考題都有

關鍵要訣

根軌跡即是「描繪閉迴路系統極點變化的軌跡」。

1. 若一控制系統的開路轉移函數爲 $KG(s)H(s)=\dfrac{K(s+z_1)....(s+z_m)}{(s+p_1)(s+p_2)....(s+p_n)}=K\dfrac{Z(s)}{P(s)}$，

   其中零點（Zeros）有 m 個，且 $\deg Z(s)=m$；極點（Poles）有 n 個，且 $\deg P(s)=n$，$n\geq m$，$K>0$。

   注意 (1) 依理論，一般均為「極點個數＝零點個數」，而在 $m<n$ 的情況下，則為零點有「極大而無用（∞）」之點。

   (2) 注意在此之 K 均為 >0。

2. 根據根軌跡大小關係與相位關係，可歸納出下列之作圖規則：

   (1) 起點（Starting Point）與終點（End Point）：

   根軌跡的起點（$K=0$）在 $G(s)H(s)$ 的極點處，而終點（$K=\infty$）在 $G(s)H(s)$ 的零點處與（$n-m$）個在無窮遠處。

   (2) 分支數（Number of branches）：

   根軌跡的分支數目爲 $G(s)H(s)$ 的極點數 n，每條分支都是 $K=0$ 變化到 $K=\infty$。

   (3) 對稱性（Symmetry）：

   根軌跡對稱於 s 平面的實軸。

(4) 實軸上的根軌跡：

在 s 平面的實軸上的根軌跡，其右邊實軸上的 G(s)H(s) 極、零點個數和爲奇數。

(5) 漸近線（Asymptotes）：

當 $K=\infty$ 時，根軌跡除了 m 個分支收斂於 G(s)H(s) 零點外，其餘（ $n-m$ ）個分支將收斂於無窮遠處，而每一個分支將漸漸逼近於一條直線，稱此線爲漸近線；漸近線共有（ $n-m$ ）條，漸近線與實軸交點

$$\sigma_A=\frac{\sum_{j=1}^{n}(-p_j)-\sum_{i=1}^{m}(-z_i)}{n-m}=\frac{Sum[G(s)H(s)'poles]-Sum[G(s)H(s)'zeros]}{n-m}$$，漸近線與實軸所夾的角度 $\theta_A=\frac{\pm(2q+1)\times 180^\circ}{n-m},q=0,1,2,.........$ 。

(6) 離開角（Departure Angle)與到達角（Arrival Angle）：

根軌跡在複數極點（ $s=-p_j$ ）的離開角

$\phi_p=\pm(2q+1)\times 180^\circ+\phi_d,q=0,1,2,....$ ，其中 $\phi_d=\angle(s+p_j)G(s)H(s)\big|_{s=-p_j}$ ，爲 G(s)H(s) 其他極、零點貢獻給該複數極點的總角度。而根軌跡在複數零點（ $s=-z_i$ ）的到達角爲 ϕ_z ， $\phi_z=\pm(2q+1)\times 180^\circ+\phi_2,q=0,1,2,....$ ，其中 $\phi_2=\angle\frac{1}{(s+z_i)}G(s)H(s)\big|_{s=-z_i}$ ，爲 G(s)H(s) 其他極、零點貢獻給該複數零點的總角度。

(7) 分離點（Breakaway Point）與進入點（Breaking Point）：

兩條以上實數軸根軌跡分支相交的點稱爲「分離點」，而兩條以上複數軸根軌跡分支相交進入實軸的點稱爲「進入點」；分支點或進入點滿足 $\frac{dG(s)H(s)}{ds}=0$ ，分離點上的 K 值可由根軌跡原理的「大小關係」求得。

(8) 根軌跡與虛軸的交點：

根軌跡與 s 平面上虛軸的交點，可經由特性方程式 $\Delta(s)=1+KG(s)H(s)=0$ 建立羅斯表並由「輔助方程式」求得，或令 $s=j\omega$ 帶入特性方程式 $\Delta(j\omega)=0$ ，令實部與虛部爲 0，則可求得 ω 與 K 值。

(9) 漸近線角度在 s 平面，可細分如下表：

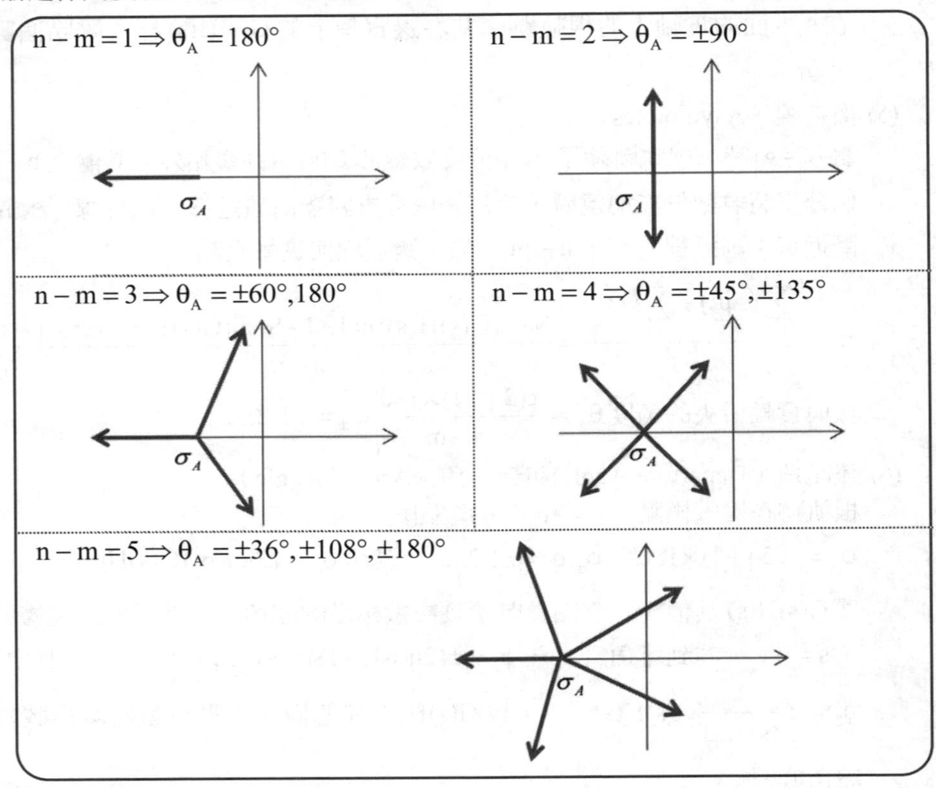

3. 根軌跡作圖的特點 ⇒ 是以開路系統的轉移函數 G(s)H(s) 的「極點」當做起點，以其「零點」當作終點，且以上皆是以 $K>0$ 做討論重點。
4. 臨考時之作圖步驟精簡如下表：

根軌跡 Item	$K>0$	$K<0$
起點 (K=0)	開路轉移函數「特性方程式」之極點（Poles）	
終點 ($K=\infty$)	開路轉移函數「特性方程式」之零點（Zeros）	

根軌跡 Item	$K > 0$	$K < 0$
實軸上的 根軌跡決定	在 s 平面上的根軌跡，其右邊實軸上的 G(s)H(s) 極、零點個數和為奇數。	在 s 平面上的根軌跡，其右邊實軸上的 G(s)H(s) 極、零點個數和為偶數。
漸近線與 實軸的交點	$\sigma_A = \dfrac{\sum_{j=1}^{n}(-p_j) - \sum_{i=1}^{m}(-z_i)}{n-m}$ $= \dfrac{\text{Sum}[G(s)H(s)\text{'poles}] - \text{Sum}[G(s)H(s)\text{'zeros}]}{n-m}$	
漸近線角度	$n-m=1 \Rightarrow \theta_A = 180°$ $n-m=2 \Rightarrow \theta_A = \pm 90°$ $n-m=3 \Rightarrow \theta_A = \pm 60°, 180°$ $n-m=4 \Rightarrow \theta_A = \pm 45°, \pm 135°$ $n-m=5 \Rightarrow \theta_A = \pm 36°, \pm 108°$ and $180°; n-m=6, \ldots\ldots\ldots\ldots$	$n-m=1 \Rightarrow \theta_A = 0°$ $n-m=2 \Rightarrow \theta_A = 0°, 180°$ $n-m=3 \Rightarrow \theta_A = 0°, \pm 120°$ $n-m=4 \Rightarrow \theta_A = 0°, \pm 90°,$ and 180° $n-m=5 \Rightarrow \theta_A = 0°, \pm 72°,$ $\pm 144°; n-m=6, \ldots\ldots\ldots\ldots$
分離點與 進入點	$\dfrac{dG(s)H(s)}{ds} = 0$	
離開角或 到達角 (有複數 極零點)	$\phi_p = \pm(2q+1) \times 180° + \phi_2$， $q = 0, 1, 2, \ldots$，其中 $\phi_2 = \angle(s+p_j)G(s)H(s)\big\vert_{s=-p_j}$， 為 G(s)H(s) 其他極、零點貢獻給該複數極點的總角度	$\phi_p = \pm 2q \times 180° + \phi_2$， $q = 0, 1, 2, \ldots$ $\phi_2 = \angle(s+p_j)G(s)H(s)\big\vert_{s=-p_j}$ 餘同左列
根軌跡與虛 軸的交點	由閉迴路轉移函數之「特性方程式」 $\Delta(s) = 1 + K(s)H(s) = 0 \Rightarrow \text{RouthTable} \Rightarrow A(s) = 0$，即可求得	

例題 3

特性方程式 $\Delta(s)=s(s+4)(s^2+2s+2)+K(s+1)=0$，則根軌跡漸近線與實軸的交點及交角為何？

Hint：改寫特性方程式再決定出 $G(s)$，代入公式。

解 由 $\Delta(s)=s(s+4)(s^2+2s+2)+K(s+1)=0$

$$\Rightarrow \Delta(s)=1+\frac{K(s+1)}{s(s+4)(s^2+2s+2)}=0\ ;$$

令開路轉移函數為 $G(s)=\dfrac{(s+1)}{s(s+4)(s^2+2s+2)}$，

則開路轉移函數極點：$s=0,-4,-1\pm j, n=4$

開路轉移函數零點：$s=-1, m=1$

漸近線與實軸交點為 $\sigma_A=\dfrac{(0-4-1+j-1-j)-(-1)}{4-1}=-\dfrac{5}{3}$

又因為 $n-m=3\Rightarrow \theta_A=\pm 60°,180°$

例題 4

特性方程式 $\Delta(s)=(s+2)(s^2+2s+2)+Ks=0$，則根軌跡在 $s=-1+j$ 的離開角（departure angle）為何？

Hint：改寫特性方程式再決定出 $G(s)$，代入公式。

解 由 $\Delta(s)=(s+2)(s^2+2s+2)+Ks=0\Rightarrow \Delta(s)=1+\dfrac{Ks}{(s+2)(s^2+2s+2)}=0$

則令開路轉移函數 $G(s)=\dfrac{s}{(s+2)(s^2+2s+2)}$，

可知其極點為 $s=-2,-1\pm j, n=4$，零點為 $s=0, m=1$，

故知根軌跡在 $s=-1+j$ 的離開角為 $\phi_p=\pm(2q+1)\times 180°+\phi_d, q=0,1,2,....$，

其中 $\phi_d=\angle\left.\dfrac{s}{(s+2)(s+1+j)}\right|_{s=-1+j}=\angle\dfrac{(-1+j)}{(1+j)(2j)}=135°-45°-90°=0°$，

故 $\Rightarrow \phi_p=\pm(2q+1)\times 180°+\phi_d, q=0,1,2,...\Rightarrow \phi_P=180°,-180°$

例題 5

特性方程式 $\Delta(s)=1+K\dfrac{4}{(s+1)(s+5)(s+10)}=0$，則求下列：

(1) 根軌跡的分離點為何？　　**(2) 根軌跡與虛軸的交點為何？**

解　令 $G(s)=\dfrac{4}{(s+1)(s+5)(s+10)}$，則 $G(s)$ 的極點為 $s=-1,-5,-10, n=3$，

$G(s)$ 無零點，$m=0$

(1) 分離點滿足 $\dfrac{dG(s)}{ds}=0$，解得 $3s^2+32s+65=0 \Rightarrow s=-2.73,-7.94$ (不合)

所以分離點為 $s=-2.73$。

(2) 由特性方程式 $\Delta(s)=s^3+16s^2+65s+(50+4K)=0$，列羅斯表如下：

s^3	1	65
s^2	16	$50+4K$
s^1	$\dfrac{990-4K}{16}$	
s^0	$50+4K$	

取 $990-4K=0$，解得 $K=247.3$，

則再由輔助方程式 $A(s)=16s^2+1040=0$，

解得 $s=\pm j8.06$，因此根軌跡與虛軸的交點為 $s=\pm j8.06$

例題 6

某一單位回饋（unity feedback）控制系統之開迴路（open-loop）轉移函數（transfer function）為 $G(s)=\dfrac{1}{(s+2)(s+4)(s^2+2s+2)}$

試繪出此系統之根軌跡圖（root locus plot）並算出下列數值：

(1) **漸近線角度（asymptotic angles）及漸近線與實數軸交點（centroid）。**

(2) **根軌跡由共軛根極點出發之角度（departure angles）** $[\tan^{-1}\dfrac{1}{3}=18.4°]$ **。**

(3) **分離點（breakaway points）之近似值。**

(4) **與虛數軸（jω）之交點及此時之 k 值。**【93 高考三級】

解 (1) 此根軌跡的起點（即 $G(s)$ 之極點），$s=-2,-4,-1\pm j, n=4$，

根軌跡之終點（$G(s)$ 之無零點），$m=0\Rightarrow n-m=4$，

故漸近線角度 $\theta_K=45°,-45°,135°,-135°$，

而漸近線與實軸之交點 $\sigma_A=\dfrac{(-2-4-1-1)-0}{4}=-2$ 。

(2) 離開角（departure angle）$\phi_p=\pm(2q+1)\times180°+\phi_d, q=0,1,2,....$

故根軌跡在 $s=-1+j$ 的離開角為 $\phi_p=\pm(2q+1)\times180°+\phi_d, q=0,1,2,....$，

其中 $\phi_d=\angle(s+1-j)G(s)\big|_{s=-1+j}$

$$=\angle\frac{1}{(s+2)(s+4)(s+1+j)}\Big|s=-1+j=\angle\frac{1}{(1+j)(3+j)(2j)}$$

$=0°-45°-18.4°-90°=-153.4°$，故離開角為 $\Rightarrow\phi_P=26.6°$ 。

(3) 分離點之條件須滿足 $\dfrac{dG(s)}{ds}=0$

$$\Rightarrow\frac{d}{ds}\left[\frac{k}{(s+2)(s+4)(s^2+2s+2)}\right]=\frac{d}{ds}\left[\frac{k}{s^4+8s^3+22s^2+28s+16}\right]$$

$$=\frac{-(4s^3+24s^2+44s+28)}{(s^4+8s^3+22s^2+28s+16)^2}=0$$

$\Rightarrow 4s^3+24s^2+44s+28=0\Rightarrow s=-3.32,-1.34\pm j0.56$

故分離點為 $s=-3.32$ 。

(4) 閉迴路特性方程式為

$\Delta(s)=(s+2)(s+4)(s^2+2s+2)+k=s^4+8s^3+22s^2+28s+(16+k)=0$，

列羅式表如下：

s^4	1	22	16+k
s^3	8	28	
s^2	18.5	16+k	
s	$\dfrac{390-8k}{18.5}$		
s^0	16+k		

由上表可知 k=48.75 時，輔助方程式 $A(s)=18.5s^2+(16+48.75)=0$

可解得根軌跡與虛軸之交點為 $s=\pm j1.87$。

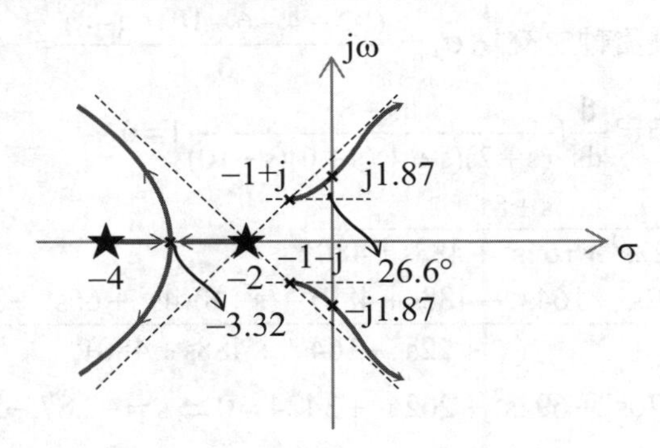

例題 7

請繪製圖所示之控制系統當 $0<K<\infty$ 之根軌跡圖（Root-locus diagram），並求出此控制系統保持穩定狀態（Stable）時 K 的最大值。【94 高考三級】

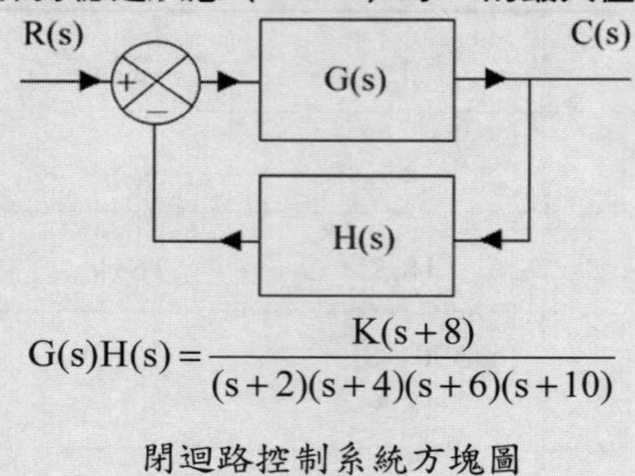

$$G(s)H(s)=\frac{K(s+8)}{(s+2)(s+4)(s+6)(s+10)}$$

閉迴路控制系統方塊圖

解

(1) 此根軌跡的起點（即 G(s) 之極點）$s=-2,-4,-6,-10, n=4$ 此根軌跡的終點（即 G(s) 之零點）為 $s=-8, m=1$，故有三條漸近線，角度分別為 $\pm 60°, 180°$

(2) 漸近線與實軸之交點 $\sigma_A=\frac{(-2-4-6-10)-(-8)}{3}=-4.67$

(3) 分離點滿足 $\frac{d}{ds}[\frac{s+8}{(s+2)(s+4)(s+6)(s+10)}]=0$

$$\frac{d}{ds}[\frac{s+8}{s^4+22s^3+164s^2+488s+480}]$$

$$=\frac{(s^4+22s^3+164s^2+488s+480)-(s+8)(4s^3+66s^2+328s+488)}{(s^4+22s^3+164s^2+488s+480)^2}=0$$

$$\Rightarrow 3s^4+76s^3+692s^2+2624s+3424=0 \Rightarrow s=-2.87,-5.22,-8.62\pm j1.36$$

其中只有 $s=-2.87$ 為根軌跡之分離點。

(4) 閉迴路之特性方程式：

$$\Rightarrow \Delta(s)=(s+2)(s+4)(s+6)(s+10)+K(s+8)$$

$$=s^4+22s^3+164s^2+(488+K)s+480+8K=0$$

計算羅斯表如下：

s^4	1	164	480+8K
s^3	22	488+K	
s^2	$\frac{3120-K}{22}$	480+8K	
s	$\frac{-K^2-1240K+1290240}{3120-K}$		
s^0	480+8K		

故使系統穩定之條件為 $3120-K>0$ and $-K^2-1240K+1290240>0$

可解得 $0<K<674.1$，故 K 的最大值為 674.1。

(5) 當 $K=674.1$ 時，輔助方程式為 $A(s)=111.177s^2+5872.8=0$

可解得根軌跡與虛軸之交點為 $s=\pm j7.27$

由以上之結果，可繪得根軌跡圖如下：

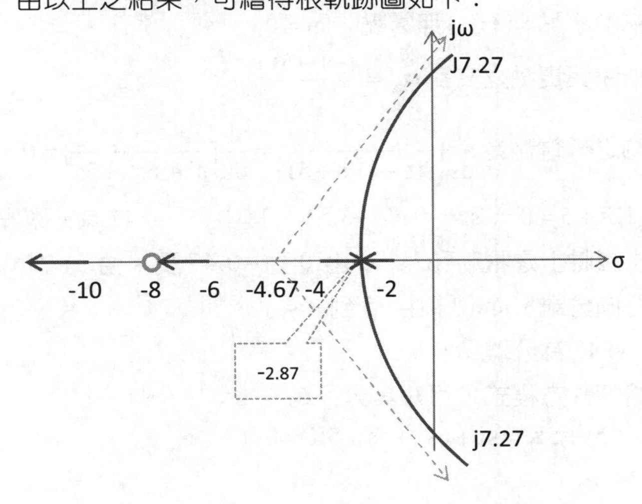

例題 8

考慮如下之系統：

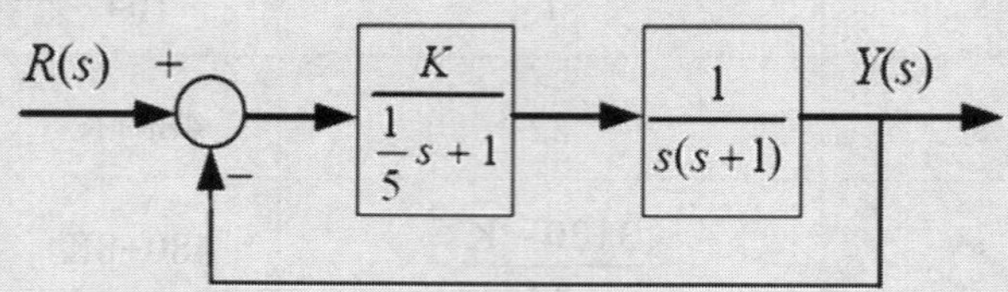

(1)**求實軸上之根軌跡**（root loci on the real axis）。

(2) **計算分離點**（breakaway point）。

(3) **計算根軌跡與虛軸**（imaginary axis）。

(4) **畫出全部根軌跡。**

(5) **計算阻尼比** $\xi = 0.45$ **之根** $s_{1,2}$ **，並求此時之 K 值。**【96 高考二級】

解 (1) 此閉迴路特性方程式可寫為

$$\Delta(s) = 1 + K\frac{1}{(\frac{1}{5}s+1)s(s+1)} = 1 + \frac{5K}{s(s+1)(s+5)} = 0$$

又根軌跡的起點（即 G(s) 之極點）$s = 0, -1, -5, n = 3$

此根軌跡的終點 $\Rightarrow$ G(s) 無零點， $m = 0$

可知根軌跡與實軸之交點 $\sigma_A = \frac{(-1-5)}{3} = -2$

又根軌跡之分離點為 $\frac{d}{ds}[\frac{5}{s(s+1)(s+5)}] = \frac{d}{ds}[\frac{5}{s^3+6s^2+5s}] = 0$

$\Rightarrow 3s^2 + 12s + 5 = 0 \Rightarrow s = -0.47, -3.53$ ，其中 $s = -0.47$ 為分離點

故本題求實軸上之根軌跡為「s 由 0 到 −0.47 及 s 由 −1 到 0.47 後向虛軸兩側方向分離」and「s 由 −5 到 −∞ 」。

(2) 同上 $s = -0.47$ 為分離點。

(3) 此閉迴路特性方程式，可知其分子為

$s(s+1)(s+5) + 5K = s^3 + 6s^2 + 5s + 5K = 0$ ，

並由下之「羅氏表」可知：

s^3	1	5
s^2	6	5K
s	$\frac{30-5K}{6}$	
1	5K	

故 $K=6$ 時，輔助方程式 $A(s)=6s^2+30=0$，可解得根軌跡與虛軸之交點為 $s=\pm j\sqrt{5}$。

(4) 由以上之資訊可畫出根軌跡圖如下：

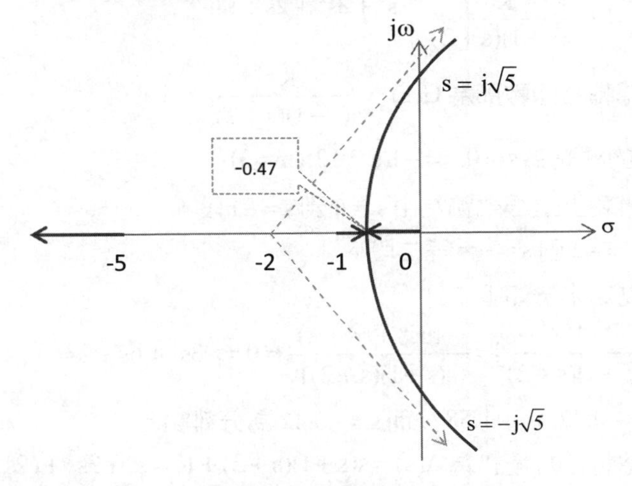

(5) 要求阻尼比 $\xi=0.45$，則希望之特性方程式

$$\Delta_d(s)=(s+p)(s^2+2\xi\omega_n s+\omega_n^2)$$
$$=s^3+(p+0.9\omega_n)s^2+(0.9p\omega_n+\omega_n^2)s+p\omega_n^2=0$$

與閉迴路特性方程式比較係數可得：$\begin{cases}6=p+0.9\omega_n\\5=0.9p\omega_n+\omega_n^2\\5K=p\omega_n^2\end{cases}\Rightarrow\begin{cases}p=5.19\\\omega_n=0.89\\K=0.83\end{cases}$

而阻尼比 $\xi=0.45$ 之根

$s_{1,2}=-0.45\times0.89\pm j0.89\sqrt{1-0.45^2}=-0.4\pm j0.79$，此時之 $K=0.83$。

例題 9

考慮如下之閉迴路控制系統：

$R(s)$ + → ○ → $\frac{K}{s(s+1)(s+2)}$ → $Y(s)$（單位負回授）

(1)計算系統轉換函數 T(s)。

(2) 求實軸上之根軌跡（root locus on the real axis）。

(3) 計算分離點（breakaway point）。

(4) 計算根軌跡與虛軸（imaginary axis）之交點。

(5) 畫出全部根軌跡。【97 關務三等】

解 (1) 閉迴路轉移函數為 T(s)，則

$$T(s)=\frac{\frac{K}{s(s+1)(s+2)}}{1+\frac{K}{s(s+1)(s+2)}}=\frac{K}{s^3+3s^2+2s+K}$$

(2) 開迴路轉移函數即為 $G(s)=\frac{K}{s(s+1)(s+2)}$，

$G(s)$ 的極點為 $s=0, s=-1, s=-2, (n=3)$，

則在實軸上之根軌跡為由 $s=0$ 到 $s=-1$ 段，

以及 $s=-2$ 到 $s=-\infty$ 等二段。

(3) 分離點之求法如下：

$$\frac{d}{ds}\left[\frac{1}{s(s+1)(s+2)}\right]=\frac{-(3s^2+6s+2)}{(s(s+1)(s+2))^2}=0 => 3s^2+6s+2=0$$

$\Rightarrow s=-0.42, s=-1.58$，而 $s=-0.42$ 為分離點。

(4) 閉迴路特性方程式為 $\Delta(s)=s(s+1)(s+2)+K=s^3+3s^2+(2s+K)=0$

列羅斯表如下：

s^3	1	2
s^2	3	K
s	$\frac{6-K}{3}$	
1	K	

可知當 $K=6$ 時，輔助方程式為 $A(s)=3s^2+6=0$，可解得根軌跡與虛軸之交點為 $s=\pm j\sqrt{2}$。

(5) $\because n-m=3$，$\therefore$ 根軌跡應有三條漸近線，
角度分別為 $+60°$、$+180°$ 及 $-60°$，根軌跡與時軸之交點為 σ_A
$\Rightarrow \sigma_A=\dfrac{(0-1-2)-0}{3}=-1$，而由以上之資訊可得根軌跡圖為：

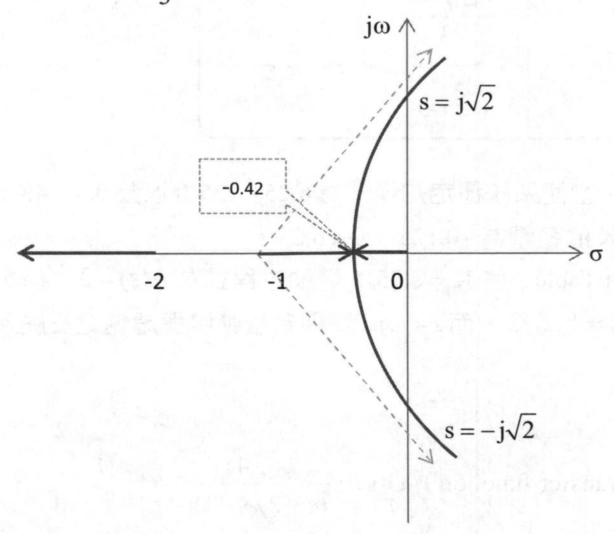

例題 10

考慮一個單位回饋系統（unity-feedback system），其中受控廠（plant）的傳遞函數為 $G(s)=\dfrac{K(s+4)}{(s+0.5)^2(s+2)}$

(1) **使用勞斯準則（Routh criteria）決定使該系統穩定之 K 的區間。**
(2) **試求出根軌跡與虛數軸（imaginary axis）相交的交點。【96 身心障礙三等】**

解 (1) 閉迴路特性方程式 $\Delta(s)$ 為
$$\Delta(s)=(s+0.5)^2(s+2)+K(s+4)=s^3+3s^2+(2.25+K)s+(0.5+4K)=0$$

列 Routh Table 如下：

s^3	1	2.25+K
s^2	3	0.5+4K
s	$\frac{6.25-K}{3}$	
1	0.5+4K	

由表知，欲使系統穩定知條件為 $6.25-K>0$ 以及 $0.5+4K>0$，故可得 K 的範圍為 $-0.125<K<6.25$。

(2) 由 Routh Table，當 $K=6.25$，輔助方程式為 $A(s)=3s^2+25.5=0$ 可解得 $s=\pm j2.92$，而 $s=\pm j2.92$ 即為根軌跡與虛軸之交點。

例題 11

有一傳遞函數（transfer function）$G(s)=\dfrac{(s+4)}{(s+2)(s-1)}$

(1) 試問它有幾個極點（pole）？ **(2) 試問幾個零點（zero）？**

(3) 試繪圖顯示根軌跡。

解 (1) 由此開路轉移函數 $G(s)=\dfrac{s+4}{(s+2)(s-1)}$ 得知，G(s) 的極點有二個，分別為 $s=-2, s=1$；

(2) G(s) 的零點也有二個，分別為 $s=-4, s=\infty$（此即為一「極大而無用之點」，見前重點說明）。

(3) 本題 $n=2, m=1, n-m=1$，所以漸近線只有一條，角度為 $+180°$。

漸近線與實軸的交點為 $\sigma_A=\dfrac{-2+1-(-4)}{1}=+3$

分離點之求法如下：$\dfrac{d}{ds}[\dfrac{s+4}{(s+2)(s-1)}]=\dfrac{(s^2+s-2)-(s+4)(2s+1)}{(s+2)^2(s-1)^2}=0$

$\Rightarrow s^2+8s+6=0 \Rightarrow s=-0.84,-7.16$，綜合以上可畫根軌跡圖如下：

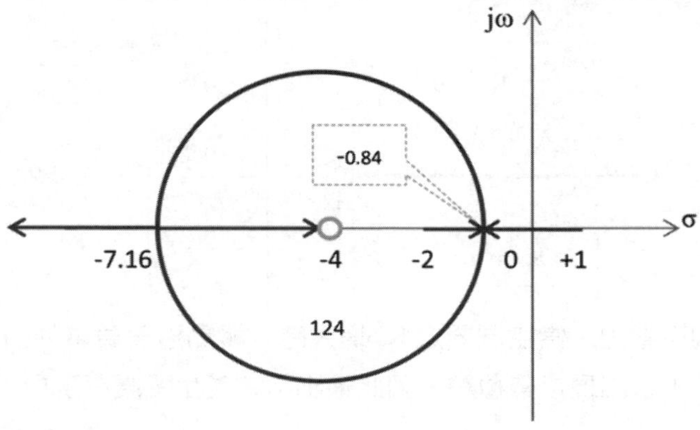

例題 12

如圖所示某無時間延遲純一階之製程（true first order process without dead time）$G_p(s)$，其 process gain $K_p=1$，time constant $\tau_p=1$，該製程（process）由 P-only 之控制器控制，控制器之增益為 K_C；即 $G_C(s)=K_C$（$K_C\geq 0$）？

(1) 請寫出該製程（process）之轉移函數 $G_p(s)$。

(2) 求出該系統閉迴路轉移函數之特性方程式（characteristic equation），並繪出 K_C 由 $0\to\infty$ 時，該系統之根軌跡圖，並說明控制器之 K_C 增大時，是否會使該系統輸出產生振盪之現象？【98 國營事業分類人員】

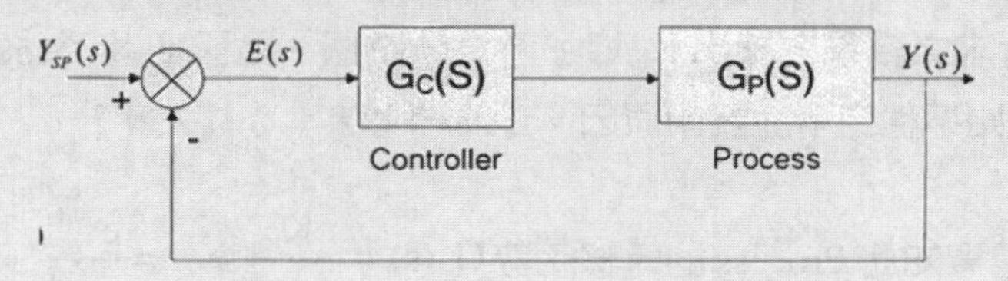

解　(1) 由題意知此 Process 的轉移函數 $G_p(s)=\dfrac{K_P}{\tau_P s+1}=\dfrac{1}{s+1}$

(2) 閉迴路的特性方程式為 $\Delta(s)=1+K_c\dfrac{1}{s+1}=0 \Rightarrow s=-1$ 為根軌跡之起點，

$s=-\infty$ 為根軌跡之終點，可繪根軌跡圖如下：

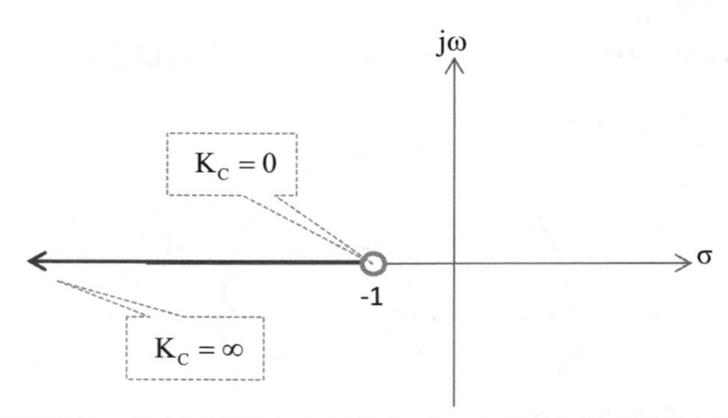

由上圖可看出，當控制器之 K_C 增大時，極點沿著負實軸的方向往左移動，並不會出現複數極點，因此輸出不會產生「震盪現象」。

例題 13

承上題，若該製程（process）$G_p(s)$ 改變為具時間延遲之一階製程（first order plus dead time，FOPDT），其 process $K_p = 1$，time constant $\tau_p = 1$，dead time $\theta = 0.1$，同樣由 P-only 之控制器控制。

(1) 請寫出該製程（process）之轉移函數 $G_p(s)$。

(2) 求出該系統閉迴路轉移函數之特性方程式（characteristic equation），並計算 K_c 於 0、3.0345、21、50 時，該系統之極點（pole）位置（以直角座標表示）。提示：$e^{-\theta S} \cong \dfrac{2-\theta S}{2+\theta S}$

(3) 依(2)項所求之結果，繪出 K_c 增加時之軌跡圖，並說明 K_c 大於何值後，系統會開始不穩定？並說明原因。【98 國營事業分類人員】

解

(1) 由題意知此 Process 的轉移函數 $G_p(s) = \dfrac{K_P}{\tau_P s+1} e^{-\theta s} = \dfrac{e^{-0.1s}}{s+1}$。

(2) 閉迴路的特性方程式為 $\Delta(s) = 1 + K_c \dfrac{e^{-0.1s}}{s+1} = 1 + K_c \dfrac{(2-0.1s)}{(s+1)(2+0.1s)}$，

A. 當 $K_c = 0 \Rightarrow s = -1$，$s = -20$ 為其「極點」，

B. 當 $K_c = 3.0345 \Rightarrow (s+1)(2+0.1s) + 3.0345(2-0.1s) = 0$，
$s = -8.98 + j1.42$ 為其「極點」，

C. 當 $K_c = 21 \Rightarrow (s+1)(2+0.1s)+21(2-0.1s)=0$，$s=\pm j20.98$ 為其「極點」，

D. 當 $K_c = 50 \Rightarrow (s+1)(2+0.1s)+50(2-0.1s)=0$，$s=14.5\pm j28.46$ 為其「極點」。

(3) 由上(b)之結果可畫「根軌跡」圖如下：

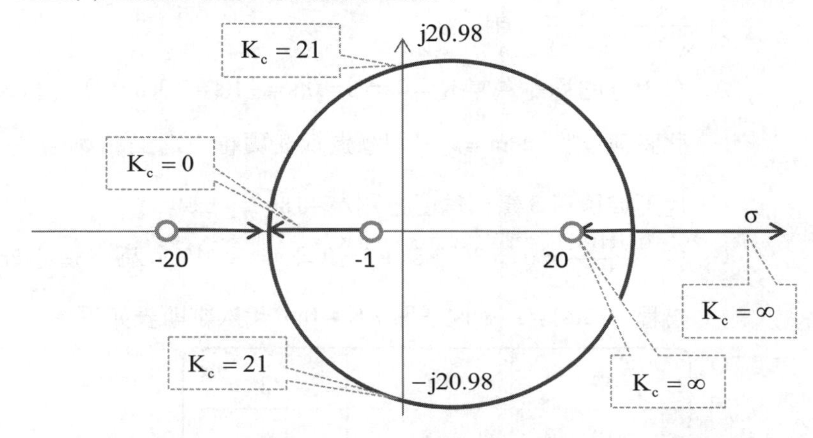

由上圖可知，當 $K_c = 21$ 時，根軌跡將穿越虛軸，此時閉迴路系統的集點為 $s=\pm j20.98$ 落在虛軸上，為「臨界穩定」；當 $K_c > 21$ 後，根軌跡將進入 s 的右半平面，系統會開始不穩定。

例題 14

已知一單位負迴授（unity negative feedback）系統的開路轉移函數為 $G(s)=\dfrac{3s+K}{s^2(s+4)}$，其中 K 為放大器增益。

(1) 試繪出其根軌跡圖（Root Locus）。

(2) 試求根軌跡分叉點（breakaway points），並標示於根軌跡圖中。

(3) 試求根軌跡漸近線（asymptotes）方程式，並標示於根軌跡圖中。

(4) 試求閉迴路系統之穩定條件，以 K 之範圍表示之。

(5) 試求臨界穩定（marginally stable）的振盪頻率。【98 高考三級】

解 (1) 由題示 $G(s)=\dfrac{3s+K}{s^2(s+4)}$，導出閉迴路之「特性方程式」為

$\Delta(s)=s^3+4s^2+3s+K=0$，作一變換得

$\Rightarrow 1+\dfrac{K}{s^3+4s^2+3s}=1+\dfrac{K}{s(s+1)(s+3)}=0$，可知開迴路轉移函數 $GH(s)$

為 $\dfrac{1}{s(s+1)(s+3)}$，則

A. $GH(s)$ 的極點為當 $K=0\Rightarrow s=0,s=-1,s=-3(n=3)$；當 $K\to\infty$ 時，此時無零點 $\Rightarrow m=0$，則漸進線在實軸上之交點 $\sigma_A=\dfrac{0-1-3}{3}=-\dfrac{4}{3}$，且漸進線有 3 條，角度分別為 $-180°$、$\pm 60°$

B. 令 $\dfrac{dGH(s)}{ds}=0\Rightarrow 3s^2+8s+3=0\Rightarrow s=-0.45$，為一進入點，又特性方程式 $\Delta(s)=s^3+4s^2+3s+K=0$，代入羅斯表如下：

s^3	1	3
s^2	4	K
s	$\dfrac{12-K}{4}$	
1	K	

當 $K=12$ 時，有輔助方程式 $A(s)=4s^2+12=0\Rightarrow s=\pm j\sqrt{3}$，為根軌跡與虛軸之交點，故可畫根軌跡如下：

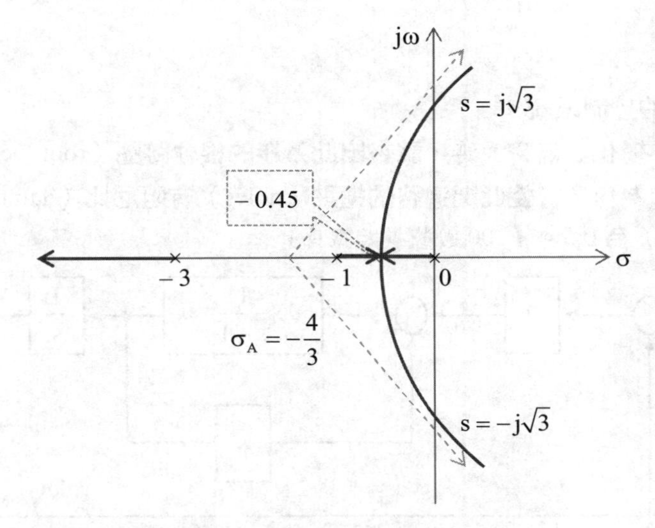

(2) 如上圖，分離點（Breakaway point）為 $s=-0.45$

(3) 此根軌跡漸進線有三條，其方程式依 y 座標為虛軸 jω，x 座標為實軸 σ，故為

$$\begin{Bmatrix} j\omega=\sqrt{3}\sigma \\ j\omega=-\sqrt{3}\sigma \\ j\omega=0, \text{for}\,\sigma<-\dfrac{4}{3} \end{Bmatrix}$$

(4) 同上之代入「羅斯表」，令其係數均為正，得 $0<K<12$ 為系統穩定之條件

(5) 由輔助方程式為零解得 $s=\pm j\omega\sqrt{3}$，故知當 $K=12$ 時，系統為「臨界穩定」，所以震盪頻率為 $\omega=\sqrt{3}(\text{rad/sec})$

例題 15

如下圖所示的控制系統。

(1) 當 K 從零變化到無窮大時，請畫出此系統的根軌跡圖（root loci）。

(2) 決定 K 值為何？會使此閉迴路的極點（poles）有阻尼比（damping ratio，ξ）為 0.5。【100 國營事業職員】

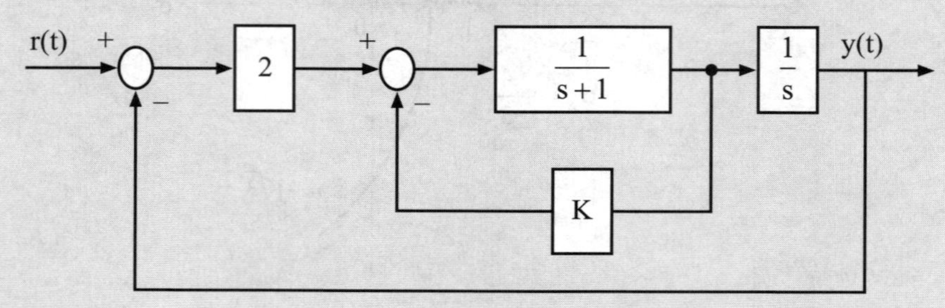

解 (1)圖中間之轉移函數為 $\frac{1}{s+1+K}$，再結合左邊控制器 2 及右邊積分器 $\frac{1}{s}$，

則 $G(s)=\frac{2}{s[s+(1+K)]}$，閉迴路特性方程式為 $\Delta(s)=s^2+s+2+sK=0$

$\Rightarrow 1+\frac{Ks}{s^2+s+2}=0$，即視 $GH(s)=\frac{s}{s^2+s+2}$ 為系統開路轉移函數；

A. GH(s) 的極點為當 $K=0\Rightarrow s=-0.5\pm j1.32(n=2)$，

當 $K\to\infty$ 時，為零點 $\Rightarrow s=0$（$\therefore m=1$），則漸進線在實軸上之交點 $\sigma_A=\frac{-1}{2}$，且漸進線只有一條，角度為 $-180°$

B. 令 $\frac{dGH(s)}{ds}=0\Rightarrow s=\pm\sqrt{2}$，可能為一進入點或分離點，再畫根軌跡在 $s=-0.5+j1.32$ 的離開角為 $\phi_p=\pm(2q+1)\times180°+\phi_d, q=0,1,2,...$，

其中 $\phi_d=\angle(s+0.5-j1.32)GH(s)\Big|_{s=-0.5+1.32j}$

$=\angle\frac{s}{(s+0.5+j1.32)}\Big|_{s=-0.5+j1.32}=\angle\frac{-0.5+j1.32}{+j2.64}=-159°$，

故離開角為 $\phi_p=\pm(2q+1)\times180°+\phi_d$，$q=0,1,2,...\Rightarrow\phi_P=21°$

C. 由閉迴路特性方程式為$\Delta(s)=s^2+s+2+sK=0$，當$K=-1$時，代入得「輔助方程式」$A(s)=s^2+2=0\Rightarrow s=\pm j\sqrt{2}$為根軌跡與虛軸之交點，故可畫根軌跡如下：

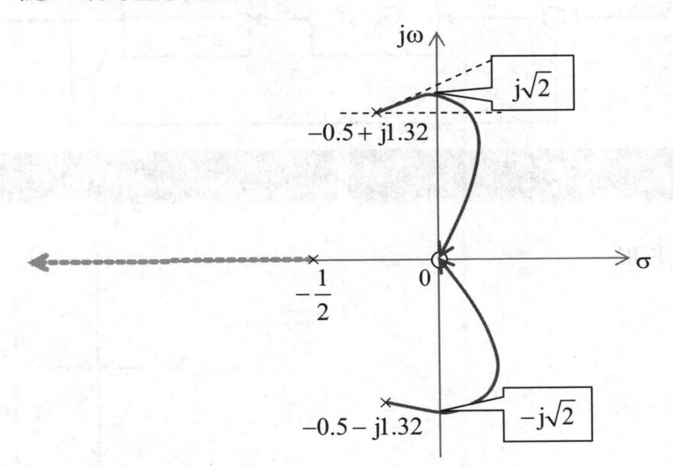

(2) 此閉迴路特性方程式為$\Delta(s)=s(s+1+K)+2=s^2+(1+K)s+2=0$
與標準二階轉移函數$s^2+2\xi\omega_n s+\omega_n{}^2=0$，比較係數得
$\omega_n=\sqrt{2}(\text{rad/sec})$及$\sqrt{2}=1+K\Rightarrow K=\sqrt{2}-1\cong 0.414$。

6-3 系統加入「極點」、「零點」後對根軌跡的影響

焦點 3　**加入「極、零點」對根軌跡之影響。**

考試比重：★★☆☆☆

考題形式：尚未出題，但必須了解之計算題型

關鍵要訣

如前所述，閉迴路控制系統的特性方程式爲，當加入「極、零點」時，根據對根軌跡的討論，控制系統必定會有所影響，以下即爲本節之討論：

1. 加入「極點」對根軌跡之影響：開路轉移函數G(s)H(s)中加入「極點」後，根軌跡會往「右偏」，先考慮單位回授控制系統如下圖所示，並可歸納重點如下表：

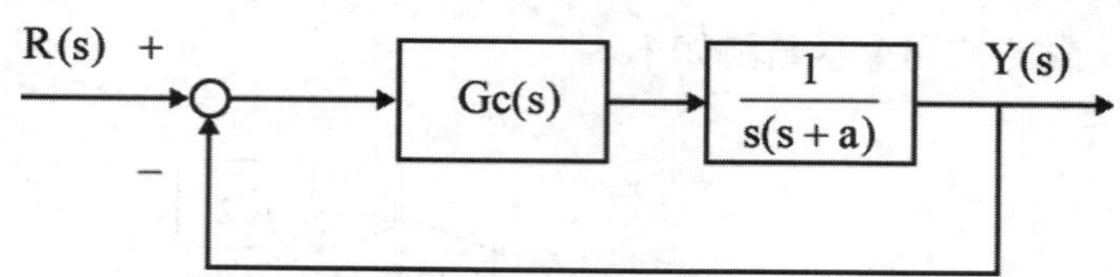

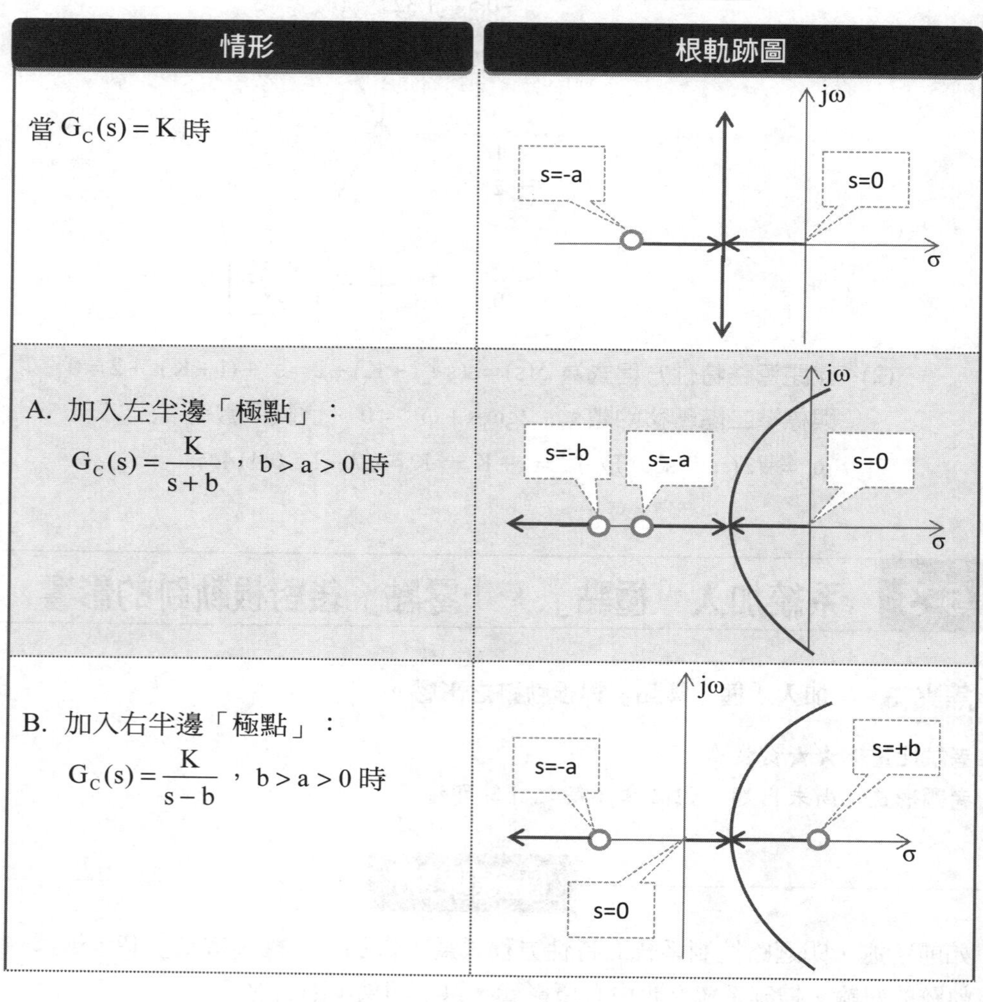

情形	根軌跡圖
當 $G_C(s)=K$ 時	jω s=-a s=0 σ
A. 加入左半邊「極點」： $G_C(s)=\dfrac{K}{s+b}$，$b>a>0$ 時	jω s=-b s=-a s=0 σ
B. 加入右半邊「極點」： $G_C(s)=\dfrac{K}{s-b}$，$b>a>0$ 時	jω s=-a s=+b s=0 σ

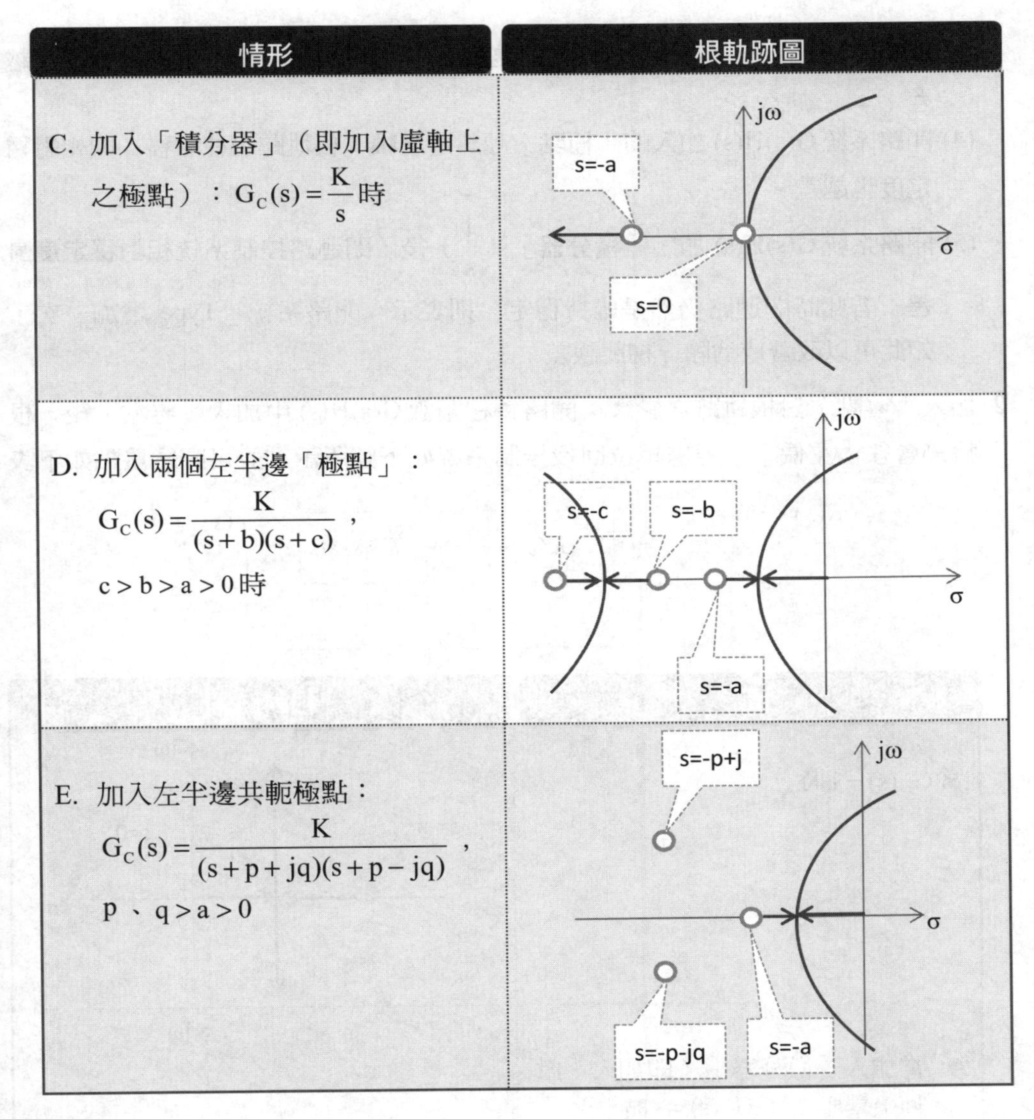

情形	根軌跡圖
C. 加入「積分器」（即加入虛軸上之極點）：$G_C(s)=\frac{K}{s}$時	
D. 加入兩個左半邊「極點」：$G_C(s)=\frac{K}{(s+b)(s+c)}$，$c>b>a>0$時	
E. 加入左半邊共軛極點：$G_C(s)=\frac{K}{(s+p+jq)(s+p-jq)}$，p 、 $q>a>0$	

結論：

(1) 開路系統 G(s)H(s) 加入左半邊「極點」後，根軌跡會有往右移現象，故**相對穩定度會降低**，甚至會導致閉迴路控制系統不穩定。

(2) 開路系統 G(s)H(s) 加入右半邊「極點」後，根軌跡會往右移，此時導致閉迴路控制系統不穩定。

(3) 開路系統 G(s)H(s) 加入的「極點」越多，根軌跡越往右移，則相對穩定度越差。

(4) 開路系統 G(s)H(s) 加入的「極點」越靠近虛軸，根軌跡越往右移，則相對穩定度也越差。

(5) 開路系統 G(s)H(s) 加入**「積分器」**（$\frac{1}{s}$）後，閉迴路控制系統**相對穩定度最差**；若此時閉迴路仍然是維持穩定，則表示「開路系統」Type 增加一次，如此可以改善或消除「穩態誤差」。

2. 加入「零點」對根軌跡之影響：開路轉移函數 G(s)H(s) 中加入「零點」後，根軌跡會往「左偏」，考慮單位回授控制系統如下圖所示，並可歸納重點如下表：

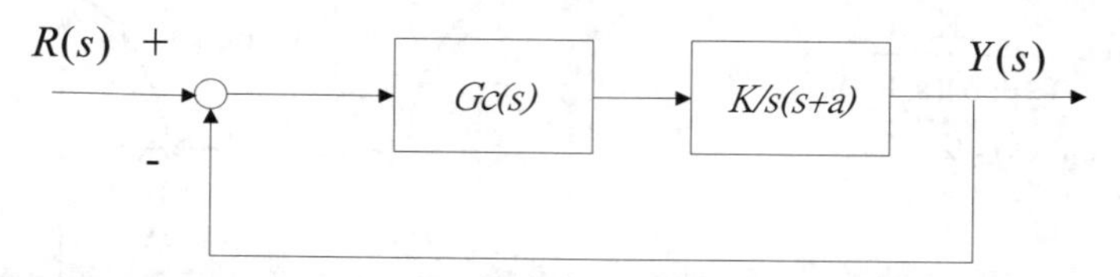

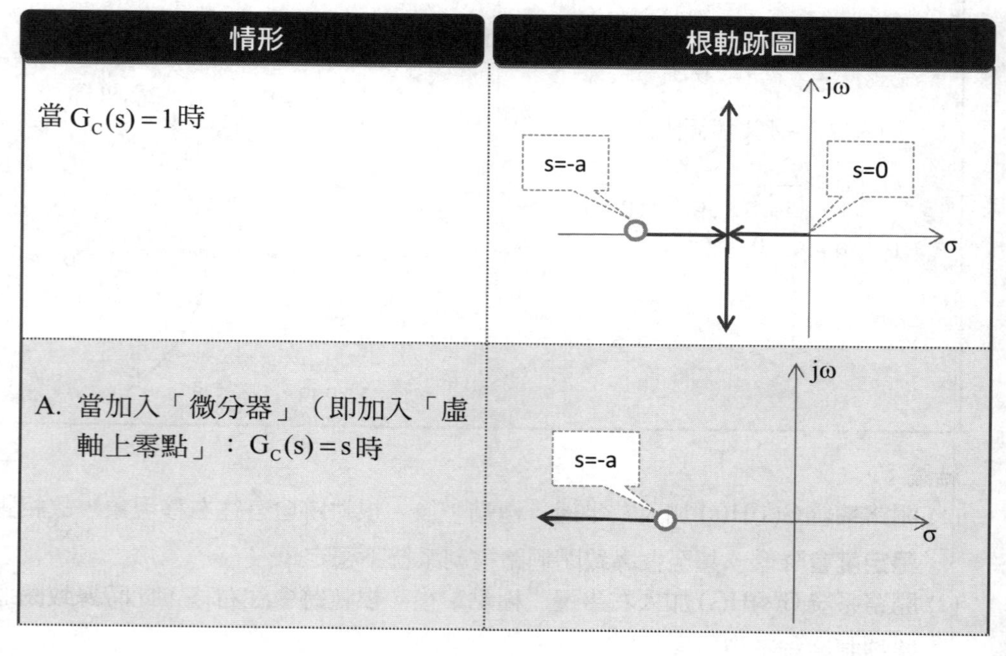

情形	根軌跡圖
當 $G_C(s)=1$ 時	
A. 當加入「微分器」（即加入「虛軸上零點」：$G_C(s)=s$ 時	

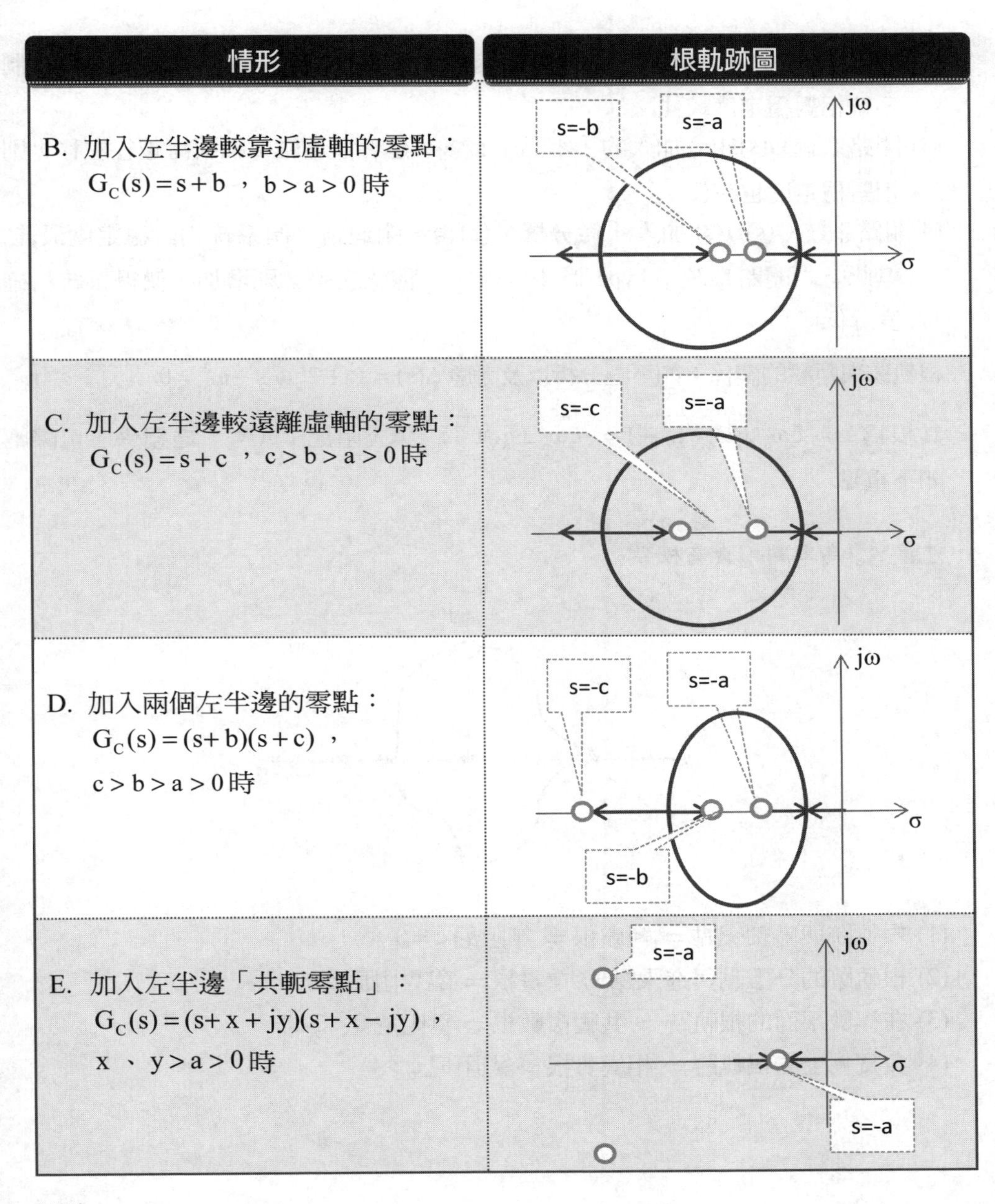

情形	根軌跡圖
B. 加入左半邊較靠近虛軸的零點： $G_C(s)=s+b$ ，$b>a>0$ 時	
C. 加入左半邊較遠離虛軸的零點： $G_C(s)=s+c$ ，$c>b>a>0$ 時	
D. 加入兩個左半邊的零點： $G_C(s)=(s+b)(s+c)$ ， $c>b>a>0$ 時	
E. 加入左半邊「共軛零點」： $G_C(s)=(s+x+jy)(s+x-jy)$ ， x 、$y>a>0$ 時	

結論：

(1) 開路系統 G(s)H(s) 加入左半邊「零點」後，根軌跡會有往左移現象，故**相對穩定度會較佳**。

(2) 開路系統 G(s)H(s) 加入的「零點」越多，根軌跡越往左移，此時閉迴路控制系統相對穩定度較佳。

(3) 開路系統 G(s)H(s) 加入的「零點」越多，越靠近虛軸，根軌跡越往左移，則相對穩定度也較佳。

(4)開路系統 G(s)H(s) 加入**「微分器」(s)後**，閉迴路控制系統相對穩定度最佳；但此時「開路系統」Type 減少一次，「穩態誤差」則增加，使得系統精確度降低。

3. 根軌跡與暫態的關係：如下圖分析以及考慮$\Delta(s)=s^2+2\xi\omega_n s+\omega_n^2=0$

其根為$s=-\xi\omega_n\pm\omega_n\sqrt{\xi^2-1}=-\xi\omega_n\pm j\sqrt{1-\xi^2}$與「阻尼」（ξ）之關係，可歸納如下重點

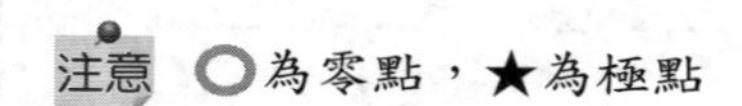

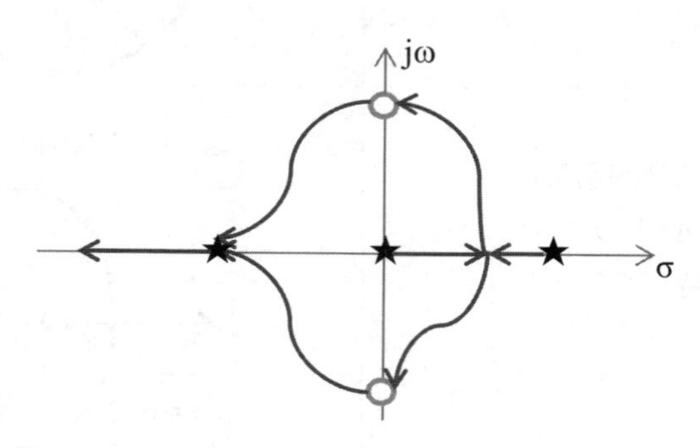

(1) 根軌跡與虛軸交點 ⇒ 純虛根 ⇒ 無阻尼$\xi=0$。

(2) 根軌跡的分離點與進入點 ⇒ 重實根 ⇒ 臨界阻尼$\xi=1$。

(3) 在複數平面的根軌跡 ⇒ 共軛複數根 ⇒ 低阻尼$0<\xi<1$。

(4) 負實軸上的根軌跡 ⇒ 相異實根 ⇒ 過阻尼$\xi>1$。

例題 16

某一控制系統之方塊圖（Block diagram）如下所示，其增益值 $K>0$ **：**

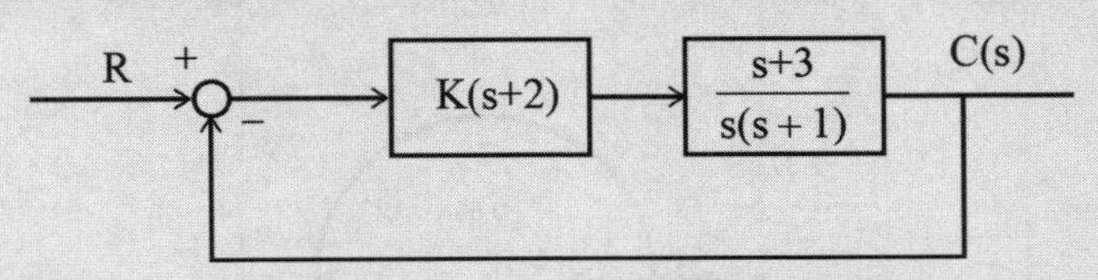

(1) **試畫出其根軌跡圖（root locus plot），並由此根軌跡圖判定能使系統產生過阻尼振盪（overdamped oscillation）之增益值** K **之範圍，以及令此系統產生欠阻尼振盪（underdamped oscillation）之增益值** K **之範圍。**

(2) **試算出當** $K=3$ **時，根在** $S=-2+\sqrt{\frac{1}{2}}j$ **處，此系統之根相對於** K **之變化的靈敏度（sensitivity）。（註：**$S_K=\frac{K}{S}\frac{\delta S}{\delta K}$ **）【93 關務三等】**

解 (1) 閉迴路特性方程式 $\Delta(s)$ 為 $\Delta(s)=1+\frac{K(s+2)(s+3)}{s(s+1)}=0$

$\Rightarrow(1+K)s^2+(1+5K)s+6K=0$

由開迴路轉移函數 $\frac{K(s+2)(s+3)}{s(s+1)}$ 知其極點（根軌跡的起點）為 $s=0, s=-1$（$n=2$）以及其零點（根軌跡的終點）為 $s=-2, s=-3$（$m=2$）；

又其分離點之計算如下：

$$\frac{d}{ds}\left[\frac{(s+2)(s+3)}{s(s+1)}\right]=\frac{(2s+5)(s^2+s)-(2s+1)(s^2+5s+6)}{s^2(s+1)^2}=0$$

$\Rightarrow s=-0.63, s=-2.37$

此皆為分離點，而由「大小準則」可分別求得分離點對應之 K 值分別為：

$$K\big|_{s=-0.63}=\left.\frac{|s||s+1|}{|s+2||s+3|}\right|_{s=-0.63}=0.07$$

$$K\big|_{s=-2.37}=\left.\frac{|s||s+1|}{|s+2||s+3|}\right|_{s=-2.37}=13.9$$

由以上結果可繪出根軌跡圖如下：

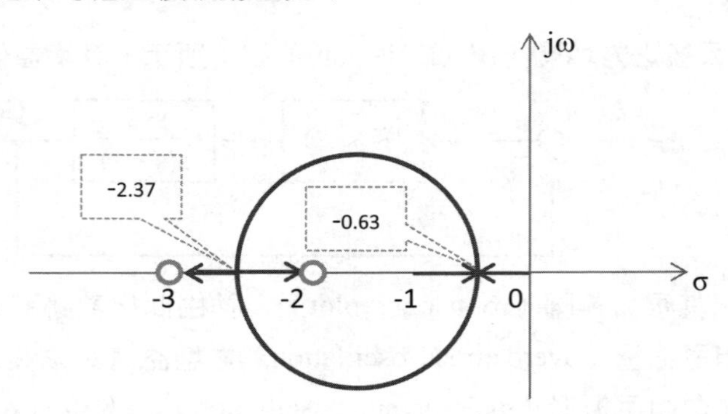

可看出當 $0<K<0.07$ and $13.9<K<\infty$ 時，系統為「過阻尼震盪」；而當 $0.07<K<13.9$ 時，系統為「欠阻尼震盪」。

(2) 由 $\Delta(s)=1+\dfrac{K(s+2)(s+3)}{s(s+1)}=0 \Rightarrow K=\dfrac{-s(s+1)}{(s+2)(s+3)}=\dfrac{-s^2-s}{s^2+5s+6}$

$$\frac{\partial K}{\partial s}=\frac{(-2s-1)(s^2+5s+6)+(s^2+s)(2s+5)}{(s^2+5s+6)^2}$$

$S=-2+j\sqrt{\dfrac{1}{2}}$ 代入上式

$$\frac{\partial K}{\partial s}=\frac{(3-j\sqrt{2})(-0.5+j0.707)+(1.5-j2.121)(1+j\sqrt{2})}{(-0.5+j0.707)^2}$$

$$\Rightarrow \frac{\partial s}{\partial K}=\frac{(0.866\angle 125.3^\circ)^2}{(3.32\angle -25.2^\circ)(0.866\angle 125.3^\circ)+(2.6\angle -54.7^\circ)(1.732\angle 54.7^\circ)}$$

$$\Rightarrow \frac{\partial s}{\partial K}=\frac{0.75\angle 250.6^\circ}{2.875\angle 100.1^\circ+4.5\angle 0^\circ}=\frac{0.75\angle 250.6^\circ}{-0.5+j2.83+4.5}=\frac{0.75\angle 250.6^\circ}{4.9\angle 35.28^\circ}$$

$$\therefore s_K=(\frac{K}{s})(\frac{\partial s}{\partial K})=(\frac{3}{-2+j0.707})(\frac{0.75\angle 250.6^\circ}{4.9\angle 35.28^\circ})=\frac{2.25\angle 250.6^\circ}{10.39\angle 195.78^\circ}$$

$=0.216\angle 54.82^\circ$　靈敏度取大小值=0.216

例題 17

考慮如下之閉迴路控制系統：

R(s) + → ○ → [$\frac{K}{s(s+1)(s+2)}$] → Y(s)，− 回授

(1) **計算系統轉換函數** T(s)。

(2) **求實軸上之根軌跡**（root locus on the real axis）。

(3) **計算分離點**（breakaway point）。

(4) **計算根軌跡與虛軸**（imaginary axis）**之交點**。

(5) **畫出全部根軌跡**。【97 關務三等】

解

(1) 閉迴路系統之轉移函數為 $T(s)=\dfrac{\dfrac{K}{s(s+1)(s+2)}}{1+\dfrac{K}{s(s+1)(s+2)}}=\dfrac{K}{s(s+1)(s+2)+K}$

(2) 圖中之「開迴路」轉移函數為 $KGH(s)=\dfrac{K}{s(s+1)(s+2)}$，可知有「極點」$(K=0)\Rightarrow s=0,s=-1,s=-2$，但無「零點」，根軌跡漸進線有三條，與實數軸相交之點為 $\sigma_A=\dfrac{-3}{3}=-1$；令 $\dfrac{dGH(s)}{ds}=0$，得 $3s^2+6s+2=0\Rightarrow s=-0.425$ 為根軌跡之分開點，故在實軸式之根軌跡為 $\Rightarrow s:0\rightarrow -0.42\ \&\ s:-1\rightarrow -0.42\ \&\ s:-2\rightarrow -\infty$

(3) 如(2)所述，此根軌跡之 breakaway point 為 $s=-0.425$

(4) 此閉迴路系統之「特性方程式」為
$\Delta(s)=s(s+1)(s+2)+K=s^3+3s^2+2s+K=0$，代入「羅斯表」如下：

s^3	1	2
s^2	3	K
s^1	$\dfrac{6-K}{3}$	
s^0	K	

得系統穩定之範圍為 $0<K<6$；當 $K=6$ 時，系統為「臨界穩定」，得「輔助方程式」$A(s)=3s^2+6=0\Rightarrow s=\pm j\sqrt{2}$，即為根軌跡與虛軸之交點。

(5) 畫出根軌跡如下所示：

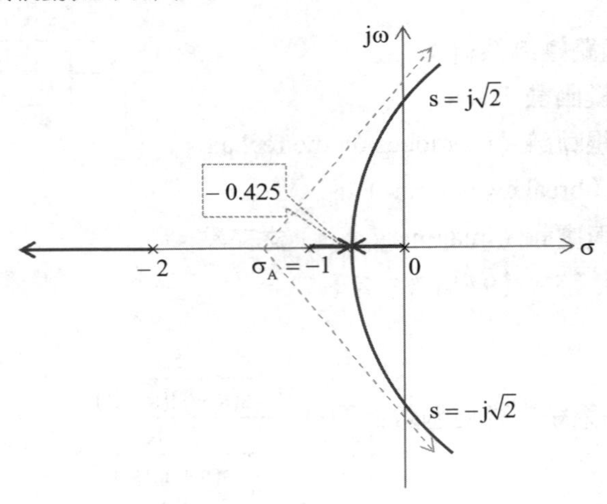

例題 18

控制系統如圖所示，受控系統 $G(s)=\dfrac{35}{s^2+12s+35}$，D(s)為控制器：

(1) 設 $D(s)=K$，試求 K 值使閉迴路系統之阻尼係數 $\xi=0.6$。

(2) 以(1)求出之 K 值，試求單位步階輸入之穩態誤差。

控制器　受控系統　X(s)　+　–　D(s)　G(s)　Y(s)

(3) 試以增加系統型式（type of system）之方式設計控制器 D(s)，使步階輸入之穩態誤差為 0。

(4) 繪出(3)之根軌跡，$K>0$。

(5) 求(4)之根軌跡中，使系統穩定之 K 值範圍。【103 高考三級】

解　(1) 當 $D(s)=K$，開迴路轉移函數為 $KGH(s)=\dfrac{35K}{s^2+12s+35}$，而其閉迴路「特性方程式」為 $\Delta(s)=s^2+12s+35(1+K)$，與標準二階系統之標準式比較係數後得

$$\begin{Bmatrix} 2\xi\omega_n=12 \\ 35(1+K)=\omega_n{}^2 \end{Bmatrix} \Rightarrow \begin{Bmatrix} 2\times0.6\omega_n=12 \\ 35(1+K)=\omega_n{}^2 \end{Bmatrix} \Rightarrow \begin{Bmatrix} \omega_n=10 \\ 1+K=100/35 \end{Bmatrix} \Rightarrow \begin{Bmatrix} \omega_n=10 \\ K=1.86 \end{Bmatrix}$$

(2) 此題令 $E(s)=X(s)-KGH(s)Y(s)$ ，得

$$E(s)_{K=1.86}=\frac{1}{1+GH(s)}X(s)=\frac{s^2+12s+35}{s^2+12s+100}X(s)$$ ，單位步階輸入

$$X(s)=\frac{1}{s}\Rightarrow e_{ss}=\lim_{t\to\infty}e(t)=\lim_{s\to 0}sE(s)=\lim_{s\to 0}\frac{s^2+12s+35}{s^2+12s+100}=0.35$$

(3) 由誤差常數 $K_p=\lim_{s\to 0}GH(s)=1.86$ ，

而速度誤差常數 $K_v=\lim_{s\to 0}sGH(s)=0$ ，即可以提升系統 Type 到 Type1，

加上一積分控制於此迴路上，即 $D(s)=\frac{1}{s}$

(4) 此時系統之開迴路函數為 $\frac{1}{s}\times\frac{35K}{s^2+12s+35}$ (K>0)，畫出其跟軌跡如下：

當 K=0，得極點 $s(s^2+12s+35)=s(s+5)(s+7)=0$ $\therefore s_{P1}=0$，$s_{P2}=-5$，$s_{P3}=-7$ (n=3)。當 K→∞，得出系統零點，此時無零點(m=0)。

A. 當 n-m=3，可知漸近線有 3 條，且與實軸點±60°。

B. 與實軸相交之點為 $\sigma_A=\frac{-5-7}{3}=-4$。

C. 令 $\frac{d}{ds}\left[\frac{35K}{s\left(s^2+12s+35\right)}\right]=0$，得 $3s^2+24s+35=0$，

$$s_{1,2}=\frac{-24\pm\sqrt{24^2-12\times 35}}{6}=\frac{-24\pm 12.49}{6}$$

$\Rightarrow s_1=-1.918$(s_2 不合)為跟軌跡之分開點。

D. 綜上，故可畫出根軌跡如下圖

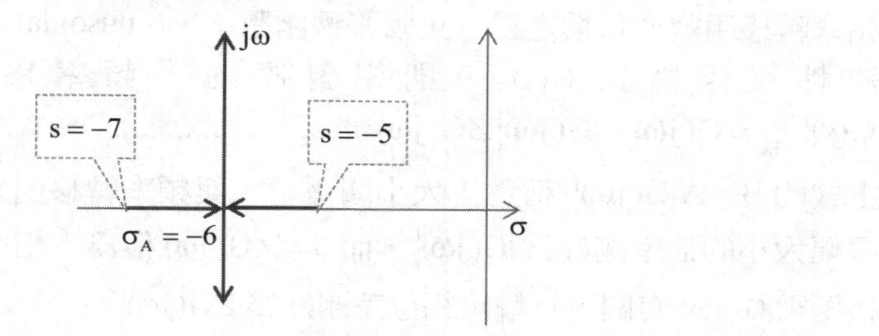

(5) 閉迴路「特性方程式」為 $\Delta(s)=s^2+12s+35(1+K)=0$ ，代入「Routh 表」或由上圖均可看出，當 K>0 時，系統為「穩定」。

第七章 頻率響應分析

7-1 頻率響應的基本觀念

焦點 1 **頻率響應的基本觀念的引入。**

考試比重：★★★☆☆ **考題形式：**觀念的建立，觀念、計算題

關鍵要訣

1. 「頻率響應」的定義：其研究乃以**「弦波」為輸入訊號**，當時間趨近於「無窮大」時的系統輸出行爲（Output Response）；簡單的說，系統以弦波爲輸入訊號的穩態響應稱之爲「頻率響應」。

2. 對穩定的線性非時變系統而言，穩態輸出與參考輸入都是具有相同頻率的弦波，只有「振幅大小」（magnitude）與「相位角」（phase）有所不同。

3. **定理 7-1**：存在穩定的線性非時變系統，其轉移函數爲 $G(s)$ 且輸入爲正弦訊號 $u(t)=A\sin(\omega t+\sigma)$，則輸出的頻率響應爲 $y_{ss}(t)=B\sin(\omega t+\sigma+\phi)$，其中 $B=A|G(j\omega)|$，$\phi=\angle G(j\omega)$ .... (7-1)

4. 頻率轉移函數亦可稱之爲「正弦移轉函數」（Sinusoidal transfer function），系統轉移函數爲 $G(s)$，則相對應的「頻率移轉函數」定義爲 $G(s)\big|_{s=j\omega}=G(j\omega)=|G(j\omega)|\angle G(j\omega)$ .... (7-2)

   上式的 $B=A|G(j\omega)|$ 稱爲「大小關係」，與頻率轉移函數 $G(j\omega)$ 有關，且輸出振幅大小的倍率剛好爲 $|G(j\omega)|$，而 $\phi=\angle G(j\omega)$ 稱爲「相位關係」，亦與頻率轉移函數 $G(j\omega)$ 有關，且輸出相位差剛好爲 $\angle G(j\omega)$。

5. 線性非時變系統的「BIBO 穩定」之一充要條件（Necessary and sufficient condition）爲此閉迴路系統之轉移函數所有極點皆具有「負實根」，即所有 Poles 落在 s 的左半平面（LHP）上，即 $Re(pi) < 0$，$\forall i = 1、2、3、\ldots、n$，式中 Re 代表「實部」，∀i 爲特性方程式的根，如下圖所示：
   (1) 當所有的極點都落在 s 的左半平面（LHP），則稱此系統爲穩定（stable）。
   (2) 當所有的極點都落在 s 的右半平面（RHP），則稱此系統爲不穩定（unstable）。
   (3) 當有的極點落在 s 平面的虛軸（Im(s)）上，則稱爲臨界穩定（critically stable）或邊界穩定（marginally stable）。

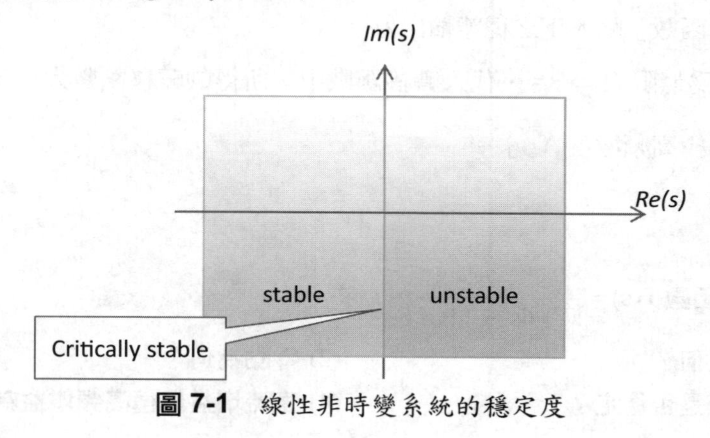

圖 7-1　線性非時變系統的穩定度

應考本領： Let $s = j\omega$，given 轉移函數 $G(s) = \dfrac{a_m s^m + a_{m-1} s^{m-1} + \ldots\ldots + a_1 s + a_0}{b_n s^n + b_{n-1} s^{n-1} + \ldots\ldots + b_1 s + b_0}$，可以求得：

(1) 零點（Zeros）⇒ 令 $G(s) = 0$ 時所求得的 s，又 $s = j\omega$，所以即是轉移函數分子爲零所求得的頻率。

注意　開迴路轉移函數的零點也會是「負回授」閉迴路轉移函數的零點。

(2) 極點（Poles）⇒ 令 $G(s) = \infty$ 時，所求得的 s，又 $s = j\omega$，所以即是轉移函數分母爲零所求得的頻率。

注意 閉迴路轉移函數的極點不一定是「負回授」閉迴路轉移函數的極點，閉迴路得極點必須由「特性方程式」$\Delta(s)=0$ 求得。

(3) 極點個數=零點個數，但轉移函數的式子不一定是 $m=n$，但可由分母最高次（n）決定出「極點」的個數，若轉移函數的分子次數小於分母次數，表示「零點」的個數中有的是「極大而無用」的點。

(4) 當頻率為 $0 \Rightarrow s=0$ 代入轉移函數中，所得的轉移函數大小 $|G(0)|=\frac{a_0}{b_0}$，稱為「直流增益 A_O」（DC Gain），直流增益的物理意義是當系統的所有暫態響應都消失，系統之「輸出」與「輸入」的比值，亦即代表一穩定系統在「單位步階函數」輸入下之穩態輸出值。

(5)當頻率為無限大 $\Rightarrow s=\infty$ 代入轉移函數中，所得的轉移函數大小 $|G(\infty)|=\frac{a_m}{b_n}$，稱為「極高頻增益 A_∞」。

例題 1

已知轉移函數 $T(s)=\dfrac{s^2+2s-8}{s^3+6s^2+11s+6}$ **，求**

(1) **極點為何？**　(2) **零點為何？**

(3) **此系統是否穩定？**　(4) **直流增益與極高頻增益為何？**

Hint：同上「應考本領」。

解

(1) 極點：轉移函數分母為零，即 $s^3+6s^2+11s+6=0 \Rightarrow$ $(s+1)(s+2)(s+3)=0$，故 $s=-1, s=-2, s=-3$ 為極點。

(2) 零點：轉移函數分子為零的點，即 $s^2+2s-8=0 \Rightarrow (s+4)(s-2)=0$，故 $s=-4, s=2, s=\infty$ 為零點。

注意 有一個 $s=\infty$ 為「極大而無用的點」！

(3) 此系統因為「極點」都位在 s-plane 的左半面，故為穩定。

(4) 直流增益：令 $s=0$ 代入轉移函數中，得直流增益 $A_0=-\frac{4}{3}$

極高頻增益：令 $s=\infty$ 代入轉移函數中，得極高頻增益 $A_\infty=0$

例題 2

一控制系統之轉移函數為$G(s)=\dfrac{s-1}{s^2+3s+3}$**，若輸入訊號分別為：**

(1) $u(t)=10\sin(25t+30^\circ)$

(2) $u(t)=1+\sin 2t+\cos 0.4t$ **，求其輸出的穩態響應各為何？**

解　(1) 依據定理 7-1，對一穩定的線性非時變系統而言，當輸入訊號為弦波，其穩態響應應具有與輸入相同的頻率，只有「振幅大小」與「相位角」有所不同，故本題為單一弦波輸入且 $\omega=25$，其穩態輸出為

$y_{ss}(t)=10\left|G(j25)\right|\sin(25t+30^\circ+\angle G(j25))$，又

$$\left|G(j25)\right|=\left|\frac{j25-1}{-625+j75+3}\right|=\left|\frac{j25-1}{j75-622}\right|\approx\frac{25}{627.3}\cong 0.04 \text{ 及}$$

$$\angle G(j25)=\angle\frac{j25-1}{j75-622}\cong 92.3^\circ-173.1^\circ=-80.8^\circ \text{，故}$$

$$y_{ss}(t)=10\times 0.04\sin(25t+30^\circ-80.8^\circ)=0.4\sin(25t-50.8^\circ)$$

(2) 本小題輸入訊號為 $u(t)=1+\sin 2t+\cos 0.4t$ 係多重輸入，故採「重疊原理」一一求得 $y_{ss}(t)$

A. 當輸入為 $u_1(t)=1$（$t\geq 0$）時，根據終值定理，

$$y_{ss1}(t)=\lim_{s\to 0} sY_1(s)=\lim_{s\to 0} sG(s)\frac{1}{s}=\lim_{s\to 0} G(s)=-\frac{1}{3}$$

B. 當輸入為 $u_2(t)=\sin 2t$（$t\geq 0$）時，

$$\Rightarrow\left|G(j2)\right|=\left|\frac{j2-1}{(j2)^2+3\times j2+3}\right|=\left|\frac{j2-1}{j6-1}\right|\approx\frac{\sqrt{5}}{\sqrt{37}}\cong 0.368 \text{ ，and}$$

$$\angle G(j2)=\angle\frac{j2-1}{j6-1}\cong 116.6^\circ-99.5^\circ=17.1^\circ \text{，}$$

故 $y_{ss2}(t)=0.368\sin(2t+17.1^\circ)$

C. 當輸入為 $u_3(t)=\cos 4t$ （ $t\geq 0$ ）時，

$$\Rightarrow |G(j4)|=\left|\frac{j4-1}{(j4)^2+3\times j4+3}\right|=\left|\frac{j4-1}{j12-13}\right|\approx\frac{\sqrt{17}}{\sqrt{313}}\cong 0.233\text{，}$$

$$\text{and } \angle G(j4)=\angle\frac{j4-1}{j12-13}\cong 104°-137.3°=-33.3°\text{，}$$

故 $y_{ss3}(t)=0.233\cos(4t-33.3°)$

$$\Rightarrow y_{ss}(t)=y_{ss1}(t)+y_{ss2}(t)+y_{ss3}(t)$$
$$=-0.333+0.368\sin(2t+17.1°)+0.233\cos(4t-33.3°)$$

例題 3

給定一系統：

$$G(s)=\frac{5}{s^3+s^2+9s+4}$$

考慮以下兩個輸入訊號（ u_1 及 u_2 ），請分別求其穩態時之輸出 y_1 及 y_2

(1) $u_1(t)=2\cos\left(3t+\frac{\pi}{6}\right)$ (2) $u_2(t)=3\cos\left(2t+\frac{\pi}{6}\right)$

【95 高考三級】

Hint：依據定理 7-1，對一穩定的線性非時變系統而言，當輸入訊號為弦波，其穩態響應應具有與輸入相同的頻率，僅「振幅大小」與「相位角」有所不同。

解 (1) $\omega_1=3(\text{rad/sec})$，令 $s=j\omega$，代入 $G(s)$，

則 $G(j\omega)=\dfrac{5}{-j27-9+27j+4}=-1$，由「大小關係」：$|G(j\omega)|=1$，以及

「相位關係」：$\angle G(j\omega)=-180°\Rightarrow$

$\therefore y_1(t)=2\cos(3t+30°-180°)=2\cos(3t-150°)$

(2) $\omega_2 = 2(\text{rad/sec})$，令 $s = j\omega$，代入 $G(s)$，

則 $G(j\omega) = \dfrac{5}{-j8 - 4 + j18 + 4} = \dfrac{1}{j2}$，由「大小關係」：$|G(j\omega)| = \dfrac{1}{2}$，

以及「相位關係」：$\angle G(j\omega) = -90° \Rightarrow$

$\therefore y_2(t) = 3(1/2)\cos(2t + 30° - 90°) = \dfrac{3}{2}\cos(2t - 60°)$

例題 4

某一轉移函數為 $\dfrac{Y(S)}{U(S)} = \dfrac{2}{s+2}$，輸入為 $u(t) = \sin(2t)$ 之系統，則 $y(t)$ 之穩態響應為何？【98 國營事業招考】

解 令 $\dfrac{Y(s)}{U(s)} = G(s) = \dfrac{2}{s+2}$，此時輸入 $u(t) = \sin 2t \Rightarrow \omega = 2$，

又令 $s = j\omega$，代入 $G(s) \Rightarrow G(j\omega) = \dfrac{2}{j\omega + 2}$，由「大小關係」：$|G(j2)| = \dfrac{\sqrt{2}}{2}$，

以及「相位關係」：$\angle G(j2) = -45° \Rightarrow \therefore y(t) = y_{ss}(t) = \dfrac{\sqrt{2}}{2}\sin(2t - 45°)$

例題 5

圖中，輸入 $= \sin(30\pi t)$，當系統達到穩態以後，輸出頻率和輸入頻率為何相同？

【96 國營事業招考】

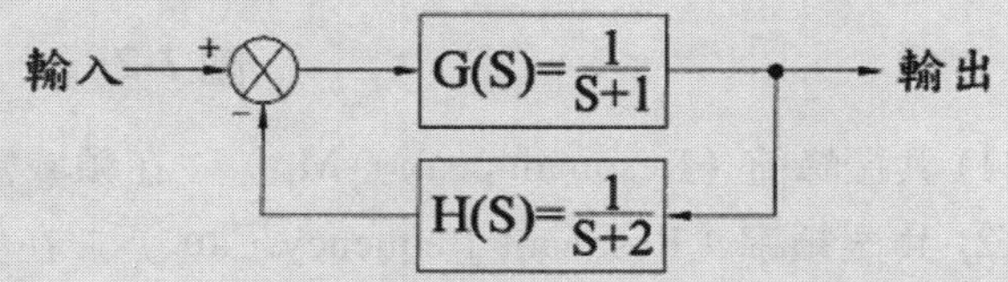

輸入 + − $G(S) = \dfrac{1}{S+1}$ 輸出 $H(S) = \dfrac{1}{S+2}$

解 先求「閉迴轉移函數」如下：$G_c(s) = \dfrac{\dfrac{1}{s+1}}{1 + \dfrac{1}{(s+1)(s+2)}} = \dfrac{s+2}{s^2 + 3s + 3}$，而當分

母為零時，得出極點為 $s = -\dfrac{3}{2} \pm j\dfrac{\sqrt{3}}{2}$，因為極點都位於 s − plane 之「左半

面」（LHP），故此系統為穩定，而在穩定的線性非時變系統中，穩態輸出與輸入 $u = \sin(30\pi t)$ 都是具有相同頻率的弦波，此時頻率均為 $30\pi(\text{rad}/\text{sec})$。

7-2 標準二階系統的頻率響應

焦點 2 **頻率響應規格。**

考試比重：★★☆☆☆ **考題形式：**說明計算題

關鍵要訣

1. 頻率響應規格：控制系統在頻域響應的分析，如下圖所示，其中常用的頻率響應規格有：

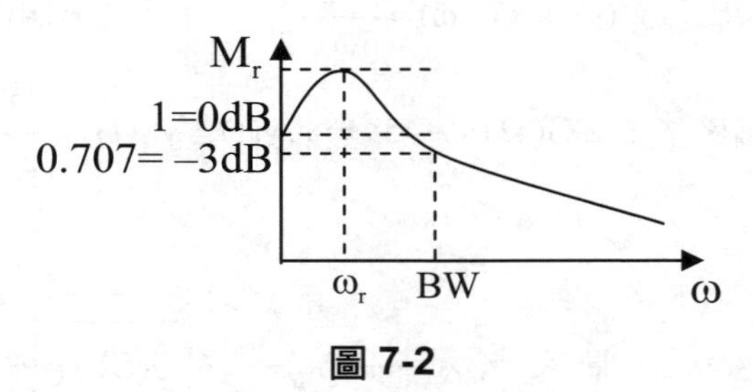

圖 7-2

(1) 共振峰值（Resonant peak，M_r）：在頻域響應圖中的最大峰值。
(2) 共振頻率（Resonant frequency，ω_r）：在頻域響應圖中最大峰值所對應的頻率。
(3) 頻寬（Bandwidth，BW）：在頻域響應中，當增益爲直流增益的 $\frac{1}{\sqrt{2}}$ 倍（即 (-3dB)）時的頻率。

重點： dB=20log[增益的絕對值]，如 $0\text{dB}=20\times 0=20\times \log 1 \Rightarrow$ 此時 $|A|=A_O=1$，稱爲「直流增益」；

同理可知，當 $-3\text{dB}=20\log|A'| \Rightarrow A'=\frac{1}{\sqrt{2}}|A|$。

2. 標準二階系統的頻率響應分析：標準二階系統的閉迴路轉移函數爲

$T(s)=\frac{Y(s)}{R(s)}=\frac{\omega_n^2}{s^2+2\xi\omega_n s+\omega_n^2}$，令 $s=j\omega$，則此轉移函數可改寫爲

$$T(j\omega)=\frac{Y(j\omega)}{R(j\omega)}=\frac{\omega_n^2}{(j\omega)^2+2\xi\omega_n j\omega+\omega_n^2} \quad \text{(7-3)}$$

爲了分析方便可令 $\Sigma=\frac{\omega}{\omega_n}$，則 $T(j\Sigma)=\frac{Y(j\Sigma)}{R(j\Sigma)}=\frac{1}{-\Sigma^2+j2\xi\Sigma+1}$，故頻率響應的大小值 $M=|T(j\Sigma)|=\frac{1}{\sqrt{(1-\Sigma^2)^2+(2\xi\Sigma)^2}}$ .... (7-4)

頻率響應的相位角爲 $\angle T(j\Sigma)=-\tan^{-1}\frac{2\xi\Sigma}{1-\Sigma^2}$ .... (7-5)

3. 求「共振峰值」與「共振頻率」：欲求「共振峰值」M_r，

需令 $\frac{dM}{d\Sigma}=0 \Rightarrow \frac{dM}{d\Sigma}=-\frac{4(1-\Sigma^2)\Sigma-8\xi^2\Sigma}{2\sqrt[3]{(1-\Sigma^2)^2+(2\xi\Sigma)^2}}=0 \Rightarrow 2\Sigma^3-2\Sigma+4\xi^2\Sigma=0$

$$\Rightarrow \Sigma=\frac{\omega}{\omega_n}=\sqrt{1-2\xi^2} \quad \text{(7-6)}$$

因爲(7-6)式滿足(7-4)式產生頻率最大值，此時之頻率即爲「共振頻率」

$$\omega_r \Rightarrow \omega_r \triangleq \omega=\omega_n\sqrt{1-2\xi^2} \quad \text{(7-7)}$$

再代入求頻率最大值 $M_r=M=\frac{1}{2\xi\sqrt{1-\xi^2}}$ .... (7-8)

4. 求「頻帶寬度」：根據頻寬的定義，若閉迴路轉移函數 T(s) 之直流增益 $|T(j0)|\neq 1$，則頻寬 BW 可定義爲 $|T(jBW)|=|T(j0)|\times\frac{1}{\sqrt{2}}$ .... (7-9)

爲了求解「標準二階系統」的頻寬，則令 $M=\frac{1}{\sqrt{2}}$

$$\Rightarrow M=|T(j\Sigma)|=\frac{1}{\sqrt{(1-\Sigma^2)^2+(2\xi\Sigma)^2}}=\frac{1}{\sqrt{2}} \Rightarrow \Sigma^4-2(1-2\xi^2)\Sigma^2-1=0$$

$\Rightarrow \Sigma=\dfrac{\omega}{\omega_n}=\sqrt{1-2\xi^2+\sqrt{2-4\xi^2+4\xi^4}}$，因爲ω即爲BW，故

$$BW=\omega_n\sqrt{1-2\xi^2+\sqrt{2-4\xi^2+4\xi^4}} \quad \text{..........} (7\text{-}10)$$

5. 由(7-7)式 $\omega_r=\omega_n\sqrt{1-2\xi^2}>0$ 可知，共振頻率 ω_r 與共振峰值 M_r 只有在 $0<\xi<\dfrac{1}{\sqrt{2}}$ 時才存在，且當阻尼係數（或「阻尼比」ξ）：
   (1) $\xi\to 0 \Rightarrow \omega_r\to\omega_n$ 且 $M_r\to\infty$；一般而言，最大超越量 M_o 與共振峰值 M_r 成正比，當 M_o 與 M_r 越大，則閉迴路系統性能越好，故共振頻率越小越好。
   (2) $\xi\geq\dfrac{1}{\sqrt{2}} \Rightarrow \omega_r$ 不存在，且 $M_r\to 1$

6. 由(7-10)式可知，頻帶寬度也是只有在 $0<\xi<\dfrac{1}{\sqrt{2}}$ 時才存在，且頻寬（BW）與 ω_n 成正比；而當 ω_n 固定時，BW會隨著ξ的增加而減小，在時域分析中，系統的「上升時間」爲 $t_r=\dfrac{\pi-\tan^{-1}\dfrac{\sqrt{1-\xi^2}}{\xi}}{\omega_n\sqrt{1-\xi^2}}$，故ξ越小則 t_r 也會變小，此表示系統的控制性能越佳，故頻帶寬度（BW）可以反應步階時間響應的上升時間，即 t_r 愈小，ξ愈小，而BW愈大，系統的暫態響應愈快。

例題 6

已知二階系統的閉迴路轉移函數為 $T(s)=\dfrac{4}{s^2+2s+4}$，請問該系統的「共振頻率」、「共振峰值」、「頻寬」各為？

解 【解 1】

同上重點，與標準二階系統之「特性方程式」比較之：

$\Rightarrow s^2+2\xi\omega_n s+\omega_n^2=s^2+2s+4 \Rightarrow \xi=0.5$ 及 $\omega_n=2$

故由(7-7)式，共振頻率 $\omega_r=\omega_n\sqrt{1-2\xi^2}=1.414(rad/sec)$

由(7-8)式，共振峰值 $M_r = \dfrac{1}{2\xi\sqrt{1-\xi^2}} = 1.155$

由(7-10)式，頻寬 $BW = 1.272\text{rad/sec}$

【解 2】

令 $s = j\omega$ ，$T(j\omega) = \dfrac{4}{(4-\omega^2)^2 + j2\omega}$

由大小關係：$|T(j\omega)| = \dfrac{4}{\sqrt{(4-\omega^2)^2 + 4\omega^2}} = \sqrt{\dfrac{16}{(4-\omega^2)^2 + 4\omega^2}} \overset{\text{let}}{\Rightarrow} \sqrt{M(\omega)}$

(1) 求共振頻率 ω_r ，

令 $\dfrac{dM}{d\omega} = 0 \Rightarrow \omega_r({\omega_r}^2 - 2) = 0 \Rightarrow \omega_r = \sqrt{2} \approx 1.414(\text{rad/sec})$

(2) 當 $\omega_r = \sqrt{2} \approx 1.414$ 代入 $|T(j\omega_r)| = \dfrac{4}{\sqrt{(4-{\omega_r}^2)^2 + 4{\omega_r}^2}} = \dfrac{4}{2\sqrt{3}} \approx 1.155$

(3) 直流增益 $A_O = \lim\limits_{s\to 0} T(s) = 1$ ，求頻寬 $B.W. \Rightarrow$ 先令 $B.W. = \omega_b$ ，

然後代入：

$$|T(j\omega_b)| = \frac{4}{\sqrt{(4-{\omega_b}^2)^2 + 4{\omega_b}^2}} = \frac{1}{\sqrt{2}} A_O = \frac{\sqrt{2}}{2} \Rightarrow \omega_b \approx 2.544(\text{rad/sec})$$

注意　學生當以先熟悉「解 2」為優先！

例題 7

有一單一負回饋（Unity negative feedback）控制系統，其開迴路轉移函數（Open loop transfer function）為 $\dfrac{25}{s(s+2)}$ ，試求該系統之「共振頻率」、「共振峰值」、「頻寬」各為？

解　此閉迴路控制系統轉移函數之「特性方程式」為

$\Delta(s) = s^2 + 2s + 25 = s^2 + 2\xi\omega_n s + \omega_n^2$ ，經比較係數得 $\xi = 0.2$ 及 $\omega_n = 5$

故「共振頻率」：$\omega_p = \omega_n\sqrt{1-2\xi^2} = 4.795\text{rad/sec}$

「共振峰值」：$M_p=\dfrac{1}{2\xi\sqrt{1-\xi^2}}=2.55$

「頻寬」：$BW=\omega_n\sqrt{1-\xi^2+\sqrt{2-4\xi^2+4\xi^4}}=11.39rad/sec$

例題 8

(1) 若一單位負回授控制系統之「開迴路轉移函數」為 $\dfrac{500}{s+100}$，則此一閉迴路系統之頻寬(B.W.)為何？

(2) 承上題，其開迴路頻寬(B.W.)' 為？

(3) 下列對控制系統的敘述，正確的有： (A)閉迴路控制系統必為穩定系統 (B)系統頻寬越大，表示系統響應越快 (C)使用回授控制，一般可降低外部雜訊對系統的影響 (D)在穩定之線性非時變系統中，輸出與輸入在穩態時具有相同的正弦頻率 (E)回授元件的目的是將實際的輸出物理量轉變為可比較之物理量。

(4) 已知有一補償器的轉移函數 $C(s)=\dfrac{1.2s+0.5}{s+0.1}$，則此補償器的「直流增益值」為： (A)1.2 (B)0.5 (C)0.1 (D)12 (E)5。

(5) 承上題，該補償器的「高頻增益值」為： (A)1.2 (B)0.5 (C)0.1 (D)12 (E)5。

(6) 放大器轉移函數為 $\dfrac{\sqrt{3}}{s+2}$，若輸入為極高頻的正弦訊號，則輸出信號的相位角對輸入信號相位角的關係為： (A)相同180° (B)相差90° (C)超前90° (D)落後90° (E)相差60°。【95國營事業招考】

解 (1) 題目給「開路轉移函數G(s)」為 $\dfrac{500}{s+100}$，則此閉迴路系統之轉移函數為 $G_c(s)=\dfrac{G(s)}{1+G(s)}=\dfrac{500}{s+600}$，直流增益 $A_O=\lim\limits_{s\to0}G_c(s)=\dfrac{5}{6}$，

令 $s=j\omega$ 代入 $\Rightarrow G_c(j\omega)=\dfrac{500}{600+j\omega}$ 以及 $|G_c(j\omega)|=\dfrac{500}{\sqrt{600^2+\omega^2}}$，

假設頻寬 $B.W.=\omega_B$，

則$\left|G_c(j\omega)\right| = \dfrac{500}{\sqrt{600^2 + \omega_B^{\ 2}}} = \dfrac{1}{\sqrt{2}}\dfrac{5}{6} \Rightarrow \omega_B^{\ 2} = 360000 \Rightarrow \omega_B = 600(\text{rad/sec})$

(2) 直接由「開路轉移函數$G(s) = \dfrac{500}{s+100}$」著手，此時直流增益

$A_O' = \lim\limits_{s\to 0} G(s) = 5$，

令$s = j\omega$代入$\Rightarrow G(j\omega) = \dfrac{500}{100 + j\omega} \Rightarrow \left|G(j\omega)\right| = \dfrac{500}{\sqrt{100^2 + \omega^2}}$，

假設開迴路頻寬$(B.W.)' = \omega_B'$，

則$\left|G(j\omega_B')\right| = \dfrac{500}{\sqrt{100^2 + \omega_B'^2}} = \dfrac{5}{\sqrt{2}} \Rightarrow \omega_B'^{\ 2} = 10000$

$\Rightarrow \omega_B' = 100(\text{rad/sec})$

(3) 答案為(B)(D)(E)。

(4) 直流增益$\lim\limits_{s\to 0} C(s) = \lim\limits_{s\to 0} \dfrac{1.2s + 0.5}{s + 0.1} = 5$，故選(E)。

(5) 高頻增益$\lim\limits_{s\to \infty} C(s) = \lim\limits_{s\to \infty} \dfrac{1.2s + 0.5}{s + 0.1} = 1.2$，故選(A)。

(6) 同前之重點所述，$\text{let}\, G(s) = \dfrac{\sqrt{3}}{s+2} \Rightarrow G(j\omega) = \dfrac{\sqrt{3}}{2 + j\omega}$，此時為求出相位

關係$\Rightarrow \angle G(j\omega) = -\tan^{-1}\dfrac{\omega}{2}$，當$\omega \to \infty \Rightarrow \angle G(j\omega) = -\tan^{-1}\dfrac{\omega}{2} \to -90°$，

故輸出信號的相位角對輸入信號相位角為 (D)落後 90° 。

例題 9

(1) 簡要定義「頻率響應」（frequency response）？

(2) 說明如何獲得頻率響應之「大小」及「相位」？

(3) 若一線性非時變系統的輸入為$U(t) = U_o \sin\omega t$，輸出為$Y(t) = A\sin B$，試說明 A 和U_o以及 B 和ωt之間的關係？

(4) 試解釋「頻寬」（Bandwidth）為什麼是判斷系統反應速度的良好工具？

【94 地特三等】

解 (1) 對一穩定的線性非時變系統，在輸入弦波函數之信號下，系統的穩態輸出即稱之為「頻率響應」。

(2) 若控制系統之轉移函數為 $G(s)$，則其頻率響應函數為 $G(j\omega)$
$\Rightarrow G(j\omega)=\left|G(j\omega)\right|_{s=j\omega}\angle G(j\omega)$，只要將頻率 ω 代入 $\left|G(j\omega)\right|_{s=j\omega}$ 即可得到「大小」，而代入 $\angle G(j\omega)$ 即可得到「相位」。

(3) 對一穩定之線性非時變控制系統而言，頻率響應 $Y(t)$ 與輸入正弦波 $U(t)=U_o\sin\omega t$ 會具有相同之頻率，且輸出同樣為弦波信號，但輸出振幅會乘上一個倍數，即 $\left|G(j\omega)\right|_{s=j\omega}$，也相差一相位 $\angle G(j\omega)$，
故 $A=U_o\left|G(j\omega)\right|$ 以及 $B=\omega t+\angle G(j\omega)$。

(4) 若系統的頻寬較大，則代表該系統具有較大的「自然頻率 ω_n」或具有較小的「阻尼比 ξ」，因此會有較短的上升時間（t_r），系統的反應速度也會較快，故「頻寬」（Bandwidth）為一判斷系統反應速度的一個良好工具。

例題 10

已知一系統的轉移函數為 $G(s)=\dfrac{2(s+0.5)}{(s+1)(s+2)}$，試找出系統的「頻寬」（Bandwidth）為何？【98鐵路特考三等】

解 系統的頻率響應 $G(j\omega)=\dfrac{2(j\omega+0.5)}{(j\omega+1)(j\omega+2)}=\dfrac{1+j2\omega}{(2-\omega^2)+j3\omega}$

可得大小 $\left|G(j\omega)\right|=\dfrac{\sqrt{1+4\omega^2}}{\sqrt{(2-\omega^2)^2+9\omega^2}}$，

及相位 $\angle G(j\omega)=\tan^{-1}(2\omega)-\tan^{-1}\dfrac{3\omega}{2-\omega^2}$

先求「直流增益」$A_O=\lim\limits_{\omega\to 0}G(j\omega)=\lim\limits_{\omega\to 0}\dfrac{1+j2\omega}{(2-\omega^2)+j3\omega}=\dfrac{1}{2}$，

則令頻寬 $=\omega_b\Rightarrow\dfrac{\sqrt{1+4\omega_b^{\,2}}}{\sqrt{(2-\omega_b^{\,2})^2+9\omega_b^{\,2}}}=\dfrac{1}{\sqrt{2}}\dfrac{1}{2}$

$\Rightarrow\omega_b^{\,4}-27\omega_b^{\,2}-4=0\Rightarrow\omega_b^{\,2}=27.14\Rightarrow\omega_b\approx 5.21(\text{rad/sec})$

7-3 波德圖

焦點 3　畫波德圖與觀念建立。

考試比重：★★★★☆　　考題形式：計算題

關鍵要訣

1. 在頻率響應分析中，波德圖（Bode Plot）是一種很好的輔助分析工具，一般波德圖的橫軸為「頻率」ω，縱軸為「轉移函數」的絕對值（大小）$|G(j\omega)|$。

2. 波德圖的定義：根據大小的 dB 值與相位角度，分別對「頻率」作圖，且兩個圖形的頻率座標採用「對數刻度」，畫在半對數座標紙上，則 $=20\times\log[G(j\omega)$ 的絕對值$]$，並須注意「波德圖」轉移函數的標準式為 $G(s)=\dfrac{k(1+?s)......(1+?s)}{(1+?s).....(1+?s)}$

稱此圖為「波德圖」，如下圖 7-1 所示：

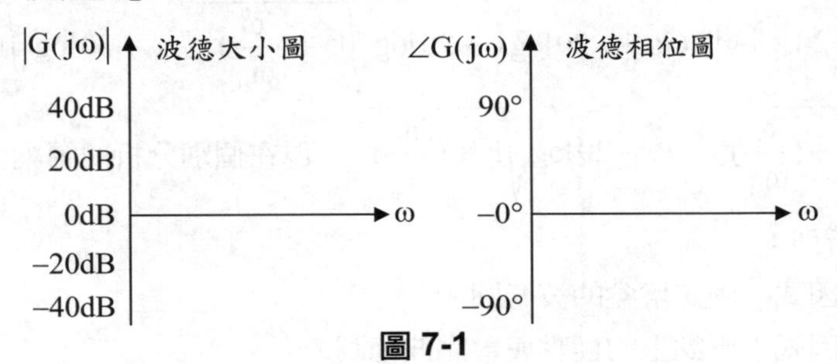

圖 7-1

此可將系統轉移函數表示成 $G(s)=\dfrac{K(1+Ts)...}{(1+\dfrac{2\xi}{\omega_n}s+\dfrac{1}{\omega_n^{\ 2}}s^2)...}$，故亦稱此型式為「時間常數型轉移函數」。

3. 若系統之轉移函數爲 $G(s)=\dfrac{k(1+\frac{s}{\omega_{z1}})(1+\frac{s}{\omega_{z2}})......(1+\frac{s}{\omega_{zn}})}{(1+\frac{s}{\omega_{p1}})(1+\frac{s}{\omega_{p2}}).....(1+\frac{s}{\omega_{pn}})}$

$$G(j\omega)=\frac{k(1+\frac{j\omega}{\omega_{z1}})(1+\frac{j\omega}{\omega_{z2}})......(1+\frac{j\omega}{\omega_{zn}})}{(1+\frac{j\omega}{\omega_{p1}})(1+\frac{j\omega}{\omega_{p2}}).....(1+\frac{j\omega}{\omega_{pn}})}=\left|G(j\omega)\right|\angle G(j\omega)\text{, where}$$

$$\left|G(j\omega)\right|=\frac{k\times\sqrt{1^2+(\frac{\omega}{\omega_{z1}})^2}\times\sqrt{1^2+(\frac{\omega}{\omega_{z2}})^2}\times......\sqrt{1^2+(\frac{\omega}{\omega_{zn}})^2}}{\sqrt{1^2+(\frac{\omega}{\omega_{p1}})^2}\times\sqrt{1^2+(\frac{\omega}{\omega_{p2}})^2}\times......\sqrt{1^2+(\frac{\omega}{\omega_{pn}})^2}} \quad ....(7\text{-}11)$$

以及 $\angle G(j\omega)=\angle\tan^{-1}(\frac{\omega}{\omega_{z1}})+\angle\tan^{-1}(\frac{\omega}{\omega_{z2}})+.....\angle\tan^{-1}(\frac{\omega}{\omega_{zn}})$

$$-[\angle\tan^{-1}(\frac{\omega}{\omega_{p1}})+\angle\tan^{-1}(\frac{\omega}{\omega_{p2}})+.....+\angle\tan^{-1}(\frac{\omega}{\omega_{pn}})] \quad ....(7\text{-}12)$$

4. 由(7-11)式，

$\left|G(j\omega)\right|_{dB}=20\times\log\left|G(j\omega)\right|=20\log k+20\log\sqrt{1^2+(\frac{\omega}{\omega_{z1}})^2}+...+20\log\sqrt{1^2+(\frac{\omega}{\omega_{zn}})^2}$

$-20\log\sqrt{1^2+(\frac{\omega}{\omega_{p1}})^2}-.....-20\log\sqrt{1^2+(\frac{\omega}{\omega_{pn}})^2}$，現在個別分析並歸納出四大基本因式如下所列：

(1) 第一類因式：固定增益的波德圖。

(2) 第二類因式：原點上的極點與零點波德圖。

(3) 第三類因式：不在原點上的極點與零點波德圖。

(4) 第四類因式：共軛極點或零點的波德圖。

茲繪製各因式「波德圖」如下：

(1) 第一類因式：標準式中分子有定值 K，即有固定增益 $20\log K(\text{dB})$，其

大小：$dB_1 = 20\log k \Rightarrow \text{Whatever } \omega$，如圖 7-4(A)

相位：$\angle G(j\omega) = 0°$，如圖 7-4(B)，此時並無「轉角頻率」。

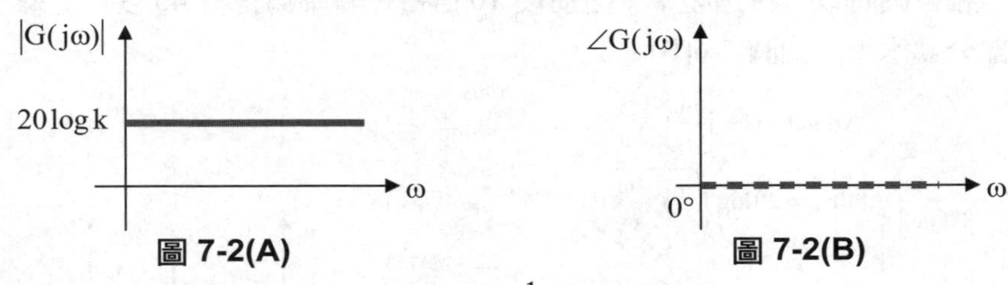

圖 7-2(A)　　圖 7-2(B)

(2) 第二類因式：標準式中分子有 s（或 $\frac{1}{s}$）即

大小：$\begin{Bmatrix} G(s) = s; dB_{21} = +20\log\omega \\ \text{or } G(s) = \frac{1}{s}; dB_{22} = -20\log\omega \end{Bmatrix}$，如圖 7-5(A)

相位：$\begin{Bmatrix} \angle G(j\omega) = +90° \\ \text{or } \angle G(j\omega) = -90° \end{Bmatrix}$ whatever ω，如圖 7-5(B)，此時無「轉角頻率」。

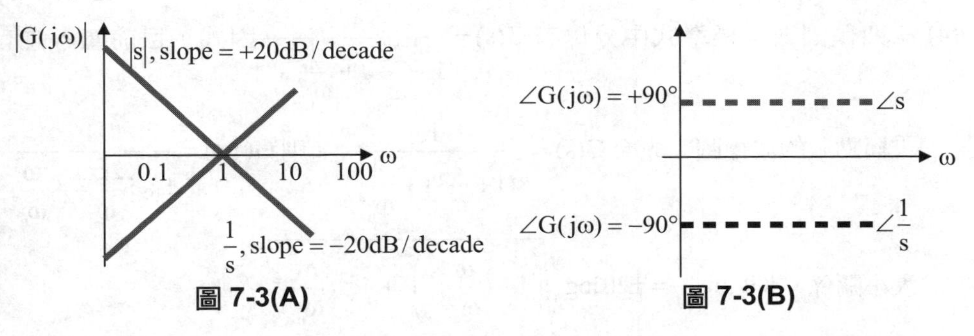

圖 7-3(A)　　圖 7-3(B)

(3) 第三類因式：標準式中分子或分母有 $1+\frac{s}{\omega}$ 因式，此時有轉角頻率即爲 ω

大小：$\begin{Bmatrix} G(j\omega) = (1 + j\frac{\omega}{\omega_z})\ldots, dB_{31} = 20\log\sqrt{1^2 + (\frac{\omega}{\omega_z})^2} \\ \text{or } G(j\omega) = (1 + \frac{s}{\omega_p})^{-1}\ldots, dB_{32} = -20\log\sqrt{1^2 + (\frac{\omega}{\omega_p})^2} \end{Bmatrix}$，如圖 7-6(A)。

相位：$\left\{\begin{array}{l} G(s)=(1+\frac{s}{\omega})...,\angle G(j\omega)=+\tan^{-1}\frac{\omega'}{\omega} \\ \text{or } G(s)=(1+\frac{s}{\omega})^{-1}...,\angle G(j\omega)=+\tan^{-1}\frac{\omega'}{\omega} \end{array}\right\}$，

畫相位圖時以「轉角頻率」之前後 10 倍畫一斜率為正負 45 度之直線，其餘部分為水平，如圖 7-6(B)。

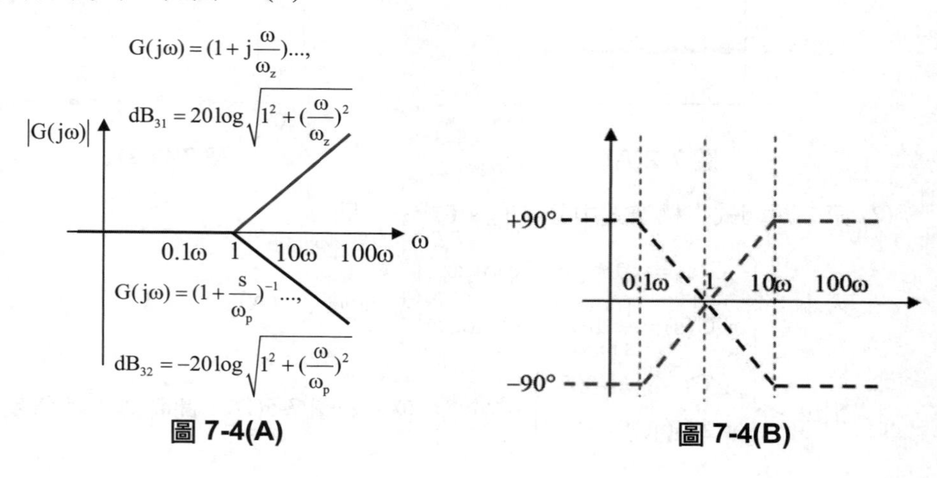

圖 7-4(A) 圖 7-4(B)

(4) 第四類因式：標準式中分母有 $G(s)=\dfrac{1}{1+\dfrac{2\xi}{\omega_n}s+\dfrac{1}{\omega_n^{\ 2}}s^2}$ 因式，目前僅考慮有「極點」的波德圖，先令 $G(s)=\dfrac{1}{s(1+\dfrac{2\xi}{\omega_n}s+\dfrac{1}{\omega_n^{\ 2}})}$，則 $G(j\omega)=\dfrac{1}{1+j\dfrac{2\xi\omega}{\omega_n}-\dfrac{\omega^2}{\omega_n^{\ 2}}}$

大小關係：$|G(j\omega)|_{dB}=\pm 20\log\sqrt{\left(1-(\frac{\omega}{\omega_n})^2\right)^2+4\xi^2(\frac{\omega}{\omega_n})^2}$

相位關係：$\angle G(j\omega)=-\tan^{-1}\left(\dfrac{2\xi\omega}{\omega_n}\Big/(1-(\frac{\omega}{\omega_n})^2)\right)$；因較為複雜，在此先暫省略。

應考本領：如下圖 7-5 之複合圖，說明「頻域」各個定義以及 ω_{3dB} 之定義：

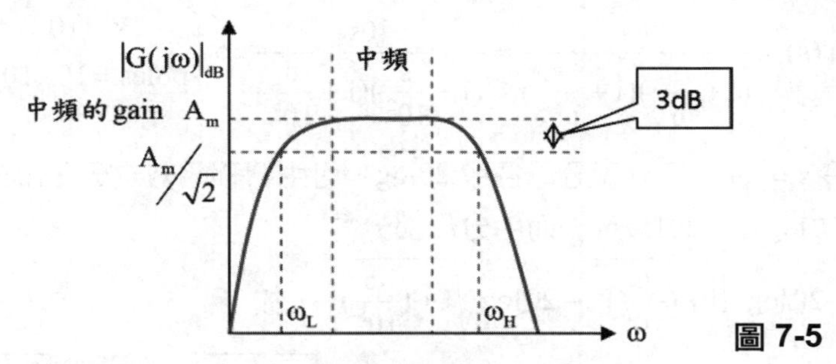

圖 7-5

(1) 頻寬：$BW = \omega_H - \omega_L$，即「系統可操作的頻段」

(2) ω_{3dB} 稱之為「截止頻率」（或「臨界頻率」、「半功率點」），係在圖 7-5 中縱軸方向在中頻增益（A_m，Gain）以下 3dB 處，而圖的橫軸坐標係表示為 ω，以下分兩部分討論：

a.在「中－高頻」頻段時，截止頻率 ω_{3dB} 即等於 ω_H；

b.在「低－中頻」頻段時，截止頻率 ω_{3dB} 即等於 ω_L。

注意　在上圖中，ω_H 與 ω_L 不會同時存在，圖 7-5 是低頻與高頻的重疊示意圖！

例題 11

已知一控制系統的閉迴路轉移函數為 $T(s) = \dfrac{10s}{(1+\frac{s}{10^2})(1+\frac{s}{10^5})}$ **，請求：**

(1) **此系統的「零點」以及「極點」。**

(2) **繪出增益與頻率的關係圖。**

(3) **求** $\omega = 10$ **及** $\omega = 10^3$ **時，系統的增益各為？**

Hint：轉移函數必須先核對一下是否為「波德圖的標準式」。

解　(1) 同上，使分母為零的 s 即為「極點」

$\Rightarrow s = j\omega_{p1} = -10^2$ and $s = j\omega_{p2} = -10^5$。

使分子為零的 s 即為「零點」$\Rightarrow s = 0$

(2) 畫「波德圖」，由

$$T(s)=\frac{ks}{(1+\frac{s}{\omega_{p1}})(1+\frac{s}{\omega_{p2}})}=\frac{10s}{(1+\frac{s}{10^2})(1+\frac{s}{10^5})}\Rightarrow\left\{\begin{matrix}k=10\\ poles=10^2,10^5\end{matrix}\right\}$$

令 $s=j\omega$，及分子分母各取 20log，可由轉移函數之分子部分得 $20\log10+20\log\omega$，而由分母部分得 $-20\log\sqrt{1+(\frac{\omega}{10^2})^2}-20\log\sqrt{1+(\frac{\omega}{10^5})^2}$，故

$$|T(j\omega)|_{dB}=20\log10+20\log\omega-20\log\sqrt{1+(\frac{\omega}{10^2})^2}-20\log\sqrt{1+(\frac{\omega}{10^5})^2}$$

取最小極點頻率 10^2 還小二個 scale 的 $\omega=10$ 及 $\omega=1$ 為開始畫的頻率，取最大極點頻率 10^5 還大二個 scale 的 $\omega=10^6$ 及 $\omega=10^7$ 為結束畫的頻率，如下圖所示：

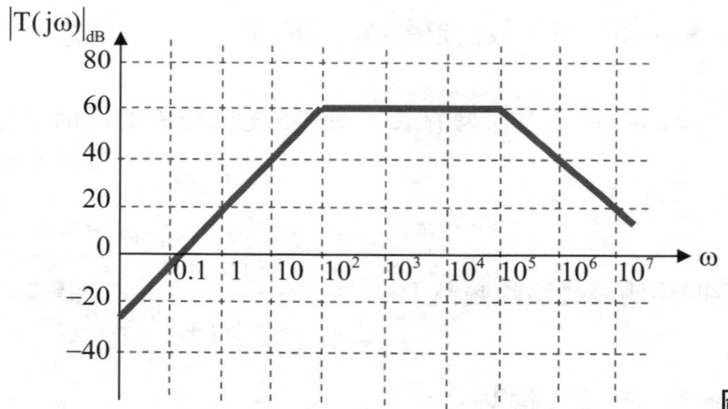

圖 7-6

先看正斜率（分子）部分，

當 $\omega=1$，$|T(j)|_{dB}=20\log10+20\log1=20dB$

在未到達第一個極點頻率 $\omega_{P1}=10^2$ 前，其斜率均為 +20dB/decade，而在到達第一個極點頻率 $\omega_{P1}=10^2$ 時，加入斜率 −20dB/decade 而為水平 slpoe = 0，當到達第二個極點頻率 $\omega_{P2}=10^5$ 時，再加入斜率 −20dB/decade 而成該圖。

(3) 由圖 7-6 知，$\omega=10$ 所對應的系統增益為 40dB，$\omega=10^3$ 所對應的系統增益為 60dB。

例題 12

繪製波德圖（Bode Plot）：$G(s)=\dfrac{3000}{(s+1)(s+10)(s+300)}$　【101 地特三等】

解　先化轉移函數為波德圖標準式 $\Rightarrow G(s)=\dfrac{1}{(1+s)(1+\frac{s}{10})(1+\frac{s}{300})}$

故可知無「零點」，有「極點」$s_{p1}=1, s_{p2}=10, s_{p3}=300$，令 $s=j\omega$

$G(jw)=\dfrac{1}{(1+j\frac{\omega}{1})(1+j\frac{\omega}{10})(1+j\frac{\omega}{300})}$ (極點 1、10、300 為斜率轉折點（見下圖))，及分子分母各取 20log，可由轉移函數之分子部分得 $20\log 1=0$，而由分母部分得 $-10\log(1+\omega^2)-10\log(1+\frac{\omega^2}{100})-10\log(1+\frac{\omega^2}{90000})$，

故 $|G(j\omega)|_{dB}=-10\log(1+\omega^2)-10\log(1+\frac{\omega^2}{100})-10\log(1+\frac{\omega^2}{90000})$

取最小極點頻率 1 還小二個 scale 的 $\omega=0.01 and \omega=0.1$ 為開始畫的頻率，
取最大極點頻率 300 還大一個 scale 的 $\omega=3\times10^3$ 為結束畫的頻率；
當 $\omega=0.01 till \omega=0.1$ 時，代入 $|G(j\omega)|_{dB}$ 得 0dB，在未到達第一個極點頻率 $\omega_{p1}=1$ 前，其斜率均為 0，當 $\omega=1$ 時，代入得
$|G(j\omega)|_{dB}=-10\log(1+1)=-10\log 2=-3dB$，並開始加入斜率 $-20dB/decade$；
當到達第二個極點頻率 $\omega_{p2}=10$ 時，再加入斜率 $-20dB/decade$ 成為斜率 $-40dB/decade$ 為的斜直線；當到達第三個極點頻率 $\omega_{p3}=300$ 時，再加入斜率 而成為斜率 $-60dB/decade$ 為的斜直線如下圖所畫(圖 7-7)。

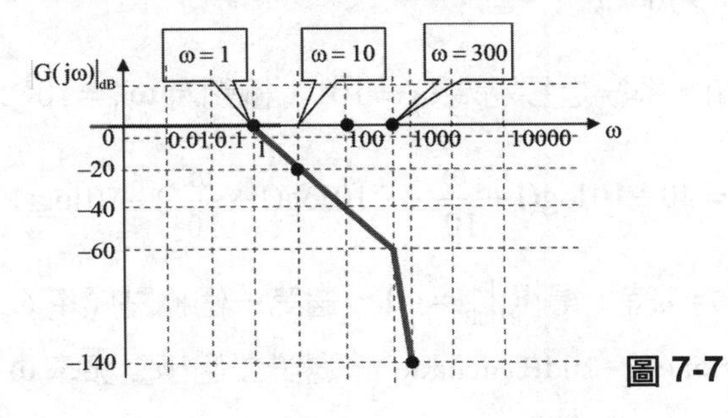

圖 7-7

例題 13

一電路的轉移函數（Transfer function）含兩個極點（Pole）：f_{p1} 及 f_{p2}，和一個零點（Zero）：f_z；若 $f_{p2}=\sqrt{2}f_{p1}$，$f_z=2f_{p1}$，請求頻寬（BandWidth）為何？【100初等考】

Hint：先畫簡略的「波德圖」來判斷，三個點中以 f_{p1} 為最小。

解　如下波德圖

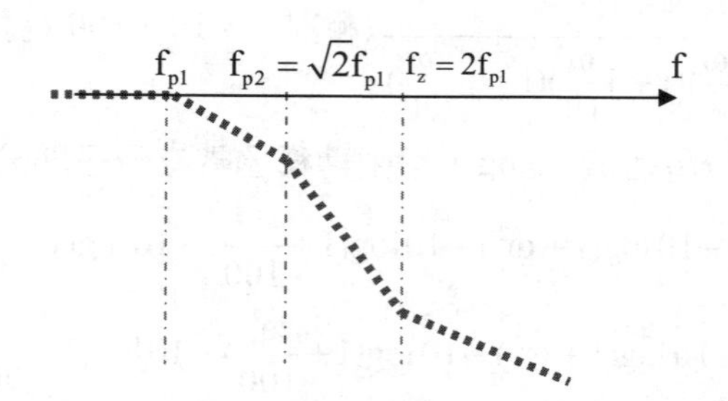

故知此圖屬於「中－低頻區段」$\Rightarrow$ BandWidth $f=BW=f_{p1}$。

例題 14

某電路之「高頻」轉移函數為 $F_H(s)=100\dfrac{1+{s}/{10^6}}{(1+{s}/{10^3})(1+{s}/{10^5})}$，則此電路之3dB頻率為：　(A)$10^2$　(B)10^3　(C)10^5　(D)10^7。【98地特五等選擇題】

Hint：畫「波德圖」如下。

解　由轉移函數知，系統之零點為 $\omega_z=10^6$，極點為 $\omega_{p1}=10^3$ 以及 $\omega_{p2}=10^5$，

$$\Rightarrow |F_H(j\omega)|_{dB}=40+10\log(1+\frac{\omega^2}{10^{12}})-10\log(1+\frac{\omega^2}{10^6})-10\log(1+\frac{\omega^2}{10^{10}})$$

如下圖，當 $\omega=1$ 時，得 $|F_H|_{dB}=40$，遇第一個極點頻率 $\omega_{p1}=10^3$，原本 $Slope=0\rightarrow slope=-20dB/decade.$，遇第二個極點頻率 $\omega_{p2}=10^5$，則

$Slope = -20dB/decade. \to -40dB/decade$ ，遇零點頻率 $\omega_z = 10^6$ 時，則圖形之 $Slope = -40dB/decade. \to -20dB/decade$ ，故知 $\omega_{3dB} = 10^3$ （Rad/sec）

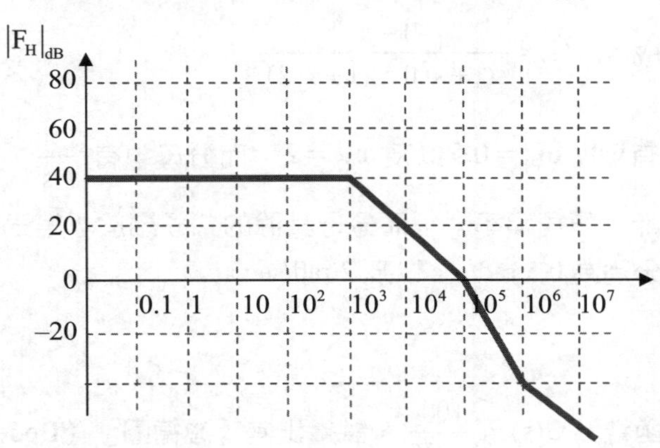

例題 15

已知有一電路之轉移函數為 $T(s) = \dfrac{100}{s+1}$ **，則當頻率為** 100 rad/sec **時，該電路產生之相角變化約為：** (A) 0° (B) −45° (C) −90° (D) −180° 。

【100 鐵路特考】

Hint：「波德圖」中有所謂的「振幅響應」（大小）以及「相角響應」（角度）

解　由 $s = j\omega$ ，直接將 $\omega = 100$ 代入轉移函數，

得 $T(j100) = \dfrac{100}{j100+1} = \dfrac{100\angle 0^\circ}{100\angle 89.4^\circ} \cong 1\angle -89.4^\circ$ ，故答案選(C)

例題 16

求下列轉移函數： $T(s) = \dfrac{s+1}{s(s+0.5)(s+2)}$ **的轉角頻率。**

Hint：轉角頻率見上面說明，主要是看第幾類波德圖。

解　本題轉移函數 $T(s)=\dfrac{s+1}{s(s+0.5)(s+2)}$ 不是「波德圖轉移函數的標準式」，

故先簡化成 $\Rightarrow T(s)=\dfrac{1+s}{s(1+s/0.5)(1+s/2)}$

可知系統有極點 $\omega_{P1}=0.5$ 以及 $\omega_{P2}=2$，而分母中有一 $\dfrac{1}{s}$，係為「第二類因式」故並無「轉角頻率」，而分母其餘的式子屬於「第三類因式」，故其轉角頻率分別為 0.5 rad/sec 以及 2 rad/sec。

例題 17

若系統之轉移函數為 $G(s)=\dfrac{100}{s+30}$，試畫出其「波德圖」（Bode Plot）？

【97 鐵路特考】

解　先將原轉移函數式子化成「波德圖」的標準式

$\Rightarrow G(s)=\dfrac{100}{30(1+s/30)}=\dfrac{10/3}{1+\dfrac{s}{30}}$，可知

(1) 分子有常數 $10/3$，為第一類因式，$\therefore 20\log\dfrac{10}{3}\cong 10.46\text{dB}$

(2) 分母部分屬「第三類因式」（極點），轉角頻率為 30rad/sec，故可畫「波德圖」如下：

A. 大小圖：

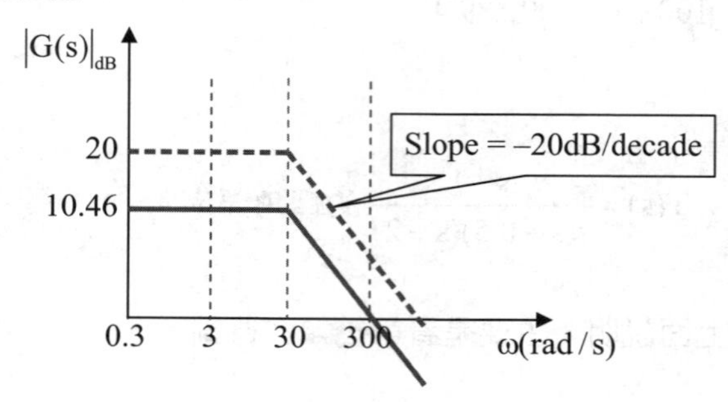

B. 相位圖：

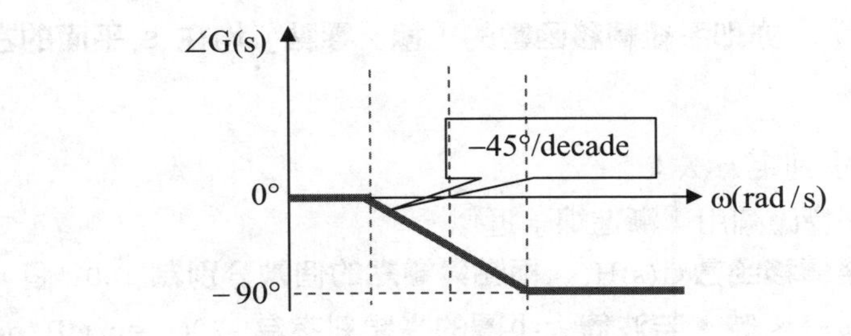

畫波德圖的技巧：

(1) 上兩圖可以垂直對齊的畫，即橫軸「頻率」對齊較為整齊與正確。

(2) 頻率 ω 之選擇，以「轉角頻率」之前後十倍來選取。

焦點 4　畫波德圖與系統轉移函數之鑑別。

考試比重：★★☆☆☆　　　　**考題形式：**計算或簡答說明題

關鍵要訣

1. 在控制系統的分析與設計上，首要的工作即為決定「受控廠」（Plant）的數學模型，但用數學分析方法求解有其困難，故常經由實驗的量測來決定未知系統的轉移函數，這種過程方法稱之為「系統鑑別」（System Identification）。而在頻率響應中，因為波德圖容易用「近似線」來近似，所以常用波德圖來做系統鑑別。

2. 波德圖來做「系統鑑別」須注意以下幾點：

   (1) 大小圖的斜率為 20dB/decade 的整數倍，且相位圖的角度為 90°/decade 的整數倍。

   (2) 波德圖在**「低頻區」**的近似線可以決定系統的**「型式」（Type）**，根據斜率的變化可以決定系統的「極點」、「零點」的位置。

(3) 波德圖在**「高頻區」**可以決定系統是否為**「極小相位系統」**（Minimum phase system），**亦即系統轉移函數的「極、零點」均在 s 平面的左半邊，且增益為正**。

3. 波德圖的系統鑑別判定方法：

(1) 將實際的頻率響應圖用「漸進線」近似。

(2) **定義系統開路轉移函數** $G(s)H(s)$ **極點與零點的個數分別為 n,m 個，當頻率響應在高頻** $\omega\to\infty$ **時，若波德大小圖的高頻斜率為** $-20(n-m)\mathrm{dB/decade}$ **，且波德相位圖的高頻相位為** $-90^\circ(n-m)/\mathrm{decade}$ **，則此系統稱為「極小相位系統」**，否則稱為「非極小相位系統」（Nonminimum phase system）。

(3) **波德圖在低頻區，若漸進線斜率為** $0\mathrm{dB/decade}$ **，則系統為「型式 0」**（Type 0），**若漸進線斜率為** $-20\mathrm{dB/decade}$ **，則系統為「型式 1」**（Type 1），以下依此類推，故得知以漸進斜率推知系統的 Type。

(4) 當確定「轉角頻率」後，則可根據以上之三種基本因式，畫出波德大小圖。

(5) 根據波德大小圖上的 dB 值，則可決定系統的增益值 K。

例題 18

已知系統的近似「波德圖」如下圖，請問該系統的轉移函數為何？

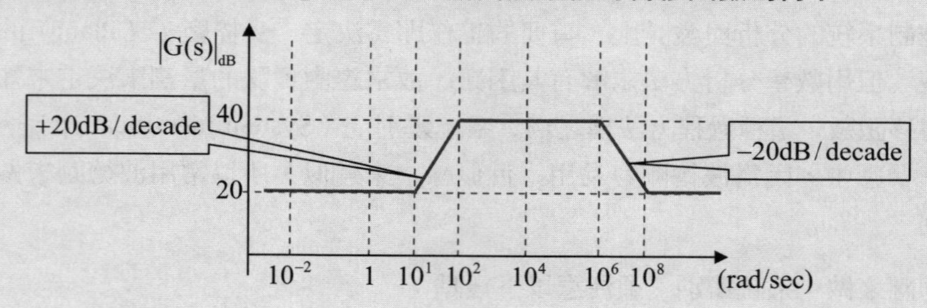

解　(1) 由圖可知其轉角頻率為 10^1 、 10^2 、 10^6 、 10^8 ，極點為 -10^2 、 -10^6 ，零點為 -10^1 、 -10^8 ，且此系統當 ω 極小時，斜率為 0，故知其為 Type 0（即轉移函數分母沒有 s 項）。

(2) 即可令系統之轉移函數為 $G(s)=\dfrac{K(1+s/10)(1+s/10^8)}{(1+s/10^2)(1+s/10^6)}$

當 $s\le 0.1$（s 視為極小）代入圖中可知

$\left|G(s)\right|_{dB}=20=20\log K\Rightarrow\therefore K=10$

故該系統的轉移函數為 $G(s)=\dfrac{10(1+s/10)(1+s/10^8)}{(1+s/10^2)(1+s/10^6)}$。

例題 19

某系統之轉移函數 $G(s)=\dfrac{K(1+0.5s)(1+as)}{s(1+s/8)(1+bs)(1+s/36)}$**，其波德圖之振幅圖（magnitude plot）如下，請找出** K、a、b **值。【98 鐵路特考】**

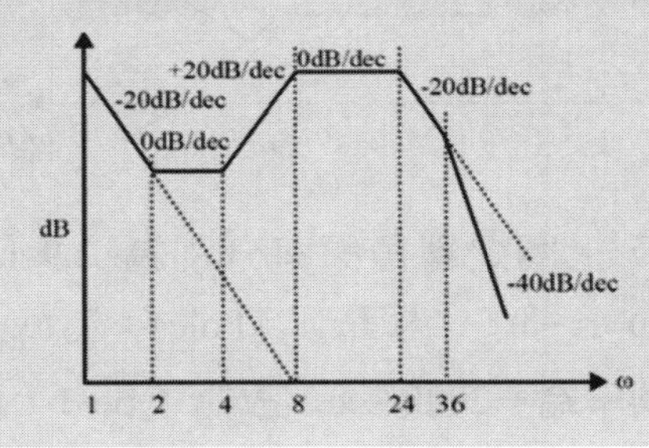

解

(1) 根據波德圖，上圖之轉角頻率分別為 2,4,8,24,36 rad/sec，「零點」（Zeros）為該圖形正斜率的-2,-4；而「極點」（Poles）是該圖形負斜率的-8,-24,-36。

(2) 依據上述資訊及配合圖，可知波德圖標準式

$\Rightarrow G(s)=\dfrac{K(1+s/2)(1+s/4)}{s(1+s/8)(1+s/24)(1+s/36)}$，故得 $a=\dfrac{1}{4},b=\dfrac{1}{24}$

(3) 令 $s=j\omega$ 代入，取大小

$$\left|G(j\omega)\right|_{dB}=20\log K+10\log(1+\frac{\omega^2}{4})+10\log(1+\frac{\omega^2}{4^2})-20\log\omega$$

$$-10\log(1+\frac{\omega^2}{8^2})-10\log(1+\frac{\omega^2}{24^2})-10\log(1+\frac{\omega^2}{36^2})$$

當由極低頻延伸到 $\omega=8 \Rightarrow |G(j\omega)|_{dB}=0$，

即表示當 $\omega=0.8 \Rightarrow |G(j\omega)|_{dB}=20$ 代入得

$|G(j\omega)|_{dB}=20=20\log K-20\log 0.8 \Rightarrow K=8$

例題 20

已知某系統的波德圖如下圖，求該系統的轉移函數為何？【98 國營事業職員】

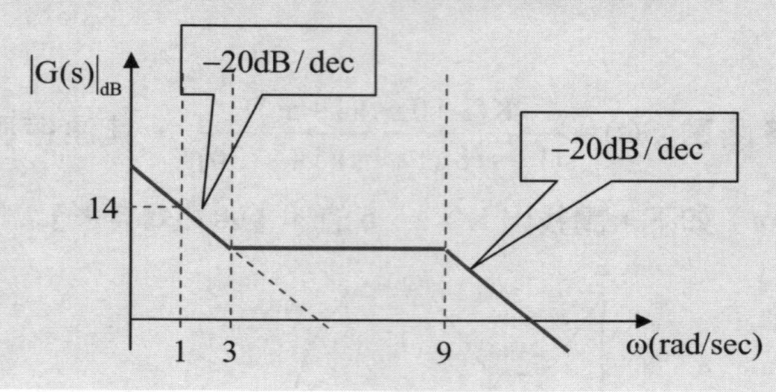

解 (1) 根據波德圖，上圖之轉角頻率分別為 3,9 rad/sec，其中「零點」（Zeros）為 $\omega_Z=-3$，「極點」（Poles）為 $\omega_P=-9$，又此圖在低頻區（$\omega\to 0$）之斜率為－20dB/sec，故為 type 1，及轉移函數分母含有 s^1 項。

(2) 代入「波德圖」標準式

$$\Rightarrow G(j\omega)=\frac{K(1+j\frac{\omega}{3})}{j\omega(1+j\frac{\omega}{9})}\Rightarrow G(s)=\frac{K(1+s/3)}{s(1+s/9)}=\frac{3K(s+3)}{s(s+9)},$$

當 $\omega=1$ 代入

$$|G(j\omega)|_{dB}=20\log K+10\log(1+\frac{\omega^2}{9})-20\log\omega-10\log(1+\frac{\omega^2}{81})=14\text{ dB}$$

$$\therefore 14=20\log K \Rightarrow K=5\Rightarrow G(s)=\frac{15(s+3)}{s(s+9)}$$

例題 21

下圖是一個二次系統之波德圖（bode plot**），其轉角頻率為** 10Hz、100Hz **及** 1000Hz**，試推斷下圖系統之轉移函數。**【97 地特三等】

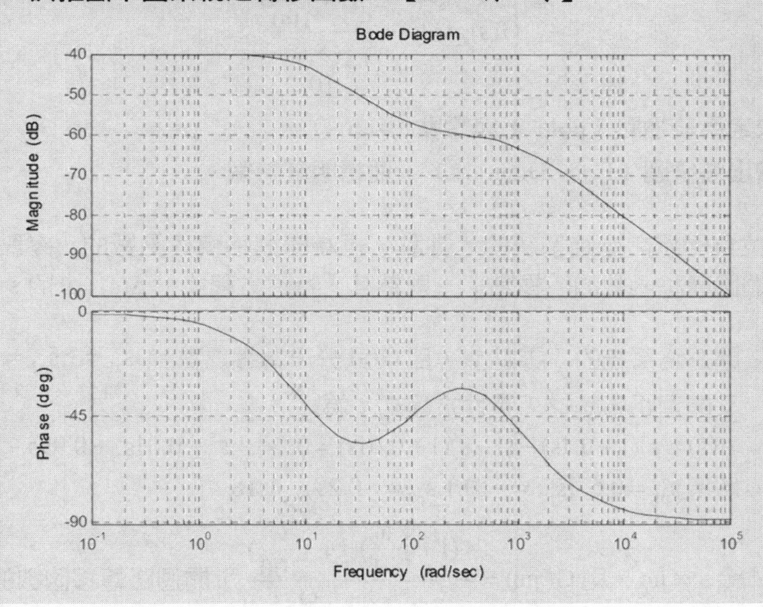

解　(1) 題目所給波德圖，由其大小圖中之轉折點可知轉角頻率分別為 10,100,1000 (rad/sec)，其中「零點」（Zeros）為 $\omega_Z = 100(\text{rad/sec})$，「極點」（Poles）為 $\omega_{P1} = 10, \omega_{P2} = 1000(\text{rad/sec})$。

(2) 代入波德圖標準式 $\Rightarrow G(j\omega) = \dfrac{K(1+j\dfrac{\omega}{100})}{(1+j\dfrac{\omega}{10})(1+j\dfrac{\omega}{1000})}$，

when $s = j\omega$，可推至 $G(s) = \dfrac{100K(s+100)}{(s+10)(s+1000)}$，

當極低頻時 $\omega \to 0$，代入 $|G(j\omega)|_{dB} = -40\text{dB}$

故 $-40 = 20\log K \Rightarrow K = 0.01$

$$\Rightarrow G(s) = \frac{100K(s+100)}{(s+10)(s+1000)} = \frac{(s+100)}{(s+10)(s+1000)}$$

例題 22

已知一單位負回授（unity negative feedback）系統的開路轉移函數為

$$G(s)=\frac{-(1-s)(1+\frac{s}{100})}{s^3(1+\frac{s}{10})}$$

(1) **試決定系統極點（poles）與零點（zeros）。**

(2) **試繪出波德圖（Bode Diagram），並標明其特徵。**

Hint： 單位負回授閉迴路系統的「零點」極為開迴路轉移函數的「零點」，但閉迴路轉移函數的「極點」，則為其「特性方程式」$\Delta(s)=0$ 的 s 值。

解 (1) 閉迴路系統的「零點」，即 G(s) 分母為零之點 $\Rightarrow s_{z1}=1, s_{z2}=-100$

又閉迴路系統之「特性方程式」為

$\Delta(s)=s^3(1+0.1s)-(1-s)(1+0.01s)=0.1s^4+s^3+0.01s^2+0.99s-1=0$

解得 $s_{p1}=0.67, s_{p2}=-10.1, s_{p3}=-0.29\pm j1.18$

(2) 令 $s=j\omega$，則 $G(j\omega)=\dfrac{-(1+j\frac{\omega}{-1})(1+j\frac{\omega}{100})}{-j\omega^3(1+j\frac{\omega}{10})}$，開迴路轉移函數的轉折頻率為 $\omega_{z1}=-1$（不合理，故排除之）and $\omega_{z2}=100$ 及 $\omega_{p1}=10$

則其大小

$$\Rightarrow |G(j\omega)|_{dB}=10\log(1+\omega^2)+10\log(1+\frac{\omega^2}{100^2})-60\log\omega-10\log(1+\frac{\omega^2}{10^2})$$

及其相位 $\Rightarrow \angle G(j\omega)=-180°+\tan^{-1}\omega+\tan^{-1}\frac{\omega}{100}+90°-\tan^{-1}\frac{\omega}{10}$

$$=-90°+\tan^{-1}\omega+\tan^{-1}\frac{\omega}{100}-\tan^{-1}\frac{\omega}{10}$$

故可畫「波德圖」如下：

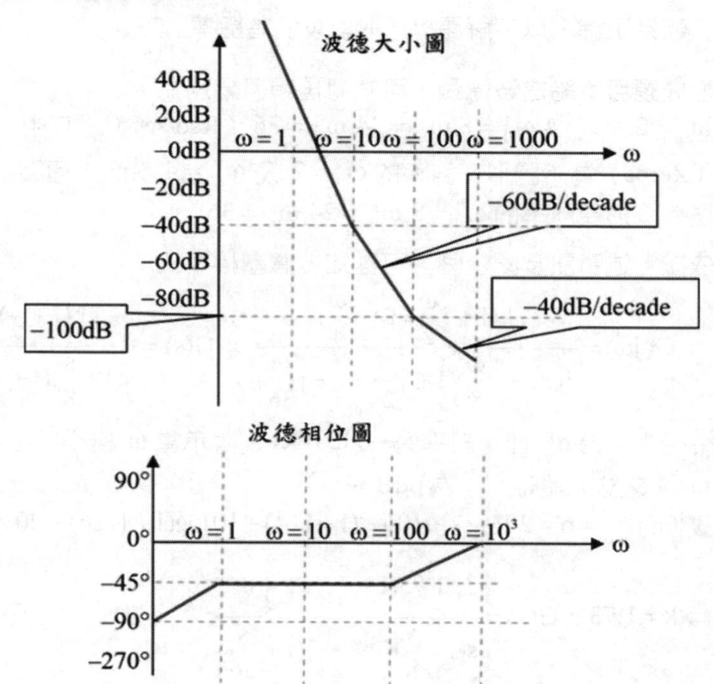

例題 23

試求圖所示波德大小圖（Bode plot of magnitude）之系統轉移函數？（計算至整數位，以下四捨五入）【103 國營事業職員】

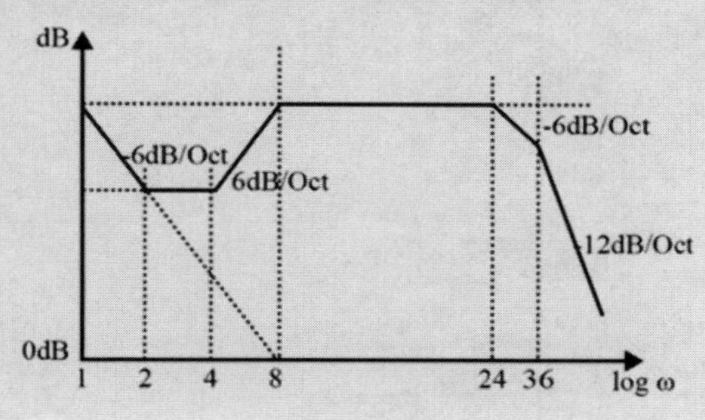

解　【更正】題目橫軸應改為 $\omega(rad/sec)$ 在以 2 為底的半對數紙中畫出此「波德圖」較為正確，以下解題以「$\log_2 \omega$」為基準

(1) 根據題目所給之波德圖，可知轉角頻率分別為
$\omega_{z1}=2,\omega_{z2}=4,\omega_{p1}=8,\omega_{p2}=24,\omega_{p3}=36$（Rad/sec），其中「零點」（Zeros）為給圖形正斜率的 $\omega_{z1}=2$,及 $\omega_{z2}=4$；而「極點」（Poles）是給圖形負斜率的 $\omega_{p1}=8,\omega_{p2}=24,\omega_{p3}=36$

(2) 依據上述資訊及配合圖，可推知波德圖標準式

$$\Rightarrow G(j\omega)=\frac{k(1+j\frac{\omega}{2})(1+j\frac{\omega}{4})}{j\omega(1+j\frac{\omega}{8})(1+j\frac{\omega}{24})(1+j\frac{\omega}{36})}\Rightarrow G(s)=\frac{k(1+\frac{s}{2})(1+\frac{s}{4})}{s(1+\frac{s}{8})(1+\frac{s}{24})(1+\frac{s}{36})}$$

(3) 縱軸大小為 dB 值，斜率為 $-6dB/Oct$，表示當 ω 極小（上圖中為 $\omega=1$ 之點）縱軸大小為 6dB，
故 $\left|G(j)\right|_{dB}=6=20\log k+10\log(1+1/4)+10\log(1+1/16)-20\log\omega$

$$\Rightarrow k=1.73\ \therefore G(s)=\frac{1.73(1+\frac{s}{2})(1+\frac{s}{4})}{s(1+\frac{s}{8})(1+\frac{s}{24})(1+\frac{s}{36})}$$

第八章 頻域的穩定性分析

8-1 奈氏穩定準則

焦點 1　頻率響應的基本觀念的引入。

考試比重：★★☆☆☆　　　　**考題形式：**計算及問答題、觀念的建立

關鍵要訣

1. 利用**「開路轉移函數」**（G(s) or G(s)H(s)）的頻率響應圖與**「極點位置」**判斷「閉迴路系統之穩定性分析」的方法，稱之爲「奈氏穩定準則」（Nyquist Stability Criteria）。

2. 考慮一閉迴路系統轉移函數 $T(s)=\dfrac{G(s)}{1+G(s)H(s)}=\dfrac{G(s)}{\Delta(s)}$ .... (8-1)

   令開迴路轉移函數 G(s)H(s) 爲 $G(s)H(s)=\dfrac{K(s+z_1)......(s+z_m)}{(s+p_1)......(s+p_n)}$，$(n>m)$ ..... (8-2)

   則閉迴路特性方程式爲 $\Delta(s)=1+G(s)H(s)=1+\dfrac{K(s+z_1)......(s+z_m)}{(s+p_1)......(s+p_n)}$

   $=\dfrac{(s+p_1)......(s+p_n)+K(s+z_1)......(s+z_m)}{(s+p_1)......(s+p_n)}\triangleq\dfrac{(s+\tilde{z}_1)......(s+\tilde{z}_m)}{(s+p_1)......(s+p_n)}$ .... (8-3)

   將(8-3)式代入(8-1)式後可以發現，其中 $\Delta(s)$ 的零點 $s=-\tilde{z}_1,......,-\tilde{z}_n$，代表閉迴路系統的極點，而 $\Delta(s)$ 的極點 $s=-p_1,......,-p_n$ 則代表開迴路系統的極點，若希望閉迴路系統穩定，則必須使特性方程式 $\Delta(s)$ 的零點 $s=-\tilde{z}_1,......,-\tilde{z}_n$ 落在 s 平面的左半邊，因此發展出「奈氏穩定準則」。

3. 奈氏曲線（Nyquist Contour）：

如下圖 8-1，在 s 平面上定義一條特殊曲線，此曲線不經過特性方程式中的任何極點與零點，且能包含 s 平面的整個右半邊，這條曲線稱為「奈氏曲線」或稱之為「奈氏路徑」（Nyquist Path），因為奈氏曲線包含特性方程式 在 s 平面右半邊的極、零點，亦即是開迴路轉移函數 在 s 平面右半邊的極、零點，且不經過任何極、零點。

注意 (1) 一般定義「順時針方向」為奈氏曲線的方向。

(2) 奈氏曲線不包含「原點」。

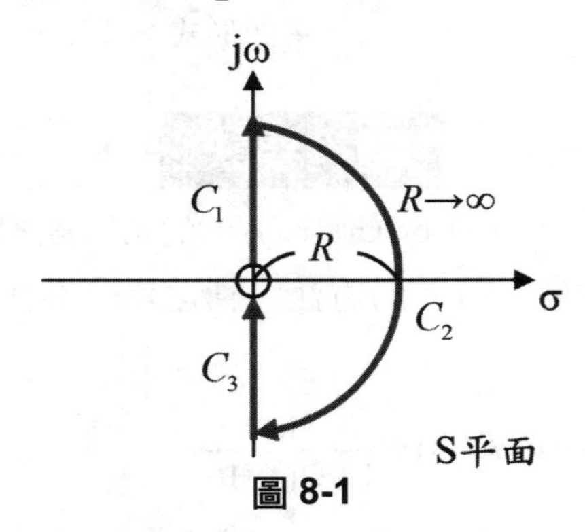

圖 8-1

4. 奈氏圖（Nyquist Plot）：

若將 s 平面上的「奈氏曲線」映射（Mapping）到「開迴路轉移函數」G(s)H(s) 平面上的圖形稱之為 G(s)H(s) 的奈氏圖，亦可簡稱為「極座標圖」（Polar Plot）；簡單的說，將奈氏曲線上的每一點 s 值代入 G(s)H(s) 中，所得到的映射曲線圖稱為「奈氏圖」。

注意 奈氏圖只能描述極小相位系統（詳見焦點 3，重點說明 3 之討論，以及 P.202 波德圖與極小相位系統之判斷法則），對於非極小相位系統，則無此定義。

5. 奈氏穩定準則：

若閉迴路系統在 s 右平面上的「極點個數」（Z）等於開路系統（此時之開路轉移函數為 G(s)H(s) ）在 s 右半面的「極點個數」（P）加上「開路轉移函數」的

奈氏圖對 $-1+j0$ 點順時針的繞圖次數（N），則閉迴路系統穩定，因此滿足下列關係式：$Z=N+P$

（其中 $-1+j0$ 點，稱爲 $G(s)H(s)$ 奈氏圖上的「臨界點」（Critical point））

6. 若希望閉迴路穩定，則必須 $Z=0$，因此有下列兩種狀況：

   (1) **$N=0$ 且 $P=0$，則 $Z=0$**　　(2) **$N\neq 0$ 且 $P=-N$，則 $Z=0$**

   奈氏穩定準則的特點在於只需知道「奈氏圖」對 $-1+j0$ 點順時針的繞圈數（encirclement）與開路系統 $G(s)H(s)$ 在 s 右半平面的極點個數即可判斷此閉迴路系統的穩定性。

7. 奈氏圖的作圖步驟：

   (1) 定義「奈氏曲線」：如上圖 8-1，其中定義箭頭順時針方向爲正，橫軸爲實數 σ、縱軸爲 $j\omega$，半徑爲 ∞

   (2) 半圓中左直線 C_1 的映射（mapping）如後，$s=j\omega$，而頻率 ω 之範圍爲 $\omega: 0^+ \to \infty$，以下分爲三部分：

   A. 低頻部分：$\omega=0^+ \Rightarrow$ **與系統之「Type」有關** $\Rightarrow$ 記下圖 8-2，或直接代入 $GH(j0^+)$

   說明： 令 $G(s)H(s)=\dfrac{K(s+z_1)......(s+z_m)}{s^N(s+p_1)......(s+p_n)}$，which $n>m$。

   其中 $N=0\Rightarrow$ Type0，$N=1\Rightarrow$ Type1，$N=2\Rightarrow$ Type2，…

   當 $\omega=0^+$，$s=j\omega=j0^+$ 代入得

   (9) $N=0\Rightarrow \text{Type0}: GH(j0^+)=\widetilde{K}$（此時先令爲「正實數」，但也可能會有「負實數」的情況，故須輔以「羅氏表」來加以判斷）

   (ii) $N=1\Rightarrow \text{Type1}: GH(j0^+)=\infty\angle-90^\circ$

   (iii) $N=2\Rightarrow \text{Type2}: GH(j0^+)=\infty\angle-180^\circ$

   (iv) $N=3\Rightarrow \text{Type3}: GH(j0^+)=\infty\angle-270^\circ$

   (v) $N=4\Rightarrow \text{Type4}: GH(j0^+)=\infty\angle 0^\circ$，如此再重複，可畫如下圖 8-2：

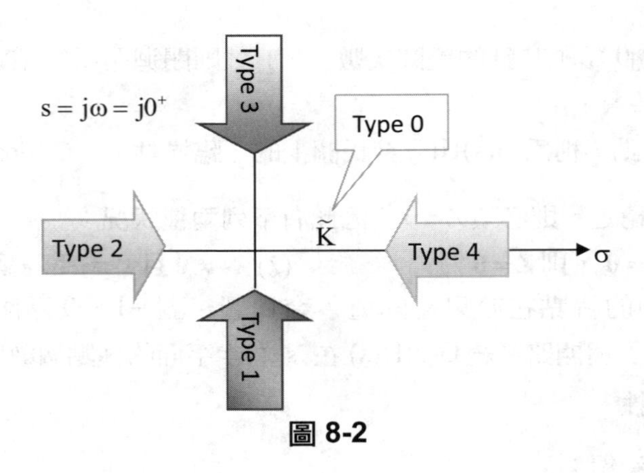

圖 8-2

B. 高頻部分：$\omega \to \infty \Rightarrow$ 與開路轉移函數極、零點個數之差「$n-m$」有關 $\Rightarrow$ 直接記下圖 8-3

說明：令 $G(s)H(s)=\dfrac{b_0 s^m + b_1 s^{m-1} + \ldots\ldots + b_m}{s^n + a_1 s^{n-1} + \ldots\ldots + a_n}$，which $n > m$。

當 $\omega \to \infty$，$s = j\omega = j\infty$ 代入得：

(i) $n-m=1 \Rightarrow GH(j\infty)=\lim\limits_{\omega\to\infty}\dfrac{b_0}{j\omega}=0\angle-90^o$

(ii) $n-m=2 \Rightarrow GH(j\infty)=\lim\limits_{\omega\to\infty}\dfrac{b_0}{(j\omega)^2}=0\angle-180^o$

(iii) $n-m=3 \Rightarrow GH(j\infty)=\lim\limits_{\omega\to\infty}\dfrac{b_0}{(j\omega)^3}=0\angle-270^o$

(iv) $n-m=4 \Rightarrow GH(j\infty)=\lim\limits_{\omega\to\infty}\dfrac{b_0}{(j\omega)^4}=0\angle 0^o$，如此重複，可畫如下圖 8-3：

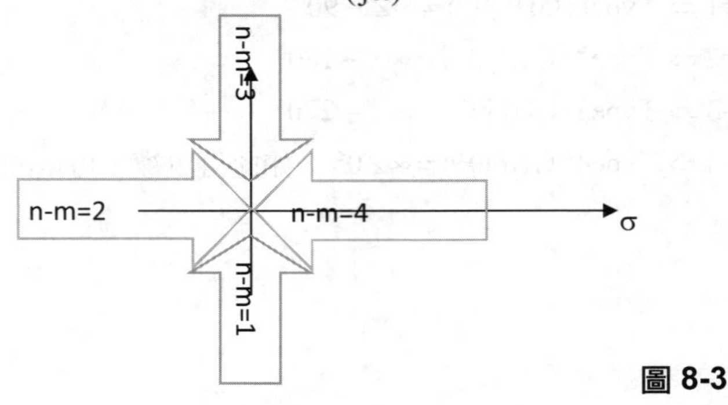

圖 8-3

C.中頻部分：$s = j\omega$，此時分母有理化開路轉移函數，再判斷「奈氏曲線」如何跑（以例題 2、例題 3 來進一步說明）

(3) 半圓中右半部 C_2 的映射（mapping），$s = j\omega$ 會映射到 GH(s) 平面上之「原點」。

(4) 半圓中左直線 C_3 的映射（mapping）與 C_1 的映射對稱於 GH(s) 平面的「實軸 σ」。

(5) 根據所畫出的「奈氏圖」來判斷系統的穩定度。

例題 1

如下圖，K(s)G(s) 有極點 $-3, -2, 3 \pm j2$，若由 K(s)G(s) 的「奈氏圖」（Nyquist Polt）來決定此閉迴路之穩定，則須繞點 $-1 + j0$ 幾圈？

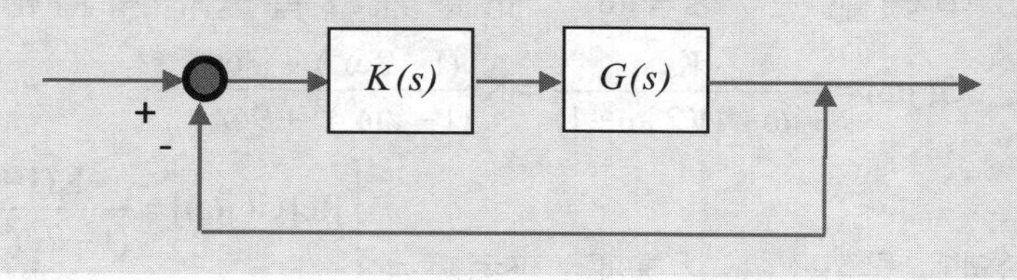

Hint：由「奈氏穩定準則」來判定。

解　因為開路轉移函數 K(s)G(s) 有 2 個極點在 s 的右半平面，所以 $P = 2$

若希望閉迴路穩定，則必須 $Z = 0$，根據「奈氏穩定準則」$N = Z - P$，則 $N = -2$，所以奈氏圖必須以「逆時針方向」繞 $-1 + j0$ 點繞 2 圈。

例題 2

若開路轉移函數 $G(s) = \dfrac{K}{(s+1)(2s+1)}$，請用「奈氏穩定準則」判斷閉迴路穩定的 K 值範圍？

Hint：根據以上之作圖步驟一步步畫出「奈氏圖」，再以「奈氏穩定準則」說明結論。

解　(1) 定義「奈氏曲線」：如下圖，其中定義箭頭順時針方向為正，橫軸為實數 σ、縱軸為 $j\omega$，半徑為 ∞

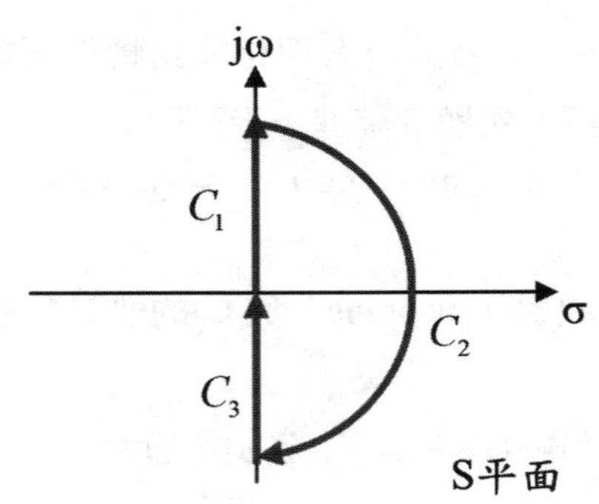

(2) 半圓中左直線 C_1 的映射，$s=j\omega$，頻率 ω 之範圍為 $\omega: 0^+ \to \infty$：

A. 低頻部分：$\omega = 0^+ \Rightarrow$ 系統 Type 0：$G(j0^+) = \widetilde{K} = K$

B. 高頻部分：$\omega \to \infty \Rightarrow n - m = 2 \Rightarrow G(j\infty) = 0\angle -180°$

C. 中 頻 部 分 ： $s=j\omega$ ， 此 時 分 母 有 理 化 開 路 轉 移 函 數 ，

$$G(j\omega) = \frac{K}{(j\omega+1)(2j\omega+1)} = K\frac{(1-2\omega^2)-j3\omega}{(1-2\omega^2)^2+9\omega^2}$$

分別以「實部」、「虛部」來考慮 $\Rightarrow \begin{cases} Re[G(j\omega)] = \dfrac{K(1-2\omega^2)}{(1-2\omega^2)^2+9\omega^2} \\ Im[G(j\omega)] = \dfrac{-3K\omega}{(1-2\omega^2)^2+9\omega^2} \end{cases}$

當 $\omega: 0^+ \to \infty$ 時， $Re[G(j\omega)]$ 由正變成負， $Im[G(j\omega)]$ 為負，所以 mapping 後的曲線在第 $4 \to 3$ 象限；當 $Re[G(j\omega)] = 0$ 時 $\Rightarrow \omega = \frac{1}{\sqrt{2}}$，

而 $Im[G(j\frac{1}{\sqrt{2}})] = -\frac{\sqrt{2}}{3}$ 則「奈氏圖」與虛軸之交點為 $-\frac{\sqrt{2}}{3}$。

(3) 半圓中右半部 C_2 的映射在「原點」上。

(4) 半圓中左直線 C_3 的映射與 C_1 的映射對稱於 GH(s) 平面的「實軸」。

(5) 根據以上，可畫出「奈氏圖」如下圖 8-4。

Nyquist Plot：

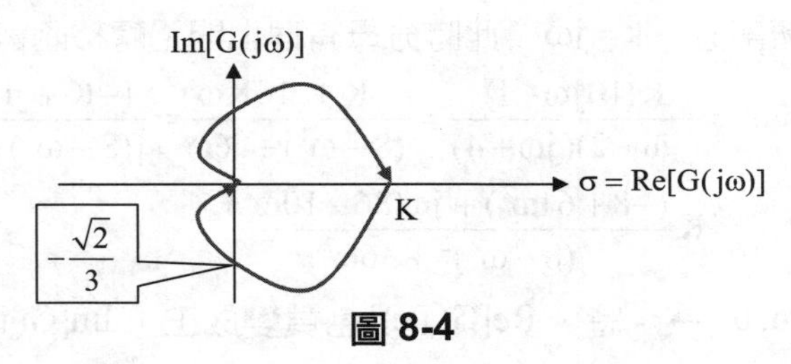

圖 8-4

(6) 因為開路轉移函數 $G(s)=\frac{k}{(s+1)(2s+1)}$ 之極點 $s=-1,\frac{1}{2}$ 均位於 s 平面之左半面，故 $P=0$，若希望閉迴路穩定，則須 $Z=0$，根據「奈氏穩定準則」則必須 $N=0$，根據上面之奈氏圖，當 $K>0$ 時，$N=0$，此閉迴路系統為穩定。

例題 3

若開路轉移函數 $G(s)=\frac{K(10s-1)}{(s+2)(s+4)}$，請用「奈氏穩定準則」判斷閉迴路穩定的 K 值範圍？

Hint：同上重點，但須注意 K 值正負號。

解 (1) 定義「奈氏曲線」：如下圖，其中定義箭頭順時針方向為正，橫軸為實數 σ、縱軸為 jω，半徑為 ∞

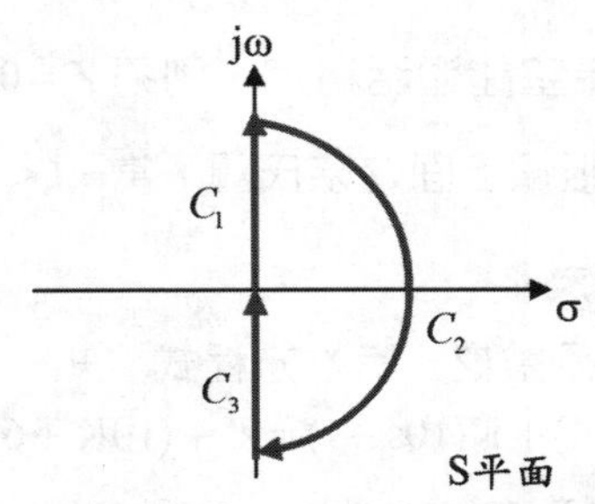

(2) 半圓中左直線 C_1 的映射，$s=j\omega$，頻率 ω 之範圍為 $\omega: 0^+\to\infty$：

A. 低頻部分：$\omega=0^+\Rightarrow$ 系統 Type 0 $\Rightarrow G(j0^+)=-\frac{K}{8}$

B. 高頻部分：$\omega \to \infty \Rightarrow n-m=1 \Rightarrow G(j\infty)=0\angle-90^\circ$

C. 中頻部分：$s=j\omega$，此時分母有理化開路轉移函數，得

$$G(j\omega)=\frac{K(10j\omega-1)}{(j\omega+2)(j\omega+4)}=\frac{-K+j10K\omega}{(8-\omega^2)+j6\omega}=\frac{[-K+j10K\omega][(8-\omega^2)-j6\omega]}{[(8-\omega^2)+j6\omega][(8-\omega^2)-j6\omega]}$$

$$=K\frac{(-8+61\omega^2)+j\omega(86-10\omega^2)}{(8-\omega^2)^2+36\omega^2}$$

當 $\omega: 0^+ \to \infty$ 時，$Re[G(j\omega)]$ 由負變成正，$Im[G(j\omega)]$ 由正變為負，令 $Re[G(j\omega)]=0$ 時 $\Rightarrow \omega=0.36$，

而 $Im[G(j\omega)]=0$，得 $\omega=2.93 \Rightarrow Re[G(j\omega)]=1.667K$，所以實部會先變號，因此映射後的曲線在第 $2\to1\to4$ 象限。（圖中虛線）

(3) 半圓中右半部 C_2 的映射在「原點」上。

(4) 半圓中左直線 C_3 的映射與 C_1 的映射對稱於 $GH(s)$ 平面的「實軸」。（圖中實線）

(5) 當（$K>0$）可畫出「奈氏圖」如下圖 8-5。

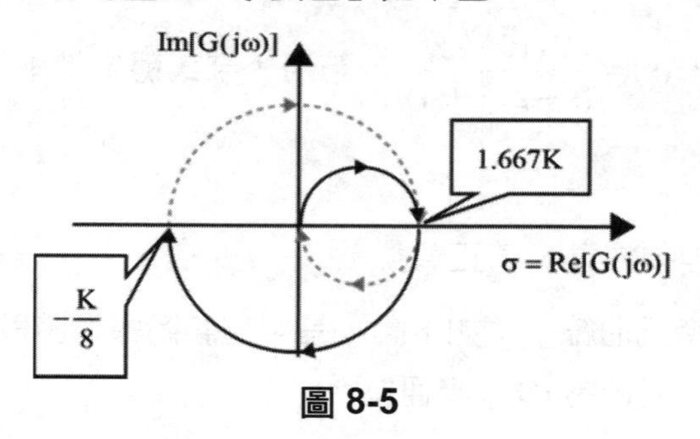

圖 8-5

(6) 因為 $P=0$，若希望閉迴路穩定，則須 $Z=0$，根據「奈氏穩定準則」則必須 $N=0$，根據上面之奈氏圖，當 $-1<-\frac{K}{8} \Rightarrow 0<K<8$ 時，$N=0$，此閉迴路系統穩定。

又由閉迴路轉移函數之「特性方程式」知

$\Delta(s)=(s+2)(s+4)+K(10s-1)=s^2+(10K+6)s+(8-K)=0$

$\Rightarrow 10K+6>0$ 以及 $8-K>0 \Rightarrow -0.6<K<8$，故須考慮 $K<0$ 的部分如下。

(7) 當（ $K<0$ ）畫出「奈氏圖」如下圖 8-6。

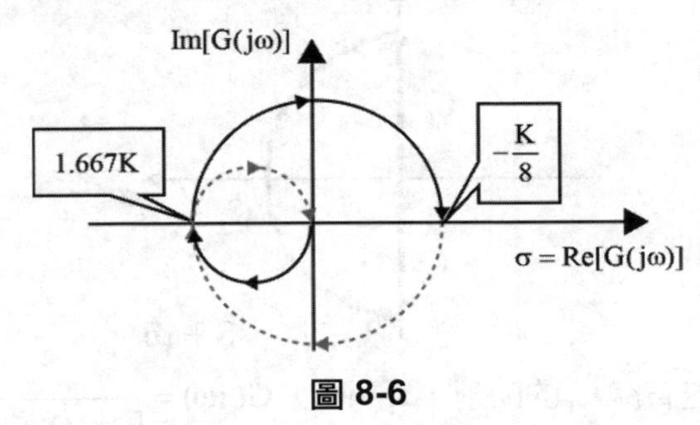

圖 8-6

(8) 因為 $P=0$，若希望閉迴路穩定，則須 $Z=0$，根據「奈氏穩定準則」則必須 $N=0$，根據上面之奈氏圖，當 $-1<1.667K \Rightarrow -0.6<K<0$ 時，$N=0$，此閉迴路系統穩定。

(9) 故當 $-0.6<K<8$ 時，閉迴路系統穩定。

例題 4

請用 Nyquist stability criterion **推導可使下列系統穩定的** K **值範圍。**

【97 地特三等】

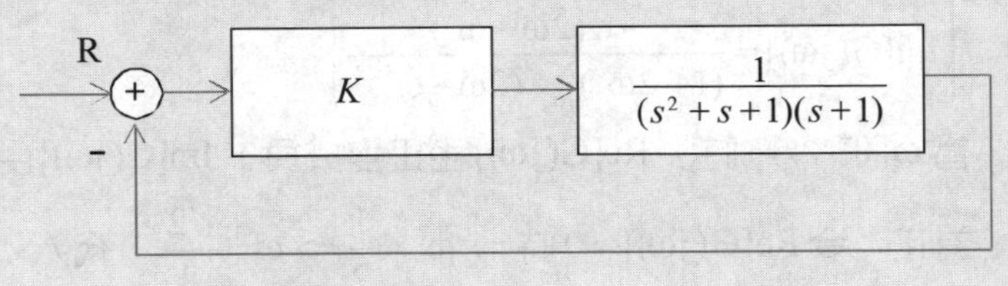

Hint：本題之 $G(s)=\dfrac{K}{(s^2+s+1)(s+1)}$，$H(s)=1$，開迴路轉移函數

$G(j\omega)H(j\omega)=\dfrac{K}{(1-\omega^2+j\omega)(j\omega+1)}$，而閉迴路之特性方程式為

$\Delta(s)=1+G(s)H(s)=0 \Rightarrow s^3+2s^2+2s+(1+K)=0$。

解 (1) 定義「奈氏曲線」：如下圖，其中定義箭頭順時針方向為正，橫軸為實數 σ、縱軸為 jω，半徑為 ∞

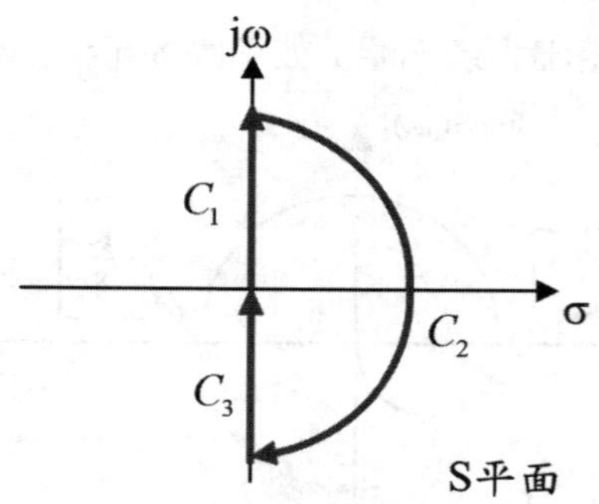

(2) 半圓中左直線 C_1 的映射，$s = j\omega$，$G(j\omega) = \dfrac{K}{[(1-\omega^2)+j\omega](1+j\omega)}$

頻率 ω 之範圍為 $\omega: 0^+ \to \infty$：

A. 低頻部分：$\omega = 0^+ \Rightarrow$ 系統 Type0 $\Rightarrow G(j0^+) = K$

B. 高頻部分：$\omega \to \infty \Rightarrow n - m = 3 \Rightarrow G(j\infty) = 0\angle -270°$

C. 中頻部分：$s = j\omega$，此時分母有理化開路轉移函數，得

$$G(j\omega) = \frac{K[(1-2\omega^2] - jK(2\omega-\omega^3)}{(1-2\omega^2)^2 + (2\omega-\omega^3)^2} \Rightarrow$$

$$\begin{cases} \mathrm{Re}[G(j\omega)] = \dfrac{K[(1-2\omega^2]}{(1-2\omega^2)^2 + (2\omega-\omega^3)^2} \\ \mathrm{Im}[G(j\omega)] = \dfrac{-K(2\omega-\omega^3)}{(1-2\omega^2)^2 + (2\omega-\omega^3)^2} \end{cases}$$

當 $\omega: 0^+ \to \infty$ 時，$\mathrm{Re}[G(j\omega)]$ 由正變成負，$\mathrm{Im}[G(j\omega)]$ 由 0 變負再轉為正，令 $\mathrm{Re}[G(j\omega)] = 0$ 時 $\Rightarrow \omega^2 = \dfrac{1}{2} \Rightarrow \omega = \dfrac{\sqrt{2}}{2}$，代入

$$\mathrm{Im}[G(j\frac{\sqrt{2}}{2})] = -\frac{2\sqrt{2}K}{3}$$

而 $\mathrm{Im}[G(j\omega)] = 0$，得 $\omega = 0, \omega = \sqrt{2}$

$$\Rightarrow \begin{cases} \omega = 0 \Rightarrow \mathrm{Re}[G(j\omega)] = K \\ \omega = \sqrt{2} \Rightarrow \mathrm{Re}[G(j\omega)] = \dfrac{K(1-4)}{(1-4)^2} = -\dfrac{K}{3} \end{cases}$$

，所以 C_1 映射後的曲線在第 $4 \to 3 \to 2$ 象限。（圖中實線）

(3) 半圓中右半部 C_2 的映射在「原點」上。

(4) 半圓中左直線 C_3 的映射與 C_1 的映射對稱於 GH(s) 平面的「實軸」。（圖中虛線）

(5) 當（ $K>0$ ）可畫出「奈氏圖」如下圖 8-7。

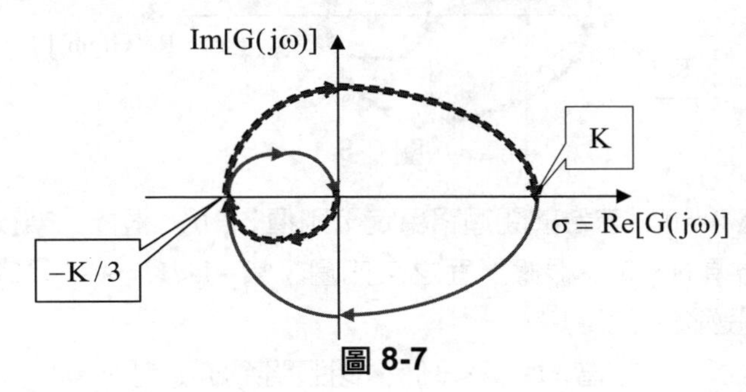

圖 8-7

(6) 因為 $G(s)=\dfrac{K}{(s^2+s+1)(s+1)} \Rightarrow \text{Poles}: s_1=-1, s_{2,3}=-\dfrac{1}{2}\pm j\dfrac{\sqrt{3}}{2}$

$\Rightarrow P=0$，若希望閉迴路穩定，則須 $Z=0$，根據「奈氏穩定準則」則必須 $N=0$，根據上面之奈氏圖，當 $-\dfrac{K}{3}>-1 \Rightarrow 0<K<3$ 時，$N=0$，此閉迴路系統穩定。

又由閉迴路轉移函數之「特性方程式」知

$\Delta(s)=1+G(s)H(s)=0 \Rightarrow s^3+2s^2+2s+(1+K)=0$

先建立「羅斯表（Routh Table）」看其穩定狀況：

s^3	1	2
s^2	2	$1+K$
s	$\dfrac{3-K}{2}$	
1	$1+K$	

$\Rightarrow -1<K<3$ 時，閉迴路穩定，故須考慮 $K<0$ 的部分如下。

(7) 當（ $K<0$)畫出「奈氏圖」如下圖 8-8。

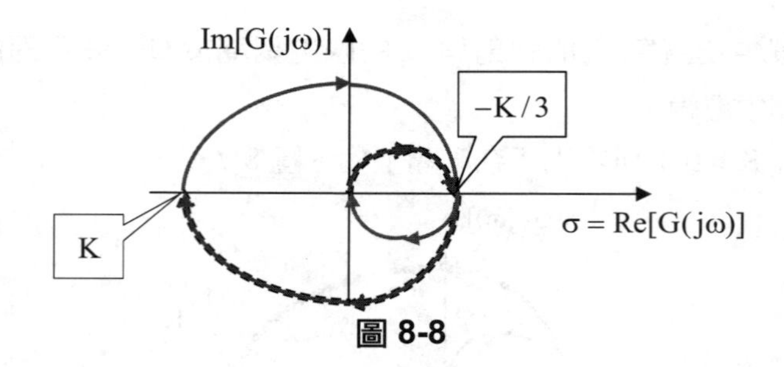

圖 8-8

(8) 因為 $P=0$，若希望閉迴路穩定，則須 $Z=0$，根據「奈氏穩定準則」則必須 $N=0$，根據上面之奈氏圖，當 $-1<K \Rightarrow -1<K<0$ 時，$N=0$，此閉迴路系統穩定。

(9) 綜合以上，故當 $-1<K<3$ 時，閉迴路系統穩定。

例題 5

畫 $G(s)=\dfrac{4}{s^2+4}$ 的 Nyquist Plot。【96 地特三等】

解 (1) 定義「奈氏曲線」如下圖，其中定義箭頭順時針方向為正，橫軸為實數 σ、縱軸為 $j\omega$，半徑為 ∞

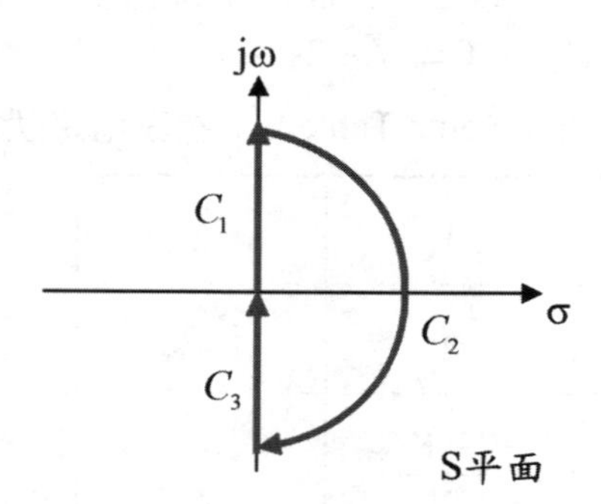

(2) 半圓中左直線 C_1 的映射，$s=j\omega$，

$$G(j\omega)=\frac{4}{4-\omega^2} \Rightarrow \left\{\begin{matrix} Re[G(j\omega)]=\dfrac{4}{4-\omega^2} \\ Im[G(j\omega)]=0 \end{matrix}\right\}$$

$-1+j0$ 頻率 ω 之範圍為 $\omega: 0^+ \to \infty$：

A. 低頻部分：$\omega=0^+ \Rightarrow$ 系統 $\Rightarrow G(j0^+)=1$

B. 高頻部分：$\omega\to\infty \Rightarrow G(j\infty)=0\angle-180^\circ$

C. 中頻部分：$s=j\omega$，此時只有「實部」隨著 ω 變化，可畫圖如下：當 $\omega: 0^+\to 2$ 時，$\text{Re}[G(j\omega)]$ 由 1 變到 $+\infty$，如圖中實線部分所示，又當 $\omega: 2^+\to\infty$ 時，$\text{Re}[G(j\omega)]$ 由 $-\infty$ 變到 0，如圖中虛線部分所示。可畫出「奈氏圖」如下圖 8-9。

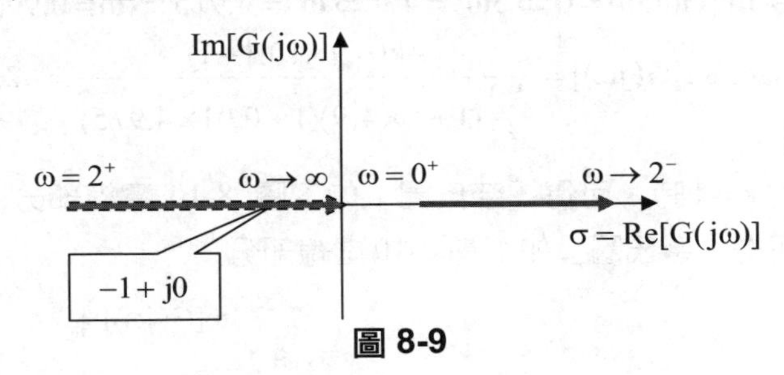

圖 8-9

因為 $P=0$，若希望閉迴路穩定，則須 $Z=0$，根據「奈氏穩定準則」則必須 $N=0$，根據上面之奈氏圖，但 $N=1$，故此閉迴路系統不穩定。

例題 6

考慮單位負回授（unit feedback）系統，若其迴路轉移函數（loop transfer function）為 $GH(s)=\dfrac{k(10s+1)}{s^2(5s+1)(0.1s+1)}$

(1) 當 $k=1$ 和 $k=10$ 繪出 GH 之極座標圖。

(2) 何謂奈式穩定法則（Nyquist stability criterion）？

(3) 應用奈式穩定法則決定閉迴路系統穩定性。【97 高考三級】

解　(1) $H(s)=1$，$GH(s)=\dfrac{k(10s+1)}{s^2(5s+1)(0.1s+1)} \Rightarrow G(j\omega)=\dfrac{k(1+j10\omega)}{-\omega^2(1+j5\omega)(1+j0.1\omega)}$

A. 當極低頻時，$\omega\to 0^+ \Rightarrow \text{Type2} \Rightarrow G(j0^+)=\infty\angle-180^\circ$

B. 當極高頻時，$\omega\to\infty \Rightarrow n-m=3 \Rightarrow G(j\infty)=0\angle-270^\circ$

C. 中頻時，$G(j\omega)=\dfrac{k(1+j10\omega)}{-\omega^2(1+j5\omega)(1+j0.1\omega)}$

$$\Rightarrow\begin{cases}\text{Re}[G(j\omega)]=\dfrac{-k(50.5\omega^2+1)}{\omega^2(1+25\omega^2)(1+0.01\omega^2)}\\ \text{Im}[G(j\omega)]=\dfrac{k\omega(5\omega^2-4.9)}{\omega^2(1+25\omega^2)(1+0.01\omega^2)}\end{cases}$$

令 $\text{Im}[G(j\omega)]=0\Rightarrow 5\omega^2=4.9\Rightarrow\omega^2=4.9/5\Rightarrow\omega=0.99(\text{rad/sec})$

代入 $\text{Re}[G(j\omega)]=\dfrac{-k(4.9\times10.1+1)}{\frac{4.9}{5}(1+5\times4,9)(1+0.01\times4.9/5)}=-2.021k$

當 $k=1$ 時，可得「奈氏圖」如下圖 8-10 實線部分，當 $k=10$ 時，可得「奈氏圖」如下圖 8-10 虛線部分：

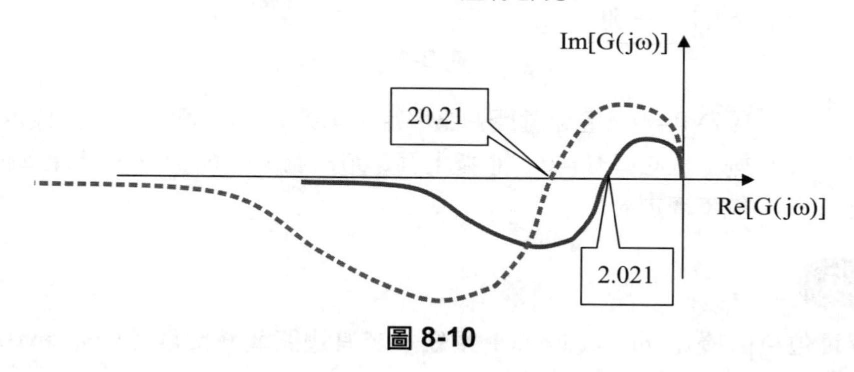

圖 8-10

(2) 奈氏穩定準則：若閉迴路系統在 s 右平面上的「極點個數」(Z)等於開路系統（此時之開路轉移函數為 $G(s)H(s)$）在 s 右半面的「極點個數」(P)加上「開路轉移函數」的奈氏圖對 $-1+j0$ 點順時針的繞圖次數(N)，則閉迴路系統穩定，因此滿足下列關係式：$Z=N+P$，系統即為穩定。若希望閉迴路穩定，則必須 $Z=0$，因此有下列兩種狀況：

A. $N=0$ 且 $P=0$，則 $Z=0$　　　B. $N\neq0$ 且 $P=-N$，則 $Z=0$

奈氏穩定準則的特點在於只需知道「奈氏圖」對 $-1+j0$ 點順時針的繞圈數（encirclement）與開路系統 $G(s)H(s)$ 在 s 右半平面的極點個數即可判斷此閉迴路系統的穩定性。

(3) 此題 $P=0$，但 $N\neq0$，故知為「不穩定系統」。

例題 7

(1) **決定下列系統轉移函數當輸入為** $r(t)=2\sin 2t$ **的穩態響應**（steady-state response）：$T(s)=\dfrac{1}{(s+1)(0.1s+1)}$

(2) **請畫出該系統之波德圖**（Bode Diagram）。

解 (1) $T(s)=\dfrac{1}{(s+1)(0.1s+1)} \Rightarrow T(j\omega)=\dfrac{1}{(1+j\omega)(1+j\dfrac{\omega}{10})}$

$\Rightarrow T(j\omega)=\dfrac{1}{\sqrt{1+\omega^2}\sqrt{1+0.01\omega^2}}\angle -\tan^{-1}\omega-\tan^{-1}0.1\omega$；當 $\omega=2(rad/sec)$ 時，

$|T(j2)|=\dfrac{1}{\sqrt{1+2^2}\sqrt{1+0.04}}\cong 0.439$；

$\angle T(j2)=-\tan^{-1}2-\tan^{-1}0.2\cong -74.74°$

$\therefore y_{ss}(t)=2\times 0.439\sin(2t-74.74°)$

(2) 當列出以下資訊，可畫「波德圖」如「圖 8-11」所示。

A. $\omega\to 0^+$，$|T(j0^+)|=1\Rightarrow |T(j0^+)|_{dB}=20\log 1=0$；$\angle T(j0^+)=0°$

B. $\omega=1\Rightarrow |T(j1)|_{dB}=-3(dB)$；$\angle T(j1)=-\tan^{-1}1-\tan^{-1}0.1=-45°$

C. $\omega=10\Rightarrow |T(j10)|_{dB}=-10\log 101-10\log\dfrac{100}{100}\cong -20(dB)$；

$\angle T(j10)=-\tan^{-1}10-\tan^{-1}1=-90°-45°=-135°$

D. $\omega=100\Rightarrow$

$|T(j100)|_{dB}=-10\log(1+100^2)-10\log(1+0.01\times 100^2)=-60(dB)$；

$\angle T(j100)=-\tan^{-1}100-\tan^{-1}10=-180°$ and $\angle T(j\infty)=-180°$

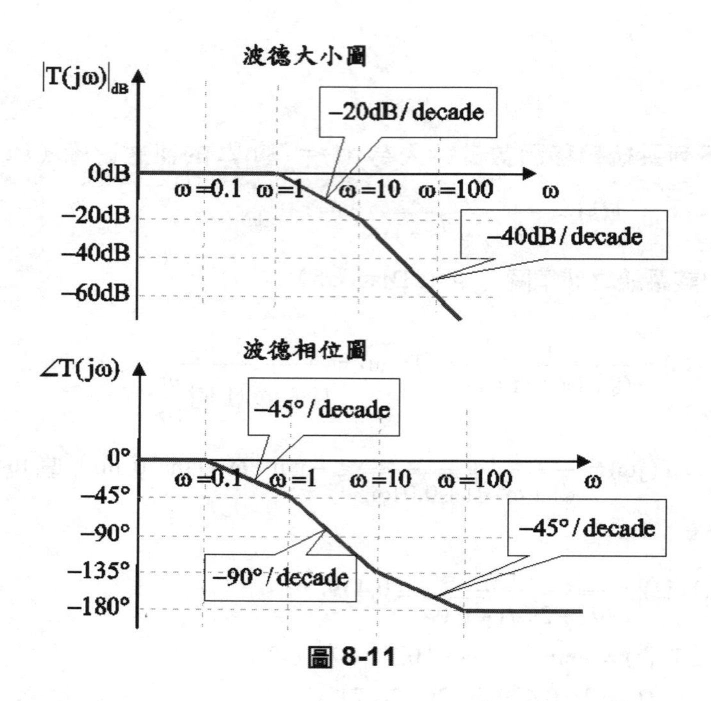

圖 8-11

例題 8

設一控制系統如圖所示，其中 $G(s)H(s)=\dfrac{K}{s(T_1s+1)(T_2s+1)}$

(1) 已知 $K=1$ 時，$G(j\infty)H(j\infty)$ 之極座標圖（Polar plot），如圖所示，試求 T_1 及 T_2 值。(10 分)

(2) 求使系統穩定之 K 值範圍。

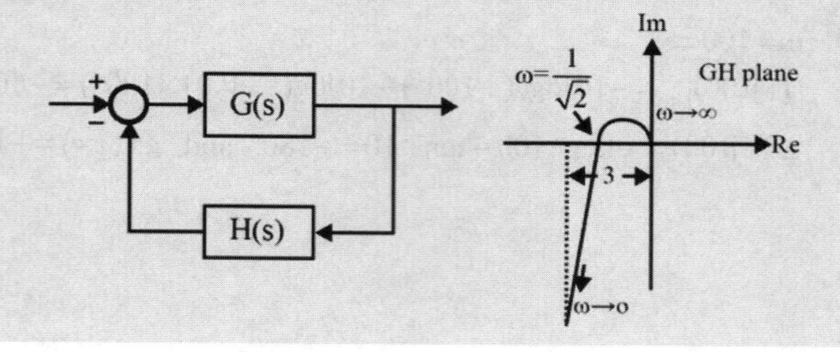

解　(1) 極座標圖即為「奈氏圖」，先令 $s=j\omega$，代入

$$G(s)H(s)\Rightarrow G(j\omega)H(j\omega)=\frac{K}{j\omega(1+jT_1\omega)(1+jT_2\omega)}$$

$$\Rightarrow\frac{K}{\omega\sqrt{1+\omega^2T_1^{\ 2}}\sqrt{1+\omega^2T_2^{\ 2}}}\angle-90^\circ-\tan^{-1}\omega T_1-\tan^{-1}\omega T_2$$，當

A. 低頻時，$\omega\to0^+\Rightarrow G(j0^+)H(j0^+)=0\angle-90^\circ$

B. 極高頻時，$\omega\to\infty\Rightarrow G(j\infty)H(j\infty)=0\angle-270^\circ$

C. 中頻時，$\Rightarrow G(j\omega)H(j\omega)=\dfrac{K}{j\omega[(1-T_1T_2\omega^2)+j\omega(T_1+T_2)}$

$$\Rightarrow\frac{K}{-\omega^2(T_1+T_2)+j\omega(1-\omega^2T_1T_2)}$$

$$\Rightarrow\begin{cases}Re[G(j\omega)H(j\omega)]=\dfrac{-K(T_1+T_2)}{\omega^2(T_1+T_2)^2+(1-\omega^2T_1T_2)^2}\\[2ex] Im[G(j\omega)H(j\omega)]=\dfrac{-K(1-\omega^2T_1T_2)}{\omega^2(T_1+T_2)^2+(1-\omega^2T_1T_2)^2}\end{cases}$$；由圖知

當 $\omega=\dfrac{1}{\sqrt{2}}$ 時，$Im[G(j\omega)H(j\omega)]=0\Rightarrow-\dfrac{1}{\sqrt{2}}(1-\dfrac{1}{2}T_1T_2)=0\Rightarrow T_1T_2=2$

又當 $\omega=0^+$ 時，$Re[G(j\omega)H(j\omega)]=-3\Rightarrow T_1+T_2=3\Rightarrow T_1=1,T_2=2$ or $T_1=2,T_2=1$

(2) 令「轉移函數」$\Rightarrow T(s)=\dfrac{G(s)}{1+GH(s)}=\dfrac{K}{s(T_1s+1)(T_2s+1)+K}$，則其「特性方程式」為 $\Delta(s)=s(s+1)(2s+1)+K=0\Rightarrow2s^3+3s^2+s+K=0$，代入以下「羅斯表」（Routh Table）檢驗其穩定性。

s^3	2	1
s^2	3	K
s	$\dfrac{3-2K}{3}$	
1	K	

$\Rightarrow3-2K>0$ and $K>0$，故 $\dfrac{3}{2}>K>0$。

8-2 相對穩定度

焦點 2 相對穩定度與「增益邊限」及「相位邊限」。

考試比重：★★★☆☆　**考題形式：**計算分析為主，此節為出題重點

關鍵要訣

1. 若要判斷控制系統是否穩定，乃根據「特性方程式」$\Delta(s)=1+G(s)H(s)=0$，且滿足大小關係與相位關係，若令 $s=j\omega$ 代入上述「特性方程式」中，即轉成頻域 $\Delta(j\omega)=1+G(j\omega)H(j\omega)=0$，同樣須滿足
「大小關係」：$|G(j\omega)H(j\omega)|=1$
與「相位關係」：$\angle G(j\omega)H(j\omega)=\pm180°$。

2. 若系統 A 滿足大小關係（$|\angle G_A(j\omega)H_A(j\omega)|=1$），但不滿足「相位關係」（$\angle G_A(j\omega)H_A(j\omega)\neq\pm180°$），系統 B 滿足相位關係（$\angle G_B(j\omega)H_B(j\omega)=\pm180°$），但不滿足「大小關係」（$|\angle G_B(j\omega)H_B(j\omega)|\neq1$），此時哪一個系統較爲穩定呢？由此即可衍生出「相對穩定度」（Relative stability）的論點。

3. 何謂「中性穩定（Neutral stability）邊界」（或稱「臨界穩定邊界」）呢？
【Ans】$\Rightarrow$由 $|G(j\omega)H(j\omega)|=1$ 與 $\angle G(j\omega)H(j\omega)=\pm180°$ 兩條件所形成的邊界。
今考慮一個 $G(j\omega)H(j\omega)$ 的「奈氏圖」如下圖 8-12：

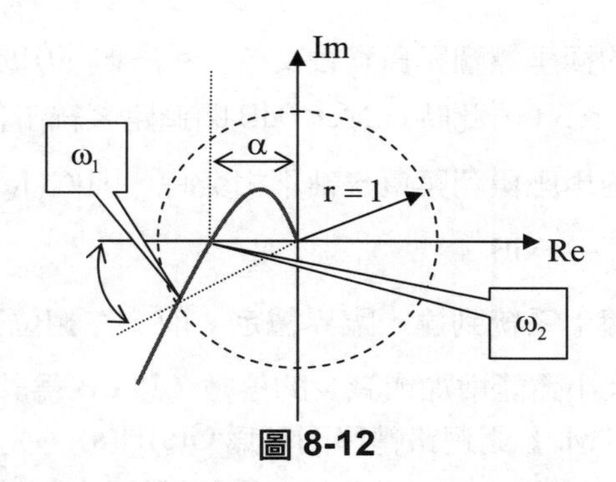

圖 8-12

當 $\omega=\omega_1$ 時，$G(j\omega_1)H(j\omega_1)$ 與單位圓相交，此時與相位角爲 ϕ 角，即 $\Rightarrow$ $|G(j\omega_1)H(j\omega_1)|=1$ 且 $\angle G(j\omega_1)H(j\omega_1)=\phi$；而當 $\omega=\omega_2$ 時，$G(j\omega_2)H(j\omega_2)$ 與負實軸相交 $\Rightarrow$ 此時 $|G(j\omega_2)H(j\omega_2)|=\alpha$ 且 $\angle G(j\omega_2)H(j\omega_2)=\pm 180^\circ$。

當 $G(j\omega)H(j\omega)$ 越接近 $-1+j0$ 點時，則 $\phi\rightarrow -180^\circ$，$\alpha\rightarrow 1$，此時相對穩定度越差，因此，利用 α 與 ϕ 的特性，則可定義出「增益邊限」（Gain Margin）與「相位邊限」（Phase Margin）。

注意　增益邊限與相位邊限是利用「開路轉移函數」所計算出的，但求得的值（Gain margin and Phase margin）卻是代表「閉迴路系統」的相對穩定度。

4. **增益邊限（Gain margin）**：當相位關係爲 $\angle G(j\omega)H(j\omega)=-180^\circ$ 時，此時的頻率 ω_p 稱爲**「相位交越頻率」**（Phase Cross-over frequency），在此頻率下，增益邊界（G.M.）定義如下：

$$G.M.=20\log\frac{1}{|G(j\omega_p)H(j\omega_p)|}(dB)$$

，對穩定的開路系統而言，則有下列結論：

(1) $\angle G(j\omega_p)H(j\omega_p)=-180^\circ$

(2) 若 $G(j\omega)H(j\omega)$ 的極座標圖與負實軸交於 $(0,-1+j0)$ 之間時，則 $|G(j\omega_p)H(j\omega_p)|=\alpha<1$，此時 $G.M.>0dB$ 閉迴路系統穩定。

(3) 若 $G(j\omega)H(j\omega)$ 的極座標圖與負實軸交於 $-1+j0$ 點時，則 $|G(j\omega_p)H(j\omega_p)|=\alpha=1$，此時 $G.M.=0dB$ 閉迴路系統臨界穩定。

(4) 若$G(j\omega)H(j\omega)$的極座標圖與負實軸交於$(-\infty,-1+j0)$間時，則
$\left|G(j\omega_p)H(j\omega_p)\right|=\alpha>1$，此時$G.M.<0dB$閉迴路系統不穩定。

(5) 若$G(j\omega)H(j\omega)$的極座標圖與負實軸不相交時，則$\left|G(j\omega_p)H(j\omega_p)\right|=\alpha=0$，此時閉迴路之$G.M.\to\infty dB$。

5. **增益邊限的物理意義：**系統到達「臨界穩定」前，在相位交越頻率（ω_p）下，開路轉移函數增益大小還能增加或減少的倍數（以dB爲計算單位）
【利用物理意義求G.M.】閉迴路轉移函數爲$G(s)H(s)$，先令其加入一增益器 K，再求出閉迴路特性方程式，並令$\Delta(s)=1+KG(s)H(s)=0$，以「羅斯表」（Routh Table）求出K的上、下限範圍，以K的上限值代入$G.M.=20\log|K|$，即可得G.M.（in dB）的值。（如例題10、求G.M.之【解二】）

6. **相位邊限（Phase margin）：**當大小關係$\left|G(j\omega)H(j\omega)\right|=1$時，此時的頻率稱爲**「增益交越頻率$\omega_g$」**（Gain Cross-over frequency），在此頻率下，相位邊界（P.M.）定義如下：
$P.M.=180°+\angle G(j\omega_g)H(j\omega_g)$，對穩定的開路系統而言，則有下列結論：

(1) $\left|G(j\omega_g)H(j\omega_g)\right|=1$

(2) 若$G(j\omega)H(j\omega)$的極座標圖與負實軸交於$(0,\ -1+j0)$之間時，則
$-180°<\angle G(j\omega_g)H(j\omega_g)=\phi<0°$，此時$P.M.>0°$閉迴路系統穩定。

(3) 若$G(j\omega)H(j\omega)$的極座標圖與負實軸交於$-1+j0$點時，則
$\angle G(j\omega_g)H(j\omega_g)=\phi=-180°$，此時$P.M.=0°$閉迴路系統臨界穩定。

(4) 若$G(j\omega)H(j\omega)$的極座標圖與負實軸交於$(-\infty,-1+j0)$間時，則
$\angle G(j\omega_g)H(j\omega_g)=\phi<-180°$，此時$P.M.<0°$閉迴路系統不穩定。

7. 相位邊限的物理意義：系統到達「臨界穩定」前，在增益交越頻率（ω_g）下，開路轉移函數還能落後多少相位。

注意 目前無法由其「物理意義」求出P.M.。

例題 9

若一系統之開迴路轉移函數 $G(s)=\dfrac{K}{s(1+0.2s)(1+0.05s)}$ **，** $H(s)=1$ **，求當下列情形時之 K 為何？**

(1) **增益邊限（Gain Margin）等於 20dB。**

(2) **相位邊限（Phase Margin）等於 40°。**

Hint：(1)開路轉移函數為 $G(s)H(s)$ 、閉迴路之特性方程式為 $\Delta(s)=1+G(s)H(s)$

(2) $\tan(\alpha+\beta)=\dfrac{\tan\alpha+\tan\beta}{1-\tan\alpha\tan\beta}$

解　$\Delta(s)=1+G(s)H(s)=1+G(s)=s^3+25s^2+100s+100K=0$

先建立「羅斯表」看其穩定狀況：

s^3	1	100
s^2	25	100K
s	100−4K	
s^0	100K	

$\Rightarrow 0<K<25$ 時，閉迴路穩定；

(1) 求G.M.，則須先求出 ω_p，欲求出 ω_p，則需先由相位關係著手

由 $G(j\omega)H(j\omega)=\dfrac{K}{j\omega(1+\frac{j\omega}{5})(1+\frac{j\omega}{20})}\Rightarrow$

$\angle G(j\omega)H(j\omega)=-90°-\tan^{-1}\dfrac{\omega}{5}-\tan^{-1}\dfrac{\omega}{20}$ ，if $\angle GH=-180°$, then $\omega=\omega_p$

Let $\tan^{-1}\dfrac{\omega}{5}=\theta$ ，則 $\tan\theta=\dfrac{\omega}{5}$ 代回上式 $\Rightarrow\tan^{-1}\dfrac{\omega}{20}=90°-\theta\Rightarrow\dfrac{\omega}{20}=\cot\theta$

$\because\tan\theta\cot\theta=1\Rightarrow\dfrac{\omega_p^{\,2}}{100}=1\Rightarrow\therefore\omega_p=10\,(\text{rad/sec})$

則 $G.M.=20\log\dfrac{1}{|G(j\omega_p)H(j\omega_p)|}=20\log\dfrac{1}{\dfrac{K}{10\sqrt{5}\sqrt{5/4}}}=20\log\dfrac{25}{K}=20$

$\Rightarrow K=2.5$，在 $0<K<25$ 的穩定範圍內，故為其解。

(2) 求 $P.M.=40^\circ$，則 $180^\circ+\angle G(j\omega_g)H(j\omega_g)=40^\circ$

$\Rightarrow \angle G(j\omega_g)H(j\omega_g)=-140^\circ \Rightarrow -90^\circ-\tan^{-1}\dfrac{\omega_g}{5}-\tan^{-1}\dfrac{\omega_g}{20}=-140^\circ$

由「提示(2)」$\Rightarrow \tan 50^\circ=\dfrac{\dfrac{\omega_g}{5}+\dfrac{\omega_g}{20}}{1-\dfrac{\omega_g}{5}(\dfrac{\omega_g}{20})}=\dfrac{25\omega_g}{100-{\omega_g}^2}\Rightarrow \omega_g=4(rad/sec)$

而當 $\omega_g=4(rad/sec)$ 時，$|G(j\omega_p)H(j\omega_p)|=1$

$\Rightarrow |G(j\omega_p)H(j\omega_p)|=\left|\dfrac{K}{4\sqrt{1+\dfrac{4^2}{5^2}}\sqrt{1+\dfrac{4^2}{20^2}}}\right|=1$

$\Rightarrow K=5.22$，在 $0<K<25$ 的穩定範圍內，故為其解。

98年高考題目如下，可以自行練習。

同上類似題

已知一單位負迴授（unity negative feedback）系統的開路轉移函數為

$G(s)=\dfrac{K}{s(1+0.2s)(1+0.05s)}$

(1) **試求 $K=1$ 時，系統的增益邊限（gain margin）和相位邊限（phase margin）。**

(2) **試求增益 K 值，使系統的增益邊限（gain margin）為 14dB。**

【98高考三級】

解　(1) $\therefore \omega_p = 10 \Rightarrow G.M. = 20\log\dfrac{1}{|G(j\omega_p)|} = 20\log 25 = 27.96(dB)$

又 $\omega_g^{\ 6} + 425\omega_g^{\ 4} + 10000\omega_g^{\ 2} - 1000 = 0 \Rightarrow trial/error \Rightarrow \omega_g = 0.98$

$\Rightarrow P.M. = 180° + \angle G(j\omega_g) = 76.1°$

(2) $14 = 20\log\dfrac{25}{K} \Rightarrow \dfrac{25}{K} = 10^{0.7} = 5.01 => K = 4.99$

例題 10

已知一系統之開路轉移函數 $G(s) = \dfrac{1}{s(1+s)^2}$，求該系統之增益邊限（Gain Margin）、相位邊限（Phase Margin）各為何？

Hint： 開路轉移函數為 $G(s)H(s)$，但因未給 $H(s)$，故先令 $H(s)=1$，假設控制器 K，求出閉迴路系統穩定 K 的範圍，代入 K 的上限求出 G.M.。

解　先假設控制器 K，令開路轉移函數 $G(s)H(s) = \dfrac{K}{s(1+s)^2}$，則閉迴路之特性方程式為 $\Delta(s) = 1 + G(s)H(s) = 0 \Rightarrow s^3 + 2s^2 + s + K = 0$

先建立「羅斯表」看其穩定狀況：

s^3	1	1
s^2	2	K
s	$\dfrac{2-K}{2}$	
s^0	K	

$\Rightarrow 0 < K < 2$ 時，閉迴路穩定（題目給 $K=1$）；

(1) 求 G.M.【解一】，則須先求出 ω_p，欲求出 ω_p，則需先由相位關係著手

$\angle G(j\omega_p) = -180° \Rightarrow -90° - 2\tan^{-1}\omega_p = -180° \Rightarrow \omega_p = 1(rad/sec)$

$G.M. = 20\log\dfrac{1}{|G(j\omega_p)|} = 20\log\dfrac{1}{1/2} = 20\log 2 = 20 \times 0.3010 = 6.02$

注意 求G.M.【解二】以K的上限值($K=2$)代入公式

$$G.M.=20\log|K|=20\log 2=6.02$$

(2) 求P.M.,則須先求出ω_g,欲求出ω_g,則需先由大小關係著手:

$$|G(j\omega_g)|=\left|\frac{1}{j\omega_g(j\omega_g+1)^2}\right|=\frac{1}{\omega_g(1+\omega_g{}^2)}=1\Rightarrow\therefore\omega_g\simeq 0.5(rad/sec)$$

$$P.M.=180°+\angle G(j\omega_g)=180°+(-143.13°)=36.87°$$

例題 11

已知A、B兩系統之奈式圖(Nyquist plot),如下所示:

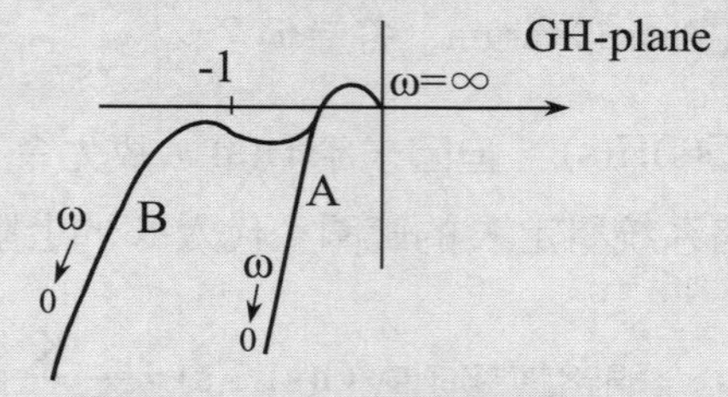

(1) 請定義相位邊限(phase margin)及增益邊限(gain margin)。

(2) 根據相位邊限及增益邊限說明A、B兩系統之區別。【93高考三級】

解 (1) PM以及GM定義如下:

A. 相位邊限(Phase margin):當大小關係$|G(j\omega)H(j\omega)|=1\frac{n!}{r!(n-r)!}$時,此時的頻率稱為「增益交越頻率$\omega_g$」(Gain Cross-over frequency),在此頻率下,相位邊界(P.M.)定義為:

$$P.M.=180°+\angle G(j\omega_g)H(j\omega_g)$$

B. 增益邊限(Gain margin):當相位關係為$\angle G(j\omega)H(j\omega)=-180°$時,此時的頻率$\omega_p$稱為「相位交越頻率」(Phase Cross-over frequency),在此頻率下,增益邊界(G.M.)定義為:

$$G.M.=20\log\frac{1}{|G(j\omega_p)H(j\omega_p)|}(dB)$$

(2) 如題所給兩系統之「奈氏圖」，因為兩系統與「負實軸」相交之點為同一點，故知其「增益邊限（Gain Margin）」相同，但是系統 B 的「相位邊限」明顯比系統 A 小，且更接近「臨界」點（Critical $\Rightarrow -1+j0$），故系統 A 會比系統 B 有較佳的穩定性。

焦點 3　**「波德圖」與「增益邊限」**（G.M.）**及「相位邊限」**（P.M.）。

考試比重：★★☆☆☆　　**考題形式：**簡答、計算為主

關鍵要訣

「頻率響應」分析上，利用「開路轉移函數」進行穩定性分析的工具有「波德圖」（Bode Plot）以及「奈氏圖」（Nyquist Plot），可以依照這兩圖的關係，來判斷閉迴路控制系統是否穩定，以及求出「增益邊限」以及「相位邊限」如下所述：

1. **穩定的閉迴路系統：** $G.M.>0dB$ 以及 $P.M.>0°$，如下圖 8-8 之「奈氏圖」以及圖 8-9 之「波德圖」，可以在圖 8-9 的大小關係圖中，由開迴路轉移函數之「大小關係圖=1」決定出 ω_g（增益交越頻率），對下「相位關係圖」可以決定出 $P.M.>0°$，而由開迴路轉移函數之「相位關係圖」$\omega=-180°$，決定出 ω_p（相位交越頻率），由上對到「大小關係圖」中，可以決定出 $G.M.=+?dB$。

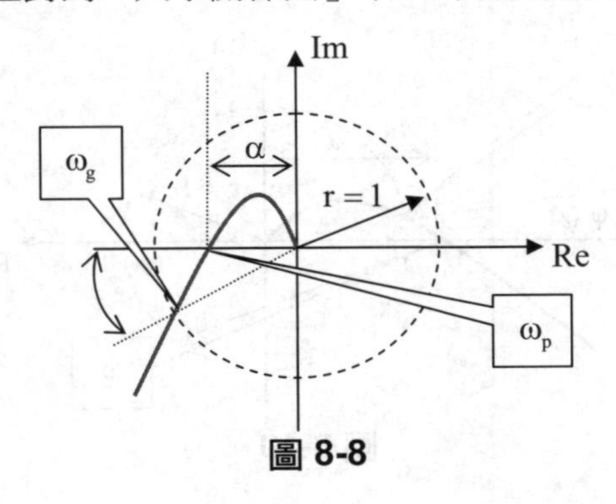

圖 8-8

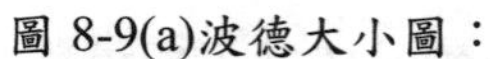
圖 8-9(a)波德大小圖：

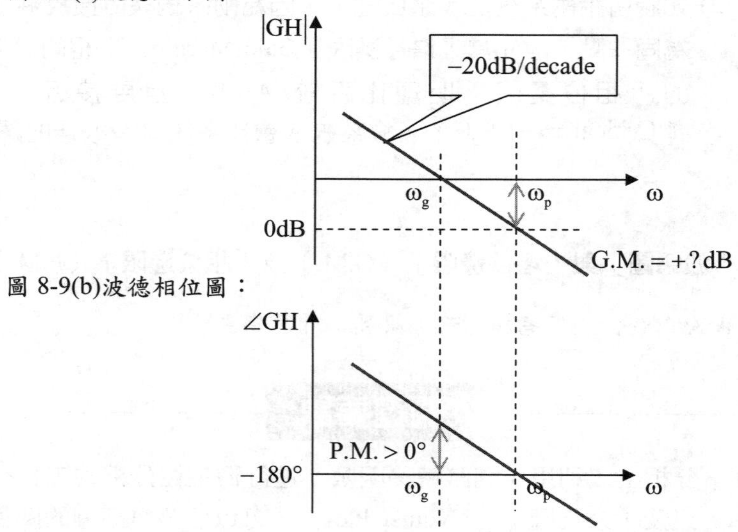

2. **不穩定的閉迴路系統：**由上可知條件是 G.M. < 0dB 以及 P.M. < 0°，如下圖 8-10 之「奈氏圖」以及圖 8-11 之「波德圖」，可以在圖 8-11(a)的大小關係圖中，由開迴路轉移函數之「大小關係圖=1」決定出 ω_g（增益交越頻率），向下對到「相位關係圖」中，可以決定出 P.M. < 0°，而由開迴路轉移函數之「相位關係圖」$\omega=-180°$，決定出 ω_p（相位交越頻率），由上對到「大小關係圖」中，可以知道 G.M. < 0dB。

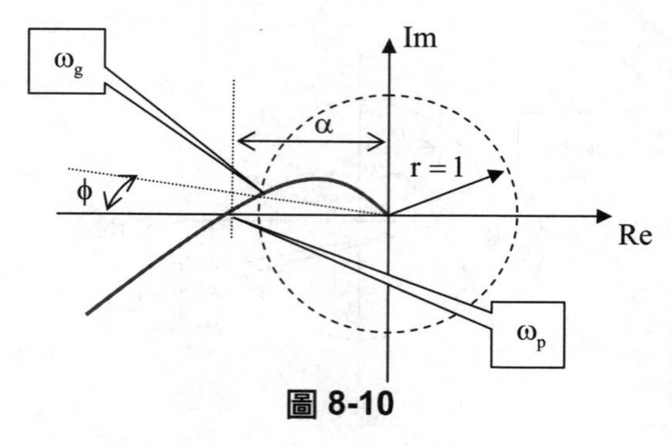

圖 8-10

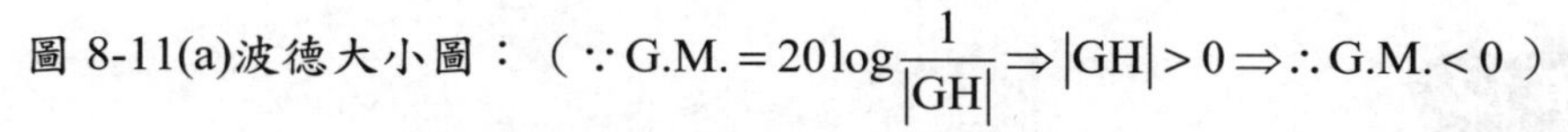

圖 8-11(a)波德大小圖：（$\because \text{G.M.} = 20\log\frac{1}{|\text{GH}|} \Rightarrow |\text{GH}| > 0 \Rightarrow \therefore \text{G.M.} < 0$）

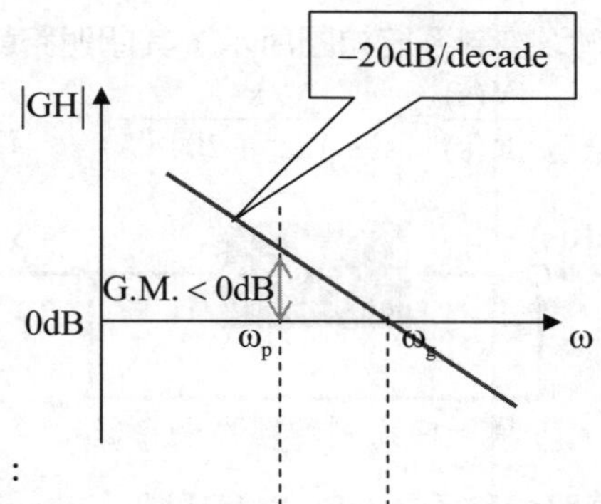

圖 8-11(b)波德相位圖：

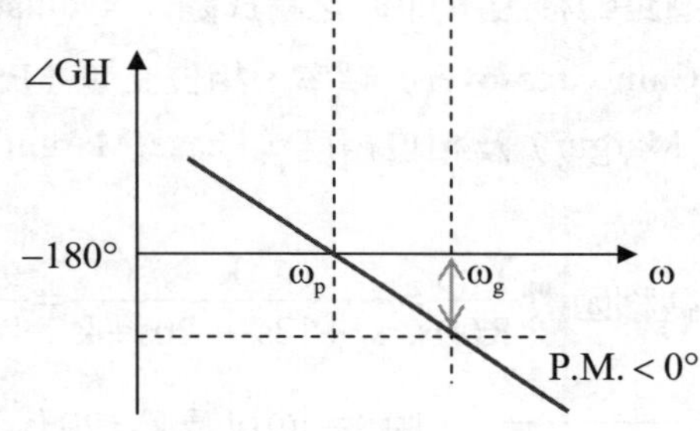

3. 討論：

(1) **若「增益邊限」（G.M.）介於 6dB 到 20dB 之間，相位邊限（P.M.）介於 30° 到 60° 之間，則能得到較佳的控制性能**。

(2) 以極小相位系統而言，若斜率為 -20dB/decade，P.M. 約為 $30° \sim 60°$，則閉迴路系統穩定；若斜率為 -40dB/decade，相位邊限約為 $0°$，則閉迴路系統可能穩定也可能不穩定；若斜率大於 -60dB/decade，則閉迴路系統必不穩定。

(3) 若系統的增益值越大，閉迴路系統越穩定，反之，若系統之增益值越小，則閉迴路系統越不穩定，這種情形稱之為「條件穩定」（Conditional stable system），**在「條件穩定」的情形下，此時** $\text{P.M.} > 0°$，但 G.M. 可能為正，亦可能為負。

例題 12

考慮一個單一回授閉迴路控制系統如圖所示，其閉迴路轉移函數為

$$\frac{Y(s)}{R(s)}=\frac{k}{s^3+12s^2+20s+k}$$

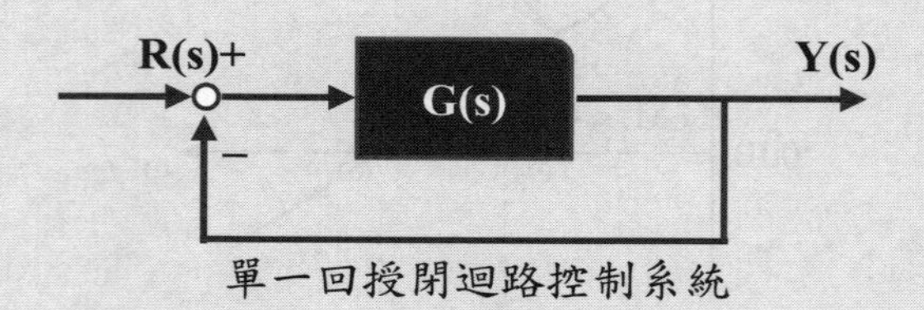

單一回授閉迴路控制系統

當 $k=20$ **時畫出其閉迴路轉移函數** $G(s)$ **之耐氏圖（**Nyquist Plot**），並在圖上標示出其增益交越（**Gain Crossover**）頻率、相位交越（**Phase Crossover**）頻率、增益裕度（**Gain Margin**）及相位裕度（**Phase Margin**）。**【96 關務三等】

解 由題示及閉迴路轉移函數 $\frac{Y(s)}{R(s)}=\frac{k}{s^3+12s^2+20s+k}=\frac{G(s)}{1+G(s)}$，

得到 $\Rightarrow G(s)=\frac{k}{s(s+2)(s+10)}$，由 $s=j\omega$ 以及 $k=20$ 代入得

$$G(j\omega)=\frac{1}{j\omega(1+j\frac{\omega}{2})(1+j\frac{\omega}{10})}\Rightarrow \text{大小為：}\left|G(j\omega)\right|=\frac{1}{\omega\sqrt{1+\frac{\omega^2}{4}}\sqrt{1+\frac{\omega^2}{100}}}$$

相位為：$\angle G(j\omega)=-90^\circ-\tan^{-1}\frac{\omega}{2}-\tan^{-1}\frac{\omega}{10}$

(1) 先畫本題之「奈氏圖」：

A. 定義「奈氏曲線」：如下圖，其中定義箭頭順時針方向為正，橫軸為實數 σ、縱軸為 $j\omega$，半徑為 ∞

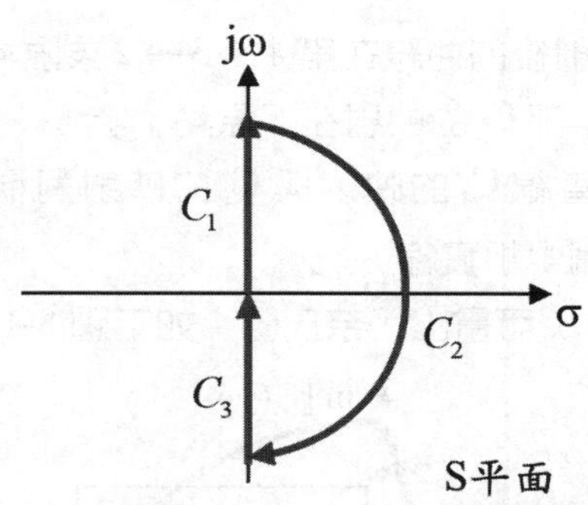

B. 半圓中左直線 C_1 的映射，頻率 ω 之範圍為 $\omega: 0^+ \to \infty$ ：

a. 低頻部分： $\omega = 0^+ \Rightarrow$ 系統 Type1 $\Rightarrow G(j0^+) = \infty\angle -90°$

b. 高頻部分： $\omega \to \infty \Rightarrow G(j\infty) = 0\angle -270°$

c. 中頻部分： $s = j\omega$，此時分母有理化開路轉移函數，得

$$G(j\omega) = \frac{20}{j\omega(20-\omega^2) + j12\omega} = \frac{20}{-12\omega^2 + j\omega(20-\omega^2)}$$

$$= \frac{20[-12\omega - j(20-\omega^2)]}{144\omega^3 + \omega(20-\omega^2)^2}$$

$$\Rightarrow \left\{ \begin{aligned} \mathrm{Re}[G(j\omega)] &= \frac{-240}{144\omega^2 + (20-\omega^2)^2} \\ \mathrm{Im}[G(j\omega)] &= \frac{(\omega^2 - 20)}{144\omega^3 + \omega(20-\omega^2)^2} \end{aligned} \right\}$$

令 $\mathrm{Im}[G(j\omega)] = 0$ 時 $\Rightarrow \omega^2 = 20 \Rightarrow \omega = \sqrt{20}$ ，此時得出「相位交越頻率 $\omega_p = \sqrt{20}$ 」，再代入 $\mathrm{Re}[G(j\sqrt{12})] = \dfrac{-240}{144 \times 20} = -\dfrac{1}{12}$ 如下圖 8-11 所畫，再由「增益邊限」（Gain Margin）定義，得

$$\omega_p = \sqrt{20} \mathrm{P.M.} = 20\log\frac{1}{\left|G(j\sqrt{20})\right|} = 20\log\frac{\sqrt{12 \times 112}}{5} \cong 17.3(\mathrm{dB})$$

又當 $|G(j\omega)| = \dfrac{1}{\omega\sqrt{1+\dfrac{\omega^2}{4}}\sqrt{1+\dfrac{\omega^2}{100}}} = 1$ 時，可得「增益交越頻率 ω_g 」 $\Rightarrow \omega_g{}^6 + 104\omega_g{}^4 + 400\omega_g{}^2 - 400 = 0$ ，By trial and error method $\Rightarrow \omega_g{}^2 = 0.8236 \Rightarrow \omega_g = 0.9(\mathrm{rad/sec})$

$\Rightarrow C_1$ 映射後的曲線在第 $4 \rightarrow 3 \rightarrow 2$ 象限。（圖 8-11 中粗虛線）

C. 半圓中右半部 C_2 的映射在「原點」上。

D. 半圓中左直線 C_3 的映射與 C_1 的映射對稱於 GH(s) 平面的「粗實軸」。（圖中粗實線）

E. 當（ $K > 0$ ）可畫出「奈氏圖」如下圖 8-11：

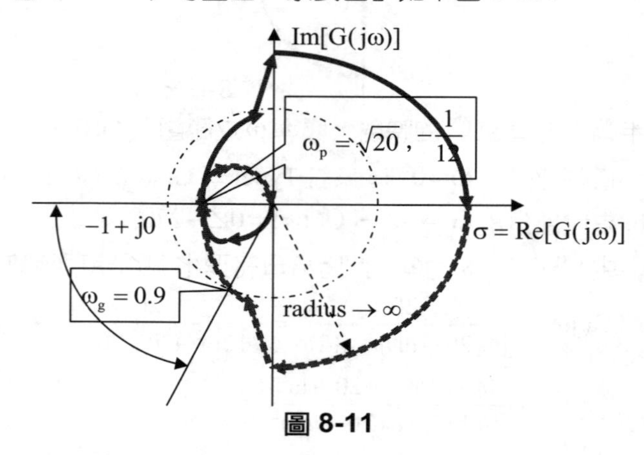

圖 8-11

其次再檢驗本題之「穩定性」如下，因為由閉迴路轉移函數之「特性方程式」知 $\Delta(s) = s^3 + 12s^2 + 20s + K) = 0$ ，先建立「羅斯表」（Routh Table）看其穩定狀況：

s^3	1	20
s^2	12	K
s	$\dfrac{240-K}{12}$	
s^0	K	

$\Rightarrow 0 < K < 240$ 時，閉迴路穩定，本題所給之 $K = 20$ ，合於系統穩定範圍。

(2) 綜合以上，已知「相位交越頻率」（phase crossover frequency），再代入得到「增益邊限」（Gain margin）公式 $\Rightarrow \omega_p = \sqrt{20}$

$$P.M. = 20\log\frac{1}{\left|G(j\sqrt{20})\right|} = 20\log\frac{\sqrt{12\times112}}{5} \cong 17.3(dB)$$

當已知「增益交越頻率」（gain crossover frequency）

$\omega_g = 0.9(rad/sec)$，再代入「增益邊限」（Phase margin）公式得

$P.M. = 180° + \angle G(j0.9) = 180° + (-90° - \tan^{-1}0.45 - \tan^{-1}0.09) \cong 65.77°$。

例題 13

考慮一個單一迴授（unity feedback）閉迴路控制系統如下：

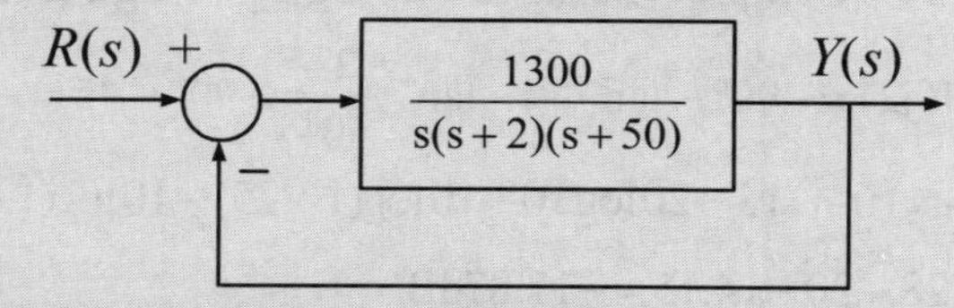

(1) **繪出開迴路轉移函數之波德圖**（Bode plot）。

(2) **求增益交越頻率**（Gain crossover frequency）。

(3) **求相位裕度**（Phase margin）。

(4) **求相位交越頻率**（Phase crossover frequency）。

(5) **求增益裕度**（Gain margin）。

解　開迴路轉移函數 $GH(s) = \dfrac{1300}{s(s+2)(s+50)} = \dfrac{13}{s(1+\frac{s}{2})(1+\frac{s}{50})}$；令 $s = j\omega$ 代入得頻率表示之「波德圖」標準式 $\Rightarrow GH(j\omega) = \dfrac{13}{j\omega(1+j\frac{\omega}{2})(1+j\frac{\omega}{50})}$ $\Rightarrow$ 轉折頻率

$\omega_{p1} = 2$，$\omega_{p2} = 50(rad/sec)$

(1) $GH(j\omega)=\dfrac{13}{j\omega(1+j\frac{\omega}{2})(1+j\frac{\omega}{50})}$

$=\dfrac{13}{\omega\sqrt{1+\frac{\omega^2}{4}}\sqrt{1+\frac{\omega^2}{2500}}}\angle-90°-\tan^{-1}\dfrac{\omega}{2}-\tan^{-1}\dfrac{\omega}{50}$

A. 當$\omega\to 0^+$，$GH(j0^+)=\infty\angle-90°\Rightarrow$ Type1

B. 當$\omega\to 1$，$GH(j)=\dfrac{13}{1\sqrt{1.25}\sqrt{1}}\angle-90°-\tan^{-1}0.5$

$\Rightarrow|GH(j)|_{dB}=20\log 13-10\log 1.25\cong 21.3dB$

$\angle GH(j)=-90°-26.6°=-116.6°$

C. $\omega\to 2$，$|GH(j2)|=20\log 13-20\log 2-10\log 2\cong 13.28dB$

$\angle GH(j2)=-90°-\tan^{-1}\dfrac{2}{2}-\tan^{-1}\dfrac{2}{50}=-90°-45=-135°$

D. 當$\omega\to 10$，$13-20\log 10-10\log(1+25)-10\log(1+1/25)$

$\cong 22.28-20-14.15=-11.87dB$

$\angle GH(j10)=-90°-\tan^{-1}\dfrac{10}{2}-\tan^{-1}\dfrac{10}{50}=-90°-78°-11.3°=-179.5°$

E. 當$\omega\to 50$，

$|GH(j50)|=20\log 13-20\log 50-10\log\dfrac{50^2}{4}-10\log 2=-42.67dB$

$\angle GH(j50)=-90°-\tan^{-1}\dfrac{50}{2}-\tan^{-1}\dfrac{50}{50}=-180°-45°=-225°$

F. 當$\omega\to 100$，

$|GH(j100)|=20\log 13-20\log 100-10\log\dfrac{100^2}{4}-10\log 5=-58.67dB$

$\angle GH(j100)=-90°-\tan^{-1}\dfrac{100}{2}-\tan^{-1}\dfrac{100}{50}=-180°-63.4°=-243.4°$

and $\angle GH(j\infty)=-270°$

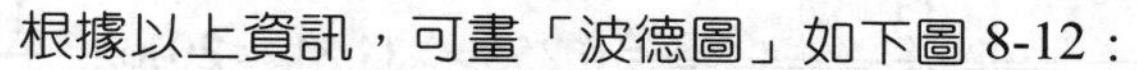

根據以上資訊，可畫「波德圖」如下圖 8-12：

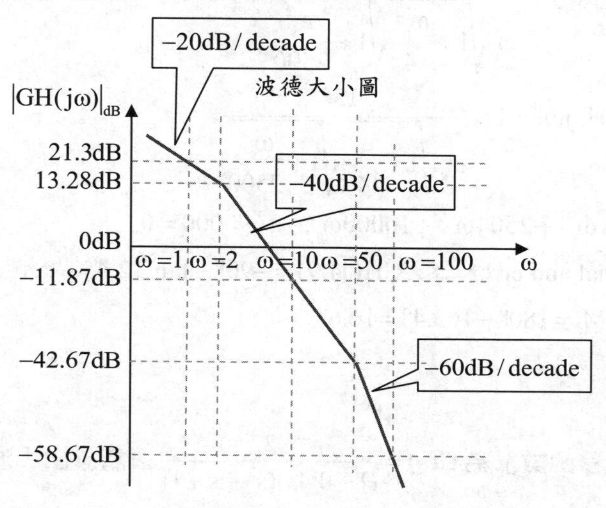

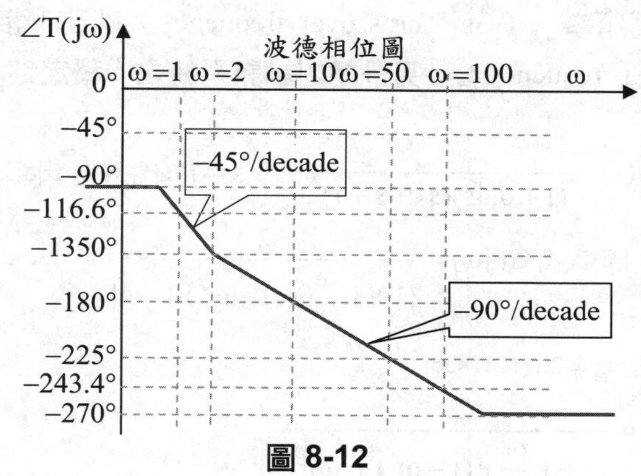

圖 8-12

(2) 令 $\angle GH(j\omega) = -90° - \tan^{-1}\dfrac{\omega}{2} - \tan^{-1}\dfrac{\omega}{50} = -180°$，

可得「相位交越頻率 ω_p」$\Rightarrow -90° - \tan^{-1}\dfrac{\omega_p}{2} - \tan^{-1}\dfrac{\omega_p}{50} = -180°$

$\Rightarrow \tan\dfrac{\omega_p}{2} + \tan\dfrac{\omega_p}{50} = 90° \Rightarrow \omega_p = 10(\text{rad}/\text{sec})$

再代入其大小關係：

$$\left|GH(j\omega_p)\right| = \frac{13}{\omega_p\sqrt{1+\frac{\omega_p^{\ 2}}{4}}\sqrt{1+\frac{\omega_p^{\ 2}}{2500}}} \cong 0.255 \Rightarrow G.M. = 20\log\frac{1}{0.255} = 11.87$$

(3) 令 $\left|GH(j\omega)\right| = 1 = \dfrac{13}{\omega_g\sqrt{1+\frac{\omega_g^{\ 2}}{4}}\sqrt{1+\frac{\omega_g^{\ 2}}{2500}}}$

$\Rightarrow \omega_g^{\ 6} + 2504\omega_g^{\ 4} + 10000\omega_g^{\ 2} - 1690000 = 0$

By trial and error $\Rightarrow \angle GH(j4.9) = -90° - \tan^{-1}2.45 - \tan^{-1}0.098 = -163.4°$

故 $P.M. = 180° - 163.4° = 16.6°$

例題 14

某系統之「轉移函數」為 $G(s) = \dfrac{2}{(1+0.4s)(s^2+s+1)}$，請繪出「波德圖」並求出其「增益交越頻率」（Gain crossover frequency）以及「相位交越頻率」（phase crossover frequency），另外請討論該系統之「穩定性」。

解 轉移函數 $G(s) = \dfrac{2}{(1+0.4s)(s^2+s+1)}$；令 $s = j\omega$ 代入得頻率表示之

「波德圖」標準式 $G(j\omega) = \dfrac{2}{(1+j\frac{\omega}{2.5})[(1-\omega^2)+j\omega]}$，

有轉折頻率 $\omega_{p1} = 2.5(rad/sec)$

(1) $G(j\omega) = \dfrac{2}{(1+j\frac{\omega}{2.5})[(1-\omega^2)+j\omega]}$

$$= \frac{2}{\sqrt{1+\frac{\omega^2}{6.25}}\sqrt{(1-\omega^2)^2+\omega^2}} \angle -\tan^{-1}\frac{\omega}{2.5} - \tan^{-1}\frac{\omega}{1-\omega^2}$$

A. 當 $\omega \to 0^+$，$GH(j0^+) = 2\angle 0° \Rightarrow \left|G(j0)\right|_{dB} = 20\log 2 = 6(dB)$；$\angle G(j0) = 0°$

B. 當 $\omega = 0.25 \Rightarrow \left|G(j0.25)\right|_{dB} = 6dB$；$\angle G(j0.25) = -20.6°$

C. 當 $\omega = 2.5 \Rightarrow \left|G(j2.5)\right|_{dB} = -12.3dB$；$\angle G(j0.25) = -199.5°$

D. 當 $\omega = 250$

$$\Rightarrow \left|GH(j250)\right|_{dB} = 20\log 2 - 10\log 10000 - 40\log 250 = -130\text{dB}$$

$$\angle GH(j250) = -\tan^{-1}\frac{250}{2.5} - \tan^{-1}\frac{250}{1-250^2} = -90° - 180° = -270°$$

根據以上資訊，可畫「波德圖」如下圖 8-13：

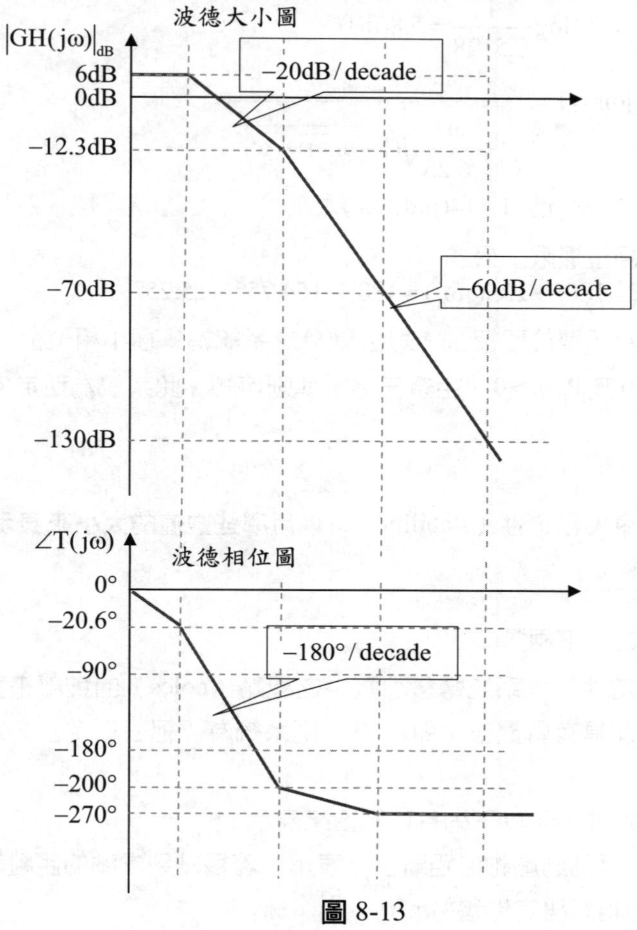

圖 8-13

(2) 令 $\angle G(j\omega) = -\tan^{-1}\frac{\omega}{2.5} - \tan^{-1}\frac{\omega}{1-\omega^2} = -180°$，可得「相位交越頻率

ω_p」$\Rightarrow \tan\frac{\omega_p}{2.5} + \tan\frac{\omega_p}{1-\omega_p^{\ 2}} = 180° \Rightarrow \omega_p^{\ 2} = 3.5 \Rightarrow \omega_p = 1.87(\text{rad/sec})$

再代入其大小關係：

$$\left|GH(j\omega_p)\right| = \frac{2}{\sqrt{1+\frac{\omega_p^2}{6.25}}\sqrt{(1-\omega_p^2)^2+\omega_p^2}} \cong 0.5128$$

$$\Rightarrow G.M. = 20\log\frac{1}{0.5128} = 5.8(dB)$$

(3) 令 $\left|GH(j\omega)\right| = 1 = \frac{2}{\sqrt{1+\frac{\omega_g^2}{6.25}}\sqrt{(1-\omega_g^2)^2+\omega_g^2}}$

$$\Rightarrow \omega_g^2 = 2 \Rightarrow \omega_g = 1.414(rad/sec)$$

代回「相位邊限」公式

$$\Rightarrow P.M. = 180° + \angle G(j\omega_g) = 180° - 154.75° = 25.25°$$

(4) 若系統為「單位回授」，則由 $G(s)$ 之系統為「極小相位」，且 $G.M. > 0$ 及 $P.M. > 0$，由奈氏穩定準則可知，此系統為穩定。

例題 15

自動控制性能當中，穩定性（stability）可以用哪些數值的大小來表示？

【97 鐵路特考高員級】

解 穩定性可分為以下兩類：

(1) 絕對穩定性：依系統轉移函數中之極點（poles）的實部來表示，若所有極點都具有負實部，即 $s < 0$，則系統為「絕對穩定」（或稱之「穩定」）。

(2) 相對穩定性：可以下列各項數值來表示

A. 由「極點到虛軸的距離」來表示，若極點到虛軸的距離越大，則系統的相對穩定性越好。

B. 由「增益邊限」（G.M.）來表示，若系統為極小相位，G.M. 越大，代表系統之相對穩定性越好。

C. 由「相位邊限」（P.M.）來表示，若系統為極小相位，P.M. 越大，代表系統之相對穩定性越好。

例題 16

有一單位負回授之閉迴路控制系統如圖，其閉迴路轉移函數為

$T=\frac{10(s+1)}{s^2+9s+10}$ **：**

(1) **試求其開迴路（open loop）轉移函數 G(s)。**

(2) **請繪出開迴路系統 G(s) 之波德圖（Bode plot）的漸進線（asymptot），包含大小圖（$20\log|G(j\omega)|\sim\omega$）及相位角圖（$\angle G(j\omega)\sim\omega$）。**

(3) **試推導開迴路系統 G(s)之增益邊際（gain margin）、相位邊際（phase margin）及其對應之頻率。**

(4) **試以(3)之結果說明 G(s) 是否穩定。**【103 高考三級】

解　(1) 如題，單位負回授 H(s)=1，其開迴路轉移函數令為 G(s)，則

$$T(s)=\frac{Y(s)}{X(s)}=\frac{10(s+1)}{s^2+9s+10}=\frac{G(s)}{1+G(s)}$$

$$\Rightarrow G(s)=\frac{10(s+1)}{s^2+9s+10-10s-10}=\frac{10(s+1)}{s^2-s}=\frac{10(1+s)}{s(-1+s)}$$

(2) 由 $G(s)=\frac{10(1+s)}{s(-1+s)}\Rightarrow G(j\omega)=\frac{10(1+j\omega)}{j\omega(-1+j\omega)}$，

可知其大小關係：

$$|G(j\omega)|=\frac{10\sqrt{1+\omega^2}}{\omega\sqrt{1+\omega^2}}=\frac{10}{\omega}\Rightarrow|G(j\omega)|_{dB}=20-20\log\omega(dB)，$$

相位關係：$\angle G(j\omega)=\tan^{-1}\omega-90^\circ-\tan^{-1}(-\omega)$

A. 當 $\omega\to0^+\Rightarrow|G(j0^+)|_{dB}=\infty(dB)$；$\angle G(j0)=-90^\circ$

B. 當 $\omega=1\Rightarrow|G(j1)|_{dB}=20dB$；$\angle G(j1)=(45-90-135)^\circ=-180^\circ$

C. 當 $\omega=10\Rightarrow|G(j10)|_{dB}=0dB$；$\angle G(j10)=(90-90-270)^\circ=-270^\circ$

D. 當 $\omega=100\Rightarrow|G(j100)|_{dB}=-20dB$，

$\angle G(j100)=(90-90-270)^\circ=-270^\circ$

E. 當 $\omega\to\infty\Rightarrow|G(j\infty)|_{dB}=-\infty dB$，$\angle G(j\infty)=(90-90-270)^\circ=-270^\circ$

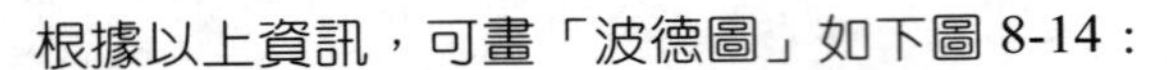

根據以上資訊，可畫「波德圖」如下圖 8-14：

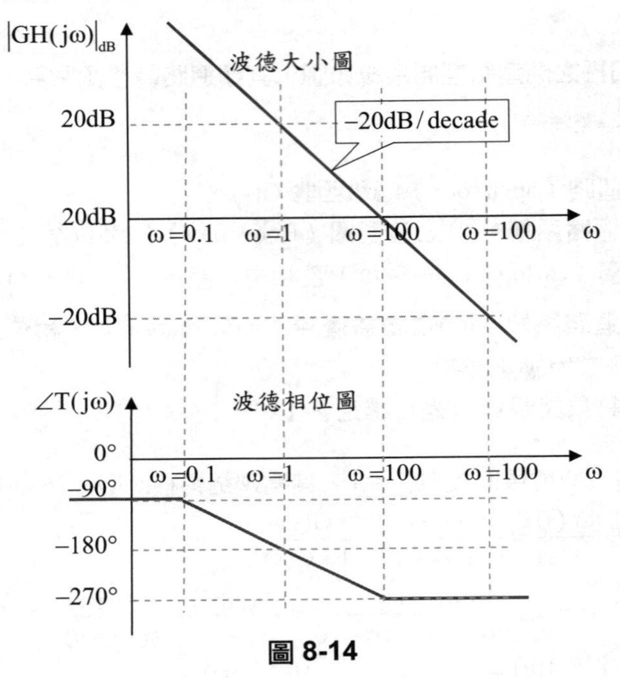

圖 8-14

(3) 由 $G(s)=\dfrac{10(1+s)}{s(-1+s)}\Rightarrow G(j\omega)=\dfrac{10(1+j\omega)}{j\omega(-1+j\omega)}$，將其分母有理化可得

$$G(j\omega)=\frac{10(1+j\omega)}{j\omega(-1+j\omega)}=\frac{10(1+j\omega)(-\omega^2+j\omega)}{\omega^4+\omega^2}=\ldots$$，並可得

$$\begin{cases}\mathrm{Re}[G(j\omega)]=\dfrac{-2\omega^2}{\omega^4+\omega^2}=\dfrac{-2}{\omega^2+1}\\[2ex]\mathrm{Im}[G(j\omega)]=\dfrac{\omega(1-\omega^2)}{\omega^4+\omega^2}=\dfrac{1-\omega^2}{\omega^3+\omega}\end{cases},$$

令 $\mathrm{Im}[G(j\omega)]=0$ 可知「奈氏圖」與實軸的交點頻率，也就是「相位交越頻率 ω_p」$\Rightarrow\omega_p=1(\mathrm{rad/sec})$

代入其大小關係：$\left|G(j\omega_p)\right| = \dfrac{10}{1} = 10 \Rightarrow G.M. = 20\log\dfrac{1}{10} = -20(dB)$

再由$\left|G(j\omega)\right| = \dfrac{10\sqrt{1+\omega^2}}{\omega\sqrt{1+\omega^2}} = \dfrac{10}{\omega} = 1$，得到「增益交越頻率」$\omega_g = 10$，

代回$\angle G(j\omega) = \tan^{-1}\omega - 90° - \tan^{-1}(-\omega)$

$\Rightarrow \angle G(j\omega_g) = 90° - 90° - 270° = -270°$，

故「相位邊限」$P.M. = 180° - 270° = -90°$

(4) 由(3)所得之結論，因為$\left|G(j\omega_p)\right| = \dfrac{10}{1} = 10 \Rightarrow G.M. = 20\log\dfrac{1}{10} = -20(dB)$

以及$P.M. = 180° - 270° = -90°$均小於 0，故系統為相對不穩定。

第九章 控制系統的設計與補償

9-1 控制系統的補償的基本概念

焦點 1 各個控制器的介紹。

考試比重：★★☆☆☆　　**考題形式：**計算題及觀念的建立

關鍵要訣

1. 在控制系統的分析上首重**「穩定性分析」**，而當系統達到穩定的要求後，下一步就需要考慮到系統的性能規格，而使系統成為一個好的控制系統。一般而言，系統的「性能規格」大致可分為**「響應速度」**（response time）、**「相對穩定性」**（relative stability）與**「系統的容許誤差」**（allowance deviation）。

2. 在「時域」分析上，常見的規格有**「最大超越量（M_O）」**、**「上升時間（t_r）」**、**「延遲時間（t_d）」**、**「安定時間（t_s）」**、**「誤差常數（K_p、K_v、K_a…）」**等等。

3. 在「頻域」分析上，常見的規格有**「共振峰值（M_p）」**、**「共振頻率（ω_p）」**、**「頻帶寬度（B.W.）」**、**「增益邊限（G.M.）」**、**「相位邊限（P.M.）」**等等。

4. 若系統無法滿足規格要求，則必須調整參數或改變結構以提供較佳的工作性能，控制系統稱此為**「補償」**（Compensation），因為「補償」而加入系統中的元件稱之為「控制器」（Controller）或「補償器」（Compensator），以下即為幾種常見的「補償器」。
   (1) **比例控制器（K_p）：**加入比例控制器可以改善系統「穩態誤差」，提高系統的「靈敏度」，但缺點是會降低系統的「相對穩定度」。

(2) **積分控制器（$\frac{K_I}{s}$）**：加入積分控制器可以改善或消除系統的「穩態誤差」，降低「頻寬」進而抑制高頻雜訊干擾，是屬於「低通濾波器」（Low-pass filter）的一種；但缺點是會降低「相對穩定度」，而使系統可能變得不穩定。

(3) **微分控制器（K_Ds）**：加入微分控制器可以改善系統的「穩定度」，且增加系統的「阻尼比」；但缺點是無法改善「穩態誤差」頻寬會增加進而放大高頻雜訊干擾，是屬於「高通濾波器」（High-pass filter）的一種。

(4) **相位領先控制器（$k\frac{s+z}{s+p}$，$p>z>0$，$k>0$）**：加入相位領先控制器可以改變主極點的位置，加快系統的「穩態響應」並能增加系統的「相位邊限」；但缺點是造成頻寬增加進而放大高頻雜訊干擾，也是屬於「高通濾波器」（High-pass filter）的一種。

(5) **相位落後控制器（$k\frac{s+z}{s+p}$，$z>p>0$，$k>0$）**：加入相位落後控制器可以改善系統的「穩態響應」，頻寬會降低進而抑制高頻雜訊干擾，是屬於「低通濾波器」（Low-pass filter）的一種；而缺點是會增加「穩態響應」的時間。

(6) **相位落後領先控制器（$k\frac{s+z_1}{s+p_1}\times\frac{s+z_2}{s+p_2}$，$p_1>z_1>z_2>p_2>0$，$k>0$）**：此種控制器，因為同時具有相位領先及落後兩種控制器的優點，故在設計實務上，是將「相位落後控制器」的「零點」設計在「低頻區」，而相位領先控制器的極點則設計在「中頻區」以改變「交越頻率」的位置；在設計運用上，通常用「相位領先控制器」來改變「主極點」的位置以改善暫態響應，利用「相位落後控制器」來提高誤差常數以改善穩態響應。

例題 1

(1) 如下圖所示系統中，如果控制器使用比例－微分（PD）控制法則，令 $G_c(s)=k_d s+k_p$，欲使閉迴路系統滿足阻尼比等於 1 及於輸入為單位斜坡函數時，其穩態誤差值小於 0.01，則控制器增益值 k_p 為何？
(A) $k_p>2.5$ (B) $k_p<25$ (C) $k_p>25$ (D) $k_p<40$ (E) $k_p>40$ 。

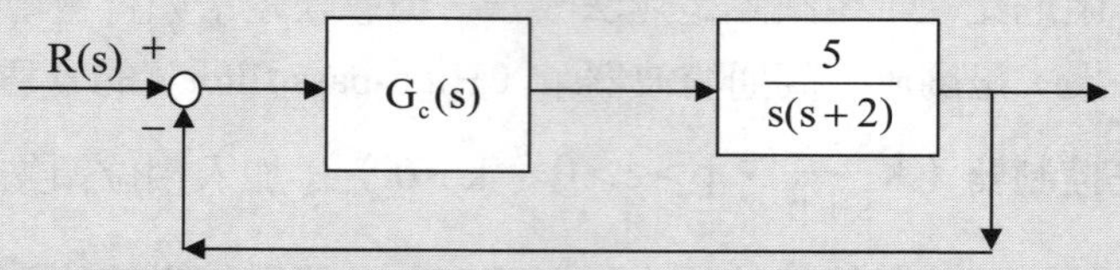

(2) 承上題，控制器 k_d 值為何？ (A) $k_d>2.5$ (B) $k_d<3.6$ (C) $k_d>3.6$ (D) $k_d<5.3$ (E) $k_d>5.3$ 。【95 國營事業職員】

解 此 PD 控制系統之「開迴路」轉移函數為

$G(s)=G_c(s)\dfrac{5}{s(s+2)}=\dfrac{5(K_p+K_d s)}{s(s+2)}$，其閉迴路特性方程式為

$\Delta(s)=s(s+2)+5(K_p+K_d s)=s^2+(2+5K_d)s+5K_p$，與標準二階特性方程式

$\Delta(s)=s^2+2\xi\omega_n s+\omega_n^{\ 2}$，比較得 $\begin{Bmatrix} 5K_p=\omega_n^{\ 2} \\ 2+5K_d=2\xi\omega_n \end{Bmatrix} \Rightarrow \begin{Bmatrix} K_p=\dfrac{\omega_n^{\ 2}}{5} \\ K_d=\dfrac{2(\xi\omega_n-1)}{5} \end{Bmatrix}$ ①式

(1) 因為輸入單位斜坡函數時之穩態誤差為 $\dfrac{1}{K_v}<0.01$

$\therefore K_v=\lim\limits_{s\to 0} sG(s)=\lim\limits_{s\to 0}\dfrac{5(K_p+K_d s)}{(s+2)}=\dfrac{5K_p}{2}>100\Rightarrow K_p>40$，故選(E)。

(2) 再由①式可知當 $K_p=40$ 時，$\omega_n=10\sqrt{2}$，題目給 $\xi=1$，故求出 $K_d>5.256$，選(A)。

例題 2

控制系統中，對控制器的敘述，何者正確：
(A)比例－微分－積分控制器（PID Controller）的微分控制最大用處是增加阻尼效果　(B)積分控制器可以消除穩態誤差　(C)比例－微分(PD)控制器具有高通濾波之特性　(D)比例－微分(PD)控制器可抗雜訊干擾　(E)比例－積分(PI)控制器會增加頻寬。【95 國營事業職員】

解　參考重點或下節說明，本題選(A)、(B)、(C)、(D)。

如圖所示系統之兩個主要閉迴路極點位置欲設計在 $s_{0.1}=-1\pm j\sqrt{3}$ ，因此需要加入一領先補償器（Lead Compensator）$D(s)=\dfrac{s+1}{s+p}$ ，其中 $p>0$；假設 $\angle KG(s_0)$ 為 $-240°$ ，請求出 p 值。【102 台灣菸酒職員】

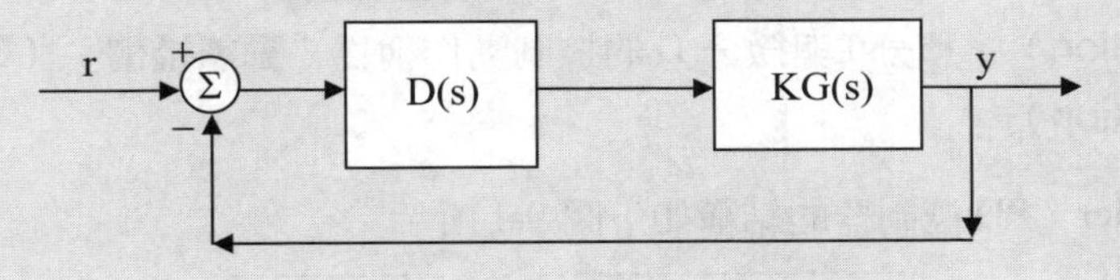

解　系統主極點為 $s_{0,1}=-1\pm j\sqrt{3}$，任一極點代入開迴路轉移函數，必會滿足其「大小關係」與「相位關係」；故本題開迴路轉移函數為

$\Rightarrow D(s)KG(s)=\dfrac{KG(s)(s+1)}{s+p}$，利用「相位關係」

$$\Rightarrow D(s_o)KG(s_o)=\frac{KG(s_o)(j\sqrt{3})}{(p-1)+j\sqrt{3}}\Rightarrow -180°=\angle KG(s_o)+90°-\tan^{-1}\frac{\sqrt{3}}{p-1}\Rightarrow p=4$$

9-2 PID 控制器

焦點 2　PD、PI、PID 控制器。

考試比重：★★☆☆☆　　**考題形式：**計算題

關鍵要訣

1. 在控制器的設計上，目前為止的討論都是以「連續類比訊號」為主，且針對「輸出/入」之間的控制只有一個比例常數 K，而這類的控制稱為「比例控制」（Proportional control），以 P 來代表；若系統「輸出／入」之間的控制經過積分或微分的處理，則這類的控制稱為「積分控制」（Integral control）或「微分控制」（Derivative control），以 I 或 D 來代表，一般而言，「比例控制」（Proportional control）P 的控制動作稱為**「靜態補償」**（Static compensation），積分 I 與微分 D 的控制動作稱為**「動態補償」**（Dynamic compensation）。

2. PD Controller：PD 控制器的結構如下圖 9-1 所示

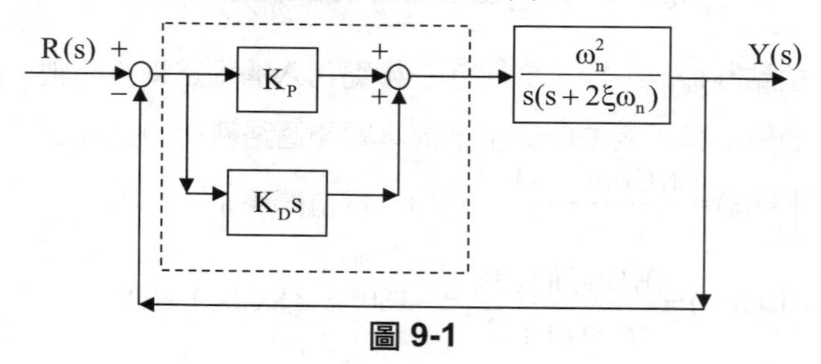

圖 9-1

其中：

(1) K_P 稱為「比例控制增益」（propotional control gain），K_D 稱為「微分控制增益」（derivative control gain）。

(2) 虛線方框即爲「PD 控制器」，其轉移函數爲 $G_C(s)=K_P+K_D s$，另一方框即爲「受控廠」（plant），其轉移函數稱之爲 $G_p(s)$

(3) 系統的「開路轉移函數」爲 $G(s)=G_C(s)G_p(s)=\dfrac{\omega_n^2(K_P+K_D s)}{s(s+2\xi\omega_n)}$

以下再分爲「s-Domain」、「time-Domain」、「frequency Domain」三方面做討論：

【s-Domain 的觀點】

PD 控制器相當於在開路系統中加入一個「零點」$\Rightarrow s=-\dfrac{K_P}{K_D}$，而使得系統的根軌跡往左移動，因此，PD 控制器可以改善閉迴路系統的「相對穩定度」。

【time-Domain 的觀點】

(1) 若暫時不考慮「D 控制器」，此時閉迴路系統的特性方程式爲 $\Delta(s)=s^2+2\xi\omega_n s+K_p\omega_n^{\,2}=0$，因此令補償後新的自然頻率爲 $\widetilde{\omega_n}=\sqrt{K_p}\,\omega_n$，新的阻尼比爲 $\tilde{\xi}=\dfrac{\xi}{\sqrt{K_p}}$；若希望上升時間 t_r 減小，則因爲 $t_r=\dfrac{1.8}{\widetilde{\omega_n}}$，所以 $\widetilde{\omega_n}$ 會增加，又 $\widetilde{\omega_n}=\sqrt{K_p}\,\omega_n$，所以 K_p 會增加，又因爲 $\tilde{\xi}=\dfrac{\xi}{\sqrt{K_p}}$，所以 $\tilde{\xi}$ 會減小，而導致「最大超越量」（M_O）增加。（註：$M_O=e^{-\pi\tilde{\xi}/\sqrt{1-\tilde{\xi}^2}}$）

(2) 現在考慮加入「D 控制器」，則此系統的閉迴路方程式爲 $\Delta(s)=s^2+(2\xi\omega_n+K_D\omega_n^{\,2})s+K_p\omega_n^{\,2}=0$，令補償後新的自然頻率爲 $\widetilde{\omega_n}=\sqrt{K_p}\,\omega_n$，新的阻尼比爲 $\tilde{\xi}=\dfrac{2\xi+K_D\omega_n}{2\sqrt{K_p}}$，則可以利用 K_p 調整自然頻率，進而調整「上升時間」，使 t_r 減小，也可利用 K_D 調整新的阻尼比，進而調整最大超越量 M_O，因此，PD 控制器可以改善「暫態響應」。

(3) 速度誤差常數 $K_V=\lim\limits_{s\to 0}s(K_p+K_D s)\dfrac{\omega_n^{\,2}}{s(s+2\xi\omega_n)}=\dfrac{K_p\omega_n}{2\xi}$，所以 K_V 與 K_D 無關，即與「D 控制器」無關，所以 PD 控制器無法改善「穩態響應」。

【Frequency-Domain 的觀點】

PD 控制器的頻域轉移函數為 $G_C(j\omega)=K_p+jK_D\omega=K_p(1+j\frac{K_D}{K_p}\omega)$，由其大小關係 $\Rightarrow \left|G_C(j\omega)\right|=\left|K_p\right|\sqrt{1+(\frac{K_D}{K_p}\omega)^2}$，以及「相位關係」$\Rightarrow \angle G_C(j\omega)=\tan^{-1}\frac{K_D}{K_p}\omega$，可畫波德圖如下圖 9-2(a)&(b)所示，故由波德圖知，PD 控制器屬於「高通濾波器」（High pass filter）的一種，若系統出現高頻雜訊（noise）或干擾（disturbance），則 PD 控制器不利於高頻雜訊的抑制（noise suppression）。

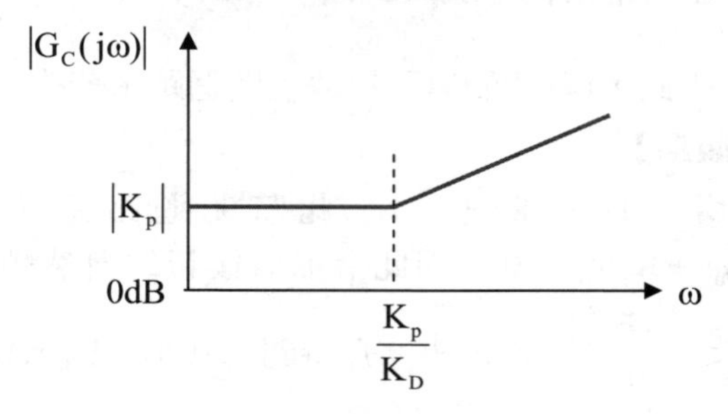

圖 9-2(a)

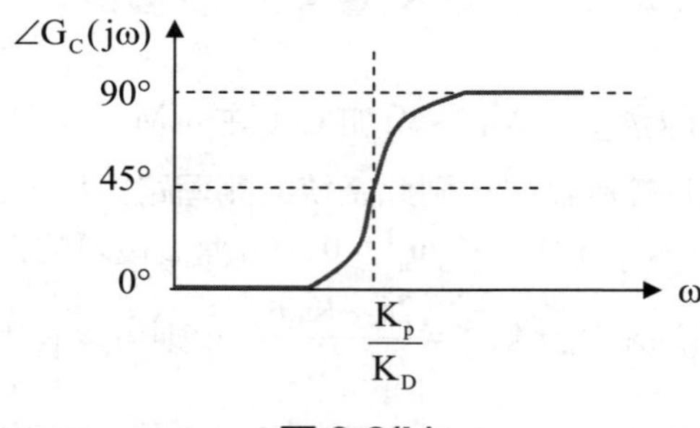

圖 9-2(b)

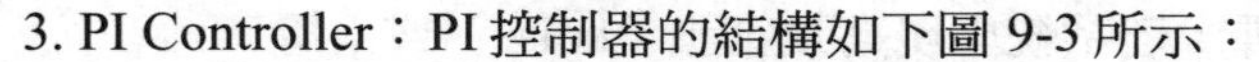

3. PI Controller：PI 控制器的結構如下圖 9-3 所示：

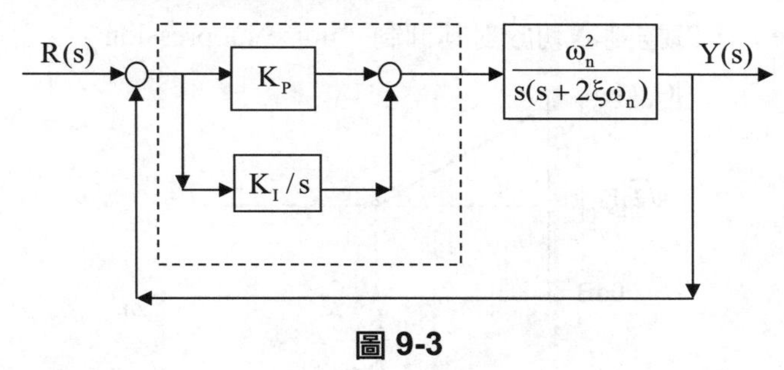

圖 9-3

其中：

(1) K_P 稱為「比例控制增益」（propotional control gain），K_I / s 稱為「積分控制增益」（Integral control gain）。

(2) 虛線方框即為「PI 控制器」，其轉移函數為 $G_C(s) = K_p + K_I / s$，另一方框即為「受控廠」（plant），其轉移函數稱之為 $G_p(s)$

(3) 系統的「開路轉移函數」為 $G(s) = G_C(s)G_p(s) = \dfrac{\omega_n{}^2(K_p + K_I / s)}{s(s+2\xi\omega_n)}$

以下再分為「s-Domain」、「time-Domain」、「frequency-Domain」三方面做討論：

【s-Domain 的觀點】：PI 控制器相當於在開路系統中加入一個「極點」（$s=0$）與一個「零點」（$s=-\dfrac{K_I}{K_p}$），因為極點正好在虛軸上，所以使得系統的根軌跡有往右移動的現象，因此，PI 控制器會破壞閉迴路系統的「相對穩定度」。

【time-Domain 的觀點】：PI 控制器由於在開路系統加入一個的極點，系統的 Type 提高一次，若此時系統仍然維持穩定，則 PI 控制器可以改善「穩態響應」，但因為 PI 控制器破壞「主極點」位置，所以無法改善「暫態響應」。

【frequency-Domain 的觀點】：PI 控制器的頻域轉移函數為

$G_C(j\omega) = K_p + \dfrac{K_I}{j\omega}G = \dfrac{K_I}{j\omega}(1 + j\dfrac{K_p}{K_I}\omega)$，同樣由其「大小關係」及「相位關係」，

可畫波德圖如下圖 9-4(a)&(b)所示，故由波德圖知，PI 控制器屬於「低通濾波

器」（High pass filter）的一種，若系統出現高頻雜訊（noise）或干擾（disturbance），PI 控制器利於對其抑制（noise suppression）。

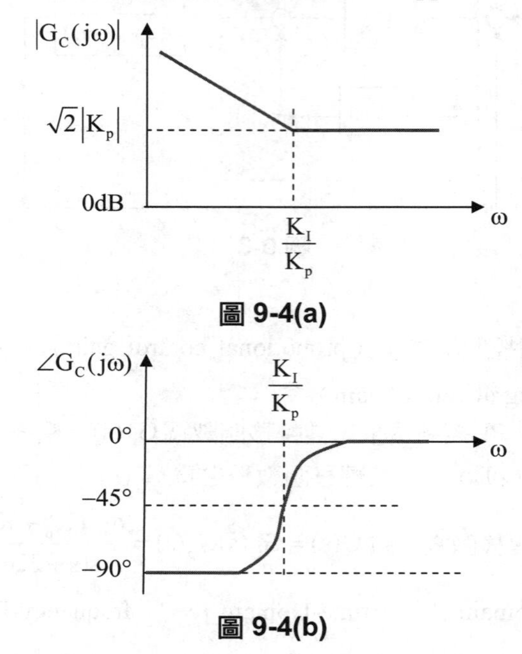

圖 9-4(a)

圖 9-4(b)

4. PID Controller：當結合 PD 控制器與 PI 控制器時，則稱為 PID 控制器，其結構如下圖 9-5 所示：

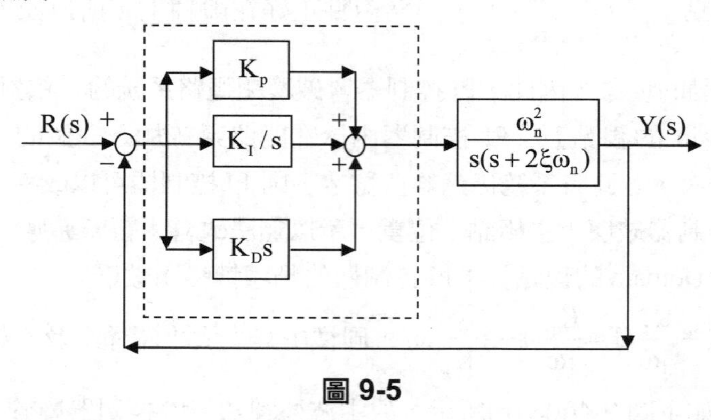

圖 9-5

5. 虛線方框即為「PID 控制器」，其轉移函數為$G_C(s)=K_p+\frac{K_I}{s}+K_Ds$，現將其改寫成$G_C(s)=K_p(1+\frac{1}{T_Is}+T_Ds)$，其中$T_I$稱為「重置時間」（Reset time），$T_D$稱為微分時間（Derivative time）；若現在控制器暫不考慮「微分」與「積分」（D & I），而只有比例K_p的微調，直到此閉迴路系統產生「臨界穩定」，此時的增益稱為「極限增益」（ultimate gain，K_u），此臨界穩定時之震盪週期稱為「極限週期」（ultimate period，T_u），再利用K_u與T_u則可調整 PID 控制器的參數K_p、T_I、T_D使達到最佳參數。

6. PID 的控制設計一般都相當困難，故常須經驗加以輔助；1942 年 Ziegler-Nichols 提出如下表 9-1 即為「P 控制器」、「PI 控制器」、「PID 控制器」的最佳參數調整表：

表 9-1

Controller	K_p	T_I	T_D
P 控制器	$0.5K_u$		
PI 控制器	$0.45K_u$	$0.83T_u$	
PID 控制器	$0.6K_u$	$0.5T_u$	$0.125T_u$

7. P Controller、PI Controller、PD Controller、PID Controller 的選擇方案：
   (1) 若設計規格僅要求「暫態規格」，可選擇 PD Controller。
   (2) 若設計規格僅要求「穩態規格」，可選擇 PI Controller。
   (3) 若設計規格要兼顧「暫態規格」與「穩態規格」，則可選擇 PI Controller 及 PID Controller。

例題 4

已知兩種控制器： PI: $\frac{s+z}{s}$ & PD: $s+z$

請問何者可改善「暫態響應」？試說明之。【99 關務三等】

解　分別以以下三方面說明之：

(1) s-Domain 的觀點：控制器 PD：$s+z$，相當於在開路系統中加入一個「零點」$\Rightarrow s=-z$，而使得系統的根軌跡往左移動，故此 PD 控制器可以改善閉迴路系統的「相對穩定度」，及改善系統的「暫態響應」；而本題 PI 控制器 PI：$\frac{s+z}{s}$，相當於在開路系統中加入一個「極點」（$s=0$）與一個「零點」（$s=-z$），因為極點正好在虛軸上，所以使得系統的根軌跡有往右移動的現象，因此，PI 控制器會破壞閉迴路系統的「相對穩定度」，無法改善系統的「暫態響應」。

(2) time-Domain 的觀點：此 PD 控制器若應用在受控廠轉移函數為 $G_p(s)=\frac{\omega_n^2}{s(s+2\xi\omega_n)}$ 的二階系統中，系統的閉迴路特性方程式為 $\Delta(s)=s^2+(2\xi\omega_n+\omega_n{}^2)s+z\omega_n{}^2=0$，令補償後新的自然頻率為 $\widetilde{\omega_n}=\sqrt{z}\omega_n$，新的阻尼比為 $\xi=\frac{\xi+\omega_n}{\sqrt{z}}$，則可以利用 z 來調整自然頻率，進而調整「上升時間」，使 t_r 減小，也可利用 z 調整新的阻尼比，進而調整最大超越量 M_O，因此，PD 控制器可以改善「暫態響應」；又本題 PI 控制器由於在開路系統加入一個的極點，系統的 Type 提高一次，若此時系統仍然維持穩定，則 PI 控制器可以改善「穩態響應」，但因為 PI 控制器破壞「主極點」位置，所以無法改善「暫態響應」。

(3) frequency-Domain 的觀點：此 PD 控制器若應用在受控廠轉移函數為 $G_p(s)=\frac{\omega_n^2}{s(s+2\xi\omega_n)}$ 的二階系統中，則此系統的頻域轉移函數為
$G(j\omega)=\frac{z\omega_n{}^2+j\omega\omega_n{}^2}{-\omega_n{}^2+j2\xi\omega\omega_n{}^2}=\frac{z+j\omega}{-1+j2\xi\omega}$，

由其大小關係 $\Rightarrow |G(j\omega)|=\frac{\sqrt{z^2+\omega^2}}{\sqrt{1+4\xi^2\omega^2}}$，及「相位關係」

$\Rightarrow \angle G(j\omega)=\tan^{-1}\frac{\omega}{z}-\tan^{-1}(-2\xi\omega)$，可畫波德圖如下圖 9-6(a)&(b)所示，故由波德圖知，PD 控制器屬於「高通濾波器」（High pass filter）的一種，若系統出現高頻雜訊（noise）或干擾（disturbance），則 PD 控制器不利於高頻雜訊的抑制（noise suppression）。

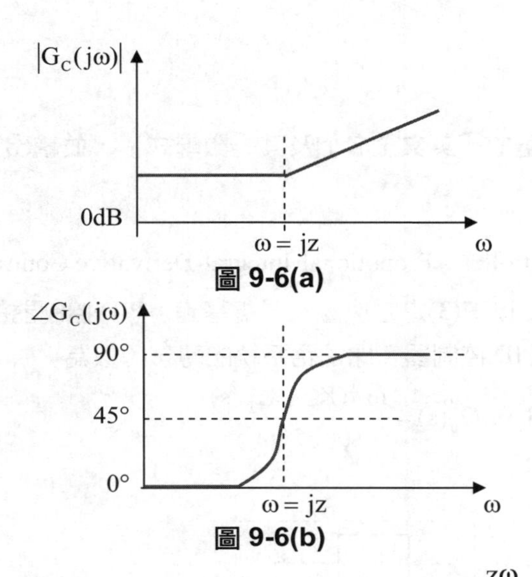

圖 9-6(a)

圖 9-6(b)

而本題 PI 控制器的頻域轉移函數為 $G(j\omega)=\dfrac{\omega_n - j\dfrac{Z\omega_n}{\omega}}{-\omega_n + j2\xi\omega}$，同樣由其「大小關係」及「相位關係」，可畫波德圖如下圖 9-7(a)&(b)所示，故由波德圖知，PI 控制器屬於「低通濾波器」（High pass filter）的一種，若系統出現高頻雜訊（noise）或干擾（disturbance），PI 控制器有利於對其抑制（noise suppression）。

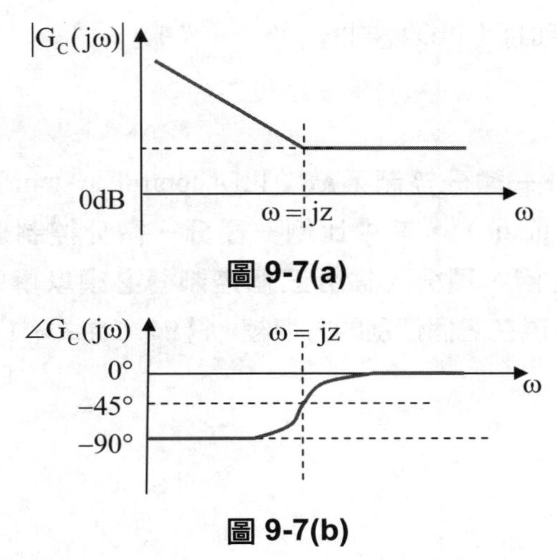

圖 9-7(a)

圖 9-7(b)

例題 5

請寫出 PID 控制器的「英文全名」及其「數學式」，並繪出其「方塊圖」。
【98 關務三等】

解

(1) PID Controller：Propotional-Integral-Derivative Controller

(2) 數學式：以下(3)之方塊圖為討論基礎，PID 控制器的「開路轉移函數」為 PID 控制器，閉迴路系統的轉移函數為

$$G(s)=G_C(s)G_p(s)=\frac{\omega_n{}^2(K_p+K_I/s)}{s(s+2\xi\omega_n)}$$

(3) 方塊圖：

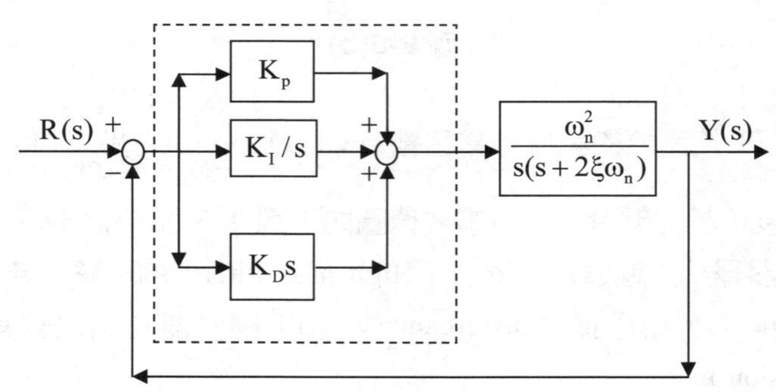

虛線方框即為「PID 控制器」。

同上類似題

試繪出比例－積分－微分控制系統（PID control system）的控制方塊圖（control block diagram），其中比例－積分－微分控制器作用於受控體（plant），而且比例、積分、微分三個控制器必須以傳遞函數（transfer function）的形式呈現在三個個別的方塊裡。【96 地特三等】

例題 6

設計一相位領先補償器 $G_C(s)=K\dfrac{s+Z}{s+P}$ **（其中** $\dfrac{Z}{P}<1$ **），使** $G(s)=\dfrac{1}{s(s+3)}$ **所構成的閉迴路系統對單位步階輸入有 5%的超越量（Overshoot）及** $\dfrac{4}{3}$ **秒的穩定時間（Setting time）。**

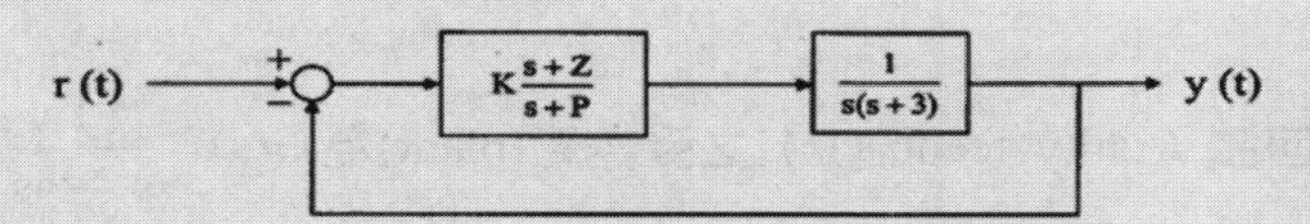

註：穩定時間 $t_s=\dfrac{4}{\xi\omega_n}$ **。【90 高考三級】**

解　由「最大超越量」公式：$M_P=e^{-\frac{\pi\xi}{\sqrt{1-\xi^2}}}$，則令 $M_P=e^{-\frac{\pi\xi}{\sqrt{1-\xi^2}}}=0.05$

得 $\xi=0.69$，又 $t_s=\dfrac{4}{\xi\omega_n}=\dfrac{4}{3}\Rightarrow\omega_n=4.35(\text{rad/sec})$

故知主極點 $s_{1,2}=-\xi\omega_n\pm j\omega_n\sqrt{1-\xi^2}\Rightarrow s_{1,2}=-3\pm j3.15$

把一主極點 $s_1=-3+j3.15$ 代入本題「開迴路」轉移函數

$\dfrac{G_c(s)}{s(s+3)}\Rightarrow\dfrac{G_c(s_o)}{(-3+j3.15)j3.15}$；取其「相位關係」：

$\Rightarrow\angle\dfrac{G_c(s_1)}{(-3+j3.15)j3.15}=\angle G_c(s_1)-\tan^{-1}\dfrac{3.15}{-3}-90°=-180°$

$\Rightarrow\angle G_c(s_1)=(133.6-90)°=43.6°$，選 $G_c(s)$ 之零點在主極點 $s_1=-3+j3.15$ 的正下方，即 $z=3$，所以 $G_c(s_1)=\dfrac{K(s_1+3)}{s_1+p}=\dfrac{K(j3.15)}{(p-3)+j3.15}$；同樣取其「相位關係」：$\angle G_c(s_1)=\angle\dfrac{K(j3.15)}{(p-3)+j3.15}=90°-\tan^{-1}\dfrac{3.15}{p-3}=43.6°$

$\Rightarrow\dfrac{3.15}{p-3}=\tan 46.4°\Rightarrow p=6$，$\therefore G_c(s_1)=\dfrac{K(s_1+3)}{s_1+6}=\dfrac{K(j3.15)}{3+j3.15}$；

由系統之「開迴路」轉移函數 $G(s)=G_c(s)\dfrac{1}{s(s+3)}$ 並取其「大小關係」：

$$|G(s_1)|=1=\left|\frac{K(j3.15)}{(3+j3.15)(-3+j3.15)j3.15}\right|=\frac{K}{18.9}\Rightarrow K=18.9$$

故此一「領先相位補償器」$G_c(s)$ 為 $G_c(s)=\dfrac{18.9(s+3)}{s+6}$。

例題 7

考慮一單位回饋（unity feedback）之受控廠(plant)為 $G(s)=\dfrac{1}{s^2+4s}$，今欲設計一控制器 $G_c=K_p+K_I/s$，請回答下列各子題：

(1) **加入控制器後之閉路系統轉移函數。**

(2) **已知唯一實根（real root）為 -2，求阻尼比（damping ratio）為 $\xi=0.5$ 的主根（dominant complex poles）。**

(3) **求 K_p 及 K_I。**【102 關務三等】

Hint：本題可繪出系統方塊圖如下：

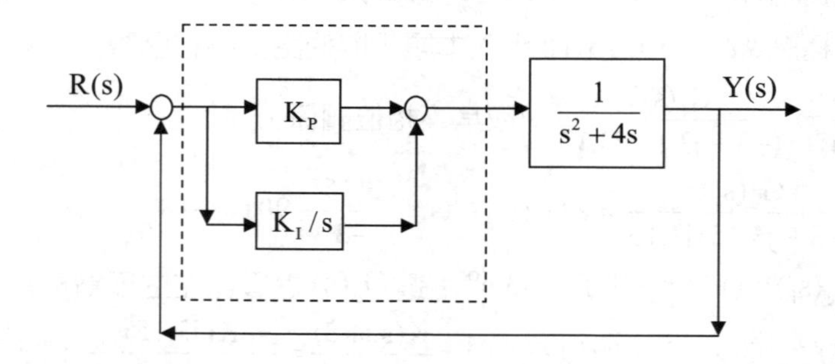

解 (1) 加入 PI 控制器，即方框之轉移函數為 $G_C(s)=K_p+\dfrac{K_I}{s}$

此系統之開路轉移函數為 $G(s)=\dfrac{K_p+\dfrac{K_I}{s}}{s^2+4s}=\dfrac{K_I(1+\dfrac{K_p}{K_I})}{s^2(s+4)}$，而閉迴路轉移函數為 $\dfrac{G(s)}{1+G(s)}=\dfrac{K_I+sK_p}{s^3+4s^2+K_ps+K_I}$。

(2) 標準二階特性方程式$s^2+2\xi\omega_n s+\omega_n{}^2=0$，得其根$s_{1,2}=-\xi\omega_n\pm j\sqrt{1-\xi^2}$為主極點，其中實部題示為$-2$，故$-2=-\xi\omega_n,\xi=0.5\Rightarrow\omega_n=4$所以主根為$s_{1,2}=-2\pm j4\sqrt{1-(\frac{1}{2})^2}=-2\pm j2\sqrt{3}$

(3) 此題開迴路轉移函數為$G(s)=G_c(s)\dfrac{1}{s(s+4)}$，先取其主極點

$s_1=-2+j2\sqrt{3}$代入得

$$G(s_1)=G_c(s_1)\frac{1}{(-2+j2\sqrt{3})(2+j2\sqrt{3})}=\frac{G_c(s_1)}{-16}=-\frac{sK_p+K_I}{16s}$$

$$=-\frac{K_p[(-2+j2\sqrt{3})+\frac{K_I}{K_p}]}{16(-2+j2\sqrt{3})}$$，選$G_c(s)$之零點在主極點

$s_1=-2+j2\sqrt{3}$的正下方，即$\dfrac{K_I}{K_p}=2$，所以

$$G(s_1)=-\frac{K_p[(-2+j2\sqrt{3})+2]}{16(-2+j2\sqrt{3})}=-\frac{K_p(j\sqrt{3})}{8(-2+j2\sqrt{3})}$$，又根據「大小關係」：

$$|G(s_1)|=\frac{K_p\sqrt{3}}{32}=1\Rightarrow K_p=18.48，\because\frac{K_I}{K_p}=2\Rightarrow K_I=36.96$$

例題 8

一單位負回授系統其控制器$C(s)=k_p+k_d s$，受控體$P(s)=\dfrac{1000}{s(s+10)}$，試求：

閉迴路特徵方程式。

k_p和k_d使斜波誤差常數$k_v=1000$，阻尼比$\zeta=0.5$。【102 高考三級】

解 (1) 此系統之開迴路轉移函數為 $G(s)=C(s)P(s)=\dfrac{1000(k_p+k_d s)}{s(s+10)}$，

因為本題為一單位負回授系統，故其閉迴路轉移函數為

$$T(s)=\frac{\dfrac{1000(k_p+k_d s)}{s(s+10)}}{1+\dfrac{1000(k_p+k_d s)}{s(s+10)}}=\frac{1000k_d(s+\dfrac{k_p}{k_d})}{s^2+(10+1000k_d)s+1000k_p}$$

(2) 斜坡誤差常數為

$$K_v=\lim_{s\to 0}sG(s)=\lim_{s\to 0}\frac{1000(k_p+k_d s)}{(s+10)}=100k_p=1000\Rightarrow k_p=10$$

又閉迴路「特性方程式」為 $\Delta(s)=s^2+(10+1000k_d)s+1000k_p\Rightarrow$

$\Delta(s)=s^2+(10+1000k_d)s+1000k_p=s^2+2\xi\omega_n s+\omega_n{}^2$

$$\Rightarrow\left\{\begin{matrix}\omega_n=100\\2\times 0.5\times 100=10+1000k_d\end{matrix}\right\}\Rightarrow k_d=0.09$$

例題 9

如圖所示系統之兩個主要閉迴路極點位置欲設計在 $s_{0,1}=-1\pm j\sqrt{3}$，因此需要加入一領先補償器（Lead Compensator）$D(s)=\dfrac{s+1}{s+p}$，其中 $p>0$；假設 $\angle KG(s_0)$ 為 $-240°$，請求出 p 值。【102 台灣菸酒職員】

解 取一閉迴路極點 $s_0=-1+j\sqrt{3}$ 代入 $D(s_0)=\dfrac{s_0+1}{s_0+p}=\dfrac{j\sqrt{3}}{(p-1)+j\sqrt{3}}$，取其「相位關係」：$\angle D(s_0)=\angle\dfrac{j\sqrt{3}}{(p-1)+j\sqrt{3}}=90°-\tan^{-1}\dfrac{\sqrt{3}}{p-1}$

又本題「開迴路轉移函數」為 $G(s)=D(s)KG(s)\Rightarrow G(s_0)=D(s_0)KG(s_0)$

取「相位關係」$\Rightarrow\angle G(s_0)=\angle D(s_0)+\angle KG(s_0)=-180°\Rightarrow\angle D(s_0)=60°$

代回 $\angle D(s_0)=\angle\dfrac{j\sqrt{3}}{(p-1)+j\sqrt{3}}=90°-\tan^{-1}\dfrac{\sqrt{3}}{p-1}=60°$

$$\Rightarrow\tan^{-1}\frac{\sqrt{3}}{p-1}=30°\Rightarrow\frac{\sqrt{3}}{p-1}=\frac{1}{\sqrt{3}}\Rightarrow p=4$$

例題 10

以 PID 控制器來控制一個雙積分器（double integrator）或稱純慣性系統（pure inertial system），試問：

(1) 是否可能調整增益以使閉迴路控制系統的輸出具有兩個不同的振盪頻率？

(2)如何調整增益以使閉迴路控制系統的輸出不具振盪響應？【93 關務三等】

解

(1) 依題示，可繪製閉迴路系統之方塊圖如下：

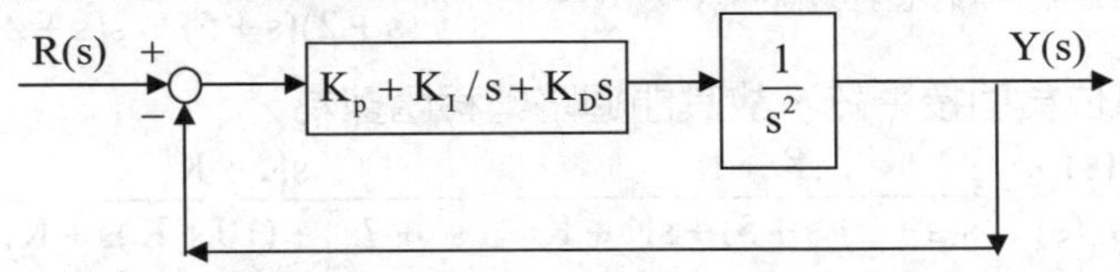

其特性方程式為 $\Delta(s)=s^3+K_Ds^2+K_Ps+K_I=0$，輸出若要有兩種不同之頻率，則必須具有兩對共軛複數的特性根（極點），但因為此閉迴路為三階，故不可能出現兩對共軛複數根（四次），所以無法以調整增益的方式，使此閉迴路系統的輸出具有兩種不同的震盪頻率。

(2) 若使系統的輸出不具震盪頻率，則特性方程式中的三個根（極點）都必須為負實數，可令此三個特性根為 $s=-p_1$、$s=-p_2$、$s=-p_3$，因此希望的特性方程式為 $\Delta_d(s)=(s+p_1)(s+p_2)(s+p_3)$

$=s^3+(p_1+p_2+p_3)s^2+(p_1p_2+p_2p_3+p_1p_3)s+p_1p_2p_3=0$

再比較 $\Delta(s)$ 與 $\Delta_d(s)$ 之係數，可得到使系統輸出不具震盪頻率的增益值如下：

$$\begin{Bmatrix} K_D=p_1+p_2+p_3 \\ K_P=p_1p_2+p_2p_3+p_1p_3 \\ K_I=p_1p_2p_3 \end{Bmatrix}$$

例題 11

一個二階系統如圖，請求出使系統穩定之 K 及 KI 範圍。

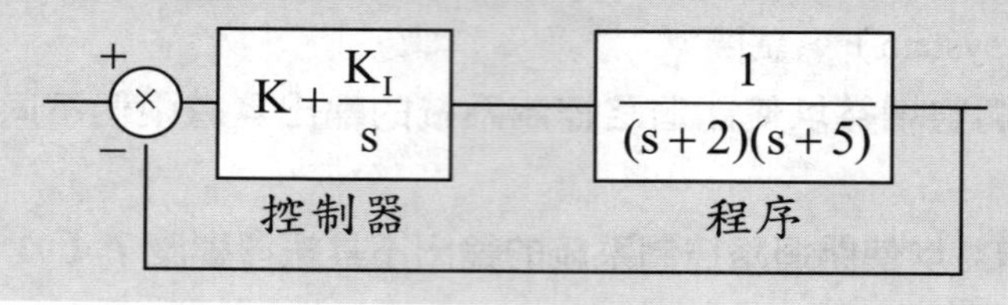

解 此系統之開迴路轉移函數為 $G_o(s)=(K+\frac{K_I}{s})\frac{1}{(s+2)(s+5)}=\frac{sK+K_I}{s(s+2)(s+5)}$，

本題為一單位負回授系統，故其閉迴路轉移函數為

$G(s)=\frac{G_o(s)}{1+G_o(s)}=\frac{sK+K_I}{s(s+2)(s+5)+sK+K_I}=\frac{sK+K_I}{s^3+7s^2+(10+K)s+K_I}$，故閉迴路「特性方程式」為 $\Delta(s)=s^3+7s^2+(10+K)s+K_I$，代入「羅斯表」檢驗其穩定性如下：

s^3	1	$10+K$
s^2	7	K_I
s	$\frac{70+7K-K_I}{7}$	
s^0	K_I	

故知穩定條件為$\begin{cases} K_I > 0 \\ 7K - K_I > -70 \end{cases}$，其範圍可畫 2D 座標圖如下斜線部分所示：

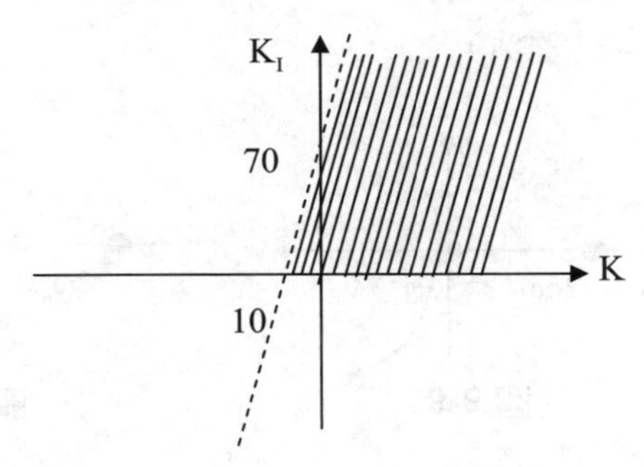

9-3 其他控制器

焦點 3　**相位領先控制器、相位落後控制器。**

考試比重：★★☆☆☆　　**考題形式：**計算題

關鍵要訣

1. 相位領先控制器的設計，主要是為改良 PD 控制器在「穩態響應」中的性能不足；如下圖 9-8 所示，其中控制器之轉移函數為$G_C(s) = k\frac{s+z}{s+p}$（$\frac{z}{p}<1$、$k>0$、$p>0$、$z>0$），受控廠之轉移函數為$\frac{\omega_n^2}{s(s+2\xi\omega_n)}$，則分以下兩方面討論：

注意　此時開路轉移函數中之$z<p$、$z>0$、$p>0$⇐相位領先控制器

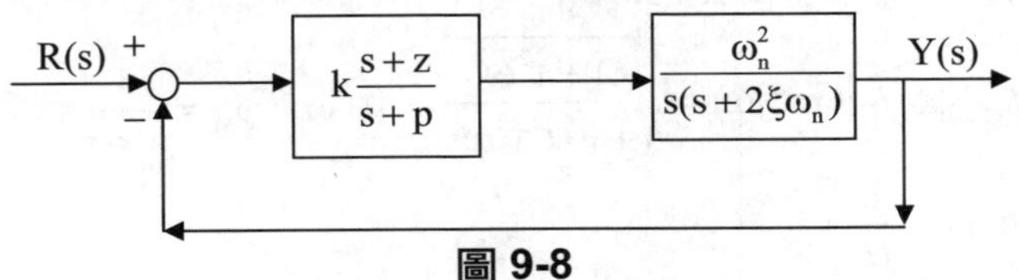

圖 9-8

(1) 根軌跡補償法：下圖 9-9 是爲加控制器前的根軌跡圖，圖 9-10 是加了相位領先控制器後的根軌跡圖，由圖中可以明顯看出，根軌跡是往左移動了，表示可以改善系統的相對穩定度。

（●爲極點，○爲零點）

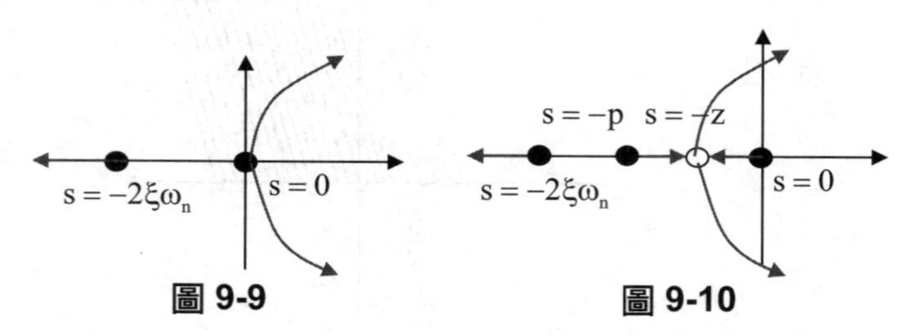

圖 9-9　　圖 9-10

(2) 波德圖補償法：

【注意此時開路轉移函數中之 $0<\alpha<1 \Leftarrow$ 相位領先控制器】

令控制器開路轉移函數爲 $G_C(s)=k\dfrac{1+\tau s}{1+\alpha\tau s}$（$0<\alpha<1$、$k>0$、$\tau>0$）

A. 爲討論簡單，再令 $k=1$，以 $s=j\omega$ 代入 $\Rightarrow G_C(j\omega)=\dfrac{1+j\tau\omega}{1+j\alpha\tau\omega}$，因爲 α、τ、ω 均未知，故先由「相位關係」著手。

B. 相位 $\phi=\angle G_C(j\omega)=\tan^{-1}\tau\omega-\tan^{-1}\alpha\tau\omega$，欲求最大領先相位 ϕ_M，則需令 $\dfrac{d\phi}{d\omega}=0$，得 $\omega_M=\dfrac{1}{\sqrt{\alpha}\tau}\Rightarrow\phi_M=\tan^{-1}\tau\dfrac{1}{\sqrt{\alpha}\tau}-\tan^{-1}\alpha\tau\dfrac{1}{\sqrt{\alpha}\tau}$，

再令 $\tan^{-1}\dfrac{1}{\sqrt{\alpha}}=\delta_1$、$\tan^{-1}\dfrac{\alpha}{\sqrt{\alpha}}=\delta_2$，則

$\tan(\phi_M)=\tan(\delta_1-\delta_2)=\dfrac{\tan\delta_1-\tan\delta_2}{1+\tan\delta_1\tan\delta_2}=\dfrac{1-\alpha}{2\sqrt{\alpha}}$，此亦可化爲 $\sin(\phi_M)=\dfrac{1-\alpha}{1+\alpha}$

【物理意義】 相位領先控制器之相位恆爲正，最大領先相位的正弦值 $=\dfrac{1-\alpha}{1+\alpha}$（亦可得 $\alpha=\dfrac{1-\sin\phi_M}{1+\sin\phi_M}$）

C. 因爲大小關係 $|G_C(j\omega)|=\sqrt{\dfrac{1+\tau^2\omega^2}{1+\alpha^2\tau^2\omega^2}}$，由 $\omega=\omega_M=\dfrac{1}{\sqrt{\alpha}\tau}$ 代入得 $|G_C(j\omega_M)|=\dfrac{1}{\alpha}$。

【物理意義】發生「最大領先相位處」之增益（Gain）有

$$20\log\frac{1}{\sqrt{\alpha}}=10\log\frac{1}{\alpha}(\text{dB})$$

D. 發生最大增益之 $\omega=\dfrac{1}{\alpha\tau}$，代入大小關係可得最大增益。

【物理意義】無論相位，開路轉移函數大小最大值為 $20\log\frac{1}{\alpha}(\text{dB})$

E. 如此可繪「波德圖」（Bode Plot）如下圖 9-11(a)&(b)：

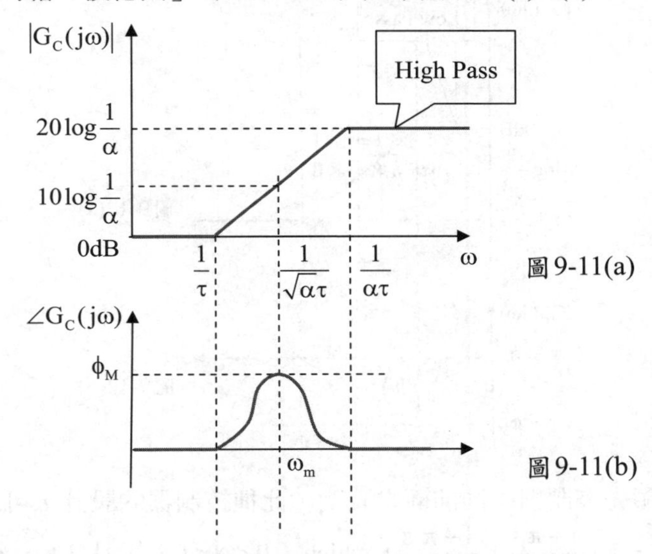

圖 9-11(a)

圖 9-11(b)

2. 相位落後控制器的設計，主要是為改良 PI 控制器在「暫態響應」中的性能不足，注意此時開路轉移函數中之 $\beta>1$。

再以波德圖補償法說明之：

(1) 令控制器開路轉移函數為 $G_C(s)=k\dfrac{1+\tau s}{1+\beta\tau s}$ $\beta>1$、$k>0$、$\tau>0$，為討論簡單，再令 $k=1$，以 $s=j\omega$ 代入 $\Rightarrow G_C(j\omega)=\dfrac{1+j\tau\omega}{1+j\beta\tau\omega}$。

(2) 仿前做同樣的推理，可知相位落後控制器之相位恆為負，最大領先相位為 ϕ_M，$\sin\phi_M=\dfrac{1-\beta}{1+\beta}$（$<0$）

(3) 發生「最大領先相位處」$\sin\phi_M = \dfrac{1-\beta}{1+\beta}$，此時之增益（Gain）有

$$20\log\frac{1}{\sqrt{\beta}} = 10\log\frac{1}{\beta}(\text{dB})$$

(4) 發生最大增益之 $\omega = \dfrac{1}{\beta\tau}$，代入大小關係可得最負增益 $20\log\dfrac{1}{\beta}(\text{dB})$。

(5) 如此可繪「波德圖」（Bode Plot）如下圖 9-12(a)&(b)：

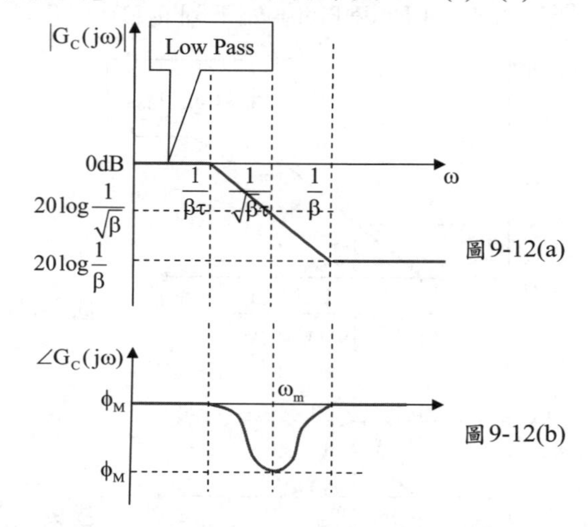

圖 9-12(a)

圖 9-12(b)

3. 相位落後—領先控制器：同前面之說明，此種控制器的設計，可以以下開路轉移函數 $G_C(s) = K(\dfrac{1+\pi_1 s}{1+\alpha\tau_1 s})(\dfrac{1+\pi_2 s}{1+\beta\tau_2 s})$ which（$0<\alpha<1$，$\beta>1$，K、α、$\beta>0$）表示之，其餘不再贅述。

例題 12

已知相位前引補償器之轉移函數為 $G_c(s) = \dfrac{1+Ts}{1+\alpha Ts}$，$T>0$，$0<\alpha<1$

(1) **試繪出其波德圖（Bode plot）。**

(2) **假設 T 及 α 為已知，試推導該補償器之最大相角，以及在此最大相角時之角頻率。**

解 詳解同前所說明，同學可以親自試答。

第十章　現代控制系統分析

10-1　現代控制的數學基礎

焦點 1　**矩陣的運算。**

考試比重：★★☆☆☆　　　　**考題形式：**基本觀念題

關鍵要訣

1. 矩陣的定義：$n\times m$ 的矩陣 A，定義為 $A = A_{n\times m} = \begin{bmatrix} a_{11} & a_{12} & \cdots & a_{1m} \\ a_{21} & a_{22} & \cdots & a_{2m} \\ \vdots & \cdot & \cdot & \vdots \\ a_{n1} & a_{n2} & \cdots & a_{nm} \end{bmatrix}$

   (1) 若 $n = m$，則矩陣 A 稱為「方陣矩陣」（square matrix）。

   (2) 若 $n = 1$，則矩陣 A 稱為「列向量」（row vector）。

   (3) 若 $m = 1$，則矩陣 A 稱為「行向量」（column vector）。

2. 方陣矩陣（square matrix）：$A = A_{n\times n} = \begin{bmatrix} a_{11} & a_{12} & \cdots & a_{1n} \\ a_{21} & a_{22} & \cdots & a_{2n} \\ \vdots & \cdot & \cdot & \vdots \\ a_{n1} & a_{n2} & \cdots & a_{nn} \end{bmatrix}$，其中

   (1)方陣 A 中的元素 a_{11}、a_{22}、⋯、a_{nn} 稱為「對角元素」（Diagonal elements）。

   (2) 方陣 A 中的「對角元素和」稱為 A 的「跡」（trace）。

(3) 若 $i \neq j$，$a_{ij} = 0$，則稱 A 為「對角矩陣」（diagonal matrix），型式如下：

$$A_{n\times n} = \begin{bmatrix} a_{11} & 0 & \dots & 0 \\ 0 & a_{22} & \dots & 0 \\ .. & . & . & .. \\ 0 & 0 & \dots & a_{nn} \end{bmatrix} = diag(a_{11}, a_{22}, \dots\dots, a_{nn})$$

(4) 若 $i \neq j$，$a_{ij} = 0$，且 $a_{ii} = 1$ for i from 2 to n，則稱為「單位矩陣」（identity matrix），型式如 $I_{n\times n} = \begin{bmatrix} 1 & 0 & \dots & 0 \\ 0 & 1 & \dots & 0 \\ .. & . & . & .. \\ 0 & 0 & \dots & 1 \end{bmatrix}$

(5) 若 $i > j$，$a_{ij} = 0$，則稱 A 為「上三角矩陣」（upper triangular matrix）如

$$A_{n\times n} = \begin{bmatrix} a_{11} & a_{12} & \dots & a_{1n} \\ 0 & a_{22} & \dots & a_{2n} \\ .. & . & . & .. \\ 0 & 0 & \dots & a_{nn} \end{bmatrix}$$

(6) 若 $i < j$，$a_{ij} = 0$，則稱 A 為「下三角矩陣」（lower triangular matrix）如

$$A_{n\times n} = \begin{bmatrix} a_{11} & 0 & \dots & 0 \\ a_{21} & a_{22} & \dots & 0 \\ .. & . & . & .. \\ a_{n1} & a_{n2} & \dots & a_{nn} \end{bmatrix}$$

(7) 若 $a_{ij} = a_{ji}$，則稱 A 為「對稱矩陣」（symmetric matrix）。

3. 行列式：方陣 A 之行列式（determinant）以 $|A|$ 或 $det(A)$ 來表示。

【行列式的運算】

(1) $A = \begin{bmatrix} a_{11} & a_{12} \\ a_{21} & a_{22} \end{bmatrix}_{2\times 2} \Rightarrow det(A) = \begin{vmatrix} a_{11} & a_{12} \\ a_{21} & a_{22} \end{vmatrix} = a_{11}a_{22} - a_{12}a_{21}$

(2) $A = \begin{bmatrix} a_{11} & a_{12} & a_{13} \\ a_{21} & a_{22} & a_{23} \\ a_{31} & a_{32} & a_{33} \end{bmatrix} \Rightarrow det(A) = \begin{vmatrix} a_{11} & a_{12} & a_{13} \\ a_{21} & a_{22} & a_{23} \\ a_{31} & a_{32} & a_{33} \end{vmatrix}$

$= a_{11}a_{22}a_{33} + a_{21}a_{32}a_{13} + a_{31}a_{12}a_{23} - a_{13}a_{22}a_{31} - a_{11}a_{23}a_{32} - a_{12}a_{21}a_{33}$

(3) 超過三次，則用「子行列式」的觀念，詳見【例題 2】

【行列式的性質】

(1) 轉置矩陣的行列式值與原 $n \times n$ 矩陣之行列式值相等。

(2) 若 $n \times n$ 矩陣的任兩行（列）相同，則其行列式值為零。

(3) 若 $n \times n$ 矩陣的某一行（列）所有元素皆為 0，則其行列式值為零。

(4) 若 B 為任意 $n \times n$ 矩陣 A 中的任兩行（列）交換而得，則 $\det B = -\det A$ 。

(5) 若 A 與 B 兩個 $n \times n$ 都是的矩陣，則 $\det(AB) = \det A \cdot \det B$

(6) 若將 $n \times n$ 的矩陣 A 的某一列（行）乘上非零實數 k 而得另一矩陣 B，則 $\det B = k \det A$

(7) 若將 $n \times n$ 的矩陣 A 的某一列（行）乘上非零實數 k 後加到另一列（行）而得另一矩陣 B，則 $\det B = \det A$

(8) 若 $n \times n$ 的矩陣 A 為「三角矩陣」（上或下），則 $\det A = a_{11}a_{22}a_{33}.....a_{nn}$

(9) Vander Mode 行列式：$A = \begin{bmatrix} 1 & 1 & 1 \\ a & b & c \\ a^2 & b^2 & c^2 \end{bmatrix} \Rightarrow \det A = (b-a)(c-a)(c-b)$，即三角矩陣之行列式值為第二列元素右減左元素之乘積。

注意　並非為三角矩陣的「trace」。

4. 子式（或稱之為「子行列式」）：方陣 A 去掉第 i 列第 j 行後，所得到的行列式值稱為「子式」（minor），以 M_{ij} 來表示。

5. 餘因式：方陣 A，其元素 a_{ij} 的餘因式（cofactor）以 C_{ij} 來表示，則 $C_{ij} = (-1)^{i+j} M_{ij}$；若轉置（Transpose）餘因子矩陣 A，則所得到的矩陣稱為「伴隨矩陣」（adjoint matrix），即 $\text{adj}(A) \triangleq [C_{ij}]^T = [C_{ji}] = \begin{bmatrix} C_{11} & C_{21} & \cdots & C_{n1} \\ C_{12} & C_{22} & \cdots & C_{n2} \\ .. & . & . & .. \\ C_{1n} & C_{2n} & \cdots & C_{nn} \end{bmatrix}$。

【轉置矩陣（Transpose matrix）】 若 $A = \left[a_{ij}\right]_{m \times n}$，則 $A^T = B = \left[b_{ij}\right]_{n \times m}$，可得對應元素 $b_{ij} = a_{ij}$ 成立，稱 B 為 A 的「轉置矩陣」；有以下性質：

(1) $(A^T)^T = A$　　　　(2) $(A+B)^T = A^T + B^T$

(3) $(AB)^T = B^T A^T$ (4) $(kA)^T = kA^T$ $(k = const)$

(5) $(A + B + X)^T = A^T + B^T + X^T$ (6) $(ABX)^T = X^T B^T A^T$

6. 反矩陣（或稱「逆矩陣」）：存在兩個 n 階方陣 A 與 B，若 $A \cdot B = I = B \cdot A$，則 B 稱為 A 的反矩陣（inverse matrix），以 $B = A^{-1}$ 來表示。

【補充說明】

(1) 若逆矩陣 A^{-1} 存在且唯一，但有時矩陣也可能不存在。

(2) 反矩陣的性質：

A. A 為非奇異矩陣（反矩陣 A^{-1} 存在），$(A^{-1})^{-1} = A$

B. A 為奇異矩陣（$\det(A) = 0$），則 A^{-1} 不存在。

C. $|A^{-1}| = |A|^{-1} \Rightarrow |A^{-1}| \cdot |A|^{-1} = 1$

D. $(A^T)^{-1} = (A^{-1})^T = A^{-T}$

(3) 反矩陣的計算：

A. A 為非奇異矩陣（$\det(A) \neq 0$），則 $A^{-1} = \dfrac{adj(A)}{\det(A)}$

B. 「增廣矩陣法」：若 $n \times n$ 的矩陣 A 可以藉由一連串的「基本列運算」轉換成 $n \times n$ 的單位矩陣，則矩陣 A 為「非奇異矩陣」，而這一連串將 A 轉換成單位矩陣 I 的相同運算，亦可將 I 轉換為 A^{-1}。（如下例題 1 之 <法 2>）

7. 奇異矩陣（Singular matrix）與非奇異矩陣（Nonsingular matrix）：若 n 階方陣 A 的反矩陣 A^{-1} 存在，則稱 A 為非奇異矩陣，反之則稱 A 為奇異矩陣（Singular matrix）。

8. **「特徵值」**（eigenvalue）與**「特徵向量」**（eigenvector）：若 n 階方陣 A 存在一個非零向量 $\nu \in \mathbb{R}^n$ 與純量 $\lambda \in \mathbb{R}$，且滿足 $A\nu = \lambda\nu$，（或 $(\lambda I - A)\nu = 0$）則 λ 稱為 A 的特徵值，ν 為相對應於 A 的特徵向量。

9. **「特徵多項式」**（characteristic polynomial）與**「特徵方程式」**（characteristic equation）：若 A 為一 n 階方陣，則 $\Delta(\lambda) = A - \lambda I$ 稱為 A 的特徵多項式，而 $\Delta(\lambda) = 0$ 稱為 A 的特徵方程式。

【補充說明】

(1) 令$A=\begin{bmatrix} a_{11} & a_{12} & a_{13} \\ a_{21} & a_{22} & a_{23} \\ a_{31} & a_{32} & a_{33} \end{bmatrix}$，因爲$A\nu=\lambda\nu \Rightarrow (A-\lambda I)\nu=0$，則當

A. $(A-\lambda I)^{-1}$存在，則ν有唯一零解，即$\nu=0$。

B. $(A-\lambda I)^{-1}$不存在，則$\det(A-\lambda I)=0$，ν有非零解。

(2) 若其特徵值分別爲λ_1、λ_2、λ_3，則

$$\det(A-\lambda I)=\det\begin{bmatrix} a_{11}-\lambda & a_{12} & a_{13} \\ a_{21} & a_{22}-\lambda & a_{23} \\ a_{31} & a_{32} & a_{33}-\lambda \end{bmatrix}=(\lambda_1-\lambda)(\lambda_2-\lambda)(\lambda_3-\lambda)$$，經展開

比較係數可得：

A. $\lambda_1+\lambda_2+\lambda_3=a_{11}+a_{22}+a_{33}=\text{trace}(A)$

B. $\lambda_1\lambda_2\lambda_3=\begin{vmatrix} a_{11} & a_{12} & a_{13} \\ a_{21} & a_{22} & a_{23} \\ a_{31} & a_{32} & a_{33} \end{vmatrix}$，故若有任一特徵值爲 0，則$\det A=0$，即$A^{-1}$不存在。

C. 特徵值兩兩相成之和爲矩陣 A 中二階主要子行列式之和，即

$$\lambda_1\lambda_2+\lambda_2\lambda_3+\lambda_3\lambda_1=\begin{vmatrix} a_{11} & a_{12} \\ a_{21} & a_{22} \end{vmatrix}+\begin{vmatrix} a_{22} & a_{23} \\ a_{32} & a_{33} \end{vmatrix}+\begin{vmatrix} a_{11} & a_{13} \\ a_{31} & a_{33} \end{vmatrix}$$

老師的話

上式 A～C 最好能熟記，對一些快速解題的題目會較快。

(3) 複數特徵值與複數特徵向量：令 A 爲具實數元素之方陣，若$\lambda=\alpha+i\beta$爲 A 的複數特徵值，則共軛複數$\bar{\lambda}=\alpha-i\beta$也是 A 的特徵值；若 x 爲對應$\lambda$的特徵向量，則$\bar{x}$爲其共軛複數爲對應$\bar{\lambda}$的特徵向量。

(4) 實數特徵值：令 A 爲實數對稱矩陣，則 A 的特徵值皆爲實數。

(5) 三角與對角矩陣：上三角、下三角與對角矩陣，其特徵值即爲其主對角線元素。

(6) 正交特徵向量：令 A 爲$n\times n$的對稱矩陣，則對應相異特徵值的特徵向量必爲正交。

(7) 正交(orthogonal)矩陣：非奇異的 $n \times n$ 的矩陣 A，若 $A^{-1} = A^{T}$，則爲正交矩陣。【矩陣 A 爲正交矩陣 $\Leftrightarrow A^{T}A = I \Rightarrow$ 例題 5】

例題 1

已知 $A = \begin{bmatrix} 1 & 3 & 0 \\ 2 & 1 & 4 \\ 1 & -1 & 3 \end{bmatrix}$**，求** $\det(A)$ **與反矩陣** A^{-1}**？**

解 先求 A 的伴隨矩陣如下

$$\operatorname{adj}(A) = \begin{bmatrix} \begin{vmatrix} 1 & 4 \\ -1 & 3 \end{vmatrix} & -\begin{vmatrix} 2 & 4 \\ 1 & 3 \end{vmatrix} & \begin{vmatrix} 2 & 1 \\ 1 & -1 \end{vmatrix} \\ -\begin{vmatrix} 3 & 0 \\ -1 & 3 \end{vmatrix} & \begin{vmatrix} 1 & 0 \\ 1 & 3 \end{vmatrix} & -\begin{vmatrix} 1 & 3 \\ 1 & -1 \end{vmatrix} \\ \begin{vmatrix} 3 & 0 \\ 1 & 4 \end{vmatrix} & -\begin{vmatrix} 1 & 0 \\ 2 & 4 \end{vmatrix} & \begin{vmatrix} 1 & 3 \\ 2 & 1 \end{vmatrix} \end{bmatrix}^{T} = \begin{bmatrix} 7 & -2 & -3 \\ -9 & 3 & 4 \\ 12 & -4 & -5 \end{bmatrix}^{T} = \begin{bmatrix} 7 & -9 & 12 \\ -2 & 3 & -4 \\ -3 & 4 & -5 \end{bmatrix}$$

$$\det(A) = \begin{vmatrix} 1 & 3 & 0 \\ 2 & 1 & 4 \\ 1 & -1 & 3 \end{vmatrix} = 3 + 0 + 12 - 0 + 4 - 18 = 1$$

$$\Rightarrow A^{-1} = \frac{\operatorname{adj}(A)}{\det(A)} = \begin{bmatrix} 7 & -9 & 12 \\ -2 & 3 & -4 \\ -3 & 4 & -5 \end{bmatrix}$$

<法 2：增廣矩陣法>可先重新排列如下形式

$$\left\langle\begin{array}{ccc|ccc}1&3&0&1&0&0\\2&1&4&0&1&0\\1&-1&3&0&0&1\end{array}\right\rangle \overset{R_{12}(-2)}{\underset{R_{13}(-1)}{\Rightarrow}} \left\langle\begin{array}{ccc|ccc}1&3&0&1&0&0\\0&-5&4&-2&1&0\\0&-4&3&-1&0&1\end{array}\right\rangle \overset{R_2(-1/5)}{\Rightarrow} \left\langle\begin{array}{ccc|ccc}1&3&0&1&0&0\\0&1&-\frac{4}{5}&\frac{2}{5}&-\frac{1}{5}&0\\0&-4&3&-1&0&1\end{array}\right\rangle$$

$$\overset{R_{21}(-3)}{\underset{R_{23}(4)}{\Rightarrow}} \left\langle\begin{array}{ccc|ccc}1&0&12/5&-1/5&3/5&0\\0&1&-\frac{4}{5}&\frac{2}{5}&-\frac{1}{5}&0\\0&0&-1/5&3/5&-4/5&1\end{array}\right\rangle \overset{R_3(-5)}{\Rightarrow} \left\langle\begin{array}{ccc|ccc}1&0&12/5&-1/5&3/5&0\\0&1&-\frac{4}{5}&\frac{2}{5}&-\frac{1}{5}&0\\0&0&1&-3&4&-5\end{array}\right\rangle$$

$$\overset{R_{31}(-12/5)}{\underset{R_{32}(4/5)}{\Rightarrow}} \left\langle\begin{array}{ccc|ccc}1&0&0&7&-9&12\\0&1&0&-2&3&-4\\0&0&1&-3&4&-5\end{array}\right\rangle \Rightarrow \text{右方框矩陣即為 } A^{-1}$$

注意　$R_{12}(-2)$ 表示第一列各元素乘上 (-2) 後，加到第三列各相對元素中，且只能用「列運算」。

例題 2

若 $A=\begin{bmatrix}2&0&-4&-6\\4&5&1&0\\0&2&6&-1\\-3&8&9&1\end{bmatrix}$，求 $\det A=$？

解

$$\det A = 2\begin{vmatrix}5&1&0\\2&6&-1\\8&9&1\end{vmatrix} + 0 - 4\begin{vmatrix}4&5&0\\0&2&-1\\-3&8&1\end{vmatrix} - 6\begin{vmatrix}4&5&1\\0&2&6\\-3&8&9\end{vmatrix}$$

$$= 130 - 220 + 1224 = 1134$$

例題 3

已知 $x_1=\begin{bmatrix}1\\1\\1\end{bmatrix}$ 、 $x_2=\begin{bmatrix}0\\1\\1\end{bmatrix}$ 、 $x_3=\begin{bmatrix}0\\0\\1\end{bmatrix}$ ； $b_1=\begin{bmatrix}1\\0\\0\end{bmatrix}$ 、 $b_2=\begin{bmatrix}0\\1\\0\end{bmatrix}$ 、 $b_3=\begin{bmatrix}0\\0\\1\end{bmatrix}$ ，

滿足方程式 $Ax_i=b_i$ （ $1\le i\le 3$ ）**，試求**

(1) $AX=\begin{bmatrix}3\\5\\8\end{bmatrix}$ **的解？**

(2) **矩陣 A 為？【98 地特】**

解 (1) 由 $Ax_1=b_1$ 、 $Ax_2=b_2$ 、 $Ax_3=b_3$ 且 $\begin{bmatrix}3\\5\\8\end{bmatrix}=3b_1+5b_2+8b_3$ 代入得

$$\begin{bmatrix}3\\5\\8\end{bmatrix}=3Ax_1+5Ax_2+8Ax_3=AX$$

$$\Rightarrow X=3x_1+5x_2+8x_3=\begin{bmatrix}3\\3\\3\end{bmatrix}+\begin{bmatrix}0\\5\\5\end{bmatrix}+\begin{bmatrix}0\\0\\8\end{bmatrix}=\begin{bmatrix}3\\8\\16\end{bmatrix}$$

(2) $\begin{bmatrix}Ax_1 & Ax_2 & Ax_3\end{bmatrix}=\begin{bmatrix}b_1 & b_2 & b_3\end{bmatrix}=I\Rightarrow AX=I$

$$\Rightarrow A=\begin{bmatrix}x_1 & x_2 & x_3\end{bmatrix}^{-1}=\begin{bmatrix}1&0&0\\1&1&0\\1&1&1\end{bmatrix}^{-1}=\frac{adjA}{|A|}=\begin{bmatrix}1&0&0\\-1&1&0\\0&-1&1\end{bmatrix}$$

例題 4

求矩陣 $A=\begin{bmatrix}6&2&2\\2&5&0\\2&0&7\end{bmatrix}$ **的特徵值與特徵向量？**

解

(1) $\det(A-\lambda I)=\begin{vmatrix}6-\lambda & 2 & 2\\ 2 & 5-\lambda & 0\\ 2 & 0 & 7-\lambda\end{vmatrix}$

$=(6-\lambda)(5-\lambda)(7-\lambda)-4(7-\lambda)-4(5-\lambda)$

$\Rightarrow \lambda^3-18\lambda^2+99\lambda-162=(\lambda-3)(\lambda-6)(\lambda-9)=0$

$\Rightarrow \lambda=3$，$\lambda=6$，$\lambda=9$，所以特徵值為 3、6、9

(2)

A. 令 $\lambda=\lambda_1=3$，Eigen-vector $\nu_1=\begin{bmatrix}x_1\\ x_2\\ x_3\end{bmatrix}$

$\Rightarrow \begin{bmatrix}3 & 2 & 2\\ 2 & 2 & 0\\ 2 & 0 & 4\end{bmatrix}\begin{bmatrix}x_1\\ x_2\\ x_3\end{bmatrix}=0 \Rightarrow \begin{Bmatrix}3x_1+2x_2+2x_3=0\\ x_1+x_2=0\\ x_1+2x_3=0\end{Bmatrix}$

$\Rightarrow \text{let}\{x_1=c_1, x_2=-c_1, x_3=-c_1/2\} \Rightarrow \nu_1=\begin{bmatrix}2\\ -2\\ -1\end{bmatrix}$

B. 令 $\lambda=\lambda_2=6$，Eigen-vector $\nu_2=\begin{bmatrix}x_1\\ x_2\\ x_3\end{bmatrix} \Rightarrow \begin{bmatrix}0 & 2 & 2\\ 2 & -1 & 0\\ 2 & 0 & 1\end{bmatrix}\begin{bmatrix}x_1\\ x_2\\ x_3\end{bmatrix}=0$

$\Rightarrow \begin{Bmatrix}x_2+x_3=0\\ 2x_1-x_2=0\\ 2x_1+x_3=0\end{Bmatrix} \Rightarrow \text{let}\{x_1=k, x_2=2k, x_3=-2k\} => \nu_2=\begin{bmatrix}1\\ 2\\ -2\end{bmatrix}$

C. 令 $\lambda=\lambda_3=9$，Eigen-vector $\nu_3=\begin{bmatrix}x_1\\ x_2\\ x_3\end{bmatrix} \Rightarrow \begin{bmatrix}-3 & 2 & 2\\ 2 & -4 & 0\\ 2 & 0 & -2\end{bmatrix}\begin{bmatrix}x_1\\ x_2\\ x_3\end{bmatrix}=0$

$\Rightarrow \begin{Bmatrix}-3x_1+2x_2+2x_3=0\\ x_1-2x_2=0\\ x_1-x_3=0\end{Bmatrix} \Rightarrow \text{let}\{x_1=2p, x_2=p, x_3=2p\} \Rightarrow \nu_3=\begin{bmatrix}2\\ 1\\ 2\end{bmatrix}$

例題 5

矩陣 $A=\begin{bmatrix}\frac{\sqrt{2}}{2} & \frac{\sqrt{2}}{2}\\ -\frac{\sqrt{2}}{2} & \frac{\sqrt{2}}{2}\end{bmatrix}$ **，請求出** $A^{-1}=$ **？**

解 因為 $A=\begin{bmatrix}\frac{\sqrt{2}}{2} & \frac{\sqrt{2}}{2}\\ -\frac{\sqrt{2}}{2} & \frac{\sqrt{2}}{2}\end{bmatrix}$，而 $A^T=\begin{bmatrix}\frac{\sqrt{2}}{2} & -\frac{\sqrt{2}}{2}\\ \frac{\sqrt{2}}{2} & \frac{\sqrt{2}}{2}\end{bmatrix}\Rightarrow A^TA=\begin{bmatrix}1 & 0\\ 0 & 1\end{bmatrix}=I$

故可知 A 為正交矩陣 $\Rightarrow A^{-1}=A^T=\begin{bmatrix}\frac{\sqrt{2}}{2} & -\frac{\sqrt{2}}{2}\\ \frac{\sqrt{2}}{2} & \frac{\sqrt{2}}{2}\end{bmatrix}$

例題 6

λ_1、λ_2、λ_3、λ_4 **為矩陣** $A=\begin{bmatrix}1&1&1&1\\1&1&1&1\\1&1&1&1\\1&1&1&1\end{bmatrix}$ **的四個特徵值，求**

$\lambda_1+\lambda_2+\lambda_3+\lambda_4+\lambda_1\lambda_2\lambda_3\lambda_4=$ **？**

Hint： $\det(A-\lambda I)=\det\begin{bmatrix}a_{11}-\lambda & a_{12} & a_{13}\\ a_{21} & a_{22}-\lambda & a_{23}\\ a_{31} & a_{32} & a_{33}-\lambda\end{bmatrix}=(\lambda_1-\lambda)(\lambda_2-\lambda)(\lambda_3-\lambda)$，

經展開比較係數可得 $\Rightarrow \lambda_1+\lambda_2+\lambda_3=a_{11}+a_{22}+a_{33}=\text{trace}(A)$ and

$\lambda_1\lambda_2\lambda_3=\begin{vmatrix}a_{11} & a_{12} & a_{13}\\ a_{21} & a_{22} & a_{23}\\ a_{31} & a_{32} & a_{33}\end{vmatrix}$。

解 $\lambda_1+\lambda_2+\lambda_3+\lambda_4=\text{trace}(A)=4$ 又 $\lambda_1\lambda_2\lambda_3\lambda_4=\begin{vmatrix}1&1&1&1\\1&1&1&1\\1&1&1&1\\1&1&1&1\end{vmatrix}=0$

$\Rightarrow\therefore\lambda_1+\lambda_2+\lambda_3+\lambda_4+\lambda_1\lambda_2\lambda_3\lambda_4=4$

10-2 動態方程式

焦點 2　**動態方程式的介紹以及其與「轉移函數」間的關係。**

考試比重：★★★☆☆

考題形式：計算題，本節亦為近來考題重點

關鍵要訣

1. 在控制系統中，關於古典控制系統是使用**「轉移函數」**來表示，而現代控制系統則是使用**「動態方程式」**來表示，轉移函數的數學基礎式**「拉式轉換」**，而動態方程式的數學基礎則是**「矩陣理論」**。
2. **狀態變數（state variables）：**若 $x_1(t)$、$x_2(t)$、…、$x_n(t)$ 爲系統的一組最小變數，則定義其爲「狀態變數」；在時間 $t=t_0$ 時加入狀態初始值與輸入訊號，則在時間 $t\geq t_0$ 時系統將會有反應。
3. **狀態向量（state vector）：**由狀態變數所組成的向量定義爲「狀態向量」，可表示成 $X(t)=\begin{bmatrix}x_1(t)\\x_2(t)\\\dots\\x_n(t)\end{bmatrix}$，或 $X(t)=\begin{bmatrix}x_1(t) & x_2(t) & \dots & x_n(t)\end{bmatrix}^T$

4. **狀態方程式**（state equation）**與輸出方程式**（output equation）**：**若將狀態的微分值（$\dot{X}(t)$）表示成所有狀態 $X(t)$ 與所有輸出 $U(t)$ 的線性組合，稱為「狀態方程式」；若將輸出值（$Y(t)$）表示成所有狀態 $X(t)$ 與所有輸入的線性組合，則稱為「輸出方程式」。

5.**動態方程式**(dynamic equation）**：**結合「狀態方程式」與「輸出方程式」兩者，則稱之為「動態方程式」，式子如下：（若有 n 個狀態向量，有 m 個輸入向量，有 r 個輸出向量⇒注意「維度」（dimension））

$\begin{Bmatrix} \dot{X}(t) = AX(t) + BU(t) \\ Y(t) = CX(t) + DU(t) \end{Bmatrix}$ ⇒ A：系統矩陣，B：輸入矩陣，C：輸出矩陣，D：直接傳輸矩陣 whereas，$\dot{X}(t) = \begin{bmatrix} \dot{x}_1(t) \\ \dot{x}_2(t) \\ \vdots \\ \dot{x}_n(t) \end{bmatrix}$，$A = \begin{pmatrix} a_{11} & \cdots & a_{1n} \\ \vdots & \ddots & \vdots \\ a_{n1} & \cdots & a_{nn} \end{pmatrix}$，$X = \begin{bmatrix} x_1(t) \\ x_2(t) \\ \vdots \\ x_n(t) \end{bmatrix}$，

$B = \begin{pmatrix} b_{11} & \cdots & b_{1m} \\ \vdots & \ddots & \vdots \\ b_{n1} & \cdots & b_{nm} \end{pmatrix}$，$U = \begin{bmatrix} u_1(t) \\ u_2(t) \\ \vdots \\ u_m(t) \end{bmatrix}$ $Y(t) = \begin{bmatrix} y_1(t) \\ y_2(t) \\ \vdots \\ y_n(t) \end{bmatrix}$，$C = \begin{pmatrix} c_{11} & \cdots & c_{1n} \\ \vdots & \ddots & \vdots \\ c_{r1} & \cdots & c_{rn} \end{pmatrix}$，

$D = \begin{pmatrix} d_{11} & \cdots & d_{1m} \\ \vdots & \ddots & \vdots \\ d_{r1} & \cdots & d_{rm} \end{pmatrix}$

6. 由上式「單一輸入單一輸出」（SISO），其動態方程式的維度如下：$A_{n\times n}$、$X_{n\times 1}$、$B_{n\times m}$、$U_{m\times 1}$、$C_{r\times n}$、$D_{r\times m}$，可畫「動態方程式」方塊圖如下圖 10-1。

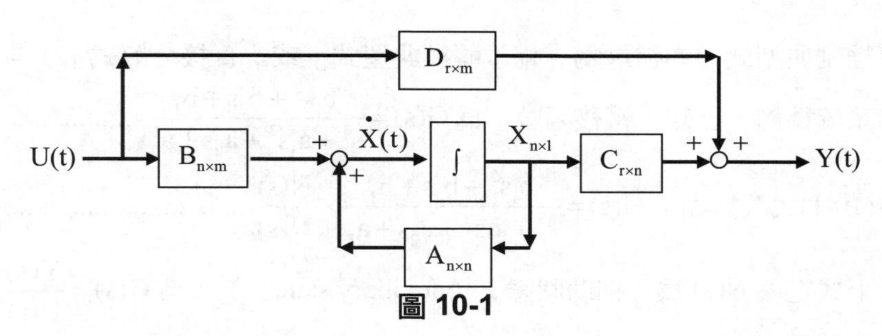

圖 10-1

7. 由動態方程式來求系統的「轉移函數」，前述因為$\begin{cases}\dot{X}(t)=AX(t)+BU(t)\\ Y(t)=CX(t)+DU(t)\end{cases}\Rightarrow$

A：系統矩陣，B：輸入矩陣，C：輸出矩陣，D：直接傳輸矩陣，並令其為線性系統(初始值為 0)，作「拉式轉換」後得$\begin{cases}sX(s)=AX(s)+BU(s)\text{.........}(1)\\ Y(s)=CX(s)+DU(s)\text{.........}(2)\end{cases}$

由(1)$\Rightarrow X(s)=(sI-A)^{-1}BU(s)$，代入(2)得

$Y(s)=C[(sI-A)^{-1}BU(s)]+DU(s)=[C(sI-A)^{-1}B+D]U(s)$

$\Rightarrow G(s)\triangleq\dfrac{Y(s)}{U(s)}=C(sI-A)^{-1}B+D=C\dfrac{adj(sI-A)}{|sI-A|}B+D=\dfrac{Cadj(sI-A)B+D|sI-A|}{|sI-A|}$，

所以「特性方程式」為$\Delta(s)=|sI-A|=0$，即 A 的特徵值$=G(s)$的極點（poles），而一般的系統其$D=0$（嚴格真分式），即轉移函數$G(s)$的分母階數$>$分子階數。

老師的話

應考必須熟記以下三式：

(1) $G(s)=C(sI-A)^{-1}B+D$。

(2) $X(s)=(sI-A)^{-1}[x(0)+BU]$，其中 $x(0)$ 為 $x(t)$ 在 $t=0$ 的（初始）矩陣值。

(3)特性方程式為$\Delta(s)=|sI-A|=0$，其解即為閉迴路之「極點」所在。

8. 動態方程式的分解（decomposition，或稱之為「實現」（realization））：
   (1) 上述 7 的反求，亦即**已知「轉移函數」**再求**「動態方程式」**
   (2) 此時動態方程式可依不同的目的分為以下兩種形式，即「可控制典型式」以及「可觀察典型式」，茲分述如後：

(3) 可控制典型式（亦稱之為「相位轉換典型式」或「直接分解式」）：舉一三階系統為例，已知「轉移函數」為 $G(s)=\dfrac{b_1s^2+b_2s+b_3}{s^3+a_1s^2+a_2s+a_3}$ .... (10-1)

將(10-1)式改寫如：$G(s)=\dfrac{b_1s^2+b_2s+b_3}{s^3+a_1s^2+a_2s+a_3}\times\dfrac{N(s)}{N(s)}$ .... (10-2)

（上式定義 N(s) 為「輔助狀態」（auxiliary state）），令 $G(s)=\dfrac{Y(s)}{U(s)}$，則得

$Y(s)=(b_1s^2+b_2s+b_3)N(s)$ 以及 $U(s)=(s^3+a_1s^2+a_2s+a_3)N(s)$ .... (10-3)

對(10-3)之兩式分別取「反拉式轉換」，可得 $y(t)=b_1n''(t)+b_2n'(t)+b_3n(t)$ 及

$u(t)=n'''(t)+a_1n''(t)+a_2n'(t)+a_3n(t)$ .... (10-4)

定義狀態函數 $x_3(t)=n^{(2)}(t)$，$x_2(t)=n'(t)$，$x_1(t)=n(t)$ .... (10-5)

則根據(10-4)、(10-5)式整理後可得 $\begin{bmatrix}x_1'\\x_2'\\x_3'\end{bmatrix}=\begin{bmatrix}0&1&0\\0&0&1\\-a_3&-a_2&-a_1\end{bmatrix}\begin{bmatrix}x_1\\x_2\\x_3\end{bmatrix}+\begin{bmatrix}0\\0\\1\end{bmatrix}u$

And $y=\begin{bmatrix}b_3&b_2&b_1\end{bmatrix}\begin{bmatrix}x_1\\x_2\\x_3\end{bmatrix}$ .... (10-6)

【Trick for Memory：由 $G(s)=\dfrac{b_1s^2+b_2s+b_3}{s^3+a_1s^2+a_2s+a_3}$ 出發，記「系統矩陣 A」、「輸入矩陣 B」以及「輸出矩陣 C」】：

A. 系統矩陣 Matrix A：$Row1\Rightarrow 0,1,0, Row2\Rightarrow 0,0,1, Row3\Rightarrow$ 轉移函數分母由右至左的係數加負號。

【舉一反三】若為一四階矩陣，則 MatrixA：

$Row1\Rightarrow 0,1,0,0; Row2\Rightarrow 0,0,1,0; Row3\Rightarrow 0,0,0,1; Row4\Rightarrow$ 轉移函數分母由右至左的係數加負號。

B. 輸入矩陣 Matrix B：as Column $\Rightarrow$ 0.0,1（列向量）。

C. 輸出矩陣 Matrix C：$\Rightarrow$ 轉移函數分子由右至左的係數（行向量）。

(4) 可觀察典型式（亦稱之爲「巢狀分解式」）：舉同上三階系統爲例，轉移函數 $G(s)=\dfrac{b_1s^2+b_2s+b_3}{s^3+a_1s^2+a_2s+a_3}$，又 $G(s)=\dfrac{Y(s)}{U(s)}$，

茲改寫如後 $(s^3+a_1s^2+a_2s+a_3)Y(s)=(b_1s^2+b_2s+b_3)U(s)$，

則 $s^3Y(s)=s^2(b_1U(s)-a_1Y(s))+s(b_2U(s)-a_2Y(s))+(b_3U(s)-a_3Y(s))$

$$\Rightarrow Y(s)=\frac{1}{s}[(b_1U(s)-a_1Y(s))+\frac{1}{s}[(b_2U(s)-a_2Y(s))-\frac{1}{s}(b_3U(s)-a_3Y(s))]]$$

定義狀態：$\begin{Bmatrix} X_1(s)=\dfrac{1}{s}(b_1U(s)-a_1Y(s)) \\ X_2(s)=\dfrac{1}{s}[(b_2U(s)-a_2Y(s))+X_1(s)] \\ X_3(s)=\dfrac{1}{s}[(b_1U(s)-a_1Y(s))+X_2(s)] \end{Bmatrix}$，

則 $\begin{Bmatrix} Y(s)=X_3(s) \\ sX_1(s)=b_3U(s)-a_3Y(s) \\ sX_2(s)=b_2U(s)-a_2Y(s)+X_1(s) \\ sX_3(s)=b_1U(s)-a_1Y(s)+X_2(s) \end{Bmatrix} \overset{L^{-1}}{\Rightarrow} \begin{Bmatrix} y=x_3 \\ \dot{x}_1=-a_3x_3+b_3u \\ \dot{x}_2=x_1-a_2x_3+b_2u \\ \dot{x}_3=x_2-a_1x_3+b_1u \end{Bmatrix}$，整理後可得

$$\begin{bmatrix} \dot{x}_1 \\ \dot{x}_2 \\ \dot{x}_3 \end{bmatrix}=\begin{bmatrix} 0 & 0 & -a_3 \\ 1 & 0 & -a_2 \\ 0 & 1 & -a_1 \end{bmatrix}\begin{bmatrix} x_1 \\ x_2 \\ x_3 \end{bmatrix}+\begin{bmatrix} b_3 \\ b_2 \\ b_1 \end{bmatrix}u \text{ and } y=\begin{bmatrix} 0 & 0 & 1 \end{bmatrix}\begin{bmatrix} x_1 \\ x_2 \\ x_3 \end{bmatrix} \quad \cdots\cdots\cdots (10\text{-}7)$$

【Trick for Memory：

For Matrix A ⇒ 可控制典型式 = (可觀察典型式)^T

For Matrix B and C ⇒「B(C)的可控制典型式 = (C(B)的可觀察典型式」)^T】

（T 爲轉置矩陣）

例題 7

若有一系統的轉移函數為 $G(s)=\dfrac{s+4}{s^3+6s^2+11s+6}$，請將轉移函數表示成「可控制典型式」的動態方程式。

Hint：由 $G(s)=\dfrac{b_1s^2+b_2s+b_3}{s^3+a_1s^2+a_2s+a_3}$ 出發：

i. 系統矩陣 Matrix A $Row1 \Rightarrow 0,1,0, Row2 \Rightarrow 0,0,1, Row3 \Rightarrow$ 轉移函數分母由右至左（常數項開始）的係數加負號。

ii. 輸入矩陣 Matrix B：as Column $\Rightarrow$ 0.0,1（列向量）。

iii.輸出矩陣 Matrix C：$\Rightarrow$ 轉移函數分子由右至左的係數（行向量）。

解　欲快速解題，即同上之「記憶方式」，得

系統矩陣：$A=\begin{bmatrix}0&1&0\\0&0&1\\-6&-11&-6\end{bmatrix}$，輸入矩陣：$B=\begin{bmatrix}0\\0\\1\end{bmatrix}$，

輸出矩陣：$C=\begin{bmatrix}4&1&0\end{bmatrix}$；所以動態方程式為

$$\begin{bmatrix}\dot{x}_1\\\dot{x}_2\\\dot{x}_3\end{bmatrix}=\begin{bmatrix}0&1&0\\0&0&1\\-6&-11&-6\end{bmatrix}\begin{bmatrix}x_1\\x_2\\x_3\end{bmatrix}+\begin{bmatrix}0\\0\\1\end{bmatrix}u \text{ and } y=\begin{bmatrix}4&1&0\end{bmatrix}\begin{bmatrix}x_1\\x_2\\x_3\end{bmatrix}$$

例題 8

若有一系統的轉移函數為 $G(s)=\dfrac{s^4+2s^3-s^2+4s+12}{2s^4+7s^3+10s^2-5s+8}$，請將轉移函數表示成「可觀察典型式」的動態方程式。

Hint：For Matrix A $\Rightarrow$ 可控制典型式＝(可觀察典型式$)^T$。

For Matrix B and C $\Rightarrow$ 「B(C)的可控制典型式 (C(B)的可觀察典型式」$)^T$

（T 為轉置矩陣）

解　欲快速解題，即同上之「記憶方式」，但需先將轉移函數改寫為真分式如下：

$0.5+\dfrac{-\frac{3}{2}s^3-6s^2+\frac{13}{2}s+8}{2s^4+7s^3+10s^2-5s+8}$，由此可得「可控制典型式」之

系統矩陣 $=\begin{bmatrix}0&1&0&0\\0&0&1&0\\0&0&0&1\\-4&5/2&-5&-7/2\end{bmatrix}$，故 $A=\begin{bmatrix}0&0&0&-4\\1&0&0&5/2\\0&1&0&-5\\0&0&1&-7/2\end{bmatrix}$

輸入矩陣 $=\begin{bmatrix}0\\0\\0\\1\end{bmatrix}$，故 $C=[0\quad 0\quad 0\quad 1]$；輸出矩陣 $=[8\quad 6.5\quad -6\quad -1.5]$，故

$B=\begin{bmatrix}8\\6.5\\-6\\-1.5\end{bmatrix}$；所以動態方程式為 $\begin{bmatrix}\dot{x}_1\\\dot{x}_2\\\dot{x}_3\\\dot{x}_4\end{bmatrix}=\begin{bmatrix}x_1\\x_2\\x_3\\x_4\end{bmatrix}\begin{bmatrix}0&0&0&-4\\1&0&0&5/2\\0&1&0&-5\\0&0&1&-7/2\end{bmatrix}+\begin{bmatrix}8\\6.5\\-6\\-1.5\end{bmatrix}u$ and

$$y=[0\quad 0\quad 0\quad 1]\begin{bmatrix}x_1\\x_2\\x_3\\x_4\end{bmatrix}$$

例題 9

若有一狀態轉移矩陣 $\Phi_t(t)$ 滿足 $\dot{x}(t)=Ax(t)$，且 $x(t)=\Phi_t(t)x(0)$，求：

(1) $\Phi_t(0)$ 與 $\dot{\Phi}_t(0)$

(2) 若 $A=\begin{bmatrix}0&1\\-2&-3\end{bmatrix}$，$\lambda_1$、$\lambda_2$ 為 A 的特徵值，假設

$\Phi_t(t)=\begin{bmatrix}k_1e^{\lambda_1 t}+k_2e^{\lambda_2 t}&k_3e^{\lambda_1 t}+k_4e^{\lambda_2 t}\\k_5e^{\lambda_1 t}+k_6e^{\lambda_2 t}&k_7e^{\lambda_1 t}+k_8e^{\lambda_2 t}\end{bmatrix}$，求 $\Phi_t(t)$？【97 國營事業】

解 (1) $\because x(t)=\Phi_t(t)x(0)$，以 $t=0$ 代入得 $x(0)=\Phi_t(0)x(0)$，$\therefore \Phi_t(0)=I$

由 $x(t)=\Phi_t(t)x(0)\Rightarrow \dot{x}(t)=\dot{\Phi}_t(t)x(0)$，

又 $\dot{x}(t)=Ax(t)$，以 $t=0$ 代入得 $\dot{x}(0)=\dot{\Phi}_t(0)x(0)=Ax(0)\Rightarrow \dot{\Phi}_t(0)=A$

(2) $\det(\lambda I-A)=\begin{vmatrix}\lambda & 1\\ -2 & \lambda+3\end{vmatrix}=\lambda^2+3\lambda+2=0\Rightarrow(\lambda+1)(\lambda+2)=0$

$\Rightarrow \lambda_1=-1$，$\lambda_2=-2$

$\Rightarrow \Phi_t(t)=\begin{bmatrix}k_1e^{-t}+k_2e^{-2t} & k_3e^{-t}+k_4e^{-2t}\\ k_5e^{-t}+k_6e^{-2t} & k_7e^{-t}+k_8e^{-2t}\end{bmatrix}$，

$\Rightarrow \dot{\Phi}_t(t)=\begin{bmatrix}-k_1e^{-t}-2k_2e^{-2t} & -k_3e^{-t}-2k_4e^{-2t}\\ -k_5e^{-t}-2k_6e^{-2t} & -k_7e^{-t}-2k_8e^{-2t}\end{bmatrix}$ 由前知

$\Phi_t(0)=\begin{bmatrix}1 & 0\\ 0 & 1\end{bmatrix}$ and $\dot{\Phi}_t(0)=A$ 代入 $t=0$，比較係數後得 $k_1=2$、$k_2=-1$、$k_3=1$、$k_4=-1$、$k_5=-2$、$k_6=2$、$k_7=-1$、$k_8=2$。

例題 10

已知一系統的「動態方程式」為 $\dot{x}(t)=\begin{bmatrix}-1 & 1\\ 0 & -1\end{bmatrix}x(t)+\begin{bmatrix}0\\ 1\end{bmatrix}u(t)$ and $y(t)=[2\quad 0]x(t)$，試求系統的轉移函數為何？

解 由上可知 $\Rightarrow G(s)=\dfrac{Y(s)}{U(s)}=C(sI-A)^{-1}B=[2\quad 0]\begin{bmatrix}s+1 & -1\\ 0 & s+1\end{bmatrix}^{-1}\begin{bmatrix}0\\ 1\end{bmatrix}$

$$=[2\quad 0]\begin{bmatrix}\dfrac{1}{s+1} & \dfrac{1}{(s+1)^2}\\ 0 & \dfrac{1}{s+1}\end{bmatrix}\begin{bmatrix}0\\ 1\end{bmatrix}=\begin{bmatrix}\dfrac{2}{s+1} & \dfrac{2}{(s+1)^2}\end{bmatrix}\begin{bmatrix}0\\ 1\end{bmatrix}=\dfrac{2}{(s+1)^2}$$

例題 11

考慮如下之微分方程式，y 為輸出，r 為輸入。
若令 $y=x_1$，$\dot{y}=x_2$，$\ddot{y}=x_3$，求狀態方程式。

$$\frac{d^3y}{dt^3}+3\frac{d^2y}{dt^2}+\frac{dy}{dt}+y=r$$

Hint：狀態方程式即上述的「動態方程式」，題目令 $y = x_1$ 、 $y' = x_2$ 、 $y'' = x_3$ 。

解　題意可知 $y''' + 3y'' + 3y' + y = r \Rightarrow y''' = -3y'' - 3y' - y + r$

又 $y = x_1, y' = x_2, y'' = x_3$ ，故 $\begin{Bmatrix} x_1' = x_2 \\ x_2' = x_3 \\ x_3' = -3x_3 - 3x_2 - x_1 + r \end{Bmatrix}$，

得 $\begin{bmatrix} \dot{x}_1 \\ \dot{x}_2 \\ \dot{x}_3 \end{bmatrix} = \begin{bmatrix} 0 & 1 & 0 \\ 0 & 0 & 1 \\ -1 & -3 & -3 \end{bmatrix} \begin{bmatrix} x_1 \\ x_2 \\ x_3 \end{bmatrix} + \begin{bmatrix} 0 \\ 0 \\ 1 \end{bmatrix} r$

例題 12

對於一控制系統，性質表示成微分方程式：

$$\frac{d^3y(t)}{dt^3} + 6\frac{d^2y(t)}{dt^2} + 11\frac{dy(t)}{dt} + 6y(t) = \frac{du(t)}{dt} + 4u(t)$$

其中 u 是輸入，y 是輸出：

(1) **請寫出傳遞函數**（transfer function）。

(2) **寫出狀態方程式**（state equation）**和輸出方程式** output equation）。

Hint：同學們可以試著自己獨力推導出！

解　(1) 題意可知 $y''' + 6y'' + 11y' + 6y = u' + 4u$

取拉式轉換得 $s^3Y(s) + 6s^2Y(s) + 11sY(s) + 6Y(s) = sU(s) + 4U(s)$

$\Rightarrow$ 轉移函數 $G(s) = \dfrac{Y(s)}{U(s)} = \dfrac{s+4}{s^3 + 6s^2 + 11s + 6}$

(2) 同前面推導，定義 N(s) 為「輔助狀態」（auxiliary state），並令 $Y(s) = (s+4)N(s)$ ，以及 $U(s) = (s^3 + 6s^2 + 11s + 6)N(s)$ 分別對上式分別取「反拉式轉換」，可得 $y(t) = n' + 4n$ 及 $u(t) = n^{(3)} + 6n^{(2)} + 11n' + 6n$ ；此時定義狀態函數 $x_3(t) = n^{(2)}(t)$ 、 $x_2(t) = n'(t)$ 、 $x_1(t) = n(t)$ ，則可整

$$理後得\begin{cases} x_1' = n' = x_2 \\ x_2' = n'' = x_3 \\ x_3' = n''' = -6x_1 - 11x_2 - 6x_3 + u \end{cases}$$

$$\Rightarrow \begin{pmatrix} x_1' \\ x_2' \\ x_3' \end{pmatrix} = \begin{pmatrix} 0 & 1 & 0 \\ 0 & 0 & 1 \\ -6 & -11 & -6 \end{pmatrix} \begin{pmatrix} x_1 \\ x_2 \\ x_3 \end{pmatrix} + \begin{pmatrix} 0 \\ 0 \\ 1 \end{pmatrix} u \text{ and } y = (4 \quad 1 \quad 0) \begin{pmatrix} x_1 \\ x_2 \\ x_3 \end{pmatrix}$$

例題 13

質量（mass）、彈簧（spring）、阻尼器（damper）三者串聯。請推導其運動方程式，繼而再推導其狀態方程式（state equation）。【97 鐵路高員級】

解 一系統有「質量」、「彈簧」、「阻尼器」三者串連，可畫圖如下：

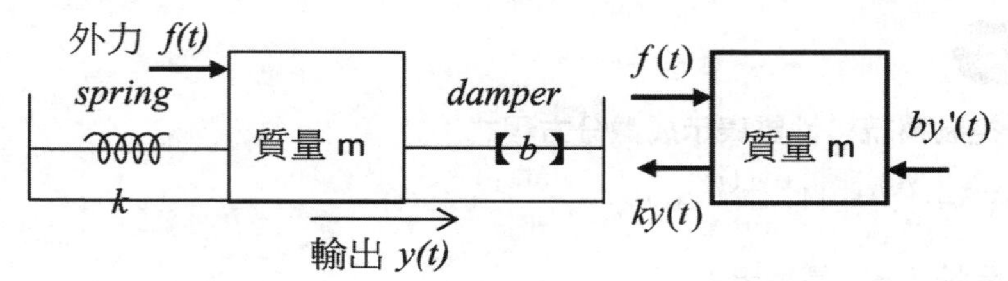

其中，輸入為「外力 f(t)」，而輸出為「位移 y(t)」。

再以「質量 m」畫「自由體圖」（free body diagram）如右上，向右之力為「外力 f(t)」，向左之力有「ky(t) 和 by′(t)」，則

$my''(t) = f(t) - ky(t) - by'(t) \Rightarrow f(t) = my''(t) + ky(t) + by'(t)$，

定義「狀態變數」如下：$\begin{cases} x_1(t) = y(t) \\ x_2(t) = x_1'(t) = y'(t) \end{cases}$，

$$則\begin{cases} x_1'(t) = y'(t) = x_2(t) \\ x_2'(t) = y''(t) = -\dfrac{k}{m}x_1(t) - \dfrac{b}{m}x_2(t) + \dfrac{1}{m}f(t) \end{cases}$$

故可得到「狀態方程式」如下：$\begin{pmatrix} x_1'(t) \\ x_2'(t) \end{pmatrix} = \begin{pmatrix} 0 & 1 \\ -\dfrac{k}{m} & -\dfrac{b}{m} \end{pmatrix} \begin{pmatrix} x_1(t) \\ x_2(t) \end{pmatrix} + \begin{pmatrix} 0 \\ \dfrac{1}{m} \end{pmatrix} f(t)$

例題 14

系統的動態方程式為 $\begin{bmatrix} \frac{d}{dt}x_1 \\ \frac{d}{dt}x_2 \end{bmatrix} = \begin{bmatrix} -1 & 1 \\ -1 & -10 \end{bmatrix} \begin{bmatrix} x_1 \\ x_2 \end{bmatrix} + \begin{bmatrix} 0 \\ 10 \end{bmatrix} u$ ，$y = \begin{bmatrix} 1 & 0 \end{bmatrix} \begin{bmatrix} x_1 \\ x_2 \end{bmatrix}$

(1) **試求輸入 u 與輸出 y 在 s-域的轉移函數。**

(2) **試求此轉移函數的特性值。**【103 中央印製廠職員】

解 (1) 系統之動態方程式如題示，系統矩陣 $A = \begin{bmatrix} -1 & 1 \\ -1 & -10 \end{bmatrix}$

輸入矩陣 $B = \begin{bmatrix} 0 \\ 10 \end{bmatrix}$，輸出矩陣 $C = \begin{bmatrix} 1 & 0 \end{bmatrix}$，則此系統在 s 域之轉移函數

$G(s) = C(sI-A)^{-1}B$

先算 $(sI-A)^{-1} = \begin{bmatrix} s+1 & -1 \\ 1 & s+10 \end{bmatrix}^{-1} = \dfrac{\begin{bmatrix} s+10 & 1 \\ -1 & s+1 \end{bmatrix}}{(s+1)(s+10)+1}$

$\therefore G(s) = C(sI-A)^{-1}B = \dfrac{\begin{bmatrix} 1 & 0 \end{bmatrix}}{(s+1)(s+10)+1} \begin{bmatrix} s+10 & 1 \\ -1 & s+1 \end{bmatrix} \begin{bmatrix} 0 \\ 10 \end{bmatrix}$

$= \dfrac{1}{(s+1)(s+10)+1} \begin{bmatrix} s+10 & 1 \end{bmatrix} \begin{bmatrix} 0 \\ 10 \end{bmatrix} = \dfrac{10}{(s+1)(s+10)+1}$

(2) 此閉迴路系統之特性方程式 $\Delta(s) = (s+1)(s+10)+11 = 0$

$\therefore s^2+11s+21=0$　得特性根 $s_{1,2} = \dfrac{-11 \pm \sqrt{121-84}}{2} = \dfrac{-11 \pm \sqrt{37}}{2}$

例題 15

考慮如下之系統： $\dot{x}_1 = -3x_1 + x_2$ ，$\dot{x}_2 = -2x_2 + u(t)$

初始值為 $x_1(0) = -1$、$x_2(0) = 0$ ，**且** $u(t) = \begin{cases} 1 & \text{for } t>0 \\ 0 & \text{for } t \le 0 \end{cases}$ ，**試求** $\phi(t) = \begin{bmatrix} x_1(t) \\ x_2(t) \end{bmatrix}$

【97 關務三等】

解　由題目所給之方程式轉成狀態矩陣方式為 $\begin{pmatrix} x_1' \\ x_2' \end{pmatrix} = \begin{pmatrix} -3 & 1 \\ 0 & -2 \end{pmatrix}\begin{pmatrix} x_1 \\ x_2 \end{pmatrix} + \begin{pmatrix} 0 \\ 1 \end{pmatrix}u$，

初始值 $x(0) = \begin{pmatrix} x_1(0) \\ x_2(0) \end{pmatrix} = \begin{pmatrix} -1 \\ 0 \end{pmatrix}$

同前所述，s 域之狀態矩陣為 $X(s) = (sI - A)^{-1}x(0) + (sI - A)^{-1}BU(s)$，又為 $u(t)$ 單位步階函數，故 $U(s) = \frac{1}{s}$

$$(sI - A)^{-1} = \begin{pmatrix} s+3 & -1 \\ 0 & s+2 \end{pmatrix}^{-1} = \frac{1}{(s+2)(s+3)}\begin{pmatrix} s+2 & 0 \\ 1 & s+3 \end{pmatrix}^{T} = \begin{pmatrix} \frac{1}{(s+3)} & \frac{1}{(s+2)(s+3)} \\ 0 & \frac{1}{(s+2)} \end{pmatrix}$$

故 $X(s) = \begin{pmatrix} \frac{1}{s+3} & \frac{1}{(s+2)(s+3)} \\ 0 & \frac{1}{s+2} \end{pmatrix}\begin{pmatrix} -1 \\ 0 \end{pmatrix} + \begin{pmatrix} \frac{1}{s+3} & \frac{1}{(s+2)(s+3)} \\ 0 & \frac{1}{s+2} \end{pmatrix}\begin{pmatrix} 0 \\ 1 \end{pmatrix}\frac{1}{s}$

$$= \begin{pmatrix} \frac{-1}{s+3} \\ 0 \end{pmatrix} + \begin{pmatrix} \frac{1}{s(s+2)(s+3)} \\ \frac{1}{s(s+2)} \end{pmatrix} = \begin{pmatrix} \frac{-s^2-2s+1}{s(s+2)(s+3)} \\ \frac{1}{s(s+2)} \end{pmatrix} = \begin{pmatrix} \frac{1/6}{s} + \frac{-1/2}{s+2} + \frac{-2/3}{s+3} \\ \frac{1/2}{s} + \frac{-1/2}{s+2} \end{pmatrix}$$，代入

「反拉式轉換」得

$$x(t) = \begin{pmatrix} x_1(t) \\ x_2(t) \end{pmatrix} = L^{-1}[X(s)] = \begin{pmatrix} \frac{1}{6} - \frac{1}{2}e^{-2t} - \frac{2}{3}e^{-3t} \\ \frac{1}{2} - \frac{1}{2}e^{-2t} \end{pmatrix}$$，$t \geq 0$ 。

10-3 現代控制系統的穩定度、可控制性與可觀察性

焦點 3　穩定度、可控制性、可觀察性的介紹及其關係。

考試比重：★★★★☆

考題形式：計算題，此節為「現代控制系統」的出題重點

關鍵要訣

1. 觀念：當一控制系統受到外加的輸入或干擾時，其輸出也有限，也就是說當外來激勵來源消失之後，經過一段期間，系統將恢復到靜止狀態，則稱此系統為「穩定」。在古典控制系統中利用「轉移函數」而定義出 BIBO 穩定狀態，在現代控制系統中則是以「動態方程式」來討論，所以，此節以狀態模型的「平衡點」（equilibrium point）來討論系統的「穩定性」（古典控制稱為 BIBO 穩定，而在現代控制系統稱為**「漸進穩定」**）。

2. 「平衡點」定義：所謂平衡點 x_e 是指系統在無輸入狀態下，滿足 $\dot{x}(t)=f(t)=0$ 的解，代表系統在無輸入下的穩態常數解；以線性非時變（LTI）系統 $\dot{x}(t)=Ax(t)+Bu(t)$ 而言，當 A 為非奇異矩陣（即 A 的反矩陣存在 $\Rightarrow \det(A)\neq 0$），則唯一的平衡點為原點。

3. **「漸進穩定度」**定義：LTI 系統如下式 $\dot{x}(t)=Ax(t)+Bu(t)$，令系統狀態初始值 $x(0)\neq 0<\infty$，且系統的輸入 $u(t)=0$、$\forall t\geq 0$，當時間 $t\to\infty$ 時，若系統的狀態 $\|x(t)-x_e\|\to 0$，亦即系統回復到平衡狀態，則稱此時的系統為「漸進穩定」（asymptotically stable）系統。

4. **穩定度定理**：若一 LTI 系統爲漸進穩定，則其穩定的「充分且必要」條件爲 $Re(\lambda_i) < 0$ ，$\forall i = 1.2,......,n$ ，其中 Re 代表實部，λ 爲系統 A 矩陣的特徵值。

注意　當 $\lambda = 0$ 則代表系統為「臨界穩定」。

5. **可控制性**（controllability）與**可觀察性**（observability）的觀念：當系統被轉化爲「動態方程式」（dynamic equation）的表示時，若藉由輸入訊號 u(t) 操作內部狀態 x(t) ，也可同時控制輸出訊號 y(t) ，則此種方法稱爲「可控制性」；若藉由輸出訊號 y(t) ，推導出 x(t) 的狀態，則稱爲「可觀察性」。

6. 可控制性的定義及其測試方法：考慮 n 階 LTI 系統，如下式：
$\dot{x}(t) = Ax(t) + Bu(t)$ and $y(t) = Cx(t)$ ；若系統存在一個不受限制的控制訊號 u(t)，在 $t_0 \le t \le t_f$ 有限時間內，將任意初始狀態 $x(t_0)$ 轉移至希望的最終狀態 $x(t_f)$ ，則稱此系統爲「完全狀態可控制」（completely state controllable），或簡稱「狀態可控制」（state controllable）。其測試系統完全狀態可控制的「充要條件」爲滿足 $n \times n$ 可控制性矩陣（controllability matrix）
$Q_C, \text{where} Q_C = \begin{bmatrix} B & AB & \dots & A^{n-1}B \end{bmatrix}$ 的行列式值不爲零（或由 $rank(Q_C) = n$ 加以判斷），亦即 Q_C 爲「非奇異矩陣」。

7. 可觀察性的定義及其測試方法：考慮 n 階 LTI 系統同前式，若系統初始狀態 $x(t_0)$ ，可以在 $t_0 \le t \le t_f$ 有限時間內，由輸入訊號 u(t) 及輸出訊號 y(t) 的觀察來決定，則稱此系統爲「完全狀態可觀察」（completely state observable），或簡稱「狀態可觀察」（state observable）。其測試系統完全狀態可觀察的「充要條件」爲滿足 $n \times n$ 可觀察性矩陣（observability matrix）$Q_O, \text{where} Q_O = \begin{bmatrix} C \\ CA \\ \vdots \\ CA^{n-1} \end{bmatrix}$ 的行列式值不爲零（或由 $rank(Q_O) = n$ 加以判斷），亦即 Q_O 爲「非奇異矩陣」。

注意　若系統的轉移函數沒有發生極零點對消，則系統可能為「可控制」或「可觀察」，若系統發生極零點對消狀況，則系統必定為「不可控制」且「不可觀察」。（見例題 24）

例題 16

已知一系統之動態方程式（dynamic equation）為

$$x' = \begin{pmatrix} \lambda_1 & 0 & 0 \\ 0 & \lambda_2 & 0 \\ 0 & 0 & \lambda_3 \end{pmatrix} x + \begin{pmatrix} b_1 \\ b_2 \\ b_3 \end{pmatrix} u$$ **，以及** $y = (c_1 \quad c_2 \quad c_3)x$ **，式中** $b_1, b_2, b_3, c_1, c_2, c_3$

為常數，試計算出：

(1) **可控制矩陣（controllability matrix），並利用其推導出此系統為可控制的充要條件。**

(2) **可觀測矩陣（observability matrix），並利用其推導出此系統為可控制的充要條件。**【92 公務人員升等考】

解

(1) 可控制性矩陣（controllability matrix）

$$Q_C, \text{where} Q_C = \begin{bmatrix} B & AB & \ldots & A^{n-1}B \end{bmatrix} = \begin{pmatrix} b_1 & b_1\lambda_1 & b_1\lambda_1^2 \\ b_2 & b_2\lambda_2 & b_2\lambda_2^2 \\ b_3 & b_3\lambda_3 & b_3\lambda_3^2 \end{pmatrix},$$

其行列式值為 $b_1b_2b_3(\lambda_1-\lambda_2)(\lambda_2-\lambda_3)(\lambda_3-\lambda_1)$，可控制的充要條件為其行列式值不為零，由上式可看出當「系統矩陣」$A = \begin{pmatrix} \lambda_1 & 0 & 0 \\ 0 & \lambda_2 & 0 \\ 0 & 0 & \lambda_3 \end{pmatrix}$ 之主對角線元素兩兩不相同且「輸入矩陣」$B = \begin{pmatrix} b_1 \\ b_2 \\ b_3 \end{pmatrix}$ 各元素均不為零，為其「可控制」之充要條件。

(2) 可觀察性矩陣(observability matrix)

$$Q_o, \text{where} Q_o = \begin{pmatrix} C \\ CA \\ CA^2 \end{pmatrix} = \begin{pmatrix} c_1 & c_2 & c_3 \\ c_1\lambda_1 & c_2\lambda_2 & c_3\lambda_3 \\ c_1\lambda_1^2 & c_2\lambda_2^2 & c_3\lambda_3^2 \end{pmatrix}$$，其行列式值為

$c_1c_2c_3(\lambda_1-\lambda_2)(\lambda_2-\lambda_3)(\lambda_3-\lambda_1)$，可觀察的充要條件為其行列式值不為

零，由上式可看出當「系統矩陣」$A=\begin{pmatrix}\lambda_1 & 0 & 0\\ 0 & \lambda_2 & 0\\ 0 & 0 & \lambda_3\end{pmatrix}$之主對角線元素兩兩不相同且「輸出矩陣」$C=\begin{pmatrix}c_1 & c_2 & c_3\end{pmatrix}$各元素均不為零，為其「可觀察」之充要條件。

注意 綜合以上，若特徵值「有重根」出現或「輸入矩陣」（或「輸出矩陣」）有任一元素為0，則為不可控制（或不可觀察）。

例題 17

一閉迴路系統的「動態方程式」為

$$\dot{x}(t)=Ax(t)+Bu(t)=\begin{bmatrix}-1 & 0 & 0\\ 0 & 2 & 0\\ -1 & -2 & -3\end{bmatrix}x(t)+\begin{bmatrix}0\\0\\1\end{bmatrix}u(t) \text{ and } y(t)=\begin{bmatrix}1 & 0 & 0\end{bmatrix}x(t)$$ **，求**

(1) **系統的「特性方程式」**（characteristic equation）**？**

(2) **決定系統的穩定性**（stability）**？**

Hint： 給一狀態方程式求「特性方程式」⇒為$\Delta(s)=|sI-A|=0$。

解 (1) $\Delta(s)=\det(sI-A)=\begin{vmatrix}s+1 & 0 & 0\\ 0 & s-2 & 0\\ 1 & 2 & s+3\end{vmatrix}=0\Rightarrow(s+1)(s-2)(s+3)=0$

(2) 系統的特徵值為$s=-1$、$s=2$、$s=-3$，因為有一根$s=2$為正實根，故系統不穩定。

例題 18

一閉迴路系統的「動態方程式」為

$$\dot{x}(t)=Ax(t)+Bu(t)=\begin{bmatrix}0 & 1 & 0\\ 0 & 0 & 1\\ -3 & -2k & -3\end{bmatrix}x(t)+\begin{bmatrix}0\\0\\1\end{bmatrix}u(t) \text{ and } y(t)=\begin{bmatrix}1 & 0 & 0\end{bmatrix}x(t)$$ ，

求k為何可使此一閉迴路系統穩定？

Hint：$\Delta(s)=|sI-A|=0$ 再輔以「羅氏表」判斷之。

解

$$\Delta(s)=\det(sI-A)=\begin{vmatrix} s & -1 & 0 \\ 0 & s & -1 \\ 3 & 2k & s+3 \end{vmatrix}=0$$

$$\Rightarrow s^2(s+3)+3+2ks=s^3+3s^2+2ks+3=0$$

Arrange Routh-Table as follows：

s^3	1	2k
s^2	3	3
s	$\frac{6k-3}{3}$	
s^0	3	

若希望閉迴路穩定，則 $6k-3>0 \Rightarrow k>0.5$

例題 19

考慮系統：$\dot{x}=\begin{bmatrix} 1 & 1 & 0 \\ 0 & -2 & 1 \\ 0 & 0 & -1 \end{bmatrix}x+\begin{bmatrix} 0 \\ 1 \\ -2 \end{bmatrix}u$，$y=\begin{bmatrix} 1 & 0 & 0 \end{bmatrix}x$，$A=\begin{bmatrix} 1 & 1 & 0 \\ 0 & -2 & 1 \\ 0 & 0 & -1 \end{bmatrix}$

(1) **找出 A 的特徵值，且由此決定系統的穩定性。**

(2) **找出轉移函數模式，並由此決定系統的穩定性。**

(3) **這兩個結果相同嗎？如果不是，請說明理由。**【98 高考二級】

Hint：現代控制「穩定度定理」：若一 LTI 系統為漸進穩定，則其穩定的「充分且必要」條件為 $\text{Re}(\lambda_i)<0, \forall i=1.2,\ldots\ldots,n$，其中 Re 代表實部，λ 為系統 A 矩陣的特徵值。

解 (1) $\det(\lambda I - A) = \begin{vmatrix} \lambda-1 & -1 & 0 \\ 0 & \lambda+2 & -1 \\ 0 & 0 & \lambda+1 \end{vmatrix} = 0 \Rightarrow (\lambda^2-1)(\lambda+3)=0$

$\Rightarrow \lambda_1 = -1, \lambda_2 = +1, \lambda_3 = -3$，依據現代控制「穩定度定理」可知 A 矩陣有一特徵$\lambda_2 = +1$不小於零，故此閉迴路系統為不穩定。

(2) 特性方程式為

$$\Delta(s) = \det(sI - A) = \begin{vmatrix} s-1 & -1 & 0 \\ 0 & s+2 & -1 \\ 0 & 0 & s+1 \end{vmatrix} = (s^2-1)(s+2) = s^3+2s^2-s-2$$

再代入「羅斯表」判斷其穩定性如下：

s^3	1	−1
s^2	2	−2
s	0	0
s^0	2	

出現「特例二」，取前一列為輔助方程式$A(s)=s^2-1$，並做$\dfrac{dA(s)}{ds}=2s$，重填到原來全零之列完成「羅斯表」如下：

s^3	1	−1
s^2	2	−2
s	2	0
s^0	−2	

從羅斯表最左一列出現一個變號，表示有一特性根落於 s 平面的「右半面」，故知系統為「不穩定」。

(3) 上(1)及(2)結果是相同的。

例題 20

一系統的狀態方程式為 $x'(t)=\begin{pmatrix}0 & 1\\4 & -3\end{pmatrix}x(t)+\begin{pmatrix}1\\k\end{pmatrix}u(t)$**，請問當 k 為？時，系統為不可控制。**

Hint：考慮 n 階 LTI 系統，$\dot{x}(t)=Ax(t)+Bu(t)$ and $y(t)=Cx(t)$；若系統為「狀態可控制」（state controllable），其測試系統完全狀態可控制的「充要條件」為滿足 $n\times n$ 可控制性矩陣(controllability matrix) Q_C, where $Q_C=\begin{bmatrix}B & AB & \ldots & A^{n-1}B\end{bmatrix}$ 的行列式值不為零（或由 $\text{rank}(Q_C)=n$ 加以判斷）。

解　由題意 $x'(t)=Ax(t)+Bu(t)=\begin{pmatrix}0 & 1\\4 & -3\end{pmatrix}x(t)+\begin{pmatrix}1\\k\end{pmatrix}u(t)$

可控制矩陣：$Q_C=(B \quad AB)=\begin{pmatrix}1 & k\\k & 4-3k\end{pmatrix}$；

當系統為可控制，則 $\det(Q_C)=0\Rightarrow\det(Q_C)=04-3k-k^2=0\Rightarrow k=1,-4$

所以當 $k=1,-4$ 時，系統為不可控制。

例題 21

已知一系統的轉移函數為 $\dfrac{Y(s)}{R(s)}=\dfrac{s+a}{s^3+8s^2+19s+12}$**，請問當 a 為多少時，系統必為不可控制且不可觀察？**

Hint：若轉移函數發生極、零點對消情況，則系統必定為「不可控制」且「不可觀察」。

解　由題意系統之轉移函數 $\dfrac{Y(s)}{R(s)}=\dfrac{s+a}{s^3+8s^2+19s+12}=\dfrac{s+a}{(s+1)(s+3)(s+4)}$

若 $a=1$ 或 $a=3$ 或 $a=4$，則系統必定為「不可控制」且「不可觀察」。

例題 22

由輸入/輸出觀點視之，以下兩個方程式代表同一系統。

(A) $\frac{d}{dt}\begin{bmatrix}x_1\\x_2\end{bmatrix}=\begin{bmatrix}0 & 1\\-0.4 & -1.3\end{bmatrix}\begin{bmatrix}x_1\\x_2\end{bmatrix}+\begin{bmatrix}0\\1\end{bmatrix}u$

$y=[0.8 \quad 1]\begin{bmatrix}x_1\\x_2\end{bmatrix}$

(B) $\frac{d}{dt}\begin{bmatrix}x_1\\x_2\end{bmatrix}=\begin{bmatrix}0 & -0.4\\1 & -1.3\end{bmatrix}\begin{bmatrix}x_1\\x_2\end{bmatrix}+\begin{bmatrix}0.8\\1\end{bmatrix}u$

$y=[0 \quad 1]\begin{bmatrix}x_1\\x_2\end{bmatrix}$

(1) 決定系統(A)的可控制性、可觀測性。

(2) 決定系統(B)的可控制性、可觀測性。

(3) 既是同一系統，為何有特性上的差異？試解釋之。【102 高考三級】

解 (1) 由題意，(A)狀態方程式之系統矩陣 $A=\begin{pmatrix}0 & 1\\-0.4 & -1.3\end{pmatrix}$ 以及輸入矩陣 $B=\begin{pmatrix}0\\1\end{pmatrix}$、輸出矩陣 $C=\begin{pmatrix}0.8 & 1\end{pmatrix}$；由可控制性之測試，先求出「可控制矩陣」 $Q_C=(B \quad AB)=\begin{pmatrix}0 & 1\\1 & -1.3\end{pmatrix}\Rightarrow \det(Q_C)=-1\neq 0$，故知系統為「可控制」；同理，由可觀察性之測試，需求出「可觀察矩陣」 $Q_O=\begin{pmatrix}C\\CA\end{pmatrix}=\begin{pmatrix}0.8 & 1\\-0.4 & -0.5\end{pmatrix}\Rightarrow \det(Q_O)=0$，故知系統為「不可觀察」。

(2) (B)狀態方程式之系統矩陣 $A=\begin{pmatrix}0 & -0.4\\1 & -1.3\end{pmatrix}$ 以及輸入矩陣 $B=\begin{pmatrix}0.8\\1\end{pmatrix}$、輸出矩陣 $C=\begin{pmatrix}0 & 1\end{pmatrix}$；由可控制性之測試，需求出「可控制矩陣」 $Q_C=(B \quad AB)=\begin{pmatrix}0.8 & -0.4\\1 & -0.5\end{pmatrix}\Rightarrow \det(Q_C)=0$，故知系統為「不可控制」；同理，由可觀察性之測試，需求出「可觀察矩陣」 $Q_O=\begin{pmatrix}C\\CA\end{pmatrix}=\begin{pmatrix}0 & 1\\1 & -1.3\end{pmatrix}\Rightarrow \det(Q_O)=-1\neq 0$，故知系統為「可觀察」

(3) 可控制性（controllability）與可觀察性（observability)的觀念，係當系統被轉化為「動態方程式」（dynamic equation）時，若藉由輸入訊號

u(t) 操作內部狀態 x(t)，也同時控制輸出訊號 y(t)，則此種方法稱為「可控制性」；若藉由輸出訊號 y(t)，推導出 x(t) 的狀態，則稱此時為「可觀察性」，本題雖是同一系統，但(A)、(B)的

A. 「系統矩陣」恰好互為「轉置矩陣」（transport matrix），及

B. (A)的「輸入矩陣」為(B)「輸出矩陣」的轉置，(B)的「輸入矩陣」為(A)「輸出矩陣」的轉置。

故其係由不同的「輸入/輸出」觀點來陳述動態方程式。

例題 23

試檢驗下列系統的可控制性（controllability）**與可觀測性**（observability）。

$\dot{x}=\begin{bmatrix}-1 & 1\\ 0 & -2\end{bmatrix}x+\begin{bmatrix}1\\ 0\end{bmatrix}u \quad y=\begin{bmatrix}1 & 0\end{bmatrix}x$　【100 關務特考三等】

解　此系統狀態方程式中之系統矩陣 $A=\begin{pmatrix}-1 & 1\\ 0 & -2\end{pmatrix}$ 以及輸入矩陣 $B=\begin{pmatrix}1\\ 0\end{pmatrix}$、輸出矩陣 $C=\begin{pmatrix}0 & 1\end{pmatrix}$；由可控制性之測試，需求出「可控制矩陣」

$Q_C=(B \quad AB)=\begin{pmatrix}1 & -1\\ 0 & 0\end{pmatrix}\Rightarrow \det(Q_C)=0$，故知系統為「不可控制」；同樣由可觀察性之測試，需求出「可觀察矩陣」

$Q_O=\begin{pmatrix}C\\ CA\end{pmatrix}=\begin{pmatrix}0 & 1\\ 0 & -2\end{pmatrix}\Rightarrow \det(Q_O)=0$，故知系統為「不可觀察」。

例題 24

一系統之微分方程式可描述如下：$\dfrac{d^2y}{dt^2}+2\dfrac{dy}{dt}+y=\dfrac{du}{dt}+u$

定義狀態變數為 $x_1=y$，$x_2=dy/dt-u$

(1) **試求此系統之狀態微分方程式**（state differential equation）。

(2) **試說明此系統是否為可控制**（controllable）。【99 高考二級】

解 (1) 系統給的微分方程式為 $y'' + 2y' + y = u' + u$ 以及 $\begin{cases} x_1 = y \\ x_2 = y' - u \end{cases}$

$\Rightarrow \begin{cases} x_1' = y' \\ x_2' = y'' - u' \end{cases} \Rightarrow \begin{cases} x_1' = y' = x_2 + u \\ x_2' = y'' - u' = -2y' - y + u = -x_1 - 2x_2 - u \end{cases}$，故知

$\begin{pmatrix} x_1' \\ x_2' \end{pmatrix} = \begin{pmatrix} 0 & 1 \\ -1 & -2 \end{pmatrix}\begin{pmatrix} x_1 \\ x_2 \end{pmatrix} + \begin{pmatrix} 1 \\ -1 \end{pmatrix} u$ and $y = (1 \quad 0)\begin{pmatrix} x_1 \\ x_2 \end{pmatrix}$；其中系統矩陣為

$A = \begin{pmatrix} 0 & 1 \\ -1 & -2 \end{pmatrix}$，輸入矩陣為 $B = \begin{pmatrix} 1 \\ -1 \end{pmatrix}$、輸出矩陣為 $C = (1 \quad 0)$

(2) 由可控制性之測試，需求出「可控制矩陣」

$Q_C = (B \quad AB) = \begin{pmatrix} 1 & -1 \\ -1 & 1 \end{pmatrix} \Rightarrow \det(Q_C) = 1 - 1 = 0$，

故知系統為「不可控制」。

例題 25

考慮如下之二階系統： $\dot{x} = \begin{bmatrix} 1 & -1 \\ -1 & 1 \end{bmatrix} x + \begin{bmatrix} k_1 \\ k_2 \end{bmatrix} u$ **，** $y = [1 \quad 0]x + [0]u$

試求能讓此系統成為完全可控制（completely controllable）系統之 k_1 與 k_2 。

【97 關務三等】

解 本題系統矩陣為 $A = \begin{pmatrix} 1 & -1 \\ -1 & 1 \end{pmatrix}$，輸入矩陣為 $B = \begin{pmatrix} k_1 \\ k_2 \end{pmatrix}$、輸出矩陣 $C = (1 \quad 0)$、直接傳輸矩陣 $D = (0)$，由可控制性之測試，需求出「可控制矩陣」$Q_C = (B \quad AB) = \begin{pmatrix} k_1 & k_1 - k_2 \\ k_2 & -k_1 + k_2 \end{pmatrix}$，讓此系統成為完全可控制的條件為

$\det(Q_C) = -k_1^2 + k_1k_2 - k_1k_2 + k_2^2 \neq 0 \Rightarrow k_1 \neq \pm k_2$ ，$k_1, k_2 \in R$ 。

例題 26

已知一非時變（time-invariant）、單輸入/單輸出、線性系統之轉移函數（transfer function）為： $\dfrac{y(s)}{u(s)}=\dfrac{b_0s^3+b_1s^2+b_2s+b_3}{s^3+a_1s^2+a_2s+a_3}$ **，**

若令 $\dfrac{\xi(s)}{u(s)}=\dfrac{1}{s^3+a_1s^2+a_2s+a_3}$ **，則** $\dddot{\xi}+a_1\ddot{\xi}+a_2\dot{\xi}+a_3\xi=u$ **，**

且 $y=b_0\dddot{\xi}+b_1\ddot{\xi}+b_2\dot{\xi}+b_3\xi$ **，今定義系統之狀態變數為** $x_1=\ddot{\xi}$ **，** $x_2=\dot{\xi}$ **，** $x_3=\xi$ **。試以矩陣形式寫出此系統之狀態方程式（state equations）及輸出方程式（output equation）。【93 高考三級】**

解 本題定義 $\begin{Bmatrix} x_1=\xi'' \\ x_2=\xi' \\ x_3=\xi \end{Bmatrix} \Rightarrow \begin{Bmatrix} x_1'=\xi'''=-a_1\xi''-a_2\xi'-a_3\xi+u \\ x_2'=\xi''=x_1 \\ x_3'=\xi'=x_2 \end{Bmatrix}$

$$\Rightarrow \begin{Bmatrix} x_1'=-a_1x_1-a_2x_2-a_3x_3+u \\ x_2'=\xi''=x_1 \\ x_3'=\xi'=x_2 \end{Bmatrix}$$

and $y=b_0(-a_1x_1-a_2x_2-a_3x_3+u)+b_1x_1+b_2x_2+b_3x_3$

$=(-a_1b_0+b_1)x_1+(-a_2b_0+b_2)x_2+(-a_3b_0+b_3)x_3+b_0u$

$$\Rightarrow \begin{pmatrix} x_1' \\ x_2' \\ x_3' \end{pmatrix}=\begin{pmatrix} -a_1 & -a_2 & -a_3 \\ 1 & 0 & 0 \\ 0 & 1 & 0 \end{pmatrix}\begin{pmatrix} x_1 \\ x_2 \\ x_3 \end{pmatrix}+\begin{pmatrix} 1 \\ 0 \\ 0 \end{pmatrix}u$$

and $y=(-a_1b_0+b_1 \quad -a_2b_0+b_2 \quad -a_3b_0+b_3)\begin{pmatrix} x_1 \\ x_2 \\ x_3 \end{pmatrix}+b_0u$

10-4 現代控制系統的設計初論

焦點 4 狀態回授控制器的設計。

考試比重：★★☆☆☆ **考題形式：計算題**

關鍵要訣

1. **觀念：** 在古典控制系統中，控制器的設計主要是以「轉移函數」爲模式，利用「輸出回授」來設計控制器；而在現代控制中，控制器的設計是以「動態方程式」爲模型，利用「狀態回授」的觀點重新設計閉迴路極點，以達到所希望的極點位置，此方法稱爲**「狀態回授控制」**（state feedback control）。

2. 考慮 n 階線性非時變（LTI）系統 $x'(t)=Ax(t)+Bu(t), y(t)=Cx(t)$；令狀態回授控制器（state feedback controller）爲 $u(t)=rx(t)-Kx(t)$，其中 r 爲參考輸入命令，$K=(k_1 \quad k_2 \quad \ldots \quad k_n)$ 爲控制器增益，狀態回授方塊圖如下所示：

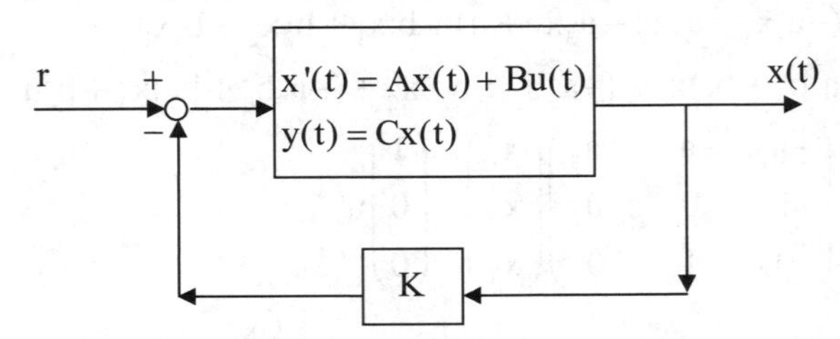

定理： 若開路系統是「完全可控制」（completely state controllable），則閉迴路狀態矩陣 $A-BK$ 的「特徵值」（eigenvalue）可以由 K 值任意決定，亦即「閉迴路特性方程式」$\det[sI-(a-bk)]=0$ 可由 K 值任意決定。

特別注意：

(1) 狀態控制回授指改變「系統矩陣 A」，並不改變矩陣 B、C。

(2) 狀態回授控制器設計的前提是「開路系統（此時爲考慮矩陣 B、C）必須是完全狀態可控制」。

(3) 狀態回授控制器設計的目的是希望重新配置「閉迴路系統」極點的位置，所以此方法又稱之爲「極點配置設計」（pole placement design）。

3. 狀態回授控制器的解題步驟：

(1) 先確定開路系統是完全狀態可控制的。

(2) 求出希望位置的極點方程式 $\Delta_d(s)$（令 $(s-\alpha_1)(s-\alpha_2)...(s-\alpha_n)=0$）。

(3) 令 $K=(k_1 \quad k_2 \quad ... \quad k_n)$ 爲控制器增益矩陣，代入 $\det[sI-(A-BK)]=0$。（此式即爲閉回路特性方程式 $\Delta(s)$）

(4) 令(2)&(3)爲相等式，比較係數求出控制器增益 K 的各分量。

例題 27

系統動態方程式為 $\begin{cases} x'(t)=\begin{pmatrix} 0 & 1 \\ -2 & 4 \end{pmatrix}x(t)+\begin{pmatrix} 0 \\ 1 \end{pmatrix}u(t) \\ y(t)=\begin{pmatrix} 2 & 0 \end{pmatrix}x(t) \end{cases}$ **，若希望閉迴路系統的極點位置為** -1 、 -2 **處，請設計「狀態回授控制器」** $u(t)=-k(x)$ **，並決定** k **值為何？**

解　如上述所列之解題步驟，詳解如下

(1) 先求出「可控制矩陣」$Q_C=(B \quad AB)=\begin{pmatrix} 0 & 1 \\ 1 & 4 \end{pmatrix}$，因為 $\det(Q_C)\neq 0$，所以系統為「完全狀態可控制」。

(2) 希望極點位置為 $s=-1$ 、 $s=-2$ ，故極點方程式為 $(s+1)(s+2)=s^2+3s+2=0$。

(3) 令控制器增益為 $k=(k_1 \quad k_2)$，並代入 $\det[sI-(A-Bk)]=0$
$\Rightarrow s^2+(-4+k_2)s+(2+k_1)=0$。

(4) 令上兩式為相等式，比較係數得 $k_2=7$ and $k_1=0$，故 $k=(0 \quad 7)$。

例題 28

考慮一個三階控制系統，如下所示：$\dot{x}=\begin{bmatrix}-2&1&0\\0&-2&1\\0&0&-2\end{bmatrix}x+\begin{bmatrix}0\\0\\1\end{bmatrix}u$

(1) **說明這個系統的穩定性如何。**

(2) **令輸入為**$u=-\begin{bmatrix}k_1&k_2&k_3\end{bmatrix}x$**，則**$k_1$**、**$k_2$**和**$k_3$**各該為若干，才可使閉迴路系統的特徵根為**$-1$**、**$-1$**和**$-1$**。【97 高考二級】**

解 (1) 系統之「動態方程式」如上，其中「系統矩陣」$A=\begin{pmatrix}-2&1&0\\0&-2&1\\0&0&-2\end{pmatrix}$

「輸入矩陣」$B=\begin{pmatrix}0\\0\\1\end{pmatrix}$，欲求證其「穩定性」如何，則先求閉迴路之「特性方程式」，即令$\det(\lambda I-A)=0$

$$\Rightarrow \det(\lambda I-A)=\begin{vmatrix}\lambda+2&-1&0\\0&\lambda+2&-1\\0&0&\lambda+2\end{vmatrix}=(\lambda+2)^3=0\Rightarrow\lambda=-2,-2,-2$$

，故系統為「穩定」

(2) 依據上述所列之解題步驟，詳解如下：

A. 先求出「可控制矩陣」$Q_C=(B\quad AB\quad A^2B)=\begin{pmatrix}0&0&1\\0&1&-4\\1&-2&4\end{pmatrix}$，因為$Q_C$為下三角矩陣$\Rightarrow\det(Q_C)\neq0$，所以系統為「完全狀態可控制」。

B. 希望極點位置為$s=-1,-1,-1$，故極點方程式為$(s+1)^3=s^3+3s^2+3s+1=0$。

C. 控制器增益為$K=(k_1\quad k_2\quad k_3)$，並代入$\det[sI-(A-BK)]=0$
$\Rightarrow s^3+(6+k_3)s^2+(12+k_2+4k_3)s+(8+k_1+2k_2+4k_3)=0$。

D. 令上兩式為相等式，比較係數得$k_1=-1,k_2=3,k_3=-3$，故$K=(-1\quad3\quad-3)$。

例題 29

已知一系統之轉移函數為 $T(s) = T(s) = \dfrac{S+3}{(S+1)(S+2)}$

(1) 若將此系統化成如下所示可控標準型（controllable canonical form）之狀態空間動態方程式 $\begin{bmatrix} \dot{x}_1(t) \\ \dot{x}_2(t) \end{bmatrix} = A\begin{bmatrix} x_1(t) \\ x_2(t) \end{bmatrix} + \begin{bmatrix} 0 \\ 1 \end{bmatrix}u(t)$，$y(t) = C\begin{bmatrix} x_1(t) \\ x_2(t) \end{bmatrix}$，試求其中之 A 及 C。

(2) 判別由(1)所得之狀態空間動態方程式之可控制性與可觀察性。

(3) 依據(1)所得之狀態空間動態方程式，設計狀態回授控制器，將系統之閉迴路極點（poles）移至 −4 至 −5。【95 關務三等】

Hint：可控制典型式 Trick for Memory：由 $G(s) = \dfrac{b_1s^2 + b_2s + b_3}{s^3 + a_1s^2 + a_2s + a_3}$ 出發：

i. 系統矩陣 Matrix A：$Row1 \Rightarrow 0,1,0, Row2 \Rightarrow 0,0,1, Row3 \Rightarrow$ 轉移函數分母由右至左的係數加負號。

ii 輸入矩陣 Matrix B：as Column $\Rightarrow$ 0.0,1（列向量）。

iii 輸出矩陣 Matrix C：轉移函數分子由右至左的係數（行向量）。

解

(1) 本題給轉移函數 $T(s) = \dfrac{s+3}{(s+1)(s+2)} \Rightarrow T(s) = \dfrac{s+3}{s^2+3s+2}$

直接求出「系統矩陣」$A = \begin{pmatrix} 0 & 1 \\ -2 & -3 \end{pmatrix}$、以及「輸出矩陣」$C = \begin{pmatrix} 3 & 1 \end{pmatrix}$

(2) 狀態空間「動態方程式」之系統矩陣 $A = \begin{pmatrix} 0 & 1 \\ -2 & -3 \end{pmatrix}$ 以及輸入矩陣 $B = \begin{pmatrix} 0 \\ 1 \end{pmatrix}$、輸出矩陣 $C = \begin{pmatrix} 3 & 1 \end{pmatrix}$；由可控制性之測試，需求出「可控制矩陣」$Q_C = \begin{pmatrix} B & AB \end{pmatrix} = \begin{pmatrix} 0 & 1 \\ -2 & -3 \end{pmatrix} \Rightarrow \det(Q_C) = -1 \neq 0$，故知系統為「完全狀態可控制」；同理，由可觀察性之測試，需求出「可觀察矩陣」

$Q_O=\begin{pmatrix} C \\ CA \end{pmatrix}=\begin{pmatrix} 3 & 1 \\ -2 & 0 \end{pmatrix}\Rightarrow \det(Q_O)=2\neq 0$，故知系統為「完全狀態可觀察」。

(3) A. 由(2)可知系統為「完全狀態可控制」。

B. 希望極點位置為 $s=-4$、-5，故極點方程式為 $(s+4)(s+5)=s^2+9s+20=0$

C. 令 $u=-Kx$，控制器增益為 $K=\begin{pmatrix} k_1 & k_2 \end{pmatrix}$，代入 $\det[sI-(A-BK)]=0$，

$$\begin{vmatrix} s & -1 \\ 2+k_1 & s+(3+k_2) \end{vmatrix}=s^2+(3+k_2)s+(2+k_1)=0$$

D. 令上兩式為相等式，比較係數得 $k_1=18$，$k_2=6$，故 $K=\begin{pmatrix} 18 & 6 \end{pmatrix}$。

例題 30

給定系統狀態方塊圖（state block diagram）如下：

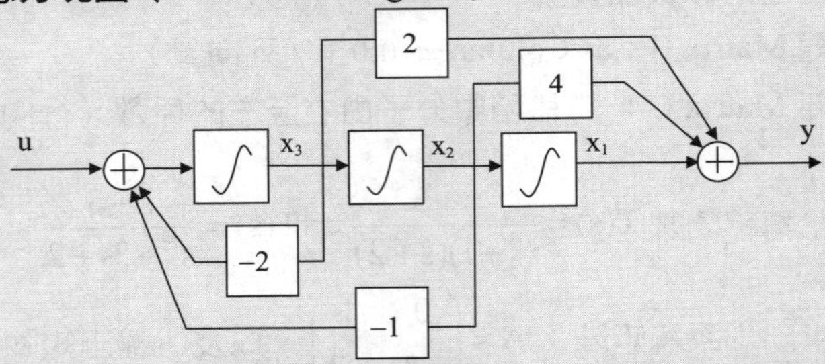

其中 u 為系統輸入，y 為系統輸出，三個積分器的輸出由右至左分別為 x_1、x_2 與 x_3。

(1) **令狀態向量** $x=\begin{bmatrix} x_1 \\ x_2 \\ x_3 \end{bmatrix}$**，若系統狀態方程式為** $\dot{x}=Ax+bu$ **，輸出方程式為** $y=cx$ **，其中 A、b 與 c 之矩陣大小分別為** 3×3、3×1 **與** 1×3 **，則 A、b 與 c 三個矩陣為何？**

(2) **此系統是否具有狀態可觀測性（observability）？【97 高考二級】**

解 (1) 由題示系統之狀態方塊圖可知 $\Rightarrow \begin{Bmatrix} x_2 = x_1' \\ x_3 = x_2' \\ x_3' = u - x_2 - 2x_3 \\ y = x_1 + 4x_2 + 2x_3 \end{Bmatrix}$，代入「動態方程式」中得 $\begin{pmatrix} x_1' \\ x_2' \\ x_3' \end{pmatrix} = \begin{pmatrix} 0 & 1 & 0 \\ 0 & 0 & 1 \\ 0 & -1 & -2 \end{pmatrix}\begin{pmatrix} x_1 \\ x_2 \\ x_3 \end{pmatrix} + \begin{pmatrix} 0 \\ 0 \\ 1 \end{pmatrix}u$，及 $y = (1 \quad 4 \quad 2)\begin{pmatrix} x_1 \\ x_2 \\ x_3 \end{pmatrix}$，

故 $A = \begin{pmatrix} 0 & 1 & 0 \\ 0 & 0 & 1 \\ 0 & -1 & -2 \end{pmatrix}$，$B = \begin{pmatrix} 0 \\ 0 \\ 1 \end{pmatrix}$，$C = (1 \quad 4 \quad 2)$。

(2) 狀態可觀察的「充要條件」為滿足 $n \times n$ 可觀察性矩陣（observability matrix）Q_O，where $Q_O = \begin{bmatrix} C \\ CA \\ \vdots \\ CA^{n-1} \end{bmatrix}$ 的行列式值不為零，本題因為

$$Q_O = \begin{pmatrix} C \\ CA \\ CA^2 \end{pmatrix} = \begin{pmatrix} 1 & 4 & 2 \\ 0 & -1 & 0 \\ 0 & 0 & -1 \end{pmatrix} \Rightarrow \det Q_O = 1 \neq 0$$

，故系統為「可觀察」。

例題 31

已知一受控體之數學模型為 $x' = \begin{pmatrix} 0 & 5 & 0 \\ 0 & -0.1 & 60 \\ 0 & -1.4 & -50 \end{pmatrix}x + \begin{pmatrix} 0 \\ 0 \\ 10 \end{pmatrix}u$ **，以及** $y = (1 \quad 0 \quad 0)x$ **，試設計一狀態回授，使得系統閉迴路之極點在** $-10 \pm j5$ **與** -80 。【92 技師檢定考】

解 (1) 先檢驗系統是否完全狀態可控制，此時 $A=\begin{pmatrix}0 & 5 & 0\\ 0 & -0.1 & 60\\ 0 & -1.4 & -50\end{pmatrix}$，

$B=\begin{pmatrix}0\\ 0\\ 10\end{pmatrix}$，由可控制性之測試，「可控制矩陣 Q_C」之行列式計算如下：

$Q_C=\begin{pmatrix}B & AB & A^2B\end{pmatrix}=\begin{pmatrix}0 & 0 & 3000\\ 0 & 600 & -30060\\ 10 & -500 & 24160\end{pmatrix}\Rightarrow \det Q_C\neq 0$，故知系統為「完全狀態可控制」。

(2) 設計一「狀態回授控制器」如下：

$u(t)=-Kx(t)+r(t)=-\begin{pmatrix}k_1 & k_2 & k_3\end{pmatrix}\begin{pmatrix}x_1\\ x_2\\ x_3\end{pmatrix}+r(t)$，則閉迴路狀態方程式

為 $x'=Ax(t)+B[-Kx(t)+r(t)]=(A-BK)x(t)+Br(t)$

which $A=\begin{pmatrix}0 & 5 & 0\\ 0 & -0.1 & 60\\ 0 & -1.4 & -50\end{pmatrix}$，$B=\begin{pmatrix}0\\ 0\\ 10\end{pmatrix}$，特性方程式

$\Delta(s)=\left|sI-(A-BK)\right|=s^3+(50.1+10k_3)s^2+(89+600k_2+k_3)s+3000k_1=0$

而希望之特性方程式為

$\Delta_d(s)=(s+10-j5)(s+10+j5)(s+80)=s^3+100s^2+1725s+10000=0$，比較 $\Delta(s)$ 與 $\Delta_d(s)$ 之係數，可解得 $k_1=\dfrac{10}{3},k_2=2.718,k_3=4.99$，故此「回授控制器」之增益矩陣為 $K=\begin{pmatrix}3.333 & 2.718 & 4.99\end{pmatrix}$。

例題 32

一系統其「動態方程式」為 $\begin{cases} x' = Ax + Bu \\ y = Cx \end{cases}$ **，其中** $A = \begin{pmatrix} 0 & 1 & 0 \\ 0 & 0 & 1 \\ -1 & -2 & 0 \end{pmatrix}$ **，**

$B = \begin{pmatrix} 0 \\ 0 \\ 1 \end{pmatrix}$ **，** $C = \begin{pmatrix} 1 & 0 & 1 \end{pmatrix}$

(1) **請寫出推導過程與理由，說明次系統是否為穩定？**

(2) **若希望以「狀態回授」的方式將此系統的極點分別設計在** $s = -1$ **、** -3 **與** -10 **，則回授增益應為若干？【97 台灣菸酒職員】**

解

(1) 從系統矩陣可看出其狀態方程式為「可控制典型式」，故系統的「特性方程式」為 $\Delta(s) = s^3 + 2s + 1 = 0$ ，因為 $\Delta(s)$ 有缺項，所以此系統為「不穩定」。

(2) 同樣先檢驗系統是否完全狀態可控制，此時 $A = \begin{pmatrix} 0 & 1 & 0 \\ 0 & 0 & 1 \\ -1 & -2 & 0 \end{pmatrix}$ ，

$B = \begin{pmatrix} 0 \\ 0 \\ 1 \end{pmatrix}$ ，由可控制性之測試，「可控制矩陣 Q_C 」之行列式計算如下：

$Q_C = \begin{pmatrix} B & AB & A^2B \end{pmatrix} = \begin{pmatrix} 0 & 0 & 1 \\ 0 & 1 & 0 \\ 1 & 0 & -2 \end{pmatrix} \Rightarrow \det Q_C \neq 0$ ，故知系統為「完全狀態可控制」。今設計狀態回授控制如

$u(t) = -Kx(t) + r(t) = -\begin{pmatrix} k_1 & k_2 & k_3 \end{pmatrix} \begin{pmatrix} x_1 \\ x_2 \\ x_3 \end{pmatrix} + r(t)$ ，則閉迴路狀態方程式

為 $x' = Ax(t) + B[-Kx(t) + r(t)] = (A - BK)x(t) + Br(t)$ ，先計算

$$A-BK=\begin{pmatrix}0&1&0\\0&0&1\\-1&-2&0\end{pmatrix}-\begin{pmatrix}0\\0\\1\end{pmatrix}\begin{pmatrix}k_1&k_2&k_3\end{pmatrix}=\begin{pmatrix}0&1&0\\0&0&1\\-1-k_1&-2-k_2&-k_3\end{pmatrix},$$

閉迴路「特性方程式」為

$$\Delta(s)=|sI-(A-BK)|=\det[\begin{pmatrix}s&-1&0\\0&s&-1\\1+k_1&2+k_2&s+k_3\end{pmatrix}])$$

$$=s^3+k_3s^2+(2+k_2)s+(k_1+1)=0$$

「希望之特性方程式」為

$\Delta_d(s)=(s+1)(s+3)(s+10)=s^3+14s^2+43s+30=0$，比較$\Delta(s)$與$\Delta_d(s)$之係數，可解得$k_1=29, k_2=41, k_3=14$，故此回授增益矩陣為$K=\begin{pmatrix}29&41&14\end{pmatrix}$。

例題 33

一系統之狀態方程式如下：$\dot{x}=\begin{bmatrix}0&1\\-6&-5\end{bmatrix}x+\begin{bmatrix}0\\1\end{bmatrix}u$，$y=\begin{bmatrix}1&0\end{bmatrix}x$

請設計一狀態回授控制器，以同時滿足下列 2 個條件：

(1) **閉迴路極點之阻尼係數**$\xi=0.707$。

(2) **步階響應之**$t_{peak}<3.14$**秒。【102 國營事業職員】**

解 本題之「系統矩陣」為$A=\begin{pmatrix}0&1\\-6&-5\end{pmatrix}$，輸入矩陣為$B=\begin{pmatrix}0\\1\end{pmatrix}$，輸出矩陣為$C=\begin{pmatrix}1&0\end{pmatrix}$，同樣先檢驗系統是否完全狀態可控制，由可控制矩陣「Q_C」之行列式計算如下：$Q_C=\begin{pmatrix}B&AB\end{pmatrix}=\begin{pmatrix}0&1\\1&-5\end{pmatrix}\Rightarrow\det Q_C\neq0$，故知系統為「完全狀態可控制」。今設計狀態回授控制如

$u(t)=-Kx(t)+r(t)=-\begin{pmatrix}k_1&k_2\end{pmatrix}\begin{pmatrix}x_1\\x_2\end{pmatrix}+r(t)$，修正後之閉迴路狀態方程式為

$x'=Ax(t)+B[-Kx(t)+r(t)]=(A-BK)x(t)+Br(t)$，先計算

$A-BK=\begin{pmatrix}0 & 1\\ -6 & -5\end{pmatrix}-\begin{pmatrix}0\\ 1\end{pmatrix}\begin{pmatrix}k_1 & k_2\end{pmatrix}=\begin{pmatrix}0 & 1\\ -6-k_1 & -5-k_2\end{pmatrix}$，則閉迴路「特性方程式」為 $\Delta(s)=|sI-(A-BK)|=\det\left[\begin{pmatrix}s & -1\\ 6+k_1 & s+(5+k_2)\end{pmatrix}\right]$

$=s^2+(5+k_2)s+(k_1+6)=0$，希望滿足題示之條件為：$\xi=0.707$，

$t_p=\dfrac{\pi}{\omega_n\sqrt{1-\xi^2}}<3.14\Rightarrow\omega_n>1.414\Rightarrow$ 與二階標準特性方程式

$s^2+2\xi\omega_n s+\omega_n{}^2=0\Rightarrow s^2+2s+2=0$ 比較係數，可解得 $k_1=-4$、$k_2=-3$，故此「回授控制器」之增益矩陣為 $K=\begin{pmatrix}-4 & -3\end{pmatrix}$。

第十一章 物理模型與控制系統

11-1 力學系統控制模型

焦點 1 **物理系統模型概論。**

考試比重：★★★☆☆ **考題形式：**計算題為主

關鍵要訣

1. 描述實際系統的動態性能，通常可利用物理定律輔以微分方程式求得，無論是在遇到「機械」、「電力」、「電路」、「流體」或「熱力」等系統皆可運用之，本節以「機械」系統爲說明重點，下節則以「電力（路）」系統爲說明重點。

2. 最簡單的機械彈簧系統，從國中就學習過的「虎克定律」（Hook's Law），公式：F＝kx 而言，其中外力 F，會穿越彈簧元件，我們將之稱爲「穿越變數」（through variable），而造成元件兩端可測量之「速度差 v_{21}」，則稱之爲「跨越變數」（across variable），如下表 11-1 爲整理出各系統的「穿越變數」與「跨越變數」。

表 11-1

系統	穿越元件的變數	積分的穿越變數	跨越元件的變數
機械平移	力（F）	平移動量（p）	速度差（v_{21}）
機械旋轉	轉矩（T）	角動量（h）	角速度差（ω_{21}）
電力	電流（i）	電荷（q）	電壓差（V_{21}）
流體	流量率（Q）	流體體積（V）	壓力差（P_{21}）
熱通量	熱流率（q）	熱能（H）	溫差（T_{21}）

3. 下表 11-2 為各重要的「物理系統」微分方程式，學生必須將公式牢記並運用於各計算題中。

表 11-2

物理型態	Physical element	簡圖	基本公式	微分方程
Inductive Storage	Translational Spring	v_1 k v_2 F	$F = kx$	$v_{21} = \frac{1}{k}\frac{dF}{dt} = \frac{F'}{k}$
	Rotational Spring	ω_1 k ω_2 T	$T = k\theta$	$\omega_{21} = \frac{1}{k}\frac{dT}{dt} = \frac{T'}{k}$
	Translation Mass	f m a	$f = ma$	$f = mx''$
	Electrical Inductance	V_1 L V_2 i	$V_{21} = L\frac{di(t)}{dt}$	$V_{21} = Li'$
	Electrical Capacitance	V_1 C V_2 i	$V_{21} = \frac{1}{C}\int i(t)dt$	$i = C\frac{dV_{21}}{dt} = CV_{21}'$
Capacitive Storage	Translational Damper	v_1 b v_2 F	$F = bv_{21}$	$F = bx'$
	Rotational Mass	ω_1 ω_2 T J	$T = J\frac{d\omega}{dt}$	$T = J\omega' = J\theta''$
	Fluid Capacitance	P_2 P_1 Q c_f	$Q = c_f\frac{dP_{21}}{dt}$	$Q = c_f P'$
	Thermal Capacitance	T_2 T_1 q c_t	$q = c_t\frac{dT_{21}}{dt}$	$q = c_t T'$
	Electrical Resistance	V_1 R V_2	$i = \frac{V}{R}$	

4. 求出系統的**「轉移函數」**，其解題步驟如下：
   (1) 分離物體做「自由體圖分析」（Free body diagram analysis）。
   (2) 分析「輸入」與「輸出」變數，依題意列出微分方程式。
   (3) 作「拉式運算」，將「時域」轉成「s 域」。
   (4) 以「輸出」爲分子，「輸入」爲分母，移項即得「轉移函數」（transfer function）。
   (5) 若需再轉成「時域」，則再做一次「反拉式轉換」。
5. 求出系統的**「狀態方程式」**，其解題步驟如下：
   (1) 分離體分析力圖，並列出微分方程式。
   (2) 定義「狀態變數」。
   (3) 再轉成如 2×2 階，如 $\begin{pmatrix} x_1' \\ x_2' \end{pmatrix} = \begin{pmatrix} a_{11} & a_{12} \\ a_{21} & a_{22} \end{pmatrix}\begin{pmatrix} x_1 \\ x_2 \end{pmatrix} + \begin{pmatrix} b_1 \\ b_2 \end{pmatrix} u$ 之形式。

例題 1

如下圖所示之地震儀，用以測量地震時，地面的位移，質量 m 和慣性空間相對的位移以 x 表示。外殼與慣性空間的位移，以 y 表示之，位移 x 從平衡位置（當 y=0）測起，位移 y 為系統之輸入，在地震時，求 z 和 y 之間的轉移函數（transfer function）？【92 高考三級】

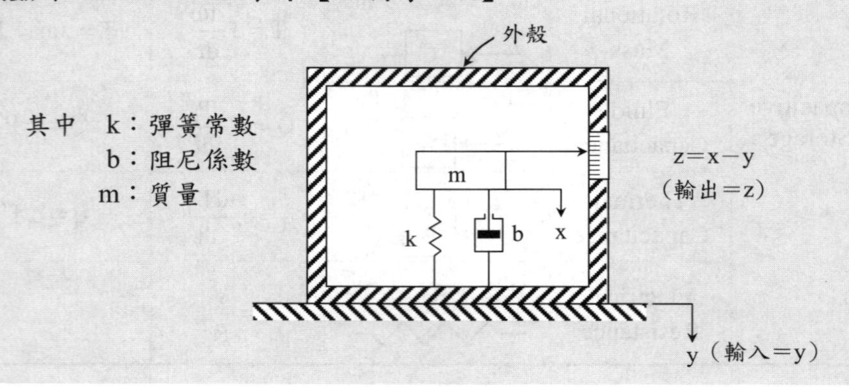

解　此題輸入為 y，輸出為 $z = x - y$，今考慮質量 m 的物體，並畫出其自由體圖如下：

m

$f = ma = m(x'' + y'')$

kx　bx

由靜力平衡得 $m(x''+y'') = kx + bx' \Rightarrow mx'' - bx' - kx = -my''$，同時做「拉式轉換」並令初始值皆為 0，得到

$$ms^2X(s) - bsX(s) - kX(s) = -ms^2Y(s) \Rightarrow X(s) = \frac{-ms^2}{ms^2 - bs - k}Y(s) \cdots\cdots ①；$$

又輸出取「拉式轉換」，得到 $Z(s) = X(s) - Y(s) \cdots\cdots ②$，最後①代入②即可得「轉移函數」如下：$\dfrac{Z(s)}{Y(s)} = \dfrac{-2ms^2 + bs + k}{ms^2 - bs - k}$。

例題 2

請導出如圖之機械系統之轉移函數 $\dfrac{X_1(S)}{F(S)}$ 及 $\dfrac{X_2(S)}{F(S)}$。

（M_1、M_2 物體之摩擦不計）

M_1、M_2：質量。K_1、K_2：彈簧係數。

f：緩衝筒之阻尼係數。X_1、X_2：位移。

F：外加之作用力。【102 國營事業職員】

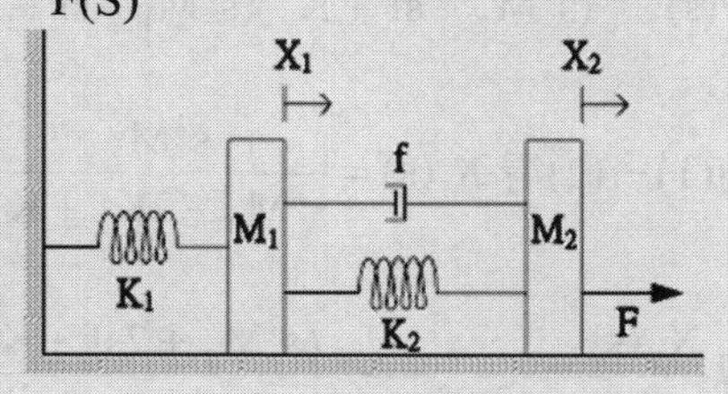

解　先畫出如下之 M_1, M_2 自由體圖：

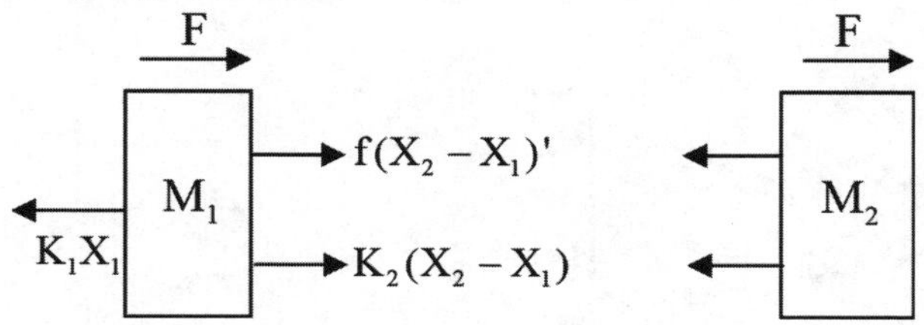

上圖可分別列出方程式：

$F - K_1X_1 - K_2(X_2 - X_1) - f(X_2 - X_1)' = M_1X_1''$，

$F - f(X_2 - X_1)' - K_2(X_2 - X_1) = M_2X_2''$；

同時分別取「拉式轉換」並令初始值皆為 0，

得到 $\begin{cases} F(s)+(K_2-K_1)X_1(s)-fsX_1(s)-K_2X_2(s)-fsX_2(s)=s^2M_1X_1(s)\cdots(1) \\ F(s)-fsX_1(s)-K_2X_1(s)-fsX_2(s)-K_2X_2(s)=s^2M_2X_2(s)\cdots\cdots\cdots\cdots(2) \end{cases}$

由(2) $\Rightarrow F(s)-(fs+K_2)X_1(s)=(fs+K_2+s^2M_2)X_2(s)$

$\Rightarrow X_2(s)=\dfrac{F(s)-(fs+K_2)}{fs+K_2+s^2M_2}X_1(s)$ 代入(1),

$$F(s)+(K_2-K_1-fs)X_1(s)-(K_2+fs)\frac{F-(sf+K_2)}{s^2M_2+sf+K_2}X_1(s)=s^2M_1X_1(s)$$

$$\Rightarrow (1+\frac{sf+k_2}{s^2M_2+sf+K_2})F(s)=[(K_2-K_1-fs)-\frac{(K_2+fs)^2}{s^2M_2+sf+K_2}+s^2M_1]X_1(s)$$

$$\Rightarrow \frac{X_1(s)}{F(s)}=\frac{s^2M_2+2sf+K_2}{(s^2M_2+sf+K_2)(s^2M_1-sf+K_2-K_1)-(K_2+sf)^2}\cdots\cdots(3)$$

再由(1)－(2)得 $X_1(s)=\dfrac{s^2M_2}{s^2M_2-2K_2+K_1}X_2(s)$ ，代入(3)

可得 $\dfrac{X_2(s)}{F(s)}=\dfrac{(s^2M_2+2sf+K_2)(s^2M_2-2K_2+K_1)}{s^2M_2[(s^2M_2+sf+K_2)(s^2M_1-sf+K_2-K_1)-(K_2+sf)^2]}$

例題 3

圖示之機械系統為汽車懸吊系統之示意圖，設系統僅在垂直方向有物體運動，在點 P 的位移 y 視為系統的輸入，物體的垂直運動 x 為輸出，位移 x 從靜態平衡位置測得，試求 x 與 y 之間的轉移函數（transfer function）。【93 地特三等】

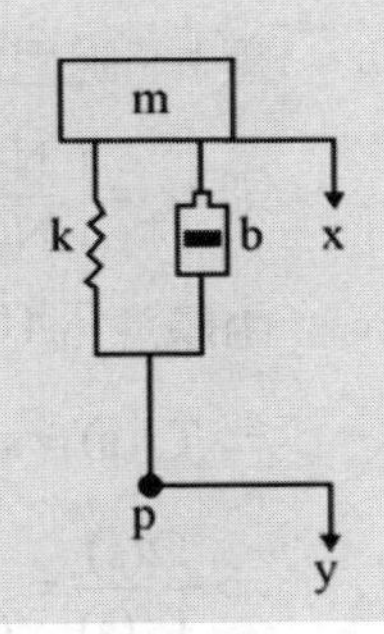

解　先畫出 m 的自由體圖如下，並令其「靜力平衡」。

k(y − x)　m　mx″

b(y − x)′ = by′ − bx′

則 $mx'' = ky - kx + by' - bx' \Rightarrow mx'' + bx' + kx = by' + ky$，兩邊取「拉式轉換」並令起始值 $x(0)$、$y(0)$ 均為 0，得到

$$ms^2X(s) + bsX(s) + kX(s) = bsY(s) + kY(s) \Rightarrow \frac{X(s)}{Y(s)} = \frac{bs + k}{ms^2 + bs + k}$$

例題 4

請推導下圖系統從輸入扭力 T_{in}（s）到輸出轉速 Ω（s）之轉移函數 system dynamics equation）**。輸出軸經由減速比為 5:1 之齒輪組帶動，J_1 及 J_2 已含齒輪慣量。**【97 地特三等】

T_{in}　b　k　J_1　J_2　Ω

$n_1:n_2=1:5$（齒輪數比）

解 T_{in}為「穿越變數」，輸出轉速亦由大小齒輪減速比決定之，故系統之慣性矩 b、阻尼常數 J、彈簧係數 k 均會改變，今令其分別為 b_{eq}、J_{eq}、k_{eq}，

則 $b_{eq}=\left(\frac{N_1}{N_2}\right)^2 b=\frac{b}{25}$，$J_{eq}=J_1+\left(\frac{N_1}{N_2}\right)^2 J_2=J_1+\frac{J_2}{25}$，$k_{eq}=\left(\frac{N_1}{N_2}\right)^2 k=\frac{k}{25}$，

由題意 $T_{in}(t)=b_{eq}\Omega'+J_{eq}\Omega''+k_{eq}\Omega$，作「拉式轉換」得

$$\Rightarrow T_{in}(s)=s\frac{b}{25}\Omega(s)+s^2(J_1+\frac{J_2}{25})\Omega(s)+\frac{k}{25}\Omega(s)$$

$$\Rightarrow \frac{\Omega(s)}{T_{in}(s)}=\frac{25}{(25J_1+J_2)s^2+bs+k}$$ 。

例題 5

圖示之機電系統，其中 $I=4.0kg\cdot m^2$ 為桿對轉軸的慣性矩，扭力彈簧係數 $K=0.4$，v 為輸入電壓，扭矩 $T=K_m v$，$K_m=4Nm/V$。由於系統的阻尼係數未知，因此輸入步階（step）電壓測得輸出的最大超越量（overshoot）百分比為 20%。

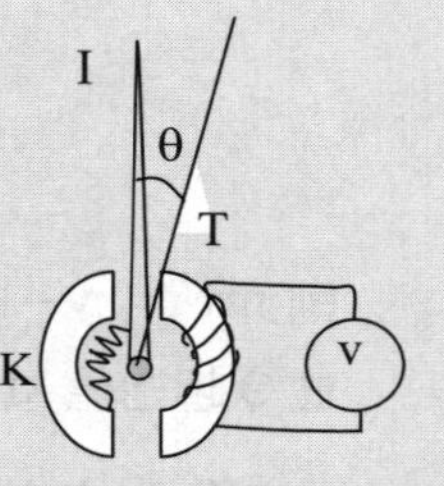

(1) 求系統的固有（natural）頻率。 (2)求系統阻尼比（damping ratio）。

(3) 若輸入為正弦波，則在何頻率下系統輸出對輸入的振幅比最大？【97 高考三級】

解 (1) $\because T=K_m v=I\theta''$，作「拉式轉換」並代入數值後得

$$\therefore 4V(s)=4s^2\theta(s)\Rightarrow\frac{\theta(s)}{V(s)}=\frac{1}{s^2}\Rightarrow\omega_n=0$$

(2) 由 $M_p=e^{\frac{-\pi\xi}{\sqrt{1-\xi^2}}}=0.2$，解得 $\xi=0.46$

(3) 輸入為弦波，轉移函數為 $G(s)=\frac{\theta(s)}{V(s)}=\frac{1}{-\omega^2}$，則由「大小關係」解得

$$\Rightarrow\left|\frac{1}{-\omega^2}\right|=1\Rightarrow\omega=1(rad/sec)$$

例題 6

試寫出描述下圖機械系統之微分方程式：

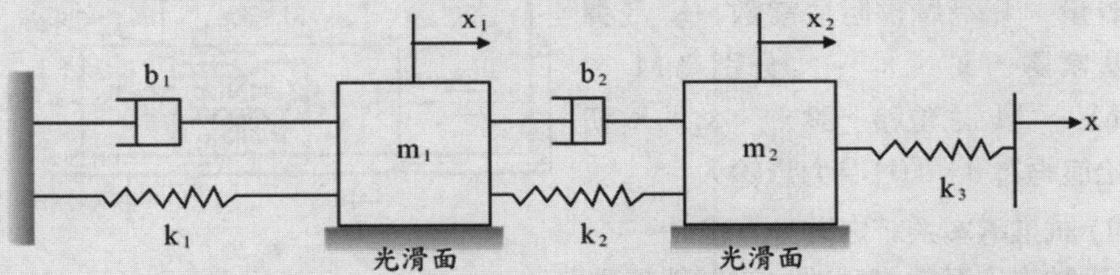

圖中 b_1 **、** b_2 **為阻尼係數，** k_1 **、** k_2 **、** k_3 **為彈簧常數，** m_1 **、** m_2 **為質量。**【93 關務三等】

解　先畫出 m_1 、 m_2 的「自由體」圖如下：

m_1x_1''

b_1x_1'　m_1　$b_2(x_2-x_1)'$

k_1x_1　　$k_2(x_2-x_1)$

m_2x_2''

$b_2(x_2-x_1)'$　m_2　$k_3(x-x_2)$

$k_2(x_2-x_1)$

分別就 m_1 、 m_2 列出「微分方程式」：

$$b_2x_2'-b_2x_1'+k_2x_2-k_2x_1-b_1x_1'-k_1x_1=m_1x_1''$$

$$\Rightarrow m_1x_1''+(b_1+b_2)x_1'+(k_1+k_2)x_1-b_2x_2'-k_2x_2=0$$ ，以及

$$k_3(x-x_2)-b_2(x_2-x_1)'-k_2(x_2-x_1)=m_2x_2''$$

$$\Rightarrow m_2x_2''+b_2x_2'+(k_2+k_3)x_2-b_2x_1'-k_2x_1=k_3x$$

例題 7

圖為彈簧阻尼質量系統，其中 M 為質量、f_v 為摩擦阻尼常數、K 為彈簧常數，x_1、x_2、x_3 分別為 M_1、M_2、M_3 之位移。設 x_1、x_2、x_3 初始值均為 0，f(t) 為力量輸入。

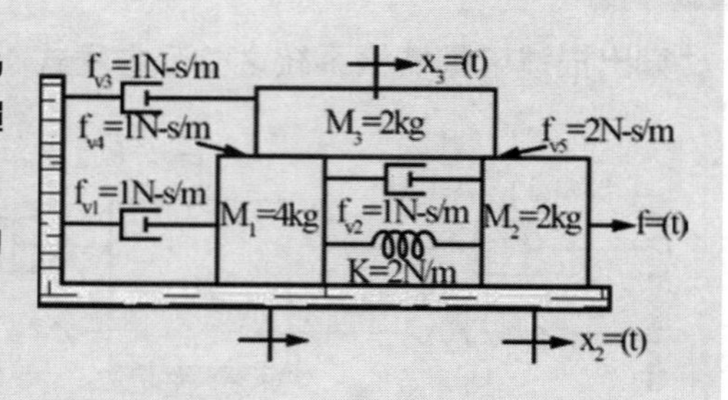

(1) 試推導本系統之微分方程式。

(2) 試推導狀態方程式，設狀態變數為 $z_1 = x_1$，$z_2 = \dot{x}_1$，$z_3 = x_2$，$z_4 = \dot{x}_2$，$z_5 = x_3$，$z_6 = \dot{x}_3$。**【103 高考三級】**

解　分別畫出 M_1、M_2、M_3 的「自由體」圖如下：

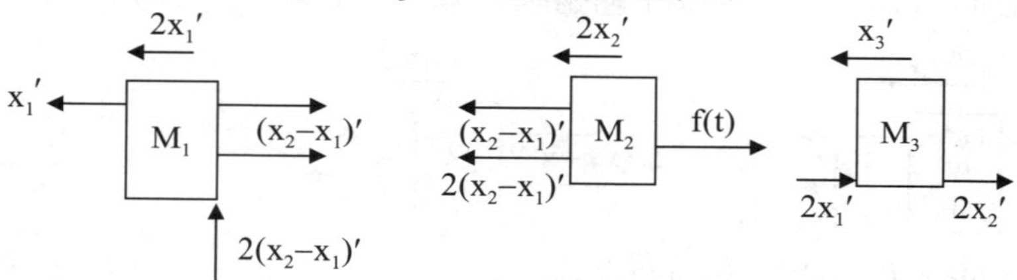

就 M_1 列出「微分方程式」：$-4x_1' + x_2' + 2x_2 - 2x_1 = 0$ ......①

就 M_2 列出「微分方程式」：$f(t) = -x_1' + 3x_2' + 2x_2 - 2x_1$ ......②

就 M_3 列出「微分方程式」：$x_3' = 2x_1' + 2x_2'$ ......③

以由①及②解聯立方程式並代入③，可得

$$\begin{cases} x_1' = \dfrac{-4}{11}x_1 + \dfrac{4}{11}x_2 + \dfrac{f(t)}{11} \\ x_2' = \dfrac{6}{11}x_1 + \dfrac{-6}{11}x_2 + \dfrac{4f(t)}{11} \\ x_3' = \dfrac{4}{11}x_1 + \dfrac{-4}{11}x_2 + \dfrac{10f(t)}{11} \end{cases}$$

又題目給 $z_1 = x_1$，$z_2 = \dot{x}_1$，$z_3 = x_2$，$z_4 = \dot{x}_2$，$z_5 = x_3$，$z_6 = \dot{x}_3$，故狀態方程式 ⇒

$$\begin{pmatrix} z_2 \\ z_4 \\ z_6 \end{pmatrix} = \begin{pmatrix} \frac{-4}{11} & \frac{4}{11} & 0 \\ \frac{6}{11} & \frac{-6}{11} & 0 \\ \frac{4}{11} & \frac{-4}{11} & 0 \end{pmatrix} \begin{pmatrix} z_1 \\ z_3 \\ z_5 \end{pmatrix} + \begin{pmatrix} \frac{1}{11} \\ \frac{4}{11} \\ \frac{10}{11} \end{pmatrix} f(t)$$

例題 8

考慮下圖所示兩個滑車，其中 u 為馬達轉動車輪與鐵軌摩擦所產之推力，m_1、m_2 為車廂質量，K 為兩車間連結機構之彈簧係數，f 為此彈簧之作用力。

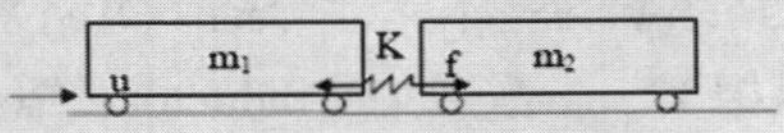

欲考慮此連結彈簧在何時會斷裂必需知道此彈簧受力的動態情形，請依此需要寫出足以描述此彈簧受力情形之系統狀態方程式。【95 地方特考】

解　畫出 m_1、m_2 的「自由體」圖如下：

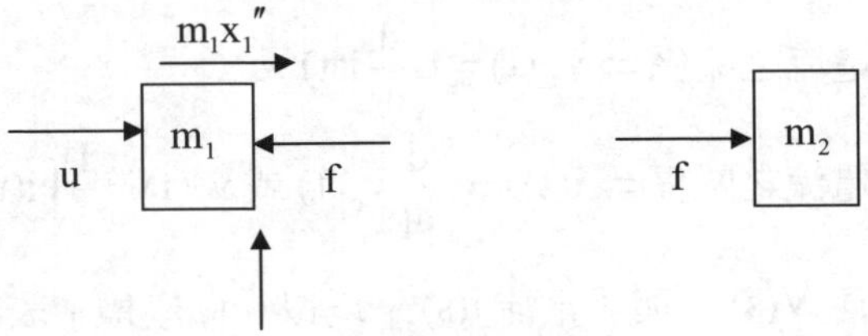

分別就 m_1、m_2 列出「微分方程式」：$\begin{Bmatrix} u - f = m_1 x_1'' \\ f = k(x_2 - x_1) \end{Bmatrix}$

又 $\begin{Bmatrix} x_2 = x_1' \\ x_2' = x_1'' = \dfrac{u - kx_2 + kx_1}{m_1} \end{Bmatrix}$，故 $\begin{pmatrix} x_1' \\ x_2' \end{pmatrix} = \begin{pmatrix} 1 & 0 \\ \frac{k}{m_1} & \frac{-k}{m_1} \end{pmatrix} \begin{pmatrix} x_1 \\ x_2 \end{pmatrix} + \begin{pmatrix} 0 \\ \frac{1}{m_1} \end{pmatrix} u$。

11-2 電路系統控制模型

焦點 2 RLC 電路。

考試比重：★★☆☆☆　　**考題形式：**基本觀念題

關鍵要訣

1.電路系統的基本元件介紹：電路系統的基本元件計有「電阻」（resistor，單位：歐姆）、「電感」（inductor，單位：亨利 H）與「電容」（capacitor，單位：法拉 F）；根據基本電路理論，在「時域」（time domain）與「s 域」之 RLC 元件與電壓、電流之關係，分別說明如後：

時域（time domain）：

(1) 電阻：跨元件 R 端電壓與電流之關係 ⇒ $v_R(t)=i(t)R$ 。

(2) 電感：跨元件 L 端電壓與電流之關係 ⇒ $v_L(t)=L\dfrac{d}{dt}i(t)$ 。

(3) 電容：跨元件 C 端電壓與電流之關係 ⇒ $i(t)=C\dfrac{d}{dt}v_c(t)$ 或 $v_c(t)=\dfrac{1}{c}\int i(t)dt$ 。

2. **s 域（s domain）：**其中「電壓 V(s)」與「電流 I(s)」均以「極座標」表示之。

(1) 電阻：R；$V_R(s)=RI(s)$ 。

(2) 電感：sL；$V_L(s)=L(sI(s)-i(0))$ 。

(3) 電容：$\dfrac{1}{sC}$；$I(s)=C(sV(s)-v(0))$ 。

3. 電路系統的分析方法有：

(1) **節點電壓法（node voltage method）**：見例題 12

(2) **網目電流法（mesh current method）**：見例題 13

例題 9

如圖，電壓 e_1 是輸入而電壓 e_2 是輸出，試推導其「轉移函數」？並說明這個電路在工程上有何用途？【98 關務三等】

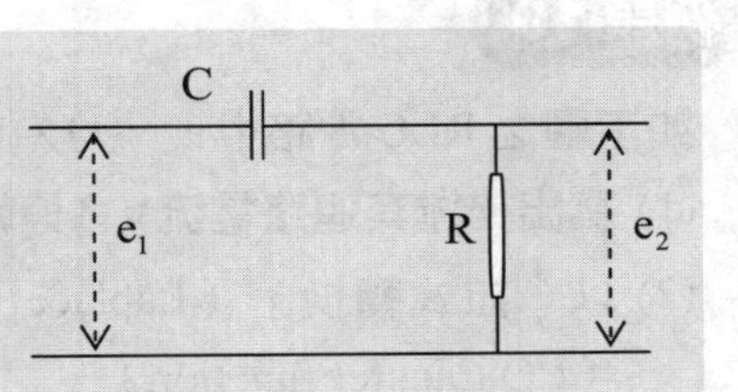

解

(1) 如圖此系統為「線性非時變系統」（LTI system），則可轉成 s 域如下圖所示：

$\frac{1}{sC}$

$E_1(s)$　R　$E_2(s)$

依據分壓定理，可得 $\dfrac{E_2(s)}{E_1(s)}=\dfrac{R}{R+\dfrac{1}{sC}}=\dfrac{sRC}{1+sRC}$

(2) 令 $RC=\tau$，則轉移函數可寫成 Let $G(s)=\dfrac{E_2(s)}{E_1(s)}=\dfrac{sRC}{1+sRC}=\dfrac{s\tau}{1+s\tau}$

$\Rightarrow G(j\omega)=\dfrac{j\omega\tau}{1+j\omega\tau}=\dfrac{\omega\tau}{\sqrt{1+\omega^2\tau^2}}\angle(90-\tan^{-1}\omega\tau)^\circ$，其波德圖如下：

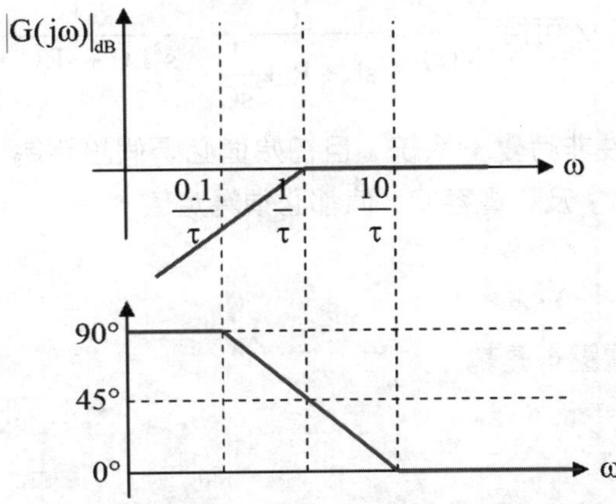

由上「波德圖」可知，此電路在工程上係應用於「高通濾波」。

例題 10

如下圖之 RLC 電路中，$v(t)$ 為輸入電壓，$v_c(t)$ 為電容 C 上的輸出電壓，請

(1) 寫出描述其迴路電流 $i(t)$ 與輸入電壓 $v(t)$ 關係的方程式。

(2) 以「拉式轉換」（Laplace transform）寫出此電路的輸出輸入轉移函數（I/O transfer function）。

(3) 此電路能以「拉式轉換」寫出其「轉移函數」的要件為何？

【97 台灣菸酒職員】

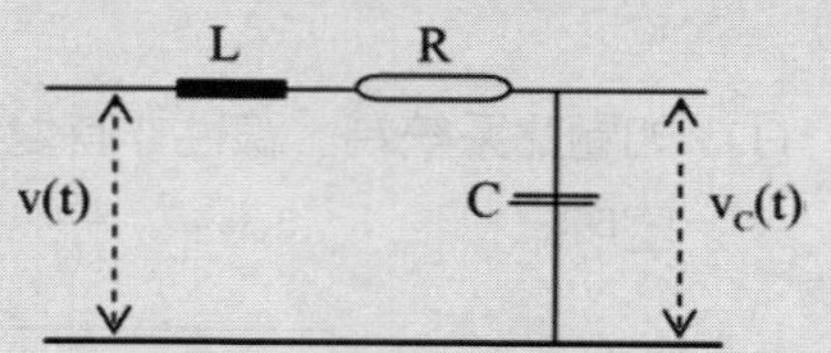

解　(1) 如題目所畫的圖，可應用「克希荷夫電壓定律」寫出

$$v_c(t)-L\frac{d}{dt}i(t)-Ri(t)-\frac{1}{C}\int_0^t i(\tau)d\tau=0$$

(2) 可轉成 s 域如下圖所示：

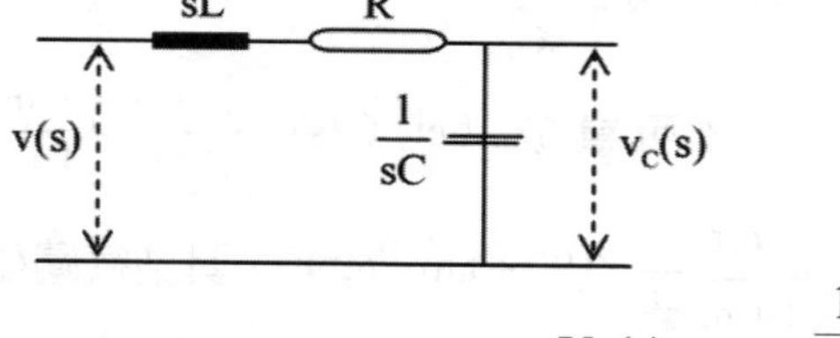

依據「分壓定理」，可得 $\frac{V_C(s)}{V(s)}=\frac{\frac{1}{sC}}{sL+R+\frac{1}{sC}}=\frac{1}{s^2LC+sRC+1}$

(3) 系統必須為「線性非時變」系統，且初始值必須假設皆為 0，而「電阻 R」、「電感 L」及「電容 C」值都必須為定值。

例題 11

如右圖，電壓 e_1 是輸入而電壓 e_2 是輸出，推導其傳遞函數（transfer function）。【96 地方特考】

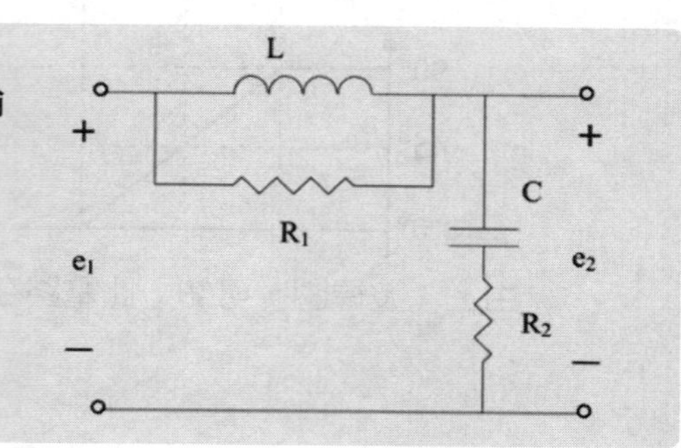

解　設系統為「線性非時變」系統，且初始值皆為 0，則可直接轉成 s 域如下圖所示：

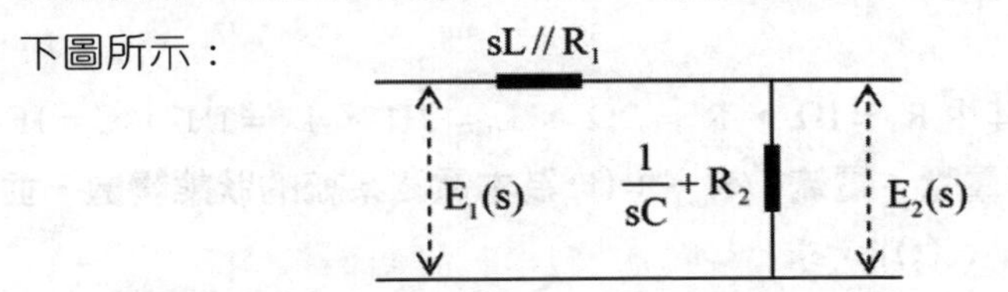

依據「分壓定理」，可得

$$\frac{E_2(s)}{E_1(s)}=\frac{\frac{1}{sC}+R_2}{\frac{sLR_1}{sL+R_1}+R_2+\frac{1}{sC}}=\frac{(1+sR_2C)(sL+R_1)}{s^2LR_1C+sL+R_1+sR_2C(sL+R_1)}$$

$$\Rightarrow\frac{E_2(s)}{E_1(s)}=\frac{s^2LR_2C+(R_1R_2C+L)s+R_1}{s^2(LR_1C+LR_2C)+s(L+R_1R_2C)+R_1}$$

例題 12

有一電路如右圖，求輸出輸入轉移函數？

(節點電壓法)

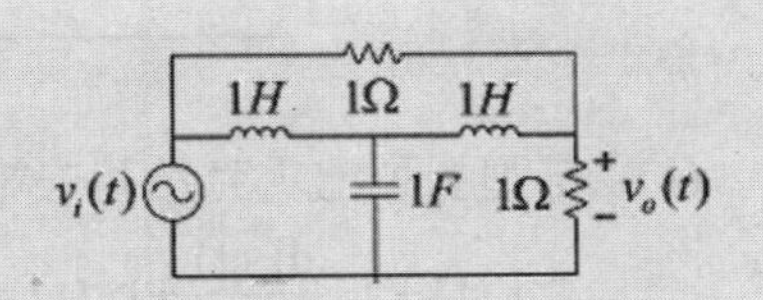

解　應用節點電壓法，並轉成 s 域重畫如下圖，令中間點電壓為 V：

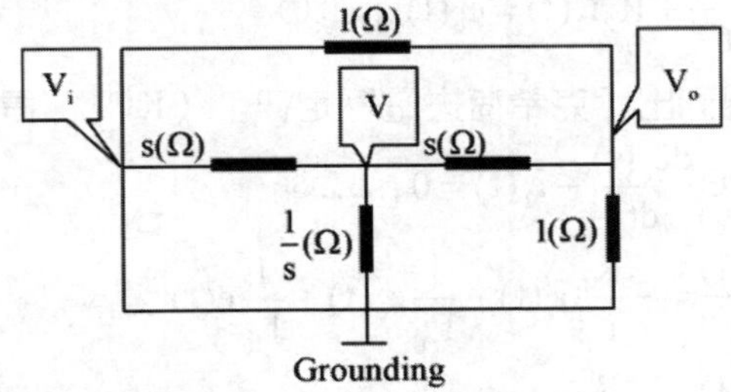

則由中間點及最右邊點之電流總流出為 0，可列方程式如下：

$$\begin{cases}\frac{V}{1/s}+\frac{V-V_O}{s}+\frac{V-V_i}{s}=0 \ldots\ldots\ldots\ldots(1)\\ \frac{V_O-V_i}{1}+\frac{V_O}{1}+\frac{V_O-V}{s}=0 \ldots\ldots\ldots\ldots(2)\end{cases}$$

由(1)得 $(2s+1)V_O-sV_i=V$，由(2)得 $(s^2+2)[(2s+1)V_O-sV_i]-V_o-V_i=0$

解聯立得到「轉移函數」$\Rightarrow\frac{V_O(s)}{V(s)_i}=\frac{s^3+2s+1}{2s^3+s^2+4s+1}$

例題 13

有一電路如下圖，其中 $R_1=1\Omega$，$R_2=2\Omega$，$L_1=2H$，$L_2=1H$，$C=1F$，$e_c(t)$ 是電容 C 的端電壓，電流 $i_1(t)$、$i_2(t)$ 為本電路系統的狀態變數，並定義 $x(t)=\left(i_1(t) \quad i_2(t) \quad e_c(t)\right)$，求

(1) 此電路的狀態方程式，以 $x'(t)=Ax(t)+Be(t)$ 列出？

(2) 求下列轉移函數 $\frac{I_1(s)}{E(s)}$ and $\frac{I_2(s)}{E(s)}$？(網目電流法)

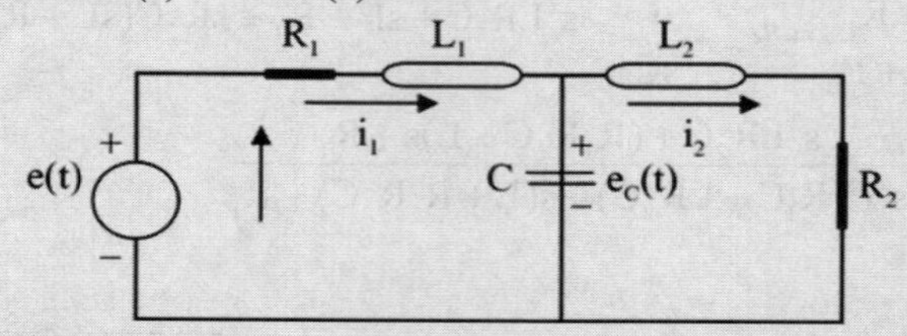

解 (1) 左迴圈列出「克希荷夫電壓定律」（KCL）得

$R_1 i_1(t)+L_1\frac{di_1(t)}{dt}+e_c(t)=e(t)$ ......①，右迴圈再利用「KCL」得

$L_2\frac{di_2(t)}{dt}+R_2 i_2(t)=e_c(t)$ ......②

右迴圈列出「克希荷夫電壓定律」（KCL）得

$i_1(t)+C\frac{de_c(t)}{dt}-i_2(t)=0$ ......③

由① $\Rightarrow \frac{di_1(t)}{dt}=-\frac{R_1}{L_1}i_1(t)-\frac{1}{L_1}e_c(t)+\frac{1}{L_1}e(t)$；

由② $\Rightarrow \frac{di_2(t)}{dt}=-\frac{R_2}{L_2}i_2(t)+\frac{1}{L_2}e_c(t)$；

由③ $\Rightarrow \dfrac{de_c(t)}{dt}=\dfrac{1}{C}i_1(t)-\dfrac{1}{C}i_2(t)$；故狀態方程式為

$$x'(t)=\begin{pmatrix} -\dfrac{R_1}{L_1} & 0 & -\dfrac{1}{L_1} \\ 0 & -\dfrac{R_2}{L_2} & \dfrac{1}{L_2} \\ \dfrac{1}{C} & -\dfrac{1}{C} & 0 \end{pmatrix}x(t)+\begin{pmatrix} \dfrac{1}{L_1} \\ 0 \\ 0 \end{pmatrix}e(t)$$

(2)　將電路圖轉為域的電路圖，利用「網目電流法」列出下列方程式：

$$\begin{pmatrix} R_1+sL_1+\dfrac{1}{sC} & -\dfrac{1}{sC} \\ -\dfrac{1}{sC} & R_2+sL_2+\dfrac{1}{sC} \end{pmatrix}\begin{pmatrix} I_1(s) \\ I_2(s) \end{pmatrix}=\begin{pmatrix} E(s) \\ 0 \end{pmatrix}$$

，利用「Cramer Rule」

解得 $I_1(s)=\dfrac{\begin{vmatrix} E(s) & -\dfrac{1}{sC} \\ 0 & R_2+sL_2+\dfrac{1}{sC} \end{vmatrix}}{\Delta}=\dfrac{R_2+sL_2+\dfrac{1}{sC}}{\Delta}E(s)$，

及 $I_2(s)=\dfrac{\begin{vmatrix} R_2+sL_2+\dfrac{1}{sC} & E(s) \\ -\dfrac{1}{sC} & 0 \end{vmatrix}}{\Delta}=\dfrac{\dfrac{1}{sC}}{\Delta}E(s)$，

（其中 $\Delta=\begin{vmatrix} R_1+sL_1+\dfrac{1}{sC} & -\dfrac{1}{sC} \\ -\dfrac{1}{sC} & R_2+sL_2+\dfrac{1}{sC} \end{vmatrix}$），故轉移函數

$$\frac{I_1(s)}{E(s)}=\frac{CL_2s^2+CR_2s+1}{\Delta} \text{ and } \frac{I_2(s)}{E(s)}=\frac{1}{\Delta}$$

第十二章　數位控制系統

12-1 數位控制系統概述與 Z-轉換

焦點 1　數位控制系統與 Z-轉換相關概念。

考試比重：★★☆☆☆　　　　**考題形式：**觀念及數學運算題為主

關鍵要訣

1. 無論是第九章之前所介紹的「古典控制」或是第十章所介紹的「現代控制」，皆是屬於「連續時間」（continuous time）的控制系統，本章節所介紹的「數位控制系統」則主要以**「離散時間」**（discrete time）來描述實際的控制系統，通常利用「數位控制器」（digital controller），一般而言，其有以下幾點優點：
   (1) **成本較低**。
   (2) **維護或設計較有彈性**。
   (3) **具有雜訊免疫力**。

2. 典型的數位控制系統，可以下圖 12-1 來表示，其中連續時間系統的輸入訊號 r(t)與感測器 H(t)的回授信號 b(t)經過比較後，再經由「取樣器」（sampler）T「取樣進入」數位控制器（digital controller）$D_c(z)$，再經由「零階保持器」（zero-order hold）Z.O.H.將離散時間訊號重建為連續時間訊號，以驅動「受控廠」（plant $G_p(s)$）。

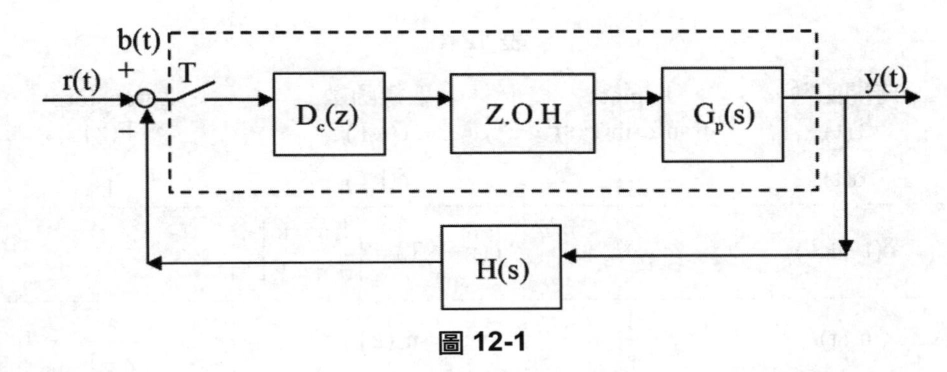

圖 12-1

3. z-轉換的定義：z-轉換（z-transform）是分析「離散時間系統」的數學工具，其地位如同「連續時間系統」的拉式轉換（Laplace transform）。

(1) 設爲連續時間函數，f(kT) 爲取樣時間函數，亦即 f(t) 在時間 t = kT 的取樣值（sample data），其中 T 爲取樣時間（sampling time），$k = 0,1,2,.....,\infty$，

則取樣訊號 $f^*(t)$ 定義爲：$f^*(t)=\sum_{k=0}^{\infty} f(kT)\delta(t-kT)$，對上式取「拉式轉換」

$\Rightarrow F^*(s)=\sum_{k=0}^{\infty} f(kT)e^{-kTs}$，令 $z=e^{Ts}$，則 $F^*(s)_{z=e^{Ts}}=\sum_{k=0}^{\infty} f(kT)e^{-kTs}=\sum_{k=0}^{\infty} f(kT)z^{-k}$，

因此 f(t) 的 z-轉換定義爲「$\mathbb{Z}[f(t)]=\mathbb{Z}[f^*(t)]=F(z)=\sum_{k=0}^{\infty} f(kT)z^{-k}$，$|z|>\sigma$」，

其中 σ 爲的收斂範圍。

溫故知新

茲列「拉式轉換」與「z 轉換」之快速查表如下，其中 F(s)與 F(z)可互通：（如底下「例題 11」）。

表 12-1

時間函數 $f(t)$	Laplace tranform $F(s)$	取樣函數 $f(kT)$	Z transform $F(z)$
$\delta(t)$	1	$\delta(kT)$	1
$\delta(t-kT)$	e^{-kTs}	$\delta(n-kT)=\begin{Bmatrix}1, n=k\\0, n\neq k\end{Bmatrix}$	z^{-k}
$u_s(t)$	$\frac{1}{s}$	$u_s(kT)$	$\frac{z}{z-1}$
t	$\frac{1}{s^2}$	kT	$\frac{Tz}{(z-1)^2}$
e^{-at}	$\frac{1}{s+a}$	e^{-akT}	$\frac{z}{z-e^{-aT}}$
te^{-at}	$\frac{1}{(s+a)^2}$	kTe^{-akT}	$\frac{Tze^{-aT}}{(z-e^{-aT})^2}$
$\sin\omega t$	$\frac{\omega}{s^2+\omega^2}$	$\sin\omega kT$	$\frac{z\sin\omega T}{z^2-2z\cos\omega T+1}$
$\cos\omega t$	$\frac{s}{s^2+\omega^2}$	$\cos\omega kT$	$\frac{z(z-\cos\omega T)}{z^2-2z\cos\omega T+1}$
		a^k	$\frac{z}{z-a}$
		$a^k\cos k\pi$	$\frac{z}{z+a}$

4. **基本函數的 z-轉換：**

定義離散時間「單位脈衝函數 $\delta(k)$」$\Rightarrow \delta(kT)=\begin{Bmatrix}1, k=0\\0, k>0\end{Bmatrix}(T=1)$

(1) $\mathbb{Z}[\delta(k)]=1$

(2) $\mathbb{Z}[u_s(t)]=\frac{z}{z-1}$

(3) $\mathbb{Z}[e^{-at}]=\frac{z}{z-e^{-aT}}$ 【推導見「例題 7」】

(4) $\mathbb{Z}[t]=\frac{Tz}{(z-1)^2}$

(5) $\mathbb{Z}[a^k]=\frac{z}{z-a}$

(6) $\mathbb{Z}[\sin \omega t]=\dfrac{z\sin \omega T}{z^2-2z\cos \omega T+1}$ 【推導見「例題 7」】

5. **z-轉換的基本性質：**

(1) 線性分配性質：$\mathbb{Z}[\alpha_1 f_1(t)+\alpha_2 f_2(t)]=\alpha_1 F_1(z)+\alpha_2 F_2(z)$

(2) 週期性質：$\mathbb{Z}[f(t+nT)]=z^n\left(F(z)-\sum_{k=0}^{\infty} f(kT)z^{-k}\right), n>0$

(3) 單位步階周期性質：$\mathbb{Z}[f(t+nT)u_s(t-nT)]=z^{-n}F(z), n>0$

(4) 延遲性質：$\mathbb{Z}[e^{-at}f(t)]=F(e^{aT}z)$

(5) 微分性質：$\mathbb{Z}[tf(t)]=-Tz\dfrac{d}{dz}F(z)$

(6) 偏微分性質：$\mathbb{Z}[\dfrac{\partial}{\partial a}f(t,a)]=\dfrac{\partial}{\partial a}F(z,a)$

6. **初值定理（Initial value Theorem）：**定義 $f(0)=\lim\limits_{z\to\infty}F(z)$

7. **終值定理（Final value Theorem）：**須先確認 $(z-1)F(z)$ 的所有極點都落在單位圓 $|z|=1$ 內（且不包含單位圓 $|z|=1$ 上）始為「穩定系統」，如此才有「終值」，並定義 $f(\infty)=\lim\limits_{z\to 1}(z-1)F(z)$

老師的話

(1) 此「數位控制」z-domain 的初值、終值定理相當重要，可與「古典控制」s-domain 的初值定理：$f(0)=\lim\limits_{s\to\infty}F(s)$，終值定理：$f(\infty)=\lim\limits_{s\to 0}sF(s)$ 做比較。

(2) 「數位控制」終值定理的存在條件為「$(z-1)F(z)$ 的所有極點都落在單位圓 $|z|=1$ 內（且不包含單位圓上）」，古典控制終值定理存在的條件為「$sF(s)$ 的所有極點都落在 s 平面左半面」。

8. **反 z-轉換（inverse z-transform）：**

(1) z-轉換只能處理「離散資料」，而反 z-轉換則為「取樣時間函數 $f(kT)$」的數列資料，並不是連續函數 $f(t)$；求解「反 Z 轉換」常利用的方法有下列兩種。

(2) 冪級數法（Power series method）：以長除法將 $f(z)$ 表示為

$F(z)=f(0)+f(1)z^{-1}+f(2)z^{-2}+\ldots\ldots$，此適用於求解 $f(k)$ 或 $f(kT)$ 的前幾項。

(3) 部分分式法：將 $\frac{F(z)}{z}$ 進行部分分式展開，再乘回 z 得到 f(z)，逐次對各項作反 z 轉換，並求得 f(k) 或 f(kT)，一般解題均使用此法；如：

$$\frac{F(z)}{z}=\frac{A_1}{z-a}+\frac{A_2}{(z-a)^2}+\frac{A_3}{(z-a)^3}+.....+\frac{B}{z-b}+....$$

$$\Rightarrow F(z)=\frac{A_1z}{z-a}+\frac{A_2z}{(z-a)^2}+\frac{A_3z}{(z-a)^3}+.....+\frac{Bz}{z-b}+....$$

$$\mathbb{Z}^{-1}\Rightarrow f(k)=A_1a^k+A_2a^{k-1}+\frac{A_3k(k-1)}{2!}a^{k-2}+...+Bb^k+...$$

(4) 若取樣時間 T 無特別指定，則一般將之定義為 T = 1。

例題 1

在數位控制系統我們使用了 z 轉換。有關 z 轉換，下列敘述何者錯誤？
(A) z 轉換僅是數學工具，它是被用來簡化離散（discrete）函數的運算
(B) z 轉換無法反求原離散函數（非對應的連續函數）
(C) 對取樣時刻的函數值，z 轉換是可確定對應的
(D) 不同連續函數，只要取樣時刻的函數值完全相同，就可得到一樣的 z 轉換
(E) z 轉換類似拉氏轉換，可執行控制系統轉移函數堆疊（cascade）等計算。【95 國營事業職員】

解　此題(A)、(C)、(D)、(E)為正確，(B)應改為「z 轉換可反求原離散函數，但無法反求原對應的連續函數」。

例題 2

(1) **某個數位控制系統輸入 $f^*(t)$，其 z 轉換函數**

$F(z)=\frac{0.814z^2}{(z-1)(z^2-0.382z+0.196)}$，**其初始值 $f(0)=$？**　(A)0.814　(B)1.0　(C)−1.0　(D)1.628　(E)0。

(2) **承上題，其最終值 $f(\infty)=$？**　(A)0.814　(B)1.0　(C)−1.0　(D)1.628　(E)0。【95 國營事業職員】

解 (1) 由「初值定理」：$f(0)=\lim_{z\to\infty}F(z)=\lim_{z\to\infty}\frac{0.814z^2}{(z-1)(z^2-0.382z+0.196)}=0$，故選(E)。

(2) 須先確認$(z-1)F(z)$的所有極點都落在單位圓$|z|=1$內（且不包含單位圓上），故$\Delta(z)=z^2-0.382z+0.196=0\Rightarrow z_{1,2}=0.19\pm j0.4$，都在單位圓$|z|=1$內，由「終值定理」定義

$$f(\infty)=\lim_{z\to 1}(z-1)F(z)=\lim_{z\to 1}\frac{0.814z^2}{z^2-0.382z+0.196}=1$$，故選(B)。

例題 3

(1) 某控制系統的輸入信號$f(t)$且$f(t)=\begin{cases}0 & t<0\\ e^{-at} & t\ge 0\end{cases}$，其中$a>0$。今將其數位化且取樣頻率為T，則其拉氏轉移函數$F^*(t)=$？

(A)$\frac{1}{1+e^{-(s+a)^T}}$　(B)$\frac{1}{1-e^{-(s+a)^T}}$　(C)$\frac{1}{1+e^{-(s-a)^T}}$　(D)$\frac{1}{1-e^{-(s-a)^T}}$

(E)$\frac{e^{-(s+a)^T}}{1+e^{-(s+a)^T}}$。

(2) 承上題，假設$z=e^{Ts}$並將其作另一轉換（我們稱作z轉換）成$F(z)$，則$F(z)=$？ (A)$\frac{z}{z-e^{-aT}}$　(B)$\frac{z}{z+e^{-aT}}$　(C)$\frac{z}{z+e^{aT}}$　(D)$\frac{z}{z-e^{aT}}$　(E)$\frac{e^{-aT}}{z+e^{aT}}$。**【95國營事業職員】**

解 (1) $f^*(t)=\sum_{k=0}^{\infty}f(kT)\delta(t-kT)$，對上式取「拉式轉換」，

$$F^*(s)=\sum_{k=0}^{\infty}f(kT)e^{-kTs}=\sum_{k=0}^{\infty}e^{-akT}e^{-kTs}=1+e^{-aT}e^{-Ts}+(e^{-aT}e^{-Ts})^2+.....$$

$$=\frac{1}{1-(e^{-aT}e^{-Ts})}=\frac{1}{1-e^{-(s+a)T}}$$，因此選(B)。

(2) 令$z=e^{Ts}$，則$F(z)=F^*(s)_{z=e^{Ts}}=\sum_{k=0}^{\infty}e^{-akT}z^{-k}=1+e^{-aT}z^{-1}+(e^{-aT}z^{-1})^2+.....$

$$=\frac{1}{1-(e^{-aT}z^{-1})}=\frac{z}{z-e^{-aT}}$$，故選(A)。

例題 4

(1) 從 z 轉換表中知 $\frac{z}{z-1}$ 與 $\frac{z}{z-a}$ 分別為 u(t)、a^k 的 z 轉換，若 $F(z)=\frac{0.9z}{(z-1)(z-0.1)}$，則 $f^*(t)=$？ (A) $1-0.1^n$ (B) $1-0.9^n$ (C) $1+0.1^n$ (D) $1+0.9^n$ (E) $1-0.01^n$。

(2) 有一數位（離散）控制系統之輸出與輸入間之轉移函數為 $D(z)=\frac{4z}{(z-0.2)(z-0.5)}$，當輸入為單位步級數列（Unit-step sequence），則其輸出之穩態響應為何？ (A)5 (B)2 (C)1 (D)10 (E)0。**【95 國營事業職員】**

解 (1) 利用反 Z 轉換的「部分分式法」：

$$\frac{F(z)}{z}=\frac{0.9}{(z-1)(z-0.1)}=\frac{1}{z-1}-\frac{1}{z-0.1}\Rightarrow F(z)=\frac{z}{z-1}-\frac{z}{z-0.1}\Rightarrow \mathbb{Z}^{-1}$$

$\Rightarrow f^*(t)=1-(0.1)^n$，故選(A)。

(2) 輸入 r(t)為單位步階的 z 轉換為 $R(z)=\frac{z}{z-1}$，轉移函數

$D(z)=\frac{Y(z)}{R(z)}=\frac{4z}{(z-0.2)(z-0.5)}$，故輸出為

$Y(z)=\frac{4z^2}{(z-0.2)(z-0.5)(z-1)}$，又因為 $(z-1)Y(z)$ 的極點 $z_1=0.2$，$z_2=0.5$ 都在單位圓 $|z|=1$ 內，故系統為「穩定」，應用終值定理，其「穩態響應」為 $y(\infty)=\lim_{z\to1}(z-1)Y(z)=\lim_{z\to1}\frac{4z}{(z-0.2)(z-0.5)}=10$

例題 5

Z 轉換是分析離散時間（Discrete time）系統有力的數學工具，其中常用的 Z 轉換性質包括： (A)**線性性質** (B)**實數平移** (C)**複數微分** (D)**初值定理** (E)**終值定理。【95 國營事業職員】**

解 反 Z 轉換的基本性質有(A)、(B)、(D)、(E)。

例題 6

試求 $f(t)=te^{-at}$，$t\geq 0$ 的 Z 轉換($a=\text{const.}$)？【94 技師檢覈】

解　【解一】

由 z-轉換的基本性質之(5)微分性質：$\mathbb{Z}[tf(t)]=-Tz\dfrac{d}{dz}F(z)$，

可知 $F(z)=\dfrac{z}{z-e^{-aT}}\Rightarrow\dfrac{d}{dz}(\dfrac{z}{z-e^{-aT}})=\dfrac{-e^{-aT}}{(z-e^{-aT})^2}$

$\Rightarrow\mathbb{Z}[tf(t)]=-Tz(\dfrac{-e^{-aT}}{(z-e^{-aT})^2})=\dfrac{Tze^{-aT}}{(z-e^{-aT})^2}$

【解二】

由定義並 Let：$\sum_{k=0}^{\infty}kTe^{-akT}z^{-k}=f^*(t)$，展開 $f^*(t)$ 如下：

$f^*(t)=Te^{-aT}z^{-1}+2Te^{-2aT}z^{-2}+3Te^{-3aT}z^{-3}+.....+.....$…①，同式左邊乘 $e^{-aT}z^{-1}$，

得 $e^{-aT}z^{-1}f^*(t)=Te^{-2aT}z^{-2}+2Te^{-3aT}z^{-3}+3Te^{-4aT}z^{-4}+.....+.....$…②

①－②得

$(1-e^{-aT}z^{-1})f^*(t)=T[e^{-aT}z^{-1}+(e^{-aT}z^{-1})^2+(e^{-aT}z^{-1})^3+.....]=\dfrac{Te^{-aT}z^{-1}}{1-e^{-aT}z^{-1}}$

$\Rightarrow f^*(t)=\dfrac{Tze^{-aT}}{(z-e^{-aT})^2}$

例題 7

已知 Z 轉換的定義如下：$\mathbb{Z}[x(t)]=\sum_{k=0}^{\infty}x(kT)z^{-1}$，試求

(1) $\mathbb{Z}[e^{-at}]=$？　　(2) $\mathbb{Z}[\sin\omega t]=$？

解　(1) $\mathbb{Z}[e^{-at}]=\sum_{k=0}^{\infty}e^{-akT}z^{-k}=1+e^{-aT}z^{-1}+(e^{-aT}z^{-1})^2+......=\dfrac{1}{1-e^{-aT}z^{-1}}=\dfrac{z}{z-e^{-aT}}$

(2) $\mathbb{Z}[\sin\omega t]=\sum_{k=0}^{\infty}\sin\omega kTz^{-k}=0+\sin\omega Tz^{-1}+\sin 2\omega Tz^{-2}+......=?$

無法繼續下去，故須先做尤拉公式轉換如下：

$$\mathbb{Z}[\sin\omega t]=\mathbb{Z}[\frac{e^{j\omega t}-e^{-j\omega t}}{2j}]=\frac{1}{2j}[\frac{z}{z-e^{j\omega T}}-\frac{z}{z-e^{-j\omega T}}]$$

$$=\frac{1}{2j}[\frac{z(e^{j\omega T}-e^{-j\omega T})}{z^2-(e^{j\omega T}+e^{-j\omega T})z+1}]$$

$$\Rightarrow\frac{z(e^{j\omega T}-e^{-j\omega T})}{2j}\frac{1}{z^2-2\frac{(e^{j\omega T}+e^{-j\omega T})}{2}z+1}=\frac{z\sin\omega T}{z^2-2z\cos\omega T+1}$$

12-2　離散時間系統

焦點 2　離散時間系統的模型介紹。

考試比重：★☆☆☆☆

考題形式：計算題為主，但截至目前尚未見考題

關鍵要訣

1. 在控制系統中，若是「受控廠」（plant）與「控制器」（controller）均爲離散資料狀態，則稱此系統爲「離散資料系統」（discrete-data system）；但若「受控廠」（plant）爲連續時間系統，只有「控制器」（controller）爲離散化的數位控制器狀態，則稱此系統爲**「取樣散資料系統」（sampled-data system）**。

2. 離散資料系統的數學模式：

   (1) 在古典控制系統中，連續時間系統的物理特性是由「微分方程式」（deviation equation）所組成，但在離散資料系統中則是由「差分方程式」（difference equation）所組成。

(2) 考慮一個三階的微分方程：$y''' + a_1 y'' + a_2 y' + a_3 y = b_0 u'' + b_1 u' + b_2 u$，則相對應的三階差分方程式爲
$y(k) + a_1 y(k-1) + a_2 y(k-2) + a_3 y(k-3) = b_0 u(k) + b_1 u(k-1) + b_2 u(k-2)$，若對上式作時序的平移，則得
$y(k+3) + a_1 y(k+2) + a_2 y(k+1) + a_3 y(k) = b_0 u(k+2) + b_1 u(k+1) + b_2 u(k)$

3. 離散資料系統的**「轉移函數」**描述：根據 z 轉換的基本性質(3)：
$\mathbb{Z}[f(t+nT)u_s(t-nT)] = z^{-n}F(z), n>0$，假設省略 T，令 $k<0$ 時，$y(k)=u(k)=0$，且 $\mathbb{Z}[y(k)] = Y(z), \mathbb{Z}[u(k)] = U(z)$，對
$y(k) + a_1 y(k-1) + a_2 y(k-2) + a_3 y(k-3) = b_0 u(k) + b_1 u(k-1) + b_2 u(k-2)$ 式取 z 轉換 $\Rightarrow Y(z) + a_1 z^2 Y(z) + a_2 z Y(z) + a_3 Y(z) = b_0 z^2 U(z) + b_1 z U(z) + b_2 U(z)$
因此，離散資料的「轉移函數」可表示爲 $G(z) = \dfrac{Y(z)}{U(z)} = \dfrac{b_0 z^2 + b_1 z + b_2}{z^3 + a_1 z^2 + a_2 z + a_3}$

注意　連續時間系統轉移函數的分母階數必須大於分子階數，但離散時間系統轉移函數的分母階數可以大於或等於分子階數。

4. 離散資料系統的**「動態方程式」**描述：
(1) 考慮一個三階的差分方程式爲 $y(k+3) + a_1 y(k+2) + a_2 y(k+1) + a_3 y(k) = u(k)$，由於離散資料系統之「動態方程式」的描述方式與連續系統「動態方程式」的描述方式類似，故可將離散資料系統的差分方程式轉化爲可控制典型式；其中最大的不同點在於連續系統的動態方程式描述方式是使用「積分器 $\dfrac{1}{s}$」，而離散資料系統的動態方程式描述方式是使用「延遲器 $\dfrac{1}{z}$」。
(2) 離散資料系統之「可控制典型式」分解法，係先定義狀態變數 $x_1(k) = y(k)$、$x_2(k) = y(k+1)$、$x_3(k) = y(k+2)$ 則因爲
$y(k+3) + a_1 y(k+2) + a_2 y(k+1) + a_3 y(k) = u(k)$，且

$$\left\{\begin{array}{c} x_1(k+1) = y(k+1) = x_2(k) \\ x_2(k+1) = y(k+2) = x_3(k) \\ x_3(k+1) = y(k+3) = -a_3 x_1(k) - a_2 x_2(k) - a_1 x_3(k) + u(k) \\ y(k) = x_1(k) \end{array}\right\}$$

，整理後可得

$$\begin{pmatrix} x_1(k+1) \\ x_2(k+1) \\ x_3(k+1) \end{pmatrix} = \begin{pmatrix} 0 & 1 & 0 \\ 0 & 0 & 1 \\ -a_3 & -a_2 & -a_1 \end{pmatrix} \begin{pmatrix} x_1(k) \\ x_2(k) \\ x_3(k) \end{pmatrix} + \begin{pmatrix} 0 \\ 0 \\ 1 \end{pmatrix} u(k) \text{ and } y(k) = \begin{pmatrix} 1 & 0 & 0 \end{pmatrix} \begin{pmatrix} x_1(k) \\ x_2(k) \\ x_3(k) \end{pmatrix}$$

老師的話

由上述之分析可以發現，離散資料系統與連續資料系統的數學模式有很多相似之處，因此，給定一差分方程式，求解其「轉移函數」或「動態方程式」，均可使用如第十章之觀念解題，如下重點：

(1) 探討其「穩定性」：令 $\det(zI-A)=0$，得系統的 z 特性根是否在單位圓 $|z|=1$ 內。

(2) 探討其「可控制性」：令 $Q_C = \begin{pmatrix} B & AB & A^2B \end{pmatrix}$，且 $\det Q_C \neq 0$，始具可控制性。

(3) 探討其「可觀察性」：令 $Q_o = \begin{pmatrix} C \\ CA \\ CA^2 \end{pmatrix}$，且 $\det Q_O \neq 0$，始具可觀察性。

(4) 已知「系統矩陣 A」、「輸入矩陣 B」、「輸出矩陣 C」，則其轉移函數為「$G(z)=C(zI-A)^{-1}B$」。

例題 8

一離散時間系統統的差分方程式為 $y(k+2)=y(k)+u(k+2)+4u(k+1)+u(k)$

試求：

(1) 系統的轉移函數？

(2) 將此轉移函數表示成「可控制典型式」？

(3) 試問此系統是否穩定？可控制？可觀察？

解 (1) 對此系統的差分方程式 $y(k+2)=y(k)+u(k+2)+4u(k+1)+u(k)$ 作 z 轉換得

$$z^2Y(z)=Y(z)+z^2U(z)+4zU(z)+U(z) \Rightarrow G(z)=\frac{Y(z)}{U(z)}=\frac{z^2+4z+1}{z^2-1}$$

(2) 由$G(z)=\dfrac{Y(z)}{U(z)}=\dfrac{z^2+4z+1}{z^2-1}=1+\dfrac{4z+2}{z^2-1}$，定義狀態變數$x_1(k)=y(k)$、$x_2(k)=y(k+1)$，則由可控制典型式速代法得

$$\begin{pmatrix}x_1(k+1)\\x_2(k+1)\end{pmatrix}=\begin{pmatrix}0&1\\1&0\end{pmatrix}\begin{pmatrix}x_1(k)\\x_2(k)\end{pmatrix}+\begin{pmatrix}0\\1\end{pmatrix}u(k)$$，及

$$y(k)=\begin{pmatrix}2&4\end{pmatrix}\begin{pmatrix}x_1(k)\\x_2(k)\end{pmatrix}+u(k)$$。

(3)

A. 令$A=\begin{pmatrix}0&1\\1&0\end{pmatrix}$、$B=\begin{pmatrix}0\\1\end{pmatrix}$、$C=\begin{pmatrix}2&4\end{pmatrix}$、$D=1$，則穩定性之判定由

$\det(zI-A)=\begin{pmatrix}z&-1\\-1&z\end{pmatrix}=0\Rightarrow z^2=1\Rightarrow z=\pm1$，因為系統的特性根在單位圓上，故系統不穩定。

B. 可控制矩陣$Q_C=(B\quad AB)=\begin{pmatrix}0&1\\1&0\end{pmatrix}\Rightarrow \det Q_C\neq0\Rightarrow$故系統可控制。

C. 可觀察矩陣$Q_O=\begin{pmatrix}C\\CA\end{pmatrix}=\begin{pmatrix}2&4\\4&2\end{pmatrix}\Rightarrow \det Q_C\neq0\Rightarrow$故系統可觀察。

例題 9

一離散時間系統的動態方程式為$\begin{pmatrix}x_1(k+1)\\x_2(k+1)\end{pmatrix}=\begin{pmatrix}1&1\\2&0\end{pmatrix}\begin{pmatrix}x_1(k)\\x_2(k)\end{pmatrix}+\begin{pmatrix}0\\1\end{pmatrix}u(k)$，及$y(k)=\begin{pmatrix}1&0\end{pmatrix}\begin{pmatrix}x_1(k)\\x_2(k)\end{pmatrix}$，輸入$r(k)=u(k)-u(k-2)$，$u(k)$是單位步階函數，已知$x_1(0)=0$、$x_2(0)=0$，求$y(k)=$？

解　由動態方程式知道$A=\begin{pmatrix}1&1\\2&0\end{pmatrix}$、$B=\begin{pmatrix}0\\1\end{pmatrix}$、$C=\begin{pmatrix}1&0\end{pmatrix}$，且已知$x_1(0)=0$、$x_2(0)=0$，則此系統之「轉移函數」為

$$G(z)=\frac{Y(z)}{U(z)}=C(zI-A)^{-1}B=\begin{pmatrix}1&0\end{pmatrix}\begin{pmatrix}z-1&-1\\-2&z\end{pmatrix}^{-1}\begin{pmatrix}0\\1\end{pmatrix}=\frac{1}{z^2-z-2}$$

輸入 $r(k)=u(k)-u(k-2)$，作 z 轉換 $\Rightarrow R(z)=\frac{z}{z-1}-z^{-2}\frac{z}{z-1}=\frac{z+1}{z}$，

所以輸出為：

$$Y(z)=\frac{1}{z^2-z-2}\frac{z+1}{z}=\frac{1}{z(z-2)}\Rightarrow\frac{Y(z)}{z}=\frac{1}{z^2(z-2)}=\frac{-1/4}{z}+\frac{-1/2}{z^2}+\frac{1/4}{z-2}$$

$$\Rightarrow Y(z)=-\frac{1}{4}-\frac{1}{2z}+\frac{\frac{1}{4}z}{z-2}\Rightarrow\mathbb{Z}^{-1}\Rightarrow y(k)=-\frac{1}{4}\delta(t)-\frac{1}{2}\delta(t-1)+\frac{1}{4}(2)^k，$$

$k\geq 1$。

12-3 取樣資料控制系統及其穩定性

焦點 3　**取樣資料系統及其穩定性的討論。**

考試比重：★★★☆☆　　**考題形式：**計算題為主

關鍵要訣

1. 取樣資料系統的數學模型：在取樣資料控制系統中，其開迴路結構與閉迴路結構的方塊圖如下圖 12-2,12-3 所示，其中：
   (1) 取樣器（Sampler）：可使用 A/D 轉換器（analog-to-digital converter）來取代，取樣器是每隔 T 秒取樣一次，T 即稱爲「取樣時間」或「取樣週期」，而 $\frac{1}{T}$ 稱爲**「取樣頻率」**（或稱之爲「取樣率」（sampling rate））。
   (2) 數位控制器（digital controller，$D_c(z)$）：數位控制器的設計是以**「差分方程式」**來表示。
   (3) 零階保持器（zero-order hold-Z.O.H.）：可使用 D/A 轉換器（digital-to-analog converter）來取代，Z.O.H.的功能是將離散訊號重建爲連續訊號，且須注意並牢記 Z.O.H.在 s-domain 的轉移函數爲 $\frac{1-e^{-Ts}}{s}$。

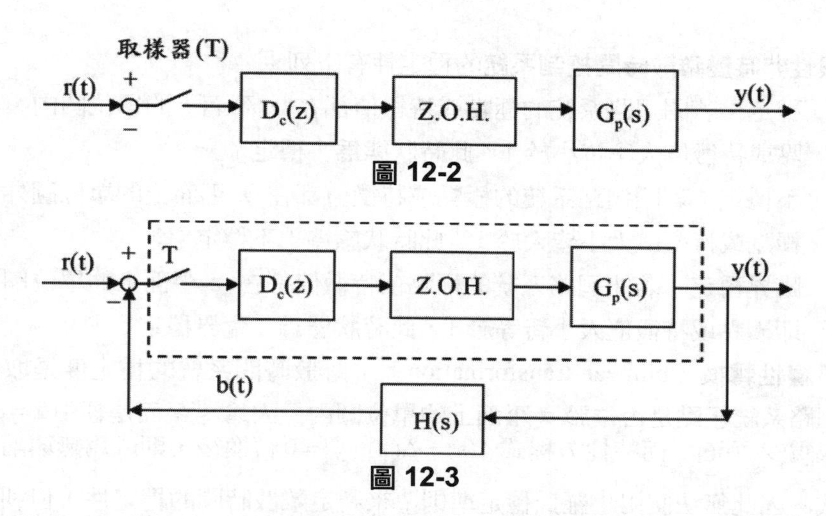

圖 12-2

圖 12-3

2. 取樣時間的選擇：若控制系統中同時存在「連續時間訊號」與「離散時間訊號」，則稱之為「取樣資料系統」，而取樣時間可以下列原則來選擇：
   (1) 依據「取樣理論」，取樣頻率 f_s 必須大於系統內最高頻率 f_{max} 的兩倍，所以 $f_s = \frac{1}{T} > 2f_{max}$，而最小的取樣頻率則稱之為**「奈氏取樣率」**（Nyquist sampling rate）。
   (2) 實際應用上，取樣頻率通常大於 10 倍的「閉迴路系統頻寬」（Band-Width）。
   (3) 取樣時間小於 $\frac{1}{4}$ 倍的「閉迴路系統的步階響應上升時間」$\Rightarrow T < \frac{1}{4}t_r$。
   (4) 數位控制器計算時間以及執行時間必須小於取樣時間。

3. 離散時間系統的**穩定性關係**：
   (1) s 平面與 z 平面的相對關係：因為在 s 平面與 z 平面的轉換為 $z = e^{Ts}$，T 為取樣時間，所以離散時間系統與連續時間系統的穩定度是相對的，並且有以下的對應關係：
      A. s 平面上的虛軸對應於 z 平面上的單位圓。
      B. s 平面上的左半平面對應於 z 平面上的單位圓內。
      C. s 平面上的右半平面對應於 z 平面上的單位圓外。

(2) **線性非時變離散時間控制系統**的穩定性有下列：

A. 穩定：若閉迴路系統的極點或特徵值都在 z 平面上的單位圓內，亦即極點或特徵值大小皆小於 1，此時狀態為「穩定」。

B. 不穩定：若閉迴路系統的極點或特徵值都在 z 平面上的單位圓外，亦即極點或特徵值大小皆大於 1，此時狀態為「不穩定」。

C. 臨界穩定：若閉迴路系統的極點或特徵值都在 z 平面上的單位圓上，亦即極點或特徵值大小皆等於 1，此時狀態為「臨界穩定」。

(3) **雙線性轉換**（bilinear transformation）：離散時間系統的穩定度是取決於閉迴路系統極點是否位於 z 平面上的單位圓內，因為 s 平面是經由 $z=e^{Ts}$ 轉換成為 z 平面，而特性方程式 $\Delta(s)=\Delta(z)_{z=e^{Ts}}=0$ 轉換後，則成為無窮階的方程式，因此無法使用「羅氏穩定準則」來判定離散時間的穩定性，但利用「雙線性轉換」，則可以將 z 平面上的單位圓內部映射到 s 平面的左半平面，即令 $z=\dfrac{1+s}{1-s}$，代入原 z 轉換方程式中，使成為 s-domain 的方程式，再使用「羅氏穩定準則」來判定離散時間系統的穩定性。（見例題 15）

(4) **Jury 穩定準則：**在離散時間系統中，關於穩定度判斷有一種直接判斷的方法稱為「Jury Test」，以下列離散時間系統為例，若閉迴路特性方程式為 $\Delta(z)=z^n+a_1z^{n-1}+.......+a_n=0$，則系統穩定的條件為 $\Delta(z)_{z=1}=\Delta(1)>0$，$(-1)^n\Delta(z)_{z=-1}=(-1)^n\Delta(-1)>0$，$|a_n|<1$；或利用「雙線性轉換」來做穩定度的判定。（見例題 10）

例題 10

(1) 何謂 Nyquist 取樣率？

(2) 離散時間系統特性方程式已知如下，請利用 Jury 穩定準則來判斷系統的穩定性為何？須說明原因。

$\Delta(Z)=Z^3+2.7Z^2+2.26Z+0.6=0$ **【96 國營事業職員】**

解 (1) 依據「取樣理論」，取樣頻率 f_s 必須大於系統內最高頻率 f_{max} 的兩倍，以避免系統失真（distortion），所以 $f_s=\dfrac{1}{T}>2f_{max}$，而最小的取樣頻率則稱之為「奈氏取樣率」（Nyquist sampling rate）。

(2) 由「Jury Test」作穩定度之判定，因為系統穩定的條件為
$\Delta(z)_{z=1}=\Delta(1)=6.56>0$，$|0.6|<1$，
但本題 $(-1)^3\Delta(z)_{z=-1}=-\Delta(-1)=-0.04<0$，故此系統為不穩
【以「雙線性轉換」驗算如下】
令 $z=\dfrac{1+s}{1-s}$，代入原 z 轉換方程式中
$\Rightarrow \Delta(s)=(1+s)^3+2.7(1+s)^2(1-s)+2.26(1+s)(1-s)^2+0.6(1-s)^3=0$
$\Rightarrow \Delta(s)=1.16s^3-3.76s^2+5.24s+5.36=0$
因特性方程式有變號，故由羅斯穩定準則判定為「不穩定」。

例題 11

已知一離散系統（discrete-time system）如圖所示。

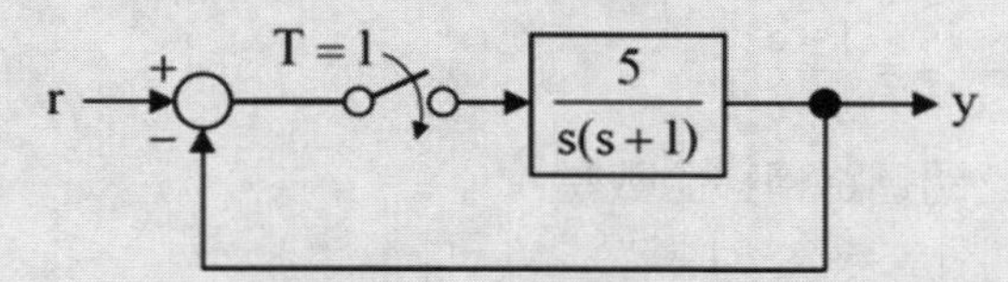

(1) **試求** $\dfrac{y(Z)}{r(Z)}$。　　(2) **判別此系統之穩定性。**

提示： $e^{-1}=0.368$，$Z[u(t)]=\dfrac{Z}{Z-1}$，$Z[e^{-at}]=\dfrac{Z}{Z-e^{-aT}}$，u(t) **表單位步階函數**（unit Step function）【96 國營事業職員】

解

(1) $Z[\dfrac{5}{s(s+1)}]=Z[\dfrac{5}{s}-\dfrac{5}{s+1}]=\dfrac{5z}{z-1}-5\dfrac{z}{z-e^{-1}}=\dfrac{3.16z}{(z-1)(z-0.368)}$

$$\Rightarrow \frac{Y(z)}{R(z)}=\frac{Z[\frac{5}{s(s+1)}]}{1+Z[\frac{5}{s(s+1)}]}=\frac{3.16z}{(z-1)(z-0.368)+3.16z}=\frac{3.16z}{z^2+1.792z+0.368}$$

(2) 特性方程式 $\Delta(z)=z^2+1.792z+0.368=0$，解得特性根為
$z_{1,2}=-0.896\pm j0.599$，均在單位圓 $|z|=1$ 內，故系統穩定。

例題 12

考慮一個抽樣數據系統（sampled-data system）如下所示：

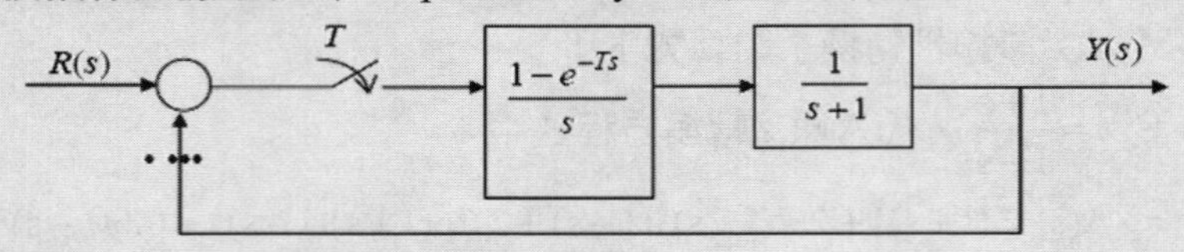

(1) **寫出順向路徑在 z 領域的轉移函數。**

(2) **找出讓此系統穩定的 T 範圍。**【97 高考二級】

解 (1) 順向路徑轉移函數即「開迴路轉移函數」，令其為 G(z)，

則 $G(z)=Z[(1-e^{-Ts})(\frac{1}{s(s+1)})]=(1-z^{-1})Z[\frac{1}{s}+\frac{-1}{s+1}]=(\frac{z-1}{z})(\frac{z}{z-1}-\frac{z}{z-e^{-T}})$

$=1-\frac{z-1}{z-e^{-T}}=\frac{1-e^{-T}}{z-e^{-T}}$

(2) 此系統之閉迴路轉移函數為

$$G_c(z)=\frac{G(z)}{1+G(z)}=\frac{\frac{1-e^{-T}}{z-e^{-T}}}{1+\frac{1-e^{-T}}{z-e^{-T}}}=\frac{1-e^{-T}}{z+1-2e^{-T}}\Rightarrow \Delta(z)=z+(1-2e^{-T})=0$$，

z 的特性根必須在單位圓內，則

$$\left|2e^{-T}-1\right|<1\Rightarrow -1<\frac{2}{e^{T}}-1<1\Rightarrow 0<\frac{2}{e^{T}}<2\Rightarrow 0<T<\infty$$

例題 13

(1) **在數位控制系統（非連續），若取樣頻率定在頻譜圖振幅降至最大值的 5%，則連續信號 $f(t)=e^{-t}$ 之取樣頻率為下列何值？** (A)20 rad/s (B)40 rad/s (C)25 rad/s (D)30 rad/s (E)10 rad/s。

(2) **於數位控制中，取樣頻度須根據取樣定理設定，因此一般取樣頻率須是被取樣信號頻率的 n 倍，則 n 不可低於何值？** (A)1 (B)0 (C)1.5 (D)2 (E)0.5。【95 國營事業職員】

解　(1) 先求 $F(s)=L[f(t)]=L[e^{-t}]=\dfrac{1}{s+1}$，所謂振幅的最大值即是頻率表示 $F(s)$ 之大小最大值（此時亦稱之為「直流增益」）

$\Rightarrow F(j\omega)=\dfrac{1}{1+j\omega}=\dfrac{1}{\sqrt{1+\omega^2}}\angle-\tan^{-1}\omega$，當 $\omega\to 0$ 得振幅的最大值

$\Rightarrow |F(j\omega)|_{max}=1$，題目即求 $\dfrac{1}{\sqrt{1+\omega^2}}=0.05\Rightarrow\omega\simeq 20(rad/sec)$。

(2) $n=2$，故選(D)。

例題 14

(1) 有關數位控制（離散式）的穩定性，下列敘述何者正確？

(A)系統中有一個特性根 z_i 分佈在 z 平面的單位圓內，系統就可穩定

(B)系統中所有特性根 z_i 分佈在 z 平面的單位圓內，系統就可穩定

(C)系統中只要一特性根 z_i 分佈在 z 平面的單位圓外，系統就可穩定

(D)系統中所有特性根 z_i 分佈在 z 平面的單位圓外，系統就不會穩定

(E)系統中有一個(含)以上特性根 z_i 分佈在 z 平面的單位圓上，其餘的在單位圓內，系統臨界穩定。

(2) 某控制系統，在數位化（取樣週期 $T=1$）後，其閉迴路脈衝 z 轉換函數已求出為 $W_B(z)=\dfrac{0.865z}{z^2-0.27z+0.135}$，下列敘述何者正確？ (A)系統不穩定 (B)z 有一個特性根在 z 平面單位圓外 (C)z 所有特性根均在 z 平面單位圓外 (D)z 所有特性根均在 z 平面單位圓內 (E)系統穩定。

【95 國營事業職員】

解　(1) 依據前述重點，選(B)、(D)、(E)。

(2) 特性方程式 $\Delta(z)=z^2-0.27z+0.135=0$，解得特性根

$z_{1,2}=\dfrac{0.27\pm\sqrt{0.27^2-4\times0.135}}{2}=0.135\pm j0.341$，都位於單位圓 $|z|=1$ 內，故系統為穩定，選(D)、(E)。

例題 15

一線性非時變離散時間系統之特性方程式為
$F(z)=z^3+z^2+1.5Kz-(K+0.2)=0$，求當系統穩定時 K 的範圍？

Hint：此題以「雙線性轉換」解題，再代入「羅斯表」判斷穩定條件。

解 令 $z=\dfrac{1+s}{1-s}$，代入 $F(z)=z^3+z^2+1.5Kz-(K+0.2)=0$

$$\Rightarrow F'(s)=(\frac{1+s}{1-s})^3+(\frac{1+s}{1-s})^2+1.5K(\frac{1+s}{1-s})-(K+0.2)=0$$

$$\Rightarrow F(s)=(1+s)^3+(1+s)^2(1-s)+1.5K(1+s)(1-s)^2-(K+0.2)(1-s)^3=0$$

$$\Rightarrow F(s)=(0.5K-0.2)s^3+(2.6+1.5K)s^2+(3.3-4.5K)s+(0.8+0.5K)=0$$

代入「Routh Table」如下表：

s^3	$(0.5K-0.2)$	$(3.3-4.5K)$
s^2	$(2.6+1.5K)$	$(0.8+0.5K)$
s	$\dfrac{-11.5K^2-6.65K+8.34}{(2.6+1.5K)}$	
s^0	$(0.8+0.5K)$	

$$得\Rightarrow\begin{Bmatrix}0.5K-0.2>0\\2.6+1.5K>0\\0.8+0.5K>0\\11.5K^2+6.65K-8.34<0\end{Bmatrix}\Rightarrow\begin{Bmatrix}K>0.4\\K>-1.733\\K>-1.6\\-1.188<K<0.61\end{Bmatrix}\Rightarrow 0.4<K<0.61$$

例題 16

(1) 有一離散時間系統，其輸出與輸入間的 z 轉換函數 $\frac{Y(z)}{R(z)}=\frac{2z}{z^2-0.7z+0.1}$，下列敘述何者正確？ (A)有兩個特性根分別為 0.2 與 0.5 (B)所有特性根均比 1 小 (C)有兩個特性根分別為 −0.2 與 −0.5 (D)系統穩定 (E)系統不穩定。

(2) 承上題，若分別輸入一個單位步級序列 u(t)及週期性（＝取樣頻率）單位脈衝序列 $\delta(t-nT)$，則下列敘述何者正確？ (A)u(t)的 z 轉換為 $\frac{z}{z-1}$ (B) $\delta(t-nT)$ 的 z 轉換為 $\frac{z}{z-1}$ (C)兩者的 z 轉換均為 $\frac{z}{z-1}$ (D)前者的 z 轉換為 $\frac{z}{z-1}$，後者為 $\frac{z-1}{z}$ (E)前者輸出的穩態值為 5。

【95 國營事業職員】

解

(1) z 轉移函數之特性方程式為 $\Delta(z)=z^2-0.7z+0.1=0\Rightarrow z_{1,2}=0.2$ and 0.5，因都位單位圓 $|z|=1$ 內，故系統穩定，所以選(A)、(B)、(D)。

(2) 因為 $Z[u_s(t)]=\frac{z}{z-1}$，及 $Z[\delta(t-kT)]=z^{-k}$（本題可能 k 誤植為 n），故(A)為正確，又輸入 $U(z)=\frac{z}{z-1}$，以及轉移函數 $\frac{Y(z)}{U(z)}=\frac{2z}{z^2-0.7z+0.1}$，

故 $Y(z)=\frac{z}{(z-1)}\frac{2z}{z^2-0.7z+0.1}=\frac{2z^2}{(z-1)(z-0.2)(z-0.5)}$，其穩態輸出為

$y(\infty)=\lim_{z\to1}(z-1)Y(z)=\lim_{z\to1}\frac{2z^2}{(z-0.2)(z-0.5)}=\frac{2}{0.8\times0.5}=5$，故(E)為正確，本題選(A)、(E)。

例題 17

有一系統包含零階維持（zero-order hold）、一受控體 $G(s)=1/(s^2+3s)$ **、取樣時間** $T=0.1$ **秒、單位回饋（unity feedback）。**

(1) 求 G(z)，使用 Z.O.H.法。

(2) 令控制器 $D(z)=K$ ，試求系統穩定下 K 的最大值。

(3) 假如 $D(z)=K(z-0.2)/(z-0.8)$ ，試繪出其根軌跡圖（root locus）。

【95 高考二級】

Hint：Z.O.H.的功能是將離散訊號重建為連續訊號，須注意並牢記 Z.O.H.在 s-domain 的轉移函數為 $\frac{1-e^{-Ts}}{s}$ ，此系統可畫簡圖如下：

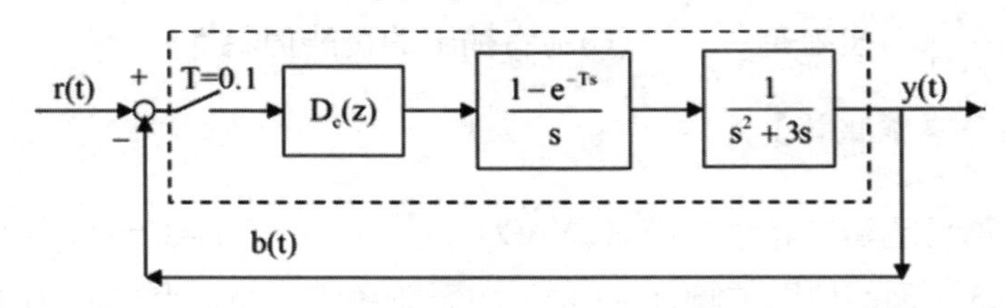

解 (1) 開路轉移函數作 z 轉換如下：

$$G(z)=Z[\frac{1-e^{-Ts}}{s}(\frac{1}{s^2+3s})]=(1-z^{-1})Z[\frac{1}{s^2(s+3)}]$$

$$=(\frac{z-1}{z})Z[\frac{-\frac{1}{9}}{s}+\frac{\frac{1}{3}}{s^2}+\frac{\frac{1}{9}}{s+3}]$$

$$\Rightarrow(\frac{z-1}{z})Z[\frac{-\frac{1}{9}}{s}+\frac{\frac{1}{3}}{s^2}+\frac{\frac{1}{9}}{s+3}]=(\frac{z-1}{z})\left\{-\frac{1}{9}\frac{z}{z-1}+\frac{1}{3}\frac{0.1z}{(z-1)^2}+\frac{1}{9}\frac{z}{z-e^{-0.3}}\right\}$$

$$\Rightarrow-\frac{1}{9}+\frac{1}{3}\frac{0.1}{(z-1)}+\frac{1}{9}\frac{z-1}{(z-0.74)}$$

$$=\frac{-(z-1)(z-0.74)+0.3(z-0.74)+(z-1)^2}{9(z-1)(z-0.74)}$$

$$=\frac{0.04z+0.038}{9(z-1)(z-0.74)}=\frac{0.0044(z+0.106)}{(z-1)(z-0.74)}$$

(2) 閉迴路之特性方程式為 $\Delta(z)=(z-1)(z-0.74)+0.0044K(z+0.106)=0$

$\Rightarrow \Delta(z)=z^2+(-1.74+0.0044K)z+(0.74+0.00046K)=0$，

令 $z=\dfrac{1+s}{1-s}$ 代入

$$\Rightarrow \Delta'(s)=(\frac{1+s}{1-s})^2+(-1.74+0.0044K)(\frac{1+s}{1-s})+(0.74+0.00046K)=0$$

$$\Rightarrow \Delta(s)=(1+s)^2+(-1.74+0.0044K)(1-s)+(0.74+0.00046K)(1-s)^2=0$$

$$\Rightarrow \Delta(s)=s^2+(3.74-0.0044K)s+(0.74+0.0041K)(1-s)^2=0$$

$$\Rightarrow \Delta(s)=s^2(3.48-0.0039K)+s(0.52-0.000932K)+0.0049K=0$$

$$\Rightarrow \begin{Bmatrix} 3.48-0.0039K>0 \\ 0.52-0.000932K>0 \\ K>0 \end{Bmatrix} \Rightarrow \begin{Bmatrix} K<892.3 \\ K<557.9 \\ K>0 \end{Bmatrix} \Rightarrow 0<K<557.9$$，

故 K 的最大值為 557.9。

(3) 加入 $D(z)=\dfrac{K(z-0.2)}{z-0.8}$ 後之閉迴路特性方程式為

$\Delta(z)=1+KGH(z)=1+\dfrac{0.0044K(z-0.2)(z+0.925)}{(z-1)(z-0.74)(z-0.8)}=0$，根據根軌跡作

圖規則，可分別討論如下：

A.起點（Starting Point）與終點（End Point）：根軌跡的起點（$K=0$）在極點 $z=0.74$，$z=0.8$，$z=1\Rightarrow n=3$，而終點（$K=\infty$）在零點 $z=0.2$，$z=-0.925>m=2$。

B. 實軸上的根軌跡：在 z 平面的實軸上的根軌跡，其右邊實軸上的極、零點個數和為奇數。

C. 對稱性（Symmetry）：根軌跡對稱於 s 平面的實軸。

D. 漸近線（Asymptotes）：當 $K=\infty$ 時，根軌跡除了 m 個分支收斂於零點外，其餘 $(n-m)$ 個分支將收斂於無窮遠處，而每一個分支將漸漸逼近於一條直線，稱此線為漸近線，此題漸近線有（$n-m=1$）條，漸近線與實軸所夾的角度 $\theta_A=-180°$。

E. 「分離點」與「進入點」：兩條以上實數軸根軌跡分支相交的點稱為「分離點」，而兩條以上複數軸根軌跡分支相交進入實軸的點稱為「進入點」；分離點或進入點滿足 $\frac{dGH(z)}{dz}=0$，此題得分離點與進入點分別為 $z=-1.86$ 、 $z=+0.92$ ，綜合以上各點，可繪 z 平面之根軌跡圖如下：

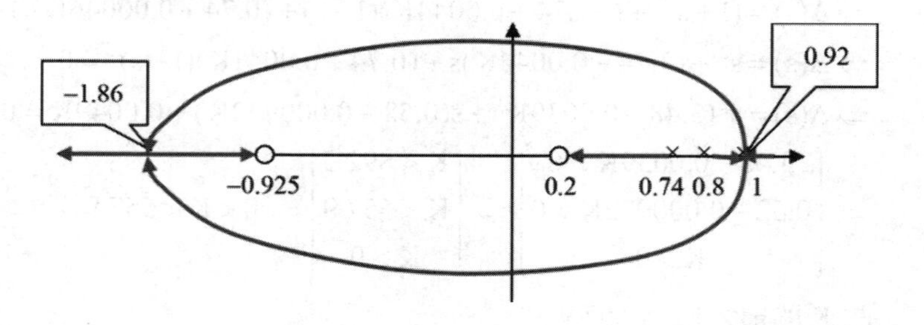

第二部分　近年試題與解析

109年　臺灣菸酒從業職員／機械類

1

有一機構運動系統其轉移函式如下：$G(s)=\dfrac{s+3}{s(s+1)}$

為求其穩定與控制，使用單位回授控制，並設計使用PD控制器，其中比例控制增益為微分控制增益的兩倍。設計規範要求該控制器須以最小的比例回授增益使得系統反應阻尼比大於等於1且自然頻率須大於1rad/s。

(1) 請繪製此回授控制系統方塊圖。

(2) 請設計上述PD控制增益值，並說明該PD控制器的設計方式。

- 題型與配分：非選擇題，25分
- 出題：本書Chap 9<焦點2>之要點2
- 難度：★★★☆☆

解　PD Controller之控制轉移函數為 $G(s)=\dfrac{s+3}{s(s+1)}$，H(s)=1，題目所示

$K_p=2K_D$；$\xi\geq 1$，$\omega_n\geq 1(rad/sec)$

(1) 此回授控制系統之方塊圖如下：PD控制器的結構如下圖所示

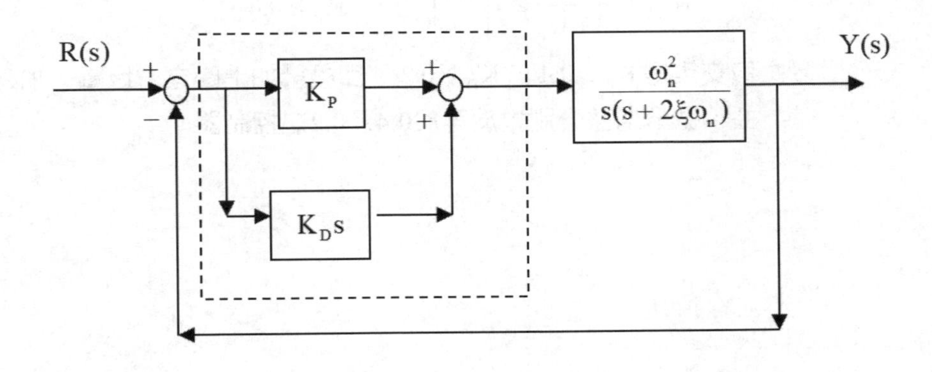

其中：

A. K_p稱為「比例控制增益」（propotional control gain），K_D稱為「微分控制增益」（derivative control gain）。

B. 虛線方框即為「PD控制器」，其轉移函數為 $G_C(s)=K_P+K_Ds$，另一方框即為「受控廠（plant）」，其轉移函數稱之為$G_p(s)$。

C. 系統的「開路轉移函數」為 $G(s)=G_C(s)G_p(s)=\dfrac{\omega_n^2(K_P+K_Ds)}{s(s+2\xi\omega_n)}$

(2) 本題系統之開迴路轉移函數為 $=\dfrac{(K_P+sK_D)(s+3)}{s(s+1)}=\dfrac{(K_P+\frac{K_P}{2}s)(s+3)}{s(s+1)}$

其閉迴路轉移函數為 $=\dfrac{\dfrac{(K_P+\frac{K_P}{2}s)(s+3)}{s(s+1)}}{1+\dfrac{(K_P+\frac{K_P}{2}s)(s+3)}{s(s+1)}}=\dfrac{K_P(\frac{s}{2}+1)(s+3)}{s^2+s+K_P(\frac{s}{2}+1)(s+3)}$

其特性方程式 $\Delta(s)=(1+\dfrac{K_P}{2})s^2+(1+\dfrac{5K_P}{2})s+3K_P=0$，

化簡 $\Delta(s)=s^2+(\dfrac{2+5K_P}{2+K_P})s+\dfrac{6K_P}{2+K_P}=0$ 其與標準二階特性式作係數比較得 $\begin{Bmatrix}2\xi\omega_n=\dfrac{2+5K_P}{2+K_P}\\ {\omega_n}^2=\dfrac{6K_P}{2+K_P}\ge 1\end{Bmatrix}\Rightarrow\begin{Bmatrix}\dfrac{2+5K_P}{2+K_P}\ge 2 => K_P\ge\dfrac{2}{3}\\ K_P\ge 0.4\end{Bmatrix}$，

取交集得 $K_P\ge 0.4$，$K_D\ge 0.2$，即設計如上圖之方塊圖，加入比例增益、微分增益分別大於等於0.4及0.2之控制器。

2

有一控制系統其狀態方程式如下所示：

$$\begin{bmatrix} \dot{x}_1 \\ \dot{x}_2 \\ \dot{x}_3 \end{bmatrix} = \begin{bmatrix} -5 & 10 & 0 \\ 0 & 0 & -1 \\ 1 & 0 & -1 \end{bmatrix} \begin{bmatrix} x_1 \\ x_2 \\ x_3 \end{bmatrix} + \begin{bmatrix} 0 \\ 1 \\ 0 \end{bmatrix} u \qquad y = \begin{bmatrix} 1 & 0 & 0 \end{bmatrix} \begin{bmatrix} x_1 \\ x_2 \\ x_3 \end{bmatrix}$$

(1) **請計算該系統的1.單位步階命令穩態誤差；2.單位斜坡命令穩態誤差。**

(2) **如欲使用狀態變數回授控制調整系統響應，請設計一組狀態回授增益使得系統極點位置位於(-1, -2, -5)。**

- **題型與配分**：非選擇題，25分
- **出題**：本書Chap 5<焦點6>之要點4及Chap 10<焦點4>之要點2,3
- **難度**：★★★☆☆

解 由題目所給，此控制系統之系統矩陣為 $A = \begin{pmatrix} -5 & 10 & 0 \\ 0 & 0 & -1 \\ 1 & 0 & -1 \end{pmatrix}$，輸入矩陣為

$B = \begin{pmatrix} 0 \\ 1 \\ 0 \end{pmatrix}$，輸出矩陣為C=(1 0 0)，則

(1)轉換此系統開迴路轉移函數為$G(s)=C(sI-A)^{-1}B$，

則$(sI-A)^{-1} = \dfrac{1}{s(s+1)(s+5)} \begin{pmatrix} s(s+1) & 10(s+1) & -10 \\ -(s+1)(s+5) & (s+1)(s+5) & -(s+5) \\ s & 10 & s(s+5) \end{pmatrix}$ 代入

$$G(s)=C(sI-A)^{-1}B = \frac{1}{s(s+1)(s+5)} \begin{pmatrix} s(s+1) & 10(s+1) & -10 \end{pmatrix} \begin{pmatrix} 0 \\ 1 \\ 0 \end{pmatrix}$$

$$= \frac{10(s+1)}{s(s+1)(s+5)} = \frac{10}{s(s+5)}$$

A. 單位步階命令之穩態誤差，由開迴路轉移函數知此系統為Type 1，故$e_{ss}(\text{position}) = \dfrac{1}{1+K_p}$；$K_p = \lim_{s\to 0} G(s) \to e_{ss}(\text{position}) = 0$

B. 單位斜坡命令之穩態誤差，$e_{ss}(\text{velocity}) = \frac{1}{K_v}$ ；$K_v = \lim_{s\to 0} sG(s) = 2$

$e_{ss}(\text{velocity}) = \frac{1}{2}$

(2)以下為狀態回授控制器之解題步驟：

Step 1：先檢驗此系統是否為狀態完全可控，則可控制矩陣為

$$Q_C=(B\ \ AB\ \ A^2B)=\begin{pmatrix} 0 & 10 & -50 \\ 1 & 0 & 0 \\ 0 & 0 & 10 \end{pmatrix}\text{；}\det Q_C=-100\neq 0\text{，}$$

故系統狀態為完全可控

Step 2：設計一狀態回授控制器如下：設此控制器增益為$K=(k_1\ \ k_2\ \ k_3)$，由$u(t)=-Kx(t)+r(t)$，則閉迴路狀態方程式為

$x'(t)=Ax(t)+B(-Kx(t)+r(t))=(A-BK)x(t)+Br(t)$

$$A\text{-}BK=\begin{pmatrix} -5 & 10 & 0 \\ 0 & 0 & -1 \\ 1 & 0 & -1 \end{pmatrix}-\begin{pmatrix} 0 \\ 1 \\ 0 \end{pmatrix}\begin{pmatrix} k_1 & k_2 & k_3 \end{pmatrix}=\begin{pmatrix} -5 & 10 & 0 \\ -k_1 & -k_2 & -1-k_3 \\ 1 & 0 & -1 \end{pmatrix}$$

$$sI\text{-}(A\text{-}BK)=\begin{pmatrix} s+5 & -10 & 0 \\ k_1 & s+k_2 & 1+k_3 \\ -1 & 0 & s+1 \end{pmatrix}\text{，}\det(sI\text{-}(A\text{-}BK))$$

$=(s+5)(s+k_2)(s+1)+10(1+k_3)-(s+5)(1+k_3)+10k_1(s+1)$

Step 3：希望系統之極點位置在(-1,-2,-5)，故代入希望之特性方程式

$\Delta_d(s)=(s+1)(s+2)(s+5)=(s+1)(s^2+7s+10)=s^3+8s^2+17s+10=0$

與Step 2之閉迴路特性方程式

$\Delta(s)=|sI-(A-BK)|=(s+1)(s+k_2)(s+5)+10(k_3+1)+10k_1(s+1)=0$

$\Rightarrow\Delta(s)=s^3+(6+k_2)s^2+(5+6k_2+10k_1)s+(5k_2+10k_1+10k_3+10)=0$

兩式比較係數得$\begin{cases} 6+k_2=8 \\ 5+6k_2+10k_1=17 \\ 5k_2+10k_1+10k_3+10=10 \end{cases}\Rightarrow\begin{cases} k_2=2 \\ k_1=0 \\ k_3=-1 \end{cases}$

Step 4：故得到所設計之狀態回授控制器增益為$K=(0\ \ 2\ \ -1)$

3

有一個馬達系統方塊圖如圖所示：

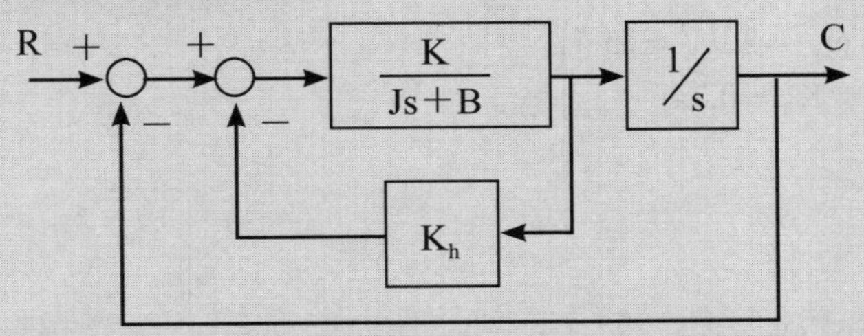

如果該馬達轉子慣性矩J為1 kg-m²，阻尼B為1 N-m/rad/sec，請決定適當的電流控制增益值K與速度回授增益K_h，使得此系統的步階命令響應最大超越量為20%且發生時間在命令發生後1秒鐘。（註：π≒3.14；ln2≒0.69；ln5≒1.61；ln7≒1.95；計算至小數點第二位，未列出計算過程者，不予計分）

- **題型與配分**：非選擇題，25分
- **出題**：本書Chap 5<焦點3>之要點5
- **難度**：★★★☆☆

解 由題目所給J=1kgm²;B=1Nm/rad/sec，先計算此控制系統中間段之轉移

函數 $G_1(s)=\dfrac{\dfrac{K}{s+1}}{1+\dfrac{K}{s+1}K_h}=\dfrac{K}{s+(1+K*K_h)}$，再與$\dfrac{1}{s}$串聯，得此開迴路轉移

函數為

$$G(s)=\frac{\frac{1}{s}G_1(s)}{1+\frac{1}{s}G_1(s)}=\frac{\frac{K}{s[s+(1+K*K_h)]}}{1+\frac{K}{s[s+(1+K*K_h)]}}=\frac{K}{s^2+(1+K*K_h)s+K}$$

特性方程式為$\Delta(s)=s^2+(1+K*K_h)s+K=0$並與標準二階方程式做係數比較得

$\begin{Bmatrix} 2\xi\omega_n=1+K*K_h \\ \omega_n^{\ 2}=K \end{Bmatrix}$；由最大超越量 $M_p=e^{\frac{-\pi\xi}{\sqrt{1-\xi^2}}}=0.2$，

計算 $\ln 0.2=\dfrac{-\pi\xi}{\sqrt{1-\xi^2}}\Rightarrow\xi=0.6$，代回 $t_p=\dfrac{\pi}{\omega_n\sqrt{1-\xi^2}}=1$ 得 $\omega_n=3.93(\text{rad/sec})$

故 $\begin{Bmatrix} K=\omega_n{}^2=3.93^2=15.4 \\ K_h=0.24 \end{Bmatrix}$

4

請列式計算 $F(s)=\left(e^s-e^{-s}\right)^2\dfrac{s^2+4s-2}{(s+1)^3(s-2)}$ 的反拉普拉斯函數 $f(t)=?$

- **題型與配分**：非選擇題，25分
- **出題**：本書Chap 2<焦點3>之要點5及<焦點5>之要點1
- **難度**：★★★★☆

解 首先由題目所給並令式子拆解如下，

$$F(s)=\frac{s^2+4s+2}{(s+1)^3(s-2)}=\frac{\alpha}{s+1}+\frac{\beta}{(s+1)^2}+\frac{\gamma}{(s+1)^3}+\frac{\delta}{s-2}\ ,$$

依照解題技巧，先令求s=2代入上式(遮住F(S)中，分母s-2項)，可得

δ之速解為 $\delta=\dfrac{2^2+4*2+2}{3^3}=\dfrac{14}{27}$，再代入式子通分並比較分子係數得

$$\begin{Bmatrix} \alpha+\dfrac{14}{27}=0 \\ \beta+3(\dfrac{14}{27})=1 \\ -3\alpha-\beta+\gamma+3(\dfrac{14}{27})=4 \\ -2\alpha-2\beta-2\gamma+\dfrac{14}{27}=2 \end{Bmatrix}=\begin{Bmatrix} \alpha=-\dfrac{14}{27} \\ \beta=-\dfrac{5}{9} \\ \gamma=\dfrac{1}{3} \\ \delta=\dfrac{14}{27} \end{Bmatrix}$$

故 $F(s)=(-\dfrac{14}{27})\dfrac{1}{s+1}+(-\dfrac{5}{9})\dfrac{1}{(s+1)^2}+(\dfrac{1}{3})\dfrac{1}{(s+1)^3}+(\dfrac{14}{27})\dfrac{1}{s-2}$

原題所給$(e^{s}-e^{-s})^2F(s)=e^{2s}F(s)+e^{-2s}F(s)-2F(s)$

$\Rightarrow L^{-1}[e^{s}-e^{-s}]^2F(s)=L^{-1}[e^{2s}F(s)]+L^{-1}[e^{-2s}F(s)]-2L^{-1}[F(s)]$

$$L^{-1}[F(s)]=(-\frac{14}{27})L^{-1}(\frac{1}{s+1})+(-\frac{5}{9})L^{-1}[\frac{1}{(s+1)^2}]+(\frac{1}{3})L^{-1}[\frac{1}{(s+1)^3}]+(\frac{14}{27})L^{-1}(\frac{1}{s-2})$$

$$=-\frac{14}{27}e^{-t}-\frac{5}{9}te^{-t}+\frac{1}{6}t^2e^{-t}+(\frac{14}{27})e^{2t}$$

配合第二平移定理$L[f(t-\tau)]=e^{-\tau s}F(s)$，再取反拉式運算得原式

$$\Rightarrow f(t)=-\frac{14}{27}[e^{-t}+e^{-t+2}+e^{-t-2}]-\frac{5}{9}[te^{-t}+(t+2)e^{-t+2}+(t-2)e^{-t-2}]$$

$$+\frac{1}{6}[t^2e^{-t}+(t+2)^2e^{-t+2}+(t-2)^2e^{-t-2}]+(\frac{14}{27})[e^{2t}+e^{2t+2}+e^{-2t-2}]$$

109年 臺灣菸酒從業評價職位人員／電子電機類

( ) **1** 要讓繼電器達成自保持功能，按鈕開關要與繼電器的： (A)常開接點串聯 (B)常開接點並聯 (C)常閉接點串聯 (D)常閉接點並聯。

( ) **2** 馬達要獲得良好的啟動特性，必須： (A)啟動電流大，啟動轉矩大 (B)啟動電流大，啟動轉矩小 (C)啟動電流小，啟動轉矩大 (D)啟動電流小，啟動轉矩小。

( ) **3** 有一工廠採用很多感應馬達，要改善電源的功率因數，可在電源端加入下列何者？ (A)電容器 (B)電阻器 (C)電感器 (D)變壓器。

( ) **4** 將單相感應馬達的兩條電源線對調會造成下列何者？ (A)減少轉速 (B)增加轉速 (C)改變轉向 (D)轉向不變。

( ) **5** 可程式控制器(PLC)的輸出要直接連接交流負載，要選用下列何種輸出方式？ (A)二極體 (B)場效電晶體 (C)電晶體 (D)繼電器。

( ) **6** 測量用電設備的絕緣電阻要使用下列何者？ (A)瓦時計 (B)高阻計 (C)安培計 (D)伏特計。

( ) **7** 增益交越頻率(gain－crossover frequency)係指開迴路轉移函數的大小為多少的頻率？ (A)10 (B)5 (C) $\sqrt{2}$ (D)1。

( ) **8** 線性離散時間系統的數學模式，在時域分析適宜使用下列何者？ (A)微分方程式 (B)差分方程式 (C)拉氏轉換 (D)傅立葉轉換。

( ) **9** 在二階閉迴路系統的單位步階響應中，有關阻尼比(damping ratio) ζ的敘述，下列何者正確？ (A)臨界阻尼(critically damped)：$\zeta=0$ (B)無阻尼(undamped)：$\zeta=1$ (C)欠阻尼(under damped)：$0<\zeta<1$ (D)過阻尼(over damped)：$\zeta<0$。

( ) **10** 下列何者非屬控制系統單位步階輸入的暫態響應性能規格？ (A)最大超越量(maximum overshoot) (B)穩態誤差(steady－state error) (C)上升時間(rise time) (D)峰值時間(peak time)。

( ) **11** 下列何者非屬控制系統的頻域分析的性能規格？ (A)延遲時間(delay time) (B)頻帶寬度(bandwidth) (C)截止率(cut off rate) (D)共振峰值(resonant peak)。

( ) **12** 線性非時變離散資料系統，若系統要穩定，其特性根皆要位於z平面的： (A)左半平面 (B)右半平面 (C)單位圓內 (D)單位圓上。

( ) **13** 使用瓦特表量測負載功率，其接線方式為何？ (A)電壓線圈串聯，電流線圈串聯 (B)電壓線圈串聯，電流線圈並聯 (C)電壓線圈並聯，電流線圈串聯 (D)電壓線圈並聯，電流線圈並聯。

( ) **14** 由電阻、電感與電容所組成交流串聯電路，當提升電源頻率時會造成： (A)電阻值不變、電感抗增加、電容抗減少 (B)電阻值增加、電感抗減少、電容抗不變 (C)電阻值減少、電感抗不變、電容抗增加 (D)電阻值增加、電感抗增加、電容抗增加。

( ) **15** 下列何種控制系統開迴路轉移函數，屬於最小相系統(minimum phase)？ (A)所有零點(zero)不在複數平面的左半平面，增益為正的系統 (B)所有極點(pole)不在複數平面的左半平面，增益為正的系統 (C)所有零點(zero)與極點(pole)不在複數平面的右半平面，增益為正的系統 (D)所有零點(zero)與極點(pole)不在複數平面的左半平面，增益為正的系統。

( ) **16** 特性方程式，$\Delta(s)=s^4+s^3+s^2+s+1=0$中，有多少個根在s右半平面？ (A)1 (B)2 (C)3 (D)4。

( ) **17** 有關控制系統的表示方法，下列何者正確？ (A)狀態方程式可用於線性系統，也可用於非線性系統 (B)方塊圖可用於線性系統，不可用於非線性系統 (C)信號流程圖可用於線性系統，也可用於非線性系統 (D)轉移函數可用於線性系統，也可用於時變系統。

( ) **18** 控制系統在時域的分析方法，宜採用下列何者？ (A)奈奎式圖(Nyquist Plot) (B)增益相位圖(gain-phase plot) (C)根軌跡圖(Root-Locus Plot) (D)波德圖(Bode Plot)。

( ) **19** 已知控制系統的開迴路轉移函數具有 n個極點與 m 個零點，下列何者正確？ (A)根軌跡對稱於虛軸 (B)總共有n條根軌跡 (C)根軌跡由開迴路的零點開始，並終止於極點 (D)具有(m－n)條根軌跡的零點是位於複數平面原點。

( ) **20** 在波德圖的增益曲線中，其每一個二階極點(pole)的轉折頻率之斜率變化量為何？ (A)20dB/decade (B)40dB/decade (C)－20dB/decade (D)－40dB/decade。

( ) **21** 有一控制系統的閉迴路轉移函數為 $\frac{4}{s^2+1.2s+4}$，則該系統的阻尼比(damping ratio)ζ與自然無阻尼頻率(natural undamped frequency) ω_n分別為何？ (A)$\zeta=0.1$，$\omega_n=4$ (B)$\zeta=0.3$，$\omega_n=2$ (C)$\zeta=0.4$，$\omega_n=4$ (D)$\zeta=0.6$，$\omega_n=2$。

( ) **22** 某離散函數為$g(k)=-5^k$，$k\geq0$，則g(k)的z轉換為何？ (A)z (B)$\frac{z}{z-0.2}$ (C)$\frac{z}{z+5}$ (D)$\frac{z}{z-5}$。

( ) **23** 已知狀態方程式為 $\dot{x}(t)=\begin{bmatrix}0 & 2\\3 & -1\end{bmatrix}x(t)+\begin{bmatrix}0\\1\end{bmatrix}u(t)$，$x(0)=\begin{bmatrix}1\\0\end{bmatrix}$，其對應特徵值為何？ (A)2與3 (B)－2與－3 (C)3與－2 (D)2與－3。

( ) **24** 有一控制系統的特性方程式為$s^3+2s^2+(3+4K)s+(5-2K)=0$，則能使該系統為穩定的K值最大 範圍為何？ (A)$-0.1<K<2.5$ (B)$0<K$ (C)$2.5<K<4$ (D)$-2.5<K<0$。

( ) **25** 彈簧－質量系統如圖所示，其轉移函數關係$\frac{Y(s)}{F(s)}$為何？

(A)$\frac{1}{Ks^2+Bs+M}$

(B)$\frac{1}{Bs^2+Ks+M}$

(C)$\frac{1}{Ms^2+Ks+B}$

(D)$\frac{1}{Ms^2+Bs+K}$。

( ) **26** 考慮開迴路轉移函數為 $G(s)H(s)=\dfrac{4(s+3)}{s^2(s+2)(s+5)}$，其斜坡誤差常數(ramp－error constant)為何？ (A)0 (B)1.2 (C)2 (D)∞。

( ) **27** 有關函數 $G(s)=\dfrac{\left(s^2+2s+2\right)}{s(s+1)(s+2)}$ 的典型測試訊號之穩態誤差，下列敘述何者錯誤？ (A)當輸入為步級函數(step function) $1u_s(t)$時，穩態誤差為0 (B)當輸入為斜坡函數(ramp function) $tu_s(t)$時，穩態誤差為1 (C)當輸入為拋物線(parabolic function) $\dfrac{t^2}{2}u_s(t)$時，穩態誤差為∞ (D)當輸入為$(2+2t)u_s(t)$時，穩態誤差為4。

( ) **28** 考慮線性非時變系統，有關系統的可控制性與可觀測性 $\begin{aligned}\dot{x}_{n\times1}&=A_{n\times n}x_{n\times1}+B_{n\times p}u_{p\times1}\\ y_{q\times1}&=C_{q\times n}x_{n\times1}\end{aligned}$，下列敘述何者錯誤？ (A)可控制且可觀測支配最佳控制問題解的存在性 (B)狀態可控制的充要條件為$U=[B\ \ AB\ \ \cdots\ \ A^{n-1}B]$的秩為n (C)狀態可觀測的充要條件為

$$V=\begin{bmatrix}C\\CA\\\vdots\\CA^{n-1}\end{bmatrix}$$

(D)線性系統的輸入－輸出之間的轉移函數有極點－零點對消表示系統是可控制且可觀測。

( ) **29** 下列何者為線性系統？ (A)$\dfrac{d^2\theta(t)}{dt^2}+\sin\theta(t)=0$ (B)y(t)=u(t)+1 (C)y(t)=u(t)×u(t) (D)$a(t)=2^3b(t)$。

( ) **30** 一個拉氏函數為$\dfrac{1}{s^3}$，反拉氏轉換後為下列何者？ (A)t (B)t^2 (C)— (D)$2t^2$。

( ) **31** 有關典型二階系統，下列敘述何者錯誤？ (A)欠阻尼系統無峰值及無最大超越量 (B)最大超越量與上升時間無法同時減小 (C)系統存在的非線性元件通常會產生穩態誤差 (D)阻尼比在0.4至0.8之間較適當，阻尼過大響應會變慢。

( ) **32** $A=\begin{bmatrix} 0 & 1 & 0 \\ 0 & 0 & 1 \\ -6 & -11 & -6 \end{bmatrix}$，下列何者不是它的特徵值(eigenvalue)？
(A)－1 (B)－2 (C)－3 (D)－4。

( ) **33** 考慮加入PD 控制器對系統的影響，下列敘述何者正確？ (A)增加系統最大超越量 (B)增加上升時間和安定時間 (C)增加頻寬 (D)有利抑制高頻雜訊。

( ) **34** 有關控制系統之時域性能響應，下列敘述何者錯誤？ (A)穩態誤差與系統的型式(type)及輸入無關 (B)時間響應包含暫態響應與穩態響應 (C)一階系統不會產生最大超越量 (D)暫態響應是物理系統的必然現象。

( ) **35** 轉移函數為 $\frac{1}{s^2+s+1}$，其阻尼比為多少？ (A)0.1 (B)0.5 (C)$\frac{1}{\sqrt{2}}$ (D)0.75。

( ) **36** 考慮控制系統的狀態轉移矩陣 $\phi(t)$ 的性質，下列敘述何者錯誤？
(A) $\phi(t)$定義為輸入及初始條件激勵產生之響應
(B) $\phi(0)=I$（單位矩陣）
(C) $\phi^{-1}(t)=\phi(-t)$
(D) $[\phi(t)]^k=\phi(kt)$。

( ) **37** 有關回授控制器的設計，下列敘述何者錯誤？
(A)系統的主極點應靠近虛軸
(B)次要極點應往s－左半平面且遠離主極點五倍距離以上
(C)控制器極點應設計在s－右半平面上
(D)需要抑制高頻雜訊。

( ) **38** 下列何者非屬線性系統分析工具？ (A)波德圖(Bode Plot) (B)相平面法(Phase Plane) (C)根軌跡圖(Root－Locus Plot) (D)奈氏圖(Nyquist Plot)。

( ) **39** 有關穩定性理論，下列敘述何者錯誤？
(A)羅斯－赫未茲(Routh－Hurwitz)穩定準則是線性系統之穩定性方法
(B)李亞普諾夫(Lyapunov)穩定法則是一套線性與非線性系統之穩定性法則
(C)非線性系統無法判斷穩定性
(D)複數平面之根移動探討系統穩定性即為根軌跡法。

( ) **40** 齒輪列中，轉矩T_1和T_2，角位移θ_1和θ_2，齒輪的齒數N_1和N_2，以及齒輪的半徑r_1和r_2之間的關係，下列敘述何者錯誤？
(A)$T_1\theta_1=T_2\theta_2$ (B)$T_1N_1=T_2N_2$
(C)$\theta_1r_1=\theta_2r_2$ (D)$r_1N_2=r_2N_1$。

( ) **41** 有關控制系統之時間延遲因素，下列敘述何者正確？ (A)會影響開迴路轉移函數的大小 (B)會造成開迴路轉移函數的額外相位超前 (C)會降低閉迴路轉移函數的額外相位界限 (D)會提升閉迴路系統性能且減少穩態誤差。

( ) **42** 開迴路轉移函數$G(s)H(s)=\dfrac{K(s+z)}{s(s+p)}$，其中z>p, K>0，請問根軌跡的形狀為何？ (A)圓形 (B)十字型 (C)橢圓形 (D)心形。

( ) **43** 設計一個閉迴路控制系統共包含速度迴路、位置迴路、以及電流迴路，該系統由內層迴路至外層迴路依序為何？
(A)速度迴路→位置迴路→電流迴路
(B)位置迴路→電流迴路→速度迴路
(C)速度迴路→電流迴路→位置迴路
(D)電流迴路→速度迴路→位置迴路。

( ) **44** 考慮矩陣 $\begin{bmatrix} j & 1 & j \\ 1-j & & -j \end{bmatrix}$，其中$j=\sqrt{-1}$，下列敘述何者錯誤？

(A)行列式$|A|=1$

(B)轉置矩陣 $A^T=\begin{bmatrix} j & 1-j \\ 1+j & -j \end{bmatrix}$

(C)共軛矩陣 $\bar{A}=\begin{bmatrix} -j & 1+j \\ 1-j & j \end{bmatrix}$

(D)共軛轉置矩陣 $A^*=(\bar{A})^T=\begin{bmatrix} -j & 1-j \\ 1+j & j \end{bmatrix}$。

( ) **45** 考慮n×n方矩陣A，已知有反矩陣A^{-1}，令λ 和P為矩陣A之特徵值(eigenvalue)和特徵向量(eigenvector)，下列敘述何者錯誤？

(A)滿足$AP=\lambda P$

(B)A矩陣的跡(trace) $tr(A)=\prod_{i=1}^{n}\lambda_i$

(C)當特徵值均為相異時滿足$(\lambda_i I-A)P_i=O$，其中I為單位矩陣，O為零矩陣，$i=1,2,\cdots,n$

(D)A^{-1}的特徵值為$\frac{1}{\lambda_i}$，其中$i=1,2,\cdots,n$。

( ) **46** 有關根軌跡的靈敏度，下列敘述何者正確？ (A)分離點時根靈敏度小易測 (B)分離點時根靈敏度無限大 (C)適宜在分離點操作K值 (D)根參數靈敏度大者系統易穩定。

( ) **47** 有關梅生公式(Mason's Law)（公式：$\frac{y_{out}}{y_{in}}=\frac{\sum_{i=1}^{n}P_i\Delta_i}{\Delta}$），下列敘述何者錯誤？ (A)n表示輸入與輸出間順向路徑的總數 (B)P_i為第i個順向路徑的路徑總增益 (C)Δ=1+（單獨迴路增益乘積的總和）−（所有二個不接觸迴路增益乘積的總和）+（所有三個不接觸迴路增益乘積的總和）−⋯ (D)Δ_i表示與第i個順向路徑未接觸部份的Δ值。

(　　) **48** 系統開迴路轉移函數為 $G(s)H(s)=\frac{k}{s(0.2s+1)(0.3s+1)}$，下列何k值不在穩定區間內？ (A)k=10 (B)k=8 (C)k=6 (D)k=4。

(　　) **49** 考慮閉迴路轉移函數 $\frac{Y(s)}{R(s)}=\frac{\omega_n^2}{s^2+2\zeta\omega_n s+\omega_n^2}$，其中$1>\zeta>0$，下列敘述何者錯誤？ (A)特性方程式的根為 $-\zeta\omega_n \pm j\omega_n\sqrt{1-\zeta^2}$ (B)根與原點的距離為ω_n (C)系統的動態行為非由ζ與ω_n決定 (D)上升時間與ζ成正比而與ω_n成反比。

(　　) **50** 有關$(1+j\omega T)^{\pm 1}$的波德圖，下列敘述何者正確？ (A)大小$10\log|(1+j\omega T)^{\pm 1}|$ (B)大小$\pm 20\log\sqrt{1+\omega^2T^2}$ (C)相位$\pm 10\tan^{-1}T$ (D)相位$\pm 20\tan^{-1}T$。

解答與解析

1 (B)。出處：基本電路知識。

解析：繼電器(Relay)達到自保持功能，所謂自保持功能就是在控制電路中縱使按鈕開關(PB)不再on，該電路仍會導通，故PB應與Relay常開接點併接。

2 (C)。出處：基本電機機械知識。

解析：馬達要取得良好的啟動特性，必須要求啟動時的電流小，因為電流越小，絕緣劣化及熱應力傷害的程度越小；而啟動轉矩大則是轉動機械的性能指標。

3 (A)。出處：基本電力系統知識。

解析：欲改善感應馬達的功率因數，需加入電容器於其電源端。

4 (D)。出處：基本電機機械知識。

解析：單相感應馬達兩條電源線將之對調，因為AC電路，故其轉向不變。

5 (D)。出處：基本電子元件知識。

解析：PLC的輸出直接連接負載，應選用繼電器為其輸出設備，其他選項均為半導體元件，會有單向導通的問題。

6 (B)。出處：基本電路知識。
解析：測量設備的絕緣電阻係使用「高阻計」，瓦時計用來測量輸出功率，安培計用來測量電流，伏特計用來測量電壓。

7 (D)。出處：本書Chap 8<焦點2>之要點3。
解析：增益交越頻率係指「開迴路轉移函數」之大小為1時之頻率。

8 (B)。出處：本書Chap 12。
解析：線性離散時間系統的數學模型，在時域分析係使用「差分方程式」作Z轉換。

9 (C)。出處：本書Chap 5<焦點3>之要點1。
解析：二階閉迴路系統單位步階響應之阻尼比，臨界阻尼為$\zeta=1$，無阻尼為$\zeta=0$，欠阻尼為$0<\zeta<1$，過阻尼為$\zeta>1$。

10 (B)。出處：本書Chap 5<焦點2>之要點4。
解析：控制系統單位步階輸入之暫態響應性能規格有「上升時間」；「峰值時間」；「安定時間」；「最大超越量」等等。

11 (A)。出處：本書Chap 7<焦點2>之要點1。
解析：控制系統頻域分析之性能規格有「頻帶寬度」；「截止頻率」；「共振頻率」；及「共振峰值」等等。

12 (C)。出處：本書Chap 12<焦點2>之要點4。
解析：線性非時變離散資料系統，若要系統穩定，其特性根必須位於「單位圓」內。

13 (C)。出處：基本電路知識。
解析：使用瓦特計量測負載功率，其接線方式係與伏特計（電壓線圈）並聯（如此方能測得跨接的正確電壓），及與安培計（電流線圈）串聯（如此方能測得正確電流）。

14 (A)。出處：基本電路知識。
解析：電路中串聯各元件，其中電阻與頻率無關，而電容電感都與頻率有關，其對應至S域，電感值為$\frac{1}{sc}=\frac{1}{jwc}=-j\frac{1}{wc}$故頻率增加，電感抗降低；電感值為$sL=j\omega L$故頻率增加，電感抗會增加。

15 (C)。出處： 本書Chap 7<焦點4>之要點2。

解析： 控制系統開迴路轉移函數中，最小相位系統即指所有極點與零點均不在S平面之右半面且其大小值為正。

16 (B)。出處： 本書Chap 6<焦點2>之要點6。

解析： 特性方程式$\Delta(s)=s^4+s^3+s^2+s+1=0$，用羅氏表判別如下：

s^4	1	1
s^3	1	1
s^2	0	0 (特例二)

$$A(s) = s^3 + s \Rightarrow \frac{d}{ds}A(s) = 3s^2 + 1$$

s^2	3	1
s^1	2/3	1
s^0	-2/7	

由上表知此系統為不穩定系統，又解輔助方程式得$A(s)=s^3+s=0$ $s_{1,2}=\pm j$，得知有2個純虛根（臨界穩定）極點，故可推知有另外2個根位於右半面。

17 (A)。出處： 觀念題。

解析： 使用本題用「刪去法」，古典控制系統中，乃是針對LTI System，即線性非時變系統才適用，故轉移函數、方塊圖、信號流程圖均屬古典控制系統；現代控制系統則是線性或非線性均適用。

18 (C)。出處： 觀念題。

解析： 使用控制系統在時域的分析方法應選「根軌跡」法；而奈奎式圖、波德圖及增益相位圖都是在頻域分析時所用。

19 (B)。出處： 本書Chap 6<焦點2>之要點2。

解析： 由以上根軌跡分析，選(B)為正確。

20 (D)。出處：本書Chap 7<焦點3>之要點4。

解析：在波德圖增益大小圖中，轉角頻率之斜率可以得知系統的極、零點所在，當轉角頻率之斜率為負時，此時之頻率即為極點，一階極點之斜率為-20dB/decade，而二階極點之斜率為-40dB/decade。

21 (B)。出處：本書Chap 5<焦點3>之要點1。

解析：此閉迴路系統之特性方程式與標準二階系統比較係數如下：

$$\begin{Bmatrix} 2\xi\omega_n = 1.2 \\ \omega_n^{\ 2} = 4 \end{Bmatrix} \Rightarrow \begin{Bmatrix} \omega_n = 2 \\ \xi = \dfrac{1.2}{2\omega_n} = 0.3 \end{Bmatrix}。$$

22 (C)。出處：本書Chap 12<焦點1>之要點3。

解析：本題有一些錯誤，g(k)應加括弧如右：$g(k)=(-5)^k$，則

g(k)的z轉換，依照定義為 $\mathbb{Z}[g(k)] = \sum_{k=0}^{\infty} g(k)z^{-k} = \sum_{k=0}^{\infty}(-5)^k z^{-k}$

$$= 1 + \frac{-5}{z} + (\frac{-5}{z})^2 + (\frac{-5}{z})^3 + (\frac{-5}{z})^4 + \ldots$$

$$\Rightarrow \mathbb{Z}[g(k)] = \sum_{k=0}^{\infty} g(k)z^{-k} = \frac{1}{1-(\frac{-5}{z})} = \frac{z}{z+5}$$

23 (D)。出處：本書Chap 10<焦點2>之要點4及5。

解析：此動態方程式為 $x'(t) = \begin{pmatrix} 0 & 2 \\ 3 & -1 \end{pmatrix} x(t) + \begin{pmatrix} 0 \\ 1 \end{pmatrix} u(t)$

⇒系統矩陣 $A = \begin{pmatrix} 0 & 2 \\ 3 & -1 \end{pmatrix}$

特徵值之求法為

$\det(\lambda I\text{-}A)=0 \Rightarrow \det(\begin{pmatrix} \lambda-0 & 0-2 \\ 0-3 & \lambda+1 \end{pmatrix}) = \lambda(\lambda+1)-6=0$

$\Rightarrow(\lambda-2)(\lambda+3)=0 \Rightarrow \lambda=2, -3$

24 (A)。出處：本書Chap 4<焦點2>之要點1~5。

解析：此閉迴路系統之特性方程式為$s^3+2s^2+(3+4K)s+(5-2K)=0$，列表計算方式如下表：

s^3	1	3+4K
s^2	2	5-2K
s^1	$\frac{2(3+4K)-(5-2K)}{2}=\frac{1+10K}{2}$	0
s^0	5-2K	

故$\begin{cases}1+10K>0\\5-2K>0\end{cases}\Rightarrow -0.1<K<2.5$

25 (D)。出處：本書Chap 11<焦點1>之要點4。

解析：本題可得受力方程式：

$$My''(t)=f(t)-Ky(t)-By'(t)\Rightarrow f(t)=My''(t)+Ky(t)+By'(t)$$

作拉式轉換：$^2MY(s)+KY(s)+sBY(s)\Rightarrow\frac{Y(s)}{F(s)}=\frac{1}{s^2M+sB+K}$

26 (D)。出處：本書Chap 5<焦點6>之要點4。

解析：本題為Type 2形式，代入速度誤差常數公式：

$$\lim_{s\to 0}sG(s)=\lim_{s\to 0}s\left(\frac{4(s+3)}{s^2(s+2)(s+5)}\right)\to\infty$$

27 (D)。出處：同26題。

解析：此開路系統之轉移函數為$G(s)=\frac{s^2+2s+2}{s(s+1)(s+2)}$，為Type 1 System，由上表可知，單位步階響應之穩態誤差為0，速度誤差常數為

$$K_v=\lim_{s\to 0}sG(s)=\lim_{s\to 0}s\left(\frac{s^2+2s+2}{s(s+1)(s+2)}\right)=\lim_{s\to 0}\frac{s^2+2s+2}{(s+1)(s+2)}=1$$，

故單位斜坡響應之穩態誤差為$\frac{1}{K_v}=1$；輸入為單位拋物線響應之穩態誤差為$\frac{1}{K_a} \Rightarrow K_a = \lim_{s\to 0} s^2G(s) = \lim_{s\to 0}(\frac{s(s^2+2s+2)}{(s+1)(s+2)}) = 0$

$\therefore \frac{1}{K_a} \to \infty$

28 (D)。出處： 本書Chap 10<焦點3>之要點5~7。

解析： 總和以上內容，本題(D)為不正確。

29 (D)。出處： 本書Chap 1<焦點2>之要點2。

解析： (A)不符合加法性，因為：Let_θ(t)⇒insteadθ$_1$(t)+θ$_2$(t)

$$\Rightarrow \frac{d^2}{dt^2}[\theta_1(t)+\theta_2(t)] + \sin[\theta_1(t)+\theta_2(t)]$$

$$= \frac{d^2}{dt^2}\theta_1(t) + \frac{d^2}{dt^2}\theta_2(t) + \sin\theta_1(t)\cos\theta_2(t) + \cos\theta_1(t)\sin\theta_2(t)$$

$$\neq \frac{d^2}{dt^2}\theta_1(t) + \sin\theta_1(t) + \frac{d^2}{dt^2}\theta_2(t) + \sin\theta_2(t)$$

(B)y(t)⇒u(t)+1，輸入與輸出沒過原點。

(C)y(t)⇒u(t)×u(t)=u^2(t)，不符合加法性，

因為：$\text{Let\_}u(t) \Rightarrow \text{instead}u_1(t)+u_2(t)$

$$\Rightarrow [u_1(t)+u_2(t)]^2 \neq u_1{}^2(t)+u_2{}^2(t)$$

(D)a(t)=2^{3}b(t)符合加法性及齊次性。

30 (C)。出處： 本書Chap 2<焦點2>之要點2。

解析： $L[t^2] = \frac{2!}{s^{2+1}} \Rightarrow L^{-1}[\frac{1}{s^{2+1}}] = \frac{t^2}{2}$

31 (A)。出處： 本書Chap 5<焦點3>之要點5。

解析： 二階系統之「單位步階響應」暫態規格歸納如下表：

暫態規格	無阻尼 ($\xi=0$)	低阻尼($0<\xi<1$) 即欠阻尼	臨界阻尼 ($\xi=1$)	過阻尼 ($\xi>1$)
上升時間 (t_r)	No discuss	$\dfrac{\pi-\tan^{-1}\dfrac{\sqrt{1-\xi^2}}{\xi}}{\omega_n\sqrt{1-\xi^2}}$	No discuss	$\cong\dfrac{1.8}{\omega_n}$
尖峰時間 (t_p)	No discuss	$\dfrac{\pi}{\omega_n\sqrt{1-\xi^2}}$	No discuss	No discuss
最大超越量 (M_p)	No discuss	$e^{-\frac{\pi\xi}{\sqrt{1-\xi^2}}}$	No discuss	No discuss
延遲時間 (t_d)	No discuss	$\cong\dfrac{1+0.7\xi}{\omega_n}$	No discuss	No discuss
安定時間 (t_s)	Not exist	$\left.\begin{cases}5\% \Rightarrow t_s\cong 3T\\ 2\% \Rightarrow t_s\cong 4T\\ 1\% \Rightarrow t_s\cong 4.6T\end{cases}\right\\}T=\dfrac{1}{\xi\omega_n}$		

由上表可知(A)為不正確。

32 (D)。出處： 本書Chap 10<焦點1>之要點8。

解析： 此閉迴路系統之特性方程式為

$$\Delta(\lambda)=\det(\lambda I-A)=0\Rightarrow\begin{vmatrix}\lambda & -1 & 0\\ 0 & \lambda & -1\\ 6 & 11 & \lambda+6\end{vmatrix}=\lambda^2(\lambda+6)+11\lambda=0$$

$$\Rightarrow\lambda^3+6\lambda^2+11\lambda+6=(\lambda+1)(\lambda+2)(\lambda+3)=0\Rightarrow\lambda=-1,-2,-3$$

33 (C)。出處： 本書Chap 9<焦點2>之要點2。

解析： 綜合以上說明，故本題(C)為正確。

34 (A)。出處： 本書Chap 5<焦點1>之要點2及<焦點4>之要點6。

解析： 綜合以上，故(A)為不正確。

35 (B)。出處：本書Chap 5<焦點3>之要點2。

解析：此系統之轉移函數為$\frac{1}{s^2+s+1}$，其與標準二階系統比較係數如下：$\begin{cases} 2\xi\omega_n = 1 \\ \omega_n^2 = 1 \end{cases} \Rightarrow \begin{cases} \omega_n = 1 \\ \xi = \frac{1}{2\omega_n} = 0.5 \end{cases}$

36 (A)。出處：本書Chap10，本題狀態轉移矩陣細微系統矩陣A。

解析：本題錯誤的敘述為(A)

37 (C)。出處：本書Chap 9，控制器設計綜論。

解析：本題錯誤的敘述為(C)

38 (B)。出處：本書綜合題。

解析：一般而言，古典控制理論多為線性系統之分析工具，故Bode Plot, Root-Locus Plot, Nyquist Plot均為研究線性系統之工具。

39 (C)。出處：本書綜合題。

解析：(A)Routh-Hurwitz穩定準則乃是研究一線性系統穩定性之工具。

(B)Lyapunov穩定準則可以應用在非線性系統。

(C)非線性系統仍可運用Lyapunov穩定準則來判斷其穩定性。

(D)Root-Locus method即是利用根的移動來探討系統的穩定性。

40 (B)。出處：基本物理觀念題。

解析：由大小齒輪齧合關係，先得出$r_1\theta_1=r_2\theta_2$，故(C)為正確。

又$T_1 \propto r_1$，故(A)為正確。

由$N_1 = \frac{2\pi}{\theta_1} \Rightarrow N_1\theta_1 = N_2\theta_2 \Rightarrow \frac{\theta_1}{\theta_2} = \frac{N_2}{N_1} = \frac{r_2}{r_1} = \frac{T_2}{T_1}$，故(B)不正確。

41 (C)。出處：本書綜合觀念題。

解析：本題正確的敘述為(C)。

42 (A)。出處： 本書Chap 6<焦點2>之各要點。

解析： 由此開路轉移函數 $GH(s)=\frac{K(s+z)}{s(s+p)}, z>p>0, K>0$ 得知，其GH(s)極點有二個，分別為s=0,s=－p、GH(s)的零點有一個，s=－z，故本題n=2,m=1,n－m=1，所以漸近線只有一條，角度為+180º

(1)漸近線與實軸的交點為 $\sigma_A=\frac{-p+0-(-z)}{1}=-p+z$

(2)分離點之求法如下：

$$\frac{d}{ds}[\frac{s+z}{s(s+p)}]=\frac{(s^2+ps)-(s+z)(2s+p)}{s^2(s+p)^2}=0 \Rightarrow s^2+2zs+pz=0，$$

可得s平面之二點；綜合以上可畫根軌跡圖如下：

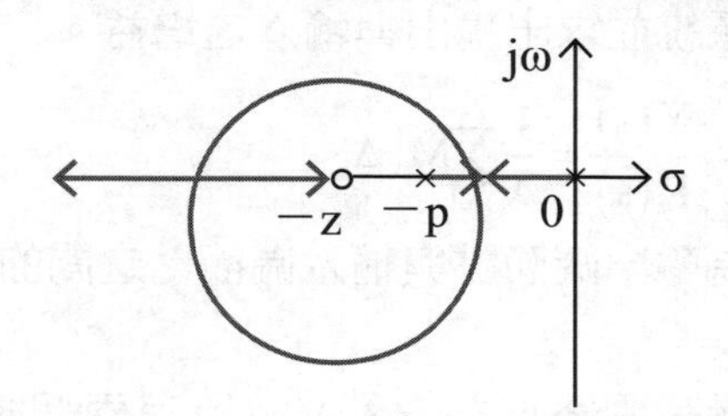

43 (D)。出處： 參考本書Chap11，內層迴路須先行處理。

解析： 本題答案的正確順序應為(D)。

44 (A)。出處： 本書Chap 10<焦點1>之要點3及5。

解析： $A=\begin{pmatrix} j & 1+j \\ 1-j & -j \end{pmatrix}=\begin{pmatrix} 1\angle 90^\circ & \sqrt{2}\angle 45^\circ \\ \sqrt{2}\angle -45^\circ & 1\angle -90^\circ \end{pmatrix}$

$\Rightarrow |A|=1\angle 0^\circ-2\angle 0^\circ=-1$

故(A)不正確。

45 (B)。出處： 本書Chap 10<焦點1>之要點6~10。

解析： (B)應改為 $tr(A)=\sum_{i=1}^{n}\lambda_i$ 。

46 (B)。出處： 本書Chap 4 <焦點3>之要點3及Chap 6<焦點2>之要點2。

解析： 此題乃問「根的靈敏度」係指$(\frac{\Delta s}{s})$對開迴路轉移函數$(\frac{\Delta G(s)}{G(s)})$之比例關係，

$$故Sensitivity=\frac{\frac{\Delta s}{s}}{\frac{\Delta G(s)}{G(s)}}=\frac{\Delta s}{\Delta G(s)}(\frac{G(s)}{s})=\frac{ds}{dG(s)}(\frac{G(s)}{s})\ ;$$

分離點係為$\frac{dG(s)}{ds}=0$，故$Sensitivity=\frac{ds}{dG(s)}(\frac{G(s)}{s})\rightarrow\infty$

47 (C)。出處： 本書Chap 3<焦點5>之要點3。

解析： (1)梅森提出下列增益公式(Mason's gain formula)，系在簡化複雜閉迴路系統並求出輸出與輸入之增益。

(2)公式：$M=\frac{Y(s)}{R(s)}=\frac{1}{\Delta}\sum_{k=1}^{N}M_k\Delta_k$

其中，M為輸出端節點與輸入端節點之間的增益，N為順向路徑總數

Δ＝1－(所有迴路增益之和)＋(所有兩個未接觸的迴路增益乘積之和)－(所有三個未接觸的迴路增益乘積之和)－(……)

M_k：第k個順向路徑增益；Δ_k：與第k個順向路徑不接觸的所有迴路之Δ值。

敘述錯誤者選(C)。

48 (A)。出處： 本書Chap 4<焦點2>之要點3。

解析： 此開迴路系統之轉移函數為

$$GH(s)=\frac{k}{s(0.2s+1)(0.3s+1)}=\frac{100k}{s(2s+10)(3s+10)}\ ;$$

代回閉迴路系統公式，得知其轉移函數為

$$T(s)=\frac{100k}{s(2s+10)(3s+10)+100k}$$

$\Rightarrow\Delta(s)=s(2s+10)(3s+10)+100k=6s^3+50s^2+100s+100k=0$

代入「羅氏表」如下：

s^3	6	100
s^2	50	100k
s^1	$100-12k>0\Rightarrow k<\frac{25}{3}$	0
s^0	$100k>0\Rightarrow k>0$	

故 $0<k<\frac{25}{3}$

49 (C)。出處：本書Chap 5<焦點3>之要點1,2,4,5。

解析：(1)閉迴路移轉函數為：$T(s)=\frac{Y(s)}{R(s)}=\frac{w_n^{\ 2}}{s^2+2\xi w_n+w_n^{\ 2}}$，其中ζ稱為二階系統之「阻尼比」(damping ratio)，w_n稱為二階系統之「無阻尼自然頻率」(undamped natural frequency)，這兩個參數決定此二階系統的動態行為。

(2)當ξ=0，此時稱為無阻尼系統(Undamped system)，當0<ξ<1，稱為低阻尼或欠阻尼系統(Underdamped system)，當ξ>1，此時稱為「過阻尼系統」(Overdamped system)。

(3)系統的特性方程式為：$\Delta(s)=s^2+2\xi w_n s+w_n^{\ 2}=0$，則系統特性根或閉迴路極點為 $s_{1,2}=-\xi\omega_n\pm j\omega_n\sqrt{1-\xi^2}$。

(4)二階系統通常以單位步階響應來評估其暫態性能，以「低阻尼」(0<ξ<1，w_n>0)為標準，二階系統的暫態規格有下列各項：

(5)上升時間(Rise time, t_r)：指「單位步階響應」最終值的0%上升到100%所需的時間，$t_r=\frac{\pi-\tan^{-1}\frac{\sqrt{1-\xi^2}}{\xi}}{\omega_n\sqrt{1-\xi^2}}$ (0<ζ<1)。

(6)最大超越量(Over-shoot)：$M_O=e^{-\frac{\xi\pi}{\sqrt{(1-\xi^2)}}}$

(7)尖峰時間(Peak time, t_p)：$t_p = \frac{\pi}{w_n\sqrt{(1-\xi^2)}}$

(8)延遲時間(Delay time, t_d)：$t_d \cong \frac{1+0.7\xi}{w_n}$

(9)安定時間(Settle time, t_s)：定義二階系統的時間常數為 $T = \frac{1}{\xi w_n}$，若終值響應容許誤差為±5%，則 $t_s \cong 3T = \frac{3}{\xi w_n}$；若終值響應容許誤差為±2%，則 $t_s \cong 4T = \frac{4}{\xi w_n}$；若終值響應容許誤差為±1%，則 $t_s \cong 4.6T = \frac{4.6}{\xi w_n}$。

同上分析，故(C)為不正確。

50 (B)。出處： 本書Chap 7<焦點3>之要點3。

解析： 系統之開迴路轉移函數為 $G(s) = \frac{k(1+\frac{s}{\omega_{z1}})(1+\frac{s}{\omega_{z2}})......(1+\frac{s}{\omega_{zn}})}{(1+\frac{s}{\omega_{p1}})(1+\frac{s}{\omega_{p2}}).....(1+\frac{s}{\omega_{pn}})}$

化為頻域函數

$$\Rightarrow G(j\omega) = \frac{k(1+\frac{j\omega}{\omega_{z1}})(1+\frac{j\omega}{\omega_{z2}})......(1+\frac{j\omega}{\omega_{zn}})}{(1+\frac{j\omega}{\omega_{p1}})(1+\frac{j\omega}{\omega_{p2}}).....(1+\frac{j\omega}{\omega_{pn}})} = |G(j\omega)|\angle G(j\omega) \text{ ,where}$$

$$|G(j\omega)| = \frac{k * \sqrt{1^2+(\frac{\omega}{\omega_{z1}})^2} * \sqrt{1^2+(\frac{\omega}{\omega_{z2}})^2} *.......\sqrt{1^2+(\frac{\omega}{\omega_{zn}})^2}}{\sqrt{1^2+(\frac{\omega}{\omega_{p1}})^2} * \sqrt{1^2+(\frac{\omega}{\omega_{p2}})^2} *......\sqrt{1^2+(\frac{\omega}{\omega_{pn}})^2}} \text{ 以及}$$

$$\angle G(j\omega) = \angle\tan^{-1}(\frac{\omega}{\omega_{z1}}) + \angle\tan^{-1}(\frac{\omega}{\omega_{z2}}) + ...\angle\tan^{-1}(\frac{\omega}{\omega_{zn}})$$

$$-[\angle\tan^{-1}(\frac{\omega}{\omega_{p1}}) + \angle\tan^{-1}(\frac{\omega}{\omega_{p2}}) + ... + \angle\tan^{-1}(\frac{\omega}{\omega_{pn}})]$$

化為增益大小Db值

$\Rightarrow \left|G(j\omega)\right|_{dB} = 20 * \log\left|G(j\omega)\right|$

$= 20\log k + 20\log\sqrt{1^2 + (\frac{\omega}{\omega_{z1}})^2} + ... + 20\log\sqrt{1^2 + (\frac{\omega}{\omega_{zn}})^2}$

$-20\log\sqrt{1^2 + (\frac{\omega}{\omega_{p1}})^2} - ..... - 20\log\sqrt{1^2 + (\frac{\omega}{\omega_{pn}})^2}$

綜合以上，故本題答案選(B)。

109年 經濟部所屬事業機構新進職員／儀電類

1

如附圖所示，請回答下列問題：

(1) 請決定R到Y的轉移函數（transfer function）。

(2) 請決定W到Y的轉移函數（transfer function）。

(3) 請決定此系統穩定的K_P及K_I範圍。

(4) 對輸入追蹤（reference tracking）R，求系統型式（system type）及誤差常數（error constant）。

(5) 對干擾輸入（disturbance input）W，求系統型式（system type）及誤差常數（error constant）。

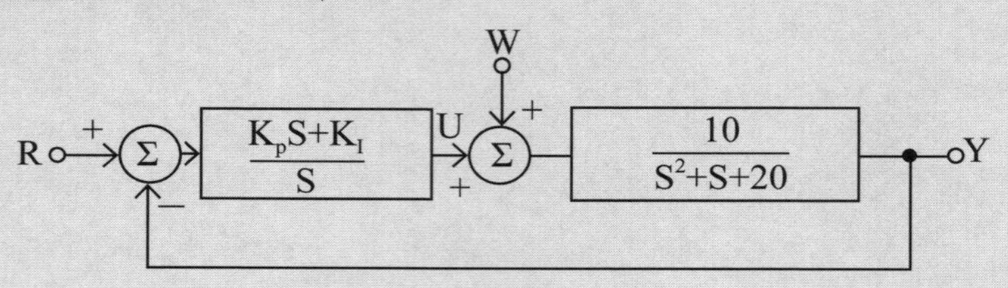

・**題型與配分**：非選擇題，20分

・**出題**：本書Chap 5<焦點8>之要點1,2及<焦點6>之要點4

・**難度**：★★★☆☆

解 (1) 此時shutoff W(s)，則 $\frac{Y(s)}{R(s)}=\frac{(\frac{K_p s+K_I}{s})(\frac{10}{s^2+s+20})}{1+\frac{(K_p s+K_I)*10}{s(s^2+s+20)}}$

$$=\frac{10(K_p s+K_I)}{s(s^2+s+20)+10(K_p s+K_I)}=\frac{10K_p s+10K_I}{s^3+s^2+(20+10K_p)s+10K_I}$$

(2) 此時shutoff R(s)，則 $\frac{Y(s)}{W(s)}=\frac{\frac{10}{s^2+s+20}}{1-\frac{(K_p s+K_I)*10}{s}}=\frac{\frac{10}{s^2+s+20}}{\frac{(1-10K_p)s-10K_I}{s}}$

$$=\frac{10s}{(s^2+s+20)\left[(1-10K_p)s)-10K_I\right]}$$

(3)由(1)其閉迴路轉移函數之特性方程式為$\Delta(s)=s^3+s^2+(20+10K_p)s+10K_I=0$，由Routh Hurwitz Criteria知(1)系統穩定之範圍為

$$\begin{cases}20+10K_p>0\\10K_I>0\end{cases}\Rightarrow\begin{cases}K_p>-2\\K_I>0\end{cases}$$

，同理(3)之閉迴路轉移函數之特性方程式為$(s^2+s+20)[(1-10K_p)s-10K_I=0]$ $(1-10K_p)s^3+(-10K_I+1-10K_p)s^2+(-10K_p+20-200K_p)-200K_I=0$，由Routh Hurwitz Criteria知(2)系統穩定之範圍為

$$\begin{cases}K_I>0\\10K_p-1>0\\10K_p+10K_I-1>0\\200K_p+10K_I-20>0\end{cases}\Rightarrow\begin{cases}K_I>0\\K_p>0.1\\K_p+K_I>0.1\\20K_p+K_I>2\end{cases}\Rightarrow\begin{cases}K_p>0.1\\K_I>0\end{cases},$$

綜合以上取交集得$\begin{cases}K_p>0.1\\K_I>0\end{cases}$

(4)以上(1)，可知開迴路轉移函數

$$G_1(s)=(\frac{K_ps+K_I}{s})(\frac{10}{s^2+s+20})=\frac{10K_ps+10K_I}{s(s^2+s+20)})\ N=1,$$

故為Type 1 system，其位置誤差常數為

$$K_p=\lim_{s\to0}G_1(s)=\lim_{s\to0}\frac{10K_ps+10K_I}{s(s^2+s+20)})\to\infty$$

(5)以上(2)，知開迴路轉移函數$G_2(s)=\frac{10}{s^2+s+20}$ N=0，故為Type 0 system，其位置誤差常數為$K_p=\lim_{s\to0}G_2(s)=\lim_{s\to0}\frac{10}{s^2+s+20}=\frac{1}{2}$

2

如附圖所示為一定位伺服機構的方塊圖，請回答下列問題：

(1) 當沒有轉速回授時($K_T=0$)，請畫出對應K的根軌跡。

(2) 承(1)，當K=16時，請畫出根軌跡上根的位置，並由此位置計算上升時間(T_R)、穩定時間(T_S)及超越量(M_P)。

(3) 當K=16時，請畫出對應K_T的根軌跡。

(4) 當K=16及設定K_T使得M_P = 0.05(阻尼比ζ=0.707)，請計算上升時間(T_R)及穩定時間(T_S)。

(5) 承(4)之K及K_T值，請計算系統的速度誤差常數K_V。

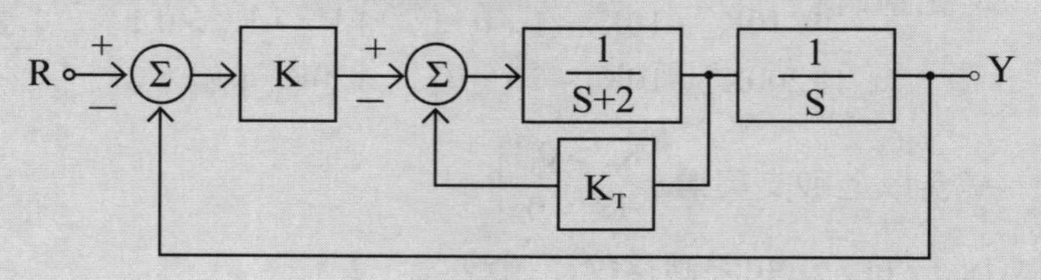

‧**題型與配分**：非選擇題，20分

‧**出題**：本書Chap 6<焦點2>「根軌跡的畫法」(在此省略)以及Chap 5<焦點6>之要點4

‧**難度**：★★★☆☆

解 (1)$K_T=0$，此時開迴路轉移函數為 $G_1(s)=\dfrac{K}{s(s+2)}$，系統之穩定條件為

$\Delta(s)=s(s+2)+K=s^2+2s+K=0$ $K>0$，根軌跡之起點為 $G_1(s)=\dfrac{K}{s(s+2)}$ 之極點s=0,s=-2(有2個，n=2)，根軌跡之終點為系統之零點，由 $G_1(s)=\dfrac{K}{s(s+2)}$ 看出為無(m=0)；先求根軌跡與s-plane實軸之交點為 $\sigma_A=\dfrac{0+(-2)}{n-m}=-1$，且其漸進線之角度為±90°，而根軌跡之分離點為 $\dfrac{d}{ds}G_1(s)=0$ $2s+2=0$ $s=-1$，畫出如下圖之根軌跡。

jω

-2 -1 0 σ

(2) K=16代入$s^2+2s+16=0$ $s=\frac{-2\pm\sqrt{2^2-4*16}}{2}=-1\pm j2\sqrt{15}$，

故此系統之極點即為根的位置在

$s_1=-1+j2\sqrt{15}$ 及 $s_2=-1-j2\sqrt{15}$，此特性方程式與標準二階回授控制系統比較係數得$\begin{Bmatrix}2\xi\omega_n=2\\ \omega_n{}^2=16\end{Bmatrix}=\begin{Bmatrix}\omega_n=4\\ \xi=0.25\end{Bmatrix}$，故此系統之上升時間為

$$T_R=\frac{\pi-\tan^{-1}\frac{\sqrt{1-\xi^2}}{\xi}}{\omega_n\sqrt{1-\xi^2}}=\frac{\pi-\tan^{-1}\frac{\sqrt{1-\frac{1}{16}}}{0.25}}{4\sqrt{1-\frac{1}{16}}}=\frac{\pi-\tan^{-1}\sqrt{15}}{\sqrt{15}}=\frac{0.58\pi}{3.873}$$

$=0.47(sec)$

安定時間(取終值響應容許誤差2%)為 $T_s=4(\frac{1}{\xi\omega_n})=4(sec)$，

最大超越量 $M_P=e^{-\frac{\pi\xi}{\sqrt{1-\xi^2}}}=e^{-\frac{0.25\pi}{0.25\sqrt{15}}}=e^{-0.811}=0.444$

(3) K=16，由方塊圖中中間部分先計算轉移函數為

$\frac{\frac{1}{s+2}}{1+\frac{K_T}{s+2}}=\frac{1}{s+(2+K_T)}$，此系統之開迴路轉移函數為

$G_2(s)=\frac{16}{s(s+2+K_T)}$，系統穩定之條件為$\Delta(s)=s^2+(2+K_T)s+16=0$ $K_T>0$，但當$K_T=-2$時代入$\Delta(s)=s^2+16=0$ $s=\pm j4$為「臨界穩定」，亦為此根軌跡與s-plane虛軸之交點，因$K_T>0\to\infty$係為一變動的值，由$G_2(s)=\frac{16}{s(s+2+K_T)}$分母知其極點為$s=0, s=-(2+K_T)$，其根軌跡須以討論方式進行，即先代入幾個值如下

當$K_T=0\Rightarrow s^2+2s+16=0\Rightarrow s=-1\pm j2\sqrt{15}$

當$K_T=1 \Rightarrow s^2+3s+16=0 \Rightarrow s=-1.5\pm j\sqrt{55}$ ……畫出大致之根軌跡如下：

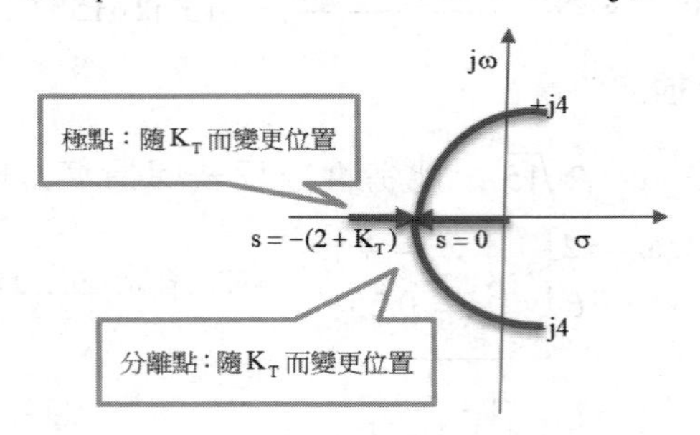

(4)$\Delta(s)=s^2+(2+K_T)s+16=0$　$K_T>0$與標準二階方程式比較係數為

$$\begin{Bmatrix} 2\xi\omega_n = 2+K_T \\ \omega_n^{\ 2}=16 \end{Bmatrix} => \begin{Bmatrix} \omega_n = 4 \\ \xi = \dfrac{2+K_T}{8} \end{Bmatrix}$$

，又$\xi=0.707$　$K_T=3.656$

$$T_R=\frac{\pi-\tan^{-1}\dfrac{\sqrt{1-0.707^2}}{0.707}}{4\sqrt{1-0.707^2}}=\frac{0.75\pi}{2\sqrt{2}}=0.833(\text{sec})$$

安定時間(取終值響應容許誤差2%)為

$$T_s=4(\frac{1}{\xi\omega_n})=\frac{4}{0.707*4}=1.414(\text{sec})$$

(5)題目給定$K=16$及$K_T=3.656$，而開迴路轉移函數為$G_2(s)=\dfrac{16}{s(s+5.656)}$

，故其速度誤差常數為$K_V=\lim\limits_{s\to 0} sG(s)=\lim\limits_{s\to 0} s\dfrac{16}{s(s+5.656)}=2.829$

3

如附圖所示，請利用Ziegler-Nichols法調整K_P、T_I及T_D參數。

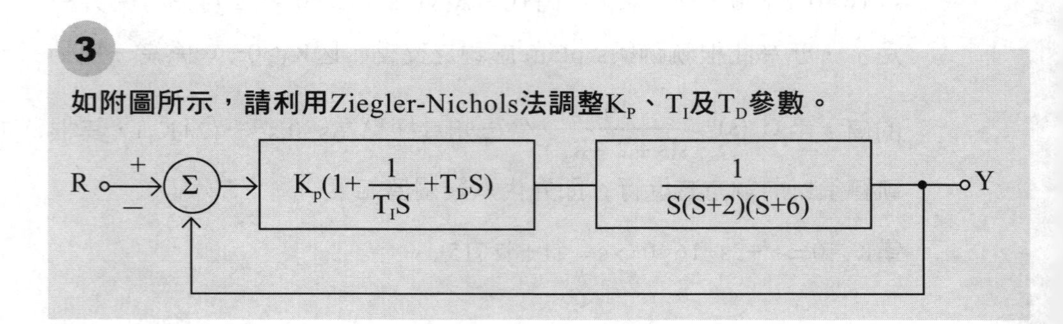

・**題型與配分**：非選擇題，20分
・**出題**：本書Chap 9<焦點2>之要點6
・**難度**：★★★★☆

解 Ziegler-Nichols Method在一起始進行PID Controller之調整時，為先把積分及微分控制方塊關掉（即$K_I=K_D=0$），即不考慮T_I, T_D兩項，此時開迴路轉移函數為$G(s)=\dfrac{K_P}{s(s+2)(s+6)}$，閉迴路系統之轉移函數為

$$T(s)=\frac{\dfrac{K_P}{s(s+2)(s+6)}}{1+\dfrac{K_P}{s(s+2)(s+6)}}=\frac{K_P}{s(s+2)(s+6)+K_P}$$

特性方程式$\Delta(s)=s(s+2)(s+6)+K_p=s^3+8s+12s+K_p=0$，依照Routh Hurwitz Criteria判斷系統穩定之條件為$K_P>0$，並作羅氏表如下：

s^3	1	12
s^2	8	K_P
s^1	$\dfrac{96-K_P}{8}$	0
s_0	$K_p>0$	

得$0<K_P<96$，而當$K_P=96$時，此系統達「臨界穩定」，即Ziegler-Nichols Method之「極限增益值」$K_u=96$，此時可得系統之輔助方程式如下，並推出T_u值$A(s)=8s^2+96=0 \Rightarrow s=\pm j2\sqrt{3} \Rightarrow \omega=2\sqrt{3}=\dfrac{1}{T_u} \Rightarrow T_u=0.288(sec)$

1942年，Ziegler-Nichols提出PID Controller之最佳參數調整如下：

比例增益值為$K_p=0.6K_u=57.6$，

積分時間（或稱為「重置時間」）為$T_I=0.5T_u=0.5*0.288=0.144(sec)$，

微分時間為$T_D=0.125T_u=0.125*0.288=0.036(sec)$

110年 關務特考三等／機械類

1

常用於分析懸吊系統之1/4車模型如下圖所示，汽車輪胎簡化為無阻尼之彈簧K_t，圖中M_b與M_{us}分別為1/4車體與輪胎質量，K_a與K_t分別為車體與輪胎之彈簧常數，f_v為車體之阻尼常數，r為路面干擾輸入，x_s與x_w為車體與輪胎之垂直向位移。

(1) 列出此系統之垂直向雙變數單一輸入兩階聯立動態方程式。

(2) 試依據圖中模型參數推導車體垂直向位移相對於路面干擾之轉移函數

$$G(s)=\frac{X_s(s)}{R(s)}$$ 。

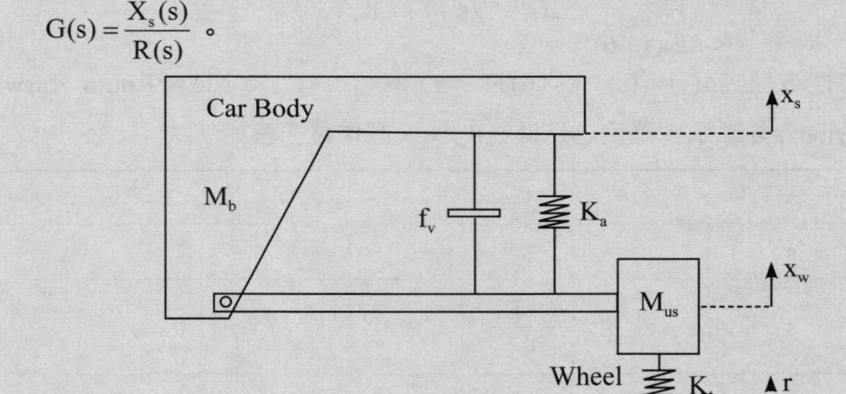

．**題型與配分**：非選擇題，25分

．**出題**：本書Chap 10<焦點2>之要點5以及Chap 11<焦點1>之要點4,5

．**難度**：★★★★☆

解 (1)首先由題目圖示，分別以「分離體」列出個別之受力狀況如下：

輪胎部分：(先定向上方向為正)

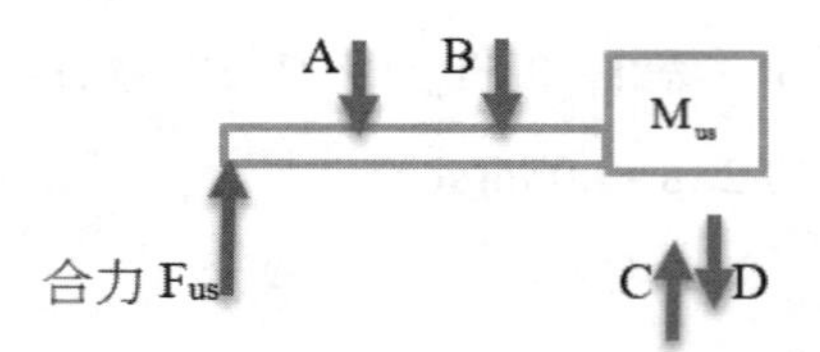

其中：$A=f_v x_w', B=K_a x_w, C=K_t r, D=M_{us} x_w''$

故$F_{us}=K_t r - f_v x_w' - K_a x_w - M_{us} x_w''$，

當達到靜力平衡時⇒$F_{us}=0 \Rightarrow K_t r = M_{us} x_w'' + f_v x_w' + K_a x_w$，

此時定義狀態變數$X_w = \begin{pmatrix} x_1 \\ x_2 \end{pmatrix}$；$X_w' = \begin{pmatrix} x_1' \\ x_2' \end{pmatrix}$；let$\begin{Bmatrix} x_1 = x_w \\ x_2 = x_1' = x_w' \end{Bmatrix}$，

$$\text{then}\begin{Bmatrix} x_1' = x_2 \\ x_2' = x_w'' = \frac{K_t}{M_{us}} r - \frac{f_v}{M_{us}} x_2 - \frac{K_a}{M_{us}} x_1 \end{Bmatrix}$$

故得單一輸入二階之狀態方程式為

$$\begin{pmatrix} x_1' \\ x_2' \end{pmatrix} = \begin{pmatrix} 0 & 1 \\ -\frac{K_a}{M_{us}} & -\frac{f_v}{M_{us}} \end{pmatrix} \begin{pmatrix} x_1 \\ x_2 \end{pmatrix} + \begin{pmatrix} 0 \\ \frac{K_t}{M_{us}} \end{pmatrix} r$$

$$\Rightarrow x_w' = \begin{pmatrix} 0 & 1 \\ -\frac{K_a}{M_{us}} & -\frac{f_v}{M_{us}} \end{pmatrix} x_w + \begin{pmatrix} 0 \\ \frac{K_t}{M_{us}} \end{pmatrix} r$$

同理；1/4車部分：(亦定向上方向為正)

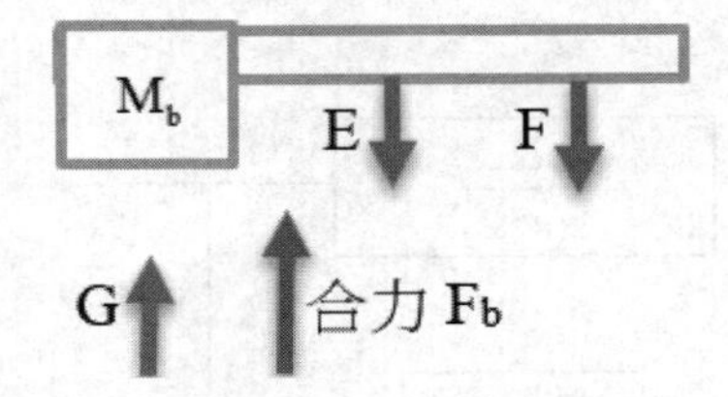

其中：$E=f_v x_s', F=K_a x_s'', G=M_b x_s''$，故$F_b = -f_v x_s' - K_a x_s - M_b x_s''$，當達到靜力平衡時⇒$F_b=0 \Rightarrow M_b x_s'' = -f_v x_s' - K_a x_s$，此時定義狀態變數

$X_s = \begin{pmatrix} x_3 \\ x_4 \end{pmatrix}$；$X_s' = \begin{pmatrix} x_3' \\ x_4' \end{pmatrix}$；let$\begin{Bmatrix} x_3 = x_s \\ x_4 = x_3' = x_s' \end{Bmatrix}$，

$$\text{then}\begin{Bmatrix} x_3' = x_4 \\ x_4' = x_s'' = -\frac{f_v}{M_b} x_4 - \frac{K_a}{M_b} x_3 \end{Bmatrix}$$

故得單一輸入二階之狀態方程式為

$$\begin{pmatrix} x_3' \\ x_4' \end{pmatrix} = \begin{pmatrix} 0 & 1 \\ -\frac{K_a}{M_b} & -\frac{f_v}{M_b} \end{pmatrix} \begin{pmatrix} x_3 \\ x_4 \end{pmatrix} \Rightarrow x_s' = \begin{pmatrix} 0 & 1 \\ -\frac{K_a}{M_b} & -\frac{f_v}{M_b} \end{pmatrix} x_s$$

(2)此時考慮M_b+M_{us}合成一個系統，則上(1)之A,B,E,F均屬於系統內力不予以考慮；則合力$F=K_t r-(M_b+M_{us})x_s''$ 取拉式運算，則

$F(s)=K_tR(s)-s^2(M_b+M_{us})X_s(s)$

靜力平衡時，$F=0\Rightarrow K_tR(s)=s^2(M_b+M_{us})X_s(s)$

故轉移函數為 $G(s)=\dfrac{X_s(s)}{R(s)}=\dfrac{K_t}{s^2(M_b+M_{us})}$

2

(1) 由下列之控制系統方塊圖，計算增益值K與微分回饋增益P值，使得此閉迴路系統之單位步階響應的最大超越量為16.3%，對應之峰值時間（peak time）為1秒。

(2) 依據題(2)求出之K與P值，計算此閉迴路系統之2%安定時間（settling time）與閉迴路特徵根值。

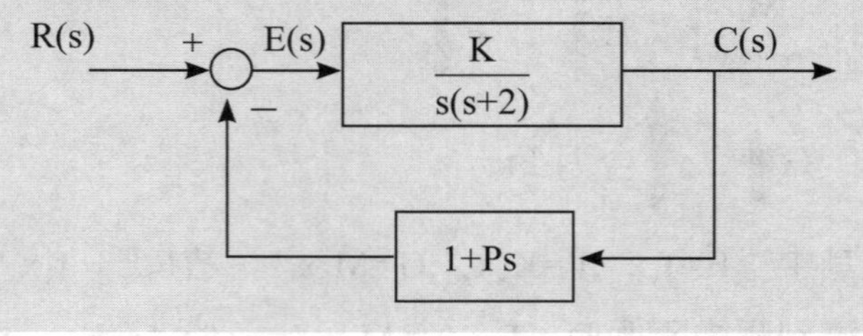

・**題型與配分**：非選擇題，25分

・**出題**：本書Chap 5<焦點3>之要點5

・**難度**：★★★☆☆

解 (1)先計算出系統閉迴路轉移函數如下，

$$\frac{C(s)}{R(s)}=\frac{\frac{K}{s(s+2)}}{1+(\frac{K}{s(s+2)})(1+Ps)}=\frac{K}{s^2+(2+KP)s+K}\ ,$$

其特性方程式為：$\Delta(s)=s^2+(2+KP)s+K=0$，

與標準二階系統相比較係數得$\begin{Bmatrix} 2\xi\omega_n = 2+KP \\ \omega_n{}^2 = K \end{Bmatrix}$；

又最大超越量$M_P = e^{\frac{-\pi\xi}{\sqrt{1-\xi^2}}} = 0.163$

$\Rightarrow \xi^2 = \dfrac{0.3334}{1.3334} = 0.25 \Rightarrow \xi=0.5$及代入$t_P = \dfrac{\pi}{\omega_n\sqrt{1-\xi^2}} = 1$

$\Rightarrow \omega_n=3.628(rad/sec)$，故代回$\begin{Bmatrix} 2\xi\omega_n = 2+KP \\ \omega_n{}^2 = K \end{Bmatrix}$

得到$\begin{Bmatrix} K = \omega_n{}^2 = 3.628^2 = 13.16 \\ 2+13.16P = 2*0.5*3.628 => P = 0.124 \end{Bmatrix}$

(2) 此系統若要求終值響應容許誤差為±2%，

則安定時間為$t_s = \dfrac{4}{\xi\omega_n} = \dfrac{4}{0.5*3.628} = 2.21(sec)$；

且其特性方程式為

$\Delta(s)=s^2+(2+13.16*0.124)s+13.16=s^2+3.632s+13.16=0$，

得出特性根為$s = \dfrac{-3.632 \pm \sqrt{3.632^2 - 4*13.16}}{2} = -1.816 \pm j6.281$，

此二根均位於s-plane之左半面(LHP)，故系統為穩定。

3

(1) 一個無複數極點之極小相系統的頻率響應漸進線如下圖所示，試求出此系統之開迴路轉移函數G(s)，須算出K，ω_1與ω_2值。

(2) 依據題(1)開迴路轉移函數，以K值可變，繪出此系統之根軌跡圖。

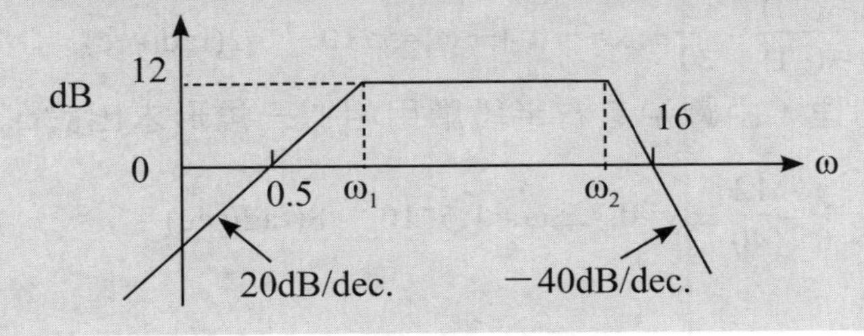

・**題型與配分**：非選擇題，25分
・**出題**：本書Chap 7<焦點2>之各要點說明
・**難度**：★★★★☆

解 (1)由題目所給「波德圖」，當$\omega \to 0^+$時有一斜率+20 dB/decade且有兩處轉折(ω_1，ω_2)，故知此開迴路轉移函數有一個零點s=0及2個極點(s=jω_1)，(s=jω_2)，開迴路轉移函數轉成頻域形式表示式可假設為下：

$G(j\omega)=\dfrac{jK\omega}{\left(1+j\dfrac{\omega}{\omega_1}\right)\left(1+j\dfrac{\omega}{\omega_2}\right)^2}$，其大小(直接轉為dB值)為$G(j\omega)_{dB}$=20 logK+20 log$\omega$－10 log$\left[1+\left(\dfrac{\omega}{ù_1}\right)^2\right]$–20log$\left[1+\left(\dfrac{\omega}{_2}\right)^2\right]$

A. 當$\omega=0.5\left(\dfrac{rad}{sec}\right)$時，代入上式得$0_{dB}$=20 log K+20 log0.5（後2項其值為0，可忽略） K=2

B. 由所給圖中，左右二段分別推算出ω_1，ω_2如下：

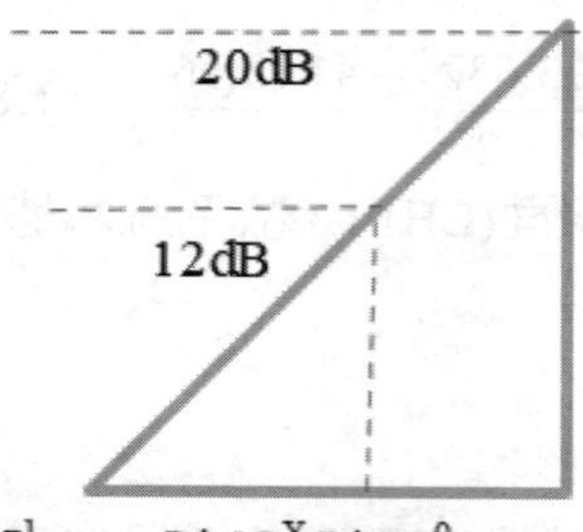

$5*10^{-1}\ \omega_1=5*10^{x}\ 5*10^{0}$

先求ω_1，並令$\omega_1=5*10^x$，此相似三角形之比例關係為

$\dfrac{x-(-1)}{0-(-1)}=\dfrac{12}{20}$⇒x=－0.4⇒$\omega_1=5*10^{-0.4}$=2(rad/sec)

同理，由圖中之右半段應用相似三角形求出設$\omega_2=1.6*10^y$，

$\dfrac{1-y}{1-0}=\dfrac{12}{40}$⇒y=0.7⇒$\omega_2=1.6*10^{0.7}$=8(rad/sec)

故 $G(j\omega)=\dfrac{2j\omega}{(1+j\frac{\omega}{2})(1+j\frac{\omega}{8})^2}$，在s-Domain系統之

開迴路轉移函數為 $G(s)=\dfrac{2s}{(1+\frac{s}{2})(1+\frac{s}{8})^2}=\dfrac{256s}{(s+2)(s+8)^2}$

(2) 本題畫出根軌跡圖，則為 $G(s)=\dfrac{Ks}{(s+2)(s+8)^2}$ 中，

A. 起點(K=0)為其極點s=－2,s=－8,s=－8(n=3)，終點(K=∞)為其零點s=0,(m=1)

B. 因為n-m=2，其漸進線角度為±90°

C. 分離點為 $\dfrac{d}{ds}G(s)=0\Rightarrow\dfrac{(s+2)(s^2+16s+64)-s(3s^2+36s+96)}{[(s+2)(s^2+16s+64)]^2}=0$

$\Rightarrow s^3+9s^2-64=0\Rightarrow(s+8)(s^2+s-8)=0\Rightarrow s=-3.37$(餘不合)，故可畫圖如下：

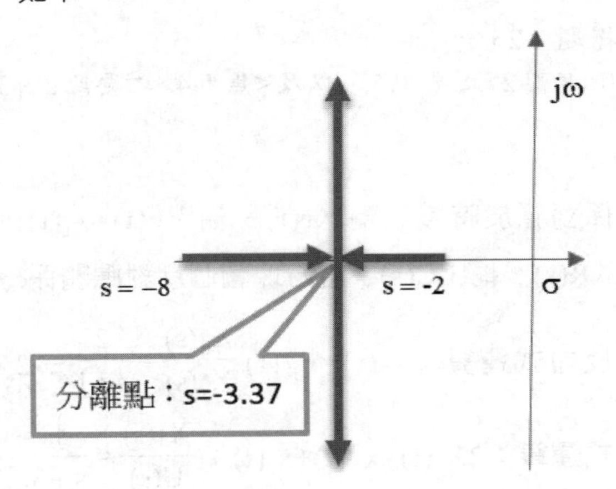

4

已知一控制系統之串聯分解模型與狀態變數X定義如下圖

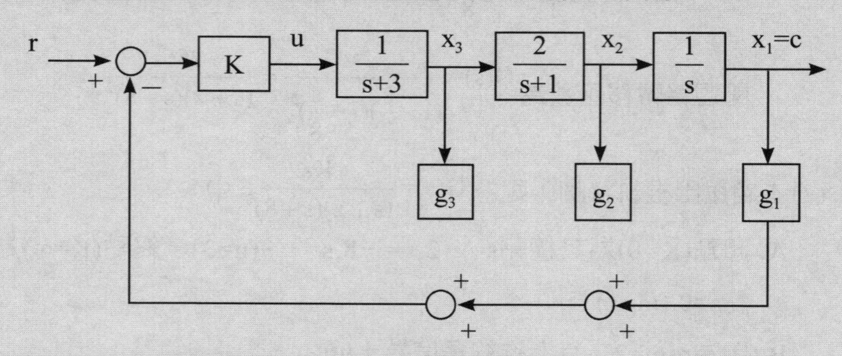

(1) **試列出狀態空間之動態方程式**$X(t)=Ax(t)+Bu(t), c=Dx(t)$。

(2) **利用狀態回授方法設計上圖之控制器，計算出**K, g_1, g_2**與**g_3**之數值，以滿足下列性能條件：**1.**此系統三個閉迴路特徵根分別為：**$-5, -1\pm j\sqrt{3}$，2.**對於步階輸入之穩態誤差為零。**

- **題型與配分**：非選擇題，25分
- **出題**：本書Chap 10<焦點2>之要點5，以及<焦點4>之要點2、3
- **難度**：★★★★☆

解 (1)題目所示，係對應於時域之輸入r(t)、輸出$c(t)=x_1(t)$，若對應於s-域，則為輸入R(s)，輸出C(s)，由方塊圖個別對應關係得

$\dfrac{X_1(s)}{X_2(s)}=\dfrac{1}{s}$ ⇒反拉式運算：$x_2(t)=x_1'(t)$ $\dfrac{X_2(s)}{X_3(s)}=\dfrac{2}{s+1}$ $\Rightarrow 2X_3(s)=(s+1)$

$X_2(s)$⇒反拉式運算：$2X_3(t)=x_2'(t)+x_2(t)$；$\dfrac{X_3(s)}{U(s)}=\dfrac{1}{s+3}$ $\Rightarrow U(s)=(s+3)$

$X_3(s)$⇒反拉式運算：$u(t)=x_3'(t)+3x_3(t)$

令 $\Lambda(s)=R(s)-(g_3X_3+g_2X_2+g_1X_1)$，$\dfrac{U(s)}{\Lambda(s)}=K \Rightarrow U(s)=K\Lambda(s)$

⇒反拉式運算：$u(t)=K\Lambda(t)$；$\Lambda(t)=r(t)-(g_3x_3(t)+g_2x_2(t)+g_1x_1(t))$

$\Rightarrow u(t)=Kr(t)-Kg_3x_3-Kg_1x_2-Kg_1x_1$

又 $X(t)=\begin{pmatrix} x_1(t) \\ x_2(t) \\ x_3(t) \end{pmatrix}$;

$$X'(t)=\begin{pmatrix} x_1'(t) \\ x_2'(t) \\ x_3'(t) \end{pmatrix} \Rightarrow \left\{ \begin{matrix} x_1'=x_2 \\ x_2'=2x_3-x_2 \\ x_3'=u-3x_3 => Kr-(Kg_3+3)x_3-Kg_2x_2-Kg_1x_1 \end{matrix} \right\}$$

故此系統之動態方程式為

$$\begin{pmatrix} x_1'(t) \\ x_2'(t) \\ x_3'(t) \end{pmatrix} \Rightarrow \begin{pmatrix} 0 & 1 & 0 \\ 0 & -1 & 2 \\ -Kg_1 & -Kg_2 & -(Kg_3+3) \end{pmatrix} \begin{pmatrix} x_1(t) \\ x_2(t) \\ x_3(t) \end{pmatrix} + \begin{pmatrix} 0 \\ 0 \\ K \end{pmatrix} r$$

$$C(t)=\begin{pmatrix} 1 & 0 & 0 \end{pmatrix} \begin{pmatrix} x_1(t) \\ x_2(t) \\ x_3(t) \end{pmatrix}$$

其中系統矩陣為 $A=\begin{pmatrix} 0 & 1 & 0 \\ 0 & -1 & 2 \\ -Kg_1 & -Kg_2 & -(Kg_3+3) \end{pmatrix}$，

輸入矩陣 $B=\begin{pmatrix} 0 \\ 0 \\ K \end{pmatrix}$ 為，輸出矩陣為C=(1 0 0)

(2) 此閉迴路系統特性值為 $s=-5, s=-1\pm j\sqrt{3}$，故特性方程式為 $\Delta(s)=(s+5)(s^2+2s+4)=s^3+7s^2+14s+20=0$，如此可反求開迴路轉移函數

為 $\Rightarrow 1+G(s)=1+\dfrac{20}{s^3+7s^2+14s} \Rightarrow G(s)=\dfrac{20}{s(s^2+7s+14)}=C(sI-A)^{-1}B$

$$(sI-A)^{-1}=\begin{pmatrix} s & -1 & 0 \\ 0 & s+1 & -2 \\ Kg_1 & Kg_2 & Kg_3+3 \end{pmatrix}^{-1}$$

$$=\frac{1}{s(s+1)(Kg_3+s)+2Kg_1+2sKg_2}\begin{pmatrix} (Kg_3+3)(s+1)+2kg_2 & Kg_3+3 & 2 \\ -2Kg_1 & sKg_3+3s & 2s \\ -Kg_1(s+1) & -(sKg_2+Kg_1) & s(s+1) \end{pmatrix}$$

$C(sI-A)^{-1}B$

$$=\frac{(1\quad 0\quad 0)}{s(s+1)(Kg_3+s)+2Kg_1+2sKg_2}\begin{pmatrix}(Kg_3+3)(s+1)+2kg_2 & Kg_3+3 & 2\\ -2Kg_1 & sKg_3+3s & 2s\\ -Kg_1(s+1) & -(sKg_2+Kg_1) & s(s+1)\end{pmatrix}\begin{pmatrix}0\\0\\1\end{pmatrix}$$

上式化簡後，其分子部分：

$$\left((Kg_3+3)(s+1)+2Kg_2 \quad Kg_3+3 \quad 2\right)\begin{pmatrix}0\\0\\K\end{pmatrix}=2K\Rightarrow K=20$$

其分母部分：

$(s^2+s)(s+20g_3)+20g_1+20sg_2$

$=s^3+(20g_3+1)s^2+(20g_3+20g_2)s+20g_1=s^3+7s^2+14s$

比較係數得 $\begin{cases}20g_1=0\\20g_3+1=7\\20g_3+20g_2=14\end{cases}\Rightarrow\begin{cases}g_1=0\\g_3=0.3\\g_2=0.4\end{cases}$；

且 $e_{ss}=\lim\limits_{s\to 0}sE(s)=\lim\limits_{s\to 0}s(\frac{G(s)}{1+G(s)})=\lim\limits_{s\to 0}\frac{20s}{s^3+7s^2+14s+20}=0$

110年 經濟部所屬事業機構新進職員／儀電類

1

一個線性非時變系統之「轉移函數」 $W(s)=\dfrac{5(s+1)}{s(s+2)(s+6)}$ 。

(1) **求**W(s)**之反拉氏轉換。**

(2) **當其「脈衝響應」**$t\to\infty$**時，為何值？**

- **題型與配分**：非選擇題，10分
- **出題**：本書Chap 2<焦點5>之要點1及<焦點4>之要點5
- **難度**：★★☆☆☆

解 (1)利用上述之「快速解法」，此題轉移函數為 $W(s)=\dfrac{5(s+1)}{s(s+2)(s+6)}$，則

$$\text{令 } W(s)=\frac{5(s+1)}{s(s+2)(s+6)}=\frac{\alpha}{s}+\frac{\beta}{s+2}+\frac{\gamma}{s+6}\Rightarrow\begin{cases}\alpha=\dfrac{5(0+1)}{(0+2)(0+6)}=\dfrac{5}{12}\\[2mm]\beta=\dfrac{5(-2+1)}{-2(-2+6)}=\dfrac{5}{8}\\[2mm]\gamma=\dfrac{5(-6+1)}{-6(-6+2)}=\dfrac{-25}{24}\end{cases}$$

$$\Rightarrow W(s)=\frac{5(s+1)}{s(s+2)(s+6)}=\frac{\frac{5}{12}}{s}+\frac{\frac{5}{8}}{s+2}+\frac{\frac{-25}{24}}{s+6}$$

$$\Rightarrow L^{-1}(W(s))=\frac{5}{12}+\frac{5}{8}e^{-2t}-\frac{25}{24}e^{-6t}$$

(2)輸入為脈衝函數 $R(s)=1$，

則輸出 $Y(s)=W(s)*R(s)=\dfrac{5(s+1)}{s(s+2)(s+6)}*1=\dfrac{5(s+1)}{s(s+2)(s+6)}$，

由終值定理 $\lim\limits_{t\to\infty}y(t)=\lim\limits_{s\to 0}sY(s)=\lim\limits_{s\to 0}\dfrac{5(s+1)}{(s+2)(s+6)}=\dfrac{5}{12}$

2

考慮附圖電路，其中 $\frac{V_O}{V_1}=A$ **。**

(1) 請繪出系統方塊圖。

(2) 請依系統方塊圖求 $\frac{V_O(S)}{V_i(S)}=?$

(3) 當A +∞時，請繪出 $\frac{V_O(S)}{V_i(S)}$ **的波德圖(Bode plot)。**

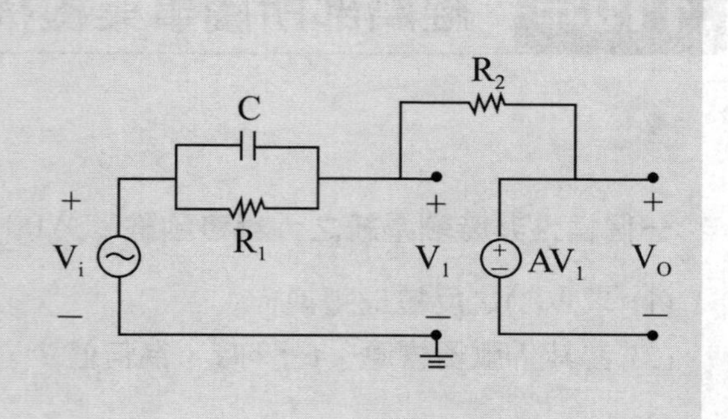

・**題型與配分：** 非選擇題，20分

・**出題：** 綜合題，參考本書Chap 7<焦點3>之要點3

・**難度：** ★★★★☆

・**重點解析：**

(1)本題電路圖中，電容器與頻率相關，而電阻並不會受電路頻率影響，故設電容器之等效阻抗為 $\frac{1}{sC}$ ，左側並聯的部分其等效阻抗為

$\frac{1}{\frac{1}{R_1}+sC}=\frac{R_1}{1+sR_1C}$ ，故可畫方塊圖如下：

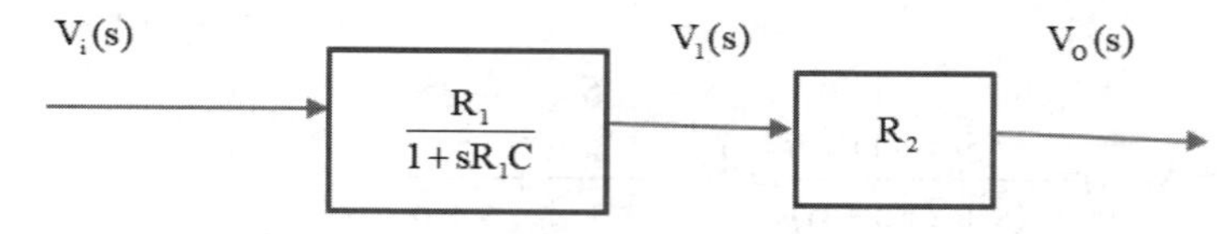

(2)此串聯電路中，可以利用基本的電壓定律分別列出兩個方程式，設此電路之電流為i以及題目所給$V_O(s)=AV_1(s)$

$$\Rightarrow\begin{Bmatrix} V_1(s)=V_O(s)+iR_2.......(1) \\ V_i(s)=V_1(s)+i\frac{R_1}{1+sR_1C}...(2) \end{Bmatrix},$$

由(1)得 $i=\frac{V_1(s)-V_O(s)}{R_2}=\frac{V_1(s)(1-A)}{R_2}\cdots\cdots(3)$

再代入(2)中，

可得 $V_i(s)=V_1(s)+\frac{V_1(s)(1-A)}{R_2}(\frac{R_1}{1+sR_1C})\Rightarrow\frac{V_1(s)}{V_i(s)}=\frac{1}{1+\frac{R_1(1-A)}{R_2(1+sR_1C)}}$

故轉移函數

$$\frac{V_o(s)}{V_i(s)}=\frac{V_1(s)}{V_i(s)}*\frac{V_0(s)}{V_1(s)}=\frac{A}{1+\frac{R_1(1-A)}{R_2(1+sR_1C)}}=\frac{AR_2(1+sR_1C)}{R_2(1+sR_1C)+R_1(1-A)}$$

(3) 上式令s=jω，代入 $\frac{V_o(j\omega)}{V_i(j\omega)}=\frac{A(1+j\omega R_1C)}{(1+j\omega R_1C)+\frac{R_1}{R_2}(1-A)}$ ，可分別計算其

大小之dB值以及相角，分別為

$$\left|\frac{V_o}{V_i}\right|_{dB}=20\log A+10\log[1+(\frac{\omega}{\frac{1}{R_1C}})^2]-10\log[(1+\frac{R_1}{R_2}(1-A))^2+(\frac{\omega}{\frac{1}{R_1C}})^2]$$

……(4)

$$\angle\frac{V_o(j\omega)}{V_i(j\omega)}=\tan^{-1}\omega R_1C-\tan^{-1}\frac{\omega R_1C}{1+\frac{R_1}{R_2}(1-A)}\cdots\cdots(5)$$

當 $A\to+\infty=>\left|\frac{V_o}{V_i}\right|_{dB}=10\log[1+(\frac{\omega}{\frac{1}{R_1C}})^2]\ \&\ \angle\frac{V_o}{V_i}=\tan^{-1}\frac{\omega}{\frac{1}{R_1C}}$ ，

今分析如下：

A. $\omega\to0^+\Rightarrow\left|\frac{V_o}{V_i}\right|_{dB}=0\ \&\ \angle\frac{V_o}{V_i}=0°$

B. $\omega\to\frac{1}{R_1C}\Rightarrow\left|\frac{V_o}{V_i}\right|_{dB}=10\log2=3dB\ \&\ \angle\frac{V_o}{V_i}=45°$

C. $\omega=\frac{10}{R_1C}\Rightarrow\left|\frac{V_o}{V_i}\right|_{dB}=20dB\ \&\ \angle\frac{V_o}{V_i}=\tan^{-1}10=84.4°$

D. $\omega\to+\infty\Rightarrow\left|\frac{V_o}{V_i}\right|_{dB}=\infty dB\ \&\ \angle\frac{V_o}{V_i}=90°$

故可畫其波得圖為：

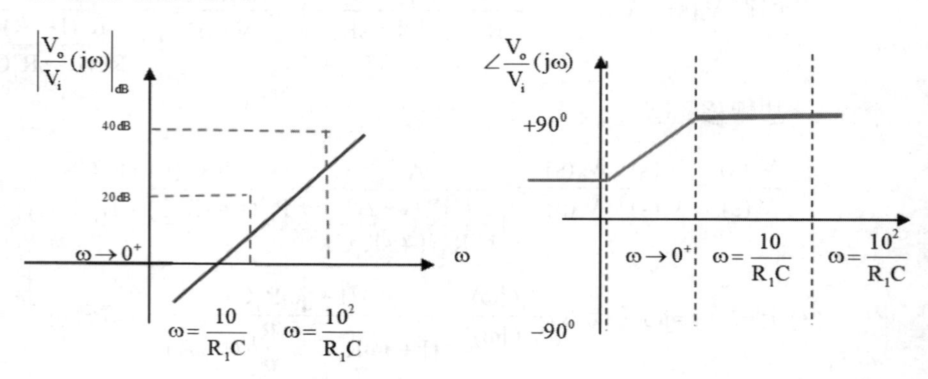

3

考慮附圖系統。

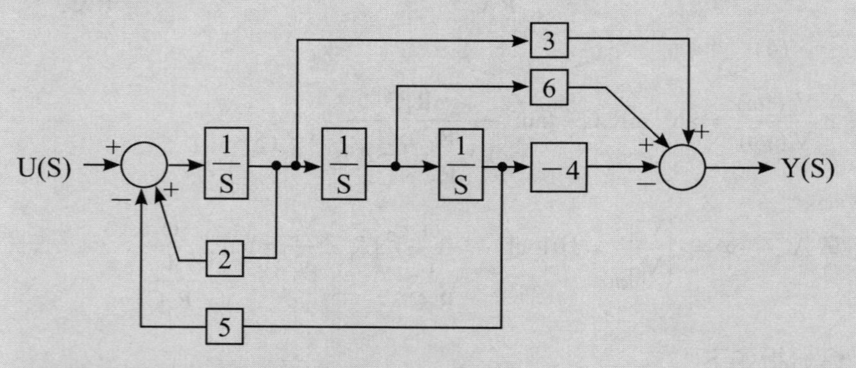

(1) 請寫出此系統之狀態方程式。

(2) 請證明系統的可控制性（controllability）與可觀測性（observability）。

(3) 請寫出此系統之轉移函數。

- **題型與配分**：非選擇題，20分
- **出題**：本書Chap 10 <焦點2>之要點6,7以及<焦點3>之要點5~7
- **難度**：★★★★☆

解 本題給定之系統方塊圖中，控制方塊中之為$\frac{1}{s}$係為積分器，且有三個積分器，先假設由左至右該積分方塊圖後分別為X_3、X_2、X_1，此時由圖中關係可得以下方程式$\begin{Bmatrix} X_1' = X_2 \\ X_2' = X_3 \\ X_3' = U + 2X_3 - 5X_1 \\ Y = -4X_1 + 6X_2 + 3X_3 \end{Bmatrix}$：

(1)則本系統之狀態方程式$\begin{Bmatrix} X' = AX + BU \\ Y = CX \end{Bmatrix}$，其中狀態變數$X = \begin{pmatrix} X_1 \\ X_2 \\ X_3 \end{pmatrix}$，狀態變數微分量$X' = \begin{pmatrix} X_1' \\ X_2' \\ X_3' \end{pmatrix}$，且A為系統矩陣，B為輸入矩陣，C為輸出矩陣，由方程式可得$\begin{pmatrix} X_1' \\ X_2' \\ X_3' \end{pmatrix} = \begin{pmatrix} 0 & 1 & 0 \\ 0 & 0 & 1 \\ -5 & 0 & 2 \end{pmatrix}\begin{pmatrix} X_1 \\ X_2 \\ X_3 \end{pmatrix} + \begin{pmatrix} 0 \\ 0 \\ 1 \end{pmatrix}U$以及$Y = (-4 \quad 6 \quad 3)\begin{pmatrix} X_1 \\ X_2 \\ X_3 \end{pmatrix}$，且系統矩陣$A = \begin{pmatrix} 0 & 1 & 0 \\ 0 & 0 & 1 \\ -5 & 0 & 2 \end{pmatrix}$，輸入矩陣$B=\begin{pmatrix} 0 \\ 0 \\ 1 \end{pmatrix}$，輸出矩陣為$C=(-4 \quad 6 \quad 3)$

(2)系統若為可控制性，則可找到一控制矩陣$Q_c=(B \quad AB \quad A^2B)$，其行列式值應不為0，代入$Q_c=(B \quad AB \quad A^2B) = \begin{pmatrix} 0 & 0 & 1 \\ 0 & 1 & 2 \\ 1 & 2 & 4 \end{pmatrix} \Rightarrow \det Q_c = -1 \neq 0$，故本系統為具可控制性；同理若系統若為可觀察性，則可找到一觀察矩陣$Q_o = \begin{pmatrix} C \\ CA \\ CA^2 \end{pmatrix}$，其行列式值應不為0，代入

$$Q_o=\begin{pmatrix}C\\CA\\CA^2\end{pmatrix}=\begin{pmatrix}-4&6&3\\-15&-4&12\\-60&-15&20\end{pmatrix}$$ $\det Q_o=320+675-4320-720-720+1800\neq0$，故本系統為具可觀察性。

(3)開迴路轉移函數為$G(s)=C(sI-A)^{-1}B$，

先計算 $$(sI-A)^{-1}=\begin{pmatrix}s&-1&0\\0&s&-1\\5&0&s-2\end{pmatrix}^{-1}=\frac{\begin{pmatrix}s^2-2s&s-2&1\\-5&s^2-2s&s\\-5s&-5&s^2\end{pmatrix}}{s^2(s-2)+5},$$

則

$$G(S)=C(sI-A)^{-1}B=\frac{1}{s^2(s-2)+5}\begin{pmatrix}-4&6&3\end{pmatrix}\begin{pmatrix}s^2-2s&s-2&1\\-5&s^2-2s&s\\-5s&-5&s^2\end{pmatrix}\begin{pmatrix}0\\0\\1\end{pmatrix}$$

$$\Rightarrow G(S)=\frac{1}{s^2(s-2)+5}\begin{pmatrix}-4s^2-7s+30&6s^2-16s-7&3s^2+6s-4\end{pmatrix}\begin{pmatrix}0\\0\\1\end{pmatrix}$$

$$=\frac{3s^2+6s-4}{s^2(s-2)+5}$$

111年 經濟部所屬事業機構新進職員／儀電類

1

有一電路如圖(a)，其系統方塊圖為圖(b)，試求$G_1(s), G_2(s), G_3(s), G_4(s)$。

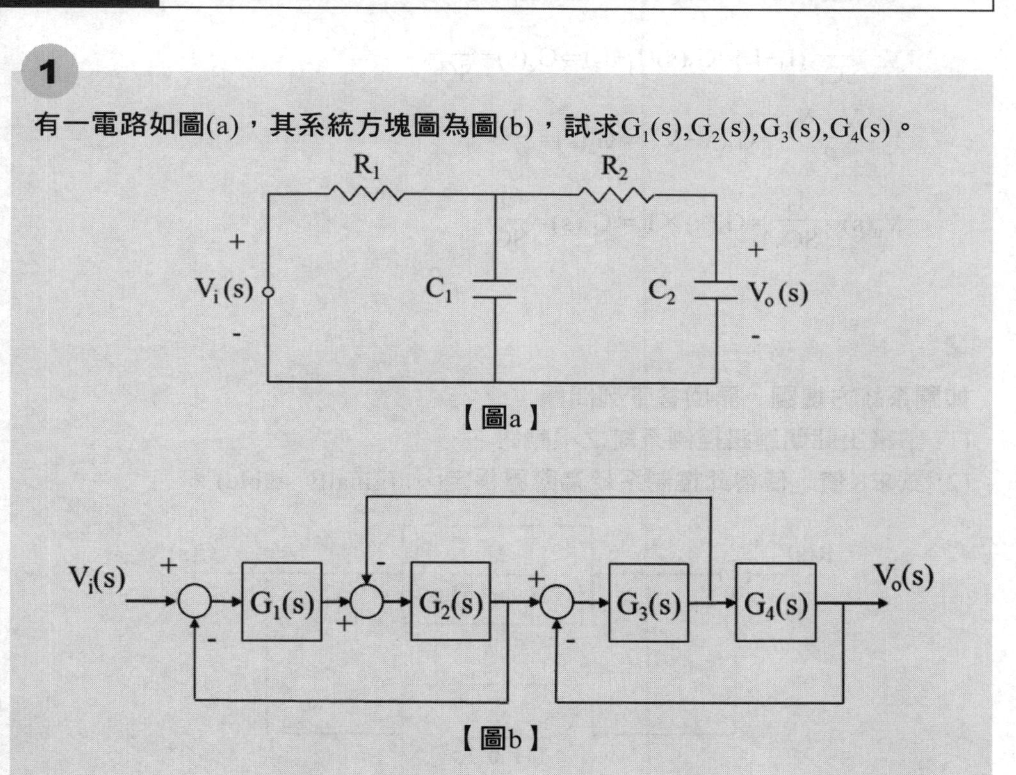

【圖a】

【圖b】

解

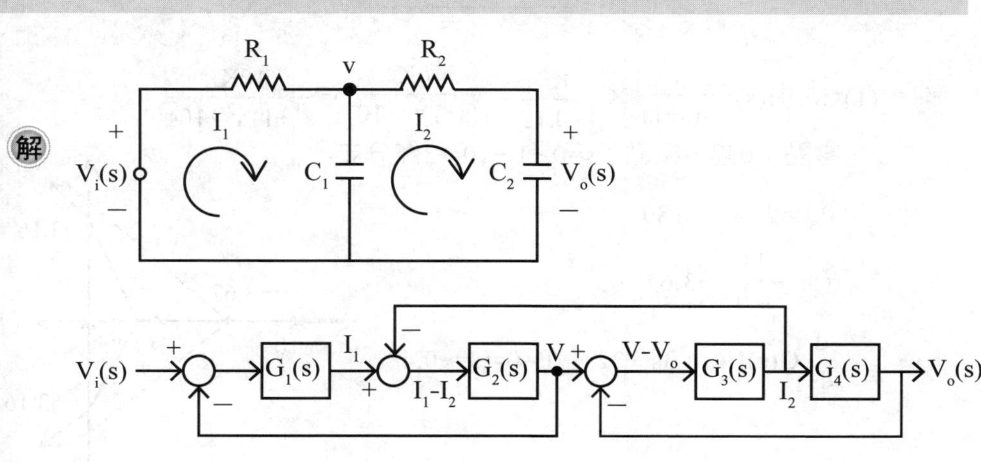

$$I_1=\frac{V_i-V}{R_1}=G_1(V_i-V)\Rightarrow G_1(s)=\frac{1}{R_1}$$

$$V=\frac{1}{SC_1}(I_1-I_2)=G_2(s)(I_1-I_2)\Rightarrow G_2(s)=\frac{1}{SC_1}$$

$$I_2=\frac{V-V_0}{R_2}=G_3(V-V_0)\Rightarrow G_3(s)=\frac{1}{R_2}$$

$$V_0(s)=\frac{I_2}{SC_2}=G_4(s)\times I_2\Rightarrow G_4(s)=\frac{1}{SC_2}$$

2

如圖系統方塊圖，請回答下列問題：

(1) **請繪出此閉迴路控制系統之根軌跡。**

(2) **試求K值，使得此控制系統為臨界穩定**(marginally stable)。

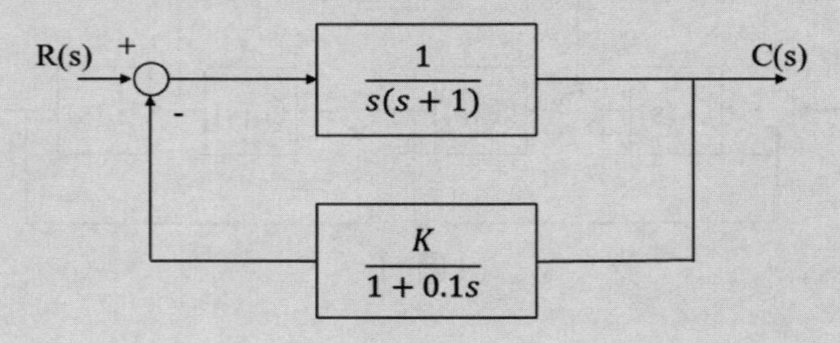

解　(1) $G(s)H(s)=\frac{1}{s(s+1)}\times\frac{K}{1+0.1s}=\frac{10K}{s(s+1)(s+10)}=\frac{10K}{s^3+11s^2+10s}$

零點：0個，極點：s=0,−1,−10⇒3條分支

$\theta_A=\pm60°$、$180°$

$\sigma_A=\frac{-11}{3-0}=-3.67$

$\frac{d}{ds}G(s)H(s)=3s^2+22s+10=0\Rightarrow s=-0.48$

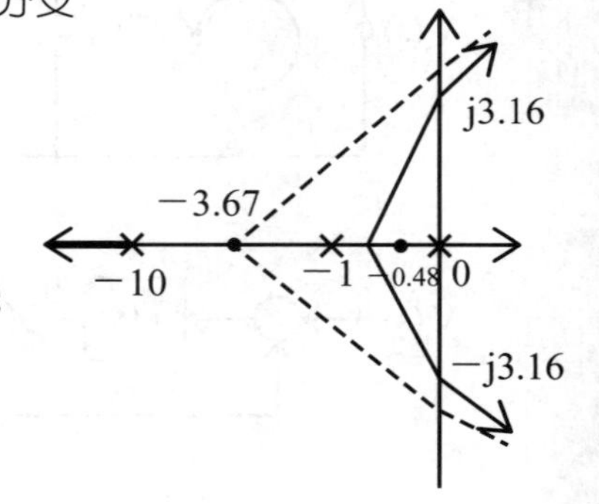

(2) $s^3+11s^2+10s+10K=0$

s^3	1	10
s^2	11	10K
s^1	$\frac{110-10K}{11}$	
s^0	10K	

$\frac{110-10K}{11}=0 \Rightarrow K=11$

$11s^2+110=0 \Rightarrow s \pm j3.16$

3

如圖系統方塊圖，請回答下列問題：

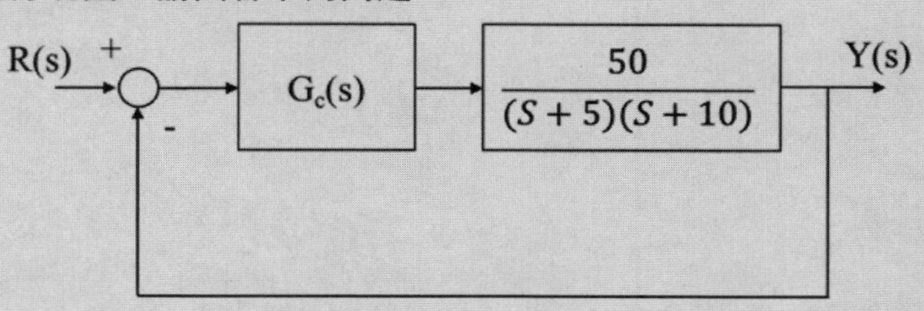

(1) 若控制器為P控制，即$G_c(s)=K$。試求K值，使得閉迴路系統之阻尼比(damping ratio)為0.707(計算至小數點後第2位，以下四捨五入)。

(2) 承上題，試求單位步階輸入時之穩態誤差(計算至小數點後第3位，以下四捨五入)。

(3) 試設計一最簡單之控制器$G_c(s)$，使得上述(2)之穩態誤差為零。

解 (1) $\frac{Y(s)}{R(s)}=\frac{K\times\frac{50}{(s+5)(s+10)}}{1+K\times\frac{50}{(s+5)(s+10)}}=\frac{50K}{s^2+15s+(50+50K)}$

$s^2+15s+(50+50K)=s^2+2\zeta w_n s+w_n^2$

$15=2\zeta w_n=2\times 0.707\times w_n \Rightarrow w_n=10.61$

$50+50K=w_n^2 \Rightarrow k=1.25$

(2) $G(s)=\dfrac{Y(s)}{R(s)}=\dfrac{62.5}{(s+5)(s+10)}$

$K_p=\lim\limits_{s\to 0} G(s)=\lim\limits_{s\to 0}\dfrac{62.5}{(s+5)(s+10)}=1.25$

$e_{ss}=\dfrac{1}{1+1.25}=0.444$

(3) type1：

$G_c(s)=\dfrac{1}{s} \Rightarrow \lim\limits_{s\to 0} G(s)=\lim\limits_{s\to 0}\dfrac{50}{s(s^2+15s+50)}=\infty \Rightarrow e_{ss}=\dfrac{1}{1+\infty}=0$

111年 臺灣菸酒從業評價職位人員／電子電機類

( ) **1** 自動控制發展歷史中，古典控制與現代控制分界點年代為下列何者？
(A)西元1900年代 (B)西元1930年代
(C)西元1960年代 (D)西元1990年代。

( ) **2** 下列何者不屬於時域分析性能規格？
(A)最大超越量 (B)截止率
(C)穩態誤差 (D)安定時間。

( ) **3** 下列何者不是控制系統的頻域設計方法？
(A)波德圖 (B)根軌跡法
(C)奈氏圖 (D)尼可圖。

( ) **4** 假設閉迴路系統是穩定，有關主極點，下列敘述何者錯誤？
(A)系統極點實部離虛軸最近者稱為主極點
(B)系統的響應速度由主極點支配
(C)次集點對系統的影響不可忽略
(D)主極點實部的絕對值定義為系統的相對穩定度。

( ) **5** 有關閉迴路系統之特性，下列敘述何者錯誤？
(A)閉迴路可增加系統精確性
(B)閉迴路使系統元件降低靈敏度
(C)控制增益選擇不當不會導致系統不穩定
(D)閉迴路增加系統的複雜度。

( ) **6** 有關控制系統響應，下列敘述何者錯誤？
(A)零輸入響應代表系統響應全部由初始條件決定
(B)零輸入響應相當於常微分方程式的齊次解
(C)零狀態響應代表系統響應全部由外加輸入決定
(D)零狀態響應相當於初始值不為零時轉移函數的反拉式轉換值。

( ) 7 有關訊號流程圖，下列敘述何者錯誤？
(A)訊號流程圖只適用於線性系統
(B)系統不必具有因果關係
(C)訊號流程圖並非唯一，視定義變數不同可有不同圖形
(D)訊號流程圖由一群節點和連接各節點間分支構成網路圖。

( ) 8 有關轉移函數定義，下列敘述何者錯誤？
(A)線性非時變系統初始條件為零時，系統脈衝響應的拉式轉換
(B)轉移函數適用於線性或非線性系統
(C)轉移函數之分子多項式的根稱為零點
(D)轉移函數之分母多項式的根稱為極點。

( ) 9 有關摩擦力，下列敘述何者錯誤？
(A)靜摩擦存在於物體靜止但有運動傾向時
(B)庫侖摩擦是對速度反方向變動產生的阻力
(C)黏性摩擦力與物體運動速度成反比
(D)庫侖摩擦與靜摩擦可能同時出現。

( ) 10 有關傳動元件之兩齒輪間，下列敘述何者錯誤？
(A)齒輪的轉矩與齒輪的數目成反比
(B)齒輪的轉矩與齒輪的半徑成正比
(C)齒輪的數目與齒輪的角位移成反比
(D)齒輪的角速度與齒輪的數目成反比。

( ) 11 如果您正在進行飛彈追蹤目標的模擬實驗，應該使用下列何種標準測試訊號比較適當？
(A)步級函數 (B)斜坡函數
(C)拋物線函數 (D)正弦函數。

( ) 12 控制系統之頻域規格，不包括下列何者？
(A)共振峰值 (B)最大超越量
(C)頻寬 (D)截止率。

(　　) **13** 有關控制系統之頻率響應方法，下列敘述何者錯誤？
(A)利用實驗方法以正弦波訊號產生器取得系統的頻率響應
(B)頻率轉移函數可以取得系統轉移函數
(C)適合應用在時間常數非常大的系統
(D)可根據雜訊的頻率響應設計不受雜訊干擾的系統。

(　　) **14** 人類第一個自動控制系統（調速機）是下列哪一位科學家發明的？
(A)愛迪生　(B)愛因斯坦
(C)阿基米德　(D)瓦特。

(　　) **15** 有關聚集參數系統(Lumped Parameter System)，下列敘述何者錯誤？
(A)數學模式以微分方程式分析為主
(B)當系統的物理元件與內部材料分佈均勻有關時，可視為聚集參數系統
(C)研究飛行體運動視為點質量運動，可視為聚集參數系統
(D)當狀態變化無法用有限個參數或須用多維變數描述時，則不能視為聚集參數系統。

(　　) **16** 下列何者為線性系統？
(A)$y(t)=\ (t)+1$　(B)$y(t)=\ (t)\times\ (t)$
(C)$y(t)=\delta(t)+\delta(t)$　(D)$y(t)\times y(t)=\ (t)$。

(　　) **17** 有關古典控制與現代控制，下列敘述何者錯誤？
(A)古典控制研究單輸入／單輸出系統
(B)單輸入／單輸出系統的數學方法是矩陣、最佳化
(C)現代控制著重研究多輸入／多輸出系統
(D)現代控制運用狀態空間理論研究非線性、時變系統。

(　　) **18** $te^{-\alpha t}$的拉式轉換值如下
(A)$1/(s+\alpha)$　(B)$1/(s+\alpha)^2$
(C)$1/(s+\alpha)^3$　(D)$\alpha/s(s+\alpha)$。

(　　) **19** e^{-kTs}的反拉式轉換值，下列敘述何者正確？
(A)$\delta(t)$脈衝函數　(B)$\delta(t-kT)$脈衝函數時間延遲
(C)$U_s(t-kT)$步級函數時間延遲　(D)$t-kT$斜坡函數。

( ) **20** 有關控制系統設計時，下列敘述何者正確？
(A)低頻降低控制精度，高頻降低高頻雜訊
(B)低頻提高控制精度，高頻降低高頻雜訊
(C)低頻降低控制精度，高頻提高高頻雜訊
(D)低頻提高控制精度，高頻提高高頻雜訊。

( ) **21** 全通函數(all-pass function)其轉移函數的大小在全頻域範圍內的值為何？
(A)-10db (B)0db
(C)10db (D)100db。

( ) **22** 有關控制系統之阻尼比ζ，下列敘述何者錯誤？
(A)過阻尼系統具無峰值時間及最大超越量
(B)理想二階系統響應之阻尼比ζ應該在0.4~0.8之間
(C)最大超越量和上升時間可以設計同時降低
(D)系統存在非線性（如齒隙、摩擦等），通常會產生穩態誤差。

( ) **23** 考慮閉迴路系統之特性方程式$\Delta(s)=s^5+6s^4+6s^3+12s^2+5s+6=0$，其與虛軸交點為何？
(A)$\pm j$ (B)$\pm 2j$
(C)$\pm 3j$ (D)$\pm 4j$。

( ) **24** PID控制器設計，下列敘述何者錯誤？
(A)PD控制器是一種高通濾波器
(B)PD控制器能夠有效抑制雜訊
(C)PI控制器是一種可以改善穩態誤差
(D)PI控制器會增加系統型式。

( ) **25** 考慮如圖閉迴路轉移函數，其中G(s)=1/(s+2),H(s)=1/s，則Y(s)/R(s)=？
(A)$G(s)=1/(s^2+2s+1)$
(B)$G(s)=s/(s^2+2s+1)$
(C)$G(s)=(s+2)/(s^2+2s+1)$
(D)$G(s)=(s+1)/(s^2+2s+1)$。

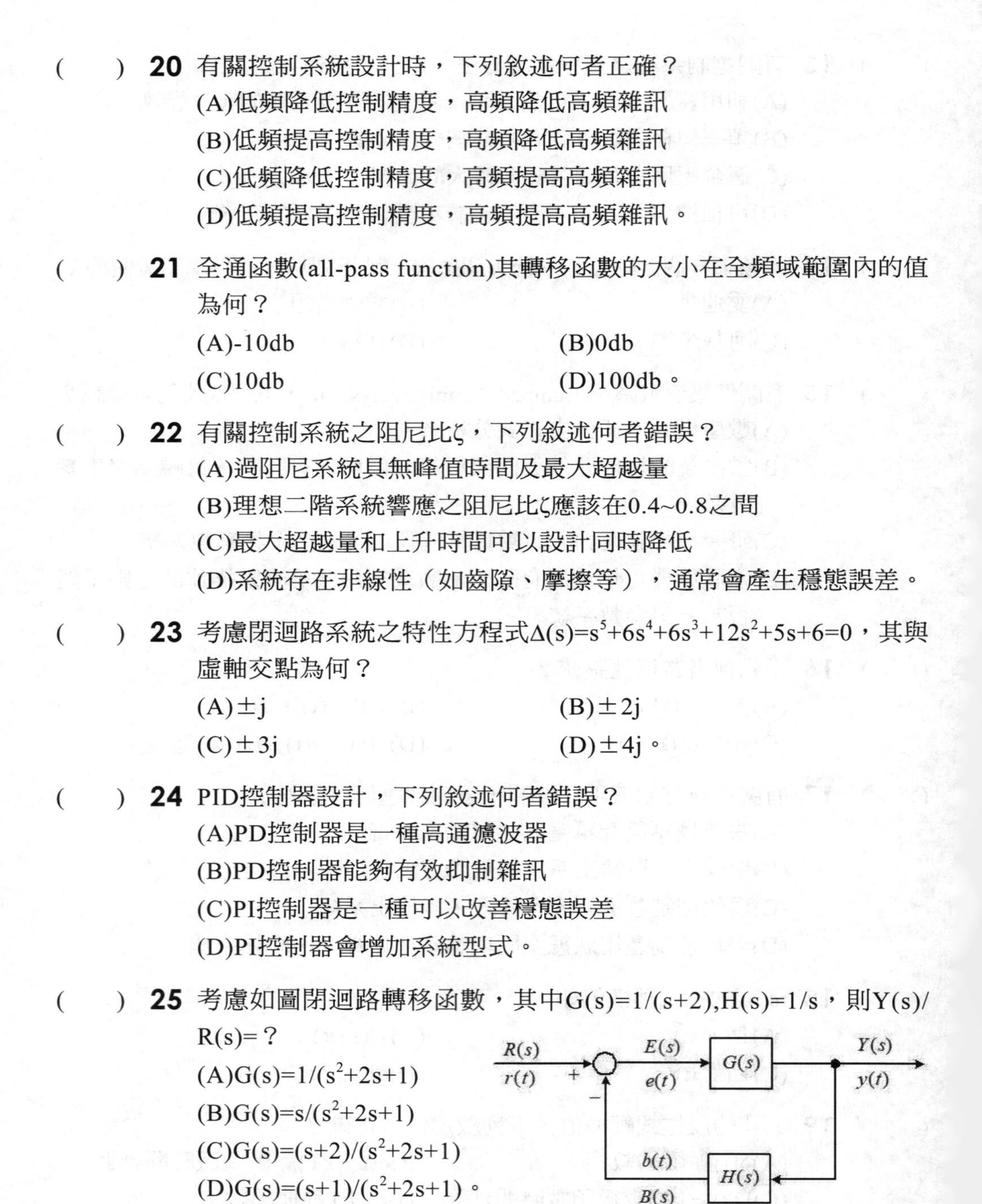

(　　) **26** 一系統可描述如微分方程式：$3y''(t)+9y'(t)+6y(t)=r(t)$，輸入為r(t)，輸出為y(t)，則此系統輸入r(t)→輸出y(t)之轉移函數G(s)為何？

(A)s^2+3s+2　(B)$\frac{1}{3}\frac{1}{s^2+3s+2}$

(C)$\frac{1}{s+2}$　(D)$\frac{1}{s^2+3s+2}$。

(　　) **27** 一系統可描述如微分方程式：$y''(t)+5y'(t)+6y(t)=2r(t)$，輸入為r(t)，輸出為y(t)，則此系統之特性方程式為何？

(A)$\frac{2}{s^2+5s+6}$　(B)$\frac{1}{s^2+5s+6}$

(C)$s^2+5s+6=2$　(D)$s^2+5s+6=0$。

(　　) **28** 一系統之轉移函數為，則下列何者為此系統之極點？

(A)0　(B)-1.5

(C)-4　(D)2。

(　　) **29** 承第28題，則此系統之阻尼比(damping ratio)約為何？

(A)0.92　(B)1.06

(C)1.12　(D)1.22。

(　　) **30** 下列轉移函數表示之系統，何者非穩定系統？

(A)$\frac{s+3}{s^2+6s+8}$　(B)$\frac{2s+3}{s^2+6s+10}$

(C)$\frac{3}{s^2-8s+12}$　(D)$\frac{2}{s^2+2s+4}$。

(　　) **31** 如圖所示電路，則此系統輸入$v_i(t)$→輸出$v_o(t)$之轉移函數G(s)為何？

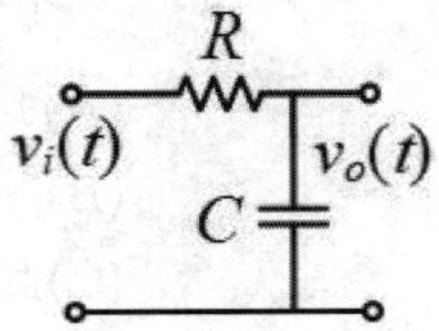

(A)$\frac{1}{1+RCs}$　(B)$\frac{R}{1+RCs}$

(C)$1+RCs$　(D)$\frac{1}{RC+s}$。

(　　) **32** 承第31題，若R=100Ω，C=1000μF，則此電路系統之極點(pole)為何？

(A)377　(B)120

(C)50　(D)10。

( ) **33** 如圖所示電路，則此系統輸入vi(t)→輸出vo(t)轉移函數G(s)之極點為何？

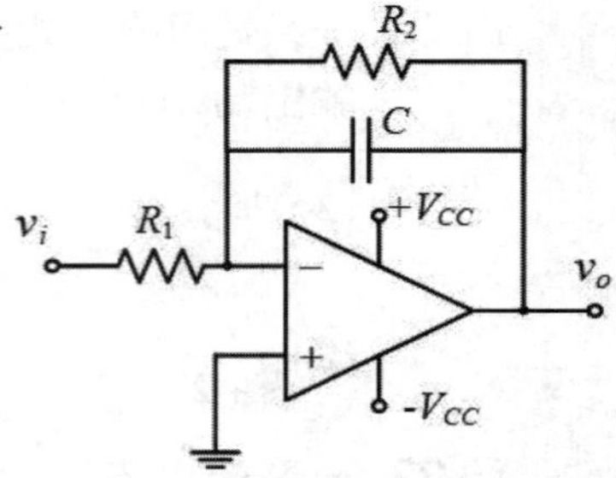

(A)$-R_2C$　(B)$\frac{-1}{R_2C}$

(C)$-R_1C$　(D)$\frac{-1}{R_1C}$。

( ) **34** 如圖所示系統，則此系統輸入R→輸出Y之轉移函數$G_Y(s)$為何？

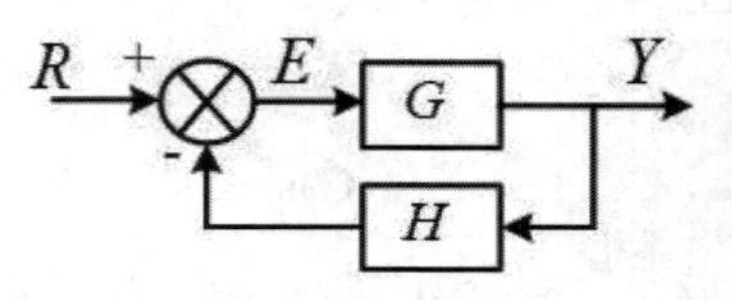

(A)$\frac{1}{1+GH}$　(B)$\frac{1}{1-GH}$

(C)$\frac{G}{1+GH}$　(D)$\frac{G}{1-GH}$。

( ) **35** 承第34題，則此系統輸入R→E點之轉移函數$G_E(s)$為何？

(A)$\frac{1}{1+GH}$　(B)$\frac{1}{1-GH}$

(C)$\frac{G}{1+GH}$　(D)$\frac{G}{1-GH}$。

( ) **36** 下列轉移函數表示之系統，何者之步階響應暫態會發生振盪現象？

(A)$\frac{8}{s^2+5s+8}$　(B)$\frac{2s+3}{s^2+7s+10}$

(C)$\frac{3}{s^2+4s-12}$　(D)$\frac{2}{s^2+3s+2}$。

( ) **37** 一系統之轉移函數為$\frac{10}{s^2+7s+16}$，下列敘述何者正確？

(A)此系統為過阻尼系統

(B)此系統為臨界阻尼系統

(C)此系統為欠阻尼系統

(D)此系統之步階響應暫態不會發生振盪現象

( ) **38** 一系統之轉移函數為$\frac{5}{s^2+6s+10}$，則此系統之無阻尼自然振盪頻率為何？
(A)0.25Hz (B)0.5Hz
(C)2.24Hz (D)3.16Hz。

( ) **39** 一系統之轉移函數為$\frac{5}{s^2+6s+12}$，則此系統步階響應之安定時間（2%終值誤差範圍）為何？
(A)2.4sec (B)1.82sec
(C)1.33sec (D)1.0sec。

( ) **40** 一系統之特性方程式可表示為：1+KG=0，G=$\frac{2}{s\left(s^2+5s+6\right)}$，K為可調增益，下列何者會造成系統不穩定？
(A)3 (B)8
(C)12 (D)18。

( ) **41** 如圖所示系統，$G=\frac{1}{s^2+3s+2}$，H=1，則此系統單位步階輸入時之穩態誤差e_{ss}為何？
(A)0 (B)1/2 (C)2/3 (D)2。

( ) **42** 有關穩態誤差e_{ss}，下列敘述何者正確？
(A)系統之位置誤差常數愈大，則步階輸入之e_{ss}也愈大
(B)Type 0之系統，步階輸入之ess無法達到0
(C)穩態誤差可藉由降低系統之Type數得到改善
(D)誤差常數增加會使系統之穩態誤差增加。

( ) **43** 一系統之開迴路轉移函數GH=$\frac{(2s+3)}{s\left(s^2+3s+12\right)}$，則此系統斜坡函數(t*u(t))輸入時之穩態誤差ess為何？
(A)0 (B)1.2
(C)2.8 (D)4。

( ) **44** 承第43題，則此系統開迴路增益頻譜圖(Bode plot)最終(ω→∞)之斜率為何？

(A)-20dB／dec (B)-30dB／dec
(C)-40dB／dec (D)-60dB／dec。

( ) **45** 如圖所示電路，vi(t)為訊號輸入端，vo(t)為訊號輸出端，則此電路相位頻譜圖最終(ω→∞)之相位角(deg)為何？

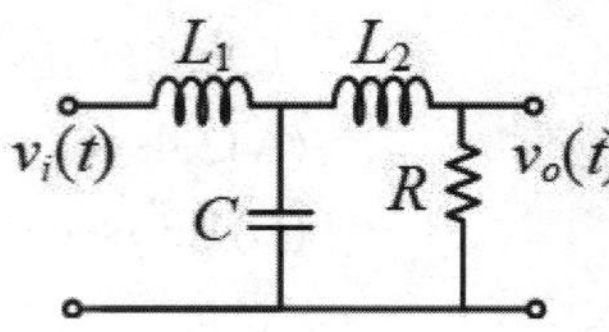

(A)-360°
(B)-270°
(C)-180°
(D)-90°。

( ) **46** 承第45題，則此電路增益頻譜圖之高頻響應斜率為何？

(A)-60dB／dec (B)-40dB／dec
(C)-20dB／dec (D)0dB／dec。

( ) **47** 如圖所示電路，R_1=10kΩ，R_2=300kΩ，C=10μF，則此系統輸入v_i(t)→輸出v_o(t)之轉移函數G(s)為何？

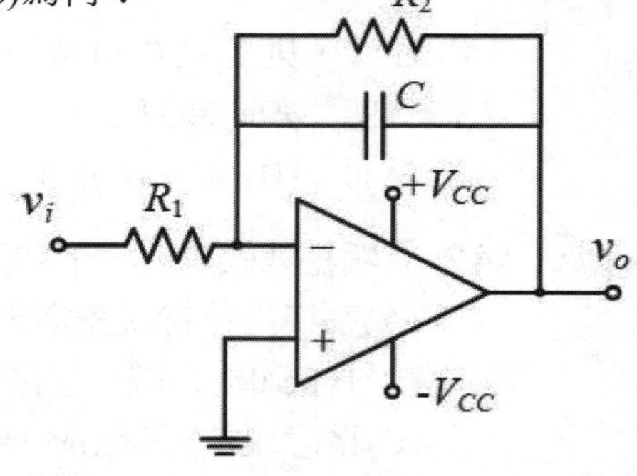

(A) 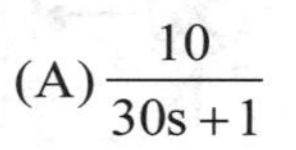 $\dfrac{10}{30s+1}$

(B) $\dfrac{-30}{3s+1}$

(C) $\dfrac{-1}{3s+1}$

(D) $\dfrac{-10}{30s+1}$ 。

( ) **48** 如圖所示系統，則此系統輸入R→輸出Y之轉移函數GY(s)為何？

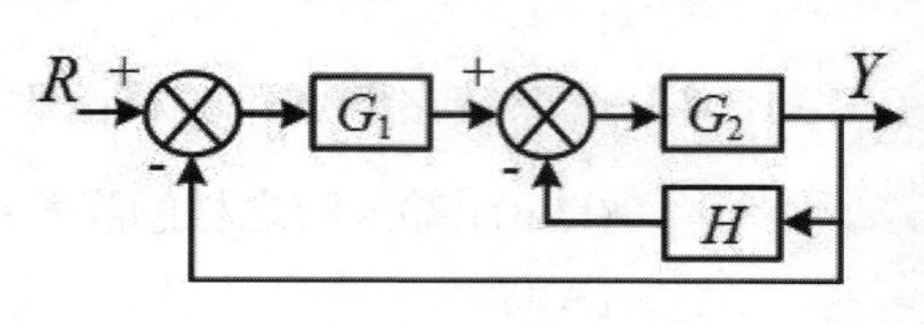

(A) $\dfrac{G_1G_2}{1+G_2H}$

(B) $\dfrac{G_1H}{1+G_1G_2}$

(C) $\dfrac{G_2}{1+G_1H+G_1G_2}$

(D) $\dfrac{G_1G_2}{1+G_2H+G_1G_2}$ 。

(　　) **49** 如圖所示系統，$G_2=\dfrac{1}{s(s+1)(s+4)}$，H=3s，$G_1$=K為0~∞之可調增益，則可使系統穩定之K值範圍為何？
(A)-2<K<12
(B)0<K<15
(C)0<K<24
(D)0<K<35。

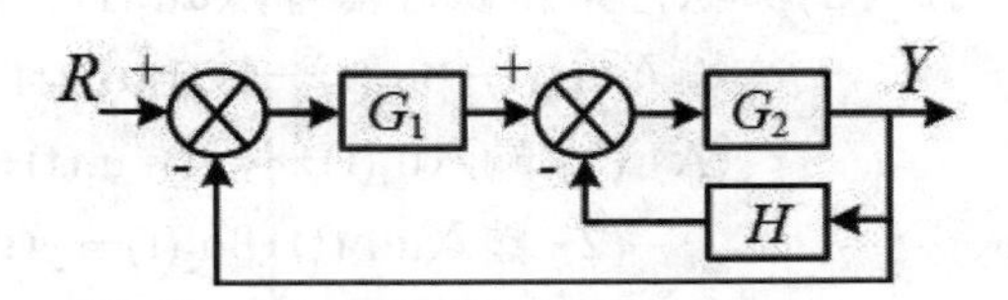

(　　) **50** 一系統之特性方程式為:1+K*G=0，$G=\dfrac{2}{s(s+1)(s+4)}$，K為0~∞之可調增益，則下列K值何者可使系統穩定？
(A)-2.5　(B)7.5
(C)12.5　(D)22.5。

解答與解析

1 (C)。古典控制與現代控制分界點年代為西元1960年代。

2 (B)。截止率屬於頻域分析的規格。

3 (B)。根軌跡法屬於時域系統。

4 (C)。次集點對系統的影響可忽略。

5 (C)。控制增益選擇不當會導致系統不穩定。

6 (D)。零狀態響應相當於初始值為零時轉移函數的反拉式轉換值。

7 (B)。訊號流程圖具有因果關係。

8 (B)。轉移函數適用於線性非時變系統。

9 (C)。黏性摩擦力與物體運動速度成正比。

10 (A)。齒輪的轉矩與齒輪的數目成正比。

11 (C)。飛彈應使用拋物線函數較為適當。

12 (B)。頻域規格不包含最大超越量。

13 (C)。頻率響應不適合應用在時間常數非常大的系統。

14 (D)。人類第一個自動控制系統（調速機）是瓦特發明的。

15 (B)。此非聚集參數系統。

16 (C)。線性系統條件為輸入$\alpha u_1(t)$→輸出$\alpha y_1(t)$，輸入$\beta u_2(t)$→輸出$\beta y_2(t)$，則輸入$\alpha u_1(t)+\beta u_2(t)$→輸出$\alpha y_1(t)+\beta y_2(t)$，故(B)(D)很明顯非線性。

(A) (1) 輸入$u_1(t) \to y_1(t)=u_1(t)+1$，輸入$u_2(t) \to y_2(t)=u_2(t)+1$

(2) 輸入$\alpha u_1(t)+\beta u_2(t) \to y(t)=\alpha u_1(t)+\beta u_2(t)+1 \neq \alpha u_1(t)+\beta u_2(t)+\alpha+\beta$

註：若要滿足線性系統，則應該$y(t)=\alpha u_1(t)+\beta u_2(t)+\alpha+\beta$

(B) (1) 輸入$u_1(t) \to y_1(t)=u_1(t) \times u_1(t)$，輸入$u_2(t) \to y_2(t)=u_2(t) \times u_2(t)$

(2) 輸入$\alpha u_1(t)+\beta u_2(t) \to y(t)=[\alpha u_1(t)+\beta u_2(t)] \times [\alpha u_1(t)+\beta u_2(t)] \neq y(t)$
$=\alpha[u_1(t) \times u_1(t)]+\beta[u_1(t) \times u_1(t)]$

(C) (1) 輸入$\delta_1(t) \to y_1(t)=\delta_1(t)+\delta_1(t)$，輸入$\delta_2(t) \to y_2(t)=\delta_2(t)+\delta_2(t)$

(2) 輸入$\alpha\delta_1(t)+\beta\delta_2(t) \to y=\alpha\delta_1(t)+\beta\delta_2(t)+\alpha\delta_1(t)+\beta\delta_2(t)=\alpha y_1+\beta y_2$

(D) (1) 輸入$u_1(t) \to y_1(t) \times y_1(t)=u_1(t)$，輸入$u_2(t) \to y_2(t) \times y_2(t)=u_2(t)$

(2) 輸入$\alpha u_1(t)+\beta u_2(t) \to y(t) \neq \alpha y_1+\beta y_2$

17 (B)。單輸入／單輸出系統的數學方法是拉式轉換，矩陣適合於多輸入多輸出系統。

18 (B)。$te^{-at} \to \dfrac{1}{(s+a)^2}$

19 (B)。$e^{-kTs} \to \delta(t-kT)$

20 (B)。低頻提高控制精度，高頻降低高頻雜訊。

21 (B)。0db。

22 (C)。最大超越量和上升時間無法同時設計降低。

23 (A)。$\Delta(s)=s^5+6s^4+6s^3+12s^2+5s+6=(s^2+1)(s^3+6s^2+5s+6)=0$，$s=\pm j$

24 (B)。PD控制器無法抑制雜訊。

25 (B)。$\dfrac{Y(s)}{R(s)}=\dfrac{G}{1+GH}=\dfrac{\dfrac{1}{s+2}}{1+\dfrac{1}{s+2}\cdot\dfrac{1}{s}}=\dfrac{s}{s^2+2s+1}$

26 (B)。$3s^2Y+9sY+6Y=R$，$\frac{Y}{R}=\frac{1}{3s^2+9s+6}=\frac{1}{3}\frac{1}{s^2+3s+2}$

27 (D)。特性方程式：$s^2+5s+6=0$

28 (C)。$s^2+6s+8=(s+2)(s+4)$，極點為−2、−4

29 (B)。$s^2+6s+8=s^2+2\xi\omega_n s+\omega_n{}^2$，$\omega_n=2\sqrt{2}$，$\xi=1.06$

30 (C)。使用羅斯準則判斷

(A)
$$\begin{array}{lll} s^2 & 1 & 6 \\ s^1 & 8 & 0 \\ s^0 & 6 & \end{array}$$
⇒穩定

(B)
$$\begin{array}{lll} s^2 & 1 & 10 \\ s^1 & 6 & 0 \\ s^0 & 10 & \end{array}$$
⇒穩定

(C)
$$\begin{array}{lll} s^2 & 1 & 12 \\ s^1 & -8 & 0 \\ s^0 & 12 & \end{array}$$
⇒變號兩次，不穩定

(D)
$$\begin{array}{lll} s^2 & 1 & 4 \\ s^1 & 2 & 0 \\ s^0 & 4 & \end{array}$$
⇒穩定

31 (A)。$G(s)=\frac{\frac{1}{sC}}{\frac{1}{sC}+R}=\frac{1}{1+sRC}$

32 (D)。$1+sRC=1+s\times100\times1000\times10^{-6}=0$，$s=-10$

33 (B)。$G(s)=\frac{v_o(s)}{v_i(s)}=\frac{-I\left(R_2 // \frac{1}{SC}\right)}{IR_1}=\frac{\frac{\frac{R_2}{SC}}{R_2+\frac{1}{SC}}}{R_1}=-\frac{R_2}{SCR_1R_2+R_1}$，

極點 $S=-\frac{R_1}{CR_1R_2}=-\frac{1}{CR_2}$

34 (C)。$G_Y(s)=\frac{G}{1+GH}$

35 (A)。$G_E(s)G=G_Y(s)$，$G_E(s)=\frac{G_Y(s)}{G}=\frac{1}{1+GH}$

36 (A)。使用羅斯準則判斷

(A) $s^2+5s+8=s^2+2\xi\omega_n s+\omega_n{}^2$，$\omega_n=2\sqrt{2}$，$\xi=0.88$⇒欠阻尼，振盪

(B) $s^2+7s+10=s^2+2\xi\omega_n s+\omega_n{}^2$，$\omega_n=\sqrt{10}$，$\xi=1.1$⇒過阻尼

(C) 不穩定系統

(D) $s^2+3s+2=s^2+2\xi\omega_n s+\omega_n^{\ 2}$，$\omega_n=\sqrt{2}$，$\xi=1.06$⟹過阻尼

37 (C)。$s^2+7s+16=s^2+2\xi\omega_n s+\omega_n^{\ 2}$，$\omega_n=4$，$\xi=\frac{7}{8}$，$0<\xi<1$為欠阻尼

38 (B)。$s^2+6s+10=s^2+2\xi\omega_n s+\omega_n^{\ 2}$，$\omega_n=\sqrt{10}=2\pi f_n$，$f_n=\frac{\sqrt{10}}{2\pi}=0.5Hz$

39 (C)。$s^2+6s+12=s^2+2\xi\omega_n s+\omega_n^{\ 2}$，$\xi\omega_n=3$，$t_s=\frac{4}{\xi\omega_n}=\frac{4}{3}=1.33s$

40 (D)。$1+K\frac{2}{s^3+5s^2+6s}=0$，$s^3+5s^2+6s+2K=0$

使用羅斯準則

s^3	1	6
s^2	5	2K
s^1	$\frac{30-2K}{5}$	
s^0	2K	

穩定條件30−2K>0，2K>0⟹0<K<15，選(D)。

41 (C)。$e_{ss}=\lim_{s\to 0}sE(s)=\lim_{s\to 0}\frac{sR}{1+GH}=\lim_{s\to 0}\frac{s\times\frac{1}{s}}{1+\frac{1}{s^2+3s+2}}=\frac{2}{3}$

42 (B)。(A)系統之位置誤差常數愈大，則步階輸入之e_{ss}愈小

(C)穩態誤差可藉由增加系統之Type數得到改善

(D)誤差常數增加會使系統之穩態誤差減小

43 (D)。$e_{ss}=\lim_{s\to 0}\frac{sR}{1+GH}=\lim_{s\to 0}\frac{s\times\frac{1}{s^2}}{1+\frac{2s+3}{s^3+3s^2+12s}}=\lim_{s\to 0}\frac{s^2+3s+12}{s^3+3s^2+14s+3}=4$

44 (C)。斜坡函數$(\frac{1}{s^2})$，斜率=−40dB/dec

45 (B)。$\frac{v_o}{v_i}=\frac{\frac{1}{sC}//(R+sL_2)}{sL_1+\frac{1}{sC}//(R+sL_2)}\times\frac{R}{R+sL_2}=\frac{R}{s^3L_1L_2C+s^2RCL_1+s(L_1+L_2)+R}$

⟹3個極點

⟹當$\omega\rightarrow\infty$，相角=$-90°\times3=-270°$

46 (A)。

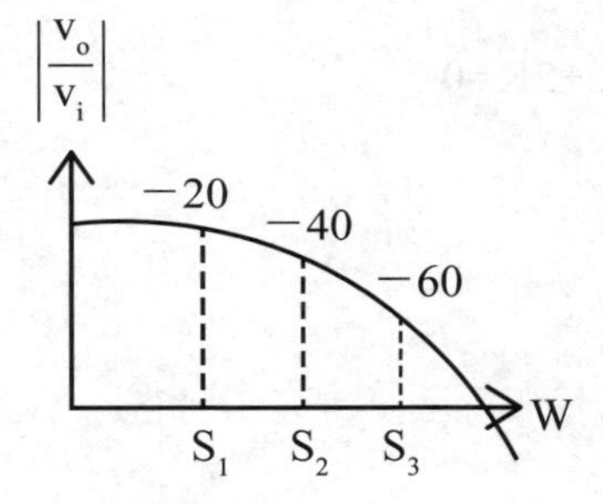

47 (B)。$G(s)=\frac{v_o(s)}{v_i(s)}=\frac{-I\left(R_2//\frac{1}{SC}\right)}{IR_1}=-\frac{R_2}{SCR_1R_2+R_1}=-\frac{30}{3s+1}$

48 (D)。$\frac{Y}{R}=\frac{G_1\times\frac{G_2}{1+G_2H}}{1+G_1\times\frac{G_2}{1+G_2H}}=\frac{G_1G_2}{1+G_2H+G_1G_2}$

49 (D)。$\frac{Y}{R}=\frac{G_1G_2}{1+G_2H+G_1G_2}=\frac{K\times\frac{1}{s(s+1)(s+4)}}{1+\frac{1}{s(s+1)(s+4)}\times3s+K\times\frac{1}{s(s+1)(s+4)}}$

$=\frac{K}{s^3+5s^2+7s+K}$

$$\begin{array}{lll} s^3 & 1 & 7 \\ s^2 & 5 & K \\ s^1 & \frac{35-K}{5} & \\ s^0 & K & \end{array}$$

$\frac{35-K}{5}>0$，$K>0 \Rightarrow 0<K<35$

50 (B)。 $1+K\times\frac{2}{s(s+1)(s+4)}=0 \Rightarrow s^3+5s^2+4s+2K=0$

$$\begin{array}{lll} s^3 & 1 & 4 \\ s^2 & 5 & 2K \\ s^1 & \frac{20-2K}{5} & \\ s^0 & 2K & \end{array}$$

$\frac{20-2K}{5}>0$，$2K>0 \Rightarrow 0<K<10$

111年 關務特考三等／機械類

1

下圖為一彈簧連接雙質量系統，其中m_1與m_2以及x_1與x_2分別表示各個質量和位移，k為彈簧的彈簧常數（spring constant），f則是所施加的力。假設兩質量均置於無摩擦的平面上，則此系統可由如下的動態方程式所描述。

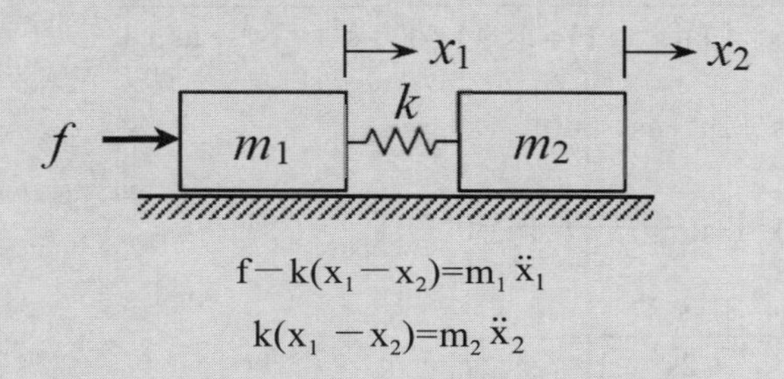

$$f-k(x_1-x_2)=m_1\ddot{x}_1$$

$$k(x_1-x_2)=m_2\ddot{x}_2$$

今為控制質量m_2的位移x_2，假設施力f可設計為下列之比例－微分（proportional-derivative）控制器形式：

$f=a(\ddot{x}_d-\ddot{x}_2)+b(x_d-x_2)$

其中a與b即是微分增益（gain）與比例增益，而x_d則是位移輸入命令。

(1) 推導出輸出x_2對輸入x_d之轉移函數（transfer function）。

(2) 給定$m_1=m_2=1$，k=1，b=1。假設a為一正實數，繪製以微分增益a為變數之根軌跡圖（root locus plot），並標示出極點（pole）、零點（zero）、漸近線（asymptote）、漸近線與實數軸交會之位置、根軌跡進入實數軸的位置（re-entry point）與所對應之a值、離開角（departure angle）。

解 (1) $f=a(\dot{x}_d-\dot{x}_2)+b(x_d-x_2)\Rightarrow F=a(sx_d-sx_2)+b(x_d-x_2)=(as+b)x_d-(as+b)x_2$

$$\begin{cases} F=(as+b)x_d-(as+b)x_2 \text{......(1)} \\ F-k\left(x_1-x_2\right)=m_1s^2x_1 \text{......(2)} \\ k\left(x_1-x_2\right)=m_2s^2x_2 \text{......(3)} \end{cases}$$

$$\Rightarrow(as+b)x_d=\left[\frac{(m_1s^2+k)(m_2s^2+k)}{k}+(as+b-k)\right]x_2$$

$$\Rightarrow\frac{x_2}{x_d}=\frac{k(as+b)}{(m_1s^2+k)(m_2s^2+k)+aks+bk-k^2}$$

(2) $m_1=m_2=1$，$k=1$，$b=1$

$$\frac{x_2}{x_d}=\frac{1(as+1)}{(s^2+1)(s^2+1)+as+1-1}=\frac{as+1}{s^4+2s^2+as+1}$$

$$\Delta(s)=s^4+2s^2+as+1=0$$

$$\Rightarrow\Delta(s)=1+a\frac{s}{s^4+2s^2+1}=0$$

$$G^*(s)=\frac{s}{s^4+2s^2+1}=\frac{s}{(s^2+1)^2}$$

極點：$s=\pm j$（$n=4$）

零點：$s=0$（$m=1$）

漸進線角度 $\theta=\pm 60^\circ$，180°

漸進線與實軸交點 $\sigma_A=\frac{0-0}{4-1}=0$

分離點 $\frac{d}{ds}G^*(s)=0$

$$\Rightarrow s^4+2s^2+1-4s^2(s^2+1)=0$$

$$\Rightarrow s=\pm j、\pm\frac{1}{\sqrt{3}}$$

$$\left|\frac{s}{(s^2+1)^2}\right|_{s=-\frac{1}{\sqrt{3}}}=\frac{1}{a}\Rightarrow a=3.079$$

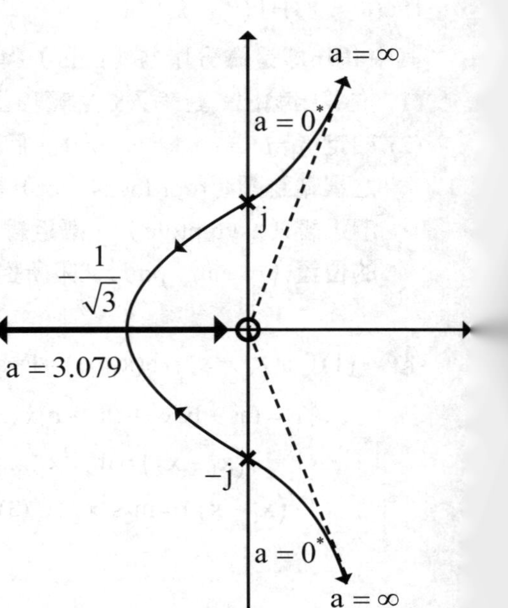

2

下圖為一閉迴路控制系統之方塊圖，其中R(s)、Y(s)、D(s)分別表示輸入、輸出、外來干擾（disturbance）。

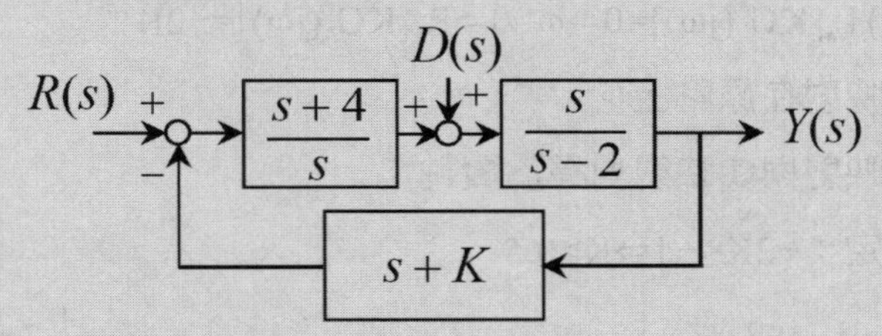

(1) **繪出此系統之奈氏圖（Nyquist plot），並依據此圖求出此閉迴路控制系統穩定之K值範圍。**

(2) **已知此系統是穩定的，考慮D(s)為一步階函數（step function），當時間趨近於無限大時，干擾D(s)對於輸出的影響為何？**

(3) **欲使此二階系統的阻尼比（damping ratio）為2時，K值該如何設計？**

解 (1) $\Delta(s)=1+\frac{(s+4)(s+K)}{s-2}=0 \Rightarrow \Delta(s)=1+K\frac{s+4}{s^2+5s-2}=0$

$KG^*(s)=\frac{K(s+4)}{s^2+5s-2}$

A. 定義奈氏曲線

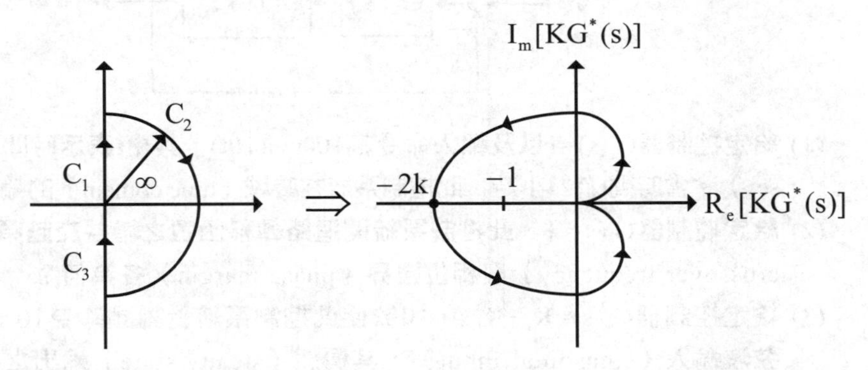

B. C_1映射：s=jω，ω：0→∞

(A) $KG^*(j0)=-2K$

(B) $KG^*(j\omega)=0\angle 90^\circ$

(C) $KG^*(j\omega)=K\dfrac{j\omega+4}{-\omega^2+j5\omega-2}=\dfrac{k\left[\left(\omega^2-8\right)-j\omega\left(\omega^2+22\right)\right]}{\left(-\omega^2-2\right)^2+25\omega^2}$

(D) $I_m[KG^*(j\omega)]=0 \Rightarrow \omega=0 \Rightarrow R_e[KG^*(j\omega)]=-2K$

C. C_2映射在原點上。

D. C_3映射與C_1映射對稱於實軸。

E. 穩定：$-2K<-1 \Rightarrow K>0.5$

(2) $\lim\limits_{t\to\infty} Y(t)=\lim\limits_{s\to 0} Y(s)=\lim\limits_{s\to 0} s\times\dfrac{s}{s^2+(5+K)s+(4K-2)}\times\dfrac{1}{s}=0$

(3) $s^2+(5+K)s+(4K-2)=s^2+2\zeta w_n s+w_n{}^2$

$\zeta=2 \Rightarrow \begin{cases}5+K=4w_n \\ 4K-2=w_n^2\end{cases} \Rightarrow K=2,15,52,93$

3

考慮下列之單一回授之控制系統方塊圖，其中G(s)之轉移函數為$\dfrac{10}{s(s+10)}$。

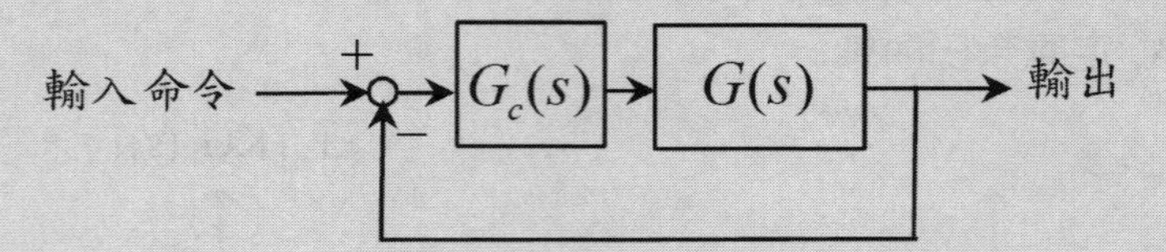

(1) 給定控制器$G_c(s)=1$以及輸入命令為100sin(10t)，其中t表示時間（單位為sec）。當時間t為24小時，此控制系統在時域（time domain）的輸出為何？

(2) 給定控制器$G_c(s)=1$，此控制系統開迴路轉移函數之增益交越頻率（gain crossover frequency）與相位邊界（phase margin）各為何？

(3) 給定控制器$G_c(s)=K_P+K_Ds$，如欲使此控制系統針對頻率為10 rad/sec之弦波輸入（sinusoidal input），其穩態（steady state）輸出之相位落後（phase lag）為0°，且穩態輸出輸入振幅（amplitude）比為1。則此控制器該如何設計？

解 (1)閉迴路系統

$$\frac{Y(s)}{R(s)}=H(s)=\frac{10}{s^2+10s+10} \text{，} \omega=10$$

$$H(j\omega)=\frac{10}{-100+j100+10}=\frac{10}{-90+j100}$$

$$|H(j\omega)|=\frac{10}{\sqrt{(-90)^2+100^2}}=0.074$$

$$\angle H(j\omega)=-(180^\circ-\tan^{-1}\frac{100}{90})=-132^\circ$$

$$y(t)=100\times0.074\sin(10t-132^\circ)$$

$$t=24\times3600=86400$$

$$y(86400)=7.4\sin(10\times86400\times\frac{180^\circ}{\pi}-132^\circ)=-0.195$$

(2) $$GH=\frac{10}{s(s+10)}$$

$$|GH(j\omega)|=\left|\frac{10}{j\omega(j\omega+10)}\right|=\frac{10}{\omega\sqrt{\omega^2+100}}=1$$

$$\Rightarrow\omega=0.99rad/s$$

相位邊限

$$P.M.=180^\circ+\angle\frac{10}{j0.99\left(j0.99+10^\circ\right)}=84.35^\circ$$

(3) $G_c(s)=K_P+K_Ds$

$$\frac{Y(s)}{R(s)}=\frac{\dfrac{10\left(K_P+K_Ds\right)}{s(s+10)}}{1+\dfrac{10\left(K_P+K_Ds\right)}{s(s+10)}}=\frac{10\left(K_P+K_Ds\right)}{s^2+\left(10+10K_D\right)s+10K_P}=H(s)$$

$$H(j10)=\frac{10K_P+j100K_D}{\left(10K_p-100\right)+j100\left(k_D+1\right)}$$

相位落後為0°

$$\Rightarrow \frac{100K_D}{10K_P}=\frac{100(K_D+1)}{10K_P-100} \Rightarrow K_P=-10K_D \text{......①}$$

穩態輸出輸入振幅比為1

$$\Rightarrow 100K_P^2+10000K_D^2=100(K_P-10)^2+10000(K_D+1)^2 \text{......②}$$

由①②式可得$K_P=5$，$K_D=-0.5$

$\Rightarrow G_c(s)=5-0.5s$

112年 臺灣菸酒從業職員／電子電機類

1

考慮一個微分方程式 $\ddot{y}(t)+5\dot{y}(t)+4y(t)=3$，其中 $y(0)=\alpha, \ddot{y}(0)=\beta$，求其方程式的解為何？

解 $\ddot{y}(t)+5\dot{y}(t)+4y(t)=3$

$y(0)=\alpha$，$\dot{y}(0)=\beta$

$m^2+5m+4=0$

$(m+1)(m+4)=0$

$m=-1$、-4

$y(t)=C_1e^{-t}+C_2e^{-4t}+y_p$

設 $y_p=at+b$ 代入 $\ddot{y}(t)+5\dot{y}(t)+4y(t)=3$

$\Rightarrow 5a+4(at+b)=3$

$\Rightarrow 4at+(5a+b)=3$

$\Rightarrow a=0$，$b=3$

$\therefore y(t)=C_1e^{-t}+C_2e^{-4t}+3$

$$\begin{cases} y(0)=\alpha \Rightarrow C_1+C_2+3=\alpha \\ \dot{y}(0)=\beta \Rightarrow -C_1-4C_2=\beta \end{cases}$$

$\Rightarrow C_1=\dfrac{4\alpha+\beta-12}{3}$，$C_2=\dfrac{-(\alpha+\beta-3)}{3}$

$\Rightarrow y(t)=\dfrac{4\alpha+\beta-12}{3}e^{-t}-\dfrac{\alpha+\beta-3}{3}e^{-4t}+3$

2

請畫出$1+K\dfrac{s+1}{s^2(s+9)}=0$**之根軌跡圖？**

解 $1+K\dfrac{s+1}{s^2(s+9)}=0$

令$G(s)=\dfrac{s+1}{s^2(s+9)}$

G(s)極點：s=0，−9(n=3)

零點：s=−1(m=1)

漸近線角度$\theta_A=\pm 90^\circ$

漸近線與實軸交點$\sigma_A=\dfrac{-9+1}{3-1}=-4$

分離點滿足$\dfrac{d}{ds}\left[\dfrac{s+1}{s^2(s+9)}\right]=0$

$\Rightarrow s^3+9s^2-(s+1)(3s^2+18s)=0$

$\Rightarrow s(s+3)^2=0$

$\Rightarrow s=0$、-3

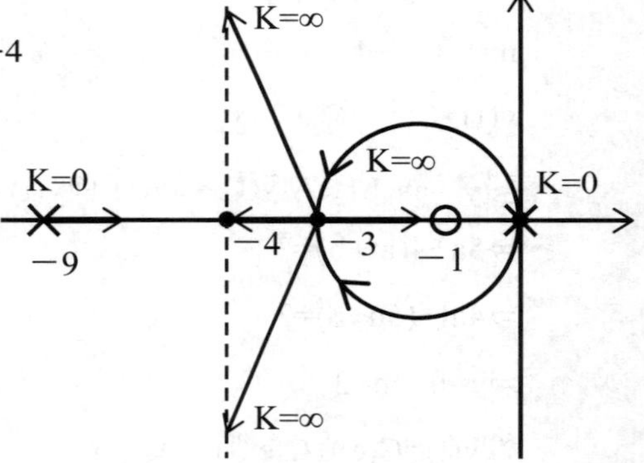

3

考慮一個系統如圖，請利用 Nyquist criterion**來決定其穩定性。**

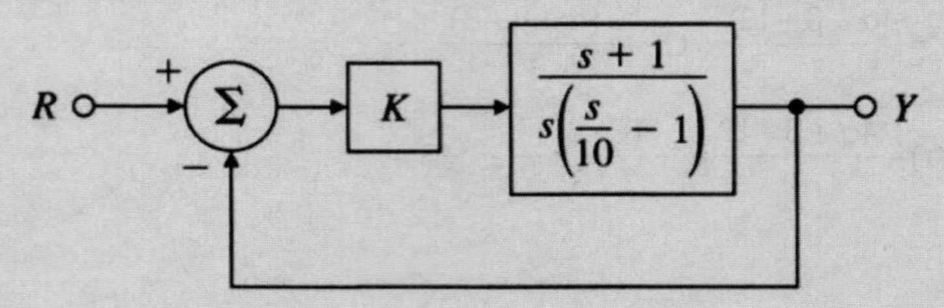

解 令$G(s)=K\dfrac{-(1+s)}{s(1-\frac{s}{10})}$

$$\triangle(s)=1+G(s)=s-\frac{s^2}{10}-K-Ks$$
$$=s^2+(10K-10)s+10K$$
$$=0$$
$$k>1$$

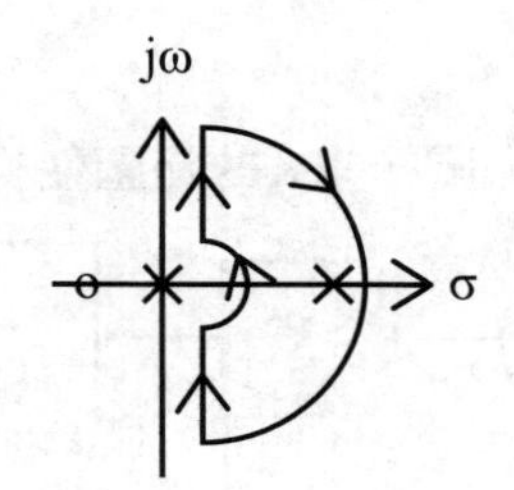

$$G(j\omega)=\left|\frac{-K\sqrt{1+w^2}}{w\sqrt{1+(\frac{w}{10})^2}}\right|\angle-180^\circ-90^\circ+\tan^{-1}\frac{w}{10}+\tan^{-1}w$$

$$=\left|\frac{K\sqrt{1+w^2}}{w\sqrt{1+(\frac{w}{10})^2}}\right|\angle 90^\circ+\tan^{-1}\frac{w}{10}+\tan^{-1}w$$

k>0

N=Z−P，N=−1，P=1⇒Z=0

⇒K>1 stable

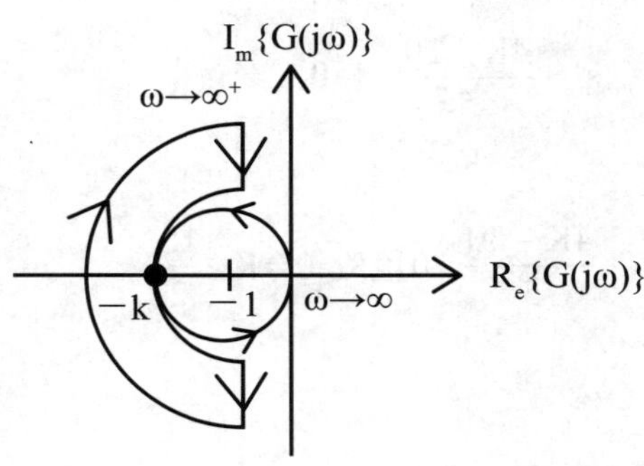

K<0

N=0，P=1⇒Z=1

unstable

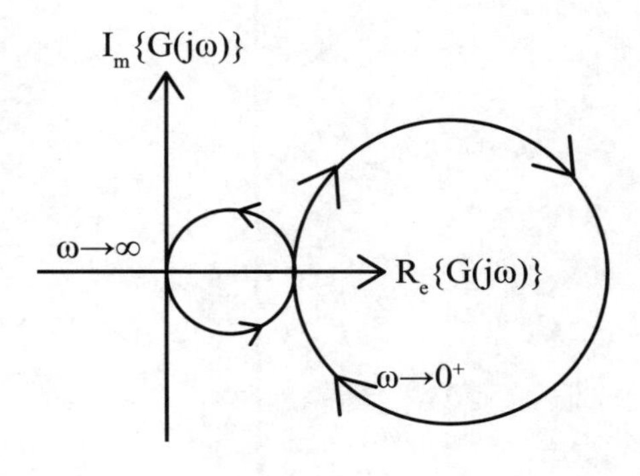

4

考慮一個系統如圖，求K的範圍使得此系統穩定。

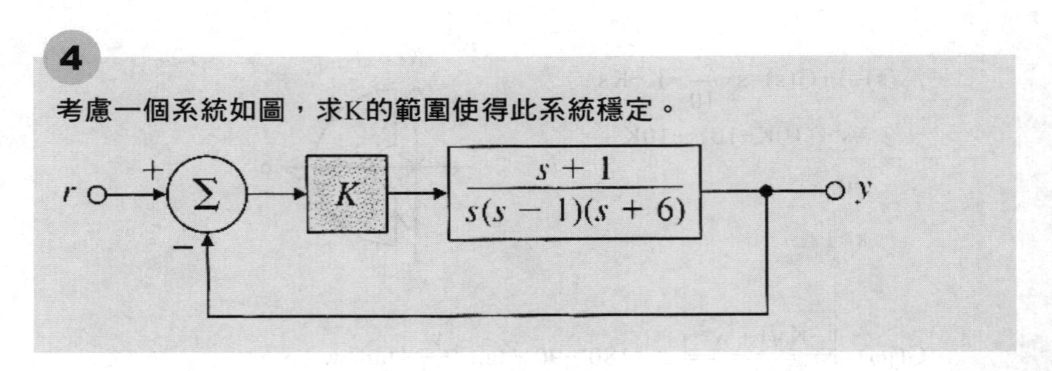

解 $1+\dfrac{K(s+1)}{s(s-1)(s+6)}=0$

$s(s-1)(s+6)+K(s+1)=s^3+5s^2+(K-6)s+K=0$

s^3	1	$K-6$
s^2	5	K
s'	$\dfrac{4K-30}{5}$	0
s^0	K	

$\dfrac{4K-30}{5}>0$且$K>0 \Rightarrow K>\dfrac{15}{2}$

112年 臺灣菸酒從業職員／機械類

1

請求附圖此電路系統的轉移函數？

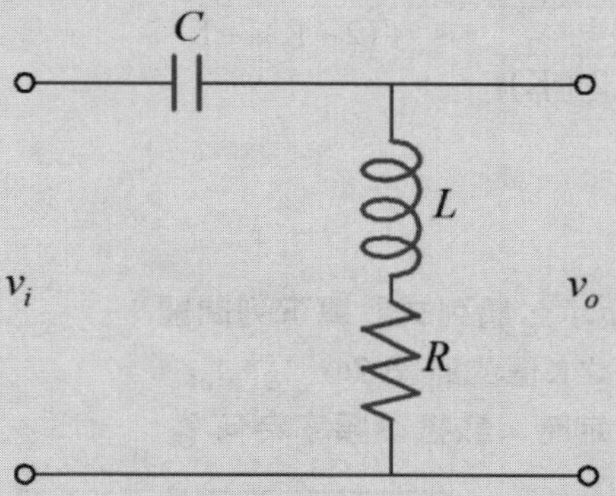

解 $v_o = v_i \times \dfrac{R+SL}{R+SL+\dfrac{1}{SC}} \Rightarrow \dfrac{v_o}{v_i} = \dfrac{s^2LC+SRC}{s^2LC+SRC+1}$

2

請求附圖此系統Y(s)/R(s)之轉移函數？

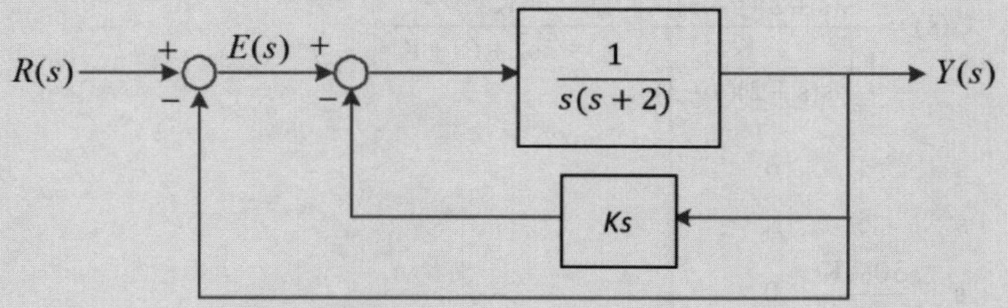

解 $\dfrac{Y(s)}{E(s)} = \dfrac{\dfrac{1}{s(s+2)}}{1+Ks\times\dfrac{1}{s(s+2)}} = \dfrac{1}{s^2+(2+K)s}$

R(s) + − $\frac{1}{s^2+(2+K)s}$ Y(s)

$$\frac{Y(s)}{R(s)}=\frac{\frac{1}{s^2+(2+K)s}}{1+\frac{1}{s^2+(2+K)s}}=\frac{1}{s^2+(2+K)s+1}$$

3

有一控制系統如圖所示，請列式計算下列問題：

(1) **使得此系統穩定之K值的範圍？**

(2) **當系統於臨界穩定時，該振盪頻率為何？**

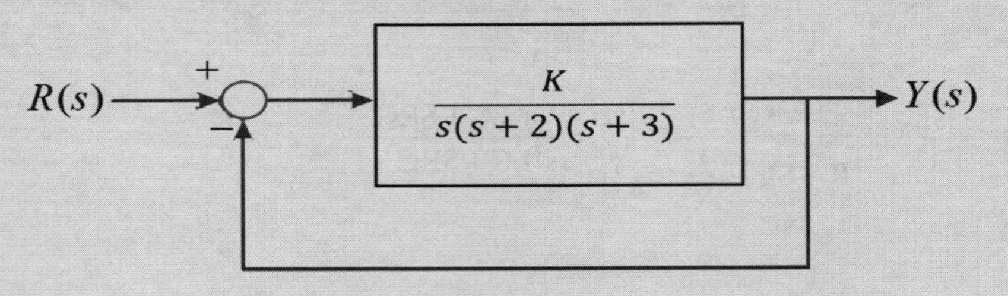

解 $G(s)=\frac{\frac{K}{s(s+2)(s+3)}}{1+\frac{K}{s(s+2)(s+3)}}=\frac{K}{s^3+5s^2+6s+K}$

s^3	1	6
s^2	5	K
s^1	$\frac{30-K}{5}$	0
s^0	K	0

(1) $\begin{cases} 30-K>0 \Rightarrow K<30 \\ K>0 \end{cases} \Rightarrow 0<K<30$

(2) 臨界穩定⇒s=jω

$$1+\frac{K}{j\omega(j\omega+2)(j\omega+3)}=0$$

$\Rightarrow j\omega(j\omega+2)(j\omega+3)+K=0$

$\Rightarrow j\omega(6-\omega^2)+(K-5\omega^2)=0$

$\Rightarrow \omega=0$、$\pm\sqrt{6}$

4

有一個二階系統之轉移函數如下，請列式計算下列問題：

$$\frac{Y(s)}{R(s)}=\frac{16}{s^2+4s+16}$$

(1) **假設系統為步階輸入，則穩態響應y_{ss}為多少？**

(2) **試求此系統之阻尼比和自然頻率？**

(3) **計算此系統尖峰時間、上升時間？**

解

$$\frac{Y(s)}{R(s)}=\frac{16}{s^2+4s+16}$$

(1) $Y(s)=\frac{16}{s^2+4s+16}\times\frac{1}{s}=\frac{16}{s\left(s^2+4s+16\right)}$

$$y(t)=L^{-1}\left(\frac{16}{s\left(s^2+4s+16\right)}\right)=L^{-1}\left(\frac{1}{s}-\frac{s+2}{s^2+4s+16}-\frac{2}{s^2+4s+16}\right)$$

$$=1-\frac{e^{-0.5\times4t}}{\sqrt{1-0.5^2}}\sin\left(4\times\sqrt{1-0.5^2}\,t+\cos^{-1}0.5\right)$$

$\Rightarrow y_{ss}=1$

(2) $s^2+4s+16=s^2+2\zeta w_n s+w_n^{\ 2}$

$$\begin{cases}4 = 2\xi w_n \\ 16 = w_n^{\ 2}\end{cases}$$ ⇒自然頻率w_n=4rad/s，阻尼比ζ=0.5

(3) 尖峰時間 $t_p = \dfrac{\pi}{w_n\sqrt{1-\zeta^2}} = \dfrac{\pi}{4\sqrt{1-0.5^2}} = \dfrac{\pi}{3.46} = 0.91$

上升時間 $t_r = \dfrac{\pi - \tan^{-1}\dfrac{\sqrt{1-\zeta^2}}{\zeta}}{w_n\sqrt{1-\zeta^2}} = \dfrac{\pi - \tan^{-1}\dfrac{\sqrt{1-0.5^2}}{0.5}}{4\sqrt{1-0.5^2}} = 0.57$

112年 臺灣菸酒從業評價職位人員／電子電機類

( ) **1** 考慮閉迴路控制系統，下列何者不是必要方塊元件？
(A)受控體 (B)控制器
(C)抑制器 (D)回授感測器。

( ) **2** 人工智慧AI屬於下列何者控制領域？
(A)古典控制 (B)拉普拉氏
(C)轉移函數 (D)深度學習。

( ) **3** 下列何者非控制系統標準測試訊號？
(A)步級函數 (B)斜坡函數
(C)拋物線函數 (D)隨機函數。

( ) **4** 有關控制系統穩定性，下列敘述何者錯誤？
(A)羅斯赫維茲準則判斷系統穩定性是屬於定性分析
(B)有界輸入有界輸出判斷系統穩定性是屬於定性分析
(C)奈氏圖準則判斷系統穩定性是屬於定量分析
(D)波德圖判斷系統相對穩定性是屬於定量分析。

( ) **5** 考慮G(s)=(s+3)/(s+1)(s+2)(s+3)，下列敘述何者錯誤？
(A)s=－3稱為G(s)的零點 (B)s=－1稱為G(s)的極點
(C)s=－2稱為G(s)的極點 (D)s=－3並非是G(s)的極點。

( ) **6** 考慮系統響應，下列敘述何者正確？
(A)系統響應由初始條件決定，外加輸入為零，稱為零狀態響應
(B)初始狀態均為零，系統響應僅由外加輸入決定，稱為零輸入響應
(C)系統零狀態響應相當於求轉移函數的解
(D)系統零輸入響應不等於求特性方程式的解。

( ) **7** 關於齒輪列參數定義，N_1/N_2為齒輪的齒數，T_1/T_2為齒輪的轉矩，r_1/r_2為齒輪的半徑比，θ_1/θ_2為齒輪的角位移，下列關係式何者正確？
(A)$T_1/T_2=N_1/N_2$ (B)$N_1/N_2=r_1/r_2$
(C)$T_1/T_2=\theta_1/\theta_2$ (D)$\theta_1/\theta_2=N_1/N_2$。

(　　) **8** 有關機械系統之摩擦力，下列敘述何者錯誤？
(A)阻止物體開始運動的阻力稱為靜摩擦力
(B)庫倫摩擦力等於靜摩擦力加上滑動摩擦力
(C)黏性摩擦力通常與物體運動速度成正比
(D)靜摩擦力與庫倫摩擦力不可能同時出現。

(　　) **9** 有關根軌跡，下列敘述何者錯誤？
(A)根軌跡的起點始於開路極點
(B)根軌跡的終止於開路零點
(C)根軌跡對稱於虛軸
(D)根軌跡在虛軸的交點可由羅斯表求出。

(　　) **10** 有關控制系統的頻域規格，下列何者錯誤？
(A)最大超越量　(B)共振峰值
(C)頻寬　(D)截止率。

(　　) **11** 有關控制系統的波德圖，下列敘述何者正確？
(A)利用轉移函數之圖解法僅能求得系統穩定性
(B)轉移函數包括兩個圖形，分別為大小與相位圖形
(C)大小與相位圖形均繪在實數紙尺寸上
(D)頻率以整數等均間隔標示。

(　　) **12** 下列何者為線性系統？
(A)$y(t)=2u(t)$　(B)$y(t)=u(t)+1$
(C)$y(t)=u^2(t)$　(D)$y(t)=u^2(t)+1$。

(　　) **13** 有關典型二階系統，其中ξ稱為系統的阻尼比(damping ratio)，系統為過阻尼表示：
(A)$\xi=0$　(B)$1>\xi>0$
(C)$\xi=1$　(D)$\xi>1$。

(　　) **14** 有關閉迴路控制系統，下列敘述何者錯誤？
(A)降低系統對參數變化的靈敏度
(B)無穩定性的問題
(C)增強系統對干擾及雜訊免疫力
(D)降低系統的穩態誤差。

( ) **15** 下列何者不是控制系統的頻域分析方法？
(A)根軌跡圖(Root locus) (B)奈氏圖(Nyquist plot)
(C)波德圖(Bode plot) (D)尼可士圖(Nichols chart)。

( ) **16** 考慮A=$\begin{bmatrix} -1 & 1 \\ 0 & -1 \end{bmatrix}$有重根時，下列何者不是它的特徵向量？
(A)P=$\begin{bmatrix} 0 & 0 \\ 0 & 0 \end{bmatrix}$ (B)P=$\begin{bmatrix} 1 & 0 \\ 0 & 1 \end{bmatrix}$ (C)P=$\begin{bmatrix} 0 & 1 \\ 1 & 0 \end{bmatrix}$ (D)P=$\begin{bmatrix} 1 & 1 \\ 0 & 1 \end{bmatrix}$。

( ) **17** 考慮A=$\begin{bmatrix} -1 & 1 \\ 0 & -2 \end{bmatrix}$，B=$\begin{bmatrix} 1 \\ 0 \end{bmatrix}$，C=[1 0]，其系統可控制性及可觀測性為何？
(A)系統可控制且可觀測 (B)系統不可控制但可觀測
(C)系統可控制但不可觀測 (D)系統不可控制且不可觀測。

( ) **18** 考慮控制系統的特性方程式為$s^4+s^3+2s^2+2s+3=0$，其根分佈情形，下列敘述何者正確？
(A)兩個根在右半平面，兩個根在左半平面
(B)兩個根在虛軸上，兩個根在左半平面
(C)兩個根在左半平面，一個根在右半平面，一個根在虛軸上
(D)兩個根在虛軸上，兩個根在右半平面。

( ) **19** 關於PID控制器，下列敘述何者錯誤？
(A)PI控制器，增加系統型式，改善穩態誤差
(B)PD控制器，增加系統相對穩定性
(C)PI控制器，降低系統相對穩定性
(D)PD控制器，相當為高通濾波器，有利於雜訊抑制。

( ) **20** 關於調整PID控制器的Ziegler-Nichols法則，下列敘述何者錯誤？
(A)調試方式首先將積分和微分增益設置為零，然後比例增益從零開始逐漸增加，一直到達極限增益
(B)讓PID迴路在雜訊抑制上有最好的效果
(C)有「1/4振幅衰減」的特性，使系統第二次過衝量是第一次1/4的特性
(D)此方法調適到參數會有較小的增益及較小的過衝。

( ) **21** 關於控制系統設計之頻域規格，下列敘述何者錯誤？
(A)截止頻率是衡量暫態響應速度
(B)頻寬是衡量響應速度與雜訊抑制力
(C)共振峰值是衡量閉迴路相對穩定性
(D)相位界限是衡量閉迴路相對穩定性。

( ) **22** 關於控制系統設計之時域規格，下列敘述何者正確？
(A)系統阻尼是衡量穩態響應時間
(B)安定時間是衡量暫態響應速度
(C)上升時間是衡量相對穩定性
(D)穩態誤差是衡量追蹤精度。

( ) **23** 關於頻域補償設計之相位領先與落後，下列敘述何者錯誤？
(A)相位領先補償器視為PD控制器改良型
(B)相位落後補償器視為PI控制器改良型
(C)相位領先-落後補償器視為PID控制器改良型
(D)設計方法主要工具為根軌跡圖。

( ) **24** 考慮單位回授控制系統，開迴路轉移函數為$G(s)=1/(s^2+s+1)$，則閉迴路的特性方程式為下列何者？
(A)$s^2+s+1=0$　(B)$s^2+s+2=0$
(C)$s^2+2s+1=0$　(D)$s^2+2s+2=0$。

( ) **25** te^{-at}其拉氏轉換的解為下列何者？
(A)$1/(s+a)$　(B)$s/(s+a)$
(C)$1/(s+a)^2$　(D)$s/(s+a)^2$。

( ) **26** 具有回授作用，若誤差值不為0時可自動修正誤差值的控制屬於？
(A)閉路控制系統　(B)開路控制系統
(C)開關控制系統　(D)數位控制系統。

( ) **27** 對於類比控制系統的敘述，下列何者正確？
(A)以數位碼或脈波來傳送資料的系統
(B)訊號與連續時間t有絕對函數關係
(C)輸入與輸出訊號必須滿足重疊定理的系統
(D)訊號與連續時間t非絕對函數關係。

( ) **28** 輸入與輸出訊號必須滿足重疊定理的系統，稱之？
(A)閉迴路控制系統 (B)類比控制系統
(C)線性控制系統 (D)數位控制系統。

( ) **29** 控制變數為機械位置、角度及速度是屬於何種回授控制系統之控制變數？
(A)伺服機構 (B)程序控制
(C)自動調整 (D)線性系統。

( ) **30** 控制變數為溫度、壓力、流量、液位、濕度或PH值是屬於何種回授控制系統之控制變數？
(A)線性系統 (B)自動調整
(C)伺服機構 (D)程序控制。

( ) **31** 多項式$s(s+2)(s+3)+K(s+1)=0$，將會有幾個根軌跡？
(A)一個根軌跡 (B)二個根軌跡
(C)三個根軌跡 (D)四個根軌跡。

( ) **32** 控制系統設計之首要條件為系統必須保持？
(A)實用性 (B)穩定性
(C)操作方便 (D)容易維修。

( ) **33** 控制系統中強調輸出訊號振幅不可過大，是屬於系統設計之？
(A)絕對穩定性設計 (B)相對穩定性設計
(C)阻尼設計 (D)保護設計。

( ) **34** 一個控制系統設計有四個步驟：A.系統設計、B.數學描述、C.建立模型、D.系統分析，此四步驟的先後順序為何？
(A)A→B→C→D (B)C→B→D→A
(C)B→C→D→A (D)A→D→B→C。

( ) **35** 第三次工業革命是指？
(A)蒸汽機的發明，機械自動化
(B)電的發明，電氣自動化
(C)工業電腦的發明，生產自動化
(D)物聯網、人工智慧的結合，生產智動化。

(　　) **36** 轉移函數是描述線性時不變系統的動態特性的數學表示。它包含了一些參數，這些參數可以用來描述系統的特性，但不包含下列哪一項參數？

(A)響應速度　　(B)阻尼
(C)頻率響應　　(D)頻寬大小。

(　　) **37** 克希荷夫電壓定律(KVL)其方程式為？

(A)v(t)=i(t)R　　(B) Σ i(t)=0
(C) Σ v(t)=0　　(D)i(t)= $\frac{v(t)}{R}$。

(　　) **38** 積分控制器(I)在控制系統中，具有何特點？

(A)有穩態誤差存在
(B)僅可消除穩態誤差
(C)能消除穩態誤差，但輸出響應慢
(D)可增進系統穩定性，但有穩態誤差存在。

(　　) **39** 下列哪一種控制器可增進系統穩定性，但有穩態誤差存在？

(A)PID控制器　　(B)PI控制器
(C)PD控制器　　(D)P控制器。

(　　) **40** 下列何者非為使用頻域分析法之優點？

(A)不須求出特性根，可直接以圖解法來做分析
(B)以正弦波產生器及精確儀器設備，就可做測試
(C)可將外界干擾訊號的不良影響，降至最低
(D)和控制系統的複雜程度無關，只適用於線性系統。

(　　) **41** 一RC電路如圖，求其轉移函數G(s)？（初始值均為0）

(A) $\frac{1}{(R_1+R_2)Cs+1}$

(B) $\frac{R_2Cs+1}{(R_1+R_2)Cs+1}$

(C) $\frac{R_1Cs+1}{(R_1+R_2)Cs+1}$

(D) $\frac{Cs}{(R_1+R_2)Cs+1}$。

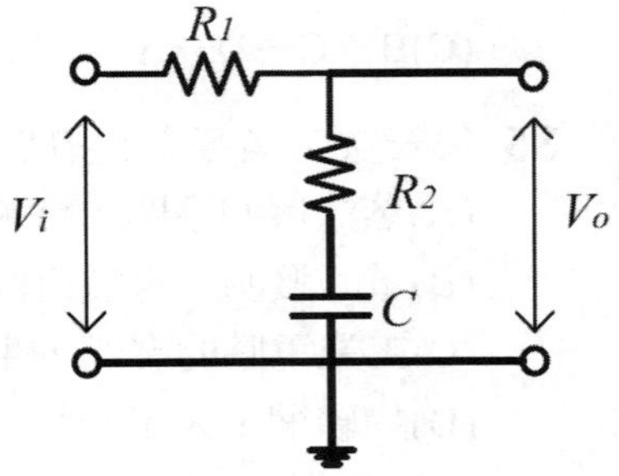

R_1　R_2　C　V_i　V_o

(　　) **42** 如圖所示，運算放大器電路屬於哪一類控制器？
(A)比例控制器(P)
(B)比例微分控制器(PD)
(C)積分控制器(I)
(D)比例積分控制器(PI)。

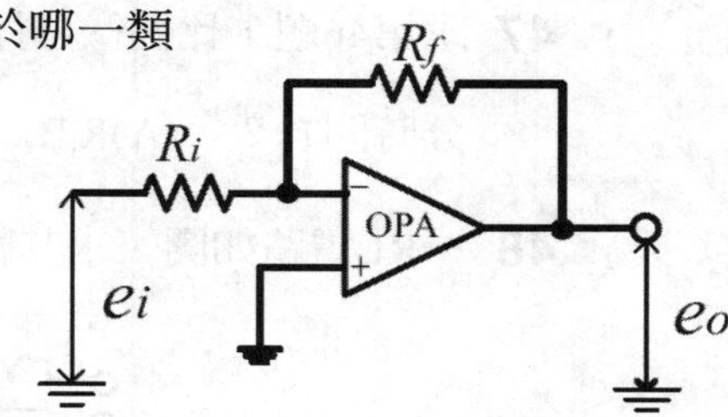

(　　) **43** 依據圖比例控制器電路標示R_i為電阻、C_f為電容，下列敘述何者正確？
(A)$Z_f=C_f s$　(B)$Z_i=R_i$
(C)$Z_f=\frac{C_f s}{R_i}$　(D)$Z_i=\frac{R_i}{C_f s}$。

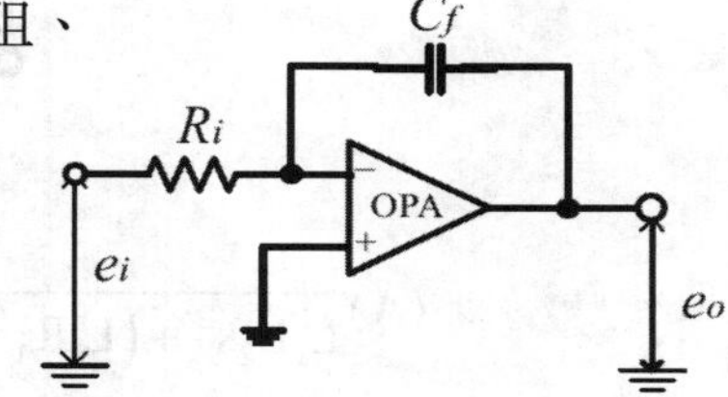

(　　) **44** 依據圖比例積分控制器電路標示R_i、R_f為電阻、C_f為電容，下列敘述何者正確？
(A)$Z_f=R_f+\frac{1}{C_f s}$　(B)$Z_i=R_f$
(C)$Z_f=\frac{C_f s}{R_f}$　(D)$Z_i=\frac{R_i}{C_f s}$。

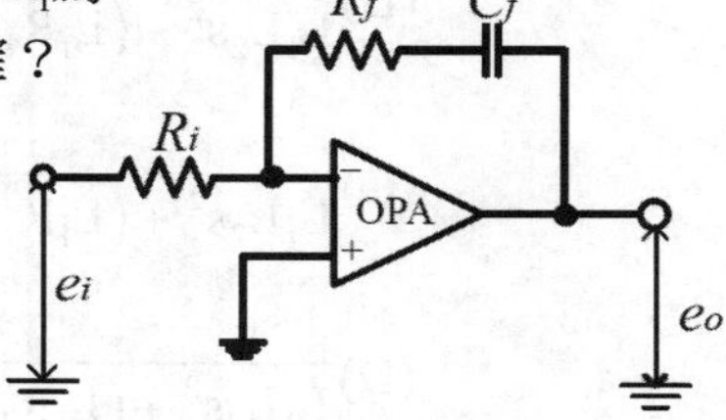

(　　) **45** 承第44題，比例積分控制器電路標示R_i、R_f為電阻、C_f為電容，積分時間T_i？　(A)R_iR_f　(B)$\frac{R_f}{R_i}$　(C)$\frac{C_f}{R_i}$　(D)R_fC_f。

(　　) **46** 依據圖比例微分控制器電路標示R_i、R_f為電阻、C_i為電容，下列敘述何者正確？
(A)$Z_f=R_f+\frac{1}{C_i s}$
(B)$Z_i=R_f$
(C)$Z_f=\frac{R_f}{R_iC_i s}$
(D)$Z_i=\frac{R_i}{1+R_iC_iS}$。

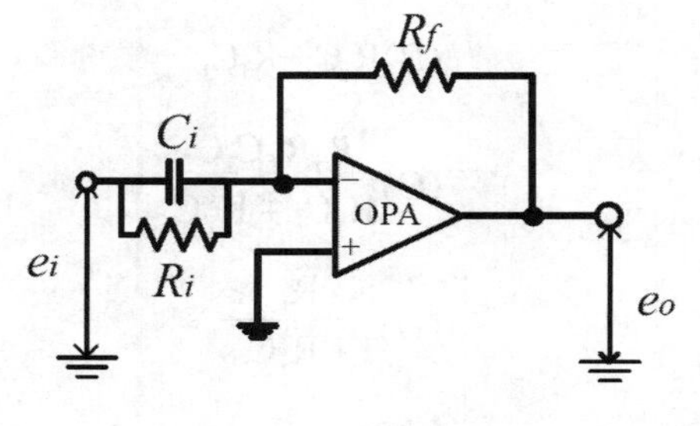

( ) **47** 承第46題，比例微分控制器電路標示R_i、R_f為電阻、C_i為電容，微分時間T_d？ (A)R_iR_f (B)$\frac{C_i}{R_i}$ (C)$\frac{R_f}{R_i}$ (D)R_iC_i。

( ) **48** 一RL電路如圖，求其轉移函數G(s)？（初始值均為0）

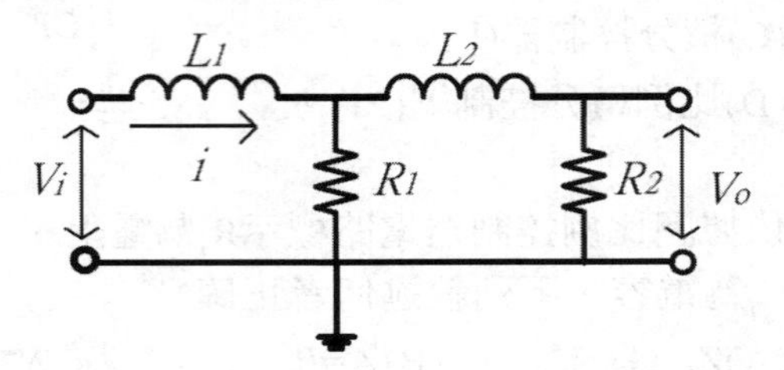

(A)$\frac{R_1}{L_1L_2s^2+(L_1R_1+L_1R_2+L_2R_1)s+R_2L_1}$

(B)$\frac{R_1R_2}{L_1L_2s^2+(L_1R_1+L_1R_2+L_2R_1)s+L_1L_2}$

(C)$\frac{R_1R_2}{L_1L_2s^2+(L_1R_1+L_1R_2+L_2R_1)s+R_1R_2}$

(D)$\frac{R_2}{L_1L_2s^2+(L_1R_1+L_1R_2+L_2R_1)s+R_1L_2}$。

( ) **49** 如圖所示，為一比例積分微分(PID)控制器，其中R_i、R_f為電阻，C_i、C_f為電容，求此控制器之微分時間T_d？

(A)$-\left(\frac{C_i}{C_f}+\frac{R_f}{R_i}\right)$

(B)$R_iC_i+R_fC_f$

(C)$\frac{R_iR_fC_iC_f}{R_iC_i+R_fC_f}$

(D)$\frac{R_i}{1+R_iC_is}$。

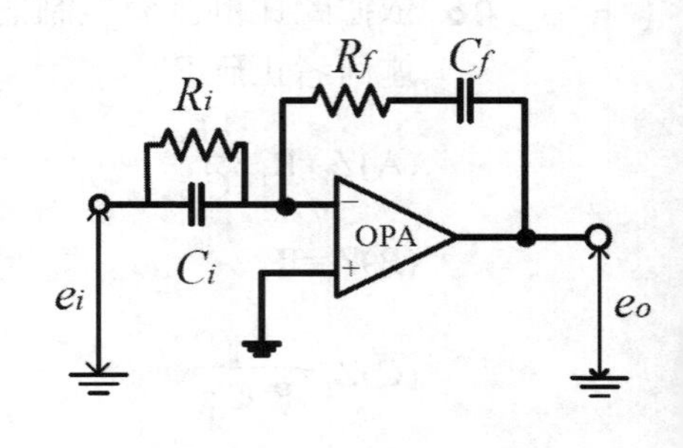

( ) **50** 承第49題，求此控制器之比例增益常數K_p？

(A)$R_iC_i+R_fC_f$ (B)$\frac{R_iR_fC_iC_f}{R_iC_i+R_fC_f}$ (C)$\frac{R_i}{1+R_iC_is}$ (D)$-\left(\frac{C_i}{C_f}+\frac{R_f}{R_i}\right)$。

解答與解析

1 (C)。抑制器非必要方塊元件。

2 (D)。人工智慧AI屬於深度學習。

3 (D)。隨機函數非標準測試訊號。

4 (C)。奈氏圖準則判斷系統穩定性屬於定性分析。

5 (A)。$G(s)=\frac{(s+3)}{(s+1)(s+2)(s+3)}=\frac{1}{(s+1)(s+2)}$

零點：無

極點：s：−1、−2

6 (C)。(A)為零輸入響應。(B)為零狀態響應。(D)等於。

7 (B)。$\frac{N_1}{N_2}=\frac{r_1}{r_2}=\frac{\theta_2}{\theta_1}=\frac{T_1}{T_2}$

8 (D)。靜摩擦力與庫侖摩擦力可同時出現。

9 (C)。根軌跡對稱於實軸。

10 (A)。頻域規格不包含最大超越量。

11 (B)。(A)除了穩定性還可求得如系統型式或誤差常數等。(B)虛數紙。(D)頻率以對數標示。

12 (A)。滿足線性系統條件為：輸入$u_1(t)$得$y_1(t)$，輸入$u_2(t)$得$y_2(t)$，則輸入$\alpha u_1(t)+\beta u_2(t)$時，輸出須滿足$\alpha y_1(t)+\beta y_2(t)$

(A) $u_1(t)\rightarrow y_1(t)=2u_1(t)$

$u_2(t)\rightarrow y_2(t)=2u_2(t)$

$\alpha u_1(t)+\beta u_2(t)\rightarrow y(t)=2[\alpha u_1(t)+\beta u_2(t)]=\alpha y_1(t)+\beta y_2(t)$

(B) $u_1(t) \to y_1(t)=u_1(t)+1$

$u_2(t) \to y_2(t)=u_2(t)+1$

$\alpha u_1(t)+\beta u_2(t) \to y(t)=[\alpha u_1(t)+\beta u_2(t)] \neq \alpha y_1(t)+\beta y_2(t)$

(C)(D)同理可得，故選(A)。

13 (D)。過阻尼：$\zeta>1$

欠阻尼：$0<\zeta<1$

臨界阻尼：$\zeta=1$

14 (B)。閉迴路控制系統有穩定性的問題。

15 (A)。根軌跡圖為時域分析。

16 (A)。特徵向量不得全為零，故選(A)。

17 (B)。$A=\begin{bmatrix}-1 & 1\\ 0 & -2\end{bmatrix}$，$B=\begin{bmatrix}1\\ 0\end{bmatrix}$，$C=[1\ 0]$，$AB=\begin{bmatrix}-1\\ 0\end{bmatrix}$，$CA=[-1\ 1]$

$\text{Rank}[B\ AB]=\text{Rank}\left(\begin{bmatrix}1 & -1\\ 0 & 0\end{bmatrix}\right)=1\neq 2\Rightarrow$不可控制

$\begin{bmatrix}C\\ CA\end{bmatrix}=\begin{bmatrix}1 & 0\\ -1 & 1\end{bmatrix}$，$\begin{vmatrix}1 & 0\\ -1 & 1\end{vmatrix}=1\neq 0\Rightarrow$可觀測

18 (A)。

s^4	1	2	3
s^3	1	2	0
s^2 變號	$0 \to \varepsilon$	3	0
s^1	$\frac{2\varepsilon-3}{\varepsilon}=-\frac{3}{\varepsilon}$	0	0
s^0 變號	3	0	0

ε：極小正數

變號2次⇒2極點在右半平面

19 (D)。PD控制器怕雜訊，因此須加入低通濾波器才有利於雜訊抑制。

20 (D)。會有較大的增益及較大的過衝。

21 (A)。共振頻率是衡量暫態響應速度。

22 (D)。穩態誤差可衡量追蹤精度。

23 (D)。根軌跡為時域分析所用。

24 (B)。$G'(s)=\dfrac{\dfrac{1}{s^2+s+1}}{1+\dfrac{1}{s^2+s+1}}=\dfrac{1}{s^2+s+2}$

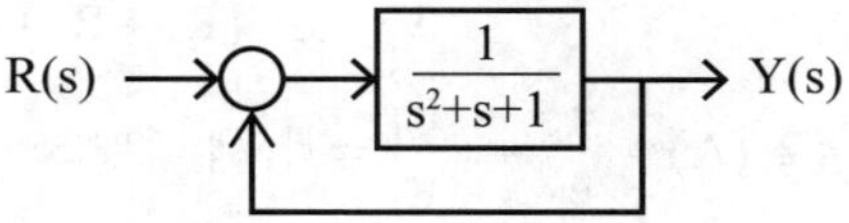

R(s) → ⊕ → [$\dfrac{1}{s^2+s+1}$] → Y(s)（單位負回授）

$\triangle=s^2+s+2=0$

25 (C)。$te^{-at}\Rightarrow\dfrac{1}{(s+a)^2}$

26 (A)。此為閉迴路控制系統。

27 (B)。(A)此為數位（離散）控制系統。(C)不須滿足重疊定理。

28 (C)。此為線性控制系統。

29 (A)。此為飼服機構之控制變數。

30 (D)。此為秩序控制之控制變數。

31 (C)。$s(s+2)(s+3)+K(s+1)=0$

$\Rightarrow s^3+5s^2+(6+K)s+K=0$

⇒3個根軌跡

32 (B)。首要條件必須保持穩定性。

33 (A)。此為絕對穩定性設計。

34 (B)。建立模型→數學描述→系統分析→系統設計。

35 (C)。第三次工業革命指工業電腦的發明，生產自動化。

36 (D)。不包含頻寬大小。

37 (C)。閉合迴路所有元件兩端電位差和為零$\Rightarrow\Sigma v(t)=0$

38 (B)。積分控制器僅可消除穩態誤差。

39 (C)。此為PD控制器。

40 (D)。不只可用於線性系統。

41 (B)。$V_o = V_i \times \dfrac{R_2 + \dfrac{1}{SC}}{R_1 + R_2 + \dfrac{1}{SC}} = \dfrac{SCR_2 + 1}{SC(R_1 + R_2) + 1} \times V_i$

$G(s) = \dfrac{V_o}{V_i} = \dfrac{SCR_2 + 1}{SC(R_1 + R_2) + 1}$

42 (A)。$\dfrac{e_0}{e_i} = -\dfrac{R_f}{R_i}$⇒比例控制器

43 (B)。$Z_i = R_i$，$Z_f = \dfrac{1}{SC_f}$

44 (A)。$Z_i = R_i$，$Z_f = R_f + \dfrac{1}{SC_f}$

45 (D)。$T_i = R_f C_f$

46 (D)。$Z_i = \dfrac{1}{SC_i} // R_i = \dfrac{R_i \times \dfrac{1}{SC_i}}{R_i + \dfrac{1}{SC_i}} = \dfrac{R_i}{SC_i R_i + 1}$

$Z_f = R_f$

47 (D)。$T_d = R_i C_i$

48 (C)。$\dfrac{V_o}{V_i} = \dfrac{R_1 // (sL_2 + R_2)}{sL_1 + [R_1 // (sL_2 + R_2)]} \times \dfrac{R_2}{R_2 + sL_2}$

$= \dfrac{R_1 R_2}{L_1 L_2 S^2 + (L_1 R_1 + L_1 R_2 + L_2 R_1) S + R_1 R_2}$

49 (C)。$T_d = R_i C_i // R_f C_f = \dfrac{R_i R_f C_i C_f}{R_i C_i + R_f C_f}$

50 (D)。$K_p = -\left(\dfrac{C_i}{C_f} + \dfrac{R_f}{R_i}\right)$

112年 臺灣菸酒評價職位人員轉任職員／電子電機類

壹、單選題

( ) **1** 線性非時變微分方程式為$\frac{d^3}{dt^3}c(t)+6\frac{d^2}{dt^2}c(t)+11\frac{d}{dt}c(t)+6c(t)=r(t)$，求其轉移函數T(s)=？

(A)$\frac{1}{s^3+5s^2+10s+4}$ (B)$\frac{1}{s^3+6s^2+11s+5}$

(C)$\frac{1}{s^3+6s^2+10s+6}$ (D)$\frac{1}{s^3+6s^2+11s+6}$。

( ) **2** 考慮一個系統之特徵方程式如下$s^4+2s^3+3s^2+4s+5=0$，則系統之穩定性為何？

(A)穩定系統 (B)不穩定系統

(C)臨界穩定系統 (D)邊界穩定系統。

( ) **3** 若單位負回授系統的開迴路轉移函數為$G(s)=\frac{1}{s+1}$，當輸入訊號為t時，則系統的穩態誤差為何？

(A)0.5t+1 (B)0.25t+0.5

(C)t+0.25 (D)0.5t+0.25。

( ) **4** 系統之相位邊界(Phase margin)為何？

(A)在$|G(j\omega)H(j\omega)|=1$時，$G(j\omega)H(j\omega)$與正實軸的夾角

(B)$180^\circ+\angle G(j\omega_C)H(j\omega_C)$，其中$|G(j\omega_C)H(j\omega_C)|=1$

(C)$180^\circ-\angle G(j\omega_C)H(j\omega_C)$，其中$|G(j\omega_C)H(j\omega_C)|=1$

(D)$\frac{1}{|G(j\omega)H(j\omega)|}$的大小。

( ) **5** 系統之增益邊界(Gainmargin)為何？

(A)$|G(j\omega)H(j\omega)|$的大小

(B)$\frac{1}{|G(j\omega)H(j\omega)|}$的大小

(C)$G(j\omega)H(j\omega)$曲線與負實軸交點處ω_p，則$|G(j\omega_p)H(j\omega_p)|$為增益邊界

(D)$G(j\omega)H(j\omega)$曲線與負實軸交點處ω_p，則$\frac{1}{|G(j\omega_p)H(j\omega_p)|}$為增益邊界。

( ) **6** 考慮一個控制系統如圖所示，求系統在r(t)作用下的穩態誤差為何？(6>K>0)

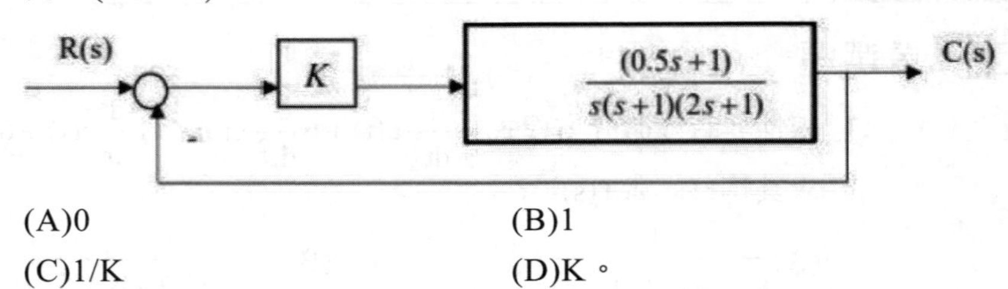

(A)0　(B)1
(C)1/K　(D)K。

( ) **7** 敘述一個系統之微分方程式為$\frac{d^3}{dt^3}c(t)+3\frac{d^2}{dt^2}c(t)+4\frac{d}{dt}c(t)+2c(t)=2\frac{d}{dt}r(t)+r(t)$，求特徵多項式為何？

(A)$\frac{2s+1}{s^3+3s^2+4s+2}$　(B)s^3+3s^2+4s+2
(C)$s^3+3s^2+4s+2=0$　(D)2s+1。

( ) **8** 考慮一個三階系統之特性方程式$q(s)=s^3+2s^2+4s+K$，若系統為穩定系統，則K須滿足何關係？

(A)K>4　(B)K<0
(C)$0\le K\le 4$　(D)$0\le K\le 8$。

( ) **9** 考慮一個單位回授系統，當系統輸入為斜坡輸入u(t)=At時，其穩態誤差為何？

(A)$\lim_{s\to 0}\frac{A}{G(s)}$　(B)$e_{ss}=\lim_{s\to 0}\frac{A}{sG(s)}$
(C)$e_{ss}=0$　(D)$e_{ss}=\lim_{s\to 0}\frac{A}{1+sG(s)}$。

( ) **10** 考慮一個單位回授系統，當系統輸入為斜坡輸入u(t)=At時，系統之TypeNumber為1時，其穩態誤差為何（其中$K_v=\lim_{s\to 0}sG(s)$）？

(A)$e_{ss}=\frac{A}{K_V}$　(B)$e_{ss}=0$
(C)$e_{ss}=\infty$　(D)$e_{ss}=\frac{A}{1+K_v}$。

(　) **11** 單迴路控制系統如圖所示，則其狀態微分方程式為？

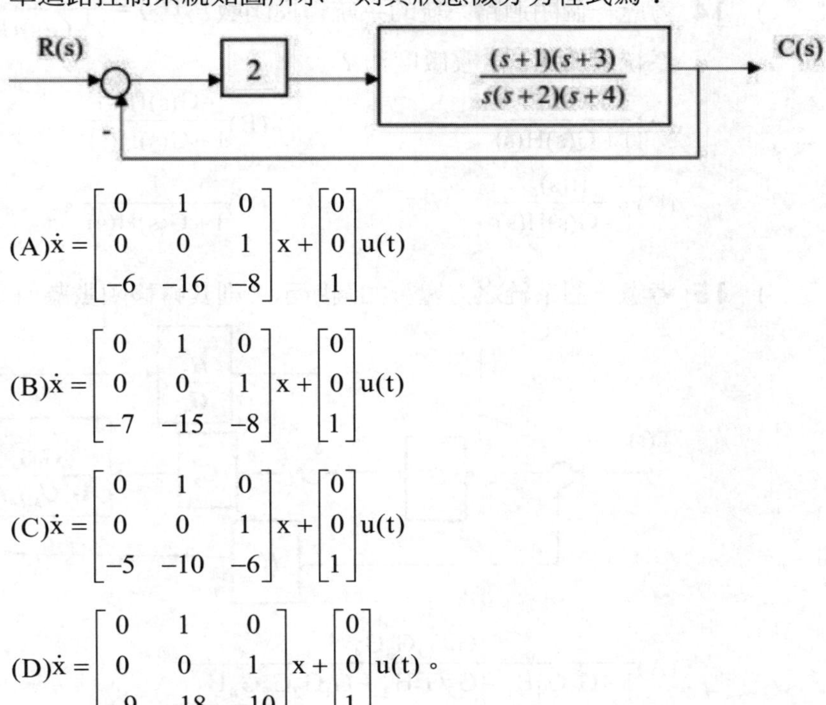

(A)$\dot{x}=\begin{bmatrix}0 & 1 & 0\\ 0 & 0 & 1\\ -6 & -16 & -8\end{bmatrix}x+\begin{bmatrix}0\\ 0\\ 1\end{bmatrix}u(t)$

(B)$\dot{x}=\begin{bmatrix}0 & 1 & 0\\ 0 & 0 & 1\\ -7 & -15 & -8\end{bmatrix}x+\begin{bmatrix}0\\ 0\\ 1\end{bmatrix}u(t)$

(C)$\dot{x}=\begin{bmatrix}0 & 1 & 0\\ 0 & 0 & 1\\ -5 & -10 & -6\end{bmatrix}x+\begin{bmatrix}0\\ 0\\ 1\end{bmatrix}u(t)$

(D)$\dot{x}=\begin{bmatrix}0 & 1 & 0\\ 0 & 0 & 1\\ -9 & -18 & -10\end{bmatrix}x+\begin{bmatrix}0\\ 0\\ 1\end{bmatrix}u(t)$。

(　) **12** 考慮一個三階特性方程式$q(s)=s^3+2s^2+4s+K$，則系統穩定的條件為何？

(A)$0<K<7$　(B)$K<0$

(C)$0<K<8$　(D)$K>8$。

(　) **13** 考慮一個閉迴路系統的系統轉換函數為$T(s)=\dfrac{G(s)}{1+G(s)H(s)}$，則系統之相對靈敏度為？

(A)$\dfrac{G(s)}{1+G(s)H(s)}$　(B)$\dfrac{-G(s)H(s)}{1+G(s)H(s)}$

(C)$\dfrac{H(s)}{1+G(s)H(s)}$　(D)$\dfrac{1}{1+G(s)H(s)}$。

( ) **14** 考慮一個閉迴路系統的系統轉換函數為$T(s)=\frac{G(s)}{1+G(s)H(s)}$，則回授系統對於H(s)之靈敏度為？

(A)$\frac{G(s)}{1+G(s)H(s)}$ (B)$\frac{-G(s)H(s)}{1+G(s)H(s)}$

(C)$\frac{H(s)}{1+G(s)H(s)}$ (D)$\frac{1}{1+G(s)H(s)}$。

( ) **15** 考慮一個系統之方塊，如圖所示，則其轉移函數為何？

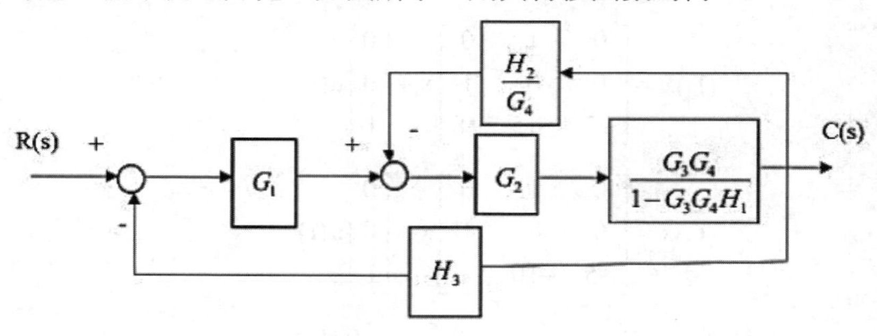

(A)$\frac{G_1G_2G_3G_4}{1-G_3G_4H_1-G_2G_3H_2+G_1G_2G_3G_4H_3}$

(B)$\frac{G_1G_2G_3G_4}{1+G_3G_4H_1-G_2G_3H_2+G_1G_2G_3G_4H_3}$

(C)$\frac{G_1G_2G_3G_4}{1+G_3G_4H_1+G_2G_3H_2+G_1G_2G_3G_4H_3}$

(D)$\frac{G_1G_2G_3G_4}{1-G_3G_4H_1+G_2G_3H_2+G_1G_2G_3G_4H_3}$。

( ) **16** 考慮一個單環回授系統如下圖所示，若$G(s)H(s)=\frac{K}{s^2(\tau s+1)}$，則考慮其G(s)H(s)的Nyquist廓線圖，其系統之穩定性為何？

(A)廓線會繞點-1零次，系統為穩定

(B)廓線會繞點-1壹次，系統為不穩定

(C)廓線會繞點-1兩次，系統為不穩定

(D)廓線會繞點-1參次，系統為不穩定。

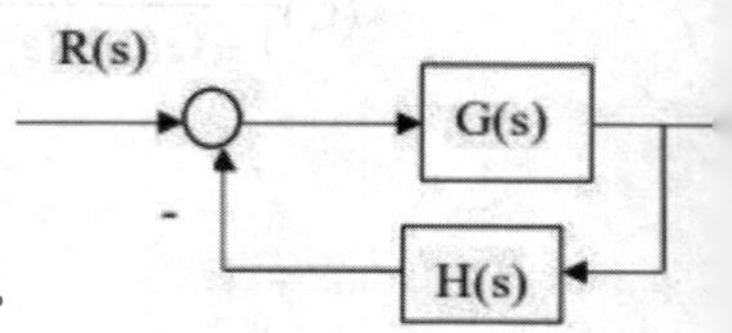

( ) **17** 甲乙兩個系統，甲系統為y(t)=5t・u(t)+1，乙系統為y(t)=5u(t)+1，其中y(t)和u(t)分別為系統輸出和輸入。關於時變系統(Time-Variant System)和非時變系統(Time-Invariant System)的判斷，下列何者正確？

(A)甲乙兩個系統均為時變系統

(B)甲乙兩個系統均為非時變系統

(C)甲系統為時變系統，乙系統為非時變系統

(D)甲系統為非時變系統，乙系統為時變系統。

( ) **18** 時間函數f(t)=3t・$u_s(t)$-$u_s(t-1)$，其中$u_s(t)$為單位步階函數(Unit Step Function)，則f(t)經過拉普拉斯轉換(Laplace Transform)後，下列何者正確？

(A)$\frac{3}{s^2}-e^{-s}\frac{1}{s}$　(B)$\frac{3}{s^2}-e^{s}\frac{1}{s}$

(C)$\frac{3}{s^2}-e^{-s}\frac{1}{s-1}$　(D)$\frac{3}{s^2}-\frac{1}{s-1}$。

( ) **19** 如圖方塊圖所示，則系統拉普拉斯轉移函數Y(s)/R(s)為下列何者？

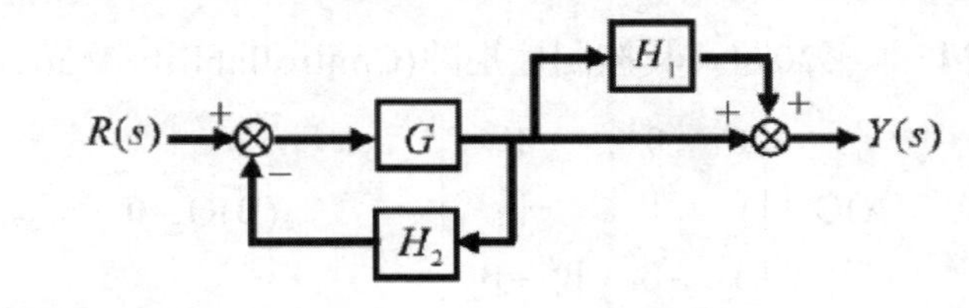

(A)$\frac{GH_2}{1+GH_1}$　(B)$\frac{GH_1}{1+GH_2}$

(C)$\frac{H_1}{1+GH_2}$　(D)$\frac{G(1+H_1)}{1+GH_2}$。

(　　) **20** 假設控制系統轉移函數為$G(s)=\frac{\alpha_1 s^2+\alpha_2 s+\alpha_3}{s^3+\beta_1 s^2+\beta_2 s+\beta_3}$，若以狀態矩陣表示，則下列何者為可控制典型式(Controllable Canonical Form)？

(A)$\dot{X}(t)=\begin{bmatrix}0 & 1 & 0\\ 0 & 0 & 1\\ -\beta_3 & -\beta_2 & -\beta_1\end{bmatrix}X(t)+\begin{bmatrix}0\\0\\1\end{bmatrix}U(t), Y(t)=\begin{bmatrix}-\alpha_1 & -\alpha_2 & -\alpha_3\end{bmatrix}X(t)$

(B)$\dot{X}(t)=\begin{bmatrix}0 & 1 & 0\\ 0 & 0 & 1\\ \beta_3 & \beta_2 & \beta_1\end{bmatrix}X(t)+\begin{bmatrix}0\\0\\1\end{bmatrix}U(t),\quad Y(t)=\begin{bmatrix}\alpha_3 & \alpha_2 & \alpha_1\end{bmatrix}X(t)$

(C)$\dot{X}(t)=\begin{bmatrix}0 & 1 & 0\\ 0 & 0 & 1\\ -\beta_3 & -\beta_2 & -\beta_1\end{bmatrix}X(t)+\begin{bmatrix}0\\0\\1\end{bmatrix}U(t),\quad Y(t)=\begin{bmatrix}\alpha_3 & \alpha_2 & \alpha_1\end{bmatrix}X(t)$

(D)$\dot{X}(t)=\begin{bmatrix}0 & 0 & -\beta_1\\ 1 & 0 & -\beta_2\\ 0 & 1 & -\beta_3\end{bmatrix}X(t)+\begin{bmatrix}1\\0\\0\end{bmatrix}U(t),\quad Y(t)=\begin{bmatrix}\alpha_3 & \alpha_2 & \alpha_1\end{bmatrix}X(t)$

(　　) **21** 承第20題，其控制性矩陣(Controllability Matrix)Q_c為下列何者？

(A)$Q_c=\begin{bmatrix}0 & 0 & 1\\ 0 & 1 & -\beta_1\\ 1 & -\beta_1 & \beta_1^2-\beta_2\end{bmatrix}$　(B)$Q_c=0$

(C)$Q_c=\begin{bmatrix}1 & 0 & 1\\ 0 & 1 & 1\\ 0 & 0 & 0\end{bmatrix}$　(D)$Q_c=\begin{bmatrix}0 & 1 & 0\\ 0 & 1 & 0\\ 1 & 0 & 0\end{bmatrix}$。

(　　) **22** 控制系統的特性方程式為$\Delta(s)=s^4+3s^3+3s^2+s+K$，若希望此系統穩定，則條件為下列何者？　(A)$K>0$　(B)$0<K<1$　(C)$-1<K<1$　(D)$0<K<\frac{8}{9}$。

(　　) **23** 控制系統之閉迴路轉移函數為，則阻尼比ζ(Damping Ratio)為何？
(A)0.25　(B)0.4　(C)0.5　(D)5

( ) **24** 如圖所示，y(t)為標準二階系統針對輸入訊號為單位步階的響應圖形。則下列何者正確？

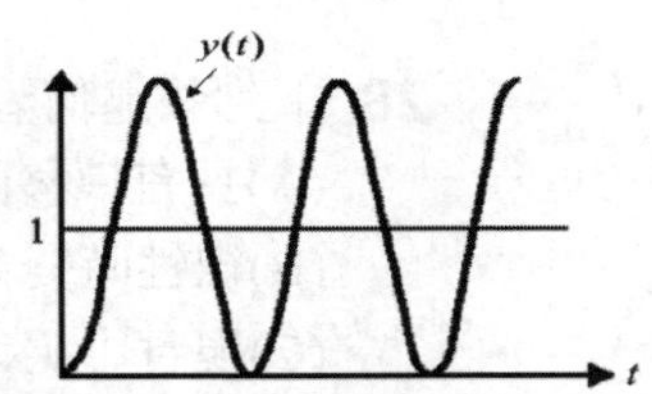

(A)欠阻尼響應(Underdamped Response)
(B)臨界阻尼響應(Critically Damped Response)
(C)無阻尼響應(Undamped Response)
(D)過阻尼響應(Overdamped Response)。

( ) **25** 如圖所示，若G(s)=$\frac{s+1}{s^3+2s^2}$，K=2。請問系統組態(System Type)下列何者正確？

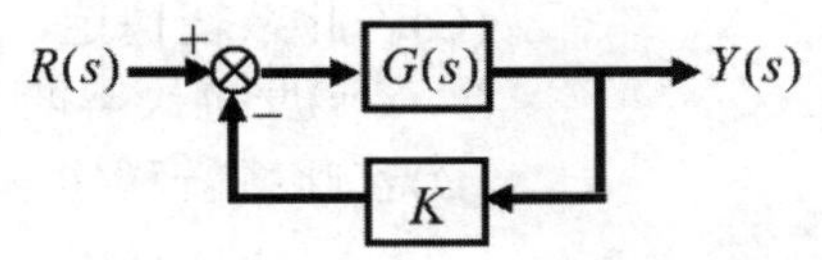

(A)系統組態為Type0
(B)系統組態為Type1
(C)系統組態為Type2
(D)系統組態為Type3。

( ) **26** 如圖所示，若G(s)=$\frac{5}{s^2+14s+55}$，輸入R(s)為單位步階訊號，則系統穩態誤差e_{ss}？

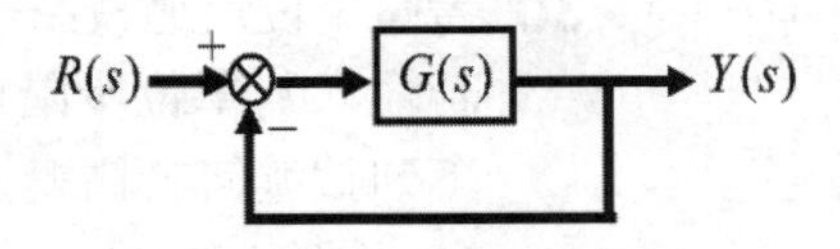

(A)系統不穩定，因此e_{ss}不存在　(B)e_{ss}=0
(C)e_{ss}=$\frac{1}{5}$　(D)e_{ss}=$\frac{11}{12}$。

( ) **27** 如圖所示，若輸入單位斜坡訊號R(s)=$\frac{1}{s^2}$，並且希望閉迴路系統穩態誤差e_{ss}=0。為達到此設計條件，請問系統組態K和a必須為何？

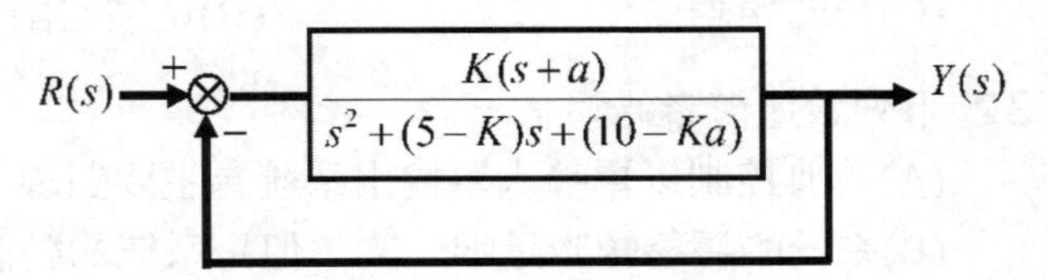

(A)系統組態為Type 1，K=5和a=2
(B)系統組態為Type 2，K=5和a=2
(C)系統組態為Type 0，K=2和a=5
(D)系統組態為Type 2，K=5和a=5。

(　　) **28** 下列敘述何者錯誤？

(A)具有轉移函數的系統必為線性系統

(B)線性時變系統存在有轉移函數

(C)現實中絕大數系統均為非線性模式

(D)梅生法則(Mason's Rule)可用來求控制系統的轉移函數。

(　　) **29** 如圖所示，其中G(s)為系統轉移函數，輸入$R(s)=A\frac{\omega}{s^2+\omega^2}$，則下列敘述何者錯誤？

$R(s) \rightarrow \boxed{G(s)} \rightarrow Y(s)$

(A)系統具線性特性

(B)系統具非時變特性

(C)若此系統穩定，則系統輸出的頻率響應為$\lim_{t\to\infty} y(t)$，其中y(t)為Y(s)反拉氏轉換

(D)若此系統穩定，則系統輸出的穩態響應為$A\sin(\omega t+\phi)$，其中$\phi=\angle G(j\omega)$。

(　　) **30** 考慮單位負迴授系統其閉迴路轉移函數G(s)為標準二階系統型式，若輸入為單位步階信號，且希望控制性能(Performance)愈佳，則下列敘述何者錯誤？

(A)共振峰值(Resonant Peak)M_r越趨近於0越好

(B)頻寬(Bandwidth)BW越大越好

(C)最大超越量(Maximum Overshoot)M_o越小越好

(D)上升時間(Rise Time)t_r越小越好。

(　　) **31** 關於系統控制性能衡量，下列何者「非」時域的考量指標：

(A)最大超越量　　(B)延遲時間

(C)穩態誤差　　(D)增益邊限。

(　　) **32** 下列敘述何者錯誤？

(A)古典控制以單輸入單輸出系統為主要對象

(B)系統的轉移函數是唯一的，但是系統的動態方程式有無窮多

(C)動態方程式為$x(t)=A(t)x(t)+B(t)u(t)$，則此系統為線性非時變系統

(D)PI控制器可改善系統的穩態誤差。

(　　) **33** 關於全通系統(All Pass System)和極小相位系統(Minimum Phase System)，下列敘述何者錯誤？

(A)若系統為全通系統，則系統轉移函數大小值為1(0dB)

(B)若系統為全通系統，則系統轉移函數的相位值等於0

(C)若系統為極小相位系統，則系統轉移函數的所有極零點均在s平面的左半面

(D)若系統為極小相位系統，則系統轉移函數的增益值為正。

(　　) **34** 如圖所示，若$G_c=100$，H=10，$G(s)=\dfrac{1}{s(s+2)}$。請問對於H而言，系統轉移函數T之靈敏度為下列何者？

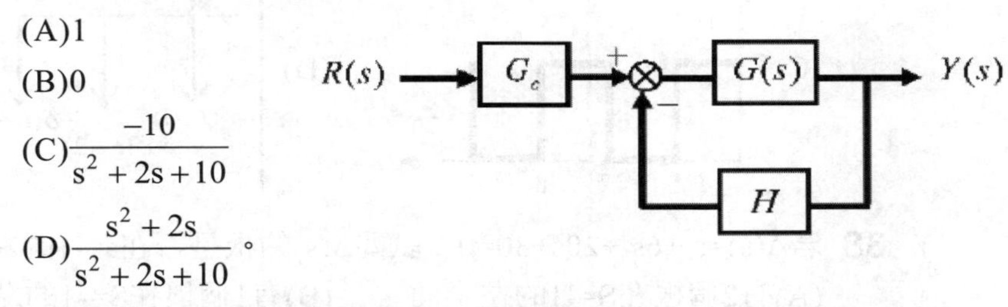

(A)1

(B)0

(C)$\dfrac{-10}{s^2+2s+10}$

(D)$\dfrac{s^2+2s}{s^2+2s+10}$。

(　　) **35** 如圖所示，若此控制系統滿足BIBO穩定，則K的條件為何？

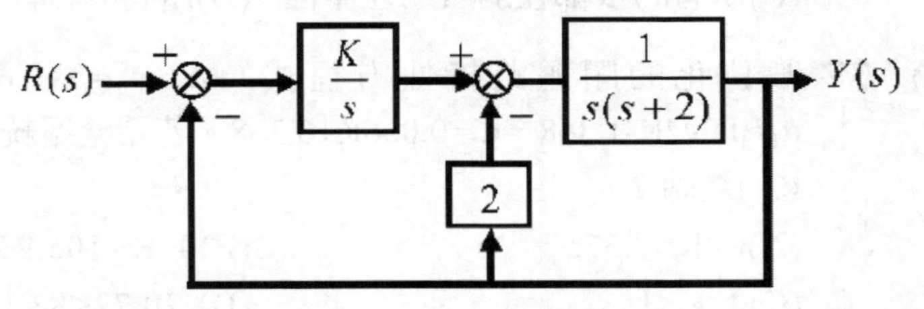

(A)$0<K<4$　　(B)$K>0$

(C)$0<K<8$　　(D)此系統無論K如何設計，都無法滿足BIBO穩定。

(　　) **36** 承第35題，若輸入R(s)為單位步階訊號，則系統輸出的穩態響應值為多少？

(A)0　　(B)0.5

(C)1　　(D)此系統不穩定，因此穩態響應值不存在。

(　　) **37** 若系統轉移函數$G(s)=\frac{Y(s)}{R(s)}=\frac{e^{-s}}{1+e^{-s}}$，下列何者為單位脈衝響應後系統輸出圖形？

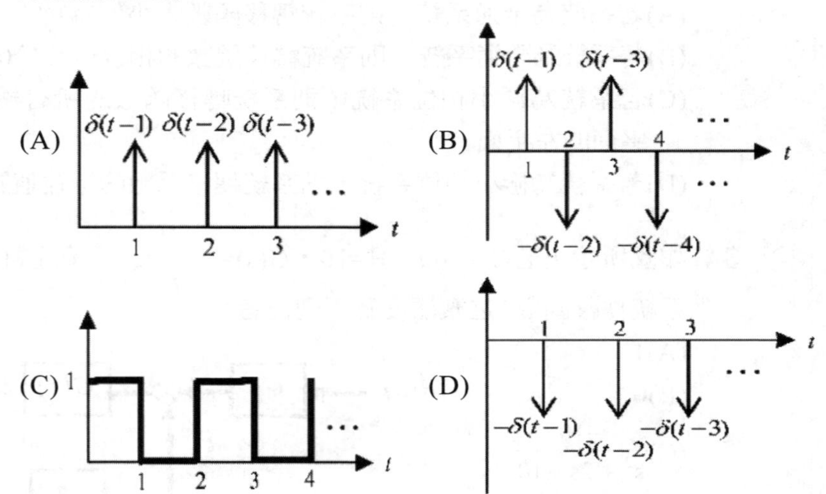

(　　) **38** 若$\Delta(s)=s^3+6s^2+20s+30=0$，試問Δ(s)的根是否在s=-1的左半面？
(A)有2個根在S=-1的左半面　(B)有1個根在S=-1的左半面
(C)所有的根都在S=-1的左半面　(D)所有的根都在S=-1的右半面。

(　　) **39** 數位化的閉迴路特性方程式為$\Delta(z)=z^2+\alpha_1 z+\alpha_2=0$，其中$\alpha_1=0.092K-1.368$，$\alpha_2=0.066K+0.368$。若希望系統穩定，下列何者為K的範圍？
(A)$0<K<9.575$　(B)$0<K<105.23$
(C)$0<K<1$　(D)$-20.72<K<1$。

(　　) **40** 如圖所示，若輸入為單位步階信號，則閉迴路系統的頻寬BW為何？

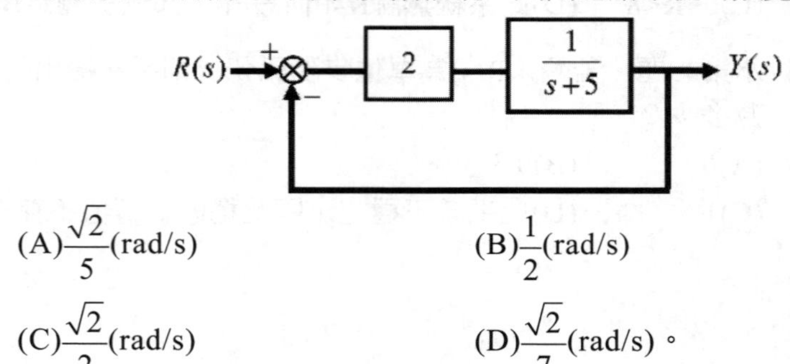

(A)$\frac{\sqrt{2}}{5}$(rad/s)　(B)$\frac{1}{2}$(rad/s)
(C)$\frac{\sqrt{2}}{2}$(rad/s)　(D)$\frac{\sqrt{2}}{7}$(rad/s)。

解答與解析

1 (D)。$\dddot{c}(t)+6\ddot{c}(t)+11\dot{c}(t)+6c(t)=r(t)$

$$\Rightarrow T(s)=\frac{1}{s^3+6s^2+11s+6}$$

2 (B)。$s^4+2s^3+3s^2+4s+5=0$

$$\begin{array}{llll} s^4 & 1 & 3 & 5 \\ s^3 & 2 & 4 & 0 \\ s^2 & 1 & 5 & \\ s^1 & -6 & & \\ s^0 & 5 & & \end{array}$$

變號2次⇒不穩定

3 (D)。$T(s)=\frac{G(s)}{1+G(s)}=\frac{1}{s+2}=\frac{Y(s)}{R(s)}$，$Y(s)=\frac{1}{s+2}\times\frac{1}{s^2}=\frac{\frac{1}{2}}{s^2}+\frac{-\frac{1}{4}}{s}+\frac{\frac{1}{4}}{s+2}$

$\Rightarrow y(t)=0.5t-0.25+0.25e^{-2t}=y_{ss}(t)+y_{tr}(t)$

$$\Rightarrow\begin{cases} y_{ss}(t)=0.5t-0.25 \\ y_{tr}(t)=0.2se^{-2t} \end{cases}$$

此題實際無解。

4 (C)。$180^\circ-\angle G(j\omega_c)H(j\omega_c)$，其中$|G(j\omega_c)H(j\omega_c)|=1$

5 (D)。$G(j\omega)H(j\omega)$曲線與負實軸交點處ω_p，則

$\left|\frac{1}{G(j\omega_p)H(j\omega_p)}\right|$為增益邊界

6 (C)。$G(s)=\frac{0.5s+1}{s(s+1)(2s+1)}$，$\lim_{s\to 0} sKG(s)=K$，$e_{ss}=\frac{1}{k}$

註：此題應標示輸入來源為斜坡函數。

7 (B)。$\dddot{c}(t)+3\ddot{c}(t)+4\dot{c}(t)+2c(t)=2\dot{r}(t)+r(t)$

$\Rightarrow(s^3+3s^2+4s+2)C=(2s+1)R\Rightarrow\frac{C}{R}=\frac{2s+1}{s^3+3s^2+4s+2}$

$\therefore\triangle=s^3+3s^2+4s+2$

8 (D)。

$$\begin{array}{lll} s^3 & 1 & 4 \\ s^2 & 2 & k \\ s^1 & \frac{8-k}{2} & \\ s^0 & k & \end{array}$$

8−k≧0，k≧0⇒0≦k≦8

9 (B)。$e_{ss}=\lim_{s\to 0}\dfrac{s\times\frac{A}{s^2}}{1+G(s)}=\lim_{s\to 0}\dfrac{A}{s+sG(s)}=\lim_{s\to 0}\dfrac{A}{sG(s)}$

10 (A)。$e_{ss}=\dfrac{A}{K_v}$

11 (A)。$1+GH=1+\dfrac{2(s+1)(s+3)}{s(s+2)(s+4)}=0\Rightarrow s^3+8s^2+16s+6=0$

$$\therefore \dot{x}=\begin{bmatrix}0 & 1 & 0\\ 0 & 0 & 1\\ -6 & -16 & -8\end{bmatrix}x+\begin{bmatrix}0\\0\\1\end{bmatrix}u(t)$$

12 (C)。$s^3+s^2+4s+k=0$

$$\begin{array}{lll} s^3 & 1 & 4 \\ s^2 & 2 & K \\ s^1 & \frac{8-K}{2} & \\ s^0 & K & \end{array}$$

8−K>0，K>0⇒0<K<8

13 (D)。相對靈敏度 $S_G^T=\dfrac{\Delta T}{\Delta G}\times\dfrac{6}{T}=\dfrac{1}{1+G(s)H(s)}$

14 (B)。靈敏度 $S_H^T=\dfrac{\Delta T}{\Delta H}\times\dfrac{H}{T}=\dfrac{-G(s)H(s)}{1+G(s)H(s)}$

15 (D)。$\dfrac{\dfrac{G_2G_3G_4}{1-G_3G_4H_1}}{1+\dfrac{G_2G_3G_4}{1-G_3G_4H_1}\times\dfrac{H_2}{G_4}}$

$=\dfrac{G_2G_3G_4}{1-G_3G_4H_1+G_2G_3H_2}=G'$

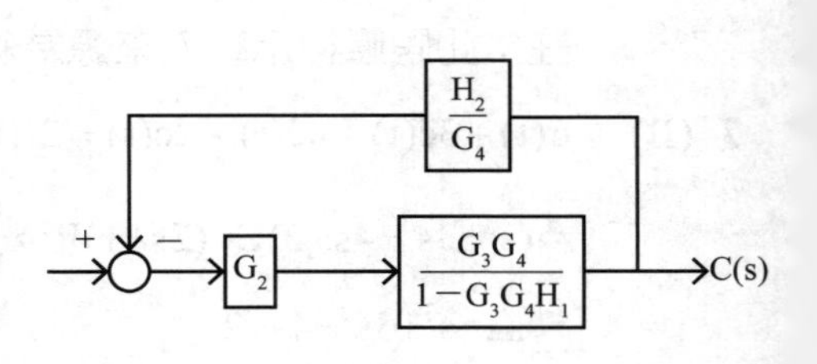

$$\frac{C(s)}{R(s)}=\frac{G_1G'}{1+G_1G'H_3}$$

$$=\frac{G_1G_2G_3G_4}{1-G_3G_4H_1+G_2G_3H_2+G_1G_2G_3G_4H_3}$$

16 (C)。 $GH(J\omega)=\left|\frac{k}{w^2\sqrt{1+(\tau w)^2}}\right|\angle -90^\circ\times 2=\tan^{-1}\left(\frac{\tau w}{1}\right)$

$GH(jo^{+})=\infty\angle -180^\circ-\varepsilon^\circ$

$GH(\infty)=0\angle -270^\circ$

System type 2⇒要繞原點 $\frac{2}{2}$ 圈⇒1圈

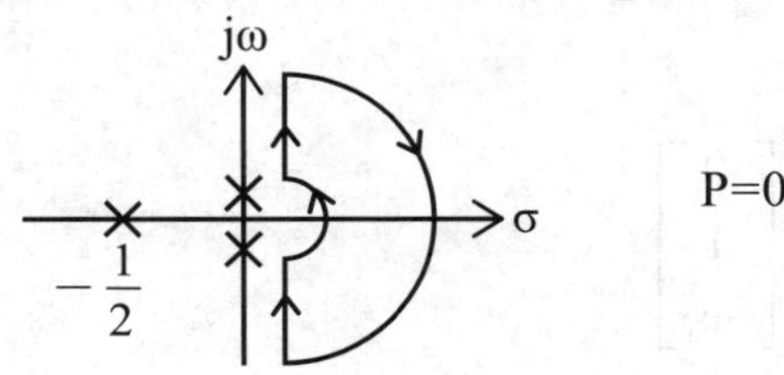

P=0

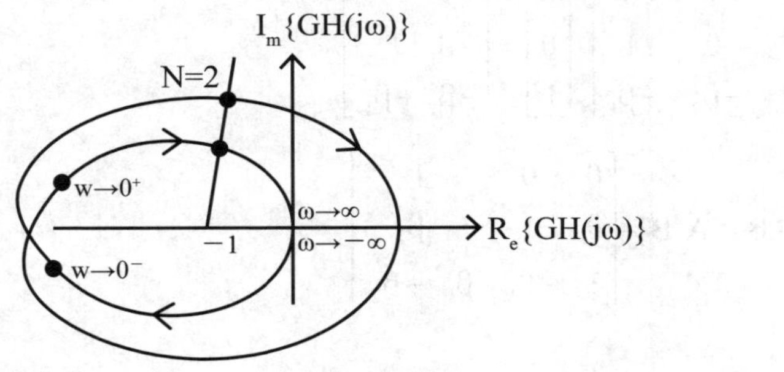

N=2

N=Z−P⇒Z=2≠0

不穩定

17 (C)。甲：時變系統，乙：非時變系統。

18 (A)。 $f(t)=3tu_s(t)-u_s(t-1)$

$\Rightarrow F(s)=\frac{3}{s^2}-\frac{1}{s}e^{-s}$

19 (D)。

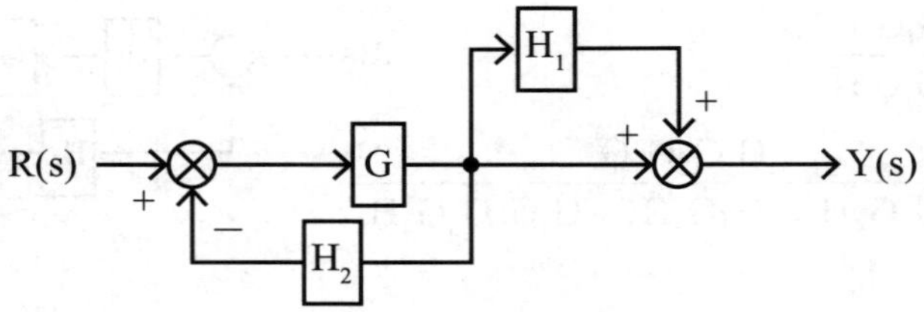

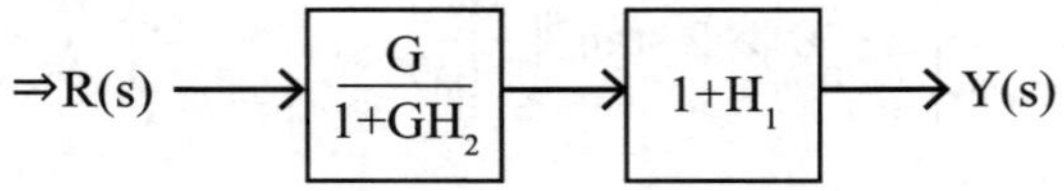

$$\Rightarrow \frac{Y(s)}{R(s)} = \frac{G}{1+GH_2} \times (1+H_1) = \frac{G(1+H_1)}{1+GH_2}$$

20 (C)。可控制典型式公式為(C)。

21 (A)。$AB=\begin{bmatrix} 0 & 1 & 0 \\ 0 & 0 & 1 \\ -\beta_3 & -\beta_2 & -\beta_1 \end{bmatrix}\begin{bmatrix} 0 \\ 0 \\ 1 \end{bmatrix}=\begin{bmatrix} 0 \\ 1 \\ -\beta_1 \end{bmatrix}$

$$A^2B=\begin{bmatrix} 0 & 1 & 0 \\ 0 & 0 & 1 \\ -\beta_3 & -\beta_2 & -\beta_1 \end{bmatrix}^2\begin{bmatrix} 0 \\ 0 \\ 1 \end{bmatrix}=\begin{bmatrix} 1 \\ -\beta_1 \\ -\beta_2+\beta_1^2 \end{bmatrix}$$

$$Q_C=[B \quad AB \quad A^2B]=\begin{bmatrix} 0 & 0 & 1 \\ 0 & 1 & -\beta_1 \\ 1 & -\beta_1 & {\beta_1}^2-\beta_2 \end{bmatrix}$$

22 (D)。

s^4	1	3	K
s^3	3	1	0
s^2	$\frac{8}{3}$	K	
s^1	$1-\frac{9}{8}K$		
s^0	K		

$$1-\frac{9}{8}K>0, K>0 \Rightarrow 0<K<\frac{8}{9}$$

23 (C)。 $s^2+5s+25=s^2+2\zeta w_n+w_n^2$

$\Rightarrow w_n=5$，$\zeta=0.5$

24 (C)。此為無阻尼響應。

25 (A)。$T(s)=\dfrac{G(s)}{1+KG(s)}=\dfrac{G'(s)}{1+G'(s)}\Rightarrow G'(s)=\dfrac{G(s)}{1+KG(s)-G(s)}=\dfrac{s+1}{s^3+2s^2+s+1}$

26 (D)。$e_{ss}=\lim\limits_{s\to0}s\times\dfrac{\frac{1}{s}}{1+\frac{5}{s^2+4s+5s}}=\lim\limits_{s\to0}\dfrac{s^2+14s+55}{s^2+14s+60}=\dfrac{11}{12}$

27 (B)。若type=2$\Rightarrow e_{ss}=0\Rightarrow s^2+(5-K)s+(10-Ka)=s^2\Rightarrow K=5$，$a=2$

28 (B)。線性非時變系統存在有轉移函數。

29 (D)。$R(s)=A\dfrac{\omega}{s^2+\omega^2}\Rightarrow r(t)=A\sin\omega t$，$y_{ss}(t)=A|G(j\omega)|\sin(\omega t+\phi)$

30 (A)。共振峰值愈大較好。

31 (D)。增益邊限是頻域規格。

32 (C)。動態方程式不限於線性非時變系統。

33 (B)。相位值不為0。

34 (C)。

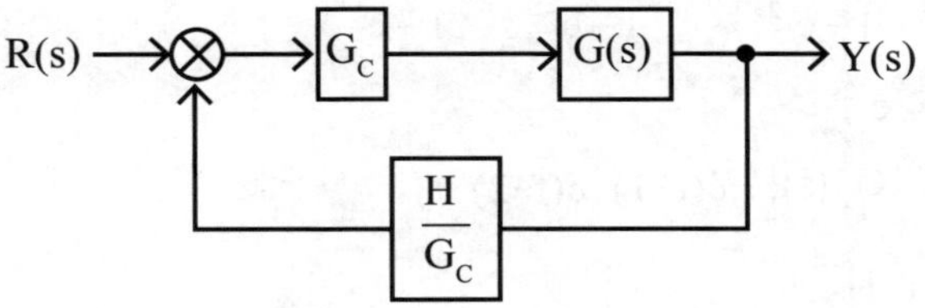

R(s) → ⊗ → G_C → G(s) → Y(s)，回授路徑：$\dfrac{H}{G_C}$

$G^*=G_cG(s)=\dfrac{100}{s(s+2)}$

$$S_H^T=\frac{-\frac{100}{s(s+2)}\times\frac{10}{100}}{1+\frac{100}{s(s+2)}\times\frac{10}{100}}=\frac{-10}{s^2+2s+10}$$

35 (A)。

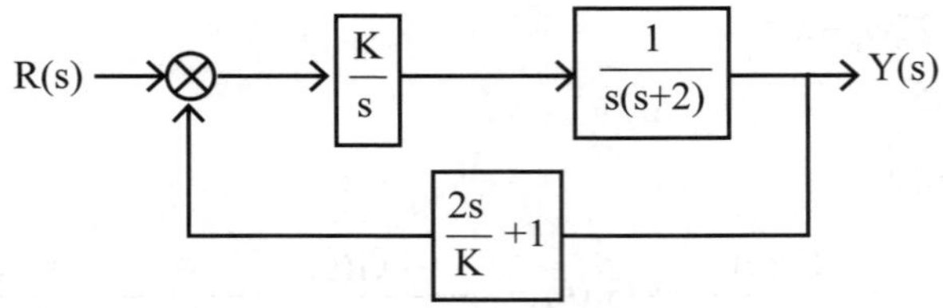

$$1+GH=1+\frac{K}{s}\times\frac{1}{s(s+2)}\times\left(\frac{2s}{K}+1\right)=1+\frac{2s+K}{s^2(s+2)}=0$$

$\Rightarrow s^3+2s^2+2s+K=0$

s^3	1	2
s^2	2	K
s^1	$\frac{4-K}{2}$	
s^0	K	

$\frac{4-K}{2}>0$，$K>0 \Rightarrow 0<K<4$

36 (C)。$$\lim_{s\to 0} s\times\frac{GR}{1+GH}=\lim_{s\to 0}\left[s\times\frac{\frac{K}{s^2(s+2)}}{1+\frac{2s+K}{s^2(s+2)}}\times\frac{1}{s}\right]=\lim_{s\to 0}\frac{K}{s^3+2s^2+2s+K}=1$$

37 (B)。$$G(s)=\frac{e^{-s}}{1+e^{-s}}=\frac{e^{-s}\left(1-e^{-s}\right)}{1-e^{-2s}}=\frac{e^{-s}-e^{-2s}}{1-e^{-2s}}=\frac{G_2(s)}{1-e^{-Ts}}$$

$T=2$，$G_2(s)=e^{-s}\cdot e^{-2s}$

$g_2(t)=L^{-1}\left\{G_2(s)\right\}=\delta(t-1)-\delta(t-2)$

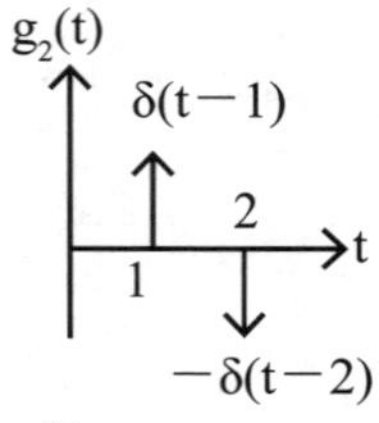

$y_{u.i.r}(t)=g(t)$

$=g_2(t-T)$

$g_2(t)$以T為週期

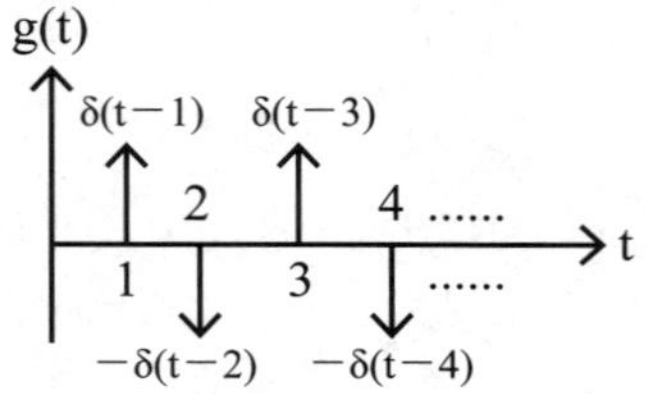

38 (C)。$\triangle(s)=s^3+6s^2+20s+30=0$

令$s'=s-1$代入原$\triangle(s)$得$s'^3+3s'^2+11s'+15=0$

$$\begin{array}{lll} s^3 & 1 & 11 \\ s^2 & 3 & 15 \\ s^1 & \frac{33-15}{3}=6 & \\ s^0 & 15 & \end{array}$$

沒變號⇒均在s=-1的左半面

39 (A)。

$$\begin{cases} \alpha_2<1 \Rightarrow K<9.575 \\ \Delta(1)=1+0.092K-1.368+0.066K+0.368 \\ \quad =0.158K>0 \Rightarrow K>0 \\ (-1)^2\Delta(-1)=1-0.092K+1.368+0.066K+0.368 \\ \quad =-0.026K+2.736>0 \\ \quad K<105.23 \end{cases}$$

$\Rightarrow 0<K<9.575$

40 (D)。$M(s)=\dfrac{Y(s)}{R(s)}=\dfrac{\frac{1}{s+5}\times 2}{1+\frac{1}{s+5}\times 2}=\dfrac{2}{s+7}$

$$B.W.=\frac{1}{\sqrt{2}}|M(jo)|=\frac{1}{\sqrt{2}}\times\frac{2}{7}=\frac{\sqrt{2}}{7}\text{rad/s}$$

貳、非選擇題

1

考慮一個微分方程式$\ddot{y}(t)+5\dot{y}(t)+4y(t)=3$，其中$y(0)=\alpha, \ddot{y}(0)=\beta$，求其方程式的解為何？

解 $m^2+5m+4=0$

$m=-1$、-4

$\therefore y(t)=C_1e^{-t}+C_2e^{-4t}+y_p$

令$y_p=at+b$代入$\ddot{y}(t)+5\dot{y}(t)+4y(t)=3$

$\Rightarrow 5a+4(at+b)=3$

$\Rightarrow a=0$，$b=3$

$\therefore y(t)=C_1e^{-t}+C_2e^{-4t}+3$

$$\Rightarrow \begin{cases} y(0)=\alpha \Rightarrow C_1+C_2+3=\alpha \\ \dot{y}(0)=\beta \Rightarrow -C_1-4C_2=\beta \end{cases}$$

$$\Rightarrow C_1=\frac{4\alpha+\beta-12}{3}, C_2=\frac{-(\alpha+\beta-3)}{3}$$

$$\Rightarrow y(t)=\frac{4\alpha+\beta-12}{3}e^{-t}-\frac{\alpha+\beta-3}{3}e^{-4t}+3$$

2

考慮一個系統如圖，求K的範圍使得此系統穩定。

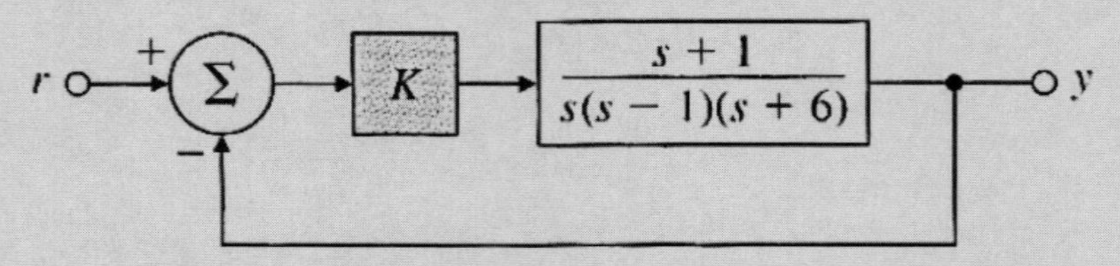

解 $\dfrac{G}{1+GH}=\dfrac{\dfrac{K(s+1)}{s(s-1)(s+6)}}{1+\dfrac{K(s+1)}{s(s-1)(s+6)}}=\dfrac{Ks+K}{s^3+5s^2+(K-6)s+K}$

$\triangle(s)=s^3+5s^2+(K-6)s+K=0$

$$\begin{array}{lll} s^3 & 1 & K-6 \\ s^2 & 5 & K \\ s^1 & \dfrac{6K-30}{5} & \\ s^0 & K & \end{array}$$

$\dfrac{6K-30}{5}>0$，$K>0 \Rightarrow 0<K<5$

112年 臺灣菸酒評價職位人員轉任職員／機械類

壹、單選題

( ) **1** 一般所稱回授控制系統，是指：
(A)開迴路控制系統 (B)分散控制系統
(C)平行控制系統 (D)閉迴路控制系統。

( ) **2** 相較開迴路控制系統，有關閉迴路控制系統之敘述，下列何者正確？
(A)價格比較便宜 (B)結構簡單容易維護
(C)無需考慮穩定性問題 (D)能降低干擾的影響。

( ) **3** 下列何者是明顯的時變系統(time-variant system)？
(A)倒單擺 (B)腳踏車
(C)巡弋飛彈 (D)類比電路。

( ) **4** 如圖所示控制器方塊圖，若該控制器為開關控制器，則操作量與誤差量關係的數學式應為：

(A)$u(t)=K_p e(t)$ (B)$u(t)=\begin{cases}1, e(t)\geq 0\\ 0, e(t)<0\end{cases}$

(C)$u(t)=K_D\dfrac{d}{dt}e(t)$ (D)$u(t)=K_I\int_0^t e(\tau)d\tau$。

( ) **5** 如圖所示常見的單擺系統，其運動方程式為$\ddot{\theta}(t)+\dfrac{g}{l}\sin\theta(t)=0$，其中非線性項次來源為：

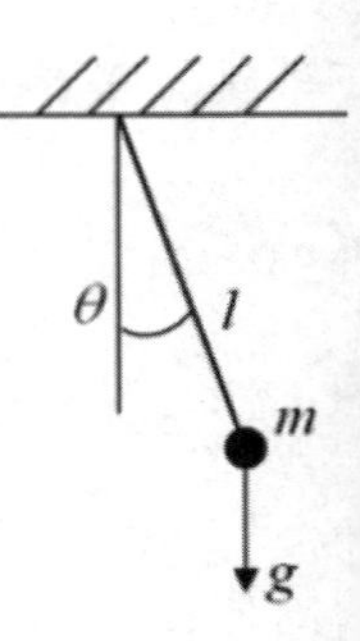

(A)$\ddot{\theta}(t)$ (B)$\dfrac{g}{l}$
(C)$\sin\theta(t)$ (D)m。

( ) **6** 線性系統具備重疊性(superposition)與齊次性(homogeneity)，下列何者為線性系統的輸入輸出關係圖？

(A)
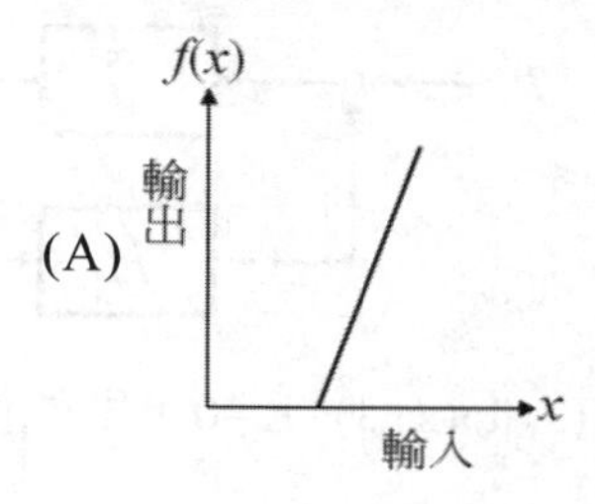

(B)
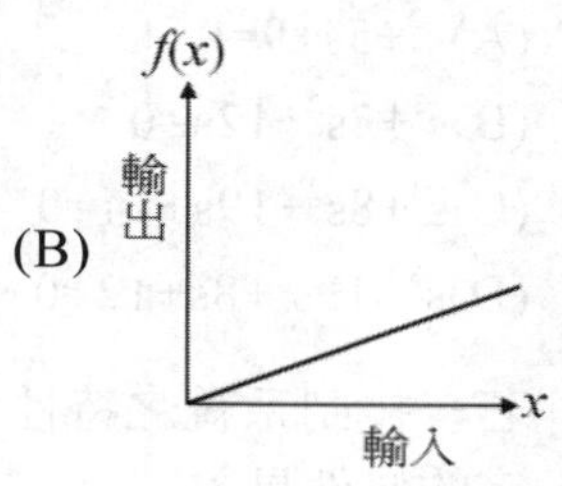

(C)
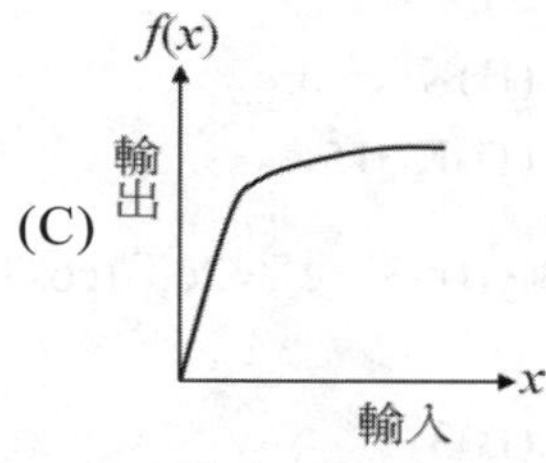

(D)
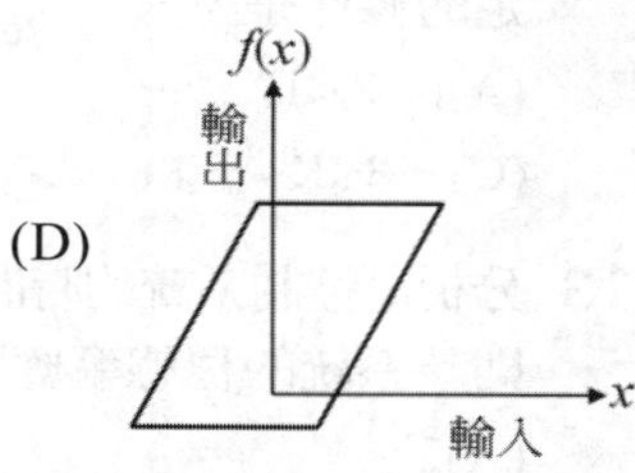

( ) **7** 下列何者不是暫態響應(Transient response)的性能規格？
(A)延遲時間 (B)安定時間
(C)最大超越量 (D)精確度。

( ) **8** 下列何者不是分析設計一控制系統的目標？
(A)找出穩定的系統 (B)判斷系統壽命
(C)產生需要的暫態響應 (D)減少穩態誤差。

( ) **9** 在設計一切削加工用的控制系統時，若要考慮加工時不能過切的因素下，應設計何種系統？
(A)無阻尼 (B)負阻尼
(C)過阻尼 (D)欠阻尼。

( ) **10** 一控制系統微分方程式為$\frac{d^2y(t)}{dt^2}+4\frac{dy(t)}{dt}+3y(t)=9u(t)$，u(t)為步階函數，初始條件$y(0)=-1$，$\dot{y}(0)=2$，請問當該系統穩定時y(t)=？
(A)1 (B)3
(C)4 (D)9。

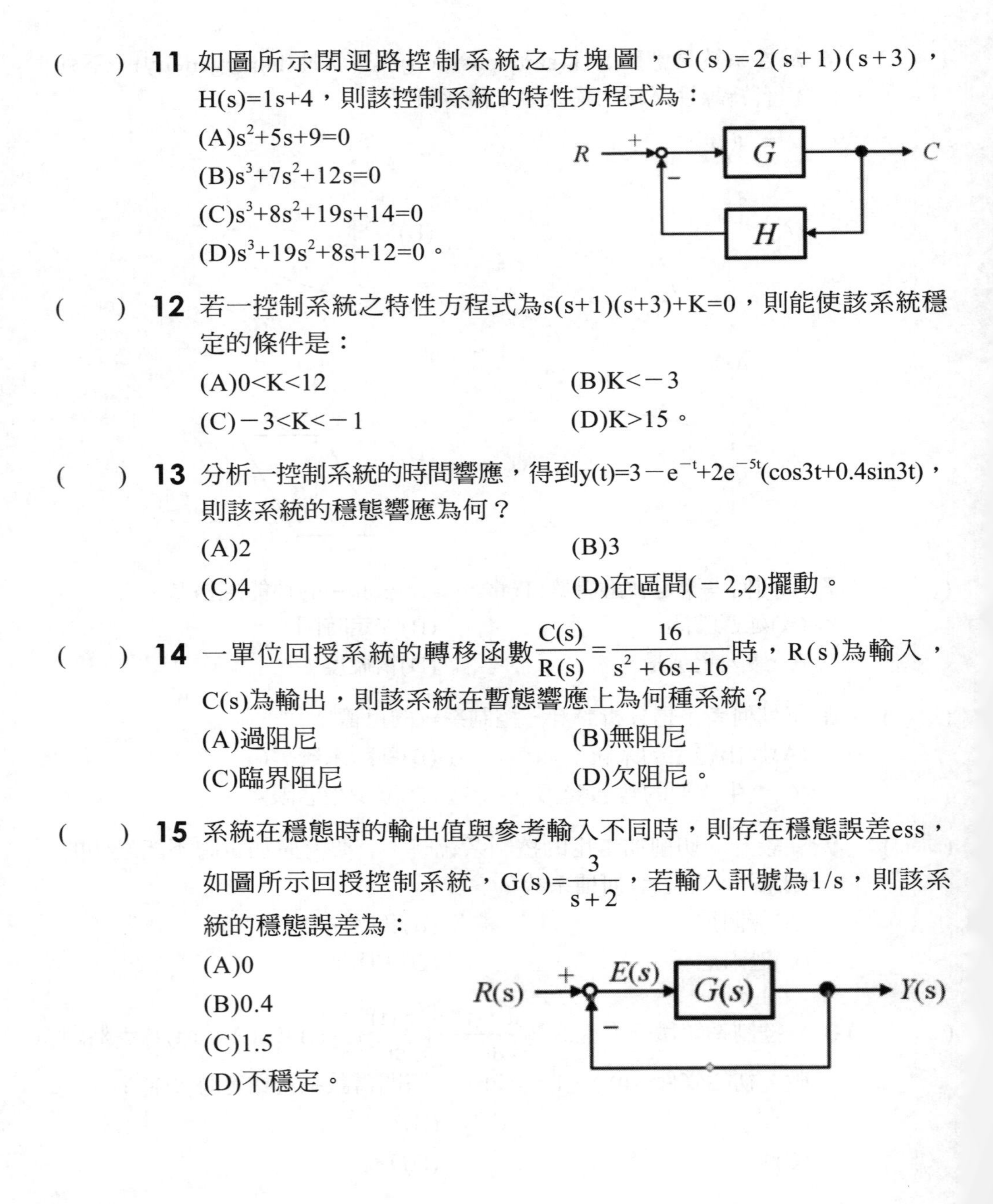

( ) **11** 如圖所示閉迴路控制系統之方塊圖，G(s)=2(s+1)(s+3)，H(s)=1s+4，則該控制系統的特性方程式為：

(A)$s^2+5s+9=0$
(B)$s^3+7s^2+12s=0$
(C)$s^3+8s^2+19s+14=0$
(D)$s^3+19s^2+8s+12=0$。

( ) **12** 若一控制系統之特性方程式為s(s+1)(s+3)+K=0，則能使該系統穩定的條件是：

(A)0<K<12 (B)K<−3
(C)−3<K<−1 (D)K>15。

( ) **13** 分析一控制系統的時間響應，得到$y(t)=3-e^{-t}+2e^{-5t}(\cos 3t+0.4\sin 3t)$，則該系統的穩態響應為何？

(A)2 (B)3
(C)4 (D)在區間(−2,2)擺動。

( ) **14** 一單位回授系統的轉移函數$\frac{C(s)}{R(s)}=\frac{16}{s^2+6s+16}$時，R(s)為輸入，C(s)為輸出，則該系統在暫態響應上為何種系統？

(A)過阻尼 (B)無阻尼
(C)臨界阻尼 (D)欠阻尼。

( ) **15** 系統在穩態時的輸出值與參考輸入不同時，則存在穩態誤差ess，如圖所示回授控制系統，$G(s)=\frac{3}{s+2}$，若輸入訊號為1/s，則該系統的穩態誤差為：

(A)0
(B)0.4
(C)1.5
(D)不穩定。

( ) **16** 一線性非時變的穩定系統，其轉移函數$\frac{Y(s)}{R(s)}=\frac{1}{0.5s+1}$，當輸入 r(t)=3sin2t，下列有關穩態輸出y(t)之敘述，何者正確？
(A)振幅為3　(B)輸出為正弦波
(C)輸出頻率為$\sqrt{2}$　(D)輸入輸出相位差90°。

( ) **17** 如圖所示方塊圖，求轉移函數C(s)/R(s)=？

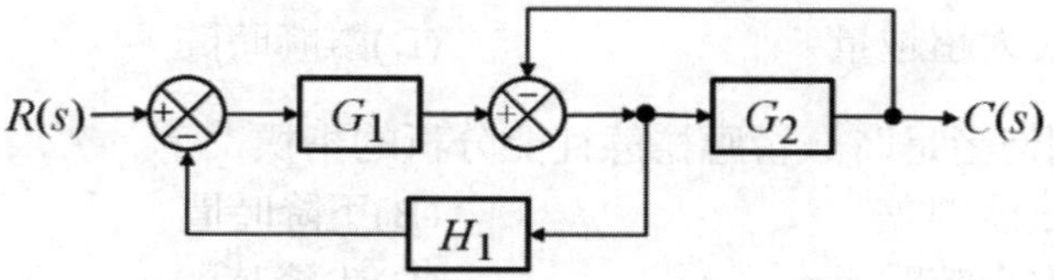

(A)$\frac{G_1G_2}{1+G_1H_1+G_2}$　(B)$\frac{G_1G_2}{1+G_1G_2H_1}$
(C)$\frac{G_1H_1}{1-G_1H_1-G_2}$　(D)$\frac{G_1G_2}{1+G_1H_1+G_2H_1}$。

( ) **18** 一單位回授控制系統，其中G(s)=$\frac{K(s+2)}{s(s+1)(s+3)(s+4)}$，有關該系統的根軌跡敘述，下列何者正確？
(A)共5個分支數　(B)漸近線實軸截矩在－2處
(C)有三個無限極點　(D)有四個有限零點。

( ) **19** 對一個鬆弛系統而言，其系統的輸出將由下列何者決定？
(A)系統的控制器　(B)系統的輸入
(C)系統的感測器　(D)系統的穩定性。

( ) **20** 有一線性非時變系統，經由單位脈衝響應之拉氏轉換，即為下列何者？
(A)系統的控制器　(B)系統的穩態誤差
(C)系統的上升時間　(D)系統的轉移函數。

( ) **21** 在控制系統中，對於複雜閉迴路系統的化簡，常採用下列哪一種方法進行？
(A)羅斯準則　(B)奈氏準則
(C)梅森增益公式　(D)波德圖法。

(　　) **22** 若一控制系統被判斷為臨界穩定時，其系統轉移函數的極點落在s平面的哪裡？
(A)s平面之右半平面　(B)s平面之實軸上
(C)s平面之虛軸上　(D)s平面之左半平面。

(　　) **23** 在系統時域響應暫態性能分析上，下列何者資訊為暫態性能指標？
(A)穩態誤差　(B)系統的頻寬
(C)最大超越量　(D)離峰時間。

(　　) **24** 下列何者是時域響應穩態性能分析的指標：
(A)穩態誤差　(B)下降時間
(C)安定時間　(D)尖峰時間。

(　　) **25** 對系統設計參數而言，下列何者不是頻率響應分析的方法？
(A)波德圖法　(B)尼可圖表
(C)根軌跡法　(D)奈氏圖表。

(　　) **26** 控制系統之比例控制器在應用時，常被使用來提升下列何者？
(A)增加系統穩定度　(B)穩態誤差的精度
(C)系統響應的速度　(D)降低最大超越量。

(　　) **27** 積分控制器主要能對系統改善穩態誤差，但積分增益越大時，系統振盪越嚴重，將降低下列哪個特性？
(A)系統的頻寬　(B)系統響應的速度
(C)系統的最大超越量　(D)系統的相對穩定性。

(　　) **28** 比例－微分控制器可以改善系統暫態響應，但無法改善下列何者？
(A)降低最大超越量　(B)系統響應的速度
(C)穩態誤差的精度　(D)增加系統穩定度。

(　　) **29** 系統的頻率響應與系統的阻尼比有關，當阻尼比越小時，下列何者正確？
(A)系統頻寬越大　(B)系統頻寬越小
(C)系統頻寬維持不變　(D)系統諧振峰值越小。

( ) **30** 在穩定極限法中進行PID控制器之參數設計，主要是先調整比例增益，直到系統發生下列何者時，再設計此比例增益值？
(A)系統振盪 (B)系統穩定
(C)系統有最大超越 (D)系統受干擾。

( ) **31** 在時域響應暫態動性能分析中，當二階系統的阻尼比變大時，輸出響應之最大超越量將會如何？
(A)變大 (B)變小
(C)維持不變 (D)發散致使系統不穩定。

( ) **32** 在穩態誤差分析中，一具有Type 2型式之系統，對於輸入單位斜坡訊號之穩態誤差輸出為何？
(A)無窮大 (B)零
(C)位置誤差常數的倒數 (D)速度誤差常數的倒數。

( ) **33** 以相位超前控制器來提升期望頻域的系統相位，改善系統的暫態響應，下列何者錯誤？
(A)提高系統頻寬 (B)提高相位裕度
(C)提高阻尼比 (D)提高可觀性。

( ) **34** 一系統在不影響太多暫態響應特性下，欲提升系統低頻增益而改善系統的穩態精度，可以加入下列哪一個控制器達成？
(A)增益超前控制器 (B)增益落後控制器
(C)相位超前控制器 (D)相位落後控制器。

( ) **35** 若此系統之特性方程式為：$s^3+3s^2+2s+4=0$，下列何者正確？
(A)此系統穩定 (B)此系統不穩定
(C)此系統臨界穩定 (D)此系統漸進穩定。

( ) **36** 在波德圖頻率響應分析中，若頻寬愈寬，則代表系統：
(A)反應愈快 (B)反應愈慢
(C)穩定性低 (D)穩定性高。

(　　) **37** 下列何種方法中，何者可以藉由極座標圖與極零點特性的分析，估測出約略的系統轉移函數資訊？
(A)極限穩定法　(B)波德圖法
(C)根軌跡法　(D)系統極點配置法。

(　　) **38** 在標準二階系統中，增加一極點，則此系統行為將如何？
(A)系統暫態響應可能變快　(B)系統暫態響應可能變慢
(C)系統穩態誤差增加　(D)系統穩態誤差減少。

(　　) **39** 如圖，根據波德圖的分析，下列何者正確？

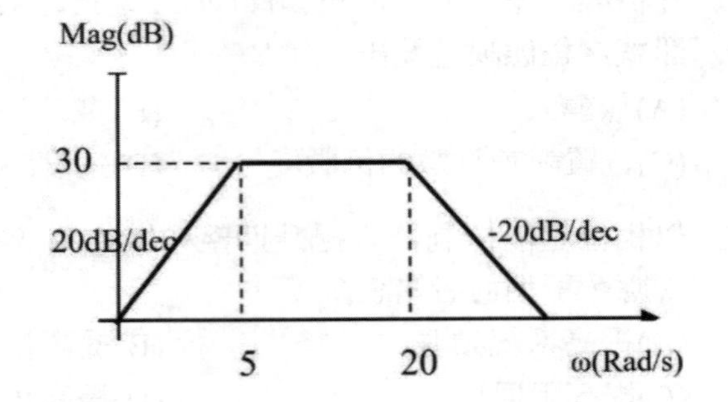

(A)系統有一個零點發生在ω=5的地方
(B)系統有一個極點發生在ω=5的地方
(C)系統有一個零點發生在ω=20的地方
(D)系統有兩個極點發生在ω=20的地方。

(　　) **40** 在波德圖中所定義的增益裕度(gain margin)，為系統在相位多少時，之系統增益的倒數值？
(A)0度　(B)90度
(C)180度　(D)180度。

解答與解析

1 (D)。回授控制系統一般指閉迴路控制系統。

2 (D)。(A)(B)(C)為開迴路之特點。

3 (C)。時變系統：輸出特性隨時間而變。

4 (B)。有輸出才有誤差量⇒$u(t)=\begin{cases}1, e(t)\geq 0\\ 0, e(t)<0\end{cases}$

5 (C)。非線性項次來源為$\sin\theta(t)$。

6 (B)。重疊性⇒線性，齊次性⇒$f(ax)=a^k f(x)$ ⇒通過原點。

7 (D)。性能規格不包含精確度。

8 (B)。判斷系統壽命非分析設計控制系統的目標。

9 (C)。採用過阻尼系統。

10 (B)。$m^2+4m+3=0 \Rightarrow (m+1)(m+3)=0 \Rightarrow m=-1$、$-3 \Rightarrow y(t)=c_1e^{-t}+c_2e^{-3t}$

令$y_p=at+b$代入$\frac{d^2y(t)}{dt^2}+4\frac{dy(t)}{dt}+3y(t)=9u(t)$

$4a+3(at+b)=9u(t)=9$

$3at+(4a+3b)=9u(t)=9$

$a=0$，$b=3$

$\therefore y(t)=C_1e^{-t}+C_2e^{-3t}+3$

$$\begin{cases}y(0)=C_1+C_2+3=-1\\ \dot{y}(0)=-C_1-3C_2+3=2\end{cases} \Rightarrow C_1=-\frac{13}{2}, C_2=\frac{5}{2}$$

$\Rightarrow y(t)=-\frac{13}{2}e^{-t}+\frac{5}{2}e^{-3t}+3$

$y(\infty)=3$

11 (C)。$1+GH=1+\frac{2}{(s+1)(s+3)}\times\frac{1}{s+4}=\frac{s^3+8s^2+19s+14}{(s+1)(s+3)(s+4)}=0$

$\triangle=s^3+8s^2+19s+14=0$

12 **(A)**。 $s(s+1)(s+3)+K=0 \Rightarrow s^3+4s^2+3s+K=0$

$$\begin{array}{lcc} s^3 & 1 & 3 \\ s^2 & 4 & K \\ s^1 & \dfrac{12-K}{4} & 0 \\ s^0 & K & \end{array} \qquad \frac{12-K}{4}>0 \text{且} K>0 \Rightarrow 0<K<12$$

13 **(B)**。 $y_{ss}=3$

14 **(D)**。 $s^2+6s+16=s^2+2\zeta w_n s+w_n^{\ 2}$

$$\Rightarrow \begin{cases} w_n = 4 \\ \zeta = \dfrac{3}{4}(0<\zeta<1) \end{cases} \Rightarrow \text{欠阻尼}$$

15 **(B)**。 $e_{ss}=\lim\limits_{s\to 0}\dfrac{s\times\frac{1}{s}}{1+\frac{3}{s+2}}=0.4$

16 **(B)**。 $r(t)=A\sin\omega t$，$y_{ss}(t)=A|G(j\omega)|\sin(\omega t+\phi)$，$\phi=\angle G(j\omega)$

$A=3$，$\omega=2$，$G(j\omega)=\dfrac{1}{j+1}=\dfrac{\sqrt{2}}{2}\angle 45^{\circ}$

$y_{ss}(t)=\dfrac{3\sqrt{2}}{2}\sin(2t+45^{\circ})$

17 **(A)**。

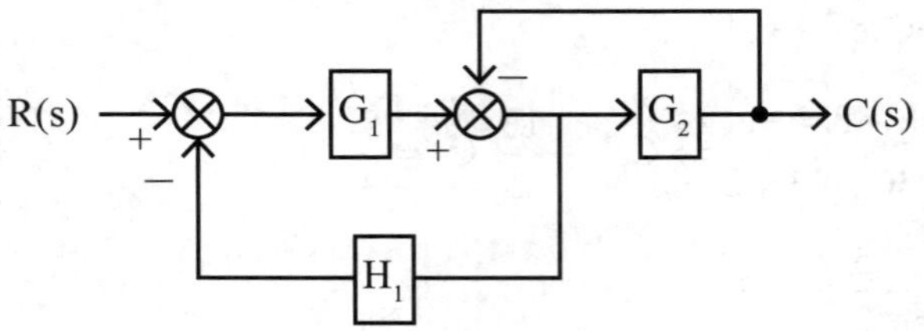

⇒

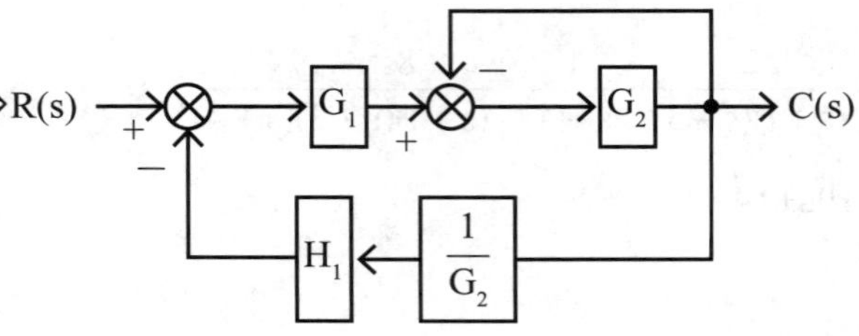

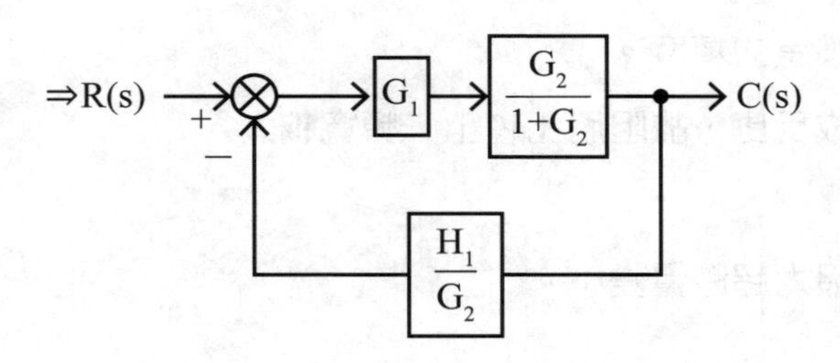

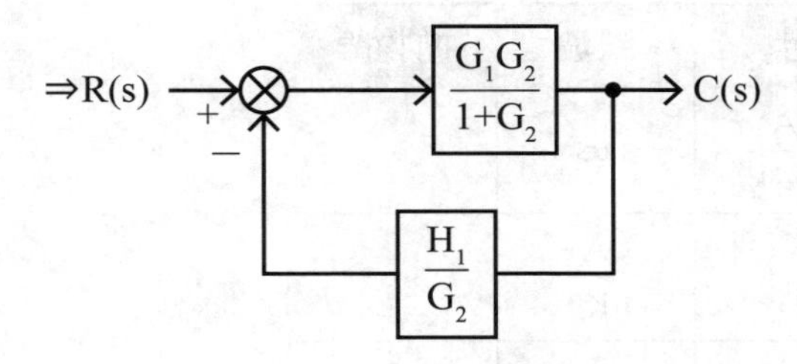

$$\frac{C(s)}{R(s)}=\frac{\dfrac{G_1G_2}{1+G_2}}{1+\dfrac{G_1G_2}{1+G_2}\times\dfrac{H_1}{G_2}}=\frac{G_1G_2}{1+G_2+G_1H_1}$$

18 (B)。零點：s=−2(m=1)

極點：s=0、−1、−3、−4(n=4)

分支數：4個

漸近線與實軸交點：$\sigma_A=\dfrac{(0-1-3-4)-(-2)}{4-1}$=−2

19 (B)。由系統的輸入決定。

20 (D)。系統的轉移函數。

21 (C)。閉迴路化簡採用梅森增益公式。

22 (C)。臨界穩定：s在虛軸上。

23 (C)。最大超越量為暫態性能指標其中之一。

24 (A)。穩態誤差為穩態性能分析指標。

25 (C)。根軌跡法是時域分析所用。

26 (C)。常用於提升響應速度。

27 (D)。振盪嚴重將降低系統的相對穩定性。

28 (C)。無法改善穩態誤差的精度。

29 (A)。阻尼比與頻寬成反比，故阻尼比越小，頻寬越大。

30 (A)。系統振盪。

31 (B)。阻尼比變大，最大超越量變小。

32 (B)。

	步階	斜坡	拋物線
Type0	$e_{ss}=\frac{A}{1+k}$	∞	∞
Type1	0	$\frac{A}{K}$	∞
Type2	0	0	$\frac{A}{K}$

33 (C)。降低阻尼比。

34 (D)。提升低頻增益→相位落後控制器。

35 (B)。$s^3+3s^2+2s+4=0$

$$\begin{array}{lcc} s^3 & 1 & 2 \\ s^2 & 3 & 4 \\ s^1 & \frac{2}{3} & 0 \\ s^0 & 4 & 0 \end{array}$$

此系統穩定。
註：官方答案錯誤，應修正為(A)。

36 (A)。頻寬愈寬反應愈快。

37 (B)。波德圖法。

38 (B)。增加極點，暫態響應會變慢。

39 (B)。$\omega=5$⇒一個極點。

40 (D)。-180°。

貳、非選擇題

1

請求附圖此電路系統的轉移函數？

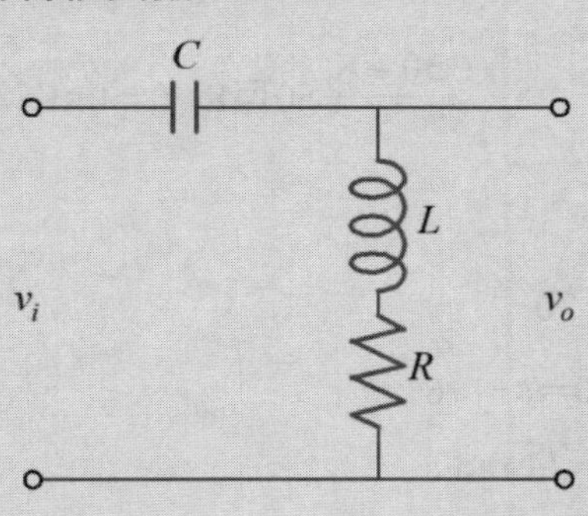

解 $\dfrac{v_0}{v_i}=\dfrac{sL+R}{\dfrac{1}{sC}+sL+R}=\dfrac{s^2LC+sRC}{s^2LC+sRC+1}$

2

有一控制系統如圖所示，請列式計算下列問題：

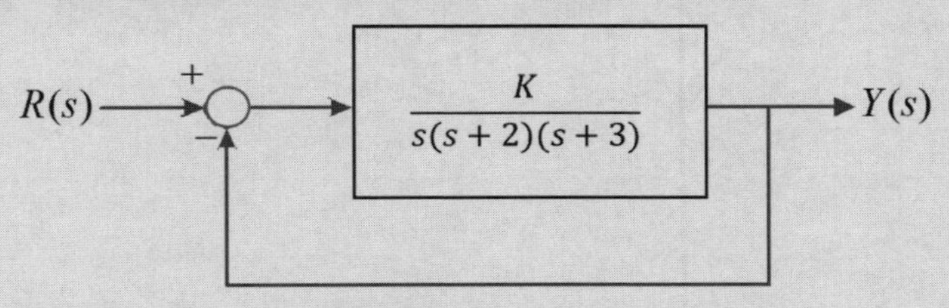

(1) 使得此系統穩定之K值的範圍？

(2) 當系統於臨界穩定時，該振盪頻率為何？

解 (1) $1+\dfrac{K}{s(s+2)(s+3)}=0$

$s^3+5s^2+6s+K=0$

$$\begin{array}{lll} s^3 & 1 & 6 \\ s^2 & 5 & K \\ s^1 & \frac{30-K}{5} & \\ s^0 & K & \end{array}$$

$\frac{30-K}{5}>0$且$K>0 \Rightarrow 0<K<30$

(2)臨界穩定⇒K=30

$A(s)=5s^2+30=0 \Rightarrow s \pm j\sqrt{6}$

∴振盪頻率$\omega=\sqrt{6}$ rad/s

112年 關務特考三等／機械類

1

考慮一回授控制系統如下圖，若$G_1(s)=\dfrac{K(s-2)}{s+2}$

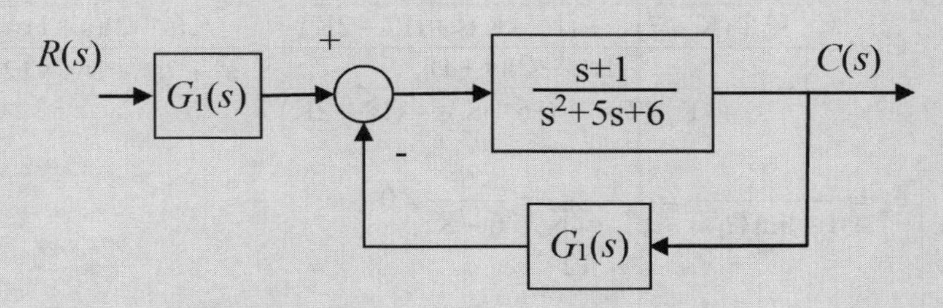

(1) 試推導從R(s)到Y(s)的轉移函數$\dfrac{C(s)}{R(s)}$。

(2) 請判斷能使系統穩定時，K的範圍。若欲使R(s)為步階輸入時，C(s)與R(s)之間的穩態誤差趨近於零，試說明系統穩定時此目標不可能達到。

解 (1) $$\frac{C(s)}{R(s)}=\frac{K(s-2)}{s+2}\times\frac{\dfrac{s+1}{s+5s+6}}{1+\dfrac{K(s-2)}{s+2}\times\dfrac{s+1}{s+5s+6}}$$

$$=\frac{K(s-2)(s+1)}{s^3+(K+7)s^2+(16-K)s+(12-2K)}$$

(2)

$$\begin{array}{lll}
s^3 & 1 & 16-K \\
s^2 & k+7 & 12-2K \\
s^1 & -\dfrac{K^2-11K-100}{K+7} & \\
s^0 & 12-2K &
\end{array}$$

$$\begin{cases} 12-2K>0 \Rightarrow K<6 \\ K+7>0 \Rightarrow K>-7 \\ K^2-11K-100<0 \Rightarrow -5.91<K<16.91 \end{cases}$$

$\Rightarrow -5.91<K<6$

$$G(s)=\frac{\dfrac{K(s-2)(s+1)}{s^3+(K+7)s^2+(16-K)s+(12-2K)}}{1-\dfrac{K(s-2)(s+1)}{s^3+(K+7)s^2+(16-K)s+(12-2K)}}=\frac{K(s-2)(s+1)}{s^3+7s^2+16s+12}$$

$$e_{ss}=\frac{1}{1+\lim\limits_{s\to 0}G(s)}=\frac{1}{1+\dfrac{-2K}{12}}=\frac{6}{6-K}\neq 0$$

2

考慮一單位負回授系統如下圖，若$G(s)=\dfrac{K(s+10)}{(s+1)(s+2)(s+4)}$

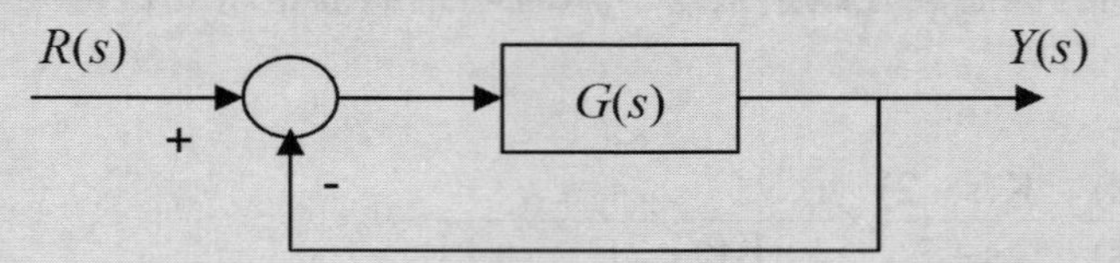

(1) 試說明此系統之型態（system type），並設計最小之整數K值以使其步階響應之穩態誤差能小於參考輸入的2.5%，並請判斷此設計是否能使系統穩定。

(2) 若此設計無法使系統穩定，試說明應採用P、PI或PD控制補償以達成要求。

解 (1)此為type0型態

$$e_{ss}=\lim_{s\to 0}\frac{R}{1+G(s)} \Rightarrow 2.5\%=\frac{e_{ss}}{R}=\frac{1}{1+\lim\limits_{s\to 0}\dfrac{K(s+10)}{(s+1)(s+2)(s+4)}}=\frac{4}{5K+4}$$

$\Rightarrow K=31.2$

$\triangle(s)=(s+1)(s+2)(s+4)+K(s+10)=0 \Rightarrow s^3+7s^2+(K+14)s+(10K+8)=0$

$$
\begin{array}{lll}
s^3 & 1 & K+14 \\
s^2 & 7 & 10K+8 \\
s^1 & \dfrac{90-3K}{7} & \\
s^0 & 10K+8 &
\end{array}
$$

穩定條件：$\begin{cases} 90-3K>0 \Rightarrow K<30 \\ 10K+8>0 \Rightarrow K>-\dfrac{4}{5} \end{cases} \Rightarrow -\dfrac{4}{5}<K<30$

故此設計無法使系統穩定。

(2) PD控制器為在順向路徑中加入一簡單零點，可使根軌跡向左移，改善穩定度。

如圖所示，一齒輪-齒條機構被用於帶動一機械負荷，包含其慣性(M)、阻尼(B)與彈簧(K)效應，齒條之質量已被包含於慣性質量M之內，另齒輪半徑r，並帶有轉動慣量(J)與轉軸阻尼(D)。T為所施加之力矩，齒輪之旋轉角度(θ)與物體位移(x)之坐標定義如圖。

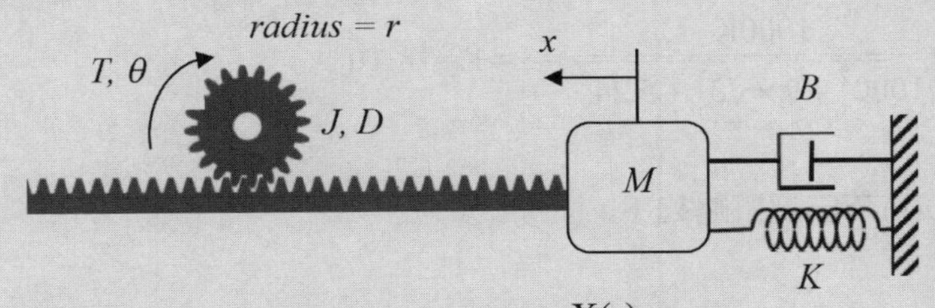

(1) **推導出以T為輸入、x為輸出的轉移函數**$\dfrac{X(s)}{T(s)}$。

(2) **當J=4,D=8,r =2,M=1時，設計B與K之值以使系統的主極點具有阻尼比（damping ratio）為0.5且自然頻率為3。若設法將齒輪改成極輕因而J可忽略不計，且系統其他參數均不變，請問此時系統的阻尼比與自然頻率將分別如何變化（變大或變小）？**

解　(1) $\begin{cases} T(t)=J\ddot{\theta}+D\dot{\theta} \Rightarrow T(s)=(Js^2+Ds)\theta(s) \\ x=r\theta \Rightarrow x(s)=r\theta(s) \end{cases} \Rightarrow \dfrac{X(s)}{T(s)}=\dfrac{r}{Js^2+DS}$

(2) $\dfrac{X(s)}{F(s)}=\dfrac{1}{Ms^2+Bs+K}=\dfrac{1}{s^2+Bs+K}$

$s^2+Bs+K=s^2+2\zeta w_n s+w_n^2=s^2+2\times0.5\times3s+3^2=s^2+3s+9$

B=s，k=9

J極輕可忽略⇒阻尼比變小，自然頻率變大。

4

一轉移函數$G(s)=\dfrac{Y}{U}(s)=\dfrac{1000K}{(s+a)(s+1000)}$：

(1) 若當輸入$u(t)=2\cos(3t)$時，輸出$y(t)=6\cos(3t-\dfrac{\pi}{6})$，依此資訊估算K與a之值。

(2) 概略畫出系統G(s)之奈氏圖（Nyquist plot），估算系統之增益邊限（gain margin）與相位邊限（phase margin），並標註於奈氏圖上。

解　(1) $\tan^{-1}\dfrac{3}{1000}+\tan^{-1}\dfrac{3}{a}=30^\circ \Rightarrow \dfrac{\dfrac{3}{1000}+\dfrac{3}{a}}{1-\dfrac{3}{1000}\times\dfrac{3}{a}}=\dfrac{1}{\sqrt{3}} \Rightarrow a=5.24$

$\dfrac{1000K}{\sqrt{1000^2+9}\times\sqrt{3^2+5.24^2}}=3 \Rightarrow K=18.10$

(2) G(s)奈氏圖概略如下

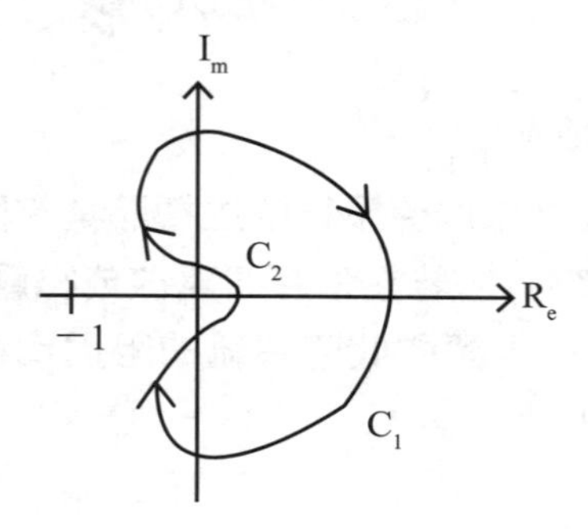

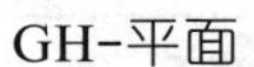
GH-平面

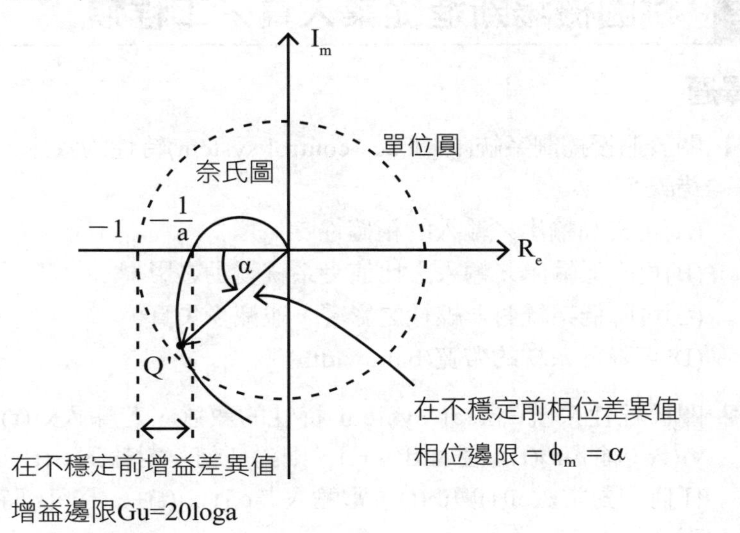
Im
單位圓
奈氏圖
−1
−1/a
Re
α
Q'
在不穩定前相位差異值
相位邊限＝φm ＝α
在不穩定前增益差異值
增益邊限Gu=20loga

112年 桃園機場新進從業人員／工程類

壹、選擇題

( ) **1** 關於迴授控制系統(feedback control system)特性的敘述，下列何者錯誤？
(A)可提高輸出／輸入的精確性
(B)可降低輸出／輸入之比值受系統變動之影響
(C)可降低系統對非線性之影響，並減少失真
(D)可降低系統的帶寬(bandwidth)。

( ) **2** 關於線性系統(linear system)特性的敘述，若輸入$x_1(t)$產生輸出$y_1(t)$，輸入$x_2(t)$產生輸出$y_2(t)$，則對任何一對輸入$x_1(t)$與$x_2(t)$，及任何一對常數$c_1(t)$與$c_2(t)$，當輸入為$c_1(t)x_1(t)+c_2(t)x_2(t)$時，輸出為下列何者？
(A)$c_1(t)y_1(t)+c_2(t)y_2(t)$　(B)$c_1(t)y_2(t)+c_2(t)y1(t)$
(C)$c_1(t)y_1(t)$　(D)$c_2(t)y_2(t)$。

( ) **3** 某系統的輸出y(t)的拉氏轉換為$Y(s)=\frac{s^2+s+4}{s\left(s^2+4\right)}$，則下列何者為$t\geq 0$之y(t)值？
(A)$1+\frac{1}{2}\sin(2t)$　(B)$1-\frac{1}{2}\sin(2t)$
(C)$1+\frac{1}{2}\cos(2t)$　(D)$1-\frac{1}{2}\cos(2t)$。

( ) **4** 關於轉移函數(transfer function)之特性，下列何者不正確？
(A)轉移函數適用於時變系統
(B)轉移函數之計演算法為輸出信號之拉氏轉換與輸入信號之拉氏轉換之比值
(C)在求轉移函數時令初始值為零
(D)轉移函數與輸入激勵訊號無關。

( ) **5** 某閉迴路系統之轉移函數為$\dfrac{Y(s)}{R(s)}=\dfrac{s+1}{s^3+2s^2+ks+2}$，下列何者為系統穩定的k值範圍？

(A)$k<-1$ (B)$-1<k<0$

(C)$0<k<1$ (D)$k>1$。

( ) **6** 某系統之動態方程式為$\begin{cases}\dot{x}(t)=x(t)+u(t)\\ y(t)=2x(t)\end{cases}$，令$u(t)=-Kx(t)$，欲使系統的閉路極點(pole)為–3，則K值應為何？

(A)－4 (B)－2

(C)2 (D)4。

( ) **7** 某系統之轉移函數為$G(s)=\dfrac{1}{(s+1)^2(s+2)}$，則其時域函數g(t)為何？

(A)$e^{-t}+te^{-t}+e^{-2t}$ (B)$-e^{-t}-t^{e-t}+e^{-2t}$

(C)$e^{-t}+te^{-t}-e^{-2t}$ (D)$-e^{-t}+te^{-t}+e^{-2t}$。

( ) **8** 某系統之轉移函數為$G(s)=\dfrac{(s+2)}{s(s+1)}$，下列何者錯誤？

(A)系統之初值為1，終值為1 (B)系統之初值為2，終值為1

(C)系統之初值為1，終值為2 (D)系統之初值為2，終值為2。

( ) **9** 開路(open－loop)與閉路(closed－loop)系統的比較，下列何者正確？

(A)開路系統精確度較低

(B)閉路系統無法降低輸入干擾的影響

(C)閉路系統的總增益值小於1

(D)開路系統追蹤輸入訊號能力較差。

( ) **10** 某系統其動態方程式為$\begin{cases}\dfrac{dx(t)}{dt}=-x(t)+u(t)\\ y(t)=2x(t)\end{cases}$，則系統之轉移函數為下列何者？

(A)$\dfrac{1}{s-1}$ (B)$\dfrac{1}{s+1}$

(C)$\dfrac{2}{s-1}$ (D)$\dfrac{2}{s+1}$。

( ) **11** 以狀態方程式 $\dot{x}=Ax+Bu$，$y=Cx$表示一線性非時變系統時，下列敘述何者正確？
(A)系統之轉移函數與矩陣A無關
(B)系統之穩定性與矩陣A無關
(C)系統之頻帶寬度(bandwidth)與矩陣A無關
(D)系統之極點位置與矩陣B,C無關。

( ) **12** 考慮兩個控制系統轉移函數分別為$G_1(s)=\dfrac{1}{s+\pi}$和$G_2(s)=\dfrac{1}{s+10\pi}$，下列敘述何者正確？
(A)系統$G_1(s)$的頻寬(BW)為1Hz
(B)系統$G_1(s)$的頻寬(BW)為2Hz
(C)系統$G_2(s)$的頻寬(BW)為5Hz
(D)系統$G_2(s)$的頻寬(BW)為10Hz。

( ) **13** 承第12題，下列敘述何者正確？
(A)系統$G_1(s)$的直流增益(DC gain)為$\dfrac{1}{\pi}$
(B)系統$G_1(s)$的直流增益(DC gain)為π
(C)系統$G_2(s)$的直流增益(DC gain)為$\dfrac{1}{10\pi}$
(D)系統$G_2(s)$的直流增益(DC gain)為10π。

( ) **14** 若一個控制系統的輸入為 $(t-t_0)$，則其拉氏轉移函數$L\{(t-t_0)\}$為下列何者？
(A)$\dfrac{1}{s}e^{-t_0s}$　　(B)$\dfrac{s+1}{s}e^{-t_0s}$
(C)e^{-t_0s}　　(D)se^{-t_0s}。

( ) **15** 已知有一補償器(compensator)的轉移函數為$\dfrac{1.5s+0.1}{s+5}$，則此補償器之直流增益(DC gain)為下列何者？
(A)1.5　　(B)0.1
(C)5　　(D)0.02。

(　　) **16** 承第15題，該補償器之高頻增益(high frequency gain)為下列何者？
(A)1.5　　(B)0.1
(C)5　　(D)0.02。

(　　) **17** 考慮一階補償器之轉移函數形式為$G(s)=K\dfrac{s+z}{s+p}$，其中p,z為常數實數，則下列何者錯誤？
(A)頻率為0時,直流增益(DC Gain)為$\dfrac{Kz}{p}$
(B)若$|z|<|p|$，此補償器為相位領先補償器(phase lead compensator)
(C)相位領先補償器可加速系統響應，並拉寬系統頻寬
(D)相位落後補償器(phase lag compensator)可提高高頻之直流增益。

(　　) **18** 已知有一系統之轉移函數為$G(s)=\dfrac{4}{s^2+2.2s+4}$，則下列何者錯誤？
(A)自然頻率(natural frequency)為$\omega_n=2$ rad／s
(B)阻尼比(damping ratio)為$\eta=0.55$
(C)此系統為過阻尼(overdamping)系統
(D)此系統為穩定(stable)系統。

(　　) **19** 一單位負回授(Unity negative feedback)系統如下圖，其中轉移函數為$G(s)=\dfrac{k(s+3)}{s(s+2)}$且$k>0$，則下列之k值何者可使閉迴路系統之極點具有重根(Multiple root)？

r ＋ e　G(s)　y
－

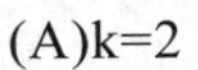

(A)k=2　　(B)k=3
(C)k=4　　(D)$k=4+2\sqrt{3}$。

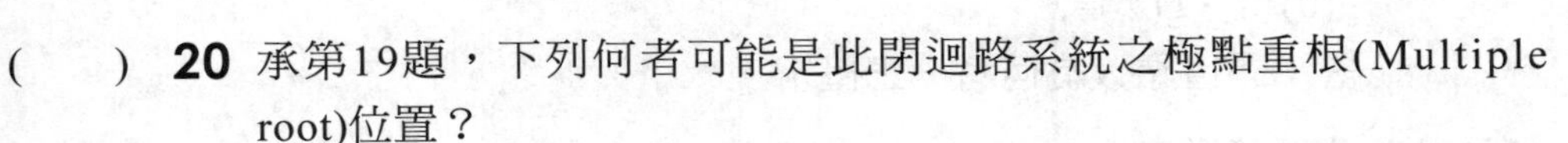

(　　) **20** 承第19題，下列何者可能是此閉迴路系統之極點重根(Multiple root)位置？
(A)$-1+\sqrt{3}$　　(B)$-2+\sqrt{3}$
(C)$-3+\sqrt{3}$　　(D)$-4+\sqrt{3}$。

解答與解析

1 (D)。迴授控制無法降低系統的帶寬。

2 (A)。因其為線性系統，故輸入$c_1(t)x_1(t)+c_2(t)x_2(t)$可得$c_1(t)y_1(t)+c_2(t)y_2(t)$

3 (A)。$Y(s)=\frac{s^2+s+4}{s\left(s^2+4\right)}=\frac{1}{s}+\frac{1}{s^2+4}\Rightarrow y(t)=1+\frac{1}{2}\sin(2t)$

4 (A)。轉移函數適用於非時變系統。

5 (D)。

s^3	1	k
s^2	2	2
s^1	$\frac{2k-2}{2}$	0
s^0	2	

$2k-2>0$，$k>1$

6 (D)。$\dot{x}=x-kx=(1-k)x=Ax$

$y=2x=cx$

$|sI-A|=s-1+k=s+3=0\Rightarrow k=4$

7 (D)。$G(s)=\frac{1}{(s+1)^2(s+2)}=\frac{1}{(s+1)^2}+\frac{-1}{(s+1)}+\frac{1}{s+2}$

$g(t)=te^{-t}-e^{-t}+e^{-2t}$

8 (C)。$G(s)=\frac{s+2}{S(s+1)}=\frac{2}{s}-\frac{1}{s+1}$

$g(t)=2-e^{-t}$

$g(0)=1$，$g(\infty)=2$

註：題目應改為何者「正確」。

9 (C)。此題答案有誤，(A)(C)(D)均正確。

10 (D)。$\begin{cases}\dot{x}=-x+u=Ax+Bu\\ y=2x=Cx\end{cases}$

$G(s)=c(sI-A)^{-1}B=2(s+1)^{-1}\times 1=\frac{2}{s+1}$

11 (D)。(A)(B)(C)均與矩陣相關。

12 (D)。$G_1(s)=\dfrac{1}{s+\pi}=\dfrac{\frac{1}{\pi}}{1+\frac{1}{\pi}s}$，$|G_1(j\omega)|=\left|\dfrac{\frac{1}{\pi}}{\sqrt{1+\left(\frac{1}{\pi}\omega\right)^2}}\right|=\dfrac{1}{\sqrt{2}\pi}$

$\Rightarrow\omega=\pi$

$\Rightarrow f=\dfrac{\pi}{2\pi}=0.5\text{Hz}$

$G_2(S)=\dfrac{1}{s+10\pi}=\dfrac{\frac{1}{10\pi}}{1+\frac{1}{10\pi}s}$，$|G_2(j\omega)|=\left|\dfrac{\frac{1}{10\pi}}{\sqrt{1^2+\left(\frac{1}{10\pi}\omega\right)^2}}\right|=\dfrac{1}{10\pi\sqrt{2}}$

$\Rightarrow\omega=10\pi\Rightarrow f=\dfrac{\omega}{2\pi}=5\text{Hz}$

此題應選(C)

13 (C)。$|G_1(jo)|=\dfrac{1}{\pi}$，$|G_2(jo)|=\dfrac{1}{10\pi}$，此題正確答案應為(A)(C)。

14 (C)。$\mathcal{L}\{\delta(t-t_0)\}=e^{-t_0 s}$

15 (D)。$\lim\limits_{s\to 0}\dfrac{1.5s+0.1}{s+5}=0.02$

16 (A)。$\lim\limits_{s\to\infty}\dfrac{1.5s+0.1}{s+5}=1.5$

17 (D)。相位領先補償器可提高高頻之直流增益。

18 (C)。(A)(B)$s^2+2.2s+4=s^2+2\zeta W_n s+W_n^2$

$\begin{cases}2.2=2\zeta W_n\\ 4=W_n^2\end{cases}\Rightarrow W_n=2$，$\zeta=0.55$

(C)$0<\zeta<1\Rightarrow$欠阻尼

(D)$\begin{array}{c|cc} s^2 & 1 & 4\\ s^1 & 2.2 & 0\\ s^0 & 4 & \end{array}$，∴為穩定系統。

19 (D)。$1+\frac{k(s+3)}{s(s+2)}\times 1=0$

$s^2+(2+k)s+3k=0$

$s=\frac{-(2+k)\pm\sqrt{(2+k)^2-4\times 3k}}{2}$

重根$\Rightarrow(2+k)^2-12k=0$

$\Rightarrow k^2-8k+4=0$

$\Rightarrow k=4\pm 2\sqrt{3}$

20 (C)。$\begin{cases} s=\frac{-(2+k)\pm\sqrt{(2+k)^2-12k}}{2} \\ k=4\pm 2\sqrt{3} \end{cases}\Rightarrow s=-3\mp\sqrt{3}$

貳、非選擇題

某系統之動態方程式為

$$\frac{dx(t)}{dt}=\begin{bmatrix}\frac{dx_1(t)}{dt}\\ \frac{dx_2(t)}{dt}\\ \frac{dx_3(t)}{dt}\end{bmatrix}=\begin{bmatrix}0&1&0\\0&0&1\\-6&-11&-6\end{bmatrix}\begin{bmatrix}x_1(t)\\x_2(t)\\x_3(t)\end{bmatrix}+\begin{bmatrix}0\\0\\1\end{bmatrix}e^{-t}$$

$$y(t)=\begin{bmatrix}1&0&0\end{bmatrix}\begin{bmatrix}x_1(t)\\x_2(t)\\x_3(t)\end{bmatrix}，x(0)=\begin{bmatrix}x_1(0)\\x_2(0)\\x_3(0)\end{bmatrix}=\begin{bmatrix}1\\0\\2\end{bmatrix}$$

(1) 求系統之特徵值(eigenvalues)。

(2) 此系統是否為穩定系統，並說明之。

(3) 此系統是否為可控(controllable)，並說明之。

解 (1) $A=\begin{bmatrix}0&1&0\\0&0&1\\-6&-11&-6\end{bmatrix}$，$B=\begin{bmatrix}0\\0\\1\end{bmatrix}$，$C=[1\ 0\ 0]$

$$t(sI-A)=\det\left(\begin{bmatrix}s&-1&0\\0&s&-1\\6&11&s+6\end{bmatrix}\right)=s^3+6s^2+6+11s=(s+1)(s+2)(s+3)=0$$

$s=-1,-2,-3$

(2)所有特徵值均在左半平面(s<0)，故為穩定系統

(3)可控條件為Rank[B AB A^2B]=n

$$AB=\begin{bmatrix}0&1&0\\0&0&1\\-6&-11&-6\end{bmatrix}\begin{bmatrix}0\\0\\1\end{bmatrix}=\begin{bmatrix}0\\1\\-6\end{bmatrix}$$

$$A^2B=\begin{bmatrix}0&1&0\\0&0&1\\-6&-11&-6\end{bmatrix}\begin{bmatrix}0&1&0\\0&0&1\\-6&-11&-6\end{bmatrix}\begin{bmatrix}0\\0\\1\end{bmatrix}=\begin{bmatrix}1\\-6\\25\end{bmatrix}$$

$$\text{Rank}[B\ AB\ A^2B]=\text{Rank}\begin{bmatrix}0&0&1\\0&1&-6\\1&-6&25\end{bmatrix}=3$$

故為可控

2

以魯斯法則(Routh's criterion)判斷以下某控制系統之特徵多項式是否穩定
$s^5+3s^4+s^3+3s^2+s+3=0$

解 $s^5+3s^4+s^3+3s^2+s+3=0$

$$\begin{array}{llll}s^5 & 1 & 1 & 1\\ s^4 & 3 & 3 & 3\\ s^3 & 0 & 0 & 0\\ s^2 \\ s^1 \\ s^0\end{array}\quad \rightarrow \frac{d}{ds}\left(3s^4+3s^2+3\right)=12s^3+6s$$

$$\begin{array}{llll}s^5 & 1 & 1 & 1\\ s^4 & 3 & 3 & 3\\ s^3 & 12 & 6 & 0\\ s^2 & \frac{3}{2} & 3 & 0\\ s^1 & -18 & 0 \\ s^0 & 3 & 0\end{array}$$

∴不穩定

3

某控制系統之轉移函數為$G(s)=\dfrac{4s^2+11s+2}{s^3+9s^2+26s+24}$**，若將此系統之轉移函數轉換成狀態空間表示如下**

$$\frac{dx}{dt}=\begin{bmatrix}-2 & 0 & 0\\ 0 & a & 0\\ 0 & 0 & b\end{bmatrix}x+gu$$

$$y=\begin{bmatrix}1 & 1 & 1\end{bmatrix}x$$

求a,b,g？

解 $G(s)=\dfrac{4s^2+11s+2}{s^3+9s^2+26s+24}=\dfrac{A}{s+2}+\dfrac{B}{s+3}+\dfrac{C}{s+4}$

$$A=(s+2)G(s)\big|_{s=-2}=-2$$

$$B=(s+3)G(s)\big|_{s=-3}=-5$$

$$C=(s+4)G(s)\big|_{s=-4}=11$$

$$\therefore G(s)=\frac{-2}{s+2}+\frac{-5}{s+3}+\frac{11}{s+4}$$

根據題意，第一個狀態必須選擇其對應的特徵值－2，因此遵循並聯分解的步驟，可得下列2種可能的答案

$$\frac{dx}{dt}=\begin{bmatrix}-2 & 0 & 0\\ 0 & -3 & 0\\ 0 & 0 & -4\end{bmatrix}x+\begin{bmatrix}-2\\ -5\\ 11\end{bmatrix}u，y=[1\ 1\ 1]x$$

$$或\frac{dx}{dt}=\begin{bmatrix}-2 & 0 & 0\\ 0 & -4 & 0\\ 0 & 0 & -3\end{bmatrix}x+\begin{bmatrix}-2\\ 11\\ -5\end{bmatrix}u，y=[1\ 1\ 1]x$$

$$\therefore a=-3，b=-4，g=\begin{bmatrix}-2\\ -5\\ 11\end{bmatrix}\quad 或a=-4，b=-3，g=\begin{bmatrix}-2\\ 11\\ -5\end{bmatrix}$$

一試就中，升任各大

國民營企業機構

高分必備，推薦用書

共同科目

2B811121	國文	高朋・尚榜	590元
2B821131	英文	劉似蓉	650元
2B331131	國文(論文寫作)	黃淑真・陳麗玲	470元

專業科目

2B031131	經濟學	王志成	620元
2B041121	大眾捷運概論（含捷運系統概論、大眾運輸規劃及管理、大眾捷運法 👑榮登博客來、金石堂暢銷榜	陳金城	560元
2B061131	機械力學(含應用力學及材料力學)重點統整＋高分題庫	林柏超	430元
2B071111	國際貿易實務重點整理+試題演練二合一奪分寶典 👑榮登金石堂暢銷榜	吳怡萱	560元
2B081131	絕對高分! 企業管理(含企業概論、管理學)	高芬	650元
2B111082	台電新進雇員配電線路類超強4合1	千華名師群	750元
2B121081	財務管理	周良、卓凡	390元
2B131121	機械常識	林柏超	630元
2B161132	計算機概論(含網路概論) 👑榮登博客來、金石堂暢銷榜	蔡穎、茆政吉	近期出版
2B171121	主題式電工原理精選題庫	陸冠奇	530元
2B181131	電腦常識(含概論) 👑榮登金石堂暢銷榜	蔡穎	590元
2B191131	電子學	陳震	近期出版
2B201121	數理邏輯(邏輯推理)	千華編委會	530元
2B211101	計算機概論(含網路概論)重點整理+試題演練	哥爾	460元

2B251121	捷運法規及常識(含捷運系統概述) 榮登博客來暢銷榜	白崑成	560元
2B321131	人力資源管理(含概要)	陳月娥、周毓敏	690元
2B351131	行銷學(適用行銷管理、行銷管理學) 榮登金石堂暢銷榜	陳金城	590元
2B421121	流體力學（機械）・工程力學（材料）精要解析	邱寬厚	650元
2B491121	基本電學致勝攻略 榮登金石堂暢銷榜	陳新	690元
2B501131	工程力學(含應用力學、材料力學) 榮登金石堂暢銷榜	祝裕	630元
2B581112	機械設計(含概要) 榮登金石堂暢銷榜	祝裕	580元
2B661121	機械原理(含概要與大意)奪分寶典	祝裕	630元
2B671101	機械製造學(含概要、大意)	張千易、陳正棋	570元
2B691131	電工機械(電機機械)致勝攻略	鄭祥瑞	590元
2B701111	一書搞定機械力學概要	祝裕	630元
2B741091	機械原理(含概要、大意)實力養成	周家輔	570元
2B751131	會計學(包含國際會計準則IFRS) 榮登金石堂暢銷榜	歐欣亞、陳智音	590元
2B831081	企業管理(適用管理概論)	陳金城	610元
2B841131	政府採購法10日速成 榮登博客來、金石堂暢銷榜	王俊英	630元
2B851141	8堂政府採購法必修課：法規+實務一本go！ 榮登博客來、金石堂暢銷榜	李昀	近期出版
2B871091	企業概論與管理學	陳金城	610元
2B881131	法學緒論大全(包括法律常識)	成宜	690元
2B911131	普通物理實力養成 榮登金石堂暢銷榜	曾禹童	650元
2B921141	普通化學實力養成	陳名	550元
2B951131	企業管理(適用管理概論)滿分必殺絕技 榮登金石堂暢銷榜	楊均	630元

以上定價，以正式出版書籍封底之標價為準

2B541131	主題式土木施工學概要高分題庫 ♛榮登金石堂暢銷榜	林志憲	630元
2B551081	主題式結構學(含概要)高分題庫	劉非凡	360元
2B591121	主題式機械原理(含概論、常識)高分題庫 ♛榮登金石堂暢銷榜	何曜辰	590元
2B611131	主題式測量學(含概要)高分題庫 ♛榮登金石堂暢銷榜	林志憲	450元
2B681131	主題式電路學高分題庫	甄家灝	550元
2B731101	工程力學焦點速成+高分題庫 ♛榮登金石堂暢銷榜	良運	560元
2B791121	主題式電工機械(電機機械)高分題庫	鄭祥瑞	560元
2B801081	主題式行銷學(含行銷管理學)高分題庫	張恆	450元
2B891131	法學緒論(法律常識)高分題庫	羅格思 章庠	570元
2B901131	企業管理頂尖高分題庫(適用管理學、管理概論)	陳金城	410元
2B941131	熱力學重點統整+高分題庫 ♛榮登金石堂暢銷榜	林柏超	470元
2B951131	企業管理(適用管理概論)滿分必殺絕技	楊均	630元
2B961121	流體力學與流體機械重點統整+高分題庫	林柏超	470元
2B971141	自動控制重點統整+高分題庫	翔霖	560元
2B991141	電力系統重點統整+高分題庫	廖翔霖	近期出版

以上定價,以正式出版書籍封底之標價為準

國家圖書館出版品預行編目(CIP)資料

自動控制重點統整+高分題庫/翔霖編著. -- 第六版. --
新北市 : 千華數位文化股份有限公司, 2024.06
面 ; 公分
國民營事業
ISBN 978-626-380-524-8(平裝)

1.CST: 自動控制

448.9 113008738

[國民營事業]　**自動控制 重點統整＋高分題庫**

編　著　者：翔　霖

發　行　人：廖　雪　鳳
登　記　證：行政院新聞局局版台業字第 3388 號
出　版　者：千華數位文化股份有限公司
地址：新北市中和區中山路三段 136 巷 10 弄 17 號
電話：(02)2228-9070　　傳真：(02)2228-9076
客服信箱：chienhua@chienhua.com.tw

法律顧問：永然聯合法律事務所
編輯經理：甯開遠
主　　編：甯開遠
執行編輯：廖信凱
校　　對：千華資深編輯群
設計主任：陳春花
編排設計：翁以倢

千華官網／購書　　千華蝦皮

出版日期：2024 年 6 月 25 日　　第六版／第一刷

本書如有勘誤或其他補充資料，
將刊於千華官網，歡迎前往下載。